NOUVELLES SUITES

À

BUFFON,

FORMANT,

avec les œuvres de cet auteur,

UN COURS COMPLET D'HISTOIRE NATURELLE.

Collection

accompagnée de Planches.

PARIS.

A LA LIBRAIRIE ENCYCLOPÉDIQUE DE RORET,
Rue Hautefeuille, N.° 10 bis.

POURRAT Frères, Rue des Petits Augustins, N.° 5.

HISTOIRE NATURELLE

DES

VÉGÉTAUX.

—

PHANÉROGAMES.

VI.

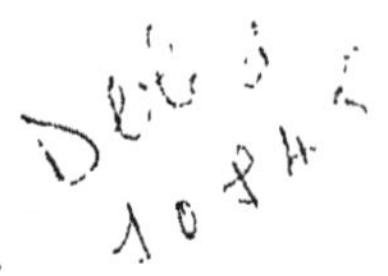

OUVRAGES DE M. SCHOENHERR

ET AUTRES AUTEURS,

QUI SE TROUVENT A LA LIBRAIRIE ENCYCLOPÉDIQUE DE RORET,

Rue Hautefeuille, 10 bis, à Paris.

———

Volume I⁰ʳ. **SYNONYMIA INSECTORUM**, oder : Versuch einer Synonimie aller bisher bekannten insecten; nach fabricii systema Eleutheratorum geordnet, von C. J. Schoenherr. *Lethrus — scolytes.* Stockholm. 1806. 1 vol in-8⁰.

Vol II. *Spercheus — Cryptocephalus.* Stockholm. 1808, 1 vol.

Vol. III. — *Hispa — Molorchus.* Upsal. 1817. 1 vol.

Vol. III *bis.* — *Appendix.* Descriptiones novarum specierum insectorum. Scareis. 1817. Un petit volume.

NOTA. *Les trois volumes et l'Appendix se vendent, ensemble, 30 francs, chez Roret. Il y a quelques volumes séparés.*

Vol. IV. — *Curculionidum dispositio methodica*, cum generum characteribus, descriptionibus atque observationibus variis, seu prodromus ad synonymiæ insectorum partem IV. Lipsiæ. 1826. 1 vol. 7 fr.

Vol. V à XII. — GENERA ET SPECIES CURCULIONIDUM, cum synonymia hujus familiæ, 4 tomes en 8 gros volumes in-8⁰, Paris. Roret. 1833-38. 72 fr.

L'auteur tiendra au courant de la science cet important ouvrage en publiant un supplément.

———

INSECTA SUECICA, descripta a *L. Gyllenhal.* Scaris. 1803-13. 3 vol. 33 fr.
Le quatrième volume, imprimé à Leipsig, 15 fr., chez Roret.

SUITES A BUFFON, belle édition in-8⁰, Paris, Roret, contenant l'histoire naturelle des *Poissons*, par M. Desmarets; des *Cétacés*, par M. F. Cuvier; des *Reptiles*, par M. Duméril; des *Mollusques*, par M. de Blainville; des *Crustacés*, par M. Milne Edwards; des *Arachnides*, par M. Walkenaër; des *Insectes*, par MM. Boisduval, comte Dejean, Lacordaire, Macquart, de Saint-Fargeau et Serville; des *Vers et Zoophytes*, par M. Lesson; des *Annelides*, par M. Audouin; de la *Botanique*, par MM. de Candolle, Spach et de Brébisson; de la *Géologie*, par M. Huot; de la *Minéralogie*, par M. Brongniart.

En janvier, 1838, 25 volumes sont en vente avec 51 livraisons de planches; tous les ouvrages se vendent, séparés, 5 fr. 50 c. chaque volume, quand on souscrit à toute la collection qui se composera de 53 volumes; et 6 fr. 50 c. chaque volume, quand on souscrit à des ouvrages séparés. Chaque livraison de planches est de 3 fr. en noir, et de 6 fr. en couleur.

IMPRIMERIE D'ÉVERAT ET COMP.,
Rue du Cadran, 16.

HISTOIRE NATURELLE

DES

VÉGÉTAUX.

PHANÉROGAMES.

Par M. Édouard SPACH,

AIDE-NATURALISTE AU MUSÉUM D'HISTOIRE NATURELLE, MEMBRE
DE PLUSIEURS SOCIÉTÉS SAVANTES.

TOME SIXIÈME.

OUVRAGE ACCOMPAGNÉ DE PLANCHES.

PARIS.

LIBRAIRIE ENCYCLOPÉDIQUE DE RORET,

RUE HAUTEFEUILLE, N° 10 BIS.

—

JANVIER 1838.

d'autres découvertes dans notre système solaire. Cependant,
plusieurs années avant sa mort, ce célèbre astronome con-

VÉGÉTAUX PHANÉROGAMES

DICOTYLÉDONES.

VEGETABILIA DICOTYLEDONEA.

QUINZIÈME CLASSE.

(SUITE.)

LES CISTIFLORES.

CISTIFLORÆ Bartl.

QUATRE-VINGT-SIXIÈME FAMILLE.

LES CISTACÉES. — *CISTACEÆ.*

(*Cisti* Juss. Gen. excl. genn. affin. — *Cistoideæ* Vent. Tabl. — *Cistineæ* De Cand. Prodr. — Bartl. Ord. Nat. — Cistinearum tribus III. *Cisteæ* Reichenb. Consp. — *Cistaceæ* Lindl. Nat. Syst. ed. 2. — Spach, *Organographie des Cistacées*, in Ann. des Sciences Nat., sér. 2, vol. 6, Novemb. 1836; Conspectus Monographiæ Cistacearum, l. c. Décemb. 1836.)

L'élégance des fleurs de la plupart des *Cistacées* rend cette famille très-importante pour les horticulteurs ; mais à l'exception de quelques espèces qui suintent la gomme-résine odorante connue sous le nom de *ladanum*, elle ne renferme aucun végétal remarquable sous d'autres rapports.

Les Cistacées appartiennent presque sans exception à la zone tempérée de l'hémisphère septentrional, et leur abondance constitue l'un des traits caractéristiques de la Flore des contrées voisines de la Méditerranée. Toutefois, le nombre des espèces, quoi qu'en aient jugé quelques auteurs modernes, ne s'élève qu'à environ cinquante-cinq, suivant nos propres observations ; l'ancien continent en possède environ quarante ; les autres croissent aux États-Unis, au Mexique et dans l'Amérique australe.

Les Cistacées n'ont que des rapports assez éloignés avec les autres familles de la classe des Cistiflores ; tandis qu'elles se rapprochent beaucoup des Tiliacées par les espèces de l'ancien continent, et des Portulacées par plusieurs de celles d'Amérique.

Caractère de la Famille.

Sous-arbrisseaux (quelquefois à peine ligneux à la base), ou *arbrisseaux*, ou *herbes*. Tiges et rameaux cylindriques ou subtétragones, souvent articulés. Pubescence ordinairement étoilée. Sucs-propres gommo-résineux.

Feuilles opposées ou moins souvent éparses, simples, très-entières (rarement subdenticulées), penninervées, ou triplinervées, stipulées, ou non-stipulées, sessiles, ou pétiolées ; pétiole inarticulé, souvent semi-amplexicaule ; stipules géminées, latérales, libres, foliacées.

Fleurs diurnes (le plus souvent horaires), hermaphrodites, rosacées, blanches, ou rouges, ou jaunes. Inflorescences définies ou indéfinies, terminales, ou axillaires et terminales (souvent sur de courts ramules axillaires), racémiformes (très-rarement spiciformes), ou paniculées, ou fastigiées, ou gloméruliformes, rarement très-simples, souvent très-variables dans les mêmes espèces. Pédoncules nus ou bractéolés, articulés ou inarticulés aux pédicelles; pédicelles nus, ou 1-bractéolés à la base (souvent extra-axillaires ou naissant à l'opposite de la feuille florale), fréquemment recourbés ou défléchis après l'anthèse.

Calice inadhérent, persistant (du moins jusque vers l'époque de la maturité du fruit; ordinairement longtemps après), plus ou moins accrescent; sépales 5 (accidentellement 6), bisériés et inégaux (2 extérieurs, distants ou valvaires en préfloraison, planes, souvent très-petits et bractéoliformes, rarement grands et recouvrants, alternes avec deux des sépales intérieurs, adnés par la base au petit godet formé par la soudure des sépales intérieurs; 3 intérieurs, soudés par la base, cymbiformes, ou naviculaires, imbriqués avant et après la floraison, réfléchis ou étalés pendant l'anthèse, ordinairement contournés au sommet en préfloraison, presque toujours beaucoup plus grands que les 2 sépales extérieurs), ou moins souvent 3 (par absence des extérieurs), unisériés, conformés comme le verticille intérieur du calice bisérié.

Réceptacle peu distinct du fond du calice, ou quelquefois allongé en thécaphore stipitiforme.

Disque (nul dans les espèces à réceptacle allongé en stipe) un peu charnu ou très-mince, cupuliforme, engaînant la base de l'ovaire.

Pétales (quelquefois nuls) ordinairement 5 (le calice étant soit à 5 soit à 3 sépales), très-caducs (excepté dans les *Hudsonia*), insérés sous le disque sans symétrie avec les sépales, imbriqués et contournés (en sens inverse des sépales) en préfloraison (en outre chiffonnés); moins souvent 3 (le calice étant 5-sépale), subpersistants, insérés au thécaphore, alternes avec les sépales intérieurs, imbriqués mais non contournés ni chiffonnés en estivation.

Étamines en nombre indéfini (4-100 ; très-souvent environ 30-60), ou rarement au nombre de 3 (opposées aux pétales), marcescentes, insérées soit au bord soit à toute la surface externe du disque , ou (à défaut de disque) à un stipe réceptaculaire. Filets filiformes ou capillaires (par exception linéaires-spatulés), ordinairement plurisériés et très-anisométres (les intérieurs plus longs que les extérieurs) , presque toujours plus courts que le calice , rectilignes et divergents pendant l'anthèse , souvent contournés en préfloraison comme les pétales. Anthères basifixes , immobiles , allongées, ou ovales , ou suborbiculaires, ordinairement tétragones , à deux bourses parallèles, contiguës antérieurement, chacune s'ouvrant latéralement en deux valves; connectif ordinairement étroit , jamais prolongé au-delà de l'anthère.

Pistil : Ovaire inadhérent, 1-loculaire, ou plus ou moins complétement 3-5-(rarement 6-10-) loculaire ; cloisons endocarpiennes , atteignant rarement l'axe (idéal) de la cavité ; placentaires filiformes ou nerviformes , ou rarement larges et lamelliformes , attachés au bord antérieur des cloisons (ou immédiatement pariétaux lorsque l'ovaire est 1-loculaire), quelquefois appliqués face à face, mais jamais (ni avant ni après la floraison) soudés entre eux ; ovules en nombre défini (par exception solitaires) ou en nombre indéfini sur chaque placentaire , érigés ou rarement renversés , basifixes, orthotropes (par exception anatropes et appendants ; l'exostome adhérent au placentaire lors de la floraison , de sorte que l'ovule offre deux points d'attache distincts); funicules résupinés ou ascendants , nidulants, ou plus souvent par paires superposées, ou quelquefois alternes, ordinairement allongés. Style indivisé (mais facilement séparable en autant de parties qu'il y a de placentaires et correspondantes à l'axe de ceux-ci), grêle ou turbiné (quelquefois presque nul), non continu avec l'ovaire (excepté dans les *Hudsonia*) et inséré dans une fossette apicilaire. Stigmates en même nombre que les placentaires et correspondants à l'axe de ceux-ci, quelquefois libres et divergents, plus souvent soudés inférieurement et connivents en disque pelté.

Péricarpe : Capsule loculicide (par exception septifrage), 3- ou 5- (ou rarement 6-10-) valve, 1-loculaire, ou à 3 ou 5 (ou rarement 6-10) loges complètes ou incomplètes; valves (en même nombre que les placentaires) cymbiformes, toujours sans côtes ni nervures, insérées devant les sépales intérieurs, ou alternes avec les sépales intérieurs, ou (lorsqu'il y en a plus de 3) hors de symétrie avec les sépales en général; endocarpe membraneux, le plus souvent facilement séparable, ou n'adhérant qu'aux bords et à l'axe des valves; placentaires (conformés comme dans l'ovaire) inséparables des cloisons, ou finalement libres, toujours correspondants à l'axe des valves; funicules ordinairement persistants, quelquefois celluleux et bouffis.

Graines (par exception anatropes et appendantes) orthotropes, basifixes, caduques, inarillées, aptères, immarginées, petites, souvent trigones ou anguleuses, dressées, ou renversées, ou vagues, en nombre soit défini (quelquefois solitaires par avortement) soit indéfini sur chaque placentaire; tégument triple : l'extérieur membraneux ou subcrustacé, souvent réticulé ou chagriné; l'intermédiaire crustacé; l'interne pelliculaire, très-mince; hile (excepté dans les espèces à graines anatropes) confluent avec la chalaze, et formant une aréole orbiculaire ou un petit mamelon; micropyle ponctiforme, terminal. Périsperme farineux, ou moins souvent corné, inadhérent, plus ou moins épais. Embryon excentrique et circinné ou diversement replié (rarement axile et rectiligne ou subrectiligne), intraire, antitrope (par exception homotrope); radicule ascendante ou rarement dressée, dorsale ou commissurale, cylindrique, allongée, subobtuse; cotylédons larges ou étroits, foliacés, légèrement convexes au dos, planes antérieurement, appliqués face à face.

Nous classons les *Cistacées* de la manière suivante :

Iʳᵉ TRIBU. **LES CISTÉES.** — *CISTEÆ* Spach.

Sépales 3, ou plus souvent 5. Réceptacle presque plane (jamais stipitiforme). Disque cupuliforme. Pétales 5, très-caducs, insérés sous le disque, hors de symétrie avec les sépales, contournés en préfloraison. Étamines (ordinairement très-nombreuses) insérées au disque. Placentaires filiformes, ou nerviformes, ovulifères antérieurement ou aux bords. Embryon jamais rectiligne ni parfaitement axile.

Section I. **FUMANINÉES.** — *FUMANINEÆ* Spach.

Étamines intérieures à filets très-déliés, moniliformes, dépourvus d'anthères. Ovules anatropes, appendants: primine prolongée au-delà de l'endostome en boyau dont l'extrémité supérieure (l'exostome) adhère au placentaire à l'époque de la floraison. Graines munies antérieuremeut d'un raphé filiforme : radicule pointant vers l'extrémité voisine du hile.
Fumana Spach.

SECTION II. **CISTINÉES.** *CISTINEÆ* Spach.

Étamines toutes anthérifères ; filets jamais moniliformes. Ovules orthotropes, basifixes : primine non prolongée en boyau au-delà de l'endostome ; exostome inadhérent. Graines sans raphé : radicule pointant vers l'extrémité la plus éloignée du hile.

Helianthemum (Tourn.) Spach. — *Rhodax* Spach. — *Tuberaria* Spach. — *Halimium* Spach. — *Ladanium* Spach. — *Ledonia* Spach. — *Stephanocarpus* Spach. — *Cistus* (Tourn.) Spach. — *Rhodocistus* Spach. — *Crocanthemum* Spach. — *Heteromeris* Spach. — *Tæniostema* Spach.

IIᵉ TRIBU. **LES LÉCHIDIÉES.** — *LECHIDIÆ* Spach.

Sépales 5. Réceptacle prolongé en thécaphore stipitiforme. Disque nul. Pétales 3 , insérés au stipe , alternes avec les sépales intérieurs , subpersistants , non contournés en préfloraison. Étamines (ordinairement 3) insérées au sommet du stipe. Placentaires larges , suborbiculaires , ovulifères postérieurement. Embryon rectiligne ou sub-rectiligne , axile.
Lechea (Linn.) Spach. — *Lechidium* Spach.

GENRE ANOMALE.

Hudsonia Linn.

Ire TRIBU. **LES CISTÉES.** — *CISTEÆ* Spach.

Sépales 3, ou plus souvent 5. Réceptacle presque plane (jamais stipitiforme). Disque cupuliforme, engaînant ordinairement la base de l'ovaire. Pétales (quelquefois nuls) 5, très-caducs, insérés au réceptacle sous le disque, disposés non symétriquement eu égard aux sépales, contournés et imbriqués en préfloraison. Étamines insérées au disque, en nombre indéfini, le plus souvent plurisériées. Placentaires filiformes ou nerviformes, ovulifères aux bords ou sur toute la surface antérieure. Ovules orthotropes ou (seulement dans 4 espèces) anatropes. Capsule 3- ou 5- (rarement 6-10-) valve. Embryon jamais rectiligne, plus ou moins excentrique.

SECTION I. **FUMANINÉES.** — *FUMANINEÆ* Spach.

Étamines extérieures à filets très-déliés, moniliformes, dépourvus d'anthères. Ovules anatropes, appendants, attachés un peu au-dessous du sommet par un funicule très-court ; primine prolongée au-delà de l'endostome en boyau dont l'extrémité supérieure (l'exostome) adhère au placentaire à l'époque de la floraison. Graines munies à leur face antérieure d'un raphé superficiel ; radicule pointant vers l'extrémité la plus voisine du hile.

Genre FUMANA. — *Fumana* Spach.

Sépales 5 : les 2 extérieurs petits, recourbés après la floraison. Pétales 5 (jaunes). Étamines 20-40 ; filets capillaires :

les stériles plus courts, diaphanes ; les anthérifères anguleux, subtoruleux ; anthères réniformes ou suborbiculaires, didymes. Ovaire globuleux, trigone, comme 3-loculaire ; placentaires 2-ou 4-ovulés, filiformes ; funicules subopposés. Style subgéniculé à la base, ou rectiligne, grêle, épaissi au sommet, décliné. Stigmates 3, condupliqués, minces, denticulés aux bords, presque libres. Capsule chartacée, comme 3-loculaire, 3-valve, 6-ou 12-sperme. Embryon subcircinné ou circonfléchi.

Sous-arbrisseaux ordinairement touffus et peu élevés. Feuilles opposées ou plus souvent éparses, stipulées ou non-stipulées, petites, persistantes, subcoriaces : les jeunes souvent comme fasciculées à l'aisselle des anciennes (par l'avortement des ramules). Grappes terminales ou rarement latérales, bractéolées, ou feuillées, très-lâches, unilatérales. Pédicelles axillaires, ou raméaires, ou suboppositifoliés, nutants avant l'anthèse, érigés pendant la floraison, divariqués, ou recourbés, ou défléchis après la floraison. Sépales extérieurs herbacés, beaucoup plus petits que les intérieurs ; sépales intérieurs égaux, inéquilatéraux, 4-ou 5-costés, presque scarieux. Pétales de couleur orange ou jaune de citron, souvent immaculés. Anthères jaunes. Valves de la capsule étalées après l'anthèse ; endocarpe séparable. Graines ovoïdes-trigones, ou déformées (par compression mutuelle), assez grosses, lisses ou rugueuses ; funicule court, capillaire ; test mucilagineux (par madéfaction) ; périsperme épais ; embryon excentrique, grêle ; radicule supère rélativement au péricarpe, à peu près aussi longue que les cotylédons ; cotylédons étroits, linéaires.

Ce genre, propre à l'ancien continent, ne renferme que les quatre espèces suivantes, d'ailleurs peu remarquables comme plantes d'agrément.

A. *Grappes feuillées. Feuilles toutes alternes : les florales aussi grandes et de même forme que les autres. Placentaires à 2 paires d'ovules superposés : la paire supérieure attachée au sommet du placentaire, la paire inférieure*

vers son milieu. Capsule 12-*sperme. Graines dissem-*
blables : les supérieures ovoïdes-trièdres; les inférieures
déformées par compression.

a) *Feuilles stipulées, distinctement pétiolées. Graines rugueuses.*

Fumana d'Arabie. — *Fumana arabica* Spach, in Ann. des
Sciences Nat., 2ᵉ sér., v. 6, p. 359. — *Cistus arabicus* Linn.
— *Helianthemum arabicum* Pers. — Sweet, Cist. tab. 97. —
Cistus ferrugineus Lamk. Dict. — *Cistus Savii* Bertol. (ex
Dunal.) — *Helianthemum viscidulum* Stev. (ex Dun.) —
Helianthemum ibericum Desfont. Hort. Par.

Feuilles pointues ou arrondies et mucronulées au sommet. Stipules ovales, ou ovales-lancéolées, ou subulées, petites. Pédicelles plus longs que les feuilles. Sépales extérieurs lancéolés ou
ovales-lancéolés.

— α : A larges feuilles (*latifolium*). Feuilles elliptiques-
oblongues, ou oblongues, ou oblongues-lancéolées.

— β : A feuilles étroites (*angustifolium*). — Feuilles linéaires, ou linéaires-lancéolées, ou lancéolées-linéaires.

Racine ligneuse. Tiges et rameaux dressés, ou diffus, ou
ascendants, ligneux, grêles, paniculés, longs de 4 à 12 pouces,
ordinairement couverts étant jeunes (ainsi que toutes les parties herbacées de la plante) d'une courte pubescence visqueuse.
Ramules florifères grêles, plus ou moins allongés, épars, simples, feuillus inférieurement. Ramules stériles courts, très-feuillus. Feuilles tantôt cotonneuses-incanes ou presque argentées,
tantôt d'un vert-glauque et couvertes d'une pubescence visqueuse,
ou rarement glabres : les raméaires et caulinaires longues de 3 à
6 lignes, sur ¹/₂ ligne à 2 lignes de large (les inférieures ordinairement plus petites que les autres); celles des ramules stériles
longues d'environ 1 ligne. Stipules tantôt un peu plus longues
que le pétiole, tantôt plus courtes. Grappes 3-7-flores, interrompues, terminales ; pédicelles filiformes, pubescents, longs de
4 à 6 lignes, divariqués, ou recourbés, ou rabattus après l'an-

thèse. Sépales pubescents , ou cotonneux, ou presque glabres : les extérieurs lancéolés ou ovales-lancéolés, pointus, innervés, velus aux 2 faces , réfléchis, de moitié plus courts que les intérieurs et 3 à 4 fois plus étroits ; sépales intérieurs ovales-elliptiques ou suborbiculaires, courtement acuminés-cuspidés, finalement longs d'environ 3 lignes sur 2 lignes de large, d'un brun tirant souvent sur le rose, semi-diaphanes (étant glabres), munis de 4 ou 5 nervures verdâtres et saillantes. Pétales d'un orange pâle, cunéiformes-orbiculaires , subonguiculés, imbriqués par les bords, plus longs que le calice , larges d'environ 4 lignes. Étamines un peu plus courtes que le pistil. Style 2 fois plus long que l'ovaire. Capsule d'un brun pâle, subglobuleuse, recouverte par le calice. Graines d'un brun tirant sur le jaune.

Cette espèce croît dans presque toute la région méditerranéenne, ainsi que dans l'Asie mineure et les contrées voisines du Caucase.

b) *Feuilles non-stipulées, sessiles. Graines lisses.*]

Fumana commun. — *Fumana vulgaris* Spach , l. c. — *Cistus Fumana* Linn. — Jacq. Flor. Austr. tab. 252. — *Helianthemum Fumana* Mill. Dict. — Sweet, Cist. tab. 16. — *Helianthemum Fumana* et *H. procumbens* Dun. — Sweet, Cist. tab. 68. — *Helianthemum ericoides* Dun. — Cavan. Ic. tab. 172 (sub Cisto). — *Cistus Fumana* A : *calycinus* Desfont. Flor. Atlant. tab. 105. (Var. elatior, grandiflora.)

Tiges et rameaux dressés, ou ascendants, ou diffus, ligneux ou suffrutescents. Feuilles semi-cylindriques ou planes , linéaires et très-étroites, ou oblongues, ou oblongues-linéaires, sétifères au sommet, ou mutiques, subciliolées, ou très-glabres.

Racine ligneuse, pivotante, longue, noirâtre, épaissie au sommet en collet multicaule. Tiges longues de 3 à 12 pouces (ordinairement basses , diffuses, et presque herbacées dans les contrées septentrionales.) Rameaux ligneux, ou herbacés, ou suffrutescents, simples ou paniculés, grêles, feuillus, ou médiocrement feuillés, souvent rougeâtres, produisant ordinairement de courts ramules stériles aux aisselles de la plupart des feuilles. Feuilles longues de 2 à 8 lignes, larges de $^1/_4$ à $^5/_4$ de ligne (celles des ramules abortifs imbriquées et à peine longues de 1 ligne), d'un vert gai, glabres, ou très-finement pubérules soit aux deux faces, soit seulement en dessous, ordinairement bordées de petits poils raides plus ou moins rapprochés, souvent terminées par une sétule mucroniforme. Fleurs au nombre de 2 à 5 vers l'extrémité des rameaux (quelquefois solitaires-subterminales), très-distantes, en grappes interrompues; pédicelles axillaires, ou raméaires, ou oppositifoliés, glabres, ou pubérules, grêles, épaissis au sommet, tantôt plus longs que les feuilles, tantôt plus courts, un peu plus longs que le calice, recourbés ou réfléchis après la floraison. Sépales extérieurs lancéolés - linéaires ou linéaires, très-étroits, ordinairement pubérules et ciliés; sépales intérieurs ovales, courtement acuminés, roussâtres, glabres, ou pubérules, ou presque cotonneux (mais jamais visqueux), munis de 5 côtes d'un pourpre foncé et tantôt lisses, tantôt sétifères, finalement longs d'environ 3 lignes. Pétales d'un jaune vif avec une tache brune au-dessus de l'onglet, plus grands que le calice, longs d'environ 4 lignes sur 3 lignes de large, cunéiformes, tronqués et érosés ou échancrés au sommet : onglet court, très-large. Étamines à peu près aussi longues que le pistil. Ovaire glabre ou pubescent. Style triédre, géniculé à la base, 2 à 3 fois plus long que l'ovaire. Capsule un peu plus courte que le calice, glabre, subglobuleuse, trigone. Graines d'un brun noirâtre.

Cette espèce, assez rare dans l'Europe centrale, est commune dans toute la région méditerranéenne ainsi qu'en Orient.

B. *Grappes bractéolées ou garnies de feuilles beaucoup plus petites que les autres. Placentaires à une seule paire d'ovules. Funicules attachés vers le sommet des placentaires. Capsule 6-sperme. Graines toutes triédres, jamais déformées. — Feuilles sessiles, stipulées.*

a) *Feuilles (excepté les supérieures des ramules florifères) opposées; le plus souvent point de ramules abortifs à leurs aisselles. Grappes toujours terminales.*

FUMANA VISQUEUX. — *Fumana viscida* Spach , l. c. — *Cistus thymifolius* et *C. glutinosus* Linn. — *Helianthemum thy-*

mifolium et *H. glutinosum* Pers. Dun.— Sweet, Cist. tab. 102
et tab. 183. — *Helianthemum juniperinum* Lag. — Dun. —
Helianthemum viride et *H. Barrelieri* Tenor. — Dunal. —
Helianthemum lœve Pers. — Dun. — *Cistus lœvis* Cav. Ic.
tab. 145, fig. 1.

Tige basse, ligneuse, tortueuse; rameaux dressés ou ascendants. Feuilles linéaires-subulées, ou linéaires, ou linéaires-
oblongues, ou lancéolées-linéaires, ou lancéolées-oblongues, révolutées aux bords, jamais glauques. Stipules sétacées, ou subulées, ou linéaires. Bractées linéaires ou subulées.

Arbuscule touffu, très-rameux, atteignant rarement un pied de
haut, le plus souvent couvert sur toutes ses parties herbacées
(surtout vers l'extrémité des jeunes pousses) d'une pubescence
soit molle et visqueuse, soit scabre. Racine rameuse. Tige atteignant quelquefois la grosseur d'un tuyau de plume d'oie. Rameaux grêles, feuillus inférieurement, tantôt simples, tantôt
garnis dans toute leur longueur de ramules opposés. Feuilles pubescentes et subincanes aux 2 faces, ou glabres et vertes, ordinairement ciliolées, visqueuses ou non visqueuses, de forme et
de grandeur très-diverses (suivant les variétés et souvent sur le
même individu), recouvrantes ou presque imbriquées sur la partie inférieure des rameaux, plus ou moins distantes vers le sommet des rameaux, longues de 2 à 6 lignes, larges de $^1/_4$ de ligne
à 1 ligne. Stipules très-étroites et beaucoup plus courtes que les
feuilles sur la partie inférieure des rameaux, souvent presque
aussi grandes que les feuilles vers l'extrémité des rameaux.
Grappes 3-9-flores, presque toujours visqueuses et pubescentes, finalement très-lâches et longues de 1 à 3 pouces;
bractées (rarement remplacées à la partie inférieure des grappes
par de petites feuilles stipulées) linéaires ou subulées, quelquefois subopposées, ordinairement beaucoup plus courtes que les
pédicelles; pédicelles recourbés ou défléchis après la floraison,
presque filiformes, 2 à 3 fois plus longs que le calice, tantôt
raméaires, tantôt situés à l'aisselle de la bractée. Calice presque
toujours pubescent et visqueux; sépales extérieurs linéaires,
très-étroits, à peine longs de 1 ligne; sépales intérieurs ovales-

elliptiques, très-obtus, ou subacuminés, 3-ou 4-costés, chartacés
(d'un jaune verdâtre ; les côtes vertes ou rougeâtres). Pétales
jaunes, un peu plus longs que le calice. Capsule subglobuleuse, trigone, à peine plus courte que le calice. Graines presque
aussi longues que les valves, jaunâtres, rugueuses, presque réticulées : chalaze et raphé bruns.

Cette plante est commune dans la région méditerranéenne.

*b) Feuilles toutes alternes , ramulifères aux aisselles. Grappes
souvent oppositifoliées.*

Fumana glauque. — *Fumana lævipes* Spach, l. c.— *Cis-
tus lævipes* Linn. — Jacq. Hort. Vindob. 2 , tab. 158. —Bot.
Mag. tab. 1782. — *Helianthemum lævipes* Willd. — Sweet,
Cist. tab. 24.

Tiges ascendantes ou diffuses , grêles, ligneuses ; rameaux ascendants ou étalés. Feuilles linéaires-filiformes , révolutées en
dessous, submucronulées , glabres, glauques ; stipules sétacées.
Bractées fort courtes , mais plus larges que les feuilles. Rachis
ordinairement hispidule. Pédicelles glabres et luisants, longs,
filiformes.

Sous-arbrisseau haut de 6 à 18 pouces , très-rameux, ordinairement très-glabre, excepté vers l'extrémité des ramules florifères. Rameaux simples ou paniculés, très-grêles : les vieux ligneux ou suffrutescents, aphylles ; les jeunes (ainsi que les ramules
florifères) feuillus. Feuilles un peu charnues, très-glabres, lisses ,
longues de 3 à 6 lignes (celles des ramules-abortifs comme fasciculées, longues de 1 à 2 lignes); stipules 2 à 3 fois plus courtes que les feuilles, très-étroites. Grappes 3-9-flores, finalement
très-lâches et longues de 1 pouce à 3 pouces, d'abord solitaires
à l'extrémité des jeunes rameaux , plus tard très - souvent
oppositifoliées par l'allongement du rameau; rachis hispidule et visqueux, ou moins souvent très-glabre ; bractées linéaires, ou linéaires-oblongues , ou oblongues-lancéolées , glabres
ou pubescentes, beaucoup plus courtes que les pédicelles; pédicelles après la floraison divariqués , ou recourbés , ou un peu
défléchis (toujours inclinés au sommet de manière à renverser le

calice fructifère), longs de 5 à 8 lignes. Calice glabre ou pubescent : sépales extérieurs minimes, linéaires ; sépales intérieurs ovales ou ovales-elliptiques, subacuminés, chartacés, jaunâtres, 3-ou 5-nervés (nervures rougeâtres ou verdâtres), finalement longs d'environ 3 lignes. Corolle large de 5 à 6 lignes, d'un jaune de citron : pétales cunéiformes-obovales, denticulés. Capsule subglobuleuse, trigone, un peu plus courte que le calice. Graines brunes, rugueuses, presque réticulées, un peu plus courtes que les valves de la capsule.

Cette espèce, remarquable par son feuillage glauque et lisse, croît dans la région méditerranéenne.

Section II. **CISTINÉES.** — *CISTINEÆ* Spach.

Étamines toutes anthérifères ; filets jamais moniliformes. Ovules érigés ou rarement renversés, orthotropes, basifixes : primine non-prolongée en boyau au-delà de l'endostome ; exostome inadhérent. Graines sans raphé ; embryon antitrope.

Genre HÉLIANTHÈME. — *Helianthemum* (Tourn.) Spach.

Sépales 5 : les 2 extérieurs petits. Pétales 5. Étamines 7-20, ou plus nombreuses (jusqu'à 100 environ) ; filets capillaires ; anthères didymes, échancrées aux 2 bouts. Ovaire 1-loculaire ou incomplétement 3-loculaire ; placentaires 3, filiformes, 2-12-ou rarement pluri-ovulés ; funicules résupinés ou ascendants, enflés après la floraison. Style ascendant ou rarement dressé. Stigmate disciforme, à crêtes fimbriolées. Capsule 1-loculaire ou incomplétement 3-loculaire, oligosperme, ou polysperme, 3-valve, chartacée ; endocarpe inadhérent, pelliculaire. Embryon simplement replié, presque central : cotylédons rectilignes, presque aussi larges que le diamètre du périsperme.

Herbes annuelles, ou sous-arbrisseaux bas et très-rameux. Feuilles opposées (quelquefois les supérieures éparses), penni- nervées, toujours stipulées. Inflorescence en grappes termi- nales ou oppositifoliées, unilatérales, ou quelquefois disti- ques, bractéolées ou moins souvent feuillées ; pédicelles après l'anthèse dressés ou plus souvent réfléchis (en décrivant un demi-cercle à leur base), (par exception ascendants), raméaires, ou placés soit à l'aisselle, soit à côté, soit à l'op- posite de la feuille florale. Sépales extérieurs 1-nervés, her- bacés, ordinairement très-petits et conformes aux bractées, après l'anthèse étalés ; sépales intérieurs 3-5-costés, char- tacés ou scarieux entre les côtes. Pétales jaunes, ou blancs, ou roses, avec une tache jaune à leur base. Étamines 1-sé- riées ou plurisériées, jaunes, débordées par le style. Ovaire souvent rétréci en un court thécaphore étroitement engaîné par le disque. Ovules érigés ; funicules opposés (par exception nidulants), très-rapprochés, après la florai- son turbinés ou claviformes, triédres, diaphanes, finement réticulés ; endocarpe inadhérent dès l'origine, excepté aux bords et à l'axe des valves ; cloisons nulles, ou membraneuses et séparables en 2 lamelles pelliculaires. Capsule trigone, loculicide. Graines ovoïdes, anguleuses, subtrigones, fine- ment chagrinées ou papilleuses ; cotylédons elliptiques, ou elliptiques-orbiculaires, érigés, un peu plus courts que la radicule ; radicule ascendante, un peu plus courte que le pé- risperme, latérale, ou obliquement dorsale (direction va- riable dans plusieurs espèces).

Quelques *Hélianthèmes* se recommandent comme plantes de parterre, par la longue durée de leur floraison ainsi que par l'élégance de leur corolle; ils exigent un terrain sec et une exposition découverte ; aussi prospèrent-ils surtout dans les endroits pierreux ou rocailleux ; leur port touffu les rend très-propres à garnir des glacis et des rocailles arti- ficielles.

Réduit aux limites que nous lui assignons, ce genre ne renferme que les dix espèces dont nous allons donner la description.

Section I. APHANANTHEMUM Spach.

Style court, rectiligne, dressé, épaissi au sommet. Étamines 7-15, unisériées, insérées au bord du disque; anthères obreniformes. Herbes annuelles. Grappes terminales, très-lâches, souvent feuillées et distiques ou subdistiques.—Sépales intérieurs 3-ou 4-costés, mucronés. Pétales petits, étroits, souvent abortifs. Ovaire quelquefois parfaitement 1-loculaire.

A. *Feuilles supérieures alternes. Stipules grandes. Grappes ordinairement distiques ou subdistiques, feuillées (du moins inférieurement). Calice fructifère érigé; sépales intérieurs chartacés. Ovaire parfaitement 1-loculaire; placentaires 10-ou pluri-ovulés; funicules grêles, allongés, nidulants ou opposés.*

   a) *Pédicelles plus courts que le calice, raides, toujours dressés. Funicules nidulants.*.

Hélianthème a feuilles de Lédum. — *Helianthemum ledifolium* Spach, in Ann. des Sciences Nat., 2ᵉ sér., vol. 6 (décembre 1836), p. 360. — *Cistus ledifolius* et *C. niloticus* Linn. — *Helianthemum ledifolium*, *H. niloticum* et *H. villosum* Pers. — Dun. — Sweet, Cist. tab. 41. — *Helianthemum lasiocarpum* Desfont. Hort. Par.

Plante haute de 3 à 12 pouces, unicaule ou multicaule, tantôt presque glabre, tantôt pubescente, ou velue, ou légèrement cotonneuse. Racine grêle, pivotante, peu rameuse. Tiges dressées (ordinairement étant solitaires), ou ascendantes, ou rarement procombantes, très-simples, ou soit trifurquées, soit bifurquées vers leur sommet, ou quelquefois paniculées, grêles, assez feuillues. Feuilles lancéolées, ou lancéolées-oblongues, ou oblongues, ou elliptiques-oblongues, très-entières, pointues ou obtuses, courtement pétiolées, molles, ordinairement plus ou moins incanes, longues de 6 à 18 lignes, larges de 1 à 6 lignes : les inférieures opposées; les supérieures (florales) alternes, ou rarement presque toutes opposées; stipules lancéolées

ou lancéolées-linéaires, acérées, 2 à 4 fois plus courtes que les
feuilles et ordinairement beaucoup plus étroites. Grappes pauciflores ou multiflores, raides; fleurs débordées par les feuilles.
Pédicelles longs de 1 à 2 lignes. Sépales velus ou pubescents en
dessous, glabres en dessus, fermes, acérés : les extérieurs lancéolés-linéaires; les intérieurs ovales, blanchâtres (les carènes
exceptées, lesquelles sont vertes), atteignant après la floraison
une longueur de 3 à 5 lignes. Pétales oblongs-obovales, ou lancéolés-obovales, étroits, d'un jaune pâle. Disque pubescent. Filets courts. Ovaire glabre, ou légèrement cotonneux, rétréci à
la base, plus long que le style. Capsule glabre ou pubérule,
ovoïde, obtuse, polysperme, à peine débordée par les sépales.
Graines roses ou d'un brun jaunâtre, très-petites, pointues au
sommet.

Cette plante est commune dans la région méditerranéenne.

b) *Pédicelles plus longs que le calice, grêles, après la floraison divariqués, ou défléchis, ou ascendants, mais toujours redressés vers
leur sommet. Funicules opposés.*

HÉLIANTHÈME A FEUILLES DE SAULE. — *Helianthemum salicifolium* Spach, l. c. — *Cistus salicifolius* Linn. — *Helianthemum salicifolium* (Sweet, Cist. tab. 71), *H. denticulatum*
et *H. intermedium* Thib. — Pers. — Dun.

Plante ordinairement multicaule et pubescente ou velue, assez semblable à l'espèce précédente par le port et le feuillage.
Tiges dressées, ou ascendantes, ou procombantes, très-simples,
ou plus ou moins rameuses, grêles, ou filiformes; rameaux opposés, érigés, rarement ramulifères. Feuilles molles, incanes,
pointues ou obtuses, très-entières ou subsinuolées: les inférieures
(des tiges et rameaux) lancéolées, ou lancéolées-oblongues, ou
oblongues, ou elliptiques-oblongues, opposées; les supérieures
(florales) alternes, la plupart ovales-lancéolées ou ovales, acuminées, non-stipulées, beaucoup plus petites que les autres;
stipules comme dans l'espèce précédente. Grappes ordinairement
distiques, allongées, pauciflores, ou pluriflores. Pédicelles longs

de 3 à 6 lignes. Calice, corolle, capsule et graines comme ceux
de l'espèce précédente.

Cette espèce croît dans toute la région méditerranéenne.

B. *Feuilles toutes opposées. Stipules grandes. Grappes unilatérales, feuillées ; pédicelles réfléchis ou rabattus après la
floraison. Calice fructifère renversé ; sépales intérieurs
chartacés, très-inéquilatéraux. Ovaire subuniloculaire vers
la base, presque 3-loculaire supérieurement ; placentaires
6-ou 8-ovulés, oblitérés vers le sommet des cloisons.*

Hélianthème a tige rouge. — *Helianthemum sanguineum*
Lag. — *Helianthemum retrofractum* Pers. — Sieber.

Plante ayant le port du *Helianthemum salicifolium* et couverte d'une pubescence visqueuse. Tiges une ou deux fois bifurquées
au sommet, ou quelquefois très-simples, pauciflores, dressées,
ou ascendantes, rougeâtres. Feuilles elliptiques ou oblongues, obtuses, très-entières, longues de 3 à 6 lignes : les florales conformes aux autres, mais plus petites; pétiole long de 1
à 2 lignes; stipules conformes aux feuilles et souvent presque
aussi longues, mais plus étroites. Pédicelles grêles, longs d'environ 3 lignes. Sépales pubescents et visqueux en dessous, glabres en dessus : les extérieurs très-petits, linéaires; les intérieurs oblongs, finalement longs de 3 à 4 lignes. Pétales oblongs,
obtus, striés de veines fines, à peine longs de plus d'une
ligne. Étamines à peu près aussi longues que l'ovaire. Ovaire
glabre, ellipsoïde, trigone, rétréci à la base. Style plus court
que l'ovaire. Capsule à peine plus longue que le calice, oligosperme. Graines très-petites, de couleur rose.

Cette espèce croît en Espagne.

C. *Feuilles toutes opposées. Stipules petites. Grappes unilatérales, garnies de bractées subulées; pédicelles longs, filiformes, défléchis après l'anthèse. Calice fructifère renversé; sépales intérieurs scarieux, diaphanes. Ovaire*

incomplétement 3-loculaire ; placentaires 6-ou 8-ovulés ; funicules gréles, opposés.

HÉLIANTHÈME D'ÉGYPTE. — *Helianthemum ægyptiacum* Mill. Dict. — *Cistus ægyptiacus* Linn.

Plante haute de 3 à 9 pouces, uni- ou pauci-caule. Racine grêle, pivotante. Tiges dressées ou ascendantes, pubescentes, effilées, tantôt très-simples, tantôt bi-ou tri-furquées au sommet, tantôt ramuleuses dès la base ; rameaux opposés, un peu divergents, indivisés, souvent réduits à de courts ramules stériles. Feuilles linéaires ou oblongues-linéaires, obtuses, souvent révolutées aux bords, vertes et presque glabres en dessus, pubescentes-incanes en dessous : les caulinaires et raméaires longues de 6 à 12 lignes, larges de ¹/₂ ligne à 1 ¹/₂ ligne ; les ramulaires beaucoup plus petites. Stipules linéaires-subulées, ordinairement un peu plus longues que le pétiole. Grappes 5-9-flores (quelquefois les ramules *inférieurs* ne produisent que 1 à 3 fleurs), d'abord très-courtes et nutantes, finalement longues de 1 à 2 pouces et très-lâches ; pédicelles épaissis au sommet, axillaires ou extraaxillaires, rougeâtres, à peu près aussi longs que le calice ; bractées subulées, beaucoup plus courtes que les pédicelles. Calice glabre, ou pubescent, ou velu, comme vésiculeux. Sépales extérieurs étalés ou recourbés après la floraison, petits, linéaires, pubescents ; sépales intérieurs d'un brun très-clair, ovales, acuminés, finalement longs de 3 à 4 lignes ; nervures carénées, d'un pourpre foncé. Pétales lancéolés, minimes. Étamines 7-12, à peu près aussi longues que le pistil. Ovaire cotonneux, rétréci à la base. Stigmates connivents en disque. Capsule ellipsoïde, pubérule, polysperme, recouverte par le calice. Graines assez grosses, ovoïdes, anguleuses, finement tuberculeuses, d'un brun foncé ; cotylédons elliptiques.

Cette espèce est commune dans la région méditerranéenne.

SECTION II. ERIOCARPUM Dun.

Style filiforme, ascendant, ou géniculé. Étamines ordinairement environ 10 à 20, 1-sériées, insérées au bord du disque ; anthères obréniformes. Sous-arbrisseaux. Feuilles

supérieures éparses. Pédicelles jamais dressés après l'anthèse, quelquefois nuls ou très-courts. Grappes (quelquefois épis) oppositifoliées, bractéolées, unilatérales, solitaires. — Sépales intérieurs 3-5-nervés ou 5-costés, non-sca-
rieux, immarginés. Corolle petite. Ovaire incomplétement
5-loculaire supérieurement, 1-loculaire inférieurement;
placentaires 6-12-ovulés, oblitérés vers le sommet des
cloisons; funicules opposés, claviformes.

a) *Sépales intérieurs équilatéraux.*

HÉLIANTHÈME DE LIPPI. — *Helianthemum Lippii* Spach,
l. c. — *Cistus Lippii* Linn.

Pédicelles très-courts ou presque nuls, raides, après l'anthèse
horizontaux (de même que le calice) ou réfléchis; sépales intérieurs 3-costés.

Cette espèce, extrêmement variable dans son port ainsi que
dans la forme et la grandeur de presque tous ses organes, offre
deux modifications principales (indépendantes d'ailleurs de toutes
les variations des autres parties de la plante), savoir :

— α : A FLEURS PÉDICELLÉES (*pedicellatum*). — *Helianthemum
Lippii* Delil. — *H. lavandulæfolium* Sieber (non Pers.)

— β : A FLEURS SESSILES (*sessiliflorum*). — *Helianthemum
Lippii, H. sessiliflorum,* et *H. ellipticum* Pers. — Dun. —
Cistus sessiliflorus Desfont. Flor. Atlant. tab. 106. — *Cistus
ellipticus* Desf. l. c. tab. 107.

Petit arbuste plus ou moins rameux, s'élevant jusqu'à 2
pieds, ou parfois à peine haut de quelques pouces, couvert
sur toutes ses parties herbacées d'une pubescence cotonneuse
ou soyeuse plus ou moins abondante. Racine très-longue, rameuse, ligneuse. Rameaux dressés, ou ascendants, ou diffus,
paniculés ou subdichotomes, ordinairement flexueux : les jeunes
feuillus; les adultes aphylles, mais souvent garnis de ramules
stériles raccourcis et très-feuillus. Feuilles elliptiques, ou elliptiques-oblongues, ou oblongues, ou oblongues-lancéolées, ou
lancéolées-linéaires, ou lancéolées-oblongues, ou linéaires, poin-

tues, ou arrondies au sommet (soit avec, soit sans mucron), planes
ou plus ou moins révolutées en dessous, courtement pétiolées,
tantôt cotonneuses-incanes, ou comme argentées, ou pubérules-
incanes aux 2 faces, tantôt d'un vert glauque et très-finement
pubescentes en dessus, incanes seulement en dessous, longues
de 1 à 12 lignes, larges de $^1/_2$ ligne à 3 lignes; côte médiane
et nervures assez saillantes en dessous; stipules subulées, ou
linéaires, ou linéaires-lancéolées, tantôt minimes et à peine
aussi longues que le pétiole, tantôt 1 à 3 fois plus longues que
le pétiole, mais toujours beaucoup plus courtes que la feuille.
Grappes ou épis 5-12-flores, d'abord courts, très-denses et un
peu recourbés en arrière, plus tard longs de 1 à 2 pouces, raides,
pédonculés, tantôt très-lâches, tantôt plus ou moins denses;
pédicelles presque nuls ou longs au plus de 1 ligne; bractées
minimes, subulées, latérales; rachis cotonneux et velu, ou pubérule, flexueux. Fleurs de grandeur très-variable. Sépales glabres et rougeâtres en dessus, en dessous finement pubérules, ou
cotonneux, ou incanes, ou fortement velus : les extérieurs linéaires, ou subulés, ou lancéolés-linéaires, minimes, ou atteignant
jusqu'à 1 ligne de long; les intérieurs elliptiques ou ovales-elliptiques, arrondis et mutiques, ou mucronulés, ou pointus, ou acuminés, 5-costés, finalement longs de 1 ligne à 2 $^1/_2$ lignes, larges
de $^1/_2$ ligne à 2 lignes. Pétales obovales-oblongs, jaunâtres, finement striés, ordinairement plus courts que le calice. Ovaire
cotonneux, non-stipité. Capsule ellipsoïde ou ovale-globuleuse,
trigone, pubescente ou glabre, tantôt de moitié plus courte que
le calice, tantôt aussi longue ou un peu plus longue, ordinairement polysperme. Graines petites, un peu anguleuses, ovoïdes,
atténuées au sommet, d'un brun roux; cotylédons elliptiques-
orbiculaires, un peu plus courts que la radicule.

Cette plante croît en Barbarie, en Égypte, à Chypre, en Syrie et en Arabie. Elle ne mérite pas d'être cultivée comme plante
d'ornement.

HÉLIANTHÈME DES CANARIES. — *Helianthemum canariense*
Pers. — *Cistus canariensis* Willd. Enum. — Jacq. Ic. Rar.
tab. 97. — *H. elianthemum mucronatum* et *H. confertum* Du-

nal, in' De Cand. Prodr. — *Helianthemum glaucum* Sweet, Cist. tab. 111.

Pédicelles filiformes, souvent aussi longs que le calice, défléchis après l'anthèse; sépales intérieurs 3-ou 5-nervés.

Arbuste atteignant un pied de haut. Racine épaisse, ligneuse. Tiges rameuses dès la base. Rameaux dressés, ou ascendants, ou étalés, effilés, ou tortueux, paniculés, grêles, alternes : les adultes aphylles, ligneux. Ramules florifères simples, courts ou allongés, feuillés, incanes; entrenœuds ordinairement plus courts que les feuilles. Feuilles elliptiques, ou elliptiques-orbiculaires, ou ovales-elliptiques, ou oblongues, ou obovales, pétiolées, planes, acuminulées ou mucronulées, subcunéiformes ou arrondies à la base, ordinairement pubérules-incanes aux 2 faces, longues de 3 à 10 lignes, larges de ½ ligne à 3 lignes ; côte et nervures assez saillantes en dessous; pétiole très-grêle, long de 1 ligne à 2 lignes. Stipules subulées, très-étroites, 2 à 3 fois plus courtes que le pétiole. Grappes 5-12-flores, après la floraison très-lâches et longues de 1 pouce à 2 pouces ; rachis très-grêle, pubescent; bractées minimes, subulées, ordinairement placées à quelque distance au-dessous et souvent à l'opposite des pédicelles. Fleurs épanouies larges d'environ 4 lignes. Sépales glabres et rougeâtres en dessus, légèrement pubérules et incanes en dessous, ou glabrescents : les extérieurs minimes, subulés, ou linéaires-subulés ; les intérieurs elliptiques ou ovales-elliptiques, arrondis et soit mutiques soit mucronulés au sommet, ou acuminés, plus ou moins fortement nervés, finalement longs de 2 à 3 lignes sur presque autant de large. Pétales obovales, jaunâtres, finement striés, un peu plus longs que le calice. Étamines à peu près aussi longues que le pistil. Ovaire globuleux, fortement cotonneux. Capsule ellipsoïde ou ovale-globuleuse, trigone, recouverte par le calice, ordinairement cotonneuse : valves tantôt presque aussi longues et larges que les sépales intérieurs, tantôt jusqu'à une fois moins larges et de moitié plus courtes. Graines petites, d'un brun roux.

Cette espèce habite les îles Canaries. — Les échantillons recueillis sur les lieux par MM. Webb et Berthelot, démontrent que le *Helianthemum mucronatum* Dun. n'est autre chose que le *Helianthemum canariense* adulte; tandis que Jacquin a fait figurer une jeune plante, plus petite dans toutes ses parties, et encore presque herbacée. — Le *Helianthemum confertum* Dun., est établi sur des échantillons à pédicelles plus courts que le calice, et à sépales pointus.

b) *Sépales intérieurs inéquilatéraux.*

HÉLIANTHÈME DU CAIRE. — *Helianthemum kahiricum* De-lile, Flor. Ægypt. tab. 31 , fig. 2.

Pédicelles filiformes, défléchis après l'anthèse, à peu près aussi longs que le calice. Sépales intérieurs finement 3-ou 4-nervés.

Arbuste droit ou diffus, haut de quelques pouces à ¹/₂ pied, irrégulièrement rameux. Racine épaisse, ligneuse de même que les rameaux adultes. Ramules florifères longs de 2 à 4 pouces, flexueux, grêles, cotonneux, ou soyeux, ou pubescents, feuillés, simples; entrenœuds ordinairement un peu plus courts que les feuilles. Feuilles lancéolées-oblongues, ou oblongues, ou ellip-tiques, ou ovales-elliptiques, très-obtuses, ou mucronées, ou un peu pointues, plus ou moins révolutées en dessous, ou planes, courtement pétiolées, tantôt soyeuses-argentées ou cotonneuses-incanes aux 2 faces, tantôt verdâtres et légèrement pubérules en dessus, longues de 2 à 6 lignes, larges de 1 à 2 lignes; pétiole très-court. Stipules subulées ou linéaires-lancéolées, minimes, ordinairement plus courtes que le pétiole. Grappes 5-12-flores, finalement très-lâches et longues de 1 à 2 pouces : rachis grêle, cotonneux; pédicelles longs de 1 à 2 lignes; bractées linéaires, très-étroites, plus courtes que les pédicelles, velues de même que la surface extérieure du calice. Sépales extérieurs linéaires-filiformes, de moitié plus courts que les sépales intérieurs; sé-pales intérieurs obliquement ovales, ou ovales-oblongs, ou oblongs, subobtus, ou pointus, glabres et rougeâtres en dessus, très-finement striés, finalement longs d'environ 3 lignes, sur 1 ¹/₂ ligne de large. Pétales obovales, jaunâtres, plus longs que le calice. Étamines un peu plus courtes que le pistil. Ovaire ellip-soïde, cotonneux, à peu près de moitié plus court que le style. Capsule ellipsoïde, trigone, recouverte par le calice.

Cet Hélianthème , qui peut-être n'est qu'une variété de l'espèce précédente , croît en Égypte.

Section III. EUHELIANTHEMUM Dunal.

Style grêle, ascendant, épaissi au sommet. Étamines le plus souvent nombreuses (30-100), plurisériées, insérées à toute la surface externe du disque; anthères elliptiques ou elliptiques-orbiculaires, échancrées aux 2 bouts. Sous-arbrisseaux. Feuilles toutes opposées, subcoriaces. Grappes terminales ou axillaires et terminales, unilatérales, bractéolées, nutantes avant l'anthèse pédicelles allongés, épaissis au sommet, défléchis après l'anthèse. — Corolle assez grande. Ovaire 1-loculaire inférieurement, subtriloculaire au sommet; placentaires 4-12-ovulés|(très-rarement 2-ovulés); funicules opposés, courts, turbinés après la floraison.

A : *Grappes toujours très-simples. Bractées herbacées , persistantes. Sépales intérieurs quadricostés, presque scarieux entre les côtes (semi-diaphanes lorsqu'ils sont glabres), membraneux du côté recouvert. — Feuilles des ramules stériles toujours beaucoup plus petites que les feuilles raméaires ou caulinaires.*

HÉLIANTHÈME VARIABLE. — *Helianthemum variabile* Spach, l. c. (cum analysi seminis).

Grappes terminales, solitaires : les fructifères très-lâches. Stipules persistantes.

Cette espèce se présente sous une infinité de formes (la plupart envisagées mal à propos comme autant d'espèces, par plusieurs auteurs), dont nous avons essayé de classer les plus notables comme suit :

1re SÉRIE : *Feuilles planes ou à peine révolutées aux bords.*

a) *Pétales jaunes , ou jaunâtres.*

—α : A FEUILLES VERTES (*virescens*). — *Helianthemum grandiflorum* De Cand. Fl. Franç. — Sweet, Cist. tab. 69. —

Helianthemum obscurum Pers.—*Helianthemum barbatum*
Pers.—Sweet, Cist. tab. 73. — *Helianthemum nummula-*
rium Mill. — Sweet, Cist. tab. 80. — *Helianthemum*
hyssopifolium Tenor. — Sweet, Cist. tab. 92. — *Helian-*
themum sulfureum Willd. — Sweet, Cist. tab. 37. — *He-*
lianthemum tauricum Sweet, l. c. tab. 105. — *Helian-*
themum Milleri Sweet, l. c. tab. 101. — *Helianthemum*
sampsucifolium et *H. cistifolium* Mill. — *Cistus echioides*
Lamk. — Feuilles d'un vert foncé et luisantes en dessus, d'un
vert pâle en dessous, hérissées ou pubescentes soit aux 2 faces,
soit seulement en dessous, ou quelquefois glabres aux 2 faces,
mais ciliolées, ovales, ou ovales-elliptiques, ou elliptiques,
ou elliptiques-oblongues, ou oblongues. Calice glabre, ou
plus ou moins hérissé (soit seulement aux côtes, soit sur toute
la surface extérieure), ou finement pubérule. Corolle d'un jaune
vif ou pâle.

— β : A feuilles discolores (*discolor*). — *Cistus Helian-*
themum Linn. — *Helianthemum vulgare* Pers. —Engl. Bot.
tab. 1321. — Sweet, Cist. tab. 34 et tab. 64 (flore pleno).
— Guimp. et Hayn. Deutsch. Holz. tab. 111. — Flor. Dan.
tab. 101.—*Cistus tomentosus* Scopol. Carn. tab. 24.—Smith,
Engl. Bot. tab. 2208. — *Helianthemum tomentosum* Dunal.
— *Helianthemum acuminatum* Pers. (calyce glabriusculo).
—*Helianthemum serpyllifolium* Dun. —Sweet, Cist. tab. 60.
— *Helianthemum stramineum* Sweet, Cist. tab. 93 et (flore
pleno) tab. 94. — *Helianthemum macranthum* Sweet, Cist.
tab. 103 et (flore pleno) tab. 104. — *Cistus helianthemoides*
Desfont. Atl. — *Helianthemum lucidum* Horn. — *Cistus*
hirsutus Lapeyr. — *Helianthemum surrejanum* Mill. (*Cis-*
tus Linn.) — Dill. Hort. Elth. tab. 145, fig. 174.— Sweet,
Cist. tab. 28. — Feuilles de forme variable comme celles de
la variété précédente, glabres ou pubescentes (mais toujours
vertes) en dessus, couvertes en dessous d'un duvet serré soit
blanchâtre, soit grisâtre. Calice velu, ou cotonneux, ou pubérule, ou glabre, souvent hérissé aux côtes. Corolle d'un
jaune vif ou pâle.

— γ : A FEUILLES BLANCHES (*hololeucum*). — *Cistus croceus*
Desfont. Flor. Atl. tab. 110. — *Helianthemum croceum*
Pers. — Sweet, Cist. tab. 53. — *Helianthemum glaucum*
Pers. (*Cistus glaucus* Cavan. Ic. tab. 361). — *Helianthe-
mum nudicaule* Dunal.—*Helianthemum Andersonii* Sweet,
Cist. tab. 89.—*Cistus ovatus* Viv. Fragm. 1, tab. 8, fig. 2.
(*Helianthemum* Dun.) — Feuilles cotonneuses ou laineuses
aux deux faces (blanchâtres ou incanes), ou finement pubé-
rules et glauques en dessus, blanchâtres ou incanes en des-
sous, de forme variable comme dans les variétés précédentes.
Calice ordinairement cotonneux ou laineux. Corolle souvent
d'un jaune safrané.

b) *Pétales blancs, ou roses, ou d'un orange cuivré, ou panachés.*

— δ : A FLEURS DE COULEUR VARIABLE (*mutabile*). — *Cistus
apenninus* Linn. (non *Helianthemum appenninum* De Cand.
Dun.) — *Cistus mutabilis* Jacq. Ic. Rar. 1, tab. 99. — *Helianthemum mutabile* Pers. — Sweet, Cist. tab. 106. —*Cistus fœtidus* Jacq. Ic. Rar 1, tab. 98 (*Helianthemum* Pers.)
—*Helianthemum roseum* De Cand. Fl. Franç. (*Cistus* Allion.) —Sweet, Cist. tab. 55 et (flore pleno) 86. —*Helianthemum diversifolium* Sweet, Cist. tab. 95 et (flore pleno)
tab. 98. — *Helianthemum lanceolatum* Sweet, Cist.
tab. 100. —*Helianthemum versicolor* Sweet, Cist. tab. 26.
— *Helianthemum cupreum* Sweet, l. c. tab. 66. — *Helianthemum hyssopifolium* : β *cupreum* Sweet, l. c. tab. 58
et (flore pleno) tab. 72. — Feuilles discolores, ou vertes aux
2 faces, de forme variable comme dans les variétés précédentes. Corolle rose, ou blanche, ou d'un orange cuivré.

IIᵉ SÉRIE. — *Feuilles linéaires, ou oblongues-linéaires,
ou linéaires-lancéolées, révolutées en dessous.*

a) *Corolle blanche ou rose.*

— ε : TRÈS-GLABRE (*glaberrimum*). — *Cistus glaucus* Desfont. Atlant. (non Cavan.) — *Helianthemum crassifolium*
Pers. — Dunal. (sub sectione Pseudocisti). — Feuilles

glauques, un peu charnues, linéaires-lancéolées ou oblongues-linéaires, très-glabres comme toute la plante. — Cette variété n'a été observée qu'en Espagne et en Barbarie.

— ζ : A côtes calicinales sétifères (*setosum*). — *Cistus ciliatus* Desfont. Flor. Atlant. tab. 109. — *Helianthemum ciliatum* Pers. — *Helianthemum asperum* Lagasca. — Dunal. — Rameaux cotonneux. Feuilles linéaires ou linéaires-lancéolées, cotonneuses-incanes en dessous, finement pubescentes et glauques en dessus. Corolle grande, rose. Calice grand, à côtes hérissées de longs poils raides et ordinairement jaunâtres. — Cette variété paraît également propre à l'Espagne et à la Barbarie.

— η : A grand calice (*calycinum*). — *Cistus racemosus* Linn.—Desfont. Flor. Atlant. —*Helianthemum racemosum* Dunal. — Feuilles linéaires, très-étroites, glauques et pubérules en dessus, cotonneuses-incanes en dessous de même que les rameaux. Calice grand, glabre, de moitié plus long que la capsule. Corolle blanche. — Cette variété a été trouvée par M. Desfontaines dans l'Atlas, près Mayane.

— θ : A feuilles de Polium (*polifolium*). — *Cistus polifolius* Linn. — Dill. Hort. Elth. tab. 145, fig. 172.—Engl. Bot. tab. 1332. — *Helianthemum polifolium* Pers.—Sweet, Cist. tab. 88. — *Helianthemum apenninum* De Cand. Fl. Franç. (fol. utrinquè tomentosis). — Sweet, Cist. tab. 62. —*Helianthemum rhodanthum* Dunal.—Sweet, Cist. tab. 7. — *Helianthemum canescens* Sweet, Cist. tab. 51. —*Helianthemum venustum* Sweet, l. c. tab. 10.—*Helianthemum pulverulentum* Sweet, l. c. t. 29. — Feuilles incanes aux 2 faces, ou discolores, ou rarement verdâtres aux 2 faces, oblongues, ou oblongues-linéaires, ou elliptiques, ou sublancéolées. Calice ordinairement cotonneux ou pubescent, incane. Corolle rose ou blanche. — Cette variété est commune dans l'Europe méridionale ; on la trouve même dans toute la France ainsi que dans le midi de l'Allemagne.

— ι : A feuilles linéaires (*linearifolium*). — *Cistus pilosus*

Linn. — *Helianthemum pilosum* Pers. — De Cand. Fl. Franç. (calyce glabro). — Sweet, Cist. tab. 49. — *Helianthemum pulverulentum* De Cand. Fl. Franç. (calyce puberulo). — Sweet, Cist. tab. 29. — *Helianthemum confusum* Sweet, Cist. tab. 91.—*Helianthemum lineare* Pers. (*Cistus* Cavan. Ic. 3, tab. 16). — Sweet, Cist. tab. 48. — *Helianthemum virgatum* Pers. — Sweet Cist. tab. 79. — *Helianthemum variegatum* Sweet., Cist. tab. 38. — *Helianthemum violaceum* Pers. (calyce lævigato : costis violaceis.) — *Helianthemum racemosum* Pers. (*Cistus racemosus* Lamk. non Desfont.) — Cette variété ne diffère de la précédente que par ses feuilles ordinairement très-étroites (linéaires ou linéaires-lancéolées, mais aussi très-variables quant à leur pubescence) et plus fortement révolutées, ainsi que par ses calices, en général plus petits et très-souvent glabres. Elle croît plus particulièrement dans le midi de l'Europe et en Barbarie.

— *x* : Hispide (*hispidum*). — *Helianthemum hispidum* Dunal. in De Cand. Prodr. — *Helianthemum majoranœfolium* : β, De Cand. Flore Franç. — Cette variété, assez commune dans le midi de l'Europe, diffère de celle *à feuilles de Polium* par ses sépales hérissés de poils.

b) *Corolle jaune.*

— λ : A feuilles étroites. — *Cistus angustifolius* Jacq. Hort. Vindob. 3, tab. 53. — *Helianthemum angustifolium* Pers. — *Helianthemum leptophyllum* Dun. — Sweet, Cist. tab. 20. — *Cistus Barrelieri* Bot. Mag. tab. 2371. — Rameaux incanes. Feuilles linéaires ou oblongues-linéaires, cotonneuses-incanes en dessous, glabres ou hérissées en dessus. Calice hérissé. — Cette variété, peu différente de la variété β, croît dans l'Europe méridionale.

— μ : Hérissé (*hirtum*). *Cistus hirtus* Linn. — Cavan. Ic. 2, tab. 146. — *Helianthemum hirtum* Pers. — Sweet, Cist. tab. 109. — *Helianthemum Lagascœ* Dunal, in De Cand.

Prodr. — *Helianthemum aureum* Pers. — Hérissé sur toutes ses parties herbacées de courts poils blancs très-serrés. Feuilles cotonneuses-incanes aux deux faces ou seulement en dessous, courtes, linéaires, ou oblongues-linéaires. Corolle d'un jaune vif. — Cette variété est assez commune dans le midi de l'Europe. Lorsque ses formes sont bien tranchées, on la prendrait volontiers pour une espèce distincte ; mais ses caractères se perdent promptement par la culture dans des terrains moins arides que ceux où elle croît habituellement, et même à l'état spontané on en trouve de nombreuses transitions à la plupart des autres formes de l'espèce.

Sous-arbrisseau très-bas et à peine ligneux dans les contrées septentrionales, tandis que dans l'Europe méridionale et en Barbarie il forme souvent un arbuste [très-rameux, atteignant 1 à 2 pieds de haut. Racine ligneuse, très-longue, rameuse. Tiges et rameaux dressés, ou ascendants, ou diffus, feuillés lorsqu'ils sont herbacés, aphylles à l'état ligneux. Parties herbacées (très-rarement toutes absolument glabres) diversement pubescentes, ou hérissées, ou cotonneuses, ou laineuses, ou pubérules, ou en partie glabres. Rameaux florifères longs de 3 à 12 pouces, dressés, ou ascendants, ou diffus, ou procombants, opposés, herbacés, feuillus, grêles, effilés, très-simples (presque toujours, dans la plante à l'état spontané), ou bifurqués au sommet, ou munis dans presque toute leur longueur de ramules axillaires également florifères, ou très-souvent garnis seulement de ramules axillaires raccourcis et stériles. Feuilles de forme très-variable, mais très-ordinairement plus longues que larges, très-obtuses (soit mutiques, soit mucronulées), ou pointues, luisantes en dessus lorsque cette surface est glabre, fermes ou presque coriaces, planes, ou plus ou moins révolutées en dessous, longues de 2 à 15 lignes (les inférieures plus courtes que les supérieures), larges de 1/2 ligne à 8 lignes (même dans certaines variétés spontanées); pétiole beaucoup plus court que la lame, long de 1/4 de ligne à 2 lignes. Stipules tantôt plus longues tantôt plus courtes que le pétiole, tantôt linéaires-sétacées ou subulées et très-étroites, tantôt lancéolées, ou lancéolées-linéaires, ou

lancéolées-oblongues, ou ovales - lancéolées, et atteignant jusqu'à 2 lignes de large, obtuses, ou pointues, ou acérées,
souvent sétifères au sommet, aussi variables, quant à la pubescence, que les autres organes herbacés. Grappes 5-15-flo-
res, d'abord courtes et très-denses, plus tard lâches et longues de 2 à 5 pouces ; rachis effilé, grêle, légèrement flexueux ;
bractées variant de forme et de grandeur à peu près comme les
stipules, 2 à 4 fois plus courtes que les pédicelles ; pédicelles
longs de 3 à 6 lignes, insérés soit un peu au-dessus ou au-dessous
de la bractée, soit immédiatement à côté de la bractée, mais jamais à l'opposite. Calice de grandeur très-variable, tantôt tout
à fait glabre et rougeâtre, ou jaunâtre, ou brunâtre, ou violet,
ou panaché de l'une ou de l'autre de ces couleurs et de vert,
tantôt glabre excepté aux côtes (lesquelles sont ou ciliolées, ou
velues, ou hérissées de poils raides), tantôt couvert sur toute
la face extérieure (la face intérieure des grands sépales est toujours très-glabre) d'une pubescence aussi diversement modifiée
que celle des feuilles et rameaux ; sépales extérieurs subulés, ou
linéaires-subulés, ou linéaires, ou ovales, ou elliptiques, ou sub-
lancéolés, souvent rétrécis à la base, obtus ou pointus, longs
de ½ ligne à 12 lignes, ordinairement très-étroits ; sépales intérieurs ovales, ou ovales-elliptiques, ou elliptiques, acuminulés,
ou mucronés, ou très-obtus, longs de 3 à 4 lignes, larges de
2 à 3 lignes. Corolle d'un jaune tantôt pâle, tantôt plus ou moins
vif, ou d'un jaune de safran, ou d'un orange plus ou moins cuivré, ou blanche, ou rose, ou pourpre, ou panachée de blanc et
de rose, large de 6 à 12 lignes ; pétales obovales, ou cunéiformes-obovales, souvent érosés au sommet. Étamines 20-100
(le plus souvent environ 40), débordées par le style, d'un
jaune de citron. Ovaire glabre, ou pubescent, ou cotonneux,
subglobuleux ; placentaires 6-12-ovulés, ou moins souvent
4-ovulés, très - rarement 2-ovulés. (La variation du nombre des ovules est indépendante des variétés de l'espèce, et
se rencontre souvent sur le même individu ; toutefois, les
plantes cultivées ont plus généralement des placentaires pluri-
ovulés.) Style à peu près 3 fois plus long que l'ovaire. Capsule ellipsoïde, ou ovale-globuleuse, plus ou moins grosse,

tantôt plus courte que le calice, tantôt presque aussi longue, po-lysperme, ou oligosperme. Graines petites, ovoïdes, un peu pointues au sommet, irrégulièrement anguleuses lorsque la capsule est polysperme, chagrinées, brunâtres, un peu plus courtes que le funicule ; cotylédons elliptiques, un peu plus courts que la radicule.

Cette espèce est commune en Barbarie ainsi que dans l'Europe tant australe que centrale ; c'est l'une des Cistacées qui, dans l'ancien continent, s'avancent le plus au nord, car elle croît encore en Suède et en Écosse ; mais on ne la rencontre plus, dans les contrées septentrionales, sous cette multitude de formes qu'elle offre dans le midi, et aucune des variétés à fleurs d'une couleur autre que le jaune n'a été observée au-delà du 5o^e degré de latitude.

Parmi les Cistacées qui résistent en plein air au climat du nord de la France, l'*Hélianthème variable* est l'espèce la mieux appropriée à l'ornement des jardins, parce qu'elle est très-rustique et que sa floraison dure depuis le mois de mai jusque vers la fin de l'été. On en possède de superbes variétés à fleurs doubles tant jaunes que blanches, ou roses, ou cuivrées, ou panachées ; mais, au grand chagrin des amateurs, ces produits de la culture sont d'une conservation difficile.

Hélianthème de Broussonet. — *Helianthemum Brousso-netii* Dunal, in De Cand. Prodr. — Webb et Berth. Phytogr. Canar. Ic.

Stipules non-persistantes. Grappes axillaires et terminales, courtement pédonculées, rapprochées en corymbe : les fructifères peu allongées, assez denses.

Arbuste s'élevant à environ un pied ou plus. Rameaux opposés, cylindriques : les adultes nus, ligneux ; les primaires atteignant la grosseur d'un tuyau de plume. Ramules florifères longs de 3 à 6 pouces, ascendants ou dressés, grêles, cotonneux, très-feuillus, ordinairement simples, obscurément tétragones ; entrenœuds 3 à 5 fois plus courts que les feuilles. Feuilles oblongues ou oblongues-lancéolées, subobtuses, cotonneuses aux 2 faces, d'un vert cendré en dessus, incanes en dessous, longues de 6 à

12 lignes sur 2 à 4 lignes de large (celles des ramules-abortifs longues de 1 à 2 lignes , ordinairement ovales) ; côte et nervures saillantes en dessous ; pétiole cotonneux, long d'environ 1 ligne. Stipules linéaires , pointues, très-étroites, plus longues que le pétiole, non-persistantes (du moins aux feuilles inférieures). Grappes ternées à l'extrémité des ramules , ou plus souvent au nombre de 5, dont 3 terminales et 2 aux aisselles de l'avant-dernière paire de feuilles, subfastigiées, beaucoup moins lâches après la floraison que celles du *helianthemum variabile :* les axillaires 3-5-flores (quelquefois on trouve des pédoncules axillaires 1-ou 2-flores) ; les terminales 7-15-flores ; rachis cotonneux-incane de même que les pédicelles, raide, long de 1 à 2 pouces (après la floraison) ; pédicelles longs de 5 à 6 lignes, placés à l'aisselle ou moins souvent à l'opposite de la bractée, défléchis ordinairement les uns à droite, les autres à gauche ; bractées linéaires, pointues, très-étroites, cotonneuses, beaucoup plus courtes que les pédicelles. Calice couvert à toute sa surface extérieure d'une pubescence étoilée comme pulvérulente ; sépales extérieurs linéaires, subobtus, étroits, longs de 1 ligne; sépales intérieurs très-inéquilatéraux, subelliptiques, ou lancéolés-elliptiques, ou ovales, acuminés, longs de 5 lignes, sur 2 à 3 lignes de large ; côtes très-saillantes et d'un vert cendré à la face extérieure, violettes à la face antérieure. Pétales obovales, de couleur orange (plus courts que le calice). Étamines nombreuses, jaunes, au moins 2 fois plus courtes que le calice , longuement débordées par le style. Ovaire subglobuleux, cotonneux , rétréci en stipe court; placentaires 8-12-ovulés. Style filiforme, plus long que l'ovaire. Capsule ellipsoïde ou subglobuleuse, trigone, brune, légèrement cotonneuse, recouverte par le calice ; valves quelquefois de moitié plus courtes que les sépales intérieurs.

Cette espèce croît à Ténériffe.

B. Grappes terminales ordinairement bifurquées. Bractées membranacées, colorées, caduques. Sépales intérieurs chartacés, opaques, binervés (avec une 3ᵉ nervure rudimentaire), herbacés, immarginés. — Feuilles des ramules stériles atteignant souvent presque la même longueur que les feuilles raméaires.

HÉLIÁNTHÈME A FEUILLES DE LAVANDE. — *Helianthemum lavandulæfolium* De Cand. Fl. Franç. — *Cistus lavandulæfolius* Lamk.— Barrel. Ic. tab. 288. — *Cistus syriacus* Jacq. Ic. Rar. 1, tab. 96. — *Cistus racemosus* Cavan. Ic. 2, tab. 140.

Feuilles lancéolées, ou lancéolées-oblongues, ou lancéolées-obovales, ou lancéolées-linéaires, ou oblongues-linéaires, mucronées : les adultes planes ou presque planes ; les jeunes révolutées en dessous ; stipules, bractées et sépales (du moins les extérieurs) longuement ciliés. Grappes terminales ou axillaires et terminales, très-denses.

Arbuste dressé, rameux dès la base, haut de 6 à 18 pouces, ayant le port de la *Lavande*. Tige atteignant la grosseur d'un doigt d'homme. Rameaux opposés, dressés, effilés : les adultes ligneux et atteignant la grosseur d'un tuyau de plume ; les florifères feuillés, grêles, flexueux, pubescents, longs de 3 à 6 pouces, produisant des pédoncules aux aisselles de la dernière paire ou des deux dernières paires de feuilles, et plus bas des ramules stériles ordinairement raccourcis; (dans les individus vigoureux, les ramules qui naissent aux aisselles des feuilles supérieures s'allongent plus ou moins, et deviennent à leur tour florifères.) Feuilles coriaces : les jeunes cotonneuses (incanes ou blanchâtres) aux deux faces ; les adultes cotonneuses seulement en dessous, en dessus presque glabres et d'un vert foncé, ou finement pubérules et d'un vert soit glauque, soit cendré ; celles des rameaux (plus courtes que les entrenœuds) longues de 6 à 18 lignes, larges de 2 à 6 lignes, planes ou légèrement révolutées aux bords (rarement révolutées jusqu'à la côte); celles des ramules-axillaires de moitié à 1 fois plus courtes que les autres, rarement larges de plus de 1 ligne, révolutées jusqu'à la côte de manière à paraître subcylindriques; côte fortement saillante en dessous ; nervures latérales fines, cachées par le duvet; pétiole court. Stipules de forme et de grandeur très-variées, plus ou moins cotonneuses, rougeâtres ou verdâtres : celles des feuilles raméaires-inférieures ainsi que celles des feuilles ramulaires raides, presque piquantes, recourbées, subulées, ou linéaires-subulées, très-étroites, longues d'environ 1 ligne ; celles des feuilles raméaires-supérieures linéaires-lancéolées, ou oblongues-lancéolées, ou ovales-lancéolées, subulées au sommet, non-recourbées, graduellement plus grandes; celles des feuilles florales ayant presque l'apparence de bractées et atteignant 4 à 5 lignes de long. Grappes multiflores, courtement pédonculées, ordinairement géminées ou ternées à l'extrémité des rameaux (l'une des deux, ou l'intermédiaire des trois presque toujours bifurquées dès la base ; moins souvent l'intermédiaire et l'une des latérales bifurquées ; parfois le rameau se termine par une seule grappe soit bifurquée, soit trifurquée), et quelquefois en outre solitaires aux aisselles de l'avant-dernière paire de feuilles ; rachis grêle, subflexueux, cotonneux-incane, finalement long de 2 à 6 pouces (lorsqu'il y a bifurcation, elle est munie de 2 bractées conformes aux stipules des feuilles florales, mais caduques); pédicelles filiformes, unilatéraux, subbisériés, pubérules ou cotonneux, à peine aussi longs que le calice, très-rapprochés même après la floraison, placés à l'aisselle de la bractée ou un peu de côté. Bractées linéaires-lancéolées ou oblongues-lancéolées, rougeâtres, acérées, longues de 1 $\frac{1}{2}$ ligne, larges de $\frac{1}{3}$ de ligne à $\frac{1}{2}$ ligne. Sépales extérieurs pubescents ou velus, ciliés de poils semblables à ceux des bractées et des stipules, subcarénés au dos, ovales ou ovales-lancéolés, longuement acuminés, acérés, de moitié à une fois plus courts que les sépales intérieurs, larges de $\frac{1}{2}$ ligne à 1 ligne ; sépales intérieurs obliquement ovales, ou ovales-elliptiques, ou ovales-oblongs, très-inéquilatéraux, acuminés ou subacuminés, mucronés, pubérules-incanes ou glabres et rougeâtres en dessous, violets ou rouges et ordinairement glabres en dessus, souvent ciliés aux nervures ainsi qu'aux bords, finalement longs de 3 à 4 lignes, larges de 2 à 2 lignes et $\frac{1}{2}$. Pétales de moitié à peu près plus longs que le calice, jaunes, obovales, ou cunéiformes-obovales. Étamines débordées par le style. Pistil à peu près aussi long que le calice. Style 3 à

4 fois plus long que l'ovaire. Ovaire ellipsoïde ou subglobuleux, cotonneux; placentaires 2-6-ovulés. Capsule ellipsoïde ou oblongue, trigone, plus ou moins cotonneuse, 3-6-sperme, petite, une fois plus courte (toujours?) que le calice. Graines ovales ou ovoïdes, anguleuses, petites , d'un brun tirant sur le rose ; cotylédons elliptiques-orbiculaires, subpétiolés , un peu plus courts que la radicule.

Cette espèce est commune dans la région méditerranéenne.

Section IV. ARGYROLEPIS Spach.

Style long, filiforme, ascendant, fortement géniculé. Étamines peu nombreuses , unisériées ; anthères elliptiques-orbiculaires, échancrées aux 2 bouts. Sous-arbrisseau à pubescence furfuracée. Feuilles toutes opposées. Grappes terminales, distiques, souvent géminées ; pédicelles allongés, épaissis au sommet, défléchis après l'anthèse (les uns à droite, les autres à gauche). — Corolle petite. Ovaire 1-loculaire à la base, presque 5-loculaire supérieurement; placentaires 4-ou 6-ovulés , oblitérés supérieurement. Sépales intérieurs chartacés, tricostés, très-inéquilatéraux , immarginés.

Hélianthème squamuleux. — *Helianthemum squammatum* Pers. — *Cistus squammatus* Linn. — Cavan. Ic. tab. 139.

Ramules tétragones. Grappes courtes, très-denses même après la floraison. Bractées membranacées, non-persistantes. Sépales intérieurs obliquement ovales ou elliptiques, très-obtus.

Arbuste très-touffu, n'atteignant guère plus de 4 à 6 pouces de haut, couvert sur toutes ses parties herbacées d'une épaisse pubescence satinée et formée de squamules minimes, suborbiculaires, concaves, d'un bleu cendré ou tirant sur le roux. Tige ligneuse, dressée, rameuse dès la base ; rameaux dressés ou ascendants, opposés, grêles, feuillés, ordinairement très-simples, ou quelquefois soit bifurqués, soit trifurqués supérieurement en ramules florifères très-grêles et munis d'une seule paire de feuilles à leur sommet; (quelquefois il se développe aussi des ramules florifères aux aisselles inférieures). Entrenœuds ordinairement plus longs que les feuilles. Feuilles oblongues, ou elliptiques-oblongues, ou lancéolées-oblongues, pointues ou obtuses, fermes, longues de 4 à 12 lignes, larges de 1 ligne à 4 lignes. Stipules subulées ou linéaires-lancéolées, membraneuses, brunâtres, à peu près aussi longues que le pétiole ou un peu plus longues. Grappes raides, dressées, pédonculées, ordinairement géminées, rarement ternées ou solitaires, finalement longues de 6 à 15 lignes; pédicelles beaucoup plus longs que les bractées, à peu près de moitié plus longs que le calice. Bractées brunâtres, elliptiques, obtuses, distiques, presque imbriquées. Sépales extérieurs linéaires ou lancéolés-linéaires, pointus, très-petits; sépales intérieurs argentés en dessous, glabres et brunâtres en dessus, finalement longs de 2 à 2 $^{1}/_{2}$ lignes. Pétales flabelliformes ou cunéiformes-oblongs, obtus, un peu plus longs que le calice, jaunes, avec une grande tache brunâtre à leur base. Étamines de moitié plus courtes que le calice; filets souvent soudés irrégulièrement en deux ou trois faisceaux inégaux et alternes avec des filets libres. Ovaire non-stipité, subglobuleux, cotonneux; funicules défléchis, résupinés. Style 3 fois plus long que l'ovaire. Capsule cotonneuse, ellipsoïde, recouverte par le calice. Graines petites, ellipsoïdes; cotylédons suborbiculaires, plus courts que la radicule.

Cette espèce croît dans l'Espagne et la Barbarie.

Genre RHODACE.— *Rhodax* Spach.

Sépales 5 : les 2 extérieurs petits. Pétales 5. Étamines nombreuses (environ 50-70); filets capillaires; anthères didymes, réniformes-orbiculaires. Ovaire comme triloculaire ; placentaires 2-ou 4-ovulés, filiformes, basilaires, raccourcis; funicules allongés, résupinés, opposés, capillaires. Style filiforme, ascendant, infléchi au sommet. Stigmate disciforme, à 3 crêtes fimbriolées. Capsule incomplètement 3-loculaire, oligosperme, 3-valve, chartacée; endocarpe séparable, membraneux de même que les cloisons. Embryon excentri-

que, deux fois replié; cotylédons étroits, oblongs, subpétiolés.

Sous-arbrisseaux peu élevés. Feuilles stipulées ou non-stipulées, opposées, penninervées. Inflorescence en grappes
terminales, ou dichotoméaires et terminales, ou axillaires et
terminales, unilatérales, bractéolées, pédonculées; pédicelles
alternes-distiques, rabattus avant l'anthèse, érigés pendant
la floraison, divariqués ou défléchis après l'anthèse (soit
vers un seul côté, soit les uns à droite, les autres à gauche),
finalement résupinés, placés ordinairement en dehors de
l'aisselle de la bractée (tantôt plus haut, tantôt plus bas).
Calice herbacé ; sépales extérieurs ordinairement très-petits
et conformes aux bractées; sépales intérieurs membraneux
du côté recouvert, inégalement bidentés au sommet. Pétales
d'un jaune vif. Étamines jaunes, débordant le pistil. Graines ovoïdes ou ovales, subtrigones, à peu près de moitié
plus courtes que les valves de la capsule, finement chagrinées (à la loupe); test mince, crustacé, non mucilagineux
par madéfaction. Radicule dorsale ou subdorsale, supère,
obliquement ascendante, géniculée à la base, un peu plus
longue que les cotylédons; cotylédons ascendants jusqu'au-
delà du milieu de la radicule (laquelle en est séparée par une
mince couche de périsperme), puis repliés sur eux-mêmes
dans la direction opposée, de sorte que leur sommet pointe
vers la chalaze.

Ce genre, qui diffère du précédent par la conformation
des funicules et la plicature de l'embryon, comprend la section VIII (*Pseudocistus*) des Hélianthèmes de M. Dunal (à
l'exception du *helianthemum squamatum*); mais les seize
espèces énumérées par cet auteur doivent être réduites, à
notre avis, aux trois que nous allons décrire.

a) *Tiges et branches non-dichotomes. Rameaux florifères très-simples, ou bifurqués seulement au sommet. Grappes terminales ou
axillaires et terminales : celles-ci souvent géminées, ou ternées,
ou bifurquées.*

RHODACE MULTIFLORE. — *Rhodax polyanthos* Spach,

in Annales des Sciences Nat., 2ᵉ série, vol. 6 (décemb. 1836),
p. 364. — *Cistus polyanthos* Desfont. Flor. Atlant. tab. 108.
— *Helianthemum polyanthos* Pers.

Feuilles la plupart stipulées. Grappes multiflores (très-rarement simples et solitaires). Sépales intérieurs 4-costés, obliquement tronqués au sommet, mucronés d'un côté ; sépales extérieurs
comme pétiolulés, de moitié à une fois moins larges que les
intérieurs.

Arbuscule multicaule, ligneux seulement à la base. Racine
ligneuse, épaisse. Tiges ou branches très-courtes. Rameaux florifères longs de 4 à 8 pouces, ascendants, grêles, effilés,
feuillés, scabres, cotonneux et poilus, ou seulement poilus, ou
presque glabres et rougeâtres, ordinairement bifurqués au sommet; entrenœuds inférieurs très-rapprochés, plus courts que les
feuilles; entrenœuds supérieurs jusqu'à 3 fois plus longs que les
feuilles. Feuilles longues de 4 à 15 lignes, larges de 1 ligne à 6
lignes, obtuses, ou pointues, ou acuminées : les plus inférieures
non-stipulées, plus petites, oblongues-lancéolées, ou ovales-lancéolées, ou ovales, ou ovales-elliptiques, vertes et poilues en dessus,
cotonneuses-incanes en dessous; les autres stipulées, vertes aux
deux faces, glabres, ou poilues, oblongues, ou elliptiques-
oblongues, ou lancéolées-oblongues, souvent érosées-denticulées;
celles des 2 ou 3 dernières paires linéaires, ou linéaires-lancéolées, ou linéaires-oblongues; pétioles dilatés, longs de 1 ligne à 4 lignes. Stipules foliacées, subpétiolulées, lancéolées, ou
lancéolées-linéaires, obtuses ou pointues, glabres, ou poilues
(surtout aux bords), ordinairement érosées-denticulées : celles
des feuilles inférieures à peine plus longues que le pétiole; les
autres graduellement plus longues, souvent presque aussi grandes
que les feuilles (surtout vers l'extrémité des rameaux). Grappes
géminées ou ternées à l'extrémité des rameaux ou de leurs bifurcations, souvent elles-mêmes bifurquées ou trifurquées; (rarement le rameau florifère principal produit des ramules florifères
axillaires soit feuillés, soit subaphylles); rachis presque filiforme, hispide (de même que les pédicelles, bractées, sépales
extérieurs, ainsi que les bords et côtes des sépales intérieurs),

finalement long de 2 à 4 pouces ; pédicelles filiformes , ordinairement un peu plus longs que le calice et défléchis vers un seul côté , insérés à l'aisselle de la bractée ou immédiatement à côté ; bractées persistantes ou non-persistantes, linéaires, très-étroites, 2 à 4 fois plus courtes que le pédicelle. Calice très-fortement hérissé de courtes soies blanchâtres ; sépales extérieurs ovales-lancéolés , ou oblongs-lancéolés , ou ovales-rhomboïdaux , subacuminés , érosés-denticulés aux bords , finalement longs de 1 ¹/₂ ligne et larges de près de 1 ligne ; sépales intérieurs obliquement ovales ou ovales-oblongs , presque membraneux entre les côtes , distinctement mucronés au sommet à l'un des bords (du côté recouvrant), quelquefois échancrés ou obscurément bidentés, finalement longs de 2 à 3 ¹/₂ lignes, sur 1 ¹/₂ ligne de large. Pétales obovales, un peu plus longs que le calice. Ovaire cotonneux. Placentaires 2-ovulés. Capsule cotonneuse au sommet, petite, recouverte par le calice, ovoïde, triédre, subacuminée. Graines petites , roussâtres.

Cette espèce croît dans la Barbarie ; elle a été trouvée par M. Desfontaines aux environs de Mascar , et par M. Salzmann à Tanger.

RHODACE CHAMÉCISTE. — *Rhodax Chamæcistus* Spach, l. c. tab. 17, fig. 8 et 9.

Feuilles tantôt stipulées , tantôt non-stipulées. Grappes 3-12-flores (souvent simples et solitaires). Sépales intérieurs trinervés , bidentés ou arrondis au sommet ; sépales extérieurs sublinéaires ou subulés , très-étroits.

Les variétés les plus marquantes de cette espèce , à peu près aussi polymorphe que l'*Hélianthème variable*, peuvent être classées comme suit :

— α : MULTIFLORE (*floribundus*). — *Helianthemum marifolium* De Cand. Fl. Franç. — *Helianthemum rotundifolium* Dunal, in De Cand. Prodr. (*Cistus nummularius* Cavan. Ic. 2, tab. 142). — *Helianthemum crassifolium* Pers. (non *Cistus glaucus* Desfont.) — *Helianthemum paniculatum* Dunal. — *Helianthemum cinereum* Pers. (*Cistus cinereus*

Cavan. Ic. 2, tab. 141.) — *Helianthemum molle* Pers.
(*Cistus mollis* Cavan. Ic. 3, tab. 262, fig. 2.) — Grappes
ordinairement géminées ou quelquefois ternées à l'extrémité
des rameaux, ou solitaires et bifurquées, assez souvent axillaires et terminales ; bractées très-petites, caduques. Feuilles
cotonneuses- incanes ou blanchâtres soit aux deux faces, soit
seulement en dessous, ovales ou elliptiques et subcordiformes
à la base, pointues ou acuminées, le plus souvent (du moins
les supérieures) stipulées. — Cette variété n'habite que la
région méditerranéenne.

— β : INCANE (*canescens*). — *Cistus marifolius* (Engl. Bot.
tab. 396. — Hook. Flor. Lond. tab. 171), *C. canus* (Jacq.
Flor. Austr. tab. 277) et *C. anglicus* Linn.—*Helianthemum
canum* Dunal. — Sweet, Cist. tab. 56. — Reichenb. Ic.
Crit. fig. 578. — *Helianthemum vineale* Pers. — Sweet,
Cist. tab. 77. — Spreng. Flor. Hal. ed. 1, tab. 5. *—Helianthemum italicum* Pers. (*Cistus* Linn.) — *Cistus pi-
loselloides* Lapeyr. — *Cistus alpestris* Pourr. — Grappes
solitaires ou rarement géminées, terminales, non - bifurquées. Bractées persistantes ou subpersistantes : les inférieures
souvent presque aussi grandes que les dernières feuilles.
Feuilles cotonneuses-blanchâtres ou grisâtres (soit aux deux
faces, soit seulement en dessous), non-stipulées, ou très-rarement les supérieures stipulées, elliptiques, ou elliptiques-
oblongues, ou oblongues, ou lancéolées-oblongues, ou lancéolées-obovales, ou obovales, ou ovales, ou ovales-oblongues,
ordinairement obtuses. — Cette variété croît dans les endroits
arides ou pierreux des collines et des montagnes de presque
toute l'Europe, jusque vers le 60ᵉ degré de latitude.

— γ : VIRESCENT (*virescens*). — *Cistus œlandicus* Linn. —
Jacq. Flor. Austr. tab. 399. —*Helianthemum œlandicum*
De Cand. Fl. Franç. — Reichenb. Ic. Crit. fig. 1. — Sweet,
Cist. tab. 85.—*Helianthemum alpestre* Dunal, in De Cand.
Prodr. — Reichenb. Ic. Crit. fig. 2. — Sweet, Cist. tab. 2.
—*Helianthemum pulchellum* Sweet, Cist. tab. 71. —*He-

lianthemum penicillatum et *H. obovatum* Dunal; in De
Cand. Prodr. — Grappes solitaires ou rarement géminées,
terminales, jamais bifurquées. Bractées persistantes : les inférieures souvent presque aussi grandes que les dernières
feuilles. Feuilles vertes ou verdâtres aux deux faces, glabres,
ou glabrescentes, ou pubérules, ou strigueuses, ou hérissées,
de forme aussi variée que celles de la variété incane, très-
rarement les supérieures stipulées. — Cette variété croît
dans presque toute l'Europe, et principalement dans les régions subalpines, où elle devient souvent glabre ou presque
glabre sur toutes ses parties.

Arbuscule diffus et suffrutescent à la base dans les contrées
septentrionales ou dans les régions élevées des montagnes, tandis
que dans les expositions chaudes du Midi, ses tiges et ses vieux
rameaux deviennent ligneux et forment une touffe plus ou moins
dressée, mais en général à peine haute de quelques pouces..Ra-
cine ligneuse, rameuse, assez épaisse, souvent plus longue que
le reste de la plante, multicaule. Tiges longues de 2 à 6 pouces, dressées, ou ascendantes, ou diffuses, très-grêles, ou atteignant quelquefois l'épaisseur d'un doigt, ordinairement très-
rameuses. Rameaux opposés ou alternes, glabres, ou velus,
ou hérissés, ou cotonneux, ligneux et aphylles, ou herbacés et
feuillés : les stériles courts, très-feuillus; les florifères longs de
3 à 6 pouces ou rarement plus, procombants, ou ascendants, ou
dressés, simples, ou très-rarement bifurqués au sommet, très-
feuillus à la base, plus haut médiocrement feuillés ou subaphylles, ordinairement très-grêles. Feuilles longues de 1 ligne à
8 lignes, larges de 1 ligne à 3 lignes, d'un vert soit gai, soit foncé
lorsqu'elles sont glabres ou à peu près glabres, plus ou moins incanes ou blanchâtres lorsqu'elles sont pubescentes ou cotonneuses,
très-entières ou subdenticulées, très-variables quant à leur forme:
les inférieures ordinairement beaucoup plus longues que les entrenœuds; les supérieures 1 à 3 fois plus courtes que les entrenœuds; pétiole dilaté, long de 1 à 3 lignes. Stipules (la présence
ou l'absence de ces organes a été employée mal à propos pour distinguer *spécifiquement* quelques formes de cette plante; mais

notre variété α en offre tantôt à toutes ses feuilles, tantôt seulement aux feuilles supérieures , et tantôt elles y manquent tout à fait ; tandis que les autres variétés, quoique plus généralement tout à fait dépourvues de stipules, en offrent néanmoins quelquefois aux feuilles supérieures) persistantes ou caduques, subulées, ou linéaires, ou lancéolées-linéaires, ou linéaires-oblongues, obtuses ou pointues, à peine plus longues que le pétiole, ou presque aussi longues que la feuille, velues, ou pubescentes. Grappes 3-12-flores, finalement très-lâches et atteignant 2 à 4 pouces de long; rachis cotonneux, ou pubescent, ou hérissé, ou glabre (ainsi que les pédicelles, bractées et calices), très-grêle, effilé, un peu flexueux; pédicelles filiformes : les fructifères longs de 3 à 6 lignes. Bractées persistantes ou caduques : les 2 ou 3 inférieures souvent presque aussi grandes que les dernières feuilles; les autres linéaires, ou linéaires-subulées, ou lancéolées-linéaires, souvent minimes. Sépales extérieurs linéaires, ou linéaires-subulés, ou lancéolés-linéaires, ordinairement très-étroits, 1 à 3 fois plus courts que les intérieurs. Sépales intérieurs finalement longs de 1 ¹/₂ ligne à 3 lignes, obliquement elliptiques ou ovales, inégalement bidentés au sommet ou rarement arrondis, glabres en dessus, à 6 nervures, dont 3 submédianes, beaucoup plus fortes, et 3 autres (une du côté recouvrant, 2 du côté recouvert) très-fines. Corolle au moment de l'épanouissement large de 3 à 6 lignes (dans les variétés alpestres les fleurs sont en général plus grandes), d'un jaune vif; pétales à peine aussi longs que le calice ou jusqu'à 1 fois plus longs, obovales, ou obcordiformes, très-entiers, ou érosés, ordinairement immaculés à la base. Étamines un peu plus courtes que le calice. Ovaire glabre, ou plus ● moins pubescent, subsessile; placentaires 2- ou 4-ovulés. Style à peu près aussi long que l'ovaire, débordé par les étamines , épaissi au sommet, courbé en forme de S. Capsule ovale ou ovale-oblongue, trigone , brunâtre, fragile, recouverte par le calice et un peu plus courte que lui, ordinairement 6-sperme. Graines ovales, trigones , un peu pointues, roussâtres, finement chagrinées (à la loupe), de moitié à peu près plus courtes que la capsule.

Cette espèce, qui croît dans presque toute l'Europe, ainsi qu'en Barbarie, mérite d'être cultivée comme plante d'agrément.

b) *Branches et rameaux dichotomes. Grappes dichotoméaires et terminales, toujours solitaires et simples.*

RHODACE DICHOTOME. — *Rhodax dichotomus* Spach, l. c. Feuilles cordiformes ou subcordiformes (du moins les inférieures), non-stipulées. Grappes filiformes, très-lâches; pédicelles presque capillaires : les fructifères plus longs que le calice. Bractées minimes. Sépales intérieurs 3-nervés, tridentés au sommet, beaucoup plus grands que les extérieurs.

— α : A FEUILLES VERTES (*viridis*). — *Cistus dichotomus* Cavan. Ic. 3, tab. 263, fig. 1. — *Helianthemum dichotomum* Willd. — Feuilles vertes aux 2 faces, glabres, ou poilues aux bords et aux nervures. Sépales et ramules hispidules et quelquefois visqueux.

— β : A FEUILLES DISCOLORES (*discolor*). — *Cistus origanifolius* Lamk. Dict. — Cavan. Ic. 3, tab. 262, fig. 1. — *Helianthemum origanifolium* Willd. — *Helianthemum marifolium* Salzm. exsicc.! — De Cand. Flor Franç. — Feuilles laineuses ou cotonneuses (blanches ou incanes) en dessous, vertes et glabres ou verdâtres et pubérules en dessus. Ramules et calices ordinairement cotonneux.

Arbuscule divariqué, ou diffus, ou dressé, très-rameux dès la base, atteignant quelquefois jusqu'à un pied de haut, mais ordinairement très-bas. Tiges ou branches atteignant rarement la grosseur d'un tuyau de plume. Rameaux divariqués ou presque dressés, très-grêles : les adultes aphylles, ligneux ; les jeunes médiocrement feuillés, florifères, presque filiformes, plusieurs fois dichotomes ou quelquefois subtrichotomes (à intervalles plus ou moins rapprochés), cotonneux, ou pubérules, ou hérissés de très-courts poils crépus ; entrenœuds ordinairement 2 à 3 fois plus longs que les feuilles. Feuilles ovales, ou ovales-elliptiques, ou elliptiques, ou ovales-oblongues, plus ou moins distinctement cordiformes.à la base (les supérieures quelquefois arrondies à la base), obtuses, ou un peu pointues, très-entières, quelquefois subrévolutées aux bords, longues de 1 ligne à 6 lignes, larges de 1 ligne à 3 lignes; pétiole grêle, long de $^1/_4$ de ligne à 1 ligne $^1/_2$. Grappes 5-12-flores; rachis très-court lors de l'épanouissement des premières fleurs, finalement long de 1 à 6 lignes; pédicelles ordinairement défléchis d'un seul côté, finalement longs de 3 à 5 lignes. Bractées linéaires ou linéaires-subulées, beaucoup plus courtes que le pédicelle; celles des fleurs supérieures presque imperceptibles. Fleurs au moment de l'épanouissement larges de 2 à 3 lignes. Sépales extérieurs sétiformes, 2 à 3 fois plus longs que les intérieurs; sépales intérieurs glabres en dessus, en dessous hispidules, ou pubérules, ou cotonneux, ou laineux, obliquement ovales ou ovales-oblongs, submucronulés au sommet à l'un des bords (du côté recouvrant), échancrés, ou rétus, finalement longs d'environ 3 lignes. Pétales obovales, jaunes, à peu près de moitié ou à peine plus longs que les sépales intérieurs. Étamines un peu plus courtes que le calice, plus longues que le pistil. Ovaire ordinairement cotonneux; placentaires 2-ou 4-ovulés. Capsule oblongue ou ellipsoïde, obtuse, trigone, un peu plus courte que le calice.

Cette espèce croît dans la région méditerranéenne.

Genre TUBÉRARIA. — *Tuberaria* Spach.

Sépales 3, ou 5 (dont 2 extérieurs, petits). Pétales 5. Étamines nombreuses (au moins 15); filets capillaires; anthères suborbiculaires, rétuses. Ovaire incomplètement 3-loculaire; placentaires nerviformes, multiovulés; funicules nidulants, claviformes, bouffis, résupinés. Style court ou presque nul, dressé, obconique. Stigmate hémisphérique, subtrilobé à la base. Capsule testacée, incomplètement 3-loculaire, 3-valve, polysperme; endocarpe séparable, membraneux de même que les cloisons. Embryon subpériphérique, circonfléchi.

Herbes vivaces ou annuelles. Feuilles triplinervées ou

subquintuplinervées, non-stipulées, ou seulement les supérieures stipulées : les radicales ou raméaires inférieures roselées, spathulées ; les caulinaires ou raméaires supérieures ordinairement alternes; les autres opposées. Inflorescence en
grappes solitaires ou géminées, terminales, simples ou subpaniculées, unilatérales, bractéolées ou presque nues, pédonculées; pédicelles insérés à l'aisselle de la bractée ou en dehors, épaissis au sommet, nutants en préfloraison (ainsi que
le pédoncule), érigés pendant l'anthèse, puis divariqués, ou
défléchis, ou rabattus, finalement résupinés ou presque
dressés. Sépales herbacés ou coriaces : les extérieurs (nuls
lorsque le calice est trisépale; ou quelquefois un seul)
bractéoliformes; les intérieurs finement striés, subacuminés
ou acuminés, membraneux du côté recouvert. Pétales d'un
jaune vif, souvent marqués à leur base d'une tache pourpre
ou violette. Étamines jaunes. Stigmate gros, blanchâtre, à
crêtes fortement papilleuses, fimbriolées. Funicules celluleux, membraneux, caducs lors de la maturité. Graines
minimes, ovoïdes, trigones, chagrinées; embryon grêle,
courbé en triangle ou presque en fer à cheval autour de la
partie centrale du périsperme; radicule ascendante, oblique,
à peu près aussi longue que les cotylédons; cotylédons
oblongs-linéaires, géniculés, ascendants.

Ce genre correspond à la section établie sous le même
nom, par M. Dunal, dans les *Hélianthèmes ;* mais les neuf
espèces énumérées par cet auteur doivent être réduites aux
deux suivantes :

a) *Plante annuelle. Grappes toujours très-simples, dépourvues de
bractées, excepté à un ou deux des pédicelles inférieurs. Feuilles
supérieures le plus souvent stipulées. Fleurs petites. Calice toujours
pentasépale.*

TUBÉRARIA ANNUEL. — *Tuberaria annua* Spach, in Annales
des Sciences Nat., 2ᵉ sér., vol. 6 (décembre 1836), p. 365.
— *Cistus guttatus* Linn. — Engl. Bot. tab. 544. — Flor.
Græc. tab. 498. — *Cistus serratus* Cavan. Ic. 2, tab. 57,
fig. 1. — *Helianthemum guttatum* Mill. — *Cistus planta-*

gineus Willd. — *Helianthemum plantagineum* Pers. — *He-lianthemum eriocaulon* Dunal. — Sweet, Cist. tab. 3o. — *Helianthemum inconspicuum* Thib. — Pers. — *Helianthe-mum punctatum* Dun. (Willd. sub *Cisto.*) — Sweet, Cist. tab. 6i. — *Helianthemum præcox* et *H. macrosepalum* Salzm. exsicc. — *Helianthemum bupleurifolium* Dunal. (*Cis-tus* Lamk.) — *Helianthemum heterodoxum* Dun.

Fleurs longuement pédicellées. Sépales extérieurs plus courts et ordinairement plus étroits que les intérieurs.

Plante haute de 4 à 12 pouces ou rarement plus, dressée, rameuse dès la base ou moins souvent simple, ordinairement hérissée sur toutes ses parties herbacées de nombreux poils ho-rizontaux. Racine simple ou peu rameuse, grêle ou filiforme. Rameaux (et tige) pubescents-incanes, ou verts, ou rougeâtres, souvent visqueux vers leur extrémité, ascendants, ou érigés et plus ou moins divergents, effilés, subtétragones, très-rap-prochés et opposés dans le bas de la plante, écartés et souvent alternes dans le haut, tantôt très-simples, tantôt paniculés, ou subdichotomes. Feuilles tantôt vertes aux deux faces et soit presque glabres, soit plus ou moins hérissées, ou couvertes de courts poils scabres et couchés (souvent subfasciculés), tantôt couvertes d'une pubescence molle (quelquefois visqueuse) et plus ou moins incane : les radicales (de peu de durée) oblon-gues-spathulées, plus petites que celles de la base de la tige; les caulinaires et ramulaires oblongues, ou oblongues-linéai-res, ou linéaires, ou lancéolées, ou lancéolées-oblongues, obtuses ou pointues, triplinervées ou rarement quintupli-nervées, sessiles, longues de 6 lignes à 3 pouces, larges de 1/2 ligne à 1 pouce; les supérieures éloignées, plus cour-tes que les entrenœuds, presque toujours stipulées. Stipules linéaires ou lancéolées-linéaires, étroites, quelquefois adnées dans leur moitié inférieure, presque aussi longues que la feuille, ou jusqu'à 4 fois plus courtes. Grappes 5-12-flores, ordinai-rement solitaires, toujours simples, après l'anthèse très-lâches : rachis hérissé ou poilu, ordinairement visqueux, filiforme, fi-nalement long de 1 à 3 pouces. Pédicelles glabres, ou hérissés,

ou pubescents, presque capillaires, après l'anthèse défléchis horizontalement, ou rabattus, ou déclinés, finalement résupinés,
ou érigés, ou horizontaux, longs de 4 à 12 lignes. Bractées linéaires ou linéaires-lancéolées (quelquefois elles manquent tout-
à-fait), foliacées. Calice hérissé, ou velu, ou pubescent-incane :
sépales extérieurs linéaires, ou oblongs, ou elliptiques, ou
ovales, pointus ou obtus, beaucoup plus courts que les sépales
intérieurs, ou presque aussi longs qu'eux, mais au moins de moitié moins larges ; sépales intérieurs ovales, obtus, ou pointus,
ou acuminulés, finalement longs de 2 à 3 lignes, souvent parsemés de petits tubercules d'un pourpre noirâtre. Corolle au
moment de l'épanouissement large de 2 à 3 lignes ; pétales flabelliformes ou obovales, courtement onguiculés, érosés-denticulés au sommet ou très-entiers, d'un jaune plus ou moins vif,
avec une tache pourpre ou violette au-dessus de leur base, ou
bien immaculés. Étamines plus courtes que le calice ; filets anguleux, épaissis au sommet. Ovaire non-stipité, cotonneux ou
pubérule, globuleux. Stigmate subsessile. Capsule jaunâtre,
pubérule, ou glabre, un peu plus courte que le calice, ovoïde,
trigone. Graines du volume de celles du Coquelicot, d'un jaune
grisâtre, chagrinées; embryon courbé en fer à cheval.

Cette plante, commune dans toute la région méditerranéenne,
se rencontre aussi, quoique moins fréquemment, dans les contrées plus septentrionales de l'Europe.

b) *Plante vivace, suffrutescente à la base. Grappes bractéolées,
souvent rameuses à la base. Feuilles toutes non-stipulées. Fleurs
grandes. Calice souvent réduit aux 3 sépales intérieurs, ou à 4
sépales, dont un seul (bractéoliforme) extérieur.*

TUBÉRARIA VIVACE. — *Tuberaria perennis* Spach, l. c.
Rameaux florifères simples, ou bifurqués au sommet, ou
rarement subpaniculés, feuillus à la base, presque nus supérieurement. Feuilles subcoriaces : les inférieures longuement pétiolées; les supérieures sessiles. Calice glabre, luisant, chartacé ; sépales intérieurs acuminés.

α : A FEUILLES DE MÉLASTOME (*melastomœfolia*). — *Cis-*

tus Tuberaria Linn. — Cavan. Ic. 1, tab. 67. — *Helianthemum Tuberaria* Willd. — Sweet, Cist. tab. 18. — *Helianthemum lignosum* Sweet, l. c. tab. 46. — Feuilles inférieures lancéolées-spathulées, ou lancéolées-elliptiques, ou
oblongues-spathulées, cotonneuses aux 2 faces, d'abord d'un
blanc argenté, plus tard incanes ou d'un vert cendré, rétrécies en pétiole rarement aussi long que la lame.

— β : A FEUILLES DE GLOBULAIRE (*globulariæfolia*).—*Cistus
globulariæfolius* Lamk. Dict. — *Helianthemum globula-
riæfolium* Pers. — Feuilles inférieures glabres ou hérissées,
vertes aux 2 faces, obovales-spathulées, ou elliptiques-spa-
thulées, arrondies au sommet, rétrécies en pétiole 1 à 2 fois
plus long que la lame.

Racine grosse, longue, peu rameuse, ligneuse. Plante adulte
formant une souche ligneuse assez épaisse, haute de 1 à 3 pouces, d'où naissent chaque année plusieurs rameaux étalés en
rond : les uns florifères, ascendants, flexueux, subtétragones,
grêles, effilés, tantôt glabres, excepté à la base, tantôt hérissés
ou poilus dans presque toute leur longueur, hauts de 4 à 12
pouces ; les autres (fleurissant probablement l'année suivante)
courts, très-feuillus. Feuilles inférieures des rameaux florifères
(ainsi que celles des rameaux non-florifères) longues de 2 à 4
pouces (y compris le pétiole), larges de 4 à 12 lignes, très-
rapprochées ou roselées, acuminées, ou pointues, ou arrondies
au sommet et soit mutiques soit mucronulées, rarement glabres ;
les autres (rarement plus de 2 ou 3 paires sur chaque rameau)
beaucoup plus petites (longues de 2 à 12 lignes), très-
éloignées, lancéolées, ou lancéolées-elliptiques, ou lancéolées-
oblongues, ou ovales-lancéolées, ou rarement obovales, acuminées, ordinairement glabres et luisantes, quelquefois d'un vert tirant sur le glauque ; les 2 ou 3 supérieures éparses, presque semblables aux bractées. Grappes 3-7-flores, très-lâches après la
floraison : rachis grêle, effilé, flexueux, glabre, finalement
long de 2 à 4 pouces ; pédicelles insérés tantôt à l'aisselle de la
bractée, tantôt à l'opposite, tantôt plus bas, anguleux, fili-

formes, épaissis au sommet, glabres, défléchis horizontalement après l'anthèse, plus tard de nouveau érigés ou ascendants, finalement longs de 6 à 12 lignes. Bractées glabres, luisantes, acuminées, persistantes, souvent rougeâtres : l'inférieure oblongue-lancéolée ou ovale-lancéolée, presque aussi longue que le pédicelle; les autres linéaires-lancéolées ou subulées, petites. Calice d'un vert glauque ou rougeâtre, après la floraison luisant, fragile, chartacé; sépales extérieurs (souvent nuls ou réduits à un seul) beaucoup plus petits que les intérieurs, ovales-lancéolés, ou oblongs-lancéolés, ou linéaires-lancéolés, ou linéaires-subulés; sépales intérieurs cordiformes-ovales, ou ovales, ou obovales, ou ovales-lancéolés, acuminés, subcarénés au dos, finement striés d'environ 7 nervures parallèles, finalement longs de 5 à 7 lignes, sur 2 à 3 lignes de large. Corolle au moment de l'épanouissement large d'environ 1 pouce, d'un jaune de citron ou d'un jaune pâle; pétales cunéiformes-obovales, ou flabelliformes, ou obcordiformes, souvent érosés au sommet, immaculés, ou marqués à leur base d'une tache pourpre. Étamines jaunes ou violettes, plus courtes que le calice, débordant le pistil. Ovaire ovoïde, substipité, très-incomplètement 3-loculaire, glabre ou cotonneux. Style très-court. Capsule glabre ou pubescente, plus courte que le calice, brunâtre, fragile, ovoïde, obtuse, brunâtre. Graines du volume de celles du Pavot, ovales, trigones, brunâtres, finement chagrinées. Embryon courbé en forme de triangle inéquilatéral.

Cette espèce, commune dans toute la région méditerranéenne de l'Europe, ainsi qu'en Barbarie, se cultive comme plante d'ornement, en orangerie.

Genre HALIME. — *Halimium* Spach.

Sépales 3, ou 5 (dont 2 extérieurs, petits). Pétales 5. Étamines nombreuses (au moins 15); filets filiformes, épaissis au sommet; anthères elliptiques-orbiculaires ou ovales-elliptiques. Ovaire 1-loculaire, ou incomplètement 3-loculaire (par exception comme 5-loculaire); placentaires fili-

formes ou nerviformes, 4-ou pluri-ovulés ; funicules opposés ou nidulants, résupinés , capillaires. Style claviforme ou
cylindracé , court, rectiligne , dressé. Stigmate hémisphérique, lobé à la base. Capsule coriace, 1-loculaire, ou incomplètement 3-loculaire, 3-valve (par exception comme 5-lo-
culaire, 5-valve), oligosperme, ou plus souvent polysperme;
endocarpe adhérent ; cloisons cartilagineuses. Embryon
grêle, circinné.

Arbustes ligneux ou suffrutescents. Feuilles opposées,
non-stipulées, penninervées, ou trinervées. Ramules florifères plus ou moins feuillés (du moins inférieurement),
souvent axillaires. Inflorescence générale de chaque ramule
en panicule, ou quelquefois soit en ombelle, soit en corymbe; inflorescences partielles (pédoncules secondaires)
des panicules opposées ou alternes, ou opposées inférieurement et alternes supérieurement, 2-5-flores (rarement
1-flores), subfastigiées ou irrégulièrement paniculées , solitaires (ou rarement géminées) à l'aisselle soit d'une bractée
caduque, soit d'une feuille persistante ; pédicelles toujours
dressés ou érigés, ordinairement munis à leur base d'une
bractéole caduque. Sépales herbacés ou subcoriaces : les extérieurs bractéoliformes ou nuls ; les intérieurs finement
striés, membraneux d'un côté, pointus, ou acuminés. Pétales
jaunes ou blancs, ordinairement marqués à leur base d'une
tache pourpre ou jaune. Étamines jaunes ou d'un pourpre
noirâtre. Stigmate blanchâtre, ordinairement gros, à crêtes
trigones, fortement papilleuses, subfimbriolées aux bords.
Graines ovoïdes, anguleuses, chagrinées ; embryon roulé
sur lui-même autour d'une très-petite portion du périsperme; radicule ascendante ; cotylédons linéaires , très-
étroits, un peu plus longs que la radicule : leur sommet
occupant le centre de la spire.

Ce genre renferme les espèces suivantes :

SECTION I. CHRYSORHODION Spach.

Pédoncules 1-7-flores , disposés en panicule allongée ou

subfastigiée : les inférieurs opposés ; les supérieurs alternes ; ou tous terminaux. Bractées ou foliacées et subpersistantes, ou membranacées et caduques avant la floraison.
Calice 5-5-sépale. Pétales jaunes (le plus souvent marqués
d'une tache pourpre au-dessus de leur base). Ovaire presque 1-loculaire ; placentaires multiovulés ; funicules nidulants. Style très-court, subcylindracé. Capsule toujours
trivalve.

A. *Panicule allongée, non-feuillée, garnie avant la floraison
de bractées caduques, colorées (quelquefois la première
paire de pédoncules naît aux aisselles d'une paire de feuilles semblables aux autres et persistantes).*

a) *Étamines d'un pourpre noirâtre : 5 ou 6 des plus intérieures beaucoup plus longues que les extérieures. Panicule très-glabre ou hérissée de poils capillaires, blanchâtres, horizontaux. Ramules
floriferes toujours simples ; pédoncules simples, ou 2-3-flores et paniculés, très-grêles. Pubescence des feuilles non furfuracée.*

Halime hétérophylle.—*Halimium heterophyllum* Spach,
in Annales des Sciences Nat., 2ᵉ sér., vol. 6 (décembre 1836),
p. 366.

Feuilles subcoriaces, mucronulées : celles des ramules florifères et des rameaux trinervées, sessiles, vertes (du moins en
dessus) ; celles des ramules stériles petites, pétiolées, carénées
en dessous, incanes aux 2 faces, ordinairement obovales. Sépales glabres ou hérissés, acuminés.

— α : A feuilles obtuses (*obtusifolium*). — *Cistus ocymoides* Lamk. Dict. — *Helianthemum ocymoides* Pers. —
Sweet, Cist. tab. 13. — *Cistus sampsucifolius* Cavan. Ic.
1, tab. 96. — *Cistus algarvensis* Bot. Mag. tab. 627. —
Helianthemum algarvense Dunal. — Sweet, Cist. tab.
40. — *Helianthemum microphyllum* Sweet, l. c. tab. 96.
— *Helianthemum rugosum* Sweet, l. c. tab. 65 (non Dunal.)—Feuilles des ramules florifères et des rameaux oblongues

ou oblongues-spathulées, arrondies au sommet. Panicule ordinairement simple, 5-9-flore.

— *β* : A FEUILLES POINTUES (*acutifolium*). — *Helianthemum candidum* Sweet, Cist. tab. 25. — *Helianthemum cheiranthoides* Sweet, l. c. tab. 107 (excl. syn.) — Feuilles des ramules florifères et des rameaux lancéolées-spathulées ou lancéolées-obovales, acuminées, finalement glabres et luisantes. Panicule pluriflore; pédoncules paniculés : la première paire accompagnée de feuilles ovales-elliptiques ou ovales-lancéolées.

Arbuste haut de 1 pied à 3 pieds, très-touffu, dressé ou étalé. Rameaux ascendants ou dressés, grêles : les adultes aphylles, ligneux; les jeunes feuillés, cotonneux (blanchâtres ou incanes), souvent en outre poilus, ordinairement garnis de ramules stériles axillaires plus ou moins allongés; entrenœuds ordinairement plus courts que les feuilles. Ramules florifères naissant en général sur les rameaux de l'année précédente, opposés, raccourcis, ou plus ou moins allongés, grêles, feuillus vers la base, médiocrement feuillés supérieurement, tantôt glabres, tantôt hérissés, tantôt cotonneux. Feuilles toujours de formes et de grandeur très-diverses sur le même individu : les raméaires et celles des ramules florifères (excepté les plus inférieures, qui sont semblables à celles des ramules stériles) longues de 6 à 15 lignes, larges de 2 à 3 lignes : les adultes vertes et glabres aux deux faces, ou moins souvent pubérules-incanes (soit aux deux faces, soit seulement en dessous); nervure médiane très-saillante en dessous; nervures latérales fines; feuilles des ramules stériles longues de 2 à 4 lignes, larges de 1 à 2 lignes, très-rapprochées, obovales, ou obovales-spathulées, ou rarement oblongues, ou oblongues-spathulées, souvent recourbées au sommet et comme carénées par la forte proéminence de leur côte, rétrécies en pétiole long de ¼ de ligne à 1 ligne (souvent il se développe d'autres petits ramules aux aisselles de ces feuilles ramulaires). Panicules 5-15-flores, très-lâches; rachis (ainsi que ses ramifica-

tions) très-glabre ou poilu (jamais cotonneux), très-grêle,
un peu flexueux, vert ou rougeâtre, ordinairement non-ra-
mifié dans sa moitié inférieure, finalement long de 4 à 6 pouces ; pédoncules presque filiformes, longs de 6 à 18 lignes,
simples, ou irrégulièrement divisés en 2 ou 3 pédicelles. Bractées et bractéoles oblongues, ou oblongues-lancéolées, ou ovales,
acuminées-cuspidées, concaves, rougeâtres, glabres ou poilues,
caduques avant l'épanouissement des fleurs qu'elles recouvrent
d'abord. Sépales 3, ovales-lancéolés, ou oblongs-lancéolés,
acuminés, ou acuminés-cuspidés, luisants, rougeâtres, ou panachés de rouge et de vert, très-glabres, ou poilus (jamais cotonneux), longs d'environ 3 lignes, sur 1 ligne et ¹/₂ à 2 lignes de
large. Corolle au moment de l'épanouissement large de près de
1 pouce ; pétales flabelliformes, marqués au-dessus de leur base
d'une grande tache d'un pourpre noirâtre. Filets jaunes à la base,
d'un pourpre noirâtre (ainsi que les anthères avant l'anthèse)
supérieurement : les majeurs de moitié plus courts que le calice.
Pistil debordé par la plupart des étamines. Ovaire globuleux,
subtrigone, cotonneux. Stigmate gros, blanchâtre. Capsule
ovale-globuleuse, trigone, dure, glabre, polysperme. Graines
brunes, finement chagrinées.

Cette espèce, l'une des plus élégantes des Cistacées, croît dans
l'Espagne et le Portugal ; on la cultive comme plante d'agrément
d'orangerie.

b) *Étamines jaunes : les intérieures à peu près 2 fois plus longues
que les extérieures. Panicules cotonneuses-laineuses et en outre
hérissées de courts poils roussâtres. Ramules florifères produisant
souvent, outre la panicule terminale, de petits ramules axillaires
oligophylles et pauciflores. Pédoncules 5-7-flores, assez gros ;
pédicelles très-courts, ordinairement en cyme ou en cymule. Feuilles couvertes aux deux faces d'une pubescence épaisse, très-fine ,
subfurfuracée.*

HALIME A FEUILLES D'ARROCHE. — *Halimium atriplicifolium* Spach, l. c. —*Cistus atriplicifolius* Lamk. Dict. —*Helianthemum atriplicifolium* Willd.—Barrel. Ic. tab. 292.

Rameaux anguleux : les jeunes furfuracés. Feuilles incanes,
ou blanchâtres, ou subferrugineuses, arrondies au sommet,
mutiques ou mucronées : celles des rameaux florifères oblongues, ou ovales-oblongues, ou ovales-elliptiques, ou ovales,
arrondies ou subcordiformes à la base, sessiles, 3-ou 5-nervées ;
les autres ovales-rhomboïdales, ou ovales, ou ovales-oblongues,
ou oblongues, ou elliptiques, ou oblongues-obovales, pétiolées,
penninervées, souvent crépues où ondulées, arrondies ou cunéiformes à la base. Pédoncules supérieurs à peine aussi longs
que les calices. Sépales et bractées cotonneux et hérissés.

Arbuste touffu, s'élevant jusqu'à 6 pieds. Tige droite. Rameaux nombreux, opposés, redressés : les adultes ligneux ;
les jeunes anguleux, feuillus, blanchâtres, ordinairement
garnis de ramules axillaires stériles ; rameaux florifères naissant sur les rameaux de l'année précédente, feuillés, longs
de 3 à 6 pouces (la panicule non-comprise). Feuilles subcoriaces, en général beaucoup plus grandes que dans les espèces
congénères : celles des rameaux florifères ordinairement plus
courtes que les entrenœuds, longues de 1 pouce à 1 pouce ¹/₂,
larges de 4 à 12 lignes ; celles des autres rameaux atteignant 2
à 3 pouces de long, et 10 à 15 lignes de large ; pétiole long de
2 à 6 lignes ; nervures ou veines latérales fines ; côte saillante.
Panicules terminales multiflores, longues de 3 à 6 pouces : les
deux pédoncules inférieurs opposés, ordinairement axillaires,
redressés, longs de 1 pouce à 2 pouces, très-éloignés des suivants ; les supérieurs plus rapprochés les uns des autres, longs
de 6 à 12 lignes, presque toujours alternes ; panicules axillaires
racémiformes, pauciflores, longuement pédonculées, débordant
la feuille ou plus courtes que celle-ci, portées sur des ramules
courts, nus inférieurement, diphylles au sommet. Bractées et
bractéoles ovales, ou ovales-elliptiques, ou ovales-lancéolées,
ou oblongues-lancéolées, pointues ou acuminées, rougeâtres,
cotonneuses et velues, caduques avant l'épanouissement des
fleurs. Sépales 3 (ou 5, dont 2 extérieurs petits, lancéolés-subulés), rougeâtres, ovales-lancéolés, acuminés, rougeâtres,
longs d'environ 7 lignes, sur 2 lignes ¹/₂ à 3 lignes de large.

Corolle au moment de l'épanouissement large de 15 à 18 lignes ; pétales flabelliformes, jaunes, avec une petite tache brunâtre. Étamines 3 à 4 fois plus courtes que le calice, plus longues que le pistil. Ovaire petit, ovoïde, cotonneux. Capsule....

Cette espèce, très-remarquable par l'abondance et la grandeur de ses fleurs, croît dans le midi de l'Espagne ; il est à regretter qu'elle soit très-rare dans les collections d'orangerie.

B. *Panicule allongée ou subfastigiée , feuillée (du moins inférieurement), plus ou moins garnie de bractées et de bractéoles foliacées persistantes.*

a) *Feuilles et jeunes pousses recouvertes d'une pubescence furfuracée-étoilée, très-fine, comme satinée, de couleur blanchâtre ou grisâtre. Panicule plus ou moins allongée, jamais fastigiée ; pédoncules (ramifications primaires) axillaires et terminaux, paniculés ou cymulifères, 2-5-flores, ou rarement 1-flores : les inférieurs assez souvent eux-mêmes garnis d'une paire de petites feuilles.*

HALIME ARGENTÉ. — *Halimium lepidotum* Spach, l. c. — *Cistus halimifolius* Linn. — *Helianthemum halimifolium* Mill. Ic. tab. 290. — Sweet, Cist. tab. 4. — *Helianthemum multiflorum* Salzm. exsicc. (Var. calyce stellato-tomentoso.)

Feuilles incanes ou blanchâtres aux 2 faces (les adultes quelquefois glabrescentes), polymorphes, jamais poilues : celles des ramules florifères trinervées, sessiles, ordinairement oblongues ou spathulées-oblongues ; les autres courtement pétiolées, penniveinées.

Arbuste formant un buisson haut de 3 à 5 pieds. Tiges dressées, rameuses dès la base. Rameaux opposés, très-nombreux, ascendants, ou étalés, ou dressés : les adultes ligneux, aphylles, couverts d'une écorce grisâtre ; les jeunes blanchâtres, ou incanes, ou roussâtres, non hérissés ni velus, anguleux, feuillus, produisant à toutes les aisselles des ramules stériles plus ou moins allongés et très-feuillus ; ramules florifères longs de 2 à 12 pouces, grêles, flexueux, feuillés dans presque toute leur longueur, naissant ordinairement le long des pousses de l'année précédente. Feuilles de forme et de dimension extrêmement variables, · subcoriaces, d'un blanc argenté aux deux faces (du moins les jeunes ; plus tard elles finissent quelquefois par devenir presque glabres et d'un vert cendré soit seulement en dessus , soit aux deux faces), obovales , ou cunéiformes-obovales , ou spathulées-obovales, ou oblongues-obovales, ou lancéolées-obovales, ou lancéolées-oblongues, ou lancéolées-elliptiques, ou lancéolées, ou elliptiques, ou elliptiques-oblongues, ou oblongues, ou oblongues-spathulées, ou oblongues-linéaires, très-obtuses et soit mucronées soit mutiques, ou pointues, ou subacuminées, rarement arrondies à la base (les feuilles du même individu offrent toujours plusieurs de ces variations de forme ; celles des rameaux florifères sont ordinairement plus allongées et plus étroites que les autres ; celles des ramules axillaires stériles se rapprochent le plus souvent de la forme obovale) : les raméaires longues de 6 lignes à 2 pouces, larges de 3 à 8 lignes ; les ramulaires longues de 3 à 15 lignes ou rarement plus, larges de 1 à 5 lignes ; côte très-saillante en dessous ; veines et nervures latérales très-fines ; pétiole nul, ou long de ½ ligne à 2 lignes. Panicule plus ou moins rameuse, au moins 7-flore, souvent multiflore et composée de plusieurs panicules partielles, toujours très-lâche ; rachis long de 2 à 6 pouces, furfuracé (ainsi que les ramifications) comme les feuilles, quelquefois en outre poilu ; pédoncules ou ramules secondaires presque tous axillaires, tantôt irrégulièrement paniculés, tantôt 2-5-flores au sommet, ou rarement 1-flores ; pédicelles 1-ou 2-bractéolés, ou non-bractéolés, grêles, plus longs que le calice (du moins les fructifères) ; bractéoles petites, lancéolées-linéaires, furfuracées, ordinairement persistantes longtemps après la floraison. Calice pulvérulent ou moins souvent cotonneux, blanchâtre ou incane, quelquefois glabrescent après la floraison , jamais hérissé de poils ; sépales 3-5 : les extérieurs subulés, ou linéaires, ou lancéolés-linéaires, très-étroits , 1 à 3 fois plus courts que les intérieurs ; les 3 autres ovales, acuminés, longs de 3 à 4 lignes , larges de 2 lignes ½ à 3 lignes. Corolle au moment de l'épanouissement large de 12 à 16 lignes ; pétales flabelliformes ou obcordiformes, d'un jaune de citron, marqués à leur base d'une tache d'un pourpre violet, ou rarement immaculés. Étamines majeures un peu plus courtes que le calice, 2 fois plus longues que le pistil. Capsule dure, testacée, ovoïde, ou ovale-globuleuse, obtuse, trigone, pubérule, presque aussi longue que le calice. Graines petites, anguleuses, noirâtres, finement chagrinées.

Cette espèce, que l'élégance de ses fleurs fait rechercher comme plante d'orangerie, croît dans presque toute [la région méditerranéenne; elle abonde principalement sur le littoral de la péninsule hispanique.

b) *Feuilles et jeunes pousses couvertes d'un duvet étoilé plus ou moins abondant, scabre ou velouté, jamais furfuracé; souvent en outre velues ou hérissées. Panicule subfastigiée : pédoncules très-souvent uniflores, subterminaux.*

HALIME A CALICE HÉRISSÉ. — *Halimium lasianthum* Spach, l. c.

Feuilles scabres ou veloutées, polymorphes, souvent velues de même que les ramules : celles des ramules florifères sessiles ou subsessiles; les autres courtement pétiolées. Sépales très-velus ou hérissés.

— α : FAUX-ALYSSE (*alyssoides*). — *Cistus alyssoides* Lamk. — *Helianthemum alyssoides* Vent. Malm. tab. 20. — Sweet, Cist. tab. 96. — *Helianthemum rugosum* Dunal. (non Sweet.) — *Helianthemum scabrosum* Dun. — Sweet, Cist. tab. 81. — *Cistus formosus* Curt. Bot. Mag. tab. 264. — *Helianthemum formosum* Dunal. — Sweet, Cist. tab. 50. — Feuilles adultes vertes (du moins en dessus) et couvertes d'une pubescence étoilée, scabre. Tiges ou rameaux le plus souvent grêles, ascendants, ou diffus.

— β : FAUSSE-GIROFLÉE (*cheiranthoides*). — *Cistus cheiranthoides*, *C. involucratus* et *C. lasianthus* Lamk. — *Helianthemum cheiranthoides* Pers. (non Sweet.) — *Helianthemum involucratum* et *H. lasianthum* Pers. — Feuilles cotonneuses ou veloutées (incanes ou blanchâtres; les adultes quelquefois glabrescentes). Tiges dressées.

Arbuste formant tantôt une touffe lâche soit étalée, soit diffuse, tantôt un buisson plus ou moins touffu et s'élevant jusqu'à 4 pieds. Tiges grêles et faibles, ou dressées et atteignant l'épaisseur d'un doigt, très-rameuses dès la base. Rameaux dressés, ou ascendants, ou étalés, paniculés, opposés : les adultes ligneux, glabres; les jeunes (ainsi que les ramules) cotonneux, ou couverts d'une pubescence scabre, ordinairement en outre hérissés de poils blancs. Ramules grêles, axillaires : ceux des rameaux de l'année précédente ordinairement florifères, tantôt très-courts, tantôt plus ou moins allongés (atteignant jusqu'à 6 pouces), le plus souvent simples et médiocrement feuillés (après la floraison il se développe souvent à leurs aisselles inférieures de petits ramules stériles); ceux des jeunes pousses ordinairement stériles, plus ou moins allongés, feuillus, produisant souvent d'autres ramules axillaires très-courts. Feuilles persistantes, subcoriaces, très-obtuses, ou pointues, ou subacuminées, très-entières, ou érosées-denticulées, penniveinées, ou subtrinervées, extrêmement variables quant à leurs formes et dimensions ainsi que quant à leur pubescence : les raméaires longues de 12 à 18 lignes, larges de 3 à 8 lignes, lancéolées, ou lancéolées-oblongues, ou obovales-oblongues, ou obovales, ou subelliptiques, rétrécies en pétiole plus ou moins large et long de 1 ligne à 3 lignes; celles des ramules florifères ordinairement elliptiques, ou oblongues, ou ovales-elliptiques, ou oblongues-lancéolées, sessiles, ou subsessiles, en général plus petites que les raméaires, mais atteignant parfois 15 lignes de long, sur 6 lignes de large; celles des ramules stériles souvent obovales, ou lancéolées-obovales, et quelquefois à peine longues de 2 lignes. Ramules florifères quelquefois 1-ou 2-flores, plus souvent 3-9-flores; pédoncules longs de 4 lignes à 2 pouces, cotonneux, ou veloutés, ou scabres, souvent en outre velus ou hérissés, 1-3-flores, presque filiformes, épaissis au sommet, tantôt terminaux (soit solitaires, soit 2-4), tantôt axillaires (mais seulement vers l'extrémité des ramules) et terminaux, tantôt nus, tantôt garnis vers leur milieu ou plus haut d'une ou de deux bractées soit alternes, soit opposées, foliacées, petites, lancéolées, ou lancéolées-linéaires. Sépales 3 (ou rarement 5, dont 2 extérieurs, très-petits, subulés), ovales, ou ovales-lancéolés, ou subcordiformes, acuminés, ou pointus, ou cuspidés, veloutés, ou cotonneux, ou scabres, en outre plus ou moins velus ou hérissés, souvent rougeâtres, longs de 4 à 6 lignes. Corolle au moment de l'épanouissement large de 12 à 15 lignes ; pétales obcordiformes ou flabelliformes, ordinairement érosés-denticulés au sommet, immaculés ou plus souvent marqués au-dessus de leur base d'une grande tache d'un pourpre noirâtre. Étamines 40-100 : les majeures 2 à 3 fois plus courtes que le calice; filets jaunes; anthères jaunes ou rougeâtres. Pistil débordé par les étamines ; ovaire cotonneux, subglobuleux. Capsule subglobuleuse ou ovale-globuleuse, obtuse, trigone, testacée, fragile, brunâtre, ordinairement pubérule, recouverte par le calice, polysperme. Graines anguleuses, d'un brun noirâtre.

Cette espèce est commune dans la région méditerranéenne; elle croît aussi dans l'ouest de la France, où elle ne forme qu'un petit arbuste ordinairement diffus, tandis que dans les contrées plus méridionales elle devient plus ligneuse et s'élève à plusieurs pieds de haut. De même que les autres espèces congénères, celle-ci mérite d'orner les parterres.

Section II. LEUCORHODION Spach.

Pédoncules courts : les terminaux ordinairement 1-flores et disposés en ombelle (souvent l'inflorescence est réduite à cette ombelle terminale); les autres opposés ou subverticillés, 1-5-flores. Bractées et bractéoles caduques (du moins peu après la floraison). Calice ordinairement 5-sépale. Ovaire comme 5-ou 5-loculaire; placentaires 4-ou pluri-ovulés; funicules opposés. Style aussi long ou un peu plus long que l'ovaire. Capsule 5-ou 5-valve.

A. *Ovaire 3-loculaire ; placentaires 4-ovulés ; deux des funicules attachés vers le milieu du placentaire, les deux*

*autres peu au-dessus de sa base. Stigmate petit, trilobé.
Capsule fragile, testacée, trivalve, ordinairement 6-sperme.
Pédoncules toujours uniflores.*

Halime a ombelles. — *Halimium umbellatum* Spach, l. c.
— *Cistus umbellatus* Linn. — *Helianthemum umbellatum*
Mill. — Sweet, Cist. tab. 5.

Bractées subacuminées, velues ou cotonneuses de même que
le calice. Sépales ovales, subobtus, ou pointus.

Arbuste dressé ou étalé, touffu, haut de 6 pouces à 2 pieds.
Racine grosse, ligneuse, rameuse. Tige branchue presque dès
la base. Rameaux ascendants, ou dressés, ou diffus, opposés,
grêles, obscurément tétragones : les adultes glabres, aphylles,
ligneux, à écorce d'un brun de Châtaigne. Ramules dressés ou
ascendants, plus ou moins allongés, effilés, tétragones, pubescents, ou velus, ou cotonneux (du moins vers leur extrémité);
les stériles feuillus dans toute leur longueur; les florifères feuillus dans leur partie inférieure, aphylles ou subaphylles supérieurement, mais garnis avant la floraison de quelques paires
de bractées très-éloignées. Feuilles coriaces, sessiles, subtrinervées en dessous (nervures latérales presque inapparentes),
le plus souvent linéaires ou oblongues-linéaires (longues de 2 à
6 lignes, larges de ¹/₂ ligne à 1 ligne) et fortement révolutées
en dessous, ou bien (surtout les dernières des ramules florifères) planes et oblongues, ou lancéolées-oblongues, ou lancéolées-spathulées, ou lancéolées-linéaires (atteignant jusqu'à 1
pouce de long, sur 1 ligne ¹/₂ à 2 lignes de large), obtuses, ou
pointues, souvent visqueuses, glabres et luisantes en dessus,
ordinairement cotonneuses-blanchâtres ou incanes en dessous,
rarement soit glabres soit pubescentes ou incanes aux 2 faces,
souvent velues aux bords. Inflorescence en panicule interrompue,
quasi-verticillée, ou réduite à une ombelle terminale 5-9-flore; pédoncules filiformes, épaissis au sommet, longs de 5 à 10 *lignes* (2
à 4 fois plus courts que les entrenœuds de la panicule) : les plus inférieurs solitaires aux aisselles d'une paire de feuilles ou de brac-

tées ordinairement persistantes; les suivants en général géminés ou ternés aux aisselles d'une paire de bractées caduques ; les terminaux enfin toujours en ombelle également accompagnée avant l'anthèse d'une paire de bractées caduques; très-rarement le ramule offre plus de trois verticilles de fleurs ; souvent il n'y en a qu'un seul (pauciflore) outre le terminal. Bractées ovales, ou ovales-elliptiques, ou elliptiques, ou ovales-lancéolées, ciliolées, 3-ou 5-nervées , d'un vert tirant sur le jaune ou sur le rouge, longues de 3 à 4 lignes. Sépales 3, en dehors visqueux et pubescents, ou velus, ou cotonneux, d'un vert tirant sur le jaune, ou quelquefois ferrugineux, longs de 3 à 4 lignes. Corolle au moment de l'épanouissement large d'environ 6 lignes ; pétales de moitié à une fois plus longs que les sépales , obcordiformes, blancs, avec une tache jaune au-dessus de l'onglet. Étamines jaunes , un peu plus courtes que le calice, un peu plus longues que le pistil. Ovaire pubescent ou cotonneux , ovoïde, trigone, un peu plus court que le style; funicules déclinés. Capsule un peu plus courte que le calice, d'un brun jaunâtre, ovale-globuleuse, trigone, acuminulée, ordinairement pubérule. Graines petites , noires , fortement chagrinées.

Cette jolie plante croît dans la région méditerranéenne, surtout en Espagne et au Portugal ; elle est aussi assez commune dans l'ouest de la France ainsi que dans la forêt de Fontainebleau.

HALIME A FEUILLES DE ROMARIN. — *Halimium rosmarinifolium* Spach, 1. c. — *Helianthemum libanotis* Willd. Enum. — *Cistus libanotis* Linn. — *Cistus libanotis :* β, Lamk. Dict.

Cette plante, dont nous n'avons examiné que des échantillons incomplets, paraît différer du *Halimium umbellatum* par des feuilles plus longues et proportionnellement plus étroites, très-blanches en dessous, ainsi que par des bractées et des sépales très-glabres , luisants, fortement acuminés et cuspidés. Lamarck et Desfontaines l'ont confondue avec l'espèce suivante , laquelle s'en distingue facilement à son pistil 5-loculaire, à placentaires pluri-ovulés , ainsi qu'à sa capsule.

Dans les échantillons de *Halimium rosmarinifolium* que nous avons eus sous les yeux, les ramules florifères, courts et pauci-flores, naissent aux aisselles des nouvelles pousses, et n'offrent ordinairement que des pédoncules terminaux. Dans l'espèce précédente, ainsi que dans la suivante, les ramules florifères, presque toujours multiflores et allongés, sont, ou la continuation immédiate des pousses de l'année précédente, ou disposés le long des vieilles branches déjà dégarnies de feuilles; mais nous n'oserions affirmer que cette manière d'être du *Halimium rosmari-nifolium* soit constante.

Le *Halimium rosmarinifolium* croît en Espagne, au Portugal et en Barbarie. Le nom spécifique de *libanotis* semble-rait indiquer que la plante habite aussi la Syrie; mais les échantillons trouvés au Liban par Labillardière et d'autres botanistes, appartiennent incontestablement au *Halimium umbellatum*.

B. *Ovaire 5-loculaire; placentaires pluri-ovulés. Stigmate assez gros, 5-lobé à la base. Capsule 5-loculaire, 5-valve, polysperme, presque ligneuse. — Pédoncules souvent 2-5-flores; pédicelles courts, en cymules.*

HALIME DE CLUSIUS. — *Halimium Clusii* Spach, l. c. — *Cistus Clusii* Dunal, in De Cand. Prodr. — Sweet, Cist. tab. 32. — *Cistus Libanotis : β*, Lamk. Dict. — Desfont. Flor. Atlant. (excl. syn.)

Arbuste très-touffu, atteignant 2 à 3 pieds de haut. Tiges dressées ou ascendantes, rameuses dès la base. Rameaux opposés, dressés : les adultes aphylles, ligneux, garnis dans toute leur longueur de ramules opposés soit stériles, soit florifères, pubescents ou cotonneux (du moins vers leur extrémité), ordinairement simples. Feuilles semblables de forme et de grandeur à celles du *Romarin*, coriaces, subsessiles, linéaires, obtuses, révolutées aux bords, glabres et souvent visqueuses en dessus, pubérules ou cotonneuses-incanes en dessous, 3-nervées (côte médiane très-saillante en dessous; nervures latérales peu apparentes), très-rapprochées et recouvrantes sur les ramules stériles et sur la partie inférieure des ramules florifères, plus courtes que les entrenœuds sur la partie supérieure des ramules florifères. Inflorescence de chaque ramule réduite à une ombelle terminale 5-7-flore, ou bien formant une panicule subverticillée dont les pédoncules axillaires portent ordinairement une cymule 3-5-flore ; la première paire de pédoncules naît quelquefois aux aisselles de la dernière paire de feuilles ; les pédoncules suivants sont toujours accompagnés de bractées caduques, presque membraneuses, roussâtres, velues, ovales ou oblongues, acuminées ou cuspidées ; pédoncules velus (de même que le rachis, les pédicelles et la surface extérieure des sépales), longs de 3 à 6 lignes, grêles, épaissis au sommet ; pédicelles très-courts. Sépales minces, ovales, courtement acuminés, longs d'environ 3 lignes, sur 2 lignes de large. Corolle au moment de l'épanouissement large d'environ 6 lignes ; pétales cunéiformes-obovales, tronqués et érosés au sommet, marqués d'une tache jaunâtre au-dessus de leur base. Étamines environ 3o, plus courtes que le calice. Anthères elliptiques ou ovales-elliptiques, échancrées, pointues après l'anthèse. Ovaire subglobuleux, cotonneux, rétréci en stipe court et épais. Style débordé par les étamines. Capsule ovale ou ovale-oblongue, obtuse, pentagone, pubérule, un peu plus courte que le calice. Graines petites, roussâtres.

Cette espèce, indigène en Espagne et en Barbarie, mérite d'être cultivée comme plante d'agrément.

Genre LADANIER. — *Ladanium* Spach.

Sépales 5, égaux, conformes. Pétales 5. Étamines très-nombreuses ; filets filiformes, épaissis au sommet ; anthères elliptiques ou oblongues, tétragones. Ovaire comme 5-10-loculaire, 5-10-gone, subglobuleux ; placentaires nerviformes, développés de chaque côté en une crête membraneuse, 6-ou pluri-ovulée au bord et simulant une cloison incomplète ; funicules résupinés. Style obconique, très-court. Stigmate gros, hémisphérique. Capsule coriace, comme 5-10-loculaire, 5-10-valve, polysperme ; endocarpe adhérent ; cloisons cartilagineuses. Embryon grêle, circinné.

Arbustes assez élevés, ligneux, résineux. Feuilles opposées, non-stipulées, 5-nervées (du moins à la base), coriaces, persistantes, rétrécies en pétiole dilaté à la base et soudé (du moins sur les jeunes pousses) en gaîne avec le pétiole de la feuille opposée. Ramules florifères axillaires, solitaires, tétraèdres, pédonculiformes (c'est-à-dire feuillés seulement à la base, très-rarement feuillés dans presque toute leur longueur), bractéolés avant la floraison, uniflores, ou terminés soit en ombelle simple, soit en corymbe, ou bien produisant outre l'inflorescence terminale une ou deux paires de pédoncules axillaires. Bractées caduques, cuspidées : les supérieures membranacées ou submembranacées, imbriquées et recouvrant les fleurs avant leur épanouissement. Pédoncules 1-flores, toujours dressés. Sépales tombant avant la maturité du fruit, coriaces ou chartacés, cuspidés, membraneux du côté recouvert, finement striés d'un grand nombre de nervures parallèles (mais le plus souvent cachées par une épaisse pubescence étoilée et résineuse). Corolle très-grande, blanche ; pétales ordinairement maculés au-dessus de la base. Étamines environ 50-100 ; filets jaunes ou d'un pourpre noirâtre. Ovaire non-rétréci à la base : loges partagées chacune en deux compartiments incomplets, par une fausse cloison constituée par les crêtes de deux placentaires collatéraux, lesquelles se recourbent vers la circonférence et s'appliquent l'une sur l'autre, sans pourtant cohérer ; funicules courts ou allongés, 1-sériés au bord de chaque crête ; ovules érigés ou obliques. Stigmate à 5-10 sillons et à autant de crêtes charnues, trigones, sinueuses, conniventes. Capsule déhiscente longtemps après la maturité des graines. Embryon roulé sur lui-même autour d'une très-petite portion centrale du périsperme ; radicule obliquement ascendante ; cotylédons linéaires, très-étroits : leur sommet occupant à peu près le centre de la spire.

Ce genre, très-caractérisé par la conformation de ses placentaires, ne renferme que trois espèces, toutes remarquables par la beauté de leurs fleurs, ainsi que par la gomme-résine aromatique qui suinte spontanément de leurs jeunes pousses : substance connue sous le nom de gomme *Ladanum*, et très-vantée dans la thérapeutique des anciens, mais dont l'emploi médical est depuis longtemps abandonné.

A. *Sépales chartacés, scabres en dehors ; nervure placentairienne développée seulement au-dessous du milieu en crêtes 6-8-ovulées, larges, jamais adnées à la cloison. Capsule 5-loculaire, 5-valve, non-déprimée. — Ramules florifères toujours terminés soit par une ombelle simple, soit par un corymbe , et produisant en outre très-souvent une ou deux paires de pédoncules axillaires 1-4-flores. Feuilles distinctement trinervées dans toute leur longueur.*

LADANIER A FEUILLES DE LAURIER. — *Ladanium laurifolium* Spach, in Annales des Sciences Nat., 2ᵉ sér., v. 6 (décemb. 1836), pag. 367 ; tab. 17, fig. 1 et 2. (fruct.) — *Cistus laurifolius* Linn. — Clus. Hist. 1, p. 78, fig. 1. — Sweet, Cist. tab. 52.

Feuilles ovales, ou ovales-lancéolées , ou oblongues-lancéolées, acuminées , longuement pétiolées, glabres en dessus, cotonneuses et pubescentes en dessous. Ramules 2-12-flores. Capsule ovale-pyramidale ou ovale-globuleuse, pentagone, coriace.

Buisson haut de 3 à 5 pieds. Écorce rougeâtre ou grisâtre, mince. Tige dressée, très-rameuse. Rameaux opposés, scabres, cylindriques : les adultes ligneux; les jeunes feuillus, ramulifères aux aisselles, couverts de courts poils raides, couchés, blanchâtres. Feuilles d'un vert foncé et visqueuses en dessus, cotonneuses-blanchâtres ou cotonneuses-incanes en dessous (du moins dans leur jeunesse; les adultes deviennent quelquefois presque glabres), strigueuses aux nervures de cette même face, arrondies ou subcordiformes ou pointues à la base, quelquefois plus ou moins ondulées : les raméaires longues de 1 pouce ¹/₂ à 3 pouces, larges de 6 à 12 lignes ; les ramulaires

1 à 3 fois plus petites ; nervures assez saillantes et réticulées en dessous ; pétioles strigueux, canaliculés en dessus, carénés en dessous, ciliés, ordinairement rougeâtres, longs de 3 à 12 lignes : ceux des jeunes feuilles soudés en gaîne longue de 2 à 4 lignes. Ramules florifères naissant sur les rameaux de l'année précédente, axillaires lors de la floraison, plus tard comme latéraux (parce que leur développement cause la chûte des anciennes feuilles), munis à leur base de 2 ou 3 paires de feuilles très-rapprochées (rarement il se développe une autre paire de feuilles à quelque distance au-dessus des inférieures), persistantes (du moins jusque vers la maturité du fruit), et plus haut de 5 à 8 paires de grandes bractées caduques, imbriquées, submembranacées, rougeâtres, ciliées, striées, concaves, longuement cuspidées, longues de 6 à 18 lignes, larges de 2 à 6 lignes : les inférieures lancéolées-obovales (à pointe ordinairement foliacée), ou lancéolées, connées inférieurement ; les supérieures elliptiques, ou ovales-elliptiques, ou obovales ; à l'époque de la floraison les ramules sont assez courts, mais ils finissent par acquérir une longueur de 4 à 6 pouces. Pédoncules épaissis au sommet, raides, dressés, cotonneux ou pubescents (de même que le ramule, du moins étant jeunes), finalement longs de 8 à 18 lignes. Sépales ovales, ou ovales-elliptiques, ou ovales-orbiculaires, cuspidés (pointe triangulaire ou triangulaire-lancéolée, subulée au sommet, herbacée, beaucoup plus courte que le sépale), larges d'environ 4 lignes, couverts d'une pubescence furfuracée scabre, et en outre de petites soies blanches couchées. Corolle au moment de l'épanouissement large d'environ 3 pouces ; pétales flabelliformes, blancs, avec une tache jaunâtre au-dessus de leur base. Étamines majeures presque aussi longues que le calice ; filets blanchâtres ; anthères jaunes. Pistil débordé par les étamines ; ovaire ordinairement cotonneux. Capsule recouverte par le calice, brunâtre, légèrement cotonneuse. Graines petites, subovoïdes, anguleuses, d'un brun roux.

Cet arbuste, commun dans la région méditerranéenne, se cultive fréquemment dans les collections d'orangerie.

B. *Nervure placentairienne développée dans toute sa longueur en crêtes multi-ovulées, étroites, adnées à la cloison après la floraison. Capsule 5-10-loculaire, 5-10-valve, déprimée.—Ramules florifères uniflores, ou ombellifères ; pédoncules toujours terminaux. Feuilles trinervées seulement jusque vers leur milieu, penninervées supérieurement. Sépales subcoriaces, verruqueux en dehors.*

a) *Ramules florifères 5-7-flores, très-longs et dégarnis de bractées dès le commencement de la floraison ; pédoncules en ombelle terminale. Bractées toutes chartacées, colorées, à peine carénées, imbriquées sur deux rangs. Gaîne pétiolaire très-apparente.*

Ladanier de Chypre. — *Ladanium cyprium* Spach, l. c. — *Cistus cyprius* Lamk. Dict. — Sweet, Cist. tab. 39. — *Cistus ladaniferus* Bot. Mag. tab. 112 (non Linn.)

Feuilles lancéolées, ou ovales-lancéolées, ou oblongues-lancéolées, pointues aux 2 bouts, pétiolées, glabres en dessus, cotonneuses (blanchâtres ou incanes) en dessous. Bractées supérieures obovales-elliptiques, longuement cuspidées. Ovaire 5- ou 6-loculaire.

Buisson résineux, aromatique, haut de 3 à 4 pieds. Écorce brune, scabre. Rameaux dressés, visqueux : les adultes ligneux, subcylindriques ; les jeunes subtétragones, ramulifères aux aisselles. Feuilles d'un vert foncé et visqueuses (du moins les jeunes) en dessus, veineuses et réticulées en dessous (les jeunes blanchâtres, les adultes grisâtres), planes, très-coriaces : les raméaires longues de 2 à 3 $^{1}/_{2}$ pouces, larges de 5 à 8 lignes ; les ramulaires longues de 6 lignes à 2 pouces ; pétioles longs de 3 à 12 lignes, nerveux, marginés : ceux des jeunes feuilles plus ou moins ciliés, soudés inférieurement en gaîne jaunâtre ou rougeâtre, longue de 2 à 4 lignes. Ramules florifères longs de 4 à 6 pouces, axillaires (ordinairement vers l'extrémité des rameaux de l'année précédente), grêles, visqueux, pubérules, garnis à leur base de 3 à 5 paires de feuilles très-rapprochées et dont la plus supérieure est beaucoup plus petite que les autres,

nus dans tout le reste de leur longueur dès le commencement de
la floraison, avant cette époque couverts de 3 à 5 paires de
grandes bractées chartacées, jaunâtres ou roussâtres, striées,
cotonneuses aux bords, concaves, lancéolées, ou lancéolées-obovales, ou obovales, ou elliptiques-obovales, longues de 6 à 12
lignes, couvertes à leur surface extérieure d'une pubescence
visqueuse, fine, étoilée, presque furfuracée. Pédoncules en
ombelle terminale, cotonneux, épaissis au sommet. Sépales
suborbiculaires ou elliptiques-orbiculaires, courtement acuminés-
cuspidés, très-concaves, larges d'environ 6 lignes, couverts à
leur surface extérieure (outre la pubescence squamuleuse, laquelle est enduite de résine et ressemble à de petites verrues)
de sétules blanches couchées et plus ou moins abondantes. Corolle au moment de l'épanouissement large de près de 3 pouces ; pétales flabelliformes, érosés au sommet, imbriqués par
les bords, d'un blanc pur, et marqués au-dessus de l'onglet
d'une grande tache triangulaire (jaune à la base, d'un pourpre
noirâtre supérieurement). Étamines 2 à 3 fois plus courtes que le
calice ; filets et anthères jaunes. Ovaire sphéroïde, déprimé,
5-ou 6-loculaire, pentagone ou hexagone. Capsule.....

Cette espèce, l'une des plus belles de la famille, est indigène
à l'île de Chypre, et se cultive fréquemment dans les orangeries.

b) *Ramules florifères toujours 1-flores, à l'époque de la floraison ou
    très-courts et subaphylles, ou plus ou moins allongés mais garnis
    dans une grande partie de leur longueur soit de feuilles, soit de
    bractées foliacées subpersistantes. Bractées coriaces : les supé-
    rieures fortement carénées, imbriquées sur 4 rangs. Gaîne pétio-
    laire presque nulle.*

LADANIER OFFICINAL. — *Ladanium officinarum* Spach,
l. c. tab. 17, fig. 3 et 4 (fruct.). — *Cistus ladaniferus*
Linn. — Sweet, Cist. tab. 1 (petalis maculatis) et tab. 84
(petalis immaculatis). — Clus. Hist. 1, p. 77, fig. 1. —
Commel. Hort. 1, p. 39, tab. 20.

Feuilles lancéolées ou lancéolées-oblongues, pointues aux 2

bouts, subsessiles, ou courtement pétiolées, glabres en dessus, cotonneuses (blanchâtres ou incanes) en dessous. Bractées supérieures suborbiculaires, courtement cuspidées. Capsule 10-loculaire, décaèdre.

Buisson résineux, aromatique, s'élevant jusqu'à 5 pieds. Écorce grisâtre ou brunâtre, visqueuse sur les jeunes pousses. Rameaux grêles, ligneux, dressés : les vieux aphylles; ceux de l'année précédente feuillés (du moins jusqu'à l'époque de la floraison) de même que les jeunes pousses, et ramulifères aux aisselles. Feuilles très-coriaces, planes, souvent ondulé𝓮𝓼 aux bords, d'un vert foncé et le plus souvent visqueuses en dessus, en dessous plus ou moins fortement réticulées et couvertes d'un épais duvet cotonneux, persistant (excepté sur la côte), d'abord très-blanc, plus tard d'un gris soit cendré, soit tirant sur le jaune : les raméaires longues de 2 à 4 pouces, larges de 3 à 8 lignes; les ramulaires longues de 6 lignes à 2 pouces; pétioles longs de $^{1}/_{2}$ ligne à 4 lignes, libres presque dès leur base. Ramules florifères longs de 1 pouce à 5 pouces, disposés vers l'extrémité ou tout le long des rameaux de l'année précédente, très-visqueux, grêles, raides, garnis seulement à leur base de 2 ou 3 paires de feuilles très-rapprochées, ou moins souvent garnis jusque vers leur milieu de 4 ou 5 paires de feuilles un peu éloignées. Bractées au nombre de 5 à 10 paires sur chaque ramule, très-diversiformes, mais presque conformes aux sépales dans le voisinage de la fleur : les inférieures (ou la plupart, lorsque le ramule est allongé) foliacées, trinervées, glabres aux bords, plus ou moins connées, lancéolées, ou lancéolées-obovales, ou ovales-lancéolées, quelquefois très-longuement cuspidées, ordinairement recouvrantes; les supérieures jaunâtres ou roussâtres, ciliées (de courts poils satinés très-serrés), non-connées, suborbiculaires, ou obovales-orbiculaires, innervées (sauf la carène dorsale), toujours très-rapprochées et imbriquées; les plus voisines du calice mucronées ou courtement cuspidées, les autres souvent terminées en longue languette foliacée. Sépales suborbiculaires, cymbiformes, très-obtus, non-carénés, ciliés du côté non-membraneux, jaunâtres, ou d'un jaune verdâtre, larges de 6 à 8 lignes. Corolle au mo-

ment de l'épanouissement large d'environ 3 pouces; pétales flabelliformes, érosés, blancs, immaculés, ou plus souvent marqués au-dessus de leur base d'une grande tache subtriangulaire
(d'un pourpre foncé). Étamines très-nombreuses, plus courtes
que le calice; filets d'un pourpre noirâtre dans presque toute
leur longueur, jaunes au sommet. Ovaire glabre ou cotonneux.
Capsule presque ligneuse, globuleuse, ou sphéroïde, déprimée,
atteignant jusqu'à 4 lignes de diamètre; angles très-saillants.
Graines petites, brunâtres.

Cette espèce, commune dans la Péninsule hispanique ainsi
qu'en Barbarie, croît aussi dans quelques localités du midi de
la France. Elle se cultive à très-juste titre comme plante d'ornement. Les principes résineux paraissent y être plus abondants
que dans les deux autres espèces congénères.

Genre LÉDONIA. — *Ledonia* Spach.

Sépales 5, tous connivents après l'anthèse : les 3 intérieurs dissemblables (2 égaux, conformes; le troisième plus
grand, semblable aux extérieurs); les 2 extérieurs plus
grands, cordiformes, recouvrants. Pétales 5. Étamines très-
nombreuses; filets filiformes, épaissis au sommet; anthères
elliptiques ou oblongues, échancrées aux deux bouts, tétragones. Ovaire quasi–5-loculaire, pentagone; placentaires
nerviformes, 4-10-ovulés; funicules opposés, résupinés;
ovules érigés ou renversés. Style obconique, très-court.
Stigmate gros, hémisphérique, 5-lobé à la base. Capsule
chartacée ou subcoriace, pentagone, tronquée au sommet,
quasi 5-loculaire, 5-10-valve, oligosperme ou polysperme;
cloisons cartilagineuses; endocarpe adhérent. Embryon
grêle, circinné.

Arbustes touffus, ligneux. Feuilles opposées, non-stipulées,
coriaces ou subcoriaces, persistantes (excepté celles des ramules florifères), trinervées, ou penninervées, pétiolées, ou
sessiles : pétioles connés (sur les jeunes pousses) par leur base
en très-courte gaîne. Inflorescences en cymule, ou en cyme,

ou en corymbe, ou en grappe unilatérale subcorymbiforme, ou moins souvent uniflores. Pédoncules nus ou bractéolés, terminaux (souvent sur des ramules axillaires), ou axillaires et terminaux ; pédicelles articulés par la base, dressés ou inclinés avant la floraison, plus tard toujours dressés. Bractées caduques, membranacées. Sépales persistants : les 5 majeurs presque planes, subpalmatinervés, herbacés, recouvrants; les deux autres cymbiformes, presque diaphanes, cuspidés, très-finement striés. Pétales blancs, maculés de jaune à la base. Étamines jaunes, 2 à 5 fois plus courtes que le calice, plus longues que le pistil, ordinairement au nombre de près de 100. Ovaire petit, subglobuleux, non-stipité. Stigmate subsessile, blanchâtre, ou rougeâtre, composé de 5 crêtes trigones ou condupliquées, charnues, sinueuses, conniventes. Capsule loculicide, 5-valve du sommet jusqu'à la base, déhiscente peu après la maturité des graines, ou seulement l'année suivante : valves peu divergentes. Graines ovoïdes ou subglobuleuses, anguleuses, presque lisses (très-finement chagrinées à la loupe).

Ce genre, caractérisé surtout par la conformation de son calice, renferme les quatre espèces suivantes, toutes fréquemment cultivées (en orangerie) comme plantes d'ornement.

A. *Capsule subcoriace, déhiscente longtemps après la maturité des graines (au printemps suivant). Placentaires 8-16-ovulés; funicules (à l'époque de la floraison) presque aussi longs que le diamètre des loges. Pédoncules longs, immédiatement axillaires, ou terminant de courts ramules axillaires : les uns comme les autres naissant toujours sur les rameaux (encore feuillés) de l'année précédente. Pédicelles nutants avant l'anthèse.*

a) *Pédoncules nus, terminant des ramules ordinairement courts et garnis de 2 ou 3 paires de petites feuilles plus ou moins rapprochées. Feuilles très-rugueuses : celles des ramules florifères sub-*

*sessiles ou sessiles (excepté la paire la plus inférieure), trinervées;
les raméaires pétiolées, penninervées. Pubescence étoilée. — Placentaires 12-16-ovulés.*

LÉDONIA A LONGS PÉDONCULES. — *Ledonia peduncularis*
Spach, in Annales des Sciences Nat., 2ᵉ série, vol. 6, p. 369
(décembre 1836).

Feuilles pubérules ou cotonneuses, décurrentes sur le pétiole,
ordinairement incanes en dessous ou aux deux faces : les ramulaires inférieures spathulées ; les raméaires ovales, ou ovales-
oblongues, ou ovales-lancéolées, ou ovales-elliptiques, ou elliptiques, ou elliptiques-oblongues, ou obovales, obtuses ou pointues. Pédoncules solitaires ou ternés, grêles ; pédicelles solitaires ou en cymule. Capsule ovale-globuleuse.

— α : A FEUILLES DE SAUGE (*salviæfolia*). — *Cistus salviæfolius* Linn. — Cavan. Ic. 2, tab. 137. — Jacq. Coll. 2,
tab. 8. — Sibth. et Smith, Flor. Græc. tab. 497. — Sweet,
Cist. tab. 54. — Feuilles arrondies ou cunéiformes à la base.
Pédoncules 1-flores ou rarement 2-flores. Calice glabre ou
cotonneux.

— β : A FEUILLES CORDIFORMES (*cordifolia*). — *Cistus hy-
bridus* Pourr. ! — *Cistus corbariensis* Pers. Syn. — Sweet,
Cist. tab. 8. — *Cistus salviæfolius* var. De Cand. Flor.
Franç. — Feuilles profondément cordiformes à la base. Pédoncules 2-5-flores, poilus de même que le calice. — (C'est
certes à tort que quelques auteurs rapportent cette variété
au *Cistus populifolius* Linn., dont elle se rapproche d'ailleurs par la forme des feuilles.)

Arbuste touffu, très-rameux, tantôt diffus, tantôt formant un
buisson haut de 1 à 3 pieds. Branches et rameaux divariqués
ou divergents, ou moins souvent presque dressés, opposés : les
vieux glabres ou presque glabres, ligneux, aphylles ; les jeunes
pousses et celles de l'année précédente feuillues, plus ou moins
cotonneuses. Écorce brune ou grisâtre. Feuilles plus ou moins
incanes aux 2 faces (surtout les jeunes), ou d'un vert très-foncé

en dessus et incanes en dessous, ou moins souvent verdâtres aux deux faces, subcoriaces (du moins les adultes), subdenticulées aux bords, ou crépues, ou ondulées : les raméaires longues de 6 lignes à 2 pouces, larges de 3 lignes à 1 pouce, rétrécies en pétiole long de 2 à 6 lignes ; celles des ramules axillaires stériles en général conformes aux raméaires, mais plus petites ; celles des ramules florifères longues de 3 à 6 lignes, ou rarement plus ; les inférieures très-rapprochées, spathulées-oblongues, ou spathulées-obovales, ordinairement arrondies au sommet ; les deux supérieures oblongues ou oblongues-lancéolées, non-rétrécies à la base, souvent acuminées, ordinairement assez éloignées des inférieures, très-souvent rougeâtres. Ramules florifères grêles, simples, longs de 3 lignes à 1 pouce, ascendants lorsque le rameau sur lequel ils naissent a une direction horizontale. Pédoncules longs de 2 à 3 pouces (y compris le pédicelle lorsque les pédoncules sont uniflores), cotonneux et incanes, ou rougeâtres et parsemés de fascicules d'un duvet scabre, ou moins souvent poilus ; pédicelles après l'anthèse longs de 3 à 8 lignes, érigés, à peine plus grêles que le pédoncule. Sépales acuminés ou courtement cuspidés, couverts à leur face extérieure d'un duvet étoilé plus ou moins abondant, ou bien soit poilus, soit très-glabres : les majeurs ovales, ou ovales-elliptiques, ou suborbiculaires, cordiformes à la base, finalement chartacés, longs de 4 à 5 lignes, sur 3 à 4 lignes de large ; les mineurs ovales-triangulaires ou ovales-lancéolés, de moitié à 1 fois moins larges que les autres. Corolle au moment de l'épanouissement large de 10 à 18 lignes, souvent un peu cyathiforme ; pétales cunéiformes-obovales, ou obcordiformes, imbriqués par les bords, d'un blanc tirant sur le jaune. Étamines jaunes : les majeures presque aussi longues que le calice. Ovaire petit, subglobuleux, longuement débordé par les étamines, ordinairement cotonneux ; funicules subhorizontaux, capillaires ; ovules (à l'époque de la floraison) renversés. Stigmate gros, blanchâtre, d'un diamètre presque égal à celui de l'ovaire, composé de 5 crêtes trigones. Capsule glabre ou pubérule, recouverte par le calice, plus fortement tronquée que celle des autres espèces congénères. Graines du volume d'un grain de Moutarde, noirâtres, ovoïdes, ou sub-globuleuses, peu ou point anguleuses, lisses à l'œil nu, très-finement scrobiculées à un fort grossissement.

Cette espèce est commune dans toute la région méditerra-néenne.

b) *Pédoncules immédiatement axillaires, garnis (avant la floraison) depuis la base jusque vers le milieu (ou rarement jusque vers le sommet) de 4 à 8 paires de bractées caduques et imbriquées : les inférieures squamiformes, chartacées (la première paire quelque-fois foliacée et subpersistante) ; les autres membranacées. Feuilles peu rugueuses, grandes, toutes pétiolées, penninervées (quel-quefois subquinquénervées à la base. Pubescence nulle ou non-étoilée. — Placentaires 8-10-ovulés.*

Lédonia a feuilles de Peuplier. — *Ledonia populifolia* Spach, l. c. — *Cistus populifolius* Linn.

Feuilles poilues aux bords et aux nervures, ou glabres, non-décurrentes sur le pétiole, souvent visqueuses (surtout en dessous). Pédoncules solitaires, 3-9-flores; pédicelles en cymule, ou en corymbe, ou en grappe unilatérale subcorymbiforme. Capsule conique ou conique-pyramidale.

— α : A feuilles cordiformes (*cordifolia*). — *Cistus popu-lifolius* Cavan. Ic. 3, tab. 215. — Sweet, Cist. tab. 23. — *Cistus latifolius* Sweet, Cist. tab. 15. — *Cistus Cupa-nianus* (Presl.) Sweet, l. c. tab. 70. — ? *Cistus acutifolius* Sweet, l. c. tab. 78.—Feuilles ovales, ou ovales-lancéolées, ou ovales-orbiculaires, profondément cordiformes à la base.

— β : A longues feuilles (*longifolia*). — *Cistus laxus* Hort. Kew. — Sweet, Cist. tab. 12. — Feuilles lancéolées, ou ovales-lancéolées, ou oblongues-lancéolées, arrondies ou rétrécies à la base.

Buisson haut de 3 à 4 pieds. Tiges dressées, rameuses. Écorce brune, lisse. Rameaux étalés ou divergents, opposés, cylindriques : les vieux ligneux, aphylles, glabres; ceux de l'année précédente feuillés (du moins jusqu'à l'époque de la flo-

raison) de même que les nouveaux : ceux-ci souvent poilus.
Feuilles longues de 1 pouce à 4 pouces, aussi larges que longues,
ou jusqu'à 3 fois moins larges, pointues, ou acuminées, cilio-
lées-denticulées, ou érosées[1], ou ondulées aux bords, lisses ou
peu rugueuses en dessus, fortement veinées et plus ou moins
réticulées en dessous : les jeunes d'un vert gai et parsemées
(surtout en dessous) d'une multitude de points résineux ; les
adultes d'un vert foncé en dessus, d'un vert pâle en dessous,
presque toujours très-glabres; pétiole glabre, ou cilié, ou
poilu, ou pubescent, grêle, immarginé, trigone, canaliculé en
dessus, long de 6 à 12 lignes. Pédoncules longs de 2 à 4 pouces,
glabres, ou pubescents, ou poilus (ainsi que les pédicelles et la
surface extérieure des grands sépales), souvent visqueux,
plus ou moins anguleux; pédicelles à peine plus grêles que le
pédoncule : les fructifères érigés, ou ascendants, ou un peu divergents, raides, longs de 6 à 12 lignes. Bractées glabres et
brunâtres en dessous, satinées ou velues en dessus et aux bords,
ordinairement carénées : les basilaires courtes, suborbiculaires,
ou spathulées-obovales, très-obtuses, quelquefois mucronulées;
les supérieures lancéolées-oblongues, ou lancéolées-obovales, ou
ovales-lancéolées, acuminées, se détachant ordinairement avant
la floraison; les plus grandes atteignant jusqu'à un pouce de
long. Sépales majeurs cordiformes ou cordiformes-orbiculaires,
pointus, ou courtement acuminés, ordinairement ciliolés-den-
ticulés, plus ou moins visqueux, tantôt glabres, tantôt pubescents ou légèrement poilus, tantôt très-fortement velus ou hérissés, finalement subchartacés et atteignant jusqu'à 8 lignes de
large; sépales mineurs ovales-orbiculaires, ou ovales-elliptiques,
ou elliptiques, courtement cuspidés, subdenticulés, inéquilatéraux, glabres, ou poilus seulement le long de l'axe dorsal,
un peu plus courts que les autres et à peu près de moitié moins
larges. Corolle au moment de l'épanouissement large de 15 à
30 lignes; pétales obcordiformes ou cunéiformes-obovales, ordinairement imbriqués par les bords, blancs, tantôt immaculés,
tantôt marqués d'une tache jaune. Étamines jaunes : les majeures
presque aussi longues que le calice; connectif ordinairement

pourpre au sommet. Pistil 3 fois plus court que les étamines majeures. Ovaire pyramidal, velu, ou soyeux. Stigmate gros,
blanchâtre, ou rougeâtre. Capsule recouverte par le calice, un
peu plus courte que les sépales intérieurs, glabre, ou pubérule.
Graines noires, lisses à l'œil nu (très-finement poncticulées à
un fort grossissement), presque toujours déformées et fortement anguleuses.

Cette espèce habite la région méditerranéenne; elle abonde
surtout en Espagne, en Sicile et en Barbarie.

B. *Capsule chartacée, déhiscente peu après la maturité des
graines. Placentaires 8-ovulés; funicules très-courts. Pédoncules courts, terminant soit les jeunes pousses, soit des
ramules axillaires plus ou moins allongés (médiocrement
feuillés ou aphylles, excepté au sommet), lesquels naissent
ou sur les jeunes pousses, ou aux aisselles des feuilles
de l'année précédente. Pédicelles toujours dressés.*

a) *Ramules florifères (garnis de feuilles de forme et de grandeur très-
variables, mais toutes, ou du moins la plupart, non-conformes aux
feuilles raméaires) naissant aux aisselles et à l'extrémité des rameaux (encore feuillés) de l'année précédente. Feuilles raméaires
coriaces, penninervées (subtriplinervées inférieurement), rétrécies
en pétiole; feuilles des ramules florifères ordinairement trinervées
ou subquinquénervées et sessiles (les inférieures souvent très-petites et caduques).*

Lédonia hétérophylle. — *Ledonia heterophylla* Spach,
l. c. — *Cistus longifolius* Lamk. Dict. — *Cistus nigricans*
Pourr.! — *Cistus asperifolius* Sweet, Cist. tab. 87. — *Cistus
oblongifolius* Sweet, l. c. tab. 67.—*Cistus obtusifolius* Sweet,
l. c. tab. 42.

Feuilles raméaires oblongues-lancéolées, ou ovales-lancéolées,
ou oblongues, ou lancéolées-oblongues, ou lancéolées, pointues,
ou obtuses, finement denticulées et scabres aux bords, ou érosées, vertes aux deux faces, ordinairement glabres et visqueuses,
rétrécies en court pétiole. Feuilles supérieures des ramules florifères acuminées, subcolorées, cordiformes à la base. Jeunes

pousses (ainsi que les pédoncules et pédicelles) hérissées et pubérules-visqueuses.

Arbuste haut de 2 à 4 pieds. Branches dressées ou étalées; écorce rougeâtre. Rameaux opposés, plus ou moins anguleux, ascendants, ou érigés mais plus ou moins divergents : les vieux aphylles, glabres; les jeunes et ceux de l'année précédente feuillus, plus ou moins hérissés de poils blancs, en outre souvent parsemés de petites aspérités résineuses (les plus jeunes pousses couvertes d'un court duvet visqueux). Ramules axillaires stériles ou florifères : les stériles ordinairement plus courts que la feuille; les florifères plus longs que la feuille, grêles, simples, visqueux, hérissés. (Le ramule florifère terminal produit ordinairement, après la floraison, des ramules axillaires feuillus, ce qui n'a jamais lieu dans les ramules florifères axillaires, lesquels ne survivent pas à la maturité des fruits.) Feuilles raméaires longues de 1 pouce ½ à 3 pouces, larges de 6 à 12 lignes, un peu rugueuses et d'un vert foncé en dessus, veineuses, légèrement réticulées et d'un vert pâle en dessous, quelquefois ondulées aux bords : les jeunes poilues ou hérissées aux bords et souvent aussi en dessous aux nervures, parsemées d'une multitude de points résineux; les adultes ordinairement glabres; pétiole long de 2 à 4 lignes, ailé par la décurrence de la lame; feuilles des ramules stériles conformes aux feuilles raméaires, mais plus petites; feuilles des ramules florifères très-diversiformes : les 3 ou 4 paires inférieures le plus souvent petites (longues de 2 à 4 lignes), plus courtes que les entrenœuds, lancéolées-spathulées, ou lancéolées-oblongues; les suivantes ordinairement beaucoup plus grandes (quelquefois aussi grandes que les feuilles raméaires), oblongues, ou oblongues-obovales, ou obovales, ou spathulées-oblongues, obtuses, ou subacuminées, persistantes jusque vers la maturité des fruits; celles de la dernière paire ou des deux dernières paires presque conformes aux sépales. Pédoncules solitaires, ou ternés et subfastigiés, 1-5-flores, terminaux ou subterminaux, nus ou garnis à leur sommet de 2 bractées caduques, pubérules et hérissés (ainsi que les pédicelles) de poils blancs horizontaux;

pédicelles en cymule, ou en corymbe, très-grêles, à peu près aussi longs que le calice. Sépales denticulés : les majeurs cordiformes, acuminés, poilus ou glabres en dessous, ciliés, d'un vert jaunâtre ou rougeâtre, finalement larges d'environ 6 lignes, toujours très-minces, légèrement visqueux ; les mineurs presque aussi longs, mais de moitié à 1 fois moins larges que les autres, glabres, ou presque glabres, elliptiques, ou ovales-elliptiques, courtement cuspidés. Corolle au moment de l'épanouissement large de 15 à 18 lignes; pétales cunéiformes-obovales, ou obcordiformes, blancs avec une tache jaune à leur base. Étamines plus courtes que le calice, plus longues que le pistil. Capsule de moitié à 1 fois plus courte que le calice, chartacée, brune, glabre, ou pubérule, ovale-pyramidale, ou oblongue-pyramidale. Graines d'un brun noirâtre, de la grosseur d'un grain de Moutarde, ovoïdes, ou subglobuleuses, plus ou moins anguleuses, lisses à l'œil nu, finement poncticulées à un fort grossissement.

Cette espèce croît en Espagne et aux environs de Narbonne.

b) *Ramules florifères naissant aux aisselles et à l'extrémité des jeunes pousses, garnis dans toute leur longueur de feuilles semblables à celles des rameaux, ou subaphylles. Feuilles toutes sessiles ; les ramulaires trinervées ; les raméaires subtrinervées, finalement subcoriaces.*

LÉDONIA HÉRISSÉ. — *Ledonia hirsuta* Spach, l. c. — *Cistus hirsutus* Lamk. Dict. — Sweet, Cist. tab. 19. — *Cistus platysepalus* Sweet, l. c. tab. 47. — *Cistus psilosepalus* Sweet, l. c. tab. 33.

Feuilles oblongues, ou ovales-oblongues, ou elliptiques-oblongues, obtuses (les plus supérieures de celles des ramules florifères ordinairement ovales ou cordiformes, acuminées), subdenticulées et scabres aux bords, poilues, ou pubescentes, sessiles, ordinairement vertes aux 2 faces. Jeunes pousses hérissées et pubérules-visqueuses (de même que les pédoncules et pédicelles).

Arbuste touffu, à tiges grêles tantôt diffuses, tantôt dressées et atteignant 2 à 3 pieds de haut. Rameaux ascendants, ou

étalés, ou dressés et plus ou moins divergents, grêles, cylindriques, opposés : les vieux glabres, aphylles, d'un brun roux ;
les jeunes effilés, feuillus, ramulifères aux aisselles, hérissés de
poils blancs, en outre couverts d'un court duvet visqueux plus ou
moins abondant ; entrenœuds 1 à 3 fois plus courts que les
feuilles ; ramules axillaires feuillus (excepté les florifères supérieurs, lesquels souvent ne sont garnis, soit vers leur milieu,
soit plus haut, que d'une seule paire de feuilles presque bractéiformes), ordinairement simples : les florifères plus ou moins
divergents, érigés, longs de 1 pouce à 4 pouces (les supérieurs
ordinairement plus courts que les inférieurs), tantôt très-grêles,
tantôt assez gros ; les stériles (se développant après la floraison
soit aux aisselles inférieures des rameaux de l'année, soit aux aisselles des ramules florifères) souvent étalés ou diffus, effilés, atteignant jusqu'à 1 pied de long. Feuilles d'un vert foncé et lisses ou
presque lisses en dessus, d'un vert pâle (rarement subincanes)
et légèrement réticulées en dessous, trinervées (du moins à la
base ; les supérieures souvent 5-ou 7-nervées à la base), poilues
ou velues aux bords, tantôt glabres ou pubescentes ou poilues
aux 2 faces, tantôt glabres en dessus et pubescentes en dessous
(du moins aux veines et nervures), quelquefois plus ou moins
visqueuses, rétrécies à la base, ou non-rétrécies, très-obtuses, ou rétuses, ou très-faiblement pointues (excepté les
supérieures des ramules florifères, lesquelles sont ordinairement acuminées), quelquefois ondulées aux bords (surtout
celles des jeunes pousses stériles) ; les raméaires non-persistantes, longues de 1 pouce à 3 pouces, larges de 5 à 12 lignes ; celles des ramules stériles persistantes, quelquefois presque
aussi grandes que les raméaires ; celles des ramules florifères
non-persistantes (elles tombent souvent avant la fin de l'été), longues de 6 à 15 lignes, larges de 2 à 6 lignes. Pédoncules
solitaires ou géminés ou ternés à l'extrémité des ramules et
des rameaux, 1-5-flores, subfastigiés, raides, ordinairement
courts, quelquefois bifurqués ; pédicelles en cymule, ou moins
souvent soit en corymbe, soit en grappe unilatérale et corymbiforme, grêles, érigés, ou un peu divergents, tantôt plus courts

que le calice, tantôt jusqu'à 1 fois plus longs. Sépales
minces, finement denticulés : les majeurs cordiformes ou
cordiformes-orbiculaires, acuminés, 5-ou 7-nervés, finement
réticulés, ciliés, velus, ou hérissés, ou pubescents, ou rarement glabres (excepté aux bords), d'un vert jaunâtre panaché
de rouge, finalement brunâtres et atteignant 5 à 7 lignes
de large; les mineurs ovales-lancéolés, ou ovales-elliptiques,
acuminés - cuspidés, glabres ou pubescents, d'abord semi-
diaphanes et verdâtres, lors de la maturité opaques et brunâtres, presque aussi longs que les autres, mais 1 à 2 fois
moins larges. Corolle au moment de l'épanouissement large de
10 à 15 lignes; pétales obcordiformes ou cunéiformes-obovales,
marqués d'une tache jaune au-dessus de leur base. Étamines
majeures à peu près de moitié plus courtes que le calice, 2 à
3 fois plus longues que le pistil. Style court, claviforme. Stigmate petit, blanchâtre, composé de 5 crêtes condupliquées.
Ovaire ordinairement couvert d'une pubescence étoilée. Capsule
ovale-pyramidale ou conique, petite, 2 fois plus courte que le
calice, brunâtre, ordinairement pubérule. Graines de la grosseur
d'un grain de Moutarde, d'un brun noirâtre, ovoïdes, ou
subglobuleuses, un peu anguleuses, lisses à l'œil nu, très-
finement poncticulées à un fort grossissement.

Cette espèce est commune en Espagne, et se retrouve dans
quelques localités de l'ouest de la France.

Genre STÉPHANOCARPE. — *Stephanocarpus* Spach.

Calice, corolle et étamines comme dans les *Lédonia*.
Ovaire comme 5-loculaire, tronqué au sommet; placentaires
nerviformes, 4-ovulés; funicules insérés un peu au-dessus du
milieu des placentaires, opposés, immédiatement superposés, rabattus; ovules érigés. Capsule chartacée, polysperme,
septifrage-quinquévalve au sommet, évalve inférieurement;
endocarpe adhérent; cloisons chartacées, cohérentes au
sommet moyennant les placentaires. Embryon grêle, circinné.

Arbuste très-touffu, ligneux. Feuilles opposées, non-stipulées, toutes sessiles ou subsessiles, trinervées, ou subtriplinervées, rugueuses en dessus, fortement réticulées en dessous : les adultes subcoriaces. Pédoncules terminaux ou subterminaux (sur les jeunes pousses, lesquelles sont feuillées, tantôt simples, tantôt paniculées), nus, grêles, multiflores ou moins souvent pauciflores, solitaires, ou ternés, quelquefois bifurqués au sommet ; pédicelles toujours érigés, nus, presque filiformes, épaissis au sommet, articulés par la base, disposés tantôt en corymbe, tantôt en cyme ou en cymule, tantôt en grappe unilatérale. Sépales persistants : les 2 mineurs (intérieurs) cymbiformes, cuspidés, presque diaphanes, finement striés ; les 3 majeurs presque planes, recouvrants, herbacés, acuminés, finement subpalmati-nervés. Corolle assez grande. Pétales blancs, maculés de jaune à la base. Étamines jusqu'à 100, jaunes, plus longues que le pistil, 2 à 3 fois plus courtes que le calice. Pistil petit. Stigmate blanchâtre ou rougeâtre, assez gros, subsessile, composé de 5 crêtes charnues, sinueuses, condupliquées, conniventes. Capsule petite, au moins 2 fois plus courte que le calice, déhiscente peu après la maturité des graines ; valves dentiformes, plus ou moins recourbées. Graines ovoïdes ou subglobuleuses, anguleuses, finement chagrinées ; embryon roulé sur lui-même autour d'une très-petite partie centrale du périsperme ; radicule obliquement ascendante ; cotylédons linéaires, très-étroits : leur sommet occupant à peu près le centre de la spire.

Ce genre, qui ne diffère des *Lédonia* que par la déhiscence de la capsule, renferme seulement l'espèce que nous allons décrire :

STÉPHANOCARPE FAUX-LÉDONIA. — *Stephanocarpus monspeliensis* Spach, in Annales des Sciences Nat., 2ᵉ sér., vol. 6, p. 369; tab. 17, fig. 7. (fruct.) — *Cistus monspeliensis* Linn. — Jacq. Coll. 2, tab. 8. — Sibth. et Smith, Flor. Græc.

tab. 495. — Sweet, Cist. tab. 27. — *Cistus florentinus* Lamk. Dict. — Sweet, Cist. tab. 59.

Arbuste formant un buisson très-touffu, haut de 2 à 4 pieds. Écorce brune ou noirâtre. Tige dressée, très-rameuse ; rameaux plus ou moins divergents, ou dressés, opposés, paniculés : les adultes aphylles, glabres; les jeunes feuillus, visqueux, hérissés de courts poils blancs ordinairement horizontaux. Feuilles longues de 1 pouce à 2 pouces, larges de 2 à 6 lignes, linéaires-lancéolées, ou lancéolées - linéaires, ou lancéolées - oblongues, ou oblongues-lancéolées, ou lancéolées (les supérieures des ramules florifères souvent ovales-lancéolées, ou ovales-oblongues), pointues ou subobtuses, un peu connées par la base, planes ou révolutées aux bords, ou ondulées, en dessus visqueuses, glabres, ou pubescentes, ou poilues, d'un vert foncé, en dessous soit légèrement pubescentes et d'un vert pâle, soit cotonneuses (incanes ou blanchâtres) excepté aux nervures; nervures ordinairement très-saillantes en dessous. Pédoncules longs de 1 pouce à 4 pouces, 2-20-flores (tantôt solitaires, tantôt ternés au sommet des ramules, et tantôt en outre solitaires aux aisselles de l'avant-dernière paire de feuilles), subfastigiés, ou formant une petite panicule non-fastigiée : les latéraux ordinairement pauciflores et quelquefois garnis vers leur milieu d'une petite paire de feuilles, dressés, visqueux et hérissés (de même que les pédicelles et la surface extérieure des sépales) de nombreux poils blancs horizontaux; pédicelles tantôt plus longs que le calice, tantôt plus courts. Sépales ovales ou ovales-lancéolés, acuminés, ou cuspidés : les 3 majeurs ordinairement cordiformes à la base, finalement longs de 4 à 5 lignes, larges de 3 à 4 lignes. Corolle au moment de l'épanouissement large de 8 à 12 lignes ; pétales flabelliformes ou obcordiformes, imbriqués par les bords. Anthères elliptiques ou elliptiques-oblongues. Ovaire ordinairement cotonneux ou pubescent. Capsule ellipsoïde, ou ovoïde, ou subglobuleuse, pentagone, tronquée au sommet, glabre, brunâtre, petite, fragile. Graines petites, d'un brun noirâtre.

Cet arbuste, commun dans presque toute la région méditer

ranéenne, se cultive très-fréquemment dans les orangeries. Il fleurit pendant une grande partie de l'été.

Genre CISTE. — *Cistus* (Tourn.) Spach.

Sépales 5 (accidentellement 6), tous connivents après l'anthèse : les 3 intérieurs conformes, presque égaux, aussi larges ou plus larges que les 2 ou 3 extérieurs. Pétales 5 (roses ou pourpres). Étamines très-nombreuses; filets filiformes, épaissis au sommet; anthères elliptiques ou suborbiculaires, échancrées aux 2 bouts. Ovaire comme 5-loculaire ou incomplètement 5-loculaire; placentaires nerviformes, multi-ovulés ou rarement pauci-ovulés; funicules subhorizontaux, résupinés; ovules érigés ou inclinés. Style grêle ou obconique, très-court ou allongé, dressé. Stigmate hémisphérique ou parabolique, gros, 5-lobé à la base, ou à peine lobé. Capsule coriace ou ligneuse, 5-gone, comme 5-loculaire, 5-valve, ordinairement polysperme; cloisons cartilagineuses; endocarpe adhérent. Embryon grêle, circinné.

Arbustes touffus. Feuilles opposées, non-stipulées, rétrécies en pétiole élargi à la base, ou sessiles, trinervées ou penninervées : celles des pousses non-florifères persistantes; celles des rameaux et ramules florifères non-persistantes (elles se détachent ordinairement dès qu'il se développe des ramules à leurs aisselles); pétioles (des jeunes feuilles) soudés en gaîne plus ou moins allongée. Pédoncules terminaux (souvent sur des ramules axillaires), ou axillaires et terminaux, 1-5-flores, solitaires ou ternés (les axillaires toujours solitaires), ordinairement subfastigiés, nus, ou garnis d'une paire de bractées caduques; pédicelles nus, articulés par la base, disposés en cyme ou en cymule, toujours dressés. Sépales 5-nervés : les 3 intérieurs cymbiformes, membraneux du côté recouvert, cuspidés; les 2 ou 3 extérieurs planes, acuminés, opaques. Pétales jaunes à la base, quelquefois marqués d'une tache d'un pourpre noirâtre. Étamines jaunes, plurisériées, ordinairement au nombre d'environ 100.

Ovaire non-stipité, obscurément 5-gone, presque toujours soyeux. Style débordé par les étamines, ou débordant. Stigmate gros, blanchâtre. Capsule recouverte par le calice, loculicide, déhiscente (longtemps après la maturité des graines) du sommet jusqu'à la base : valves peu divergentes. Graines ovoïdes ou subglobuleuses, anguleuses, presque lisses, petites ; cotylédons étroits, linéaires.

Dans les limites que nous lui assignons, ce genre ne renferme que les trois espèces suivantes :

Section I. LEDONELLA Spach (1).

Sépales extérieurs ordinairement plus étroits que les intérieurs. Pétales jaunes à la base. Ovaire comme 5-loculaire, tronqué au sommet ; placentaires 4-10-ovulés : funicules courts, 1-sériés sùr chaque bord. Style très-court, turbiné, longuement débordé par les étamines. Stigmate parabolique, 5-lobé, composé de crêtes condupliquées.

Ciste a petites fleurs. — *Cistus parviflorus* Spach, in Ann. des Sciences Nat., 2ᵉ sér., vol. 6 (décemb. 1836), p. 368.

Feuilles pétiolées, trinervées, fortement réticulées en dessous. Pédoncules fastigiés ou en panicule, ordinairement 3-5-flores.

—α : A courtes feuilles (*brevifolius*). — *Cistus parviflorus* et *C. complicatus* Lamk. — *Cistus parviflorus* Sweet, Cist. tab. 14. — Feuilles cotonneuses, incanes aux 2 faces : la plupart ovales, ou elliptiques, ou suborbiculaires, acuminulées.

— β : A feuilles spathulées (*spathulatus*). — *Cistus incanus* Sibth. et Smith, Flor. Græc. tab. 494. — *Cistus*

---

(1) A cette section paraît aussi appartenir le *Cistus Ledon*, Lamk., si toutefois cette plante constitue une espèce distincte; suivant M. Bentham, ce serait une hybride des *Cistus monspessulanus* et *laurifolius* : opinion qui n'est peut-être pas privée de fondement.

cymosus (Dunal?) Sweet, Cist. tab. 90. — ? *Cistus creticus* Sweet, l. c. tab. 112. — Flor. Græc. tab. 495 (non Linn.). — Feuilles vertes en dessus, incanes en dessous, ordinairement spathulées-obovales ou spathulées-elliptiques.

— γ : A LONGUES FEUILLES (*longifolius*). — Feuilles lancéolées-spathulées , ordinairement incanes aux 2 faces.

Buisson haut de 2 à 3 pieds. Rameaux dressés ou ascendants, opposés, subcylindriques, souvent tortueux : les adultes ligneux, glabres , brunâtres ; les jeunes grêles , feuillus , cotonneux , ou velus. Feuilles très-obtuses , ou courtement acuminées, ou apiculées (la pointe quelquefois recourbée), planes , ou condupliquées, quelquefois ondulées , ordinairement trinervées jusqu'au sommet, subcoriaces (du moins les adultes), tantôt couvertes aux 2 faces d'un épais duvet étoilé (de couleur cendrée ou quelquefois presque blanchâtre), tantôt vertes ou verdâtres en dessus et incanes seulement en dessous , rarement verdâtres (mais toujours plus ou moins pubescentes) aux 2 faces , longues de 6 lignes à 2 pouces , larges de 3 lignes à 1 pouce : les deux ou quatre dernières des rameaux florifères ordinairement presque réduites au pétiole très-élargi, ou bien tout à fait transformées en bractées lancéolées-oblongues ou oblongues, acuminées, membranacées, rougeâtres , caduques peu après la floraison ; pétioles tantôt plus longs que la lame, tantôt plus courts, larges, concaves, membranacés, nerveux , cotonneux ou pubescents et en outre velus (surtout aux bords). Pédoncules naissant sur les jeunes pousses (lesquelles sont simples à l'époque de la floraison , mais produisent plus tard des ramules axillaires plus ou moins allongés), terminaux, ou axillaires et terminaux , subfastigiés, ou en panicule, dressés, velus, nus , longs de 4 lignes à 2 pouces : les terminaux ordinairement ternés , 3-7-flores ; les inférieurs ordinairement courts et souvent 1-flores ; pédicelles longs de 3 à 6 lignes, grêles. Sépales incanes et très-velus à la surface extérieure, finalement longs de 4 à 5 lignes : les extérieurs ovales, ou ovales-lancéolés, ou oblongs-lancéolées, ou lancéolés-obovales, acuminés, de moitié plus étroits (mais à peu près aussi

longs) que les intérieurs, ou quelquefois presque aussi larges ; les
intérieurs ovales-elliptiques, ou ovales-lancéolés, ou oblongs-lancéolés, ou elliptiques, courtement cuspidés. Corolle au moment
de l'épanouissement large de 10 à 15 lignes; pétales flabelliformes ou obovales, d'un rose soit pâle, soit plus ou moins
vif. Étamines 3 à 4 fois plus longues que le pistil, 2 à 3 fois
plus courtes que le calice, quelquefois seulement au nombre de
30 à 40. Ovaire petit, subglobuleux. Capsule pubérule ou
glabre, brunâtre, coriace, ellipsoïde, ou ovoïde, obtuse aux 2
bouts. Graines d'un brun roux, finement chagrinées à la loupe.

Cette espèce, qu'on cultive assez fréquemment dans les orangeries, croît à l'île de Candie et en Grèce.

Section II. EUCISTUS Spach.

Sépales extérieurs presque aussi longs ou plus longs que les
intérieurs et le plus souvent à peu près aussi larges, étalés
pendant l'anthèse. Pétales jaunes à la base. Ovaire ovoïde
ou subglobuleux, comme 5-loculaire. Placentaires multi-ovulés : funicules allongés, nidulants sur chaque bord.
Style grêle, claviforme au sommet, débordant les étamines, ou peu débordé, subgéniculé à la base. Stigmate hémisphérique, à peine lobé, composé de crêtes trigones.

CISTE COMMUN. — *Cistus vulgaris* Spach, l. c.
Feuilles sessiles ou pétiolées, trinervées ou penninervées, réticulées en dessous. Pédoncules solitaires ou fastigiés, 1-5-
flores.

— α : VELU (*villosus*). — *Cistus villosus* Linn. — Duham.
Arb. 1, tab. 64. — Sweet, Cist. tab. 35. — *Cistus eriose-
palus* Vivian. — *Cistus rotundifolius* Sweet, l. c. tab. 75.
— Feuilles (de forme très-variable, mais souvent suborbiculaires ou obovales-spathulées) pétiolées, non-crépues (du
moins la plupart), penninervées. Jeunes pousses, pédoncules
et calices très-velus.

— β : ONDULÉ (*undulatus*). — *Cistus creticus* Lin. (1) —
Jacq. Ic. Rar. 1, tab. 95 (non Sweet, nec ? Sibth. et Smith).
— *Cistus undulatus* Sweet, Cist. tab. 63. — *Cistus gar-
ganicus* Tenor. — Cette variété ne diffère de la précédente
(avec laquelle elle se confond, ainsi que toutes les suivantes,
par une foule de formes intermédiaires) que par des feuilles
fortement crépues ou ondulées.

— γ : INCANE (*incanus*). — *Cistus incanus* Linn. — Sweet,
Cist. tab. 44. — Bot. Mag. tab. 43. — Feuilles cotonneuses-
incanes (de même que les ramules et calices), penninervées,
subpétiolées, ordinairement ondulées.

— δ : A FEUILLES SESSILES (*sessilifolius*). — *Cistus albidus*
Linn. — Sweet, Cist. tab. 31. — Clus. Hist. 1, p. 68. —
Cistus canescens Sweet, l. c. tab. 45. — Clus. Hist. 1,
p. 69. — Feuilles (ordinairement incanes ou blanchâtres aux
2 faces) oblongues, ou elliptiques, ou suborbiculaires, sessiles, ou subsessiles, trinervées, planes aux bords.

— ε : CRÉPU (*crispus*). — *Cistus crispus* Linn. — Cavan. Ic. 2,
tab. 174. — Sweet, Cist. tab. 22. — Feuilles oblongues
ou oblongues-lancéolées, sessiles ou subsessiles, trinervées,
ou subquinquénervées, fortement crépues ou ondulées (du
moins celles des ramules stériles), ordinairement vertes ou verdâtres. Fleurs subsessiles. — Cette variété, qui paraîtrait
assez distincte pour constituer une espèce, est néanmoins loin
de se reproduire constamment de graines, et se confond avec
toutes les précédentes par des nuances qu'il serait aussi long
qu'inutile de définir.

---

(1) C'est sans doute par erreur, que Lamark et d'autres auteurs ont
avancé, que la résine dite gomme *Ladanum* se récolte à Candie sur le
Cistus creticus ; car la résine peu abondante que renferme cette variété,
soit cultivée, soit dans son lieu natal, n'a ni la saveur, ni l'odeur de la
substance qui enduit les jeunes pousses des *Ladanium*.

— ζ : **Hétérophylle** (*heterophyllus*). — *Cistus heterophyl-lus* Desfont. Flor. Atlant. tab. 124. — Sweet, Cist. tab. 6. — Feuilles (ordinairement petites) vertes en dessus, pubescentes-incanes ou blanchâtres en dessous : les inférieures spathulées ; les supérieures ovales ou ovales-lancéolées, subsessiles.

Buisson touffu, haut de 2 à 5 pieds. Tiges dressées ou ascendantes. Branches et rameaux dressés, ou ascendants, ou divariqués, opposés, subcylindriques : les vieux ligneux, glabres, à écorce brunâtre ou roussâtre ; les jeunes pubescents, ou cotonneux, ou velus, ou hérissés, feuillus, grêles, produisant des ramules axillaires (soit florifères, soit stériles), ou moins souvent simples et florifères seulement au sommet. Feuilles longues de 6 lignes à 3 pouces, ordinairement 1 à 4 fois moins larges, mais dans quelques variétés presque aussi larges que longues, de formes extrêmement variées (mais en général assez constantes sur les mêmes individus, à cela près que celles des ramules florifères diffèrent plus ou moins de celles des ramules stériles, et que les inférieures de chaque ramule, soit stérile, soit florifère, sont très-souvent crépues et pétiolées, tandis que les supérieures sont planes et sessiles ou subsessiles), planes, ou ondulées, ou crépues, veineuses et réticulées en dessous, lisses ou rugueuses en dessus, arrondies au sommet, ou mucronées, ou pointues, ou subacuminées, sessiles, ou rétrécies en large pétiole (quelquefois aussi long ou même plus long que la lame), tantôt pubescentes ou hérissées (mais verdâtres aux 2 faces), tantôt couvertes (soit aux 2 faces, soit seulement en dessous) d'un épais duvet étoilé de couleur grisâtre ou blanchâtre ; gaînes pétiolaires plus ou moins allongées, nerveuses, souvent rougeâtres et hérissées de longs poils blancs. Pédoncules(naissant toujours sur de jeunes pousses soit axillaires, soit terminales, tantôt feuillues dans toute leur longueur, tantôt aphylles excepté au sommet ou dans presque toute leur longueur) ordinairement ternés au sommet des rameaux et ramules, et souvent en outre solitaires aux aisselles des feuilles supérieures, tantôt très-courts (ou même réduits au pédicelle), tantôt atteignant jusqu'à 2 pouces de long, raides, dressés, cotonneux, ou velus, ou pubescents (de même que les pédicelles et sépales), quelquefois visqueux : les latéraux ordinairement dibractéolés à l'articulation du sommet ; pédicelles plus courts que le calice, ou un peu plus longs, raides, solitaires ou en cymule au sommet des pétioles, ou quelquefois en ombelle simple terminant immédiatement le ramule. Bractées herbacées, non-persistantes, semblables aux dernières feuilles des ramules florifères, mais plus petites. Sépales ovales, ou ovales-orbiculaires, ou ovales-lancéolés, ou elliptiques, 5- ou 7-nervés, finalement longs de 4 à 6 lignes, et quelquefois presque aussi larges : les extérieurs acuminés ou pointus (verdâtres ou rougeâtres, lorsqu'ils ne sont pas recouverts de duvet incane); les intérieurs prolongés en appendice linéaire-lancéolé, ou linéaire, ou subulé, pointu, plus ou moins allongé (quelquefois presque aussi long que la lame). Corolle au moment de l'épanouissement large de 1 pouce $^1/_2$ à 3 pouces, d'un rose soit pâle, soit plus ou moins vif ; pétales imbriqués par les bords ou un peu distants, obovales, ou cunéiformes-obovales, ou flabelliformes, ou obcordiformes, souvent érosés aux bords, 1 à 3 fois plus longs que les sépales. Étamines ordinairement au nombre d'une centaine, jaunes, tantôt débordées par le style, tantôt un peu débordantes, de moitié à 2 fois plus courtes que le calice. Ovaire ovoïde ou subglobuleux, soyeux, à peu près aussi long ou un peu plus court que le style. Style glabre, ou velu inférieurement, un peu décliné, ou dressé. Capsule 2 à 3 fois plus courte que le calice, ovoïde, ou ovale-pyramidale, ou ellipsoïde, obscurément pentagone, obtuse aux 2 bouts, pubérule, ou soyeuse, ou rarement glabre, brunâtre. Graines du volume d'un grain de Moutarde, d'un brun roux.

Cette espèce, qui se cultive très-fréquemment dans les collections d'orangerie, est commune dans toute la région méditerranéenne.

Section III. RHODOPSIS Spach.

Sépales extérieurs recourbés pendant l'anthèse, étroits,
presque 2 fois plus courts que les intérieurs. Pétales
marqués au-dessus de l'onglet d'une grande tache d'un
pourpre noirâtre. Ovaire subglobuleux, incomplétement
5-loculaire; placentaires multi-ovulés : funicules allongés,
uni-sériés sur chaque bord. Style obconique, rectiligne,
plus court que l'ovaire, débordé par les étamines.
Stigmate épais, subquinquélobé à la base, composé de
5 crêtes trigones.

Ciste a fleurs pourpres. — *Cistus purpureus* Lamk. —
Bot. Reg. tab. 408. — Sweet, Cist. tab. 17.

Feuilles lancéolées, ou lancéolées-oblongues, ou lancéolées-
spathulées, subtrinervées, subpétiolées. Pédoncules solitaires
ou fastigiés, courts, terminaux, 1-3-flores.

Arbrisseau très-rameux, haut de 3 à 4 pieds. Rameaux
dressés ou ascendants, opposés, subcylindriques : les vieux glabres, aphylles; les jeunes feuillus, ordinairement pubescents.
Feuilles longues de 1 pouce à 3 pouces, coriaces, obtuses, ou
pointues, ou acuminulées, souvent ondulées, ordinairement
glabres, un peu visqueuses, d'un vert foncé et rugueuses en
dessus, cotonneuses ou pubescentes (incanes) et réticulées en
dessous : les plus supérieures des ramules florifères oblongues, ou
oblongues-lancéolées, ou ovales-lancéolées, sessiles; les autres
rétrécies en courts pétioles ciliés, connés inférieurement en
gaîne ordinairement rougeâtre. Pédoncules (terminant les ramules de l'année précédente) courts (quelquefois réduits au
pédicelle), tantôt solitaires, tantôt ternés, ordinairement 1-flo-
res. Sépales ovales, ou ovales-elliptiques, ou cordiformes, velus
ou pubescents à la face extérieure, verdâtres ou rougeâtres,
subquinquénervés : les extérieurs acuminés, longs d'environ 3
lignes, larges de 1 ligne ½ à 2 lignes; les intérieurs 2 fois
plus grands, inéquilatéraux, courtement cuspidés d'un côté.
Corolle au moment de l'épanouissement large de 1 pouce à 2

pouces $^1/_2$; pétales 1 à 2 fois plus longs que les sépales intérieurs, cunéiformes-orbiculaires, ou cunéiformes-obovales, érosés,
imbriqués par les bords, de couleur pourpre et marqués d'une
tache presque triangulaire entourée d'un espace jaunâtre. Étamines ordinairement une centaine, jaunes, à peu près 2 fois plus courtes que le calice.

Cette espèce, remarquable par la beauté de ses fleurs, n'est
pas rare dans les collections d'orangerie, où elle fleurit au printemps. Son origine est inconnue, mais on la présume indigène
en Orient.

Genre RHODOCISTE. — *Rhodocistus* Spach.

Sépales 5, non persistants jusqu'à la maturité du fruit : les
3 intérieurs grands, conformes ; les 2 extérieurs petits, recourbés après la floraison. Pétales 5 (roses ou pourpres).
Étamines très-nombreuses ; filets filiformes, épaissis au sommet ; anthères elliptiques, tétragones, obtuses, échancrées
à la base. Ovaire incomplétement 5-loculaire ; placentaires
nerviformes, trigones, arqués, multi-ovulés ; funicules nidulants sur chaque bord, allongés, vagues ; ovules érigés.
Style grêle, plus long que l'ovaire, saillant, subdécliné,
géniculé à la base. Stigmate disciforme. Capsule ligneuse,
obscurément pentagone, polysperme, incomplétement 5-lo-
culaire, 5-valve du sommet jusqu'au-delà du milieu, évalve
inférieurement ; cloisons cartilagineuses ; endocarpe adhérent. Embryon grêle, circinné.

Arbuste ligneux. Feuilles opposées, non-stipulées, pétiolées
(excepté les supérieures des rameaux et ramules florifères),
trinervées (du moins à la base) : celles des ramules stériles
persistantes ; celles des rameaux et des ramules florifères
non-persistantes (les grandes feuilles des jeunes pousses
tombent dès qu'il se développe des ramules à leurs aisselles) ;
gaîne pétiolaire ordinairement très-ample. Pédoncules terminaux (quelquefois sur de courts ramules axillaires) ou
axillaires et terminaux (toujours sur les jeunes pousses), subfastigiés, ou plus souvent en panicule lâche, ordinairement

dibractéolés au sommet ; pédicelles en cymule ou rarement en corymbe, nus, nutants en préfloraison, subhorizontaux et un peu inclinés pendant l'anthèse (*de sorte que la fleur épanouie est verticale, et non horizontale*, comme dans les vrais Cistes et autres genres voisins), plus tard érigés. Bractées caduques (du moins peu après la floraison), ordinairement foliacées. Sépales herbacés : les 3 intérieurs cymbiformes, inéquilatéraux, striés, cuspidés, membraneux du côté recouvert ; les 2 extérieurs (quelquefois il n'y en a qu'un seul) étroits, pointus. Fleurs très-grandes. Pétales jaunâtres à la base. Étamines jaunes, ordinairement environ 100. Ovaire pentagone, non-stipité. Capsule loculicide, déhiscente longtemps après la maturité des graines. Graines ovoïdes ou subglobuleuses, anguleuses, petites, presque lisses ; cotylédons étroits, linéaires.

L'espèce que nous allons décrire constitue à elle seule ce genre :

RHODOCISTE DE BERTHELOT. — *Rhodocistus Berthelotianus* Spach, in Ann. des Sciences Nat., 2ᵉ série, vol. 6 (décemb. 1836), pag. 367 ; tab. 17, fig. 5 et 6 (fruct.).

— α : A FEUILLES DE CONSOUDE (*symphitifolius*). — *Cistus symphitifolius* Lamk. Dict. — *Cistus vaginatus* Hort. Kew. — Jacq. Hort. Schœnbr. 3, tab. 382. — Bot. Reg. tab. 325. — Sweet, Cist. tab. 9. — Feuilles vertes aux 2 faces ou du moins en dessus, hérissées (ainsi que les ramules, pédoncules et sépales) de longs poils blancs. Ovaire glabre, ou cotonneux seulement aux angles.

— β : A FEUILLES BLANCHES (*leucophyllus*). — *Cistus candidissimus* Dunal. — Sweet, Cist. tab. 3. — Feuilles peu ou point poilues, couvertes (de même que les jeunes pousses et la face extérieure des sépales) d'un duvet blanchâtre très-serré, surtout en dessous. Ovaire cotonneux.

Arbuste haut de 3 à 5 pieds. Tige dressée, très-rameuse. Rameaux étalés, ou ascendants, ou dressés, subcylindriques :

les vieux aphylles, presque glabres ; les jeunes cotonneux ou
couverts d'une pubescence visqueuse, souvent en outre poilus,
ou velus, feuillus, grêles, ramulifères aux aisselles inférieures,
pédonculifères aux aisselles supérieures et au sommet. Feuilles
longues de 1 pouce à 4 pouces, larges de 4 à 18 lignes, ovales,
ou ovales-lancéolées, ou ovales-oblongues, ou elliptiques-oblongues, ou oblongues, ou oblongues-lancéolées (les supérieures et
celles des ramules (florifères) axillaires lancéolées-spathulées, ou
lancéolées-linéaires, ou lancéolées, ou linéaires-oblongues) , arrondies au sommet, ou pointues, ou subacuminées, arrondies
ou cunéiformes à la base, ou rarement subcordiformes, quelquefois un peu ondulées, lisses ou rugueuses en dessus, réticulées et
veineuses en dessous, tantôt cotonneuses-incanes aux 2 faces ,
tantôt glabres ou presque glabres et d'un vert foncé en dessus ,
la surface inférieure étant ou incane, ou verdâtre, mais plus ou
moins pubescente ou poilue : les supérieures (aux aisselles desquelles il naît des pédoncules) et celles des ramules-florifères
axillaires sessiles ou subsessiles ; les autres pétiolées ; pétioles
ciliés et roussâtres, ou bien cotonneux, grêles et immarginés
supérieurement, très-élargis et connés dans leur partie inférieure,
longs de 4 à 15 lignes. Inflorescence de chaque rameau formant
tantôt une cyme terminale aphylle 5-9-flore (rarement une simple cymule terminale), tantôt (lorsqu'il se développe des pédoncules ou des ramules-florifères axillaires) une panicule lâche feuillée inférieurement (pendant la floraison). Pédoncules
raides, ordinairement 2-ou 3-flores, moins souvent 1-flores ou
4-7-flores : les axillaires opposés, érigés, tantôt plus courts que
la feuille, tantôt aussi longs ou un peu plus longs ; les terminaux ordinairement ternés, courts, ou réduits au pédicelle
(quelquefois le rameau se termine immédiatement par un petit
corymbe de pédicelles), souvent divergents ou divariqués ; pédicelles articulés par la base, longs de 3 à 5 lignes, après la
floraison raides et assez épais. Bractées ovales, ou ovales-lancéolées, ou oblongues-lancéolées, ou linéaires-lancéolées , acuminées, petites, rougeâtres ou verdâtres, pubescentes. Sépales
extérieurs 2 à 5 fois plus étroits que les intérieurs et de moitié à

1 fois plus courts, ovales, ou ovales-elliptiques, ou ovales-
lancéolés, ou oblongs-lancéolés, ou linéaires-lancéolés, acuminés ; sépales intérieurs longs de 5 à 7 lignes, sur 4 à 5 lignes de
large, ovales-elliptiques, ou ovales-orbiculaires, ou subcordiformes, prolongés en pointe herbacée, linéaire-lancéolée, ou
subulée, 1 à 2 fois plus courte que la lame du sépale. Corolle
au moment de l'épanouissement large de 1 pouce ¹/₂ à 2 pouces ¹/₂, d'un rose pâle ou plus ou moins vif ; pétales obcordiformes, ou cunéiformes-obovales, ou flabelliformes, érosés, ordinairement imbriqués par les bords. Étamines jaunes, presque
aussi longues que le calice ou même un peu plus longues (1).
Ovaire petit, 3 à 5 fois plus court que le style ; funicules horizontaux ou ascendants, capillaires, aussi longs que le diamètre ma-
jeur des loges. Style subcylindrique, un peu épaissi au sommet.
Stigmate blanchâtre, composé de 5 crêtes trigones, sineuses,
un peu charnues. Panicule fructifère aphylle. Capsule à peu près
aussi longue ou plus courte que le calice (lequel se détache avant
la déhiscence), glabre, luisante, brunâtre, ovoïde, ou ovale-
globuleuse, quinquédentée au sommet avant la maturité, finalement fendue jusqu'au-delà du milieu en 5 valves plus ou
moins divergentes ; cloisons n'atteignant point le centre de la cavité, excepté au sommet. Graines noirâtres, un peu plus grosses
que celles du Pavot, finement ponticulées à la loupe.

Cette plante, indigène aux Canaries, se cultive très-fréquemment dans les orangeries, car c'est l'une des espèces les plus élégantes de la famille.

Genre CROCANTHÈME. — *Crocanthemum* Spach.

Sépales 5 : les 2 extérieurs très-petits. Pétales 5. Étamines
nombreuses ; filets filiformes ; anthères cordiformes-elliptiques. Ovaire 1-loculaire, ou subuniloculaire ; placentaires 3,
filiformes, multi-ovulés ; funicules allongés, nidulants, capil-

____

(1) Dans toutes les autres Cistacées les étamines sont plus courtes que le
calice.

laires, presque dressés ; ovules renversés. Style court, filiforme, rectiligne, dressé. Stigmate disciforme, ou trilobé.
Capsule testacée, fragile, 1-loculaire, 3-valve, polysperme ;
endocarpe adhérent. Embryon grêle, circinné; cotylédons
linéaires.

Arbuscules suffrutescents. Feuilles sessiles ou pétiolées,
alternes (les plus inférieures quelquefois opposées), non-stipulées, penninervées. Pédoncules 1-flores, toujours dressés,
subsolitaires et terminaux, ou en courte grappe terminale
très-lâche. Sépales extérieurs planes, bractéoliformes;
sépales intérieurs cymbiformes, finement striés, acuminés,
membraneux du côté recouvert. Corolle jaune, assez grande.
Étamines 20-40, plurisériées, jaunes, débordant le pistil.
Stigmate assez gros, composé de 3 crêtes fimbriolées, trigones, étalées. Ovaire trigone, subglobuleux, non-stipité;
placentaires immédiatement pariétaux. Capsule loculicide,
luisante, semi-diaphane. Graines petites, ovoïdes, subtrigones, sans direction déterminée relativement au péricarpe;
radicule grêle, obliquement ascendante.

Ce genre, propre aux régions tempérées de l'Amérique
tant septentrionale, que méridionale, renferme les deux
espèces suivantes :

CROCANTHÈME DU BRÉSIL. — *Crocanthemum brasiliense*
Spach, in Ann. des Sciences Nat., 2ᵉ sér., vol. 6 (dé-
cemb. 1836), pag. 367. — *Cistus brasiliensis* Lamk. Dict.
— *Helianthemum brasiliense* Pers. — Sweet, Cist. tab. 43.
— Aug. Saint-Hil. Plant. Rem. p. 324.

Feuilles oblongues, ou lancéolées-oblongues, ou oblongues-
lancéolées, mucronées, ou subacuminées, sessiles. Sépales intérieurs ovales ou ovales-elliptiques, acuminulés.

Tiges touffues, suffrutescentes, grêles, ascendantes, feuillues,
ordinairement simples, longues de 6 à 12 pouces, velues et en
outre plus ou moins couvertes d'une pubescence étoilée. Feuilles
velues, ou hérissées, quelquefois incanes en dessous, longues
de 3 à 6 lignes. Pédoncules solitaires-terminaux, ou au nombre

de 2 ou 3 (extra-axillaires) vers l'extrémité des tiges ou des rameaux, filiformes, longs de 4 à 12 lignes. Corolle au moment de l'épanouissement large d'environ $\frac{1}{2}$ pouce, d'un jaune de Citron; pétales obcordiformes, crénelés.

Cette espèce croît dans les provinces extra-tropicales du Brésil.

CROCANTHÈME DE LA CAROLINE.—*Crocanthemum carolinianum* Spach, l. c. — *Cistus carolinianus* Vent. Hort. Cels. tab. 74. — *Helianthemum carolinianum* Michx. Flor. Bor. Amer.—Sweet, Cist. tab. 99.

Feuilles scabres ou cotonneuses, courtement pétiolées : les inférieures suborbiculaires, ou obovales, ou spathulées-obovales ; les autres oblongues-obovales, ou lancéolées-obovales, ou oblongues, ou elliptiques-oblongues. Sépales intérieurs ovales ou ovales-lancéolés, longuement acuminés.

Racine longue, très-rameuse, ligneuse. Tiges peu touffues, herbacées presque dès la base, grêles, simples, ou peu rameuses, flexueuses, dressées, ou ascendantes, longues de 6 à 15 pouces, rougeâtres, ou d'un pourpre violet, ordinairement hérissées de courts poils fasciculés; rameaux axillaires, simples, très-grêles, presque dressés, à peine plus longs que les feuilles. Feuilles vertes aux 2 faces (mais plus ou moins parsemées d'une pubescence étoilée scabre), ou pubescentes-incanes soit aux 2 faces, soit seulement en dessous, très-obtuses, ou pointues, ou courtement acuminées, molles, souvent érosées-denticulées, fortement penninervées : les radicales (roselées) et caulinaires longues de 1 pouce à 2 pouces $\frac{1}{2}$, larges de 5 à 12 lignes; les raméaires et florales ordinairement beaucoup plus petites; pétiole long de 2 à 3 lignes. Fleurs solitaires-terminales, ou plus souvent disposées au nombre de 3 à 6, le long des rameaux, en grappe unilatérale très-lâche; pédoncules supra-axillaires ou infra-axillaires, nus, grêles, hérissés, longs de 4 à 12 lignes. Sépales hérissés ou cotonneux : les 2 extérieurs linéaires ou linéaires-subulés, un peu plus courts que les intérieurs, étalés; sépales intérieurs glabres en dessus, longs de 4 à 5 lignes.

Corolle au moment de l'épanouissement large d'environ 1 pouce; pétales obcordiformes ou obovales, de moitié plus longs que le calice. Étamines plus courtes que le calice, un peu plus longues que le pistil. Ovaire glabre. Style environ 3 fois plus court que l'ovaire. Capsule subglobuleuse, à peu près aussi longue que le calice. Graines brunâtres.

Cette espèce, indigène dans le midi des États-Unis, mérite d'être cultivée comme plante d'ornement.

Genre HÉTÉROMÉRIS. — *Heteromeris* Spach.

Fleurs hétérogènes : les unes (plus précoces, plus grandes, longuement pédonculées, ordinairement solitaires-terminales dans chaque inflorescence) pentapétales, polyandres, à ovaire multi-ovulé; les autres (plus tardives, plus petites, subsessiles, naissant soit sur des ramules axillaires dépourvus de fleurs corollifères, soit sur les mêmes ramules que celles-ci, mais le plus souvent en beaucoup plus grand nombre et toujours latérales) apétales, ordinairement triandres (rarement 4-12-andres), à ovaire pauci-ovulé. — Sépales 5 : les 2 extérieurs très-petits. Disque nul dans les fleurs apétales. Filets capillaires. Anthères obréniformes ou elliptiques. Ovaire 1-loculaire ou subuniloculaire; placentaires filiformes, 1-12-ou pluri-ovulés; funicules nidulants ou plus souvent subopposés, presque dressés; ovules érigés ou renversés. Style court, filiforme, rectiligne, dressé. Stigmate disciforme, trilobé. Capsule testacée, 1-loculaire, trivalve, polysperme, ou oligosperme, ou monosperme; endocarpe adhérent. Embryon circonfléchi ou circinné, grêle.

Arbuscules suffrutescents ou ligneux. Feuilles éparses, non-stipulées, très-entières, penninervées, coriaces, courtement pétiolées. Pédoncules terminaux, ou axillaires et terminaux (le plus souvent sur des ramules axillaires), ou latéraux, ou dichotoméaires, 1-5-flores, souvent fasciculés : ceux des fleurs apétales ordinairement très-courts; pédicelles fasciculés, ou en cyme, ou en corymbe. Corolle jaune, assez grande. Fleurs apétales très-petites, le plus souvent beaucoup plus abondantes que les fleurs corollifères. Sépales extérieurs étalés, planes ; sépales intérieurs finement 5-nervés, mucronés, ou subacuminés, membraneux du côté recouvert, cymbiformes. Étamines 5-40, jaunes : anthères innées : celles des fleurs apétales minimes, obréniformes ; celles des fleurs corollifères elliptiques. Ovaire petit, glabre, subglobuleux, trigone; funicules courts ou plus ou moins allongés; placentaires quelquefois oblitérés supérieurement: ceux des fleurs apétales 1-2-ou 4-ovulés ; ceux des fleurs corollifères 6-12-ou pluri-ovulés. Stigmate composé de 5 crêtes fimbriolées. Capsule lisse, fragile, un peu transparente, recouverte par le calice, trigone, loculicide, souvent 1-5-sperme par avortement ; valves placées devant les sépales intérieurs ; endocarpe adhérent, mais facilement séparable ; cloisons nulles ou pelliculaires et très-étroites; placentaires presque capillaires, libres après la déhiscence : graines de direction vague, petites, lisses, ou légèrement chagrinées, ovoïdes, subtrigones ; périsperme corné, un peu transparent ; cotylédons ascendants et géniculés à la base, ou subcircinnés, oblongs-linéaires, étroits ; radicule obliquement ascendante, grêle, cylindrique, un peu plus courte que les cotylédons.

Ce genre, propre à l'Amérique septentrionale, est fort curieux par la diversité qu'offrent les fleurs de chaque individu. Les fleurs munies d'une corolle ont tous les caractères des Cistées, tandis que les fleurs apétales ne diffèrent guère de celles des Léchidiées.

A. *Placentaires immédiatement pariétaux. Ovules renversés*
(à l'époque de la floraison).

a) *Rameaux ou ramules 1-5-flores ; pédoncules épars ou en cymule,*
1-flores. Placentaires ordinairement 12-ou pluri-ovulés dans les
fleurs corollifères, 2-ou plus souvent 4-ovulés dans les fleurs
apétales.

Hétéroméris du Canada. — *Heteromeris canadensis* Spach, in Ann. des Sciences Nat., 2ᵉ sér., vol. 6 (décemb. 1836),

p. 368. — *Cistus canadensis* Hort. Kew. — *Helianthe-mum canadense* Michx. Flor. Amer. Bor. — Sweet, Cist. tab. 21. — *Helianthemum ramuliflorum* Michx. l. c.

Feuilles oblongues, ou lancéolées-oblongues, ou spathulées-oblongues (les ramulaires souvent sublinéaires et révolutées), obtuses ou pointues, ordinairement cotonneuses en dessous. Capsule 6-12-sperme.

Tiges plus ou moins touffues, dressées, ou ascendantes, grêles, effilées, raides, ou flexueuses, feuillues, longues de 6 à 15 pouces, suffrutescentes à la base, tantôt glabres et rougeâtres, tantôt couvertes d'une pubescence étoilée plus ou moins abondante : les adultes garnies dans toutes les aisselles tantôt de courts ramules simples, tantôt de rameaux plus ou moins allongés et eux-mêmes ramulifères. Feuilles planes ou à bords révolutés, tantôt glabres et luisantes, tantôt pubescentes en dessus et incanes ou blanchâtres en dessous : les caulinaires et raméaires longues de 6 à 15 lignes, larges de 2 à 4 lignes; les ramulaires longues de 2 à 6 lignes, larges de 1 à 2 lignes. Premières fleurs des jeunes tiges et des principaux rameaux toutes corollifères, longuement pédonculées, subterminales, ou en grappes très-lâches. Fleurs des ramules axillaires courtement pédonculées, ordinairement en cymule terminale, tantôt toutes, tantôt seulement les deux latérales apétales (rarement ces ramules produisent aussi quelques fleurs axillaires solitaires, lesquelles sont toujours apétales et subsessiles). Calice cotonneux ou velu; sépales extérieurs linéaires ou linéaires-subulés; sépales intérieurs ovales ou ovales-elliptiques, acuminulés. Fleurs corollifères à peu près de la grandeur de celles du *Hélianthème variable*. Pétales flabelliformes, d'un jaune vif, immaculés, érosés. Placentaires 4-12-ovulés; funicules longs, nidulants dans les ovaires des fleurs corollifères (mais quelquefois aussi superposés par paires comme dans les fleurs apétales). Capsule globuleuse ou ovale-globuleuse, 6-12-sperme. Graines brunâtres, finement poncticulées; embryon subcircinné.

Cette espèce, qui croît au Canada et dans presque toute l'étendue des États-Unis, se cultive quelquefois comme plante d'agrément.

b) *Fleurs (la plupart apétales) en glomérules axillaires subsessiles. Placentaires 1-ovulés dans les fleurs apétales, 4-ovulés dans les fleurs corollifères.*

HÉTÉROMÉRIS A FEUILLES DE POLIUM. — *Heteromeris polifolia* Spach, l. c. et in Hook. Bot. Mag. Comp. (1837).— *Helianthemum rosmarinifolium* Pursh? Elliot?

Feuilles sublinéaires, ou lancéolées-oblongues, ou oblongues-linéaires, obtuses, rétrécies à la base, subsessiles, pubérules en dessus, cotonneuses-incanes en dessous. Glomérules submulti-flores. Capsule 1-3-sperme. Embryon circonfléchi.

Arbuscule suffrutescent, touffu, couvert sur toutes ses parties herbacées d'une pubescence étoilée, scabre et plus ou moins abondante. Racine grêle, perpendiculaire, ligneuse, à peine rameuse. Tige haute de 6 à 12 pouces, unique, cylindrique, grêle, effilée, dressée, ordinairement rameuse presque dès sa base (moins souvent ne produisant que des ramules florifères raccourcis), feuillée, glabre vers la base, plus haut pubérule-incane (de même que les rameaux et ramules). Rameaux presque filiformes, très-simples, presque dressés, subfastigiés, feuillés dans toute leur longueur : les aisselles inférieures produisant des ramules abortifs feuillus, les supérieures de très-courts ramules florifères. Feuilles ordinairement révolutées aux bords, finement penniveinées, d'un vert cendré en dessus et parsemées d'une pubescence scabre, couvertes en dessous d'un épais duvet incane : les caulinaires ordinairement longues de 12 à 15 lignes, sur 2 lignes de large ; celles des ramules abortifs (comme fasciculées aux aisselles des caulinaires) 2 à 3 fois plus petites ; pétiole très-court. Ramules florifères nus ou presque nus, pédonculiformes, très-courts (quelquefois presque nuls, de manière que les fleurs paraissent glomérulées immédiatement aux aisselles), solitaires aux aisselles des feuilles supérieures soit de la tige, soit des rameaux : les inférieurs 3-7-flores, ordinairement indivisés ; les supérieurs multiflores, presque toujours bifurqués peu au dessus de leur base : la bifurcation produisant un long pédoncule solitaire qui déborde toutes les autres fleurs. Pédoncules non-bractéolés ou munis à leur base d'une bractéole, subulée, fasciculés au sommet des ramules, ou disposés en court corymbe vers l'extrémité des bifurcations, dressés, filiformes, de longueur très-inégale : les dichotoméaires atteignant jusqu'à 4 lignes; les autres presque nuls à l'époque de la floraison, mais s'allongeant finalement jusqu'à 1 ou 2 lignes. Fleurs très-petites et apétales (excepté les dichotoméaires de chaque inflorescence). Sépales cotonneux à la face externe : les 2 extérieurs linéaires, planes; les 3 intérieurs un peu plus longs et beaucoup plus larges que les extérieurs, cymbiformes, subnaviculaires, ovales, acuminulés, finement 5-nervés ; ceux des fleurs corollifères longs d'environ 2 lignes; ceux des fleurs apétales à peine longs de ¹/₂ ligne à l'époque de la floraison. Pétales cunéiformes-obovales, plus longs que les sépales intérieurs. Étamines le plus souvent au nombre de 3 dans les fleurs apétales, environ 20 dans les fleurs corollifères; filets plus courts que le calice, un peu plus longs que le pistil. Ovaire petit, un peu rétréci à la base; placentaires immédiatement pariétaux, oblitérés supérieurement, funiculifères au-dessous du milieu; funicules solitaires, ou opposés. Stigmate profondément divisé en 3 crêtes fimbriolées. Capsule petite (ordinairement du volume d'une graine de Chou, ou 2 fois plus grosse lorsqu'elle provient des fleurs corollifères), subglobuleuse, obtuse, trigone, brunâtre, rétrécie à la base, très-souvent par avortement monosperme (les ovules non-fécondés persistant sur les placentaires). Graines petites, lisses, luisantes, d'un brun roux ; tégument mince, crustacé ; embryon (visible par transparence) courbé presque en triangle autour de la partie centrale du périsperme.

Cette plante a été trouvée par MM. Berlandier et Drummond au Mexique, dans la province de Texas.

c) *Fleurs (la plupart apétales) en cymes subtrichotomes. Placentaires 2-ou 4-ovulés dans les fleurs apétales, 12-ovulés dans les
fleurs corollifères.*

Hétéromeris cymeux. — *Heteromeris cymosa* Spach, l.
c. — *Helianthemum corymbosum* Michx. Flor. Amer. Bor.

Feuilles oblongues, ou elliptiques-oblongues, ou oblongues-
spathulées, ou oblongues-linéaires, obtuses, cotonneuses-incanes
en dessous, pubérules en dessus. Cymes multiflores, denses,
subfastigiées, terminales, ou oppositifoliées. Calice très-velu.
Capsule 6-12-sperme (quelquefois polysperme). Embryon subcircinné.

Racine ligneuse, peut-être rampante. Tige haute de 6 à 12
pouces, grêle, dressée, cylindrique, cotonneuse et peu rameuse
étant jeune, plus tard presque glabre, frutescente, très-rameuse,
ordinairement d'un pourpre violet. Rameaux presque dressés,
très-grêles, feuillés de même que la tige, souvent subfastigiés
ou débordant l'inflorescence terminale, tantôt très-simples, tantôt bifurqués au sommet, quelquefois garnis de ramules axillaires abortifs. Feuilles longues de 6 à 15 lignes, larges de 1
ligne à 4 lignes, planes ou quelquefois révolutées aux bords,
d'un vert cendré en dessus; pubescence étoilée; pétiole long
de 1/2 ligne à 1 ligne. Cymes subsessiles ou pédonculées, terminales (quelquefois oppositifoliées par l'allongement du rameau), d'autant moins rameuses qu'elles appartiennent à des
rameaux plus inférieurs (tandis que la cyme qui termine la tige
est très-rameuse et se compose souvent d'une centaine de fleurs),
composées soit de fleurs toutes apétales et courtement pédicellées,
soit d'un très-grand nombre de fleurs apétales courtement pédicellées, et de quelques fleurs pétalifères beaucoup plus
grandes, longuement pédicellées, dichotoméaires. Pédicelles
nus ou munis à leur base d'une bractéole subulée, velus, disposés en cymules dichotomes ou trichotomes. Fleurs pétalifères
à peu près de la grandeur de celles de l'*Hélianthème commun.*
Sépales extérieurs linéaires-spathulés, obtus, à peu près aussi
longs que les intérieurs ou même un peu plus longs; sépales in-

térieurs ovales - lancéolés ," finement 3-nervés, subacuminés. Étamines 3-12 dans les fleurs apétales, 20-30 dans les fleurs pétalifères. Placentaires immédiatement pariétaux, oblitérés supérieurement : ceux des fleurs apétales 2-ou 4-ovulés au-dessus de la base; funicules longs, opposés. Stigmate à 3 crêtes fimbriolées. Capsule ovale ou ovale-globuleuse, obtuse, trigone, brunâtre, fragile, ordinairement à peine longue de 1 ligne. Graines lisses, un peu diaphanes, d'un brun tirant sur le violet; radicule très-oblique; partie supérieure des cotylédons courbée vers la chalaze.

Cette plante croît dans le midi des États-Unis.

B. *Ovaire incomplètement 3-loculaire; ovules érigés. — Fleurs fasciculées : la plupart pétalifères et pédonculées.*

HÉTÉROMÉRIS DU MEXIQUE. — *Heteromeris mexicana* Spach, in Ann. des Sciences Nat. l. c.

Feuilles oblongues, ou lancéolées-oblongues, ou lancéolées-obovales, ou spathulées-oblongues, acuminulées, ou mucronées, subsessiles, incanes aux 2 faces. Pédoncules très-inégaux, uniflores. Capsule 6-18-sperme.

Arbuste ligneux, atteignant 1 pied de haut. Tige grêle, dressée, cylindrique, rameuse dès la base, glabre et aphylle étant vieille, d'abord feuillée et couverte (de même que toutes les autres parties herbacées de la plante) d'un duvet étoilé plus ou moins abondant. Rameaux effilés, feuillés, dressés, ramulifères à toutes les aisselles; ramules feuillés : les inférieurs abortifs, stériles; les supérieurs florifères, souvent très-rapprochés. Feuilles pubérules et d'un vert cendré en dessus, cotonneuses-incanes en dessous : les raméaires longues de 12 à 18 lignes, sur 3 à 5 lignes de large; les ramulaires longues de 1 ligne à 6 lignes, larges de 1 ligne à 3 lignes. Fleurs en fascicules terminaux ordinairement très-denses. (Souvent les ramules produisent aussi des fleurs axillaires solitaires ou subsolitaires.) Pédoncules filiformes, épaissis au sommet, ordinairement dibrac-

téolés à la base, très-inégaux dans le même fascicule : les prim-
ordiaux finalement longs de 6 à 9 lignes ; les autres presque
nuls, ou longs au plus de 3 lignes. Sépales pubérules-incanes à
la face externe : les 2 extérieurs linéaires-subulés, longs de 1
ligne ¹/₂ ; les 3 intérieurs ovales, acuminés, finement trinervés,
longs de 2 lignes ¹/₂, larges d'environ 2 lignes. Pétales plus
longs que le calice. Étamines environ 30 dans les fleurs pétalifères. Pistil plus court que les étamines. Stigmate à 3 crêtes
denticulées. Capsule ovoïde, un peu pointue, fragile, brunâtre,
de grosseur variable, incomplètement 3-loculaire ; cloisons pelliculaires ; funicules assez courts, subopposés. Graines du volume de celles du Chou, d'un brun rougeâtre, anguleuses ;
radicule obliquement ascendante, à peu près du quart plus
courte que les cotylédons ; cotylédons recourbés vers la chalaze.

Cette plante croît au Mexique ; nous l'avons décrite d'après
des échantillons de l'herbier de M. P. B. Webb, les uns trouvés par M. Andrieux à Toluca, les autres envoyés par Pavon
sous le nom de *Cistus mexicanus*, sans indication précise de
localité.

Genre TÉNIOSTÉMA. — *Tæniostema* Spach.

Fleurs toutes apétales, oligandres. Sépales 5 : les 2 extérieurs très-petits. Disque nul. Étamines 3 (rarement 4 ou 5) ;
filets linéaires-spathulés, aplatis ; anthères minimes, suborbiculaires, adnées. Ovaire 1-loculaire ; placentaires 3, filiformes, très-courts, divisés au sommet en 2 funicules capillaires ; ovules érigés. Style filiforme, très-court, rectiligne,
dressé. Stigmates 3, petits, denticulés. Capsule subtestacée,
1-loculaire, 3-valve, par avortement 1-3-sperme. Embryon
subcircinné.

Plante suffrutescente. Feuilles éparses, non-stipulées,
courtement pétiolées, penninervées, très-entières. Pédoncules ou pédicelles axillaires et terminaux, très-
courts, ordinairement fasciculés ; fleurs très-petites, glomérulées. Sépales extérieurs planes ; sépales intérieurs

cymbiformes. Ovaire minime, subglobuleux, trigone ; placentaires presque basilaires, adnés à des cloisons rudi-mentaires très-minces ; funicules courts, ascendants, diver-gents. Capsule recouverte par le calice, obscurément transparente, loculicide ; endocarpe adhérent, mais facile-ment séparable à la maturité ; valves placées devant les 3 sépales intérieurs ; placentaires par avortement monosper-mes ou aspermes : les ovules abortifs persistants. Graines ovales-trigones, lisses, un peu transparentes ; tégument mince ; périsperme corné ; cotylédons étroits, linéaires-oblongs, presque planes, subcircinnés : leur partie supé-rieure recourbée vers la chalaze ; radicule obliquement as-cendante, dorsale, à peu près aussi longue que les cotylé-dons.

Ce genre, dont nous ne connaissons qu'une seule espèce, diffère de toutes les autres Cistacées par ses étamines à filets aplatis et spathulés, ainsi que par ses anthères tout à fait adnées, à peine plus larges que la partie supérieure du filet.

Téniostéma a petites fleurs.—*Tœniostema micranthum* ,Spach, in Ann. des Scienc. Nat. l. c. et in Hook. Comp. Bot. Mag. 1837. — *Lechea mexicana* Hort. Berol. — *He-lianthemum glomeratum* (Lagasca.) Sweet, Cist. tab. 110.

Plante touffue, haute de 4 à 6 pouces, couverte sur toutes ses parties herbacées d'un duvet étoilé plus ou moins abondant. Ti-ges dressées ou ascendantes, irrégulièrement rameuses, tortueu-ses, cylindriques, feuillées. Ramules filiformes, tortueux, feuil-lus : la plupart florifères. Feuilles pubérules ou cotonneuses (plus ou moins incanes) aux 2 faces, oblongues-spathulées, ou oblon-gues, obtuses, mucronulées : les caulinaires longues d'environ 6 lignes et larges de 2 lignes ; les ramulaires 2 à 3 fois plus petites. Pédoncules solitaires ou fasciculés, très-courts, tantôt 1-flores, tantôt 2-5-flores et quelquefois dichotomes, ordinairement nus. Sépales cotonneux à la face externe : les 2 extérieurs très-pe-tits, linéaires ; les 3 intérieurs naviculaires, finalement longs d'environ 1 ligne. Filets un peu plus courts que les sépales intérieurs, plus longs que le pistil. Capsule très-petite, ovale-trigone, obtuse, brunâtre, substipitée : valves longues d'environ 1 ligne. Graines brunâtres, plus courtes que les valves.

Cette plante croît au Mexique.

IIe TRIBU. **LES LÉCHIDIÉES.** — *LECHIDIEÆ* Spach.

Sépales 5 (les 2 extérieurs toujours très-petits). Réceptacle prolongé en thécaphore stipitiforme articulé à la base de l'ovaire. Disque nul. Pétales 3, persistants, ou subpersistants, opposés aux 3 sépales intérieurs, insérés à la base ou très-rarement au sommet du stipe, imbriqués mais non contournés en estivation. Étamines insérées au sommet du stipe, le plus souvent au nombre de 3 (opposées aux pétales), ou rarement 4-12. Placentaires 3, suborbiculaires, presque aussi larges que le diamètre de la cavité de l'ovaire et de la capsule, adnés par leur axe au bord antérieur des cloisons, bi-ovulés un peu au-dessus de la base de la face postérieure; ovules érigés, orthotropes, attachés (moyennant des funicules plus ou moins allongés) aux angles axiles. Capsule 3-valve. Embryon rectiligne ou presque rectiligne, axile.

Genre LÉCHÉA. — *Lechea* (Linn.) Spach.

Sépales 5 : les 2 extérieurs bractéoliformes; les 3 intérieurs naviculaires, carénés au dos. Pétales 3, insérés à la base du stipe. Étamines 3-12 (le plus souvent 5); filets capillaires; anthères elliptiques ou suborbiculaires, échancrées, minimes. Ovaire minime, subglobuleux, incomplètement 3-loculaire; placentaires bi-ovulés; funicules courts, ascendants. Style très-court, filiforme, rectiligne, dressé. Stigmates 3, comme plumeux. Capsule 1-loculaire (par l'oblitération des cloisons) ou incomplètement 3-loculaire, testacée, loculicide-trivalve, par avortement 3-sperme ; placentaires fragiles, crustacés ; cloisons pelliculaires ou subcartilagineuses, se détachant des placentaires.

Arbuscules suffrutescents ou ligneux, produisant ordinairement au collet de la racine une touffe de ramules stériles décombants. Feuilles très-entières, non-stipulées, courtement pétiolées, penniveinées : les inférieures et celles des ramules décombants opposées ou verticillées ; les autres éparses. Inflorescence générale rétrograde. Ramules florifères simples, ou paniculés, ou dichotomes ; pédicelles fasciculés, ou en grappe unilatérale, ou en corymbe, ou en cymule, toujours dressés. Fleurs minimes, très-abondantes. Pétales blanchâtres. Capsule petite, couverte par le calice, trigone, subcartilagineuse, luisante, un peu transparente, se détachant du stipe peu après la déhiscence ; valves insérées devant les sépales intérieurs ; cloisons soit très-minces et s'oblitérant peu après la floraison, soit subcartilagineuses et persistantes ; placentaires presque condupliqués, enveloppant la graine correspondante, l'ovule non-développé persistant à côté de la graine. Graines petites, presque aussi longues que la capsule, ovales-trigones, lisses, un peu transparentes, solitaires sur chaque placentaire ; tégument mince, chartacé ; périsperme corné ; embryon rectiligne ou subrectiligne, à peu près aussi long que le périsperme ; cotylédons elliptiques, planes, subfoliacés, rectilignes ; radicule perpendiculaire ou un peu oblique, rectiligne, supère, obtuse, cylindrique, à peu près aussi longue que les cotylédons.

Ce genre, propre à l'Amérique septentrionale, est très-voisin des Portulacées et de certaines Paronychiées. Il renferme cinq ou six espèces, dont nous allons décrire celles que nous avons eu l'occasion d'examiner.

A. *Cloisons membraneuses, s'oblitérant peu après la floraison ; capsule comme 1-loculaire, avec trois placentaires
centraux libres. — Inflorescences terminales ou axillaires
et terminales (sur de courts ramules axillaires); pédicelles en cymule ou en courte grappe unilatérale , courts ,
unibractéolés à la base. Collet de la racine produisant des
ramules procombants.*

Léchéa velu.— *Lechea villosa* Elliot. Sketch. — Spach,
in Ann. des Scienc. Nat., 2ᵉ sér., vol. 6, tab. 17, fig. 10 et
11 (semen). — *Lechea major* Mich. Flor. Amer. Bor.

Tige dressée , paniculée, suffrutescente à la base. Feuilles lancéolées, ou lancéolées-oblongues, ou oblongues, obtuses, ou pointues , mucronées , velues, ou ciliées. Capsule à peu près aussi
longue que le calice , trivalve jusqu'à la base.

Tige haute de 1 pied à 2 pieds, cylindrique, feuillée, souvent rougeâtre, plus ou moins velue, grêle , ou quelquefois de
la grosseur d'un tuyau de plume, simple ou presque simple
étant jeune, plus tard ordinairement très-rameuse ; rameaux
grêles, effilés, axillaires, feuillus, le plus souvent produisant
dans presque toute leur longueur de courts ramules florifères
également axillaires et tantôt très-simples, tantôt bifurqués,
tantôt subpaniculés. Ramules radicaux filiformes, velus, longs
de 2 à 5 pouces. Feuilles finement 1-nervées et penniveinées :
celles des ramules radicaux (et quelquefois aussi celles des rameaux les plus inférieurs de la tige) opposées ou verticillées-
ternées , ordinairement elliptiques ou elliptiques-orbiculaires ,
longues de 2 à 4 lignes; les caulinaires longues de 6 à 12 lignes, larges de 2 à 4 lignes; les raméaires 2 à 4 fois plus petites ; celles des ramules florifères ordinairement minimes. Ramules florifères ordinairement filiformes, tantôt plus longs que
les feuilles raméaires, tantôt plus courts, feuillés ou aphylles.
Grappes très-denses (même les fructifères), tantôt solitaires,
tantôt géminées au·sommet des ramules, tantôt axillaires et terminales , d'abord très-courtes, finalement un peu recourbées et

atteignant jusqu'à 1 pouce de long, composées de 5 à environ 20 fleurs. Pédicelles très-courts, filiformes, raides, rapprochés, munis à leur base d'une très-petite bractéole subulée. Fleurs minimes. Pétales lancéolés-oblongs, obtus, à peu près aussi longs que les sépales intérieurs. Étamines un peu plus longues que la corolle. Capsule subglobuleuse, de la grosseur d'un grain de Moutarde.

Cette espèce croît dans le midi des États-Unis.

LÉCHÉA DE DRUMMOND. — *Lechea Drummondii* Spach, in Hook. Bot. Mag. Comp. (avril 1837).

Tiges suffrutescentes, dressées, paniculées au sommet. Feuilles (tant celles des ramules radicaux que les caulinaires) verticillées-ternées ou quaternées, ovales ou elliptiques, acuminulées, ciliolées, poncticulées. Capsule ellipsoïde, un peu plus longue que le calice, évalve au-dessous du milieu.

Racine perpendiculaire, ligneuse, peu rameuse, de la grosseur d'un tuyau de plume. Ramules radicaux filiformes, simples, feuillus, poilus. Tiges hautes de 15 à 18 pouces, peu nombreuses, dressées, grêles, effilées, raides, très-simples dans leur moitié inférieure. Rameaux axillaires, très-grêles, rapprochés, paniculés, pubescents. Feuilles d'un vert foncé en dessus, d'un vert pâle en dessous, glabres mais parsemées de points résineux, 1-nervées, veineuses, subréticulées, bordées de sétules quelquefois bifurquées : celles des ramules radicaux longues de 2 à 2 1/2 lignes, larges de 1 ligne 1/2 (les caulinaires et raméaires n'existent plus sur la plante fructifère que nous avons eue sous les yeux). Ramules fructifères rapprochés vers l'extrémité de la tige et des rameaux, simples, ou bifurqués, ou paniculés, courts, raides, dressés. Pédicelles courts, tantôt fastigiés, tantôt en grappe courte 3-7-flore. Calice pubérule ; sépales extérieurs linéaires, un peu plus longs que les intérieurs ; sépales intérieurs elliptiques, mucronés, 1-nervés, à peine longs de 1 ligne. Capsule obtuse, brunâtre, courtement stipitée. Graines d'un brun roux, un peu plus courtes que les valves.

Cette espèce a été trouvée par M. Drummond en Floride, près d'Apallachicola.

B. *Cloisons subcartilagineuses, persistantes, ne se détachant des placentaires que lors de la déhiscence. — Pédicelles extra-axillaires, disposés en grappes très-lâches.*

LÉCHÉA FAUX-THÉSIUM. — *Lechea thesioides* Spach, l. c. — *Lechea tenuifolia* Michx?

Tige herbacée, paniculée, très-rameuse. Feuilles linéaires, très-étroites, pointues, ciliées, subsessiles. Capsule subglobuleuse, un peu plus courte que le calice.

Plante annuelle? haute de 4 à 8 pouces, courtement poilue sur toutes ses parties herbacées, et en outre plus ou moins soyeuse (surtout sur les jeunes pousses). Racine courte, grêle, perpendiculaire, presque simple. Tige dressée, cylindrique, grêle, feuillée, rameuse presque dès la base; rameaux alternes ou opposés, axillaires, cylindriques, plus ou moins divergents, très-grêles, feuillés, rapprochés, paniculés, subfastigiés; ramules paniculés ou simplement bifurqués, filiformes, florifères dans toute leur longueur, plus ou moins feuillés. Feuilles opposées, ou plus souvent éparses (du moins sur les rameaux), minces, pointues aux 2 bouts, 1-nervées : les adultes glabres excepté aux bords; les caulinaires et raméaires longues de 3 à 6 lignes, larges de $^1/_4$ de ligne à $^1/_2$ ligne; les ramulaires presque filiformes, passant graduellement à l'état de bractéoles subulées. Grappes unilatérales, dressées, très-lâches (surtout après la floraison), finalement longues d'environ 1 pouce. Pédicelles pubescents, supra-axillaires, presque capillaires : les florifères érigés; les fructifères un peu divergents, longs de $^1/_2$ ligne à $^3/_4$ de ligne. Fleurs à peine longues de $^1/_2$ ligne. Calice couvert en dehors de poils scabres couchés; sépales extérieurs linéaires, pointus aux deux bouts; sépales intérieurs elliptiques, mucronés, 1-nervés, atteignant finalement 1 ligne de long. Pétales oblongs, échancrés, de moitié plus courts que les sépales intérieurs. Étamines un peu plus courtes que les pétales. Pistil plus court que les étamines. Capsule du volume d'une graine de Chou, brunâtre, rétrécie à la base, obtuse, trivalve du sommet jusqu'à la base. Graines brunâtres.

Cette plante a été trouvée par M. Drummond au Mexique, dans la province de Texas.

Genre LÉCHIDIUM. — *Lechidium* Spach.

Sépales 5 : les 2 extérieurs bractéoliformes; les 3 intérieurs naviculaires, munis d'une carène dorsale en forme de crête. Pétales 3, insérés au sommet du stipe. Étamines 3, insérées devant les pétales; filets capillaires; anthères minimes, obréniformes. Ovaire minime, subglobuleux, incomplétement 3-loculaire; placentaires 2-ovulés; funicules courts, ascendants. Style très-court, filiforme, rectiligne, dressé. Stigmates 3, comme plumeux. Capsule incomplétement 3-loculaire, testacée, septifrage-trivalve, 6-sperme; cloisons et placentaires cartilagineux, inséparables.

Arbuscule suffrutescent. Feuilles éparses (les inférieures quelquefois opposées, ou subopposées), non-stipulées, très-entières, courtement pétiolées, petites. Pédicelles défléchis ou divariqués après la floraison, supra-axillaires, disposés en grappes lâches subunilatérales. Fleurs minimes. Pétales blanchâtres. Capsule petite, recouverte par le calice, cartilagineuse, un peu transparente, articulée sur un stipe court dont elle se détache quelque temps après la déhiscence; endocarpe adhérent; valves insérées devant les sépales intérieurs; cloisons après la déhiscence séparables en 2 lames; placentaires connivents, épaissis aux bords, non-condupliqués. Graines comme celles des *Léchéa.*

L'espèce suivante constitue à elle seule ce genre :

LÉCHIDIUM DE DRUMMOND. — *Lechidium Drummondii* Spach, in Hook. Bot. Mag. Comp. April. 1837.

Racine grêle, ligneuse, peut-être rampante. Tiges suffrutescentes, plus ou moins touffues, très-grêles, dressées, hautes d'environ 1/2 pied, tantôt simples presque jusqu'au sommet, tantôt rameuses presque dès la base : les jeunes pubescentes et feuillées ; les vieilles glabres, aphylles, d'un brun de Châtaigne. Rameaux très-grêles, alternes, plus ou moins divergents, médiocrement feuillés, parsemés de courts poils scabres couchés. Ramules filiformes. Feuilles exactement linéaires, 1-nervées, pointues, pubescentes, subincanes (surtout étant jeunes) : les caulinaires et raméaires longues de 3 à 7 lignes, larges de $^1/_2$ à $^2/_3$ de ligne ; les supérieures des ramules réduites à de courtes bractéoles filiformes. Fleurs longues d'environ 1 ligne, disposées en grappe le long des ramules et de l'extrémité des tiges et rameaux. Pédicelles presque capillaires, 2 à 3 fois plus longs que le calice, en général beaucoup plus longs que les feuilles florales. Calice pubescent ou soyeux ; sépales extérieurs très-petits, linéaires-filiformes, pointus, étalés, à peu près aussi longs ou un peu plus longs que les intérieurs ; sépales intérieurs presque cuculliformes, obtus, munis d'une large crête denticulée. Pétales oblongs ou spathulés-oblongs, un peu plus courts que les sépales intérieurs. Étamines un peu plus courtes que les pétales, un peu plus longues que le pistil. Capsule du volume d'un grain de Millet, brunâtre, globuleuse, obtuse, obscurément trigone. Graines presque aussi longues que les valves, d'un brun de Châtaigne.

Cette plante, très-semblable par le port au *Lechea thesioides*, a été trouvée par M. Drummond, au Texas.

GENRE ANOMALE.

HUDSONIA. — *Hudsonia* Linn.

Sépales 3, unisériés, égaux, presque planes, striés, imbriqués mais non-contournés en préfloraison. Pétales 5 (sans symétrie avec les sépales), subpersistants. Disque petit, cupuliforme. Étamines 9-20, insérées au bord du disque ; filets capillaires, anisomètres ; anthères suborbiculaires, échancrées. Ovaire petit, non-stipité, très-incomplètement 3-loculaire ; cloisons étroites, pelliculaires ; placentaires filiformes, biovulés au-dessus de la base ; ovules orthotropes, érigés ; funicules longs, capillaires, résupinés, opposés. Style continu avec l'ovaire, long, filiforme, rectiligne, dressé, comme tronqué au sommet. Stigmates 5, minimes, dentiformes. Capsule subtestacée, subuniloculaire, loculicide-trivalve, oligosperme ou monosperme par avortement. Embryon (suivant Nuttall) « renfermé dans un périsperme corné » rectiligne ?

Arbuscules suffrutescents, touffus, très-ligneux. Feuilles éparses, non-stipulées, sessiles, très-étroites, raides, 1-nervées, imbriquées sur les ramules florifères. Ramules florifères très-courts, gemmiformes, axillaires et terminaux, très-rapprochés. Pédoncules terminaux, 1-flores, solitaires, dressés. Fleurs petites. Calice rougeâtre. Corolle jaune.

Ce genre, propre à l'Amérique septentrionale, ne renferme que 5 espèces, dont voici les plus notables :

Hudsonia Fausse-Bruyère. — *Hudsonia ericoides* Linn. — Willd. Hort. Berol. tab. 15. — Sweet, Cist. tab. 36.

Pubescent. Feuilles linéaires ou filiformes, subulées, subimbriquées. Pédoncules plus longs que le calice.

Tiges touffues, suffrutescentes, dressées, ou ascendantes, hautes de ¹/₂ pied à 1 pied. Feuilles longues de 2 à 3 lignes, hérissées de courts poils étalés. Pédoncules filiformes. Calice jaunâtre, cylindrique; sépales oblongs-linéaires, obtus. Corolle d'un jaune vif, large de 3 à 4 lignes; pétales oblongs-obovales. Capsule pubescente, souvent monosperme ; valves oblongues.

Cette plante croît au Canada et aux États-Unis.

Hudsonia cotonneux. — *Hudsonia tomentosa* Nutt. Gen. — Sweet, Cist. tab. 57.

Cotonneux-incane. Feuilles ovales ou ovales-oblongues, pointues, très-densement imbriquées. Pédoncules courts.

Arbuscule très-touffu, suffrutescent, haut de 6 à 10 pouces. Feuilles à peine longues de 1 ligne. Fleurs petites, d'un jaune pâle. Calice subcylindracé; sépales obtus. Pétales obovales. Étamines presque aussi longues que la corolle. Capsule lisse, ordinairement monosperme ; valves ovales.

Cette espèce croît dans le midi des États-Unis.

QUATRE-VINGT-SEPTIÈME FAMILLE.

LES BIXINÉES. — *BIXINEÆ.*

(*Bixineæ* Kunth, Diss. Malv. — De Cand. Prodr. 1, p. 259. — Bartl.
Ord. Nat. p. 281. — *Bixaceæ* Lindl. Syst. Nat. ed. 2, p. 72.)

Cette prétendue famille n'est autre chose qu'une réunion
artificielle de genres la plupart mal connus, mais appartenant évidemment à plusieurs groupes naturels très-diffé-
rents. Lorsqu'un examen moins superficiel aura assigné à
chacun de ces genres la place qu'il devra occuper, les *Bixinées* seront sans doute à rayer de la liste des familles. Il
nous semble donc inutile d'exposer les caractères qu'on
attribue aux Bixinées, et nous nous bornerons à indiquer
les genres qui y ont été classés à tort ou à raison.

Echinocarpus Blume. — *Bixa* Linn. — *Abatia* Ruiz
et Pav. — *Banara* Aubl. — *Lætia* Linn. (Thamnia R.
Br.) —*Prockia* Linn. (Lightfootia Swartz.) (1). — *On-
coba* Forsk. (*Lundia* Thonn.) — *Kuhlia* Kunth. — *Lu-
dia* Lamk. — *Ascra* Schott.—*Trichospermum* Blum. —
Azara Ruiz et Pav. — *Lindackeria* Presl. — *Dasyan-
thera* Presl. — *Christannia* Presl. — (M. Lindley rapporte en outre aux Bixinées le *Mayna* Aubl., que M. Bartling met dans les Magnoliacées, et le *Piparea* Aubl.,
que MM. de Candolle et Bartling considèrent comme
voisin des Violariées.)

Tous ces genres appartiennent à la Flore équatoriale;
et, à l'exception du *Bixa* ou Rocouyer, dont nous allons
traiter ci-bas, ils semblent n'offrir qu'un intérêt purement scientifique.

____

(1) Ce genre appartient incontestablement aux Capparidées.

Genre BIXA. — *Bixa* Linn.

Sépales 5, imbriqués en préfloraison, colorés, non-persistants. Réceptacle suborbiculaire, plane. Disque charnu, quinquangulaire, hypogyne, adné au réceptacle. Pétales 5, interpositifs, insérés sous le disque, inéquilatéraux, caducs, imbriqués en préfloraison. Étamines très-nombreuses, multisériées, libres, insérées au disque; filets capillaires, très-amincis au sommet; anthères basifixes, versatiles, dithèques, échancrées à la base : bourses linéaires, connées inférieurement, disjointes et un peu divergentes supérieurement, chacune repliée sur elle-même presque au milieu, et s'ouvrant dans la plicature (laquelle forme le sommet géométrique, mais non le sommet organique de la bourse) par deux valvules; connectif inapparent. Ovaire inadhérent, 1-loculaire, non-stipité ; placentaires 2, opposés, nerviformes, adnés chacun à une cloison rudimentaire ; ovules anatropes, nidulants, vagues, infrà-apicifixes ; funicules courts. Style indivisé, filiforme. Stigmate bilobé. Capsule ovoïde, un peu comprimée, subcartilagineuse, ordinairement sétifère, 1-loculaire, loculicide-bivalve, polysperme ; endocarpe membraneux, se détachant finalement des valves avec les placentaires; cloisons très-étroites, veineuses, bordées antérieurement d'une forte nervure; placentaires nerviformes, bipartibles (noirâtres de même que les funicules). Funicules courts, nidulants, subascendants, ou subhorizontaux, ou dressés, ou résupinés, filiformes, persistants, évasés au sommet en godet cyathiforme, lequel couvre le sommet (organique) de la graine. Graines anatropes, subhorizontales, ou presque érigées, obpyriformes, cylindriques, subacuminées ou mamelonnées au sommet, très-obtuses à la base, antérieurement creusées d'un sillon longitudinal; raphé (inapparent à l'extérieur) filiforme (composé de trachées), logé dans le sillon ; chalaze (située à l'extrémité la plus grosse de la graine) orbiculaire, noire, bordée d'un assez gros bourrelet jaunâtre ; omphalode submammiforme ; hile

adné au godet du funicule, correspondant presque directe-
ment à l'extrémité de la radicule ; tégument triple : l'extérieur (arille?) pulpeux, rouge (granuleux et crustacé à
l'état sec), adhérent ; l'intermédiaire corné, jaunâtre ; l'intérieur pelliculaire, adhérent au périsperme. Périsperme
charnu, assez épais, ovale, terminé en mamelon conique.
Embryon central, subrectiligne ; radicule assez épaisse,
cylindrique, obtuse, érigée, presque une fois plus courte
que les cotylédons ; cotylédons presque aussi larges que le
plus grand diamètre du périsperme, foliacés, aplatis, trinervés, finement veineux, ovales-elliptiques, subcordiformes à la base, un peu pointus et repliés sur eux-mêmes au
sommet ; plumule imperceptible.

Arbrisseaux. Rameaux alternes, cylindriques, inarticulés.
Feuilles grandes, alternes, pétiolées, stipulées, palmatinervées, ponctuées, très-entières, non-coriaces ; pétiole articulé par la base ; stipules géminées, caduques. Inflorescences terminales (sur les jeunes pousses), aphylles, paniculées, ou subfastigiées ; pédicelles en cymule ou en grappe,
articulés au pédoncule, épaissis en forme de disque au sommet et munis de 5 glandes correspondantes chacune à la
base d'un sépale. Bractées caduques. Sépales et pétales rouges, assez grands. Étamines jaunâtres. Primine de l'ovule
prolongée en forme de bec au-delà de l'endostome. Capsule
hérissée de soies raides.

Ce genre, nommé vulgairement *Rocouyer*, doit probablement être classé parmi les Tiliacées ; il a aussi quelques
analogies avec les Cistacées, par la conformation de ses
placentaires et par la membrane particulière qui revêt la
paroi interne du péricarpe.

On ne peut admettre avec certitude que l'espèce suivante :

Bixa tinctorial. — *Bixa Orellana* Linn. — Pluk. Al-
mag. tab. 209, fig. 4. — Commel. Hort. 1, tab. 33. — Sloan.
Hist. Jam. tab. 181, fig. 1. — Jacq. Hort. Schœnbr. tab. 483.
— Tussac, Flor. Antill. v. 2, tab. 20. — Bot. Mag. tab. 1456.
— Turp. in Dict. des Scienc. Nat. et in Flor. Méd. Ic.

Arbrisseau haut de 10 à 20 pieds. Tronc droit. Branches rapprochées en cyme arrondie et touffue. Jeunes pousses légèrement pubérules ou pulvérulentes. Feuilles ovales, ou ovales-oblongues, ou ovales-lancéolées, acuminées, cordiformes ou moins souvent arrondies à la base, 3-ou 5-nervées jusque vers leur milieu, penninervées dans leur partie supérieure, finement veineuses, minces, d'un vert gai et glabres aux 2 faces (les naissantes couvertes d'une pubescence pulvérulente de couleur jaunâtre ou roussâtre, très-fugace excepté aux nervures et veines de la face inférieure), longues de 3 à 6 pouces et quelquefois plus (le pétiole non-compris), larges de 2 à 4 pouces; pétiole grêle, cylindrique, long de 1 pouce à 3 pouces, ordinairement d'un pourpre violet (de même que les nervures et veines). Stipules lancéolées, ou ovales-lancéolées, subulées au sommet, membranacées. Panicules lâches, 7-15-flores; pédoncule commun raide, dressé, pulvérulent (du moins à l'époque de la floraison) de même que les pédoncules et pédicelles; pédoncules raides, peu nombreux, ordinairement courts, 2-4-flores : les inférieurs alternes; les terminaux ordinairement en ombelle et subfastigiés; pédicelles plus courts que le calice, épais, ordinairement en cymule, quelquefois en courte grappe soit corymbiforme, soit subunilatérale. Fleurs larges d'environ 1 pouce. Sépales obovales ou obovales-orbiculaires, striés, pulvérulents en dehors, rougeâtres. Pétales obliquement obovales, très-obtus, un peu plus courts que le calice, étalés, de couleur rose ou pourpre. Étamines plus courtes que la corolle, à peu près aussi longues que le pistil, non-persistantes. Ovaire hérissé de soies blanches, plus court que le style. Capsule cordiforme-ovale, pointue, un peu comprimée aux deux faces, brunâtre, mince, parsemée ou couverte de courtes soies subulées, érigées, de même couleur que le péricarpe; valves longues d'environ 1 pouce, sur autant de large vers la base, cymbiformes, peu divergentes. Graines longues de 2 lignes; tégument extérieur (pulpe) d'un rouge de cinabre; funicules et nervure placentairienne noirs.

Cet arbrisseau, connu sous les noms vulgaires de *Rocouyer, Rocou, Arnotta,* etc., croît aux Antilles et dans l'Amérique

méridionale, où il se cultive fréquemment comme plante tincto-
riale. C'est de la pulpe rouge qui enveloppe ses graines qu'on
obtient le rocou du commerce : substance dont l'emploi ne se
borne pas à l'usage qu'en font les peintres et les teinturiers ; les
Espagnols en mettent dans le chocolat et dans les ragoûts, car
ils la regardent comme stomachique et cordiale ; en Angleterre,
elle sert à donner de la couleur aux fromages de Chester, et ailleurs on en met dans le beurre, au même effet. Les Ca-
raïbes ont coutume de se frotter le corps avec un mélange de
rocou et d'huile de *Ricin*, afin de se garantir de la piqûre des
mousquites.

La décoction des racines de *Bixa* passe pour anti-hémorrha-
gique. Le bois de l'arbrisseau, d'ailleurs blanc et mou, a la pro-
priété de s'enflammer assez vite par le frottement ; à cet effet,
les nègres prennent une cheville de bois de *Bixa*, et ils la frottent
fortement contre un morceau d'un autre bois quelconque, mais
de consistance dure ; ou bien ils enfoncent la cheville de bois de
Bixa dans un trou pratiqué dans un morceau d'un bois dur, en
l'y retournant avec force ; de l'une ou de l'autre manière, le feu
ne tarde pas à se manifester.

Nous empruntons à M. de Tussac la description de la fabrica-
tion du rocou. — Lorsque les capsules du *Bixa* commencent à
s'ouvrir, on les cueille pour en retirer les graines ; celles-ci sont
mises dans un baquet rempli d'eau, où on les laisse fermenter
pendant six à huit jours ; au bout de ce temps la pulpe qui enveloppe les graines s'en est détachée ; d'ailleurs on accélère l'o-
pération en agitant fortement avec des pagales l'eau du baquet.
Alors on passe le tout dans un crible, pour en séparer les graines, et l'on remet dans le même baquet l'eau tenant en dissolu-
tion la substance rouge ; on la laisse de nouveau fermenter pendant une huitaine de jours, puis on la repasse dans un crible
plus serré que celui dont on s'est servi précédemment, afin qu'il
n'y reste aucun corps étranger à la matière colorante ; cette eau
se met dans de grandes chaudières, qu'on chauffe jusqu'à une
forte ébullition, pendant laquelle la matière rouge monte à la
surface sous forme d'écume, qu'on enlève et qu'on met dans des

bassines de cuivre. Lorsqu'il ne paraît plus d'écume à la surface de l'eau bouillante, l'opération est finie ; on jette l'eau et l'on remet l'écume dans la même chaudière, où on la fait bouillir pendant douze heures en l'agitant continuellement avec une spatule de bois, afin qu'elle ne s'attache pas au fond de la chaudière. Lorsque la matière rouge se détache facilement de la spatule, la cuisson est arrivée au degré requis ; alors on la retire de la chaudière et on la met dans des canots de bois bien propres ; avant qu'elle ne refroidisse complétement, des nègres, ayant frotté leurs mains d'huile de *Ricin*, en font de petits pains d'environ deux à trois livres, qu'ils enveloppent de feuilles de Balisier. Au commencement de la fermentation, le rocou exhale une odeur insupportable, qui incommode beaucoup les ouvriers ; mais plus tard son odeur devient très-suave et analogue à celle de la Violette.

QUATRE-VINGT-HUITIÈME FAMILLE.

LES MARCGRAVIACÉES. — *MARC-GRAVIACEÆ*.

(*Marcgraviaceæ* Juss. in Annal. du Mus. vol. XIV, p. 397. — De Cand. Prodr. 1, p. 565. — Bartl. Ord. Nat. p. 280. — Mart. et Zuccar. Plant. Brasil. — Cambess. in Flor. Brasil. Merid.)

Les *Marcgraviacées* constituent un petit groupe extrêmement voisin des Guttifères ainsi que des Ternstrémiacées, auprès desquelles elles sont placées à juste titre par la plupart des auteurs. On ne connaît qu'une vingtaine d'espèces, indigènes (à l'exception d'une seule, de la Nouvelle-Calédonie) dans les régions équatoriales de l'Amérique du sud. Ces végétaux, souvent parasites, sont en général remarquables par des bractées vivement colorées et affectant les formes les plus bizarres.

CARACTÈRES DE LA FAMILLE (1).

Arbres, ou plus fréquemment *arbrisseaux*. Tiges souvent grimpantes ou radicantes. Rameaux cylindriques.

Feuilles alternes, simples, très-entières, penninervées, coriaces, non-stipulées.

Fleurs régulières, hermaphrodites, disposées en grappe, ou en épi, ou en ombelle. Inflorescences terminales, aphylles. Pédicelles le plus souvent dibractéolés au sommet, et en outre garnis plus bas d'une grande bractée pétaloïde soit adnée, soit pendante, ordinairement cu-

---

(1) Principalement (de même que les caractères génériques) d'après les descriptions de MM. de Martius et Cambessèdes.

culliforme, ou sacciforme, ou prolongée en éperon concave.

Calice inadhérent, persistant. Sépales 2-6 (le plus souvent 5), imbriqués par les bords.

Corolle calyptriforme ou pentapétale, caduque, hypogyne.

Disque (souvent inapparent) hypogyne, membraneux.

Étamines au nombre de 5 (alternes avec les pétales), ou en nombre indéfini, insérées soit au réceptacle ou au disque, soit à la base de la corolle. Filets libres, élargis à la base. Anthères basifixes, immobiles, introrses, dithéques, déhiscentes longitudinalement.

Pistil : Ovaire inadhérent, complétement ou incomplétement 2-10-loculaire; placentaire central, multi-ovulé; ovules ascendants. Style indivisé ou nul. Stigmate ponctiforme, ou capitellé, ou rayonnant.

Péricarpe (inconnu dans la plupart des espèces) : Capsule 2-10-loculaire, coriace, 2-10-valve, loculicide; cloisons complètes ou incomplètes, placentifères ou non-placentifères; placentaires distincts ou soudés, ordinairement pulpeux, polyspermes, ou oligospermes.

Graines (connues dans peu d'espèces) nidulantes, réticulées, oblongues, minimes; tégument dur; périsperme nul; radicule allongée; cotylédons très-courts, incombants.

Les genres des Marcgraviacées ont été classés par M. Choisy comme suit :

Iʳᵉ TRIBU. **LES MARCGRAVIÉES.** — *MARCGRA-VIEÆ.*

Pétales soudés en coëffe, laquelle se détache lors de

l'épanouissement du calice. Étamines insérées au réceptacle ou à un disque hypogyne.

Antholoma Labill. — *Marcgravia* Linn.

IIe TRIBU. **LES NORANTÉES.** — *NORANTEÆ.*

Pétales 5, libres, ou soudés seulement par la base. Étamines insérées à la base de la corolle.

Norantea Aubl. (Ascium Vahl.) — *Ruyschia* Jacq. (Souroubea Aubl.)

Genre MARCGRAVIA. — *Marcgravia* Linn.

Sépales 6, ovales-orbiculaires, inégaux. Corolle calyptriforme, très-entière, conique, coriace. Étamines en nombre indéterminé, unisériées, insérées à un disque hypogyne; filets aplatis, subulés au sommet; anthères ovales-oblongues. Ovaire subglobuleux, 10-loculaire, rétréci en col au sommet. Stigmate épais, capitellé. Capsule (suivant M. de Martius) globuleuse, coriace, 10-loculaire, déhiscente de bas en haut en 5 valves irrégulièrement bifides; cloisons placentifères ; placentaires charnus. Graines minimes, oblongues, réticulées, nidulantes.

Arbrisseaux parasites. Tiges et rameaux radicants à la manière du Lierre. Fleurs en ombelle, ou en épi; pédicelles nus ou garnis d'une bractée sacciforme, adnée dans toute sa longueur, ouverte à la base.

Ce genre renferme quatre espèces, dont la plus notable est la suivante :

Marcgravia a ombelles. — *Marcgravia umbellata* Linn. — Jacq. Amer. tab. 96. — Tussac, Flor. Antill. 4, tab. 13. — Turp. in Dict. des Sciences Nat. Ic. — Hook. Exot. Flor. Ic.

Arbuste atteignant 25 à 30 pieds de haut, et s'implantant comme le Lierre, sur les arbres ou autres corps voisins, moyennant de nombreuses fibrilles. Tronc ayant quelquefois un diamètre de 4 à 5 pouces. Rameaux nombreux, très-longs, retombants. Feuilles (de forme et de grandeur très-diverse, selon l'âge des individus, et suivant qu'elles appartiennent à des rameaux stériles ou florifères) distiques, sessiles, glabres, non-veineuses, subfalciformes, ou lancéolées, ou ovales-lancéolées, ou ovales, ou elliptiques, ou suborbiculaires, pointues, ou obtuses, ou échancrées, cordiformes ou arrondies à la base : les jeunes glanduleuses aux bords. Ombelles simples, solitaires, terminales, pédonculées, pendantes. Pédicelles fastigiés ou inégaux, longs, tuberculeux : les latéraux nus, les centraux garnis d'une bractée allongée, cylindrique, arquée. Fleurs de grandeur médiocre. Sépales concaves : les 2 extérieurs (bractéolés?) plus petits. Corolle jaunâtre, longue d'environ 6 lignes. Étamines divergentes, étalées. Pulpe des placentaires de couleur écarlate de même que les graines.

Cette plante croît aux Antilles et dans l'Amérique méridionale.

Genre NORANTÉA. — *Norantea* Aubl.

Calice pentasépale, coloré, dibractéolé à la base ; sépales égaux. Pétales 5, non-soudés, coriaces, concaves, convolutés en préfloraison. Étamines uni-ou bi-sériées, nombreuses (20-35); filets adhérents inférieurement aux pétales. Ovaire 3-5-loculaire (complétement suivant M. Cambessèdes; incomplétement suivant M. de Martius); placentaire central, un peu charnu, 3-5-gone; ovules ascendants, nombreux. Style court, épais. Stigmate capitellé, subsessile. Péricarpe (suivant Aublet) : baie à 4 loges dispermes.

Arbres ou arbrisseaux, quelquefois parasites. Feuilles glabres, non-veinées. Inflorescence en grappe ou en épi. Pédicelles garnis au-dessus de leur base d'une bractée sacciforme ou cuculliforme, vivement colorée, étalée ou pendante, ouverte à la base, attachée moyennant un rétrécissement stipitiforme. Bractéoles calicinales petites, colorées, conformes aux sépales. Fleurs petites, violettes, ou d'un pourpre noirâtre, ou d'un vert tirant sur le rouge.

Ce genre, propre à l'Amérique méridionale, renferme les cinq espèces suivantes :

a) *Tige non-grimpante.*

Norantéa de Guiane. — *Norantea guianensis* Aubl. Guian. 1, tab. 220. — *Norantea violacea* Poir. Enc. — *Ascium violaceum* Vahl.

Feuilles obovales-oblongues, ou cunéiformes-oblongues, subpétiolées. Grappes longues, subunilatérales, très-lâches; fleurs subsessiles. Grandes bractées lisses, coriaces, cuculliformes, obovées-cylindracées, plus longues que le pédicelle. Anthères linéaires, mucronulées.

Arbre atteignant 80 pieds de haut. Tronc de 1 pied $\frac{1}{2}$ de diamètre. Feuilles longues d'environ 6 pouces, fermes, coriaces, luisantes en dessus, souvent échancrées au sommet. Bractée cuculliforme, longuement stipitée, longue de 1 pouce ou plus, de couleur écarlate. Sépales petits, coriaces, pointus, rouges aux bords. Pétales pointus, violets.

Cette espèce, d'abord observée par Aublet à Cayenne, a été retrouvée par M. de Martius au Brésil, dans les forêts vierges de la province de Para.

Norantéa maritime. — *Norantea brasiliensis* Choisy, in De Cand. Prodr. — Cambess. in Flor. Brasil. Merid.

Feuilles cunéiformes-obovales, obtuses, pétiolées. Grappes lâches ; pédicelles très-longs. Grandes bractées cuculliformes, ovoïdes. Pétales elliptiques, réfléchis. Anthères ovales.

Arbrissseau. Grappes longues de plus de 1 pied. Fleurs petites, verdâtres. Bractées d'un pourpre foncé.

Cette espèce a été trouvée par M. Auguste de Saint-Hilaire, au Brésil, sur les plages marécageuses de la province de Saint-Paul. Les bractées cuculliformes contiennent un suc mielleux.

Norantéa monticole. — *Norantea adamantium* Cambess. in Flor. Brasil. Merid. 1, tab. 52.

Feuilles cunéiformes-obovales ou obovales-oblongues, obtuses ou échancrées, subsessiles. Grappes lâches ; pédicelles allongés. Grandes bractées cylindriques, sacciformes, obtuses, pendantes, subsessiles, 3 fois plus longues que le pédicelle. Pétales obovales, réfléchis. Anthères linéaires-lancéolées, pointues.

Arbrisseau médiocrement rameux. Bractées sacciformes d'un vert rougeâtre, lisses, longues de $^1/_2$ pouce sur 2 pouces de large. Pétales longs d'environ 5 lignes, verdâtres, maculés de brun.

Cette espèce a été observée par M. Aug. de Saint-Hilaire, au Brésil, dans les montagnes de la province des Mines.

NORANTÉA DENSIFLORE. — *Norantea goyazensis* Cambess. l. c.

Feuilles obovales, très-obtuses, révolutées aux bords, subsessiles, un peu glauques. Grappes denses ; pédicelles courts. Bractées sacciformes obtuses. Pétales elliptiques.

Arbrisseau haut de 2 à 4 pieds. Rameaux étalés, tortueux. Feuilles longues de 3 à 5 pouces, larges de 1 pouce $^1/_2$ à 3 pouces. Grappes longues de 1 pied et plus ; pédicelles longs de 4 à 5 lignes. Fleurs d'un pourpre noirâtre, larges d'environ 5 lignes.

Cette espèce a été découverte par M. Aug. de Saint-Hilaire, au Brésil, dans les montagnes de la province de Goyaz.

b) *Tige grimpante ou radicante.*

NORANTÉA DE PARA. — *Norantea paraensis* Mart. l. c. tab. 296.

Feuilles obovales, cunéiformes à la base, rétrécies en pétiole. Grappes longues, subunilatérales. Bractées écarlates, obovales-claviformes, pointues, 1-dentées à la base, 3 fois plus longues que le pédoncule. Anthères linéaires, mucronées.

Arbuste sarmenteux, très-élevé. Feuilles longues de 3 à 5 pouces, larges de 15 à 24 lignes. Grappes longues de 1 pied et plus, un peu lâches. Pédicelles longs de 2 à 3 lignes. Bractées longues de 8 à 10 lignes, lisses, d'un écarlate vif : stipe grêle, aussi long que l'ampoule. Bractéoles et sépales ovales, verts, rougeâtres aux bords. Pétales suborbiculaires, violets, presque étalés.

Cette espèce a été trouvée par M. de Martius au Brésil, dans les forêts vierges de la province de Para.

NORANTÉA DU JAPURA. — *Norantea japurensis* Mart. Plant. Brasil. tab. 295.

Feuilles obovales ou oblongues, subobtuses, cunéiformes à la base, courtement pétiolées. Grappes longues, denses, subunilatérales. Bractées roses, obovales, obtuses, 3 fois plus longues que le pédoncule, scabres. Anthères linéaires, mucronulées.

Arbrisseau parasite, grimpant à une trentaine de pieds de haut. Feuilles longues de 4 à 6 pouces, larges de 2 à 3 pouces. Grappes longues de 2 à 3 pieds. Pédoncules longs de 2 à 3 lignes, étalés. Bractées longues de près de 1 pouce, membranacées, étalées. Bractéoles ovales-triangulaires, pointues, d'un rose tirant sur le vert. Sépales ovales-orbiculaires, de même couleur que les bractéoles. Pétales longs de 1 ligne, suborbiculaires, d'un vert rougeâtre, 3 fois plus courts que les étamines.

M. de Martius a observé cette espèce dans les forêts vierges arrosées par le Japura.

Genre RUYSCHIA. — *Ruyschia* Jacq.

Calice dibractéolé, 5-sépale. Pétales 5, ovales ou oblongs, obtus, un peu charnus, réfléchis, soudés par la base. Étamines 5, insérées à la base de la corolle, alternes avec les pétales; filets aplatis; anthères ovales, 4-valves; connectif large. Ovaire ovale, pentagone, 4-6-loculaire; loges multi-ovulées; placentaire central, stipité. Stigmate sessile, à 4-6 rayons canaliculés. Capsule coriace, 4-6-loculaire, déhiscente de bas en haut en 4-6 valves septifères au milieu; loges 3-6-spermes. Graines un peu courbées, suboblongues, nidulantes dans le placentaire transformé en masse charnue 4-6-lobée; test dur, luisant, aréolé; périsperme nul; radicule allongée; cotylédons très-courts, in-combants.

Arbrisseaux ou arbres, quelquefois parasites. Rameaux sarmenteux, très-longs, émettant des racines aériennes. Épiderme des ramules se détachant souvent par lamelles. Feuilles courtement pétiolées, coriaces, luisantes, souvent inéquilatérales. Fleurs en longues grappes. Pédicelles garnis peu au-dessous des bractéoles d'une bractée écarlate, adnée horizontalement, simple, ou bifurquée postérieurement, prolongée antérieurement en éperon claviforme concave. Bractéoles conformes aux sépales. Calice et corolle jaunes, ou oranges, ou écarlates.

Les *Ruyschia* croissent aux bords des fleuves et sur les plages humides de l'Amérique équatoriale. On ne connaît que les six espèces suivantes, toutes remarquables par une inflorescence aussi brillante que bizarre.

Ruyschia de l'Amazone — *Ruyschia amazonica* Mart. et Zuccar. Plant. Brasil. tab. 292.

Feuilles cunéiformes-obovales ou oblongues-obovales, pointues, mucronulées. Bractée tripartie : lanières postérieures divergentes, linéaires-lancéolées, acuminées; éperon grêle, aussi long que les lanières. Fleurs jaunes.

Arbrisseau à sarments très-longs. Rameaux étalés, ou pendants, ou parasites sur des troncs soit morts, soit vivants. Feuilles subdistiques, courtement pétiolées, inéquilatérales, longues de 3 à 4 pouces. Grappes 8-12-flores, lâches, subunilatérales; pédicelles longs d'environ 1 ligne. Bractée inférieure longue d'environ 18 lignes, d'un rouge de corail. Sépales petits, ovales-orbiculaires, jaunes. Pétales d'un jaune de Citron, longs de 1 ligne ¹/₂.

M. de Martius a découvert cette espèce au Brésil, sur les bords de l'Amazone.

Ruyschia de Spix. — *Ruyschia Spixiana* Mart. et Zuccar. l. c. tab. 293.

Feuilles obovales ou elliptiques-obovales, subacuminées, ou

échancrées. Bractées triparties : lanières postérieures divergentes, lancéolées, pointues, un peu plus longues que l'éperon. Fleurs de couleur orange.

Cette espèce, très-semblable par le port à la précédente, croît dans les mêmes localités.

Ruyschia écarlate. — *Ruyschia corallina* Mart. et Zuccar. l. c. tab. 294.

Feuilles obovales-oblongues, courtement acuminées, cunéiformes à la base. Bractées triparties : lanières latérales spathulées, arrondies et concaves au sommet, à peu près aussi longues que l'éperon. Fleurs écarlates.

Arbuste sarmenteux. Feuilles longues de 3 à 4 pouces, larges de 1 pouce ½ à 2 pouces. Grappes longues de 4 à 8 pouces. Bractées d'un écarlate brillant, longues de 8 à 10 lignes. Calice d'un écarlate tirant sur l'orange. Pétales longs de 2 lignes ½, ovales-oblongs, de même couleur que les bractées. Capsule obovale-turbinée, verdâtre, de la grosseur d'une Cerise.

M. de Martius a découvert cette espèce au Brésil, sur les bords du Japura.

Ruyschia de Bahia. — *Ruyschia bahiensis* Mart. et Zuccar. l. c. v. 3, pag. 178.

Feuilles oblongues ou elliptiques-oblongues, arrondies au sommet, mucronées, inéquilatérales, courtement pétiolées. Bractées triparties : lanières latérales larges, lancéolées, pointues, plus longues que l'éperon. Fleurs jaunes.

Arbrisseau parasite. Feuilles longues de 3 à 4 pouces, larges de 1 pouce ½. Grappes et fleurs plus grandes que dans les espèces précédentes. Pédicelles arqués, longs de plus de 1 pouce. Bractées d'un écarlate foncé, longues de 12 à 16 lignes. Pétales longs de 4 lignes et plus.

Cette espèce croît dans les îles du golfe de Cumana.

Ruyschia a feuilles de Clusia. — *Ruyschia clusiæfolia* Jacq. Amer. tab. 51, fig. 2.

Feuilles ovales-elliptiques, obtuses. Grappes denses, spiciformes. Bractées ovales, pointues, convolutées.

Arbuste sarmenteux. Feuilles longues de 3 à 4 pouces. Grappes longues de 1 pied. Sépales ovales, réfléchis. Pétales réfléchis, de couleur pourpre. Étamines 5 ou 7. Filets pourpres à la base. Ovaire tétragone.

Cette plante croît aux Antilles et dans la Guiane.

RUYSCHIA DE GUIANE. — *Ruyschia Souroubea* Willd. — *Souroubea guianensis* Aubl. Guian. 1, tab. 97. — *Souroubea Aubletii* Meyer. Esseq.

Feuilles ovales ou obovales, échancrées, mucronées. Grappes lâches, rameuses. Bractées triparties : lanières postérieures lancéolées, obtuses ; éperon claviforme.

Arbuste sarmenteux. Sépales suborbiculaires, concaves. Pétales oblongs, jaunâtres. Filets jaunes à la base. Anthères brunes. Ovaire pentagone.

Cette espèce croît dans les forêts de la Guiane.

QUATRE-VINGT-NEUVIÈME FAMILLE.

LES FLACOURTIANÉES. — *FLACOUR-TIANEÆ*.

(*Flacourtianeæ* Rich. in Mém. du Mus. 1 , p. 366. — De Cand. Prodr. 1 , p. 366. — Bartl. Ord. Nat. p. 278.)

Les *Flacourtianées* ne sont en général guère remarquables ni par leur apparence, ni par leurs propriétés; on en connaît environ quarante espèces, la plupart indigènes dans la zone équatoriale. Cette famille d'ailleurs n'est rien moins que naturelle : plusieurs des genres qu'on a coutume d'y rapporter ne diffèrent pas des Capparidées, tandis que la plupart des autres doivent probablement prendre place dans d'autres groupes.

CARACTÈRES DE LA FAMILLE (1).

Arbrisseaux ou petits *arbres*. Rameaux cylindriques.

Feuilles éparses, simples, indivisées (le plus souvent très-entières), penninervées, courtement pétiolées, non-stipulées, ordinairement coriaces.

Fleurs solitaires ou fasciculées, régulières, hermaphrodites, ou par avortement unisexuelles. Pédoncules axillaires.

Calice persistant ou caduc, inadhérent, 4-7-parti.

Pétales nuls, ou en même nombre que les sépales et interpositifs.

Étamines hypogynes, insérées au réceptacle, en

____

(1) Suivant C. Richard et M. de Candolle.

même nombre que les pétales, ou en nombre soit double soit multiple des pétales.Filets libres , quelquefois squamuliformes et dépourvus d'anthères. Anthères dithèques.

Pistil. Ovaire non-stipité ou substipité, subglobuleux, inadhérent , 1-loculaire ; placentaires 2-9 , pariétaux , rameux, multi-ovulés. Style nul ou filiforme. Stigmates en même nombre que les placentaires.

Péricarpe capsulaire, ou charnu et indéhiscent, 1-loculaire, rempli de pulpe ; placentaires formant une sorte de réseau sur toute la paroi interne.

Graines éparses, peu nombreuses, grosses, souvent recouvertes d'une pellicule provenant de la pulpe desséchée. Périsperme charnu, un peu huileux. Embryon rectiligne, axile ; radicule pointant vers le hile ; cotylédons planes, elliptiques, foliacés.

M. de Candolle sous-divise la famille comme suit :

Ire TRIBU. **LES PATRISIÉES.** — *PATRISIEÆ*
De Cand.

Fleurs hermaphrodites , apétales. Sépales 5, persistants, colorés en dessus. Étamines en nombre indéfini. Fruit capsulaire ou charnu (1).

Ryanea De Cand. (Ryania Vahl. Patrisia Rich.) — *Patrisia* Kunth.

IIe TRIBU. **LES FLACOURTIÉES.** — *FLACOUR- TIEÆ* De Cand.

Fleurs dioïques par avortement, apétales. Étamines en nombre indéfini. Fruit charnu, indéhiscent.

---

(1) M. De Candolle se demande si les deux genres qui composent cette tribu , ne seraient pas mieux placés parmi les **Passiflorées**, auprès du *Smeathmannia.*

Flacourtia L'Hérit. — *Roumea* Poit. (Kœlera Willd.
Bessera Spreng. Limacia Dietr.) — *Stigmarota* Lour.

IIIe TRIBU. **LES KIGGÉLARIÉES.** — *KIGGELA-RIEÆ* De Cand.

*Fleurs par avortement dioïques. Pétales 5, alternes avec
les sépales. Étamines en nombre défini. Fruit un peu
charnu, finalement déhiscent.*

Kiggelaria Linn. — *Melicytus* Forst. — *Hydnocarpus*
Gærtn.

IVe TRIBU. **LES ÉRYTHROSPERMÉES.** — *ERY-THROSPERMEÆ* De Cand.

*Fleurs hermaphrodites. Pétales et étamines au nombre de
5 à 7. Fruit un peu charnu.*
Erythrospermum Lamk.

Genre FLACOURTIA. — *Flacourtia* L'Hérit.

Fleurs dioïques par avortement. Calice 5-7-sépale, caduc.
Pétales nuls. Réceptacle hémisphérique. — *Fleurs mâles* :
Étamines 50-100, insérées au réceptacle; filets capillaires;
anthères suborbiculaires. Pistil rudimentaire. — *Fleurs
femelles* : Ovaire subglobuleux. Styles 4-9, persistants, canaliculés en dessus, divergents. Stigmates terminaux, obtus.
Baie subglobuleuse, charnue, 4-14-sperme. Graines comprimées, osseuses.

Arbrisseaux ordinairement épineux. Feuilles dentelées.
Fleurs petites, fasciculées, ou en grappes.

Ce genre renferme environ douze espèces, indigènes
dans l'Asie et l'Afrique équatoriales (à l'exception d'une
espèce, du cap de Bonne-Espérance). La pulpe des fruits de
plusieurs espèces est mangeable. Voici les espèces les plus
notables :

FLACOURTIA RAMONTCHI. — *Flacourtia Ramontchi* Lhérit. Stirp. tab. 3o.

Feuilles ovales-orbiculaires, ou elliptiques, crénelées, pointues. Pédoncules des fleurs mâles 2-flores. Fleurs femelles en grappes 5-7-flores.

Buisson très-touffu, haut de 8 à 10 pieds. Rameaux alternes, diffus, tuberculeux, grisâtres : tubercules latéraux ou axillaires, solitaires ou géminés, prolongés en épine droite, subulée, plus longue que le pétiole. Feuilles longues de 1 pouce '/₂ à 2 pouces, d'un vert gai en dessus, pâles en dessous. Pédicelles très-courts, jaunâtres. Fleurs verdâtres. Fruit d'un volume d'une petite Prune, d'abord vert, puis rouge, enfin du violet foncé à l'époque de la maturité.

Cette espèce croît à Madagascar. Ses fruits sont mangeables et d'un goût douceâtre. L'amande de la graine a une saveur analogue à celle des noyaux de Prune. L'apparence générale de l'arbrisseau ainsi que ses fruits l'ont fait appeler par les marins *Prunier*. Son nom du pays est *Ramontchi* ou *Alamoton*.

FLACOURTIA DES HAIES.—*Flacourtia sepiaria* Roxb. Corom. 1, p. 49; tab. 68.

Feuilles lancéolées ou lancéolées-oblongues, pointues, dentelées, subsessiles. Pédicelles subsolitaires (vers l'extrémité de vieux ramules axillaires). Fleurs femelles 3-ou 4-styles. Baie petite, 4-8-sperme.

Buisson irrégulièrement rameux; écorce lisse, d'un brun ferrugineux. Branches vagues ou diffuses. Épines axillaires, très-nombreuses, solitaires, fortes, subulées au sommet, presque horizontales, souvent feuillues et florifères. Ramules courts, feuillus, tantôt inermes, tantôt spinescents. Feuilles longues de 4 à 12 lignes, lisses, d'un vert gai : celles des jeunes pousses éparses; celles des vieux ramules subfasciculées. Pédicelles filiformes, ordinairement plus courts que les feuilles. Fleurs petites, jaunâtres. Sépales lancéolés-oblongs, subobtus, cotonneux en dehors. Étamines plus longues que le calice. Baie globuleuse, brunâtre, du volume d'un gros Pois.

Cet arbrisseau est commun au Bengale, où ses fruits se vendent aux marchés et sont assez estimés par les naturels du pays. Les fortes et nombreuses épines dont la plante est armée la rendent très-propre à faire des haies.

FLACOURTIA A FRUITS SAVOUREUX. — *Flacourtia sapida* Roxb. Corom. 1, p. 5o; tab. 69.

Feuilles ovales-elliptiques, ou elliptiques, ou ovales, ou ovales-lancéolées, pointues, ou subacuminées, dentelées, courtement pétiolées. Fleurs solitaires, ou en courtes grappes, ou en cymules, ou fasciculées. Fleurs femelles 4-ou 5-styles. Baie globuleuse, 6-12-sperme.

Tronc irrégulièrement rameux, mais formant un petit arbre. Épines peu nombreuses (ou quelquefois nulles), fortes, coniques-subulées, atteignant un pouce de long. Feuilles longues de 1 à 2 pouces, larges de 6 à 12 lignes, non-fasciculées, d'un vert gai en dessus, pâles en dessous; pétiole souvent rougeâtre. Pédoncules latéraux ou axillaires, beaucoup plus courts que les feuilles. Sépales ovales ou ovales-oblongs, acuminulés, jaunâtres en dessus, cotonneux en dessous. Étamines plus longues que le calice, insérées à un disque membraneux. Baie du volume d'un gros Pois, d'abord jaunâtre, brunâtre à sa parfaite maturité.

Cette espèce croît dans les montagnes du Bengale. Roxburgh assure que ses fruits ont une saveur très-agréable.

Genre KIGGÉLARIA. — *Kiggelaria* Linn.

Fleurs dioïques. Calice non-persistant : sépales 4 ou 5, valvaires en préfloraison. Réceptacle plane, orbiculaire. Disque hypogyne, annulaire, adné au réceptacle. Pétales en même nombre que les sépales, non-persistants, inonguiculés, insérés au bord du disque, munis à leur base d'une squamule un peu charnue.—*Fleurs mâles* : Étamines 8-20, insérées au bord du disque; filets courts, filiformes, libres; anthères innées, cordiformes-elliptiques, déhiscentes latéralement. Pistil rudimentaire. — *Fleurs femelles :* Étamines rudimentaires. Ovaire subglobuleux, non-stipité, 1-loculaire; placentaire formant un réseau peu apparent sur toute la paroi interne. Styles 2-5, filiformes, recourbés, soudés par la base. Stigmates terminaux, obtus, échancrés. Ovules épars, subhorizontaux (anatropes?). Capsule 2-5-valve, subglobuleuse, coriace, oligosperme, pulpeuse en dedans avant la maturité. Graines assez grosses, subglobuleuses.

Petits arbres. Feuilles éparses, pétiolées, dentelées, penninervées, à peine coriaces, ponctuées d'une multitude de glandules transparentes à peine perceptibles. Pédoncules axillaires ou latéraux, plus courts que les feuilles, pauciflores sur les individus femelles, multiflores sur les mâles; pédicelles articulés par la base, non-bractéolés, filiformes, disposés en cymule, ou en corymbe, ou irrégulièrement fasciculés. Fleurs petites, verdâtres.

Ce genre, propre aux contrées extra-tropicales de l'Afrique australe, ne renferme que deux espèces, dont voici la plus notable :

KIGGÉLARIA D'AFRIQUE. — *Kiggelaria africana* Linn. — Lamk. Ill. tab. 821.

Tronc atteignant 5 à 6 pieds de haut (à l'état cultivé). Rameaux cylindriques : les jeunes anguleux ou pubescents. Feuilles longues de 1 pouce à 3 pouces, oblongues, ou lancéolées-oblongues, ou elliptiques-oblongues, ou lancéolées-elliptiques, pointues, ou acuminées, glabres et d'un vert gai en dessus, en dessous pâles et presque glabres ou couvertes d'un duvet étoilé blanchâtre et plus ou moins abondant; côte très-saillante en dessous; nervures assez fines, au nombre de 5 à 9 de chaque côté de la côte; pétiole grêle, long de 3 à 6 lignes. *Fleurs mâles* en cymes irrégulières, multiflores, courtement pédonculées; pédicelles beaucoup plus longs que le calice, pubérules. Sépales linéaires ou oblongs-linéaires, obtus, longs de 1 ligne $^1/_2$ à 2 lignes, presque cotonneux aux 2 faces. Pétales oblongs, obtus, un peu

plus longs et presque 2 fois plus larges que les sépales, pubérules, d'un blanc verdâtre; squamule basilaire adnée, verdâtre,
obovale, bidentée ou tridentée au sommet. Étamines 3 fois plus
courtes que la corolle, ordinairement au nombre de 10 : les unes
insérées devant les sépales, les autres devant les pétales; anthères plus longues que les filets. — *Fleurs femelles* en cymules
pauciflores plus longuement pédonculées que les cymes des fleurs
mâles. Calice et corolle comme dans les fleurs mâles, mais presque 2 fois plus grands. Ovaire cotonneux, débordé par le calice.
Styles plus longs que l'ovaire. Capsule verdâtre, tuberculeuse,
cotonneuse, de la grosseur d'une petite Cerise.

Cette plante, originaire du Cap de Bonne-Espérance, se cultive souvent dans les collections d'orangerie; son feuillage ressemble assez à celui de l'Alaterne.

Genre ÉRYTHROSPERME. — *Erythrospermum* Lamk.

Fleurs hermaphrodites. Calice pétaloïde, à 4 ou 5 sépales
caducs. Pétales 4-7, à peine plus longs que les sépales. Étamines 5-7; filets courts; anthères réniformes, latéralement
déhiscentes. Ovaire 5-ou 4-gone, multi-ovulé, subglobuleux. Style court. Stigmate 5-ou 4-lobé. Capsule globuleuse,
polysperme, épaisse, 5-ou 4-valve. Graines persistantes,
polyèdres, recouvertes d'un arille crustacé (pulpeux
avant la maturité) de couleur pourpre.

Arbrisseaux inermes, très-glabres. Feuilles coriaces, courtement pétiolées. Fleurs petites, blanches, en grappes simples ou paniculées. Pédoncules axillaires et terminaux.

Ce genre, propre aux îles de France et de Bourbon,
renferme sept ou huit espèces, remarquables par leurs
graines prismatiques et d'un pourpre éclatant, lesquelles
restent attachées aux placentaires longtemps après la déhiscence des capsules.

Voici les espèces les plus notables :

ÉRYTHROPSERME PAUCIFLORE. — *Erythrospermum pauciflo-
rum* Pet. Thou. Hist. des Végét. d'Afr. tab. 21.

Feuilles elliptiques ou elliptiques-oblongues, acuminées, ondulées. Grappes dressées, paniculées, très-lâches, plus courtes que les feuilles. Capsule globuleuse, raboteuse, semi-déhiscente.

Petit arbre ayant le port d'un Citronnier. Cime touffue. Feuilles longues de 3 à 4 pouces, larges de 2 à 3 pouces. Fleurs blanches, larges d'environ 6 lignes; sépales et pétales ovales, pointus. Capsule brune, du volume d'une grosse Cerise.

Cette espèce abonde dans les bois de l'île de France. M. Aubert du Petit-Thouars remarque que son bois n'est d'aucun usage, mais que l'arbrisseau mérite une place dans les jardins.

ÉRYTHROSPERME A GRANDES FEUILLES. — *Erythrospermum amplifolium* Pet. Thou. l. c. tab. 21.

Feuilles oblongues, ou elliptiques-oblongues, courtement acuminées. Grappes simples, dressées, presque aussi longues que les feuilles.

Cette espèce, remarquable par la grandeur de ses feuilles, qui atteignent jusqu'à huit pouces de long, a été observée par M. Aubert du Petit-Thouars dans les bois de l'île de France.

LES PÉPONIFÈRES.

PEPONIFERÆ Bartl.

CARACTÈRES.

Arbrisseaux, ou *sous-arbrisseaux*, ou *herbes* (très-rarement arbres). Tige et rameaux cylindriques ou anguleux, souvent grimpants, ordinairement inarticulés. Sucs-propres aqueux.

Fleurs hermaphrodites ou unisexuelles, régulières, rarement apétales. Pédoncules axillaires ou terminaux, uni- ou pluri-flores. Inflorescence très-variée.

Calice inadhérent, ou plus souvent adhérent et à limbe 5-parti, persistant ou non-persistant ; estivation imbricative ou rarement valvaire.

Disque le plus souvent sous forme d'une lame charnue tapissant la paroi intérieure du tube calicinal.

Pétales insérés à la gorge ou quelquefois au tube du calice (aux bords du disque), le plus souvent 5 (alternes avec les sépales), ou rarement en nombre indéfini et plurisériés, caducs, ou marcescents, quelquefois soudés par la base ; estivation imbricative ou quelquefois valvaire.

Étamines en nombre défini ou en nombre indéfini, souvent diversement soudées, insérées à la gorge du calice, ou moins souvent à un thécaphore réceptaculaire. Anthères versatiles ou immobiles, ordinairement à deux bourses déhiscentes chacune par une fente lon-

gitudinale soit latérale, soit antérieure, soit postérieure. Filets quelquefois nuls.

Pistil : Ovaire adhérent ou inadhérent, presque toujours 1-loculaire; placentaires 2-5 (rarement
plus), pariétaux, ou adnés au bord antérieur des cloisons, multi-ovulés (rarement pauci-ou uni-ovulés). Styles en même nombre que les placentaires, ou soudés
en un seul.

Péricarpe ordinairement charnu ou succulent et indéhiscent, souvent 1-loculaire, polysperme.

Graines souvent arillées. Périsperme charnu ou
nul. Embryon rectiligne ou curviligne.

Cette classe se compose des Nopalées (ou Cactées),
des Grossulariées, des Cucurbitacées, des Loasées, des
Turnéracées, des Passiflorées, des Homalinées et des
Samydées. Toutefois, le rapprochement de ces différentes familles, fondé uniquement sur le caractère des
placentaires pariétaux, n'est guère naturel.

QUATRE-VINGT-DIXIÈME FAMILLE.

LES NOPALÉES. — *NOPALEÆ.*

(*Cactorum* sectio II, Juss. Gen. — *Cactoideæ* Vent. Tabl. — *Nopaleæ* De Cand. Théor. Élem. — Bartl. Ord. Nat. p. 276. — *Opuntiaceæ* Juss. in Dict. des Sciences Nat. — *Cacteæ* De Cand. Prodr. vol. 5, p. 457 ; et in Annal. du Mus. vol. 17.)

Toutes les *Nopalées* ou *Cactées* font partie de cette classe de végétaux qu'on désigne vulgairement sous le nom de *plantes grasses*, et il n'en est guère de plus dignes d'attirer l'attention par la bizarrerie de leur port. Les tiges et les rameaux, en général charnus, sans feuilles, mais hérissés d'aiguillons fasciculés, se présentent sous des formes aussi variées qu'étranges ; d'ailleurs les fleurs de la plupart des espèces sont remarquables soit par leur grandeur, soit par l'éclat de leurs couleurs ; tandis que les fruits, peu savoureux mais succulents et rafraîchissants, sont très-recherchés dans les pays chauds.

Cette famille, très-voisine des Ficoïdées, n'a que des rapports artificiels avec les autres familles des Péponifères. Dans sa *Revue des Cactées*, M. de Candolle énumère environ cent quatre-vingts espèces, toutes indigènes dans l'Amérique ; la plupart croissent dans les régions les plus chaudes de la zone équatoriale ; quelques unes sont parfaitement naturalisées sur presque tout le littoral de la Méditerranée.

Caractères de la famille (1).

Arbustes ou petits arbres. Tiges et rameaux charnus (du moins étant jeunes), anguleux, ou profondément sillonnés, ou articulés et comprimés (très-rarement cylindriques), de formes très-variées, ordinairement aphylles, souvent tuberculeux : tubercules disposés en séries longitudinales, terminés par un faisceau de poils ou d'aiguillons (d'abord axillaires lorsqu'il y a des feuilles).

Feuilles nulles, ou petites, cylindriques, caduques (rarement planes, assez grandes, persistantes), charnues, éparses, sessiles, non-stipulées.

Fleurs diurnes ou nocturnes (horaires), sessiles, régulières, hermaphrodites, le plus souvent solitaires et naissant du centre des fascicules de poils ou d'aiguillons, rarement axillaires.

Calice tubuleux ou rotacé : tube charnu, adhérent inférieurement, prolongé plus ou moins au-delà de l'ovaire; sépales marcescents, ou persistants, ou caducs avec la partie inadhérente du tube, ordinairement multisériés et en nombre indéfini : les inférieurs (quelquefois disposés en quinconce sur la face externe du tube) subfoliacés; les supérieurs plus ou moins pétaloïdes.

Pétales en nombre indéfini, multisériés (les extérieurs plus courts), soudés inférieurement entre eux et au tube calicinal.

Étamines en nombre indéfini, multisériées, insérées à la gorge du calice (ou, si l'on préfère, de la corolle).

---

(1) D'après M. De Candolle.

Filets filiformes ou capillaires, libres; anthères dithèques, longitudinalement déhiscentes, basifixes, versatiles; connectif inapparent.

Pistil : Ovaire adhérent, 1-loculaire; placentaires
pariétaux, nombreux, multi-ovulés. Style filiforme, indivisé. Stigmates en même nombre que les placentaires,
linéaires, indivisés, papilleux antérieurement.

Péricarpe : Baie 1-loculaire, ombiliquée au sommet,
polysperme, souvent tuberculeuse; placentaires nerviformes.

Graines ovales ou oblongues, nidulantes dans la
pulpe. Périsperme nul. Embryon (observé dans un
petit nombre d'espèces) dicotylédoné ou acotylédoné,
replié ou spiralé et à radicule allongée, ou bien rectiligne et à radicule courte; cotylédons épais ou minces,
quelquefois minimes.

La famille se compose des genres suivants (1) :

Mammillaria Haw. — *Melocactus* C. Bauh. — *Echi-
nocactus* Salm–Dyck. — *Cereus* De Cand. (Phyllan-
thus Neck.) — *Opuntia* Tourn. — *Pereskia* Plum. —
Rhipsalis Gærtn. (Hariota Adans.) — ? *Lewisia·*
Pursh (2).

---

(1) Des recherches de long cours nous forcent à renvoyer aux supplé-
ments de l'ouvrage, la description des espèces remarquables de cette famille.

(2) Ce genre est rapporté aux Cactées par M. Lindley; mais M. de
Candolle n'en fait pas mention ; M. Sweet (Hort. Brit. ed. 2.) le met
dans les Crassulacées, à côté du *Penthorum.*

LES GROSSULARIEES. — *GROSSU-LARIEÆ*.

(*Grossularieæ* De Cand. Flor. Franç. — Prodr. 5, p. 477. — Bartl. Ord. Nat. p. 275. — Spach, in Annales des Sciences Nat. 2ᵉ sér. v. 4, p. 16 (1835). — *Ribesieæ* A. Rich. Bot. Méd. — *Grossulaceæ* Mirb. Élém. — Lindl. Nat. Syst. ed. 2.)

Cette famille se compose d'environ soixante espèces, toutes arbrisseaux, indigènes en grande partie dans la zone tempérée de l'hémisphère septentrional, et surtout en Amérique, où elles abondent dans toute l'immense chaîne des Andes ; mais dans l'ancien continent, aucune espèce n'a été observée ni dans les montagnes de la zone torride, ni dans l'hémisphère austral.

Un nombre assez considérable de *Grossulariées*, recommandables soit par l'élégance des fleurs, soit par un feuillage très-précoce, se cultivent comme arbrisseaux d'agrément. Plusieurs offrent une utilité bien plus générale, par les fruits qu'elles produisent ; le Groseiller commun, le Groseiller à maquereaux, et le Cassis, en sont des exemples connus de tout le monde ; mais les baies de la plupart des autres espèces sont ou insipides, ou extrêmement acides. Les propriétés toniques et diurétiques dont jouissent les feuilles de plusieurs Grossulariées, sont dues à une résine aromatique (d'une odeur particulière analogue à celle du Cassis) contenue dans des vésicules ponctiformes.

Quoique les Grossulariées aient un port assez particulier, elles méritent à peine d'être séparées des

Saxifragées, dont elles ne diffèrent essentiellement que par leur fruit pulpeux et indéhiscent.

CARACTÈRES DE LA FAMILLE.

Arbrisseaux souvent armés d'aiguillons. Rameaux cylindriques ou anguleux, inarticulés. Bourgeons axillaires, solitaires, écailleux, ordinairement coniques et pointus. Aiguillons naissant immédiatement sous les pétioles (soit solitaires, soit au nombre de 3 à 7 simulant une épine palmatipartie) des jeunes pousses (rarement à côté des pétioles et simulant des stipules), et quelquefois en outre sans ordre régulier sur toute la surface des jeunes pousses : les infra-pétiolaires plus forts, spinescents; les autres faibles, ordinairement sétiformes.

Feuilles éparses (sur les jeunes pousses non-florifères) et roselées (à la base des ramules soit florifères, soit abortifs), stipulées ou plus souvent non-stipulées, pétiolées, simples, palmatinervées, le plus souvent lobées ou anguleuses, en outre crénelées, ou incisées, ou dentées, quelquefois parsemées de glandules ponctiformes résinifères; pétiole plane, ou canaliculé en dessus, plus ou moins élargi à la base, souvent cilié ou parsemé de poils plumeux assez caducs; vernation plicative. Stipules (en général développées seulement sur les feuilles roselées) membraneuses, latérales, adnées, ou rarement libres au sommet (1), presque toujours ciliolées de glandules stipitées.

____

(1) Les espèces dont les stipules sont libres au sommet (p. ex. le *Ribes orientale* et les *Cerophyllum*), absolument comme dans les Rosiers, démontrent assez que les rebords membraneux qui garnissent la partie inférieure des pétioles de beaucoup d'autres Grossulariées, doivent être envisagés comme des stipules adnées dans toute leur longueur.

Fleurs hermaphrodites, ou par avortement dioïques, régulières, ou rarement un peu irrégulières, rouges, ou livides, ou jaunes, ou blanches, ou verdâtres, disposées en grappe, ou subfasciculées, ou rarement solitaires. Ramules florifères ordinairement très-raccourcis et disposés le long des rameaux de l'année précédente. Pédoncules solitaires (par exception fasciculés ou opposés), terminaux (souvent en apparence latéraux parce que les ramules florifères s'allongent pendant ou après la floraison ; rarement latéraux dès l'origine). Pédicelles articulés à la base et au sommet ou au-dessous du sommet, toujours garnis d'une bractée basilaire (quelquefois de deux ou trois bractées basilaires, lorsque le pédoncule est uniflore), et quelquefois en outre de deux bractéoles apicilaires ou infra-apicilaires.

Calice campanulé, ou rotacé, ou tubuleux, marcescent, supère, souvent coloré. Sépales 5 (par exception 4), imbriqués en préfloraison (par exception subvalvaires), souvent réfléchis ou étalés pendant la floraison, plus tard dressés et connivents.

Disque mince ou charnu, tapissant la paroi intérieure du tube calicinal, quelquefois bosselé à la gorge, ou épaissi au fond en annule épigyne.

Pétales en même nombre que les sépales et alternes avec ceux-ci, insérés à la gorge du calice ou rarement au tube, égaux, marcescents, onguiculés, planes (par exception involutés), souvent très-petits, ordinairement distants en préfloraison.

Étamines en même nombre que les pétales, persistantes, insérées devant les sépales soit à la gorge soit au tube du calice. Filets libres, rectilignes, isomètres, filiformes, subulés au sommet. Anthères oblongues, ou elliptiques, ou suborbiculaires, ou réniformes, supra-

basifixes, mobiles, à 2 bourses contiguës antérieurement, confluentes postérieurement, bivalves, latéralement déhiscentes (par exception exactement introrses);
connectif inapparent.

Pistil : Ovaire infère (rarement semi-supère), 1-locu-
laire, ou incomplètement biloculaire; placentaires 2
(rarement 3 ou 4), pariétaux, ou septifixes, nerviformes, ou élargis en lame, multi-ovulés, ou rarement
pauci-ovulés ; ovules anatropes, horizontaux, bi-ou
pluri-sériés sur chaque placentaire (par exception 1-sé-
riés); exostome toujours centrifuge (appliqué au placentaire à l'époque de la floraison, mais sans adhérer),
exactement terminal; hile latéral, infra-apicilaire; funicule ordinairement court. Styles en même nombre
que les placentaires, rarement libres dès la base, souvent cohérents jusqu'au milieu, ou presque complètement soudés. Stigmates en même nombre que les
placentaires, indivisés, distincts, subglobuleux, ou
suborbiculaires, ou tronqués.

Péricarpe : Baie ombiliquée, couronnée par les
restes du calice, pulpeuse, incomplètement biloculaire,
ou 1-loculaire, polysperme, ou par avortement oligosperme.

Graines (1) nidulantes, vagues, le plus souvent déformées par compression mutuelle. Funicule et tégument extérieur transformés en pulpe gélatineuse (2)

---

(1) Nous avons examiné les graines des trois *Chrysobotrya*, des *Coreosma sanguineum* et *floridum*, des *Ribes alpinum*, *diacantha*,
orientale, *rubrum*, *petræum*, *prostratum*, *lacustre* et *nigrum*, des
Grossularia vulgaris et *acicularis;* celles de toutes les autres Grossulariées sont ou inconnues, ou très-superficiellement décrites.

(2) Nous nous sommes assurés que cette pulpe, qu'on envisage à tort
comme un arille, se développe dans le tissu même du tégument extérieur

plus ou moins épaisse. Tégument intérieur corné, adhérent au périsperme. Périsperme charnu. Embryon minime, apicilaire (3), axile, rectiligne, subcylindrique : cotylédons elliptiques, ou oblongs, ou suborbiculaires, foliacés, presque planes, à peu près aussi longs que la radicule ; radicule cylindrique, obtuse.

Cette famille se compose des genres suivants :

Chrysobotrya Spach. — *Cerophyllum* Spach. — *Coreosma* Spach. (Calobotrya Spach.) — *Botryocarpium* Rich. fil.—*Ribes* (Linn.) Spach.—*Rebis* Spach.— *Grossularia* Tourn. — *Robsonia* (Berland.) Spach.

Genre CHRYSOBOTRYA. — *Chrysobotrya* Spach.

Fleurs hermaphrodites, en grappes. Tube calicinal allongé, subcylindracé, arqué après l'anthèse ; sépales 5, étalés ou révolutés, inégaux. Pétales 5, spathulés, dressés, imbriqués par les bords, un peu plus longs que les étamines, insérés (ainsi que celles-ci) à la gorge du calice. Anthères oblongues, apiculées, à peu près aussi longues que les filets. Style indivisé, décliné, débordant les étamines. Stigmates 2, subréniformes. Ovaire subbiloculaire ; placentaires septifixes, lamelliformes ; ovules plurisériés. Baie charnue, ordinairement polysperme.

(formé probablement par la soudure des deux enveloppes externes de l'ovule), sur lequel on peut distinguer presque jusqu'à la maturité la cicatrice de l'exostome, ainsi que le raphé et la chalaze.

(1) M. D. Don se trompe en avançant que l'embryon des Grossulariées est situé « *près de la chalaze et par conséquent renversé* » (Sweet, Brit. Flow. Gard. série 2, tab. 149) : la chalaze se trouvant précisément à l'autre bout de la graine, ainsi que c'est le cas pour toutes les graines provenant d'ovules anatropes. — D'autres auteurs ont dit que la radicule des Grossulariées est *excentrique*, et, en effet, la compression irrégulière de la graine tend quelquefois à déranger l'embryon de sa position naturelle ; mais on ne saurait trouver un caractère dans cette déviation tout à fait accidentelle.

Arbrisseaux inermes. Feuilles non-persistantes, luisantes aux 2 faces, colorées en rouge ou en violet aux approches de l'automne : les jeunes pulvérulentes (de granules résineux); les adultes glabres ou presque glabres; celles des pousses non-florifères 3-ou 5-fides (les supérieures toujours 5-fides); celles des ramules florifères indivisées ou trilobées (les supérieures indivisées, ou moins lobées que les inférieures et passant graduellement à l'état de bractées); pétiole (des jeunes feuilles) cilié de longs poils blancs. Stipules larges, adnées. Ramules florifères courts, quelquefois subaphylles. Grappes pendantes ou inclinées, multiflores, solitaires, subsessiles, d'abord courtes et très-denses, finalement lâches et allongées. Bractées plus longues que les pédicelles, subpersistantes, foliacées, très-entières, presque planes, recourbées après la floraison. Bractéoles nulles. Fleurs très-odorantes, irrégulières. Calice d'un jaune vif : les 2 sépales inférieurs un peu plus petits que les 3 supérieurs. Pétales et filets jaunes pendant l'anthèse, plus tard rougeâtres ou violets. Anthères jaunes, arquées après l'anthèse. Baie glabre, lisse. Graines ovales-oblongues ou oblongues, un peu comprimées, ou subtrigones, ou anguleuses, jaunâtres; cotylédons ovales-elliptiques, obtus, un peu plus longs et plus larges que la radicule; radicule cylindrique, obtuse.

Ce genre, propre à l'Amérique septentrionale, diffère de toutes les autres Grossulariées par son style décliné et ses sépales inégaux. Il ne renferme que les trois espèces dont nous allons donner la description. On les cultive à juste titre comme arbrisseaux d'ornement : leurs fleurs, très-abondantes et d'une assez belle apparence, répandent une odeur de Narcisse. La floraison commence avec celle du Pêcher et dure plus d'un mois. Les fruits ont une saveur très-agréable, tenant un peu de celle du Cassis.

A. *Sépales plus courts que le tube calicinal.*

Chrysobotrya révoluté. — *Chrysobotrya revoluta* Spach ,

in Annal. des Sciences Nat., 2ᵉ sér., vol. 4, tab. 1, fig. A. — *Ribes palmatum* Desfont. Cat. Hort. Par. — *Ribes aureum* Bot. Reg. tab. 125. — *Ribes longiflorum* Loddig. Catal.

Feuilles la plupart 5-fides ou profondément 3-fides; segments incisés ou profondément 3-dentés. Sépales révolutés, 1 à 2 fois plus courts que le tube.

Buisson atteignant 6 pieds de haut. Branches et rameaux dressés ou presque dressés, touffus, lisses. Feuilles longues de 1 pouce à 2 pouces, ordinairement aussi larges que longues, d'un vert gai, glabres ou légèrement pubescentes, 5-ou 7-ner-vées, subcordiformes ou arrondies ou rétrécies à la base, subrhom-boïdales de contour, 3-ou 5-fides (excepté les plus inférieures des ramules non-florifères, et les dernières des ramules flo-rifères) jusqu'au milieu ou plus profondément; segments oblongs, ou oblongs-rhomboïdaux, inégalement incisés-den-tés, ou trilobés au sommet; pétiole aussi long que la lame ou plus court. Grappes 7-15-flores, finalement longues de 1 pouce à 2 pouces; axe pubérule. Bractées lancéolées-oblongues, pointues : les inférieures aussi longues ou plus longues que la fleur; les supérieures graduellement plus petites; les dernières à peine plus longues que le pédicelle. Pédicelles glabres, longs de 2 à 3 lignes. Ovaire glabre, lisse, verdâtre, turbiné, plus court que le pédicelle. Tube calicinal long de 5 à 6 lignes; sé-pales obovales-oblongs, obtus, larges de 1 ligne ½. Pétales 1 fois plus courts que les sépales, érosés aux bords, ordinairement subtrilobés au sommet. Baie ellipsoïde (longue de 3 à 4 lignes) ou globuleuse (du volume d'une baie de Cassis), d'abord rou-geâtre, douceâtre et d'un violet noir à la maturité.

Cette espèce est originaire des montagnes dites Rocheuses.

CHRYSOBOTRYA INTERMÉDIAIRE. — *Chrysobotrya intermedia* Spach, l. c. fig. B. — *Ribes aureum* β : *serotinum* et γ : *sanguineum* Lindl. in Trans. Hort. Soc. Lond. v. 7, p. 241. —*Ribes flavum* Colla?

Feuilles la plupart trilobées; lobes tridentés au sommet ou très-entiers. Sépales étalés, à peu près de moitié plus courts que le tube.

Arbrisseau semblable au précédent par le port. Feuilles plus semblables à celles de l'espèce suivante, mais en général plus profondément lobées et dentées. Fleurs plus petites que celles du *Chrysobotrya revoluta*, plus grandes que celles du *Chrysobotrya Lindleyana*. Sépales très-étalés, mais jamais révolutés. Baie globuleuse, d'un violet noirâtre (rouge avant la maturité), du volume d'une baie de Cassis, de même saveur que celle de l'espèce précédente.

Cette plante, qui paraît être une hybride de l'espèce précédente et de la suivante, n'est pas rare dans les jardins.

B. *Sépales à peu près aussi longs que le tube calicinal.*

Chrysobotrya de Lindley. — *Chrysobotrya Lindleyana* Spach, l. c. fig. C. — *Ribes tenuiflorum,* Lindl. in Trans. Hort. Soc. Lond. v. 7, p. 242 ; Bot. Reg. tab. 1236. — *Ribes aureum* Desfont. Cat. Hort. Par.

Feuilles la plupart courtement trilobées : lobes très-entiers, ou tridentés au sommet. Sépales divergents, presque dressés, à peu près aussi longs que le tube.

Arbrisseau ayant le même port que ses congénères. Feuilles d'un vert gai, glabres aux 2 faces, pubérules aux bords : celles des ramules florifères et les inférieures des ramules non-florifères longues de 5 à 12 lignes, cunéiformes, ou suborbiculaires, tridentées ou courtement trilobées au sommet (quelquefois très-entières); les supérieures des ramules non - florifères graduellement plus grandes, plus profondément lobées et dentées; lobes oblongs ou suborbiculaires, très-entiers, ou dentés au sommet; les dernières feuilles des ramules non-florifères larges de 15 à 18 lignes, assez semblables à celles du *Chrysobotrya revoluta,* 3-ou 5-fides jusqu'au-delà du milieu, tronquées ou subcordiformes à la base; segments incisés-dentés ou trifides, inégaux; pétiole comme dans les congénères. Grappes 7-15-flores, pubérules sur l'axe. Bractées et fleurs plus petites que celles des 2 précédents. Tube calicinal long de 2 lignes 1/2 à 3 lignes; sépales elliptiques-oblongs, obtus, longs de 2 lignes à 2 lignes 1/2. Pétales pointus ou obtus, érosés. Baie rouge ou de couleur orange à

la maturité, globuleuse, du volume d'un petit Pois, d'une saveur de *Cassis* mélangée d'acide.

Cette espèce est indigène dans les mêmes contrées que le *Chrysobotrya revoluta.*

Genre CÉROPHYLLE. — *Cerophyllum* Spach.

Fleurs hermaphrodites, subfasciculées ou en courte grappe
au sommet du pédoncule. Tube calicinal cylindracé, allongé, pétaloïde; sépales 5, courts, réfléchis. Pétales 5,
dressés, distants, rhomboïdaux-orbiculaires. Étamines 5,
insérées au tube calicinal; anthères cordiformes-elliptiques,
mamelonnées au sommet. Ovaire adhérent, incomplètement biloculaire; placentaires nerviformes, septifixes, multi-ovulés; ovules nidulants, plurisériés. Style conique à la
base, indivisé. Stigmates 2, capitellés. Baie globuleuse.

Arbrisseaux inermes, ayant le port des Grossulaires.
Feuilles 3-ou 5-lobées, incisées-crénelées, non-persistantes
(celles des ramules florifères subfasciculées), parsemées
d'une multitude de glandules ponctiformes. Stipules libres
au sommet et pointues (du moins celles des feuilles inférieures de chaque ramule), ciliolées de glandules stipitées.
Ramules florifères très-raccourcis. Pédoncules pendants ou
inclinés, solitaires, 3-5-flores vers leur sommet; pédicelles
très-courts. Bractées débordant l'ovaire, non-persistantes,
concaves, subfoliacées, entières, ou incisées-dentées. Bractéoles nulles. Calice et pétales d'un blanc carné : tube pentagone, plus gros que l'ovaire; sépales finement 5-nervés,
acuminés, 3 à 4 fois plus courts que le tube, infléchis au
sommet et indupliqués aux bords avant la floraison. Pétales
insérés un peu au-dessous de la gorge du calice (mais toujours plus haut que les étamines), petits, à peine saillants
hors le tube, blanchâtres, courtement onguiculés; onglet
très-large. Anthères incluses ou à peine saillantes, jaunâtres. Style inclus ou peu saillant, glabre. Disque inapparent excepté au fond du calice.

Ce genre, propre à l'Amérique septentrionale, ne renferme que les deux espèces suivantes :

a) *Feuilles couvertes aux 2 faces de glandules suintant de la cire
pulvérulente. Etamines insérées peu au-dessus du milieu du tube.*

CÉROPHYLLE DE DOUGLAS.—*Cerophyllum Douglasii* Spach,
ined. — *Ribes cereum* Dougl. ex Lindl. in Bot. Reg. tab. 1263.
— Hook. in Bot. Mag. tab. 3008.

Feuilles visqueuses, comme vernissées, blanchâtres, suborbiculaires, 3-ou 5-lobées. Bractées incisées-dentées au sommet.
Anthères un peu saillantes, 3 fois plus longues que le filet. Style
saillant.

Buisson touffu, atteignant 5 à 6 pieds de haut. Branches
dressées ou presque dressées ; rameaux effilés, plus. ou moins
divergents ou divariqués; écorce brune ou blanchâtre. Jeunes
pousses granuleuses. Feuilles larges de 6 à 12 lignes, glabres,
cordiformes ou tronquées à la base : les adultes blanchâtres, surtout en dessus; lobes courts, inégaux, incisés-crénelés, ordinairement arrondis; pétiole grêle, ordinairement plus long que la
lame. Pédoncules à peu près aussi longs que les feuilles du ramule florifère, ou un peu plus courts, parsemés (de même que
les bractées, les pédicelles et les calices) de petites glandules
stipitées. Pédicelles subfasciculés ou rarement en courte grappe,
à peine longs de 1 ligne. Bractées cunéiformes ou cunéiformes-
oblongues : les plus grandes longues d'environ 3 lignes sur presque autant de large. Ovaire petit, glabre, turbiné, recouvert
du côté extérieur par la bractée. Tube calicinal long de 3 à 4
lignes; sépales ovales ou ovales-oblongs, 4 fois plus courts que
le tube. Pétales débordés par les anthères, à peine longs de 1
ligne. Baie globuleuse, du volume d'une *Groseille* commune,
d'un rouge tirant sur l'orange.

Cette espèce assez élégante a été découverte par Douglas dans
les montagnes dites *Rocheuses*, entre les 45e et 52e degrés de
Lat. N. Elle fleurit en . avril et en mai. On la cultive dans les
jardins depuis quelques années. Ses fruits sont insipides.

b) *Feuilles parsemées de glandules résineuses mais ne suintant point
de cire. Etamines insérées peu au-dessous des pétales.*

CÉROPHYLLE ENIVRANT. — *Cerophyllum inebrians* Spach,
ined. — *Ribes inebrians* Lindl. in Bot. Reg. tab. 1471.

Feuilles glabres, non-visqueuses, 3-ou 5-lobées, suborbiculaires. Bractées entières. Anthères incluses, à peine aussi longues que les filets. Style inclus.

Arbrisseau haut de 2 à 3 pieds. Rameaux plus ou moins étalés, glabres, ou légèrement glanduleux, brunâtres. Feuilles
larges de 6 à 12 lignes, finement ponctuées, cordiformes ou
tronquées à la base; lobes inégaux, courts, incisés-crénelés,
ordinairement arrondis; pétiole grêle, finement pubérule, à peu
près aussi long ou un peu plus long que la lame. Stipules libres
au sommet et pointues, ou adnées, ciliolées de glandules stipitées. Pédoncules plus longs que les feuilles des ramules florifères,
ou plus courts, 3-5-flores, filiformes, pendants, parsemés (de
même que les pédicelles, les bractées et les calices) de glandules
sessiles ou substipitées; pédicelles longs d'environ 1 ligne, disposés en courte grappe ou agrégés. Bractées ovales, ou ovales-
oblongues, ou oblongues, pointues, subdenticulées, verdâtres,
longues de 1 ligne ¹/₂ à 3 lignes. Ovaire petit, turbiné, glabre, ou parsemé de petites glandules stipitées. Tube calicinal
long de 3 à 4 lignes; sépales ovales, environ 4 fois plus courts
que le tube. Pétales minimes. Étamines débordées par les pétales.
Style à peu près aussi long que le tube calicinal.

Cette espèce, dont on ignore l'origine précise, n'est pas encore
commune dans les jardins. Son nom spécifique paraît indiquer
que ses fruits ont des propriétés narcotiques.

Genre CORÉOSMA. — *Coreosma* Spach.

Fleurs hermaphrodites, en grappes. Tube calicinal cylindracé, ou campanulé; sépales 5, à peu près aussi longs que
le tube. Pétales 5, spathulés, dressés, imbriqués par les
bords. Étamines 5, courtes, insérées à la gorge du calice.

Anthères elliptiques, échancrées à la base, mamelonnées au sommet. Ovaire adhérent, incomplétement 2-4-loculaire ; placentaires 2-4, larges, septifixes, multi-ovulés ; ovules multisériés. Style conique ou filiforme, indivisé, ou 2-4-fide. Stigmates 2-4, subcapitéllés. Baie polysperme.

Arbrisseaux inermes. Feuilles non-persistantes, ruguéuses, 5-ou 5-lobées, ou 5-fides, dentelées, ou crénelées, ponctuées le plus souvent (ainsi que les autres parties herbacées) de vésicules résinifères ; pétiole ordinairement cilié de poils plumeux (caducs) et quelquefois glandulifères. Stipules larges, membraneuses, ciliées, adnées. Grappes pendantes ou inclinées, multiflores. Pédicelles non-bractéolés ou dibractéolés soit au sommet, soit un peu au-dessous du sommét, quelquefois recourbés après la floraison. Bractées (de la base des pédicelles) herbacées ou membranacées et colorées. Calice pourpre ou plus souvent jaunâtre ; tube pentagone, plus gros que l'ovaire ; sépales obtus, non-infléchis au sommet. Disque formant une lame mince, non-épaissie à la gorge du calice. Pétales roses, ou blancs, ou jaunâtres, insérés entre les sépales. Étamines à peine plus longues que les pétales ; anthères jaunâtres. Baie globuleuse, ou ellipsoïde, ou turbinée. Graines oblongues ou ovoïdes, un peu comprimées ou subtrigones, petites ; cotylédons elliptiques ou elliptiques-oblongs, à peu près aussi longs et aussi larges que la radicule.

Ce genre renferme environ douze espèces, dont voici les plus remarquables :

A. *Tube calicinal cylindracé ; sépales presque dressés, un peu plus longs que le tube. Style filiforme, indivisé. — Pédicelles fructifères non-recourbés. Fleurs d'un rosé plus ou moins vif. Feuilles parsemées seulement en déssous de glandules subsessiles presque imperceptibles.*

Coréosma a fleurs pourpres. — *Coreosma sanguineum* Spach. — *Calobotrya sanguinea* Spach, in Annal. des Scienc. Nat. — *Ribes sanguineum* Pursh, Flor. Amer. Sept. —Douglas, in Trans. Hort. Soc. Lond. v. 7, tab. 13. — Bot. Reg. tab. 1349. — Brit. Flow. Gard. ser. 2, tab. 109. — Bot. Mag. tab. 3335. — Bot. Cab. tab. 1487.

Feuilles courtement 3-ou 5-lobées, doublement crénelées, pubescentes et légèrement visqueuses en dessous. Grappes denses, inclinées, pubérules-glanduleuses. Bractées ovales ou obovales, membranacées, colorées, débordant l'ovaire. Sépales obovales-oblongs. Baie globuleuse ou ellipsoïde, glauque, hispidule.

Buisson atteignant 6 pieds de haut. Branches et rameaux dressés, brunâtres. Feuilles cordiformes-ovales, ou cordiformes-orbiculaires, larges de 1 pouce à 4 pouces, d'un vert gai et presque glabres en dessus (du moins les adultes), couvertes en dessous (excepté aux nervures) d'un duvet mou et grisâtre, entremêlé de glandules visqueuses substipitées ; lobes inégaux, ordinairement arrondis ; crénelures principales assez profondes ; crénelures secondaires très-rapprochées, subobtuses; nervures et veines blanchâtres, glabres; pétiole cylindrique, ferme, pubescent, de moitié à une fois plus court que la lame. Stipules larges, diaphanes, ciliolées de poils très-finement plumeux et quelquefois glandulifères. Grappes longues de 1 pouce à 3 pouces, courtement pédonculées ; pédoncule, pédicelles, bractées et surface externe du calice couverts d'une pubescence glanduliffère visqueuse et ordinairement rougeâtre. Pédicelles longs de 1 ligne à 3 lignes, presque dressés, filiformes, plus courts que la bractée, tantôt non-bractéolés au sommet, tantôt garnis de 2 bractéoles subulées. Bractées ovales ou obovales, un peu concaves, dressées, d'un pourpre verdâtre ou violet, longues de 3 à 4 lignes. Calice long de 3 à 4 lignes. Pétales obovales-spathulés, très-entiers, obtus, 1 fois plus courts que les sépales, d'abord blancs, puis d'un rose pâle. Étamines un peu plus longues que les pétales; filets blanchâtres, 2 à 3 fois plus longs que les anthères. Baie de la grosseur de celle du Cassis, d'un violet noirâtre, presque sèche, couvertes d'une poussière glauque. Graines brunâtres.

Cette espèce croît dans les montagnes voisines de la côte Nord-Ouest de l'Amérique, depuis le 38e jusqu'au 52e degré de lat. N.

Son introduction en Europe, due au célèbre voyageur Douglas, est l'une des acquisitions les plus précieuses en arbrisseaux d'ornement. De même que la plupart des Grossulariées, le *Coréosma pourpre* fleurit au mois d'avril ; il se plaît dans toute espèce de sol non-humide.

B. *Tube calicinal campanulé ; sépales révolutés, à peine aussi longs que le tube. Style conique à la base, indivisé. — Pédicelles fructifères recourbés. Fleurs jaunâtres. Feuilles (et autres parties herbacées) ponctuées de glandules sessiles très-apparentes, fortement odorantes. Pubescence non-glandulifère.*

Coréosma multiflore. — *Coreosma florida* Spach, in Ann. des Sciences Nat. — *Ribes floridum* L'Hérit. Stirp. 1, tab. 4. — Dill. Hort. Elth. tab. 244, fig. 315. — Guimp. et Hayn. Fremd. Holz. 1, tab. 1. — *Ribes recurvatum* Michx. Flor. Amer. Bor.

Feuilles 3-ou 5-fides, incisées-dentelées, ponctuées (surtout en dessous). Grappes pubescentes, pendantes, lâches. Bractées lancéolées-subulées ou linéaires-subulées, ciliolées, réfléchies au milieu. Sépales oblongs-spathulés, un peu plus courts que le tube. Baie subglobuleuse.

Buisson haut de 3 à 4 pieds. Tiges et branches dressées. Rameaux quelquefois réclinés. Jeunes pousses ponctuées de glandules. Feuilles larges de 2 à 4 pouces, ovales ou suborbiculaires, cordiformes ou tronquées à la base, d'un vert gai et glabres en dessus, d'un vert pâle et légèrement pubescentes en dessous, 3-ou 5-nervées, veineuses, finement réticulées ; lobes triangulaires-oblongs ou ovales, pointus, ou rarement arrondis, inégaux ; pétiole grêle, cylindrique, subcanaliculé en dessous, ordinairement à peu près de moitié plus court que la lame. Stipules diaphanes, larges, ciliées de longs poils plumeux (caducs). Grappes longues de 1 pouce à 3 pouces ; pédoncule-commun grêle, pubescent, parsemé (ainsi que les pédicelles, les bractées, l'ovaire et le calice) de glandules semblables à celles des feuilles. Pédicelles presque aussi longs que les fleurs, filiformes, plus courts que la bractée. Bractées submembranacées, d'un jaune verdâtre, longues de 3 à 6 lignes. Bractéoles nulles. Calice long de 3 à 4 lignes, d'un jaune verdâtre : tube glabre, pentagone; sépales glabres, ou pubescents, ordinairement très-obtus. Pétales obovales-spathulés, subdenticulés, d'un jaune pâle, une fois plus courts que les sépales. Étamines un peu plus courtes que les pétales, un peu débordées par le style; anthères 2 fois plus longues que les filets. Ovaire turbiné, obscurément pentagone, glabre, quelquefois parsemé de glandules sessiles. Baie globuleuse, du volume, de la couleur et de la saveur de celle du Cassis. Graines petites, d'un brun tirant sur le jaune.

Cette espèce, indigène aux États-Unis et au Canada, se cultive fréquemment comme arbrisseau d'ornement.

Genre BOTRYOCARPE. — *Botryocarpium* A. Rich.

Fleurs hermaphrodites, en grappes. Tube calicinal renflé, campanulé; sépales 5, révolutés, à peu près aussi longs que le tube. Pétales 5, rhombiformes ou spathulés, imbriqués par les bords, subonguiculés. Étamines 5, insérées au tube du calice, presque incluses ; anthères cordiformes-oblongues, mamelonnées au sommet. Ovaire uniloculaire, semi-supère; placentaires 2, nerviformes, pariétaux, multi-ovulés; ovules plurisériés. Style indivisé, subcylindracé. Stigmates 2, subréniformes. Baie globuleuse, ponctuée, ordinairement oligosperme.

Arbrisseaux inermes. Feuilles non-persistantes, rugueuses, ponctuées (surtout en dessous) de glandules diaphanes fortement odorantes. Stipules larges, adnées. Pubescence non-glandulifère. Grappes horizontales ou inclinées, défléchies, lâches, sessiles, ou subsessiles. Pédicelles longs, recourbés après la floraison, parsemés (de même que le pédoncule commun, les bractées, l'ovaire et le calice) de glandules semblables à celles des feuilles. Bractées petites, concaves. Fleurs d'un jaune ou d'un violet livide. Pétales

dressés, connivents pendant l'anthèse, insérés un peu au-
dessous de la gorge du calice, mais moins bas que les
étamines. Disque charnu, non-bosselé, tapissant le tube
calicinal et la partie inadhérente de l'ovaire. Graines petites, brunâtres, subovoïdes, ou oblongues, trigones, ou irrégulièrement anguleuses. Embryon minime ; cotylédons
elliptiques, à peu près aussi longs et aussi larges que la radicule.

Nous ne pouvons rapporter avec certitude à ce genre que
l'espèce suivante :

BOTRYOCARPE CASSIS. — *Botryocarpium nigrum* **A.** Rich.
Bot. Méd. — *Ribes nigrum* Linn. — Blackw. Herb. tab. 285.
— Flor. Dan. tab. 556. — Guimp. et Hayn. Deutsch. Holz.
tab. 22. — Engl. Bot. tab. 1291.

Feuilles cordiformes, 3-ou 5-lobées, plus ou moins pubescentes en dessous : lobes pointus, incisés-dentés ; pétiole pubescent de même que les grappes et calices. Bractées linéaires-subulées ou triangulaires-subulées, beaucoup plus courtes que les
pédicelles, ciliées. Sépales ovales ou ovales-oblongs, obtus, à
peu près aussi longs que le tube. Pétales ovales-rhomboïdaux,
2 fois plus courts que les sépales.

Buisson haut de 3 à 5 pieds. Tiges et rameaux dressés ou
presque dressés ; écorce grisâtre. Glandules jaunâtres. Feuilles
larges de 2 à 4 pouces, d'un vert gai en dessus, d'un vert pâle
en dessous : lobes triangulaires ou triangulaires-ovales, ou quelquefois (surtout aux feuilles florales) arrondis ; pétiole aussi
long que la lame ou plus court, blanchâtre de même que les nervures, plus ou moins parsemé de longs poils (caducs) plumeux.
Grappes longues de 2 à 3 pouces, très-lâches ; pédicelles longs de 3
à 8 lignes : les inférieurs plus courts que les supérieurs. Bractées
membraneuses, blanchâtres, longues de 1 ligne à 2 lignes. Bractéoles piliformes, ou nulles. Feuilles de la grandeur et de la
forme de celles du Muguet. Calice presque cotonneux : tube jaunâtre ; segments longs de près de 2 lignes, d'un violet livide plus
ou moins foncé, ou quelquefois d'un jaune livide. Pétales blan-

châtres. Étamines un peu plus courtes que les pétales : filets 3 fois plus longs que l'anthère. Partie infère de l'ovaire subturbinée, glabre, verte, luisante ; partie supère hémisphérique, convexe. Disque jaunâtre. Baie globuleuse, noire, ponctuée de glandules jaunâtres.

Cet arbrisseau, nommé vulgairement *Cassis*, croît dans les bois en Europe et en Sibérie. On le cultive à cause de ses fruits, dont tout le monde connaît l'emploi. L'infusion des feuilles est quelquefois usitée comme diurétique. L'odeur pénétrante propre aux feuilles et aux fruits du Cassis, provient de l'huile essentielle contenue dans les glandules dont est parsemée la surface de ces parties.

Genre GROSEILLER. — *Ribes* (Linn.) Spach.

Fleurs hermaphrodites ou par avortement dioïques, en grappes. Calice rotacé ou rarement subcampanulé : tube très-court ; sépales 5, plus longs que le tube. Pétales 5, minimes, distants, onguiculés. Étamines 5, insérées à la gorge (très-rarement au fond) du calice ; anthères cordiformes ou réniformes, échancrées au sommet. Ovaire adhérent, 1-loculaire (rudimentaire dans les fleurs mâles) ; placentaires nerviformes, pariétaux, multi- ou pauci-ovulés ; ovules bi- ou pluri-sériés. Style indivisé ou 2-3-fide. Stigmates 2 ou 3, capitellés, ou subréniformes. Baie polysperme ou oligosperme, globuleuse.

Arbrisseaux inermes, ou armés d'aiguillons pétiolaires et en outre d'aiguillons soit épars, soit disposés par séries longitudinales sur les rameaux et les jeunes pousses. Feuilles lobées ou anguleuses, non-persistantes, le plus souvent dépourvues de glandules diaphanes ponctiformes. Stipules adnées ou presque inapparentes (rarement libres au sommet). Grappes pendantes, ou horizontales, ou inclinées, ou dressées, 5- ou pluri-flores, lâches ou denses, naissant au sommet ou à la base des ramules florifères (ou quelquefois de bourgeons aphylles), solitaires, ou moins souvent soit géminées ou fasciculées, soit opposées. Pédicelles dibractéolés ou non-bractéolés au sommet. Bractées herbacées ou membraneuses. Fleurs en général petites. Calice verdâtre, ou jaunâtre, ou d'un rouge livide : tube presque plane ou en forme de godet ; limbe étalé ou réfléchi pendant la floraison. Disque égal, ou renflé en bosses à la gorge du calice, ou épaissi en bourrelet annulaire au fond du calice. Pétales insérés à la gorge du calice, dressés ou étalés, verdâtres, ou jaunâtres, ou rougeâtres, courtement onguiculés. Étamines dressées, ordinairement très-courtes. Baie acide ou douceâtre. Graines le plus souvent déformées et irrégulièrement anguleuses, ou subtrigones, rarement ovoïdes ou oblongues. Embryon minime ; cotylédons elliptiques-orbiculaires, un peu plus courts et un peu plus larges que la radicule.

Voici les espèces les plus remarquables de ce genre :

Section I. CONOSTYLIUM Spach.

Fleurs hermaphrodites. Tube calicinal en forme de godet. Disque renflé en bosse soit sous chacun des pétales et des étamines, soit seulement sous chaque pétale. Placentaires multi-ovulés. Style conique à la base.—Arbrisseaux inermes. Grappes pendantes ou inclinées, ordinairement très-denses, terminant le ramule florifère, ou naissant de bourgeons aphylles. Pédicelles jamais recourbés. Bractées très-petites, embrassant le pédicelle.

A. *Disque à* 10 *bosses peu saillantes. Calice subcampanulé (d'un rouge livide) : limbe étalé seulement dans sa partie supérieure. Étamines à peine plus longues que les pétales, 3 fois plus courtes que les sépales. Style bifurqué au sommet. Stigmates subréniformes.*

GROSEILLER DE ROCHE. — *Ribes petræum* Wulf. — Jacq. Ic. Rar. tab. 49. — Guimp. et Hayn. Deutsch. Holz. tab. 20. — Engl. Bot. tab. 704 (mala). — *Ribes atropurpureum* Ledeb. Ic. Flor. Alt. tab. 231.

Feuilles cordiformes-orbiculaires, 5-lobées, incisées-dentelées.
Sépales cunéiformes-orbiculaires. Pétales cunéiformes, tronqués,
dressés.

Arbrisseau haut de 3 à 4 pieds, ayant le port et le feuillage
du Groseiller commun (*Ribes rubrum*). Feuilles atteignant jusqu'à 3 pouces de large, suborbiculaires, ou ovales-orbiculaires,
tantôt pubescentes aux deux faces, tantôt glabres en dessus et
pubescentes en dessous, rarement glabres aux 2 faces; nervures,
pétioles et jeunes pousses souvent hérissés de poils raides, tantôt
non-glanduleux, tantôt glandulifères; lobes triangulaires ou
ovales-triangulaires, ordinairement pointus, séparés par des
sinus étroits ; pétiole long, parsemé de poils (caducs) plumeux.
Stipules larges, membraneuses. Bourgeons florifères souvent
aphylles et subfasciculés. Grappes longues de 1 pouce à 2 pouces
¹/₂, courtement pédonculées, subhorizontales ou presque dressées
au commencement de la floraison, plus tard pendantes ou inclinées, tantôt denses et multiflores, tantôt lâches et 7-12-flores :
rachis et pédicelles pubérules (rarement glabres) et quelquefois
parsemés de très-petites glandules stipitées. Pédicelles 2 à 3 fois
plus courts que la fleur, ou moins souvent presque aussi longs
que la fleur, tantôt nus au sommet, tantôt garnis de 2 bractéoles
minimes subulées. Bractées (basilaires) très-courtes, ou rarement
aussi longues que le pédicelle, glabres ou pubérules, ovales,
ou ovales-elliptiques, tronquées. Fleurs de la grandeur de celles
du Groseiller commun. Calice d'un vert jaunâtre tantôt pur,
tantôt marbré d'une multitude de veinules d'un pourpre violet ;
sépales 2 fois plus longs que le tube, larges d'environ 1 ligne,
ordinairement pubérules aux bords et quelquefois aussi en dessus. Pétales jaunâtres ou rougeâtres, minimes. Étamines un peu
débordées par le style ; anthères cordiformes-elliptiques, 1 fois
plus courtes que le filet. Ovaire glabre, turbiné. Baie **rouge**,
acide, du volume d'une Groseille, par avortement oligosperme.
Graines assez grosses, subtrigones, roussâtres; embryon minime.

Ce Groseiller croît dans presque toutes les montagnes de l'Europe, ainsi que dans l'Altaï et dans l'Himalaya. On le cultive
comme arbrisseau d'agrément.

B. *Disque à 5 bosses assez grosses (placées sous les pétales).
Calice rotacé (verdâtre) : limbe réfléchi. Étamines presque aussi longues que les sépales. Style bi-ou tri-fide au
moins à partir du milieu. Stigmates subcapitellés, peu
apparents.*

Groseiller a longues grappes. — *Ribes multiflorum* Kit.
in Rœm. et Schult. Syst. — Bot. Mag. tab. 2368. — *Ribes
vitifolium* Host, Flor. Austr.

Feuilles cordiformes-orbiculaires, 5-lobées, incisées-dentelées.
Sépales cunéiformes-orbiculaires. Pétales spathulés, cunéiformes,
réfléchis, ou étalés, subtridentés au sommet.

— α : A LOBES POINTUS (*acutilobum*). — Feuilles légèrement
pubescentes en dessous; lobes plus ou moins pointus. Pédicelles plus longs que la bractée. (*Ribes vitifolium* Host.)

— β : A LOBES OBTUS (*obtusilobum*). — Feuilles fortement pubescentes en dessous, presque incanes; lobes courts, arrondis. Pédicelles à peine aussi longs que la bractée. (*Ribes
multiflorum* Kit.)

Buisson haut de 3 à 4 pieds, ayant le port du Groseiller
commun. Feuilles larges de 2 à 4 pouces, rugueuses, d'un vert
foncé et ordinairement glabres en dessus, d'un vert pâle ou grisâtre en dessous; pubescence non-glandulifère; pétiole pubescent, à peu près aussi long que la lame, cilié ou parsemé de
poils (caducs) tantôt non-glanduleux, tantôt couronnés d'une
petite glandule noirâtre. Stipules cotonneuses ou pubescentes.
Grappes longues de 2 à 5 pouces, pendantes ou inclinées, denses, multiflores, courtement pédonculées; rachis et pédicelles
pubescents ou velus. Pédicelles longs de $^1/_2$ ligne à 1 ligne $^1/_2$,
tantôt nus au sommet, tantôt garnis d'une paire de bractéoles
squamuliformes très-petites. Bractées (basilaires) embrassantes,
un peu concaves, ovales ou ovales-elliptiques, tronquées, petites, verdâtres, ordinairement pubérules. Fleurs d'un jaune
verdâtre, plus petites que celles du Groseiller commun. Calice
glabre ou pubescent; tube en godet, de moitié plus court que

le limbe. Pétales au moins 3 fois plus courts que les sépales. Étamines dressées ; anthères minimes, cordiformes-orbiculaires, jaunâtres. Ovaire glabre, subglobuleux. Style un peu débordé par les étamines, quelquefois bi-ou tri-furqué presque dès la base. Baie rouge.

Cette espèce croît dans les montagnes de la Croatie et de la Dalmatie ; elle est remarquable, du moins parmi les espèces indigènes en Europe, par la longueur de ses grappes ; mais ses fleurs n'ont rien d'élégant.

Section II. CYLINDROSTYLIUM Spach.

Fleurs hermaphrodites. Tube calicinal en forme de godet. Sépales étalés. Disque non-bosselé, mais épaissi au fond du calice en bourrelet annulaire entourant la base du style. Style peu ou point épaissi à la base. Placentaires multi-ovulés. — Arbrisseaux inermes ou aiguillonneux. Grappes lâches, pendantes, ou réclinées, terminant les ramules florifères, ou naissant de bourgeons aphylles. Pédicelles dressés ou recourbés après la floraison. Bractées très-petites, embrassant le pédicelle.

A. *Rameaux armés d'aiguillons infra-pétiolaires, en outre hérissés d'aiguillons sétiformes épars. Étamines insérées au fond du calice.*

GROSEILLER BICOLORE. — *Ribes lacustre* Poiret, Encycl. — Guimp. et Hayn. Fremd. Holz. tab. 136. — *Ribes echinatum* Dougl. in Trans. Hort. Soc. Lond. v. 7, p. 517.

Aiguillons infra-pétiolaires quinés, ou septénés, subulés. Rameaux hispides, réclinés. Feuilles suborbiculaires, profondément 5-lobées, incisées, ou incisées-crénelées. Grappes réclinées, pubérules-glanduleuses. Ovaire hispide, glanduleux. Calice glabre ; sépales orbiculaires-rhomboïdaux. Pétales flabelliformes, arrondis au sommet.

Buisson haut de 2 à 3 pieds. Rameaux grêles, effilés, hérissés d'une multitude d'aiguillons inégaux, subulés, horizontaux ou réfléchis, rougeâtres et en partie glandulifères sur les jeunes pousses. Aiguillons infra-pétiolaires courts et subulés mais plus forts que les autres, confluents à la base, dressés sur les jeunes pousses, plus tard horizontaux et divergents. Feuilles larges de 6 lignes à 2 pouces, lisses, d'un vert gai en dessus, d'un vert pâle et luisantes en dessous : les adultes glabres ou presque glabres; les jeunes légèrement pubescentes ; lobes cunéiformes, ou subrhomboïdaux, pointus, ou arrondis : le terminal souvent trifide; pétiole grêle, pubescent, ordinairement aussi long ou un peu plus long que la lame, garni de quelques courts poils plumeux. Stipules ciliolées. Grappes 7-15-flores, courtement pédonculées, plus longues que les feuilles florales; rachis presque filiforme, rouge de même que les pédicelles; pédicelles filiformes, longs de 2 à 3 lignes; bractées ovales ou oblongues, concaves, petites, ciliolées de glandules stipitées. Calice d'un jaune verdâtre; tube cyathiforme; limbe large de 2 à 3 lignes. Pétales d'un pourpre violet. Anthères jaunes, un peu débordées par les pétales. Ovaire subglobuleux, couvert de sétules glandulifères de couleur pourpre. Style profondément bifide, à peine plus long que les étamines. Stigmates petits, blanchâtres, subcapitellés. Baie du volume de celle du Cassis, d'un pourpre violet, hispidule.

Cette espèce, indigène dans l'Amérique septentrionale, se cultive comme arbrisseau d'agrément.

B. *Rameaux inermes. Étamines insérées à la gorge du calice.*

a) *Grappes réclinées : pédicelles recourbés après l'anthèse.*

GROSEILLER COMMUN. — *Ribes rubrum* Linn. — Engl. Bot. tab. 1289. — Guimp. et Hayn. Deutsch. Holz. tab. 19. — Flor. Dan. tab. 967.

Feuilles cordiformes-orbiculaires, 5-lobées, doublement dentelées. Sépales et pétales cunéiformes-orbiculaires, non-glanduleux (ainsi que les grappes). Ovaire glabre. Anthères réniformes.

Buisson haut de 3 à 6 pieds. Branches et rameaux dressés.

Feuilles larges de 1 pouce ¹/₂ à 3 pouces, d'un vert gai, rugueuses en dessus : les jeunes plus ou moins pubescentes aux 2 faces ; les adultes ordinairement glabres ou pubérules seulement aux nervures de la surface inférieure ; lobes ovales ou ovales-triangulaires, obtus ou pointus et inégaux de même que les dentelures ; pétiole glabre ou pubescent, tantôt plus court que la lame, tantôt plus long, parsemé ou cilié de poils (caducs) plumeux. Stipules ciliées. Grappes longues de 1 pouce à 2 pouces ¹/₂, 5-15-flores, longuement ou courtement pédonculées : les florifères horizontales et plus ou moins réclinées ; les fructifères pendantes ; rachis et pédicelles grêles, glabres, ou moins souvent pubescents ; pédicelles ordinairement plus longs que la fleur, non-bractéolés au sommet. Bractées (basilaires) obtuses ou tronquées, subovales, ordinairement glabres, 1 à 3 fois plus courtes que les pédicelles. Ovaire subglobuleux. Fleurs d'un jaune verdâtre, larges d'environ 2 lignes. Calice glabre ; tube pelviforme. Pétales tronqués ou arrondis, courtement onguiculés, à peine débordés par les étamines. Style bifide à partir du milieu ; branches divergentes ou recourbées. Stigmates petits, blanchâtres, subcapitellés. Baie rouge (blanche ou rose dans des variétés cultivées). Graines jaunâtres, anguleuses.

Cette espèce, si fréquemment cultivée à cause de ses fruits dont personne n'ignore l'usage, croît çà et là, dans les bois humides, en Europe ainsi qu'en Sibérie.

b) Grappes dressées ou ascendantes; pédicelles nutants pendant la floraison, plus tard érigés.

Groseiller décombant. — *Ribes prostratum* L'Hérit. Stirp. 1, tab. 2. — *Ribes glandulosum* Hort. Kew. (non Ruiz et Pav.) — *Ribes trifidum* et *R. rigens* Michx. Flor. Bor. Amer. — *Ribes canadense* Loddig. Cat.

Branches et rameaux décombants ou ascendants. Feuilles cordiformes-orbiculaires, 5-lobées, incisées-crénelées, ou incisées-dentelées. Pédicelles et ovaires pubérules-glanduleux. Calice glabre ; sépales cunéiformes-orbiculaires. Pétales spathulés-cunéiformes.

Branches longues de 2 à 5 pieds, grêles et effilées de même
que les rameaux. Feuilles larges de 1 pouce à 3 pouces, d'un
vert gai, un peu rugueuses et souvent luisantes en dessus, glabres, ou très-légèrement pubescentes en dessous aux nervures,
très-profondément cordiformes à la base; lobes arrondis, ou
triangulaires, ou ovales, ou ovales-triangulaires, pointus ou obtus de même que les incisions ou crénelures; pétiole grêle, long,
glabre ou pubérule-glanduleux, cilié à la base (ainsi que les
stipules) de poils glandulifères. Grappes longues de 1 pouce à
3 pouces, 7-15-flores, pédonculées : rachis glabre ou pubérule-
glanduleux, très-grêle. Pédicelles filiformes, non-bractéolés au
sommet, ordinairement 1 à 2 fois plus longs que la fleur, couverts (de même que l'ovaire) de sétules glandulifères de couleur
pourpre. Bractées (basilaires) linéaires-lancéolées ou linéaires-
subulées, courtes, glanduleuses. Calice d'un jaune pâle : tube
pelviforme; limbe large de 2 à 3 lignes. Pétales d'un rose pâle,
longs de $\frac{1}{2}$ ligne. Étamines à peu près aussi longues que les pétales; anthères cordiformes-orbiculaires, de couleur pourpre
avant l'anthèse. Ovaire hémisphérique. Disque jaune. Style bifide jusqu'au-delà du milieu : branches un peu recourbées au
sommet, plus ou moins divergentes. Stigmates petits, blanchâtres, subcapitellés. Baie rouge, hispidule, de la grosseur et
de la saveur de celle du Groseiller commun.

Cette espèce, indigène dans l'Amérique septentrionale, est cultivée comme arbrisseau d'agrément.

Section III. BERISIA Spach.

Fleurs dioïques par avortement. Tube calicinal presque
plane (un peu plus concave dans les fleurs mâles que dans
les fleurs femelles); sépales étalés ou réfléchis pendant la
floraison. Disque non bosselé, ni renflé en bourrelet annulaire. Anthères des fleurs femelles subsessiles et dépourvues de pollen. Ovaire des fleurs mâles rudimentaire et dépourvu d'ovules, mais à style et stigmates
conformés absolument comme dans les fleurs femelles.
Style non-épaissi à la base. Placentaires 2-6-ou pluri-ovu-

lés ; ovules (en nombre variable) 2-ou pluri-sériés. —Arbrisseaux inermes ou aiguillonneux. Grappes dressées,
situées dès l'origine à la base du ramule florifère, quelquefois opposées ou fasciculées. Pédicelles jamais recourbés. Bractées membraneuses, presque planes, ordinairement débordantes.

A. *Jeunes pousses et rameaux de l'année précédente anguleux par la décurrence des nervures pétiolaires. Feuilles
non-visqueuses, inodores. Stipules adnées, très-étroites
(souvent presque nulles même sur les feuilles les plus inférieures). Grappes souvent opposées, ou géminées, ou fasciculées. Style bifide au sommet. Sépales et pétales réfléchis.*

a) *Jeunes pousses et rameaux de l'année précédente armés de petits
aiguillons le plus souvent solitaires ou superposés des deux côtés
de la base des pétioles, et en outre épars en petit nombre le long des
angles.*

GROSEILLER DIACANTHE. — *Ribes Diacantha* Pallas, Flor.
Ross. 2, tab. 66.

Aiguillons coniques-subulés, comprimés, subhorizontaux.
Feuilles cunéiformes ou cunéiformes-orbiculaires et trilobées, ou
subrhomboïdales et incisées-dentées, glabres, luisantes aux 2
faces. Grappes subsessiles, courtes, 5-9-flores. Pétales spathulés-
cunéiformes. Baie lisse.

Buisson haut de 3 à 5 pieds. Rameaux effilés, dressés. Aiguillons petits, peu adhérents, nuls sur les vieilles branches. Feuilles
longues 5 à 20 lignes, tantôt presque aussi larges que longues,
tantôt moins larges, d'un vert gai, fermes, 3-ou 5-nervées à la
base, plus ou moins profondément trilobées ou incisées-crénelées (les inférieures des ramules florifères souvent cunéiformes-
oblongues, tridentées seulement au sommet, ou même très-entières); lobes entiers, ou tridentés, ou incisés-crénelés, arrondis, ou ovales, ou subtriangulaires, ordinairement obtus; pétiole grêle, plane, marginé, souvent bordé de quelques aiguil-

lons, tantôt à peu près aussi long que la lame (surtout sur les ramules florifères), tantôt 1 à 3 fois plus court que la lame (surtout sur les jeunes pousses terminales). Stipules nulles ou très-étroites. Grappes longues de 6 à 18 lignes, rarement 12-15-flores ; rachis et pédicelles (ainsi que le calice) très-glabres ou parsemés de glandules diaphanes substipitées. Pédicelles 1 à 2 fois plus longs que la fleur, nus au sommet. Bractées lancéolées ou linéaires-lancéolées, plus longues que les pédicelles, ordinairement cliolées de glandules. Fleurs rougeâtres ou d'un jaune verdâtre, à peine larges de plus de 1 ligne. Sépales ovales, acuminulés, ou obtus. Ovaire subglobuleux, glabre, luisant; placentaires souvent bi-ovulés. Disque jaune. Baie rouge, douceâtre, du volume d'un petit Pois, oligosperme. Graines assez grosses, jaunâtres.

Cette espèce, indigène en Sibérie, se cultive comme arbrisseau d'ornement.

Le *Ribes saxatile* Pallas (Ledebour, Ic. Flor. Alt. tab. 239) paraît être une simple variété du *R. Diacantha*. Il n'en diffère, suivant M. C. A. Meyer, que par ses aiguillons toujours épars, ses grappes pubérules, mais non glanduleuses, et ses bractées plus courtes que le pédicelle.

b) *Aiguillons nuls.*

GROSEILLER ALPESTRE. — *Ribes alpinum* Linn. — Jacq. Flor. Austr. tab. 47. — Guimp. et Hayn. Deutsch. Holz. tab. 31. — Engl. Bot. tab. 704.

Feuilles 3- ou 5-lobées, ou 3-fides, glabres, ou poilues, luisantes en dessous, incisées-dentées, ou incisées-crénelées. Grappes pubérules-glanduleuses, pauci-ou multi-flores. Pétales spathulés-cunéiformes ou spathulés-rhomboïdaux. Baie lisse.

Buisson haut de 3 à 10 pieds. Branches et rameaux touffus, dressés. Feuilles longues de ½ pouce à 3 pouces, tantôt aussi larges que longues, tantôt moins larges, d'un vert foncé (tantôt opaque, tantôt luisant) en dessus, d'un vert gai et luisantes en dessous, ovales, ou ovales-orbiculaires, ou suborbiculaires, ou moins souvent cunéiformes, pointues ou arrondies ou cordiformes à la base, glabres, ou plus ou moins parsemées de poils non-glandulifères tantôt couchés, tantôt érigés (les jeunes feuilles quelquefois parsemées de quelques poils glandulifères caducs); lobes ou segments arrondis, ou triangulaires, ou ovales, ou rhomboïdaux, obtus, ou pointus, très-inégaux, ou presque égaux; crénelures ou dentelures souvent mucronulées; pétiole plus court ou aussi long que la lame, canaliculé en dessus, cilié ou parsemé de longs poils (caducs) plumeux souvent glandulifères. Stipules nulles ou très-étroites. Grappes subsessiles ou pédonculées, longues de 6 lignes à 2 pouces, pauciflores ou multiflores (les grappes femelles rarement 12-15-flores, souvent 5-7-flores; les mâles rarement à moins de 12 fleurs et en général plus denses que les femelles; mais c'est à tort qu'on a avancé que les grappes femelles étaient toujours 3-5-flores et les mâles toujours multiflores), lâches ou assez denses : rachis grêle; pédicelles plus longs que les fleurs ou plus courts, filiformes, nus au sommet, couverts (de même que le rachis et les bractées) de glandules courtement stipitées. Bractées lancéolées ou linéaires-lancéolées, ou ovales, pointues, débordant les fleurs. Fleurs larges de 1 ligne à 2 lignes, d'un jaune verdâtre. Calice glabre, rotacé ; sépales ovales ou oblongs, obtus ou pointus. Filets presque nuls ou très-courts. Anthères subréniformes. Ovaire glabre ou parsemé de glandules stipitées. Disque jaune. Style court. Baie rouge, un peu moins grosse que celle du Groseiller commun, d'une saveur douceâtre désagréable. Graines assez grosses, jaunâtres.

Cette espèce est commune dans les régions subalpines de presque toute l'Europe. On l'emploie dans les jardins à faire des haies, et on le plante dans les bosquets à cause de son feuillage qui se développe dès le commencement du printemps.

B. *Rameaux et jeunes pousses ni anguleux ni garnis d'aiguillons. Feuilles (et autres parties vertes) couvertes d'une épaisse pubescence visqueuse, odorante, glandulifère. Stipules très-larges, souvent libres au sommet. Grappes*

toujours solitaires. Sépales et pétales étalés. Style in-
divisé.

GROSEILLER DU LIBAN. — *Ribes orientale* Desfont. Cat.
Hort. Par. — Poir. Enc. — *Ribes resinosum* Bot. Mag.
tab. 1583 (non Pursh.). — *Ribes punctatum* Lindl. in Bot.
Reg. tab. 1278. (non Ruiz et Pavon.)

Branches réclinées. Feuilles réniformes-orbiculaires ou cordiformes-orbiculaires, profondément 3- ou 5-lobées, incisées-
crénelées, pubérules-visqueuses de même que les grappes. Pétales spathulés-rhomboïdaux. Baie hispidule-glanduleuse.

Buisson haut de 3 à 4 pieds, ayant le port du Groseiller à
maquereaux, couvert sur toutes ses parties herbacées d'une multitude de glandules diaphanes stipitées, entremêlées de courts
poils non-glandulifères. Feuilles larges de 6 lignes à 2 pouces,
d'un vert tirant sur le glauque, molles, un peu rugueuses en
dessus : lobes arrondis ou oblongs-rhomboïdaux, égaux ou inégaux, obtus de même que les crénelures ; pétiole plane en dessus, tantôt plus court tantôt plus long que la lame, parsemé de
glandules stipitées et de poils blancs soit simples, soit plumeux.
Grappes longues de 10 à 20 lignes, sessiles ou courtement pédonculées, assez denses, glanduleuses et pubescentes comme les
pétioles. Pédicelles longs de 2 à 3 lignes, tantôt nus, tantôt
garnis au sommet de 2 bractéoles subulées. Bractées (basilaires)
oblongues ou oblongues-lancéolées, obtuses ou pointues, d'un
jaune verdâtre, longues de 3 à 4 lignes, ciliées de glandules
stipitées. Fleurs larges d'environ 3 lignes : calice pubérule-
glanduleux en dessous, jaunâtre en dessus ; sépales ovales, pointus, ou obtus. Pétales jaunes. Étamines plus courtes que les sépales, un peu plus longues (dans les fleurs mâles) que le style.
Anthères petites, réniformes. Baie rouge, du volume de la
Groseille commune.

Cette espèce, originaire du Liban, se cultive comme arbrisseau d'agrément. La substance résineuse de ses feuilles et autres
parties vertes exhale une odeur balsamique, assez semblable à
celle de la Reinette.

Genre GROSSULAIRE. — *Grossularia* Tourn.

Fleurs hermaphrodites, solitaires ou géminées au sommet du pédoncule, ou 3-5 et à peine en grappe. Tube calicinal subcampanulé; sépales 5 ou rarement 4, réfléchis pendant la floraison, à peu près aussi longs que le tube. Pétales 5, (rarement 4), spathulés, ou subdolabriformes, distants, ou connivents, dressés. Étamines 5 (rarement 4), insérées au tube ou à la gorge du calice, plus longues que les pétales (quelquefois très-saillantes); anthères elliptiques, échancrées à la base, rétuses au sommet. Ovaire adhérent, 1-loculaire; placentaires 2, pariétaux, nerviformes, multi-ovulés; ovules nidulants. Styles 2, filiformes, libres presque dès la base, ou cohérents jusqu'au milieu ou au-delà. Stigmates minimes, tronqués. Baie subglobuleuse.

Arbrisseaux armés d'aiguillons pétiolaires spinescents, et quelquefois en outre d'aiguillons sétiformes épars sur toute la surface des rameaux. Feuilles 3-ou 5-lobées, non-persistantes, non-ponctuées. Stipules adnées, peu apparentes. Pubescence rarement glandulifère. Pédoncules inclinés ou pendants, 1-5-flores, solitaires au sommet des ramules florifères (ordinairement très-raccourcis et s'allongeant après la floraison). Pédicelles uni-ou bi-bractéolés à la base, jamais bractéolés au sommet, ordinairement inégaux et allongés, rarement (lorsque le pédoncule est 4-ou 5-flore) disposés en courte grappe. Bractées petites, subconvolutées, embrassantes (connées par la base lorsqu'elles sont opposées). Fleurs assez grandes. Calice verdâtre, ou blanchâtre, ou rougeâtre : tube souvent barbu à la gorge; sépales à peine imbriqués en préfloraison. Pétales blanchâtres ou rougeâtres, quelquefois presque aussi longs que les sépales. Disque un peu charnu, égal. Styles plus ou moins barbus depuis la base jusqu'au milieu. Graines (dans les *Grossularia vulgaris* et *acicularis*; celles des autres espèces nous sont inconnues) ovoïdes ou déformées, anguleuses, assez grosses. Embryon petit : cotylédons oblongs, à peu près aussi longs et aussi larges que la radicule.

Outre les espèces que nous allons décrire, ce genre en renferme plusieurs autres, indigènes dans l'Amérique septentrionale, mais en général incomplétement connues.

Section I. DISTYLIUM Spach.

Étamines insérées à la gorge du calice, laquelle est barbue dans la plupart des espèces. Styles libres presque dès leur base, ou soudés seulement jusque vers le milieu.

A. *Gorge du calice non-barbue. Styles glabres.*

GROSSULAIRE AIGUILLONNEUSE. — *Grossularia acicularis* Spach. — *Ribes aciculare* Smith, in Rees. Cycl. — Ledeb. Ic. Flor. Alt. tab. 230.

Rameaux hérissés d'aiguillons stipulaires et épars. Feuilles suborbiculaires, 3-ou 5-lobées, incisées-crénelées, ou incisées-dentées, cordiformes ou tronquées à la base. Pédoncules courts, 1-ou 2-flores. Tube calicinal campanulé ; sépales oblongs, obtus, de moitié plus longs que le tube, presque 2 fois plus longs que les étamines. Pétales petits, ovales-rhomboïdaux, à peine onguiculés. Baie hispidule ou glabre.

Buisson ayant le port de la Grossulaire commune. Tiges dressées ou décombantes. Rameaux ordinairement réclinés, tantôt tout couverts, tantôt seulement parsemés de soies raides, subulées, horizontales, ou réfléchies, rougeâtres et souvent glandulifères sur les jeunes pousses, longues de 1 ligne à 3 lignes. Aiguillons pétiolaires pugioniformes ou subulés, ternés, ou quinés, ou septénés, ou rarement solitaires ; longs de 4 à 8 lignes. Feuilles semblables de forme et de grandeur à celles de la Grossulaire commune, légèrement pubescentes, d'un vert foncé et luisantes en dessus, d'un vert pâle en dessous ; lobes ordinairement obtus et plus ou moins arrondis ; crénelures ou dentelures souvent mucronées ; pétiole très-grêle, souvent plus long que la lame, cilié de poils glandulifères non-plumeux (caducs). Pédoncules nutants, pubescents, rarement biflores ; pédicelles plus courts que la fleur. Bractées opposées ou moins souvent ternées, ou rarement solitaires, subovales, ciliolées de glandules stipitées. Ovaire subglobuleux, hispidule-glanduleux. Calice long de 4 à 5 lignes, pubérule-glanduleux en dehors, ou presque glabre : tube verdâtre; sépales rougeâtres en dessus. Pétales blanchâtres, plus courts que les étamines. Baie ellipsoïde ou globuleuse, jaune ou rouge, de la grosseur d'une Groseille à maquereaux.

Cette espèce croît dans l'Altaï et dans l'Himalaya. Ses fruits ont la même saveur que les Groseilles à maquereaux.

B. *Gorge du calice barbue. Styles hérissés (du moins jus-qu'au milieu) de longs poils blancs horizontaux.*

a) *Etamines plus courtes que les sépales.*

GROSSULAIRE COMMUNE. — *Grossularia vulgaris* Spach, ined.

Rameaux non-sétifères. Aiguillons solitaires ou ternés, pugioni-formes. Feuilles suborbiculaires ou subrhomboïdales, arrondies ou cordiformes à la base, 3-ou 5-lobées, ou presque palmées, profondément crénelées, ou incisées-dentées. Pédoncules 1-3-flo-res, courts. Tube calicinal hémisphérique-campanulé. Sépales oblongs ou ovales, très-obtus, un peu plus longs que le tube. Pétales rhomboïdaux-orbiculaires, courtement onguiculés, très-entiers, de moitié plus courts que les étamines.

— α : A BAIE HISPIDULE-GLANDULEUSE. — *Ribes Grossularia* Linn. — Engl. Bot. tab. 1292. — Guimp. et Hayn. Deutsch. Holz. tab. 23. — Flor. Dan. tab. 546.

— β : A BAIE GLABRE. — *Ribes Uva-crispa* Linn. — Engl. Bot. tab. 2057. — Guimp. et Hayn. Deutsch. Holz. tab. 24. — *Ribes reclinatum* Linn.

Arbrisseau très-touffu, tantôt diffus, tantôt formant un buis-son haut de 3 à 5 pieds. Vieilles branches ordinairement récli-nées. Rameaux dressés, ou divariqués, ou réclinés, rarement inermes. Aiguillons longs de 2 à 6 lignes, divariqués, confluents par la base (lorsqu'ils ne sont pas solitaires), plus ou moins forts, subulés au sommet. Feuilles larges de 6 lignes à 2 pouces, assez fermes, tantôt glabres et luisantes aux 2 faces, tantôt pubescentes, ou presque cotonneuses et plus ou moins incanes; lobes arrondis, ou subrhomboïdaux, ou oblongs, inégaux, obtus; crénelures arrondies ou mucronulées; pétiole ordinairement plus court que la lame, plane en dessus, cilié de poils (caducs) plumeux. Pédoncules glabres, ou pubérules, ou hérissés, pendants ou inclinés, longs de 1 ligne à 5 lignes. Pédicelles longs de ¹/₂ ligne à 2 lignes. Bractées cunéiformes, ou ovales, ou obovales, obtuses, ou tronquées, inégales lorsqu'elles sont opposées, glabres, ou ciliolées de glandules stipitées. Ovaire ovoïde ou subglobuleux, glabre, ou pubérule-glanduleux. Calice long de 2 à 3 lignes, glabre, ou pubescent; tube verdâtre; sépales verdâtres, ou panachés de vert et de violet, ou moins souvent tout-à-fait rougeâtres. Pétales larges d'environ 1 ligne, blanchâtres de même que les filets, un peu connivents. Styles très-hérissés, un peu plus longs que les étamines. Baie rouge, ou jaune, ou blanchâtre, globuleuse, ou ellipsoïde, polysperme. Graines petites, blanchâtres.

Cet arbrisseau, connu sous le nom vulgaire de *Groseiller à maquereaux*, croît spontanément dans presque toute l'Europe; il se plaît dans les terrains arides et pierreux. Personne n'ignore qu'il est fréquemment cultivé à cause de ses fruits, lesquels acquièrent, dans certaines variétés, la grosseur d'un œuf de pigeon.

GROSSULAIRE FAUSSE-AUBÉPINE. — *Ribes oxyacanthoides* Linn. — Dill. Hort. Elth. tab. 139, fig. 166.

Rameaux sétifères. Aiguillons pétiolaires solitaires ou ternés, pugioniformes. Feuilles cordiformes-orbiculaires, 5-lobées, incisées-crénelées. Pédoncules très-courts, subbiflores. Tube calicinal turbiné. Sépales oblongs-spathulés, à peu près aussi longs que le tube. Pétales obovales-spathulés, subdenticulés, à peu près aussi longs que les étamines.

Feuilles larges de 5 à 12 lignes, ordinairement pubérules; lobes cunéiformes-oblongs , ou subrhomboïdaux , obtus; pétiole pubescent (glanduleux étant jeune) , ordinairement plus court que la lame. Aiguillons stipulaires étalés ou réfléchis, bruns , longs de 3 à 6 lignes. Aiguillons raméaires longs de 1 ligne à 3 lignes , la plupart sétiformes et réfléchis. Calice glabre , long de 2 lignes. Pétales blanchâtres. Style à peu près aussi long que les étamines. Baie globuleuse, glabre , violette.

Cette espèce croît au Canada.

b) *Filets aussi longs ou plus longs que les sépales.*

GROSSULAIRE A PÉDONCULES TRIFLORES. — *Grossularia triflora* Spach. — *Ribes triflorum* Linn. — Loddig. Bot. Cab. tab. 1094. — Guimp. et Hayn. Fremd. Holz. tab. 3.

Rameaux non-sétifères. Aiguillons solitaires ou ternés (quelquefois nuls) , subulés, courts. Feuilles suborbiculaires, ou subrhomboïdales , ou cunéiformes , tronquées ou subcordiformes à la base , profondément trifides , ou subquinquélobées, incisées-dentées. Pédoncules 2-ou 3-flores , courts. Tube calicinal turbiné; sépales oblongs , obtus , un peu plus longs que le tube , un peu plus courts que les étamines. Pétales spathulés-cunéiformes, divergents , ondulés , érosés au sommet. Baie glabre.

Buisson haut de 3 à 5 pieds. Branches et rameaux effilés , souvent réclinés. Aiguillons longs de 1/2 ligne à 3 lignes , faibles, souvent solitaires , horizontaux, ou érigés. Feuilles longues de 6 lignes à 2 pouces , souvent moins larges que longues , fermes , ciliolées , d'un vert gai et luisantes aux 2 faces , glabres , ou pubescentes (surtout en dessous); lobes arrondis , ou oblongs, ou subrhomboïdaux , plus ou moins inégaux , ordinairement obtus; crénelures ou dentelures couronnées par une glandule orbiculaire sessile ; pétiole aussi long que la lame ou plus court, plane en dessus , ordinairement glabre, cilié de longs poils (caducs) plumeux. Pédoncules le plus souvent plus courts que les pétioles, inclinés ou pendants , glabres ou pubescents (ainsi que les pédicelles ou calices). Pédicelles longs de 1 ligne à 4 lignes (ordinairement plus longs que le pédoncule). Bractées obtuses ou tronquées, subovales, verdâtres, ciliolées. Calice long de 3 lignes ; tube vert ou d'un violet livide de même que les sépales (toujours rougeâtres aux bords). Disque jaune. Pétales 1 fois plus courts que les sépales, blanchâtres de même que les filets. Étamines un peu débordées par les styles. Ovaire glabre, sub-globuleux, lisse, vert. Baie glabre, globuleuse, d'un rouge violet, douceâtre, du volume d'une petite Groseille à maquereaux.

Cette espèce, assez commune dans les plantations d'agrément, croît au Canada et dans le nord des États-Unis. Ses fruits ont la saveur des Groseilles à maquereaux.

GROSSULAIRE DIVARIQUÉE. — *Ribes divaricatum* Douglas, in Trans. Hort. Soc. Lond. v. 7, p. 515.—Bot. Reg. tab. 1349.

Rameaux non-sétifères. Aiguillons solitaires ou ternés, pugioniformes. Feuilles cordiformes ou cordiformes-orbiculaires, 5-lobées, incisées-crénelées. Pédoncules 2-4-flores, ordinairement plus longs que les pédicelles. Tube calicinal hémisphérique-campanulé; sépales oblongs, obtus, de moitié plus longs que le tube, de moitié plus courts que les étamines. Pétales spathulés-flabelliformes, subérosés, connivents.

Buisson très-fort, atteignant 8 pieds de haut. Branches et rameaux souvent réclinés. Aiguillons assez forts, spinescents, brunâtres, ordinairement horizontaux (les latéraux divariqués), longs de 3 à 6 lignes. Feuilles larges de 6 lignes à 2 pouces, molles, lisses, d'un vert gai, un peu luisantes en dessus, légèrement ciliolées, parsemées aux 2 faces de quelques poils très-courts soit glandulifères, soit non-glandulifères; pétiole plane en dessus, pubescent, grêle, souvent plus long que la lame, cilié de poils (caducs) ordinairement simples et glandulifères; lobes arrondis, ou subrhomboïdaux, plus ou moins triangulaires, ordinairement obtus; crénelures obtuses, ordinairement couronnées par une glandule orbiculaire sessile. Pédoncules longs de 3 à 6 lignes, pendants, filiformes, glabres de même que les pédicelles, les bractées, l'ovaire et le calice. Pédicelles plus courts que le pédoncule ou quelquefois presque aussi longs. Bractées ovales ou suborbiculaires, verdâtres, ciliolées; glandules courtement stipitées. Ovaire ovoïde, vert, lisse, glabre. Calice long d'environ 3 lignes; tube vert; sépales d'un brun tirant sur le violet. Pétales blanchâtres, 2 fois plus courts que les sépales, courtement onguiculés, aussi larges que longs. Étamines longues de 3 lignes; filets blanchâtres; anthères jaunes. Styles hérissés presque jusqu'au sommet, un peu plus longs que les étamines. Disque jaune. Baie sphérique, lisse, noirâtre.

Cette espèce, qu'on possède en Europe depuis 1826, a été trouvée par M. Douglas au bord des fleuves de la côte nord-ouest de l'Amérique, depuis le 45ᵉ jusqu'au 52ᵉ degré de lat. N. Son fruit est mangeable.

Section II. CYNOSBATIUM Spach.

Étamines insérées peu au-dessus du milieu du tube calicinal. Styles cohérents presque jusqu'au sommet, — Gorge du calice non-barbue.

Grossulaire Cynosbat. — *Ribes Cynosbati* Linn. — Guimp. et Hayn. Fremd. Holz. tab. 135. — Schmidt, Arb. tab. 98.

Rameaux inermes ou garnis d'aiguillons pétiolaires. Feuilles suborbiculaires, 3-ou 5-lobées, incisées-crénelées, ou inégalement dentées, cordiformes ou tronquées à la base. Pédoncules 2-4-flores, allongés. Tube calicinal campanulé; sépales oblongs, obtus, de moitié plus courts que le tube, plus longs que les étamines. Pétales cunéiformes, très-entiers, 3 fois plus courts que les sépales. Style pubescent à la base. Baie lisse ou hispidule.

Buisson haut de 3 à 5 pieds. Rameaux dressés, effilés. Aiguillons solitaires, ou ternés, subulés, subhorizontaux, longs de 2 à 5 lignes (quelquefois nuls). Feuilles larges de 6 lignes à 2 pouces, molles, opaques, pubérules aux 2 faces ou seulement aux bords et aux nervures de la face inférieure; lobes ovales, ou suborbiculaires, ou subtriangulaires; dents ou crénelures couronnées par une petite glande sessile; pétiole très-grêle, souvent plus long que la lame. Pédoncules longs de 4 à 8 lignes, filiformes, pendants, ou inclinés, ordinairement glabres de même que les pédicelles et calices. Pédicelles plus longs ou plus courts que le pédoncule. Bractées petites, subovales, obtuses, ciliolées de glandules courtement stipitées. Ovaire hispidule-glanduleux ou moins souvent glabre, subglobuleux. Calice verdâtre, long d'environ 3 lignes; sépales bordés ou panachés de rouge. Pétales petits, blanchâtres. Baie globuleuse, rouge, de la grosseur d'une petite Groseille à maquereaux.

Cette espèce, qui se cultive comme arbrisseau d'agrément, croît dans le nord des États-Unis et au Canada; ses fruits sont mangeables.

ESPÈCES INCOMPLÉTEMENT CONNUES.

GROSSULAIRE DES SOURCES. — *Ribes irriguum* Douglas, in Trans. Hort. Soc. Lond. v. 7, p. 516.

« Aiguillons ternés. Feuilles cordiformes, subquinquélobées, » dentées. Pédoncules triflores, poilus, glanduleux. Tube cali- » cinal campanulé; sépales linéaires, aussi longs que le tube. Pé- » tales oblongs, de moitié plus courts que les sépales. Baie » lisse.

» Arbrisseau grêle, branchu, atteignant jusqu'à 10 pieds » de haut. Écorce blanche. Feuilles longues de 1 pouce à 2 pou- » ces, ciliées, pubescentes aux 2 faces. Baie sphérique, succu- » lente, d'un demi-pouce de diamètre. » Douglas.

Cette espèce croît dans les montagnes de la côte nord-ouest de l'Amérique, entre les 46e et 47e degrés de lat. N. Suivant M. Douglas, ses fruits ont une saveur excellente.

GROSSULAIRE A FLEURS BLANCHES. — *Grossularia* (Ribes) *nivea* Lindl. in Bot. Reg. tab. 1692.

Aiguillons pugioniformes, souvent ternés. Feuilles cordiformes-orbiculaires, subtrilobées, incisées-crénelées. Pédoncules 2- ou 3-flores. Sépales oblongs. Pétales connivents, fimbriolés. Éta-mines très-saillantes, poilues à la base, plus longues que le style.

Buisson ayant le port du *Grossularia vulgaris*. Aiguillons des vieilles branches réfléchis. Feuilles glabres. Pédoncules coùrts, pendants. Tube calicinal verdâtre ; sépales blanchâtres de même que les pétales. Baie noirâtre, du volume d'un fruit de Cassis.

Cette espèce, remarquable par ses fleurs blanches, a été trouvée par M. Douglas dans le nord-ouest de l'Amérique, et introduite par lui en Angleterre. Ses fruits ont une saveur très-agréable.

GROSSULAIRE HISPIDULE. — *Grossularia* (Ribes) *hirtella* Michx. Flor. Bor. Amer.

Rameaux hispides. Aiguillons pétiolaires subulés. Feuilles rhomboïdales ou cordiformes-orbiculaires, 3-ou 5-lobées, incisées-dentées, ou incisées-crénelées. Pédoncules subuniflores. Pétales oblongs, aussi longs que le tube. Pétales obovales-spathulés. Baie lisse.

Feuilles larges de 5 à 12 lignes, glabres ou légèrement pubescentes ; lobes oblongs, ou cunéiformes, ou rhomboïdaux, ordinairement 3-dentés ou 3-crénelés au sommet, obtus ou pointus. Pédoncules courts, glabres ; pédicelles solitaires ou géminés, plus longs que le pédoncule. Baie subglobuleuse, rouge, du volume d'une petite baie de Cassis.

Cette espèce croît au Canada.

Genre ROBSONIA. — *Robsonia* Berland.

Fleurs hermaphrodites, à peine en grappe. Tube calicinal court, cupuliforme ; sépales 4, dressés, obtus, presque valvaires en préfloraison. Pétales 4, involutés, dressés, cunéiformes. Étamines 4, insérées à la gorge du calice ; filets très-longs, filiformes ; anthères elliptiques, échancrées à la base, très-obtuses. Ovaire adhérent, 1-loculaire ; placentaires 2, filiformes, pariétaux, 5-ovulés ; ovules unisériés. Style très-long, filiforme, bifide au sommet, épaissi à la base. Stigmates 2, tronqués, peu apparents.

Arbrisseau armé de forts aiguillons pétiolaires et en outre hérissé (sur les rameaux et les jeunes pousses) de sétules subulées. Feuilles trifides ou courtement trilobées, non-persistantes, non-ponctuées; pétiole parsemé de quelques poils (caducs) légèrement plumeux. Stipules nulles. Pédoncules 2-ou 3-flores au sommet (rarement 1-flores, ou 4-7-flores), longs, réclinés, ou pendants. Pédicelles inégaux, à peine en grappe : les inférieurs naissant à l'aisselle d'une seule bractée; le terminal entre deux bractées opposées. Bractées herbacées, un peu concaves, recourbées, à peu près aussi longues que les pédicelles. Fleurs grandes. Calice, pétales, filets et style d'un pourpre vif. Anthères assez grosses, déhiscentes antérieurement, d'un pourpre violet. Disque charnu, égal.

L'espèce qui constitue ce genre établit une transition évidente des Grossulariées aux *Fuchsia*, auxquels elle ressemble absolument par la conformation de ses fleurs; mais son port, son feuillage et son inflorescence sont absolument ceux des Grossulaires ; elle diffère de toutes les autres Grossulariées par ses grands pétales convolutés, ainsi que par ses placentaires filiformes et à ovules unisériés.

Robsonia élégant. — *Robsonia speciosa* Spach, ined. — *Ribes speciosum* Pursh, Flor. Amer. Sept. — Don, in Sweet, Brit. Flow. Gard. ser. 2, tab. 149. — Bot. Reg. tab. 1557. — *Ribes stamineum* Smith, in Rees. Cycl.— *Ribes fuchsioides* Berland. in Mém. de la Soc. Phys. de Genève, v. 3, tab. 3.

Buisson touffu, atteignant 5 pieds de haut. Branches dressées. Rameaux flexueux, effilés, couverts d'une multitude de sétules subulées, piquantes, inégales, horizontales, ou réfléchies, d'un pourpre noirâtre, et ordinairement glandulifères sur les jeunes pousses. Aiguillons pétiolaires ternés, soudés par la base, spinescents, pugioniformes, rectilignes, horizontaux, ou presque réfléchis, longs d'environ 6 lignes : les 2 latéraux divariqués. Feuilles suborbiculaires, ou ovales-orbiculaires, ou cunéiformes, 3-ou 5-lobées, cunéiformes ou tronquées ou cordiformes à la base, lisses, glabres, d'un vert gai et luisantes aux 2 faces, larges de 1 pouce à 2 pouces; lobes plus ou moins profonds, inégaux, arrondis, ou quelquefois cunéiformes, crénelés, ou incisés-dentés; pétiole grêle, blanchâtre, ordinairement à peu près aussi long que la lame, glabre, d'abord parsemé de quelques poils légèrement plumeux et souvent glandulifères. Pédoncules longs de 1 pouce $\frac{1}{2}$ à 2 pouces, filiformes, légèrement pubérules, ordinairement 3-flores, rarement 1-2-ou 5-7-flores. Pédicelles courts, un peu épaissis au sommet, couverts (áinsi que l'ovaire) de glandules rougeâtres et la plupart courtement stipitées. Bractées verdâtres ou pourpres, ovales, ou ovales-lancéolées, pointues, striées, très-entières, glabres, ou légèrement pubérules. Ovaire très-petit, turbiné. Calice long de 5 à 7 lignes, parsemé en dehors de glandules ponctiformes rougeâtres ; tube court, beaucoup plus gros que l'ovaire ; sépales oblongs, obtus, légèrement bombés, 5 fois plus longs que le tube. Pétales insérés entre les sépales, de moitié plus courts, tronqués au sommet, échancrés, subérosés. Disque verdâtre. Étamines environ 2 fois plus longues que les sépales, un peu débordées par le style. Baie (suivant Menzies, cité par M. Don) globuleuse, d'un pourpre noirâtre, hispidule, du volume d'une Groseille à maquereaux.

Cette plante croît dans la Californie, aux environs de Montérey ; on la cultive en pleine terre en Angleterre, mais elle supporte difficilement les hivers des environs de Paris.

QUATRE-VINGT-DOUZIÈME FAMILLE.

LES CUCURBITACÉES. — *CUCURBI-TACEÆ*.

(*Cucurbitaceæ* Juss. Gen. — Aug. Saint-Hil. Mém. Mus. v. 5, p. 504;
v. 9, p. 190. — De Cand. Prodr. v. 5, p. 297. — Bartl. Ord. Nat.
p. 275.)

Le nombre des *Cucurbitacées* décrites ou indiquées
par les botanistes se monte à environ deux cents, dont
près des trois quarts appartiennent à la zone équatoriale; la famille manque presque entièrement dans les
contrées boréales.

Les propriétés des Cucurbitacées sont fort diverses :
à côté des Melons, des Pastèques, des Concombres, des
Potirons, et d'autres plantes à fruits comestibles, ce
groupe renferme des espèces telles que les Bryones, la
Coloquinte, le Concombre d'âne, etc., dont les fruits,
les racines, ou même toutes les parties contiennent
des principes vénéneux plus ou moins prononcés. Le
suc des feuilles et des tiges a ordinairement une odeur
ou nauséabonde ou musquée. En général, l'amande des
graines abonde en huile fixe. Les fleurs ne se font guère
remarquer par leur beauté, mais tout le monde connaît
les variations infinies et les formes bizarres qu'offre si
fréquemment le fruit des Cucurbitacées.

Caractères de la Famille.

Herbes annuelles ou à racines vivaces tubéreuses; rarement *arbustes*. *Tiges* décombantes ou grimpantes, an-

guleuses ou cylindriques, presque toujours cirrifères. Vrilles latérales, ou oppositifoliées, ou moins souvent axillaires, solitaires, simples, ou 2-4-furquées, ordinairement plus ou moins tortillées en spirale. Rameaux oppositifoliés, ou axillaires, ou naissant entre les feuilles et les vrilles. Poils le plus souvent roides, cloisonnés, et naissant d'une petite verrue.

Feuilles non-stipulées, simples, éparses, palmatinervées ou pédatinervées, pétiolées, très-souvent anguleuses, ou lobées, ou palmatifides, ou pédatifides.

Fleurs monoïques ou dioïques (rarement hermaphrodites), régulières, jaunes ou verdâtres (rarement blanches ou violettes). Pédoncules 1-flores ou pluriflores, solitaires, ou fasciculés, inarticulés, axillaires ; pédicelles en grappe, ou en cyme, ou en corymbe, quelquefois 1-bractéolés à la base.

Calice (adhérent et plus ou moins prolongé au-delà de l'ovaire dans les fleurs femelles ou hermaphrodites) 5-fide, ou 5-denté : estivation distante, ou valvaire, ou imbricative.

Disque cupuliforme, ou plane (épigyne dans les fleurs femelles ou hermaphrodites, adné au fond du calice dans les fleurs mâles), ou quelquefois peu apparent et tapissant toute la paroi intérieure du tube calicinal.

Pétales 5 (en préfloraison chiffonnés et ordinairement condupliqués, quelquefois involutés du sommet jusque vers leur milieu), interpositifs, insérés à la gorge du calice, ou plus souvent soudés en corolle campanulée ou rotacée, et confluente inférieurement avec le tube calicinal.

Étamines (réduites, dans les fleurs femelles, à de courts filets stériles épigynes) 3-5, insérées (soit au disque, soit au tube de la corolle) devant les pétales, correspondantes à l'axe des placentaires. Filets libres, ou monadelphes, courts, épais, ordinairement connivents. Anthères libres ou syngénèses, immobiles, basifixes, extrorses, dithèques, ou monothèques et dithèques dans la même fleur (1) : bourses flexueuses ou moins souvent rectilignes, déhiscentes longitudinalement ; connectif quelquefois prolongé en appendice apicilaire.

Pistil : Ovaire complétement ou incomplétement 3-6-loculaire (par exception 1-loculaire ou subbiloculaire), adhérent, ordinairement rempli de pulpe déjà avant la floraison ; cloisons d'abord charnues et assez épaisses, plus tard (souvent déjà lors de la floraison) oblitérées ou converties en pulpe (2) ; placentaires ner-

---

(1) Les Cucurbitacées dont les anthères sont flexueuses, ont le plus souvent des fleurs triandres, offrant deux anthères dithèques et une anthère monothèque. Moins fréquemment les Cucurbitacées à anthères flexueuses ont des fleurs pentandres, lesquelles offrent dans ce cas soit 5 anthères dithèques et 2 anthères monothèques, soit 4 anthères dithèques et une seule anthère monothèque, soit enfin 5 anthères dithèques. Au contraire dans les Cucurbitacées à anthères rectilignes, celles-ci sont constamment toutes dithèques, tant dans les fleurs triandres, que dans les fleurs pentandres. C'est donc à tort que plusieurs auteurs ont envisagé les fleurs triandres des *Cucurbitées* comme pentandres-triadelphes.

(2) L'oblitération ou la déliquescence plus ou moins précoce des cloisons originaires, ont fait envisager jusqu'aujourd'hui la structure du pistil et du fruit des Cucurbitacées sous un point de vue tout à fait faux. M. Aug. de Saint-Hilaire, dans son savant mémoire sur les Cucurbitacées, s'attache à prouver que ces plantes ont un placentaire central libre à lames rayonnantes jusque vers la circonférence : ce qui pourtant n'a jamais lieu dans l'ovaire jeune (ainsi que tout le monde peut s'en convaincre très-facilement, presque à l'œil nu, en examinant des sections transversales de *très-jeunes* ovaires de Melons, Courges ou Concombres), tandis qu'après la floraison le bord des lames placentairiennes se soude très-souvent à la paroi de l'ovaire. M. Bartling, au contraire, attribue aux Cucurbitacées des placentaires pariétaux. L'une ou l'autre de ces deux opinions a été admise, sans autre examen, par la plupart des auteurs.

viformes, attachés au bord antérieur des cloisons, dilatés des deux côtés en lame verticale septiforme (laquelle se replie jusqu'à la circonférence de la cavité, et s'applique contre la lame collatérale du placentaire voisin, avec laquelle elle se soude plus tard), d'abord inadhérents entre eux, après la floraison (quelquefois déjà plus tôt) soudés en axe central et en fausses cloisons; (souvent le bord même des lames finit par se souder à la paroi du fruit, de sorte qu'alors les placentaires paraissent comme pariétaux;) ovules en nombre soit défini, soit indéfini, attachés aux bords des lames placentairiennes (rarement solitaires et suspendus au sommet de la loge), anatropes, horizontaux (rarement renversés), 1-2-ou pluri-sériés (très-souvent nidulants); funicules pulpeux, ordinairement allongés. Styles 3, ou plus souvent un seul style court, quelquefois 3-5-fide au sommet. Stigmates en même nombre que les placentaires, épais, capitellés, ou bilobés, ou fimbriés.

Péricarpe polysperme ou oligosperme (par exception monosperme), charnu et souvent rempli de pulpe (quelquefois spongieuse ou fibreuse), indéhiscent (moins souvent soit élastiquement ruptile, soit déhiscent par un opercule apicilaire), uniloculaire par l'oblitération des lames placentairiennes (par exception, 1-loculaire dès l'origine), ou partagé en 3 à 6 loges par de fausses cloisons très-minces (lesquelles proviennent de la soudure des lames placentairiennes). Par exception, le péricarpe est à 2 loges constituées par une cloison endocarpienne, laquelle porte à son bord antérieur un placentaire nerviforme.

Graines anatropes, plus ou moins comprimées, rétrécies au sommet, ordinairement horizontales et comme pariétales (rarement suspendues au sommet de la loge, ou renversées), nidulantes, ou bisériées, ou 1-sériées dans chaque loge (par exception solitaires), le plus souvent enveloppées dans un arille pulpeux qui finit par se convertir en pellicule diaphane ; test lisse, ou bosselé, ou réticulé, córiace, ou cartilagineux. Périsperme nul. Embryon rectiligne : cotylédons foliacés, palmatinervés, ou rarement penninervés ; radicule très-courte.

Voici les genres qui font partie de cette famille :

Iʳᵉ TRIBU. **LES NHANDIROBÉES.** — *NHANDIRO-BEÆ* Aug. Saint-Hil.

Anthères à 2 bourses rectilignes. Fleurs dioïques. Vrilles le plus souvent axillaires.

Fevillea Linn. (Nhandiroba Plum.) — *Zanonia* Linn. — *Alsomitra* Blum. — *Kolbia* Pal. Beauv. — *Joliffia* Bojer. (Telfairia Hook.)

IIᵉ TRIBU. **LES CUCURBITÉES.** — *CUCURBITEÆ* De Cand.

Fleurs monoïques ou rarement hermaphrodites. Anthères monothèques ou dithèques : bourses flexueuses (par exception rectilignes). Vrilles latérales ou rarement oppositifoliées.

Trichosanthes Linn. (Ceratosanthes Juss.) — *Lagenaria* Sering. — *Cucurbita* (Linn.) Sering. — *Benincasa* Savi. — *Cucumis* Linn. (Rigocarpus Neck.) — *Citrullus* Neck. (Colocynthis Schrad.) — *Luffa* Cavan. — *Ecbalium* Reichb. — *Momordica* Linn. — *Erythropalum* Blum. — *Turia* Forsk. — *Elaterium* Linn. — *Cyclanthera* Schrad. — *Schizocarpum* Schrad. — *Melothria* Linn. — *Bryonia* Linn. (Solena Lour. — Cucumeroides

Gærtn.) — *Sechium* P. Brown. — *Sicyos* Linn. — *Sicydium* Schlecht. — *Gronovia* Linn.

GENRES MAL CONNUS.

Neurosperma Rafin. — *Muricia* Lour. — *Involucraria* Sering. — *Anguria* Linn. (Psiguria Neck.) — *Zucca* Commers. — *Allasia* Loureir. — *Coccinia* Walk. et Arn. — *Hepetospermum* Wall.

Iʳᵉ TRIBU. LES NHANDIROBÉES. — *NHANDIROBEÆ* Aug. Saint-Hil.

Anthères à bourses rectilignes. Fleurs dioïques. Vrilles souvent axillaires.

Genre FÉVILLÉA. — *Fevillea* Linn.

Fleurs mâles: Calice campanulé, profondément 5-fide. Corolle quinquépartie, rotacée. Étamines 5 (toutes fertiles), ou 10 (alternativement fertiles et stériles), libres; anthères didymes. — *Fleurs femelles :* Calice et corolle comme ceux des fleurs mâles. Cinq lamelles pétaloïdes, obcordiformes, alternes avec les pétales. Ovaire semi-infère. Styles 3, filiformes, chacun terminé par 2 stigmates globuleux. Baie charnue, grosse, globuleuse, comme operculée, 3-loculaire, polysperme; épicarpe dur; placentaire central, charnu, gros, trigone. Graines grandes, suborbiculaires, comprimées, enveloppées d'un arille subéreux.

Herbes, ou arbustes suffrutescents. Tiges grimpantes. Feuilles palmatinervées, cordiformes à la base, ordinairement anguleuses. Vrilles axillaires, spiralées. Pédoncules 1-flores, ou pluri-flores. Fleurs petites. Graines très-amères.

Ce genre, propre à l'Amérique équatoriale, ne renferme qu'un petit nombre d'espèces, dont voici la plus notable:

Févilléa a feuilles cordiformes. — *Fevillea cordifolia*
Poir. Encycl. — *Fevillea scandens* var. Linn. — *Fevillea
hederacea* Turp. in Dict. des Scienc. Nat. Ic. — Plum. ed.
Burm. tab. 209.

Tige très-longue. Feuilles de la grandeur de celles de la Vigne, éparses, un peu charnues, indivisées, ou subtrilobées, cordiformes-ovales, acuminées, dentelées, non-glanduleuses, lisses
et glabres aux 2 faces; pétiole long, cylindrique. Grappes des
fleurs mâles longuement pédonculées, flexueuses, paniculées.
Fleurs femelles solitaires, subsessiles. Corolle de couleur orange:
celle des fleurs mâles d'environ 6 lignes de diamètre, celle des
fleurs femelles 1 fois plus grande.

Cette plante croît aux Antilles. Ses graines contiennent beaucoup d'huile, mais elles sont d'une amertume excessive; les nègres en préparent, avec des liqueurs spiritueuses, une infusion
stomachique à petite dose, mais qui provoque de violentes éva-
cuations lorsqu'elle est prise en quantité.

Genre ZANONIA. — *Zanonia* Linn.

Fleurs mâles : Calice trilobé. Corolle rotacée, 5-partie.
Étamines 5; filets planes, monadelphes par la base. —
Fleurs femelles : Tube calicinal long, turbiné; limbe
5-parti. Corolle comme celle des fleurs mâles. Ovaire adhérent. Styles 3, étalés, bifides au sommet. Baie charnue, 3-lo-
culaire, operculée, trivalve vers le sommet; épicarpe dur,
épais; loges dispermes ou polyspermes. Graines bordées
d'une large aile membraneuse.

Herbes sarmenteuses. Vrilles axillaires. Feuilles très-entières. Inflorescence en grappes pédonculées : celles des
fleurs femelles simples; celles des fleurs mâles subpaniculées
à la base.

Ce genre, propre à l'Asie équatoriale, ne renferme que
deux espèces dont voici la plus notable :

Zanonia d'Inde. — *Zanonia indica* Linn. — Hort. Malab. v. 8, tab. 47, 48 et 49.

Plante glabre. Tiges nombreuses, très-longues. Feuilles ovales ou elliptiques, pointues, cordiformes à la base, grandes, coriaces, luisantes, veineuses. Grappes solitaires, plus longues que les feuilles, lâches, multiflores. Fleurs verdâtres. Fruit long, obconique, trigone, rouge, à loges dispermes.

Cette plante croît dans l'Inde, ainsi qu'à Ceylan et à Java. Ses fruits, du volume et de la saveur des Concombres, offrent un aspect très-pittoresque à l'époque de la maturité. Les feuilles ont une saveur fort amère.

Genre KOLBIA. — *Kolbia* Pal. Beauv.

Fleurs mâles : Calice court, cupuliforme, à 5 lobes obtus. Corolle rotacée, 5-partie; pétales ciliés de glandules stipitées. Cinq staminodes pétaloïdes, onguiculés, oblongs, ciliés, alternes avec les pétales. Étamines 5 : filets courts, subulés, monadelphes par la base; anthères oblongues-lancéolées, conniventes. — *Fleurs femelles* inconnues.

Tiges sarmenteuses. Vrilles oppositifoliées et axillaires. Inflorescence en corymbes simples, solitaires, axillaires et terminaux, subsessiles. Fleurs grandes, pourpres.

L'espèce suivante constitue à elle seule ce genre :

KOLBIA ÉLÉGANT. — *Kolbia elegans* Pal. Beauv. Flore d'O-ware v. 2, tab. 120.

Plante glabre, grimpante. Feuilles cordiformes, pointues, quintuplinervées, ou septuplinervées, sinuolées, longues de 2 à 4 pouces, larges de 2 à 3 pouces; pétiole presque aussi long que la lame. Corymbes subquinquéflores. Pédicelles inégaux, un peu plus courts que le pétiole. Corolle large d'environ 2 pouces, d'un pourpre clair; pétales ovales, pointus. Staminodes bleus, de moitié plus courts que les pétales, aussi longs que les étamines, ciliés de longs poils plumeux.

Cette plante a été découverte par Palisot de Beauvois, dans le pays de Bénin.

Genre JOLIFFIA. — *Joliffia* Bojer.

Fleurs mâles : Calice campanulé, 5-fide : lobes dentelés.
Pétales 5, fimbriés. Étamines 5, libres ; filets cunéiformes ;
anthères à bourses rectilignes. — *Fleurs femelles* : Calice
tubuleux, urcéolé, 5-denté. Pétales comme ceux des fleurs
mâles. Style court, indivisé. Stigmate 3-ou 5-lobé. Baie
grosse, oblongue, sillonnée, 6-ou 10-loculaire ; loges polyspermes. Graines grosses, suborbiculaires, fortement réticulées.

Feuilles pédalées. Vrilles axillaires ou latérales, simples.
Fleurs grandes : les mâles en grappes ; les femelles solitaires, pédonculées. Graines très-huileuses : tégument extérieur coriace et comme fibreux.

Ce genre, assez incomplétement connu, ne renferme que
l'espèce suivante :

Joliffia d'Afrique. — *Joliffia africana* Bojer, ex Delile,
in Mém. de la Soc. d'Hist. Nat. de Paris, v. 3, p. 314 (1827).
— *Feuillea pedata* Smith, in Bot. Mag. tab. 2681 (plant.
fœm.) — *Telfairia pedata* Hook. in Bot. Mag. tab. 2751
et 2752.

Herbe vivace, sarmenteuse, grimpante. Tiges anguleuses,
très-longues. Feuilles glabres, 5-foliolées ; folioles ovales-oblongues, dentées, rétrécies aux 2 bouts : les inférieures lobées.
Fleurs larges de plus 1 pouce. Fruit charnu, long de 2 à 3 pieds,
sur 8 à 10 pouces de diamètre. Graines larges d'environ
1 pouce.

Ce végétal est originaire de la côte orientale de l'Afrique,
d'où il a été introduit à l'île de France, il y a environ quinze
ans, par le capitaine Bojer. Ses fruits contiennent une prodigieuse quantité de graines, lesquelles ont la saveur des amandes,
et dont on retire une huile qui, à ce qu'on assure, ne le cède en
rien à la meilleure huile d'olives. D'ailleurs la plante mérite
d'être cultivée en serre, à cause de l'élégance de ses fleurs.

IIᵉ TRIBU. **LES CUCURBITÉES**. — *CUCURBITEÆ*
De Cand.

Fleurs monoïques ou rarement hermaphrodites. Anthères monothèques ou dithèques (lorsque les fleurs sont triandres elles offrent 1 anthère monothèque, et 2 anthères dithèques; lorsque les fleurs sont pentandres il y a ordinairement 3 ou 4 anthères dithèques, et 1 ou 2 anthères monothèques), souvent syngénèses : bourses flexueuses. Vrilles oppositifoliées ou latérales.

Genre TRICHOSANTHE. — *Trichosanthes* Linn.

Fleurs monoïques. Calice claviforme, long, 5-denté : estivation distante. Pétales 5, subonguiculés, fimbriés, indupliqués en préfloraison. — *Fleurs mâles* : Dents calicinales triangulaires-lancéolées, réfléchies. Étamines 3, incluses : filets courts, cylindriques, libres; anthères soudées en cylindre tronqué aux deux bouts : bourses à deux replis juxtaposés, presque égaux. Deux filets stériles, insérés vers le milieu du tube calicinal. — *Fleurs femelles* : Ovaire fusiforme, triloculaire : loges multi-ovulées. Style cylindrique, trigone, trifide au sommet. Stigmates obcordiformes-bilobés. Baie charnue, 1-ou 3-loculaire. Graines oblongues, un peu comprimées, sinueuses aux bords : tégument extérieur subéreux, comme ciselé.

Herbes. Feuilles lobées, ou anguleuses, ou palmatifides, ordinairement cordiformes à la base. Vrilles simples, ou bifurquées, ou trifurquées. Fleurs mâles en grappes longuement pédonculées, bractéolées. Fleurs femelles longuement pédonculées, solitaires. Corolle blanche : pétales insérés à la gorge du calice. Disque des fleurs mâles peu apparent. Étamines fertiles insérées au-dessous de la gorge du calice. Loges de l'ovaire remplies d'un parenchyme pulpeux; la-

melles placentairiennes soudées en fausses cloisons; ovules
1-sériés à chaque bord.

Ce genre (dont les caractères ci-dessus exposés ne sont
peut-être strictement applicables qu'au *Trichosanthes anguina,* la seule espèce que nous ayons pu examiner) renferme environ vingt espèces, la plupart fort incomplètement connues. Les suivantes paraissent être les plus remarquables :

TRICHOSANTHE ANGUINE. — *Trichosanthes anguina* Linn.
— Rumph. Herb. Amb. v. 5, tab. 148.—Lamk. Ill. tab. 794.
— Mill. Ic. tab. 32. — Michel. Gen. 12, tab. 9.

Feuilles cordiformes-orbiculaires, légèrement 3-ou 5-lobées,
inégalement sinuolées. Vrilles longues, bifurquées. Grappes longuement pédonculées. Fruits subcylindracés, oblongs, acuminés-
cuspidés, diversement repliés, ou subspiralés, ou rectilignes.

Herbe annuelle. Tiges longues, pentagones. Feuilles minces,
pubérules, longuement pétiolées, larges de 3 à 6 pouces; dents
arrondies ou acuminées, souvent mucronulées. Grappes 5-8-
flores, lâches : pédoncule plus long que la feuille; pédicelles plus
courts que le calice. Tube calicinal poilu, long d'environ 10 lignes; dents courtes. Pétales oblongs, plus courts que le tube calicinal, découpés aux bords en longues lanières presque capillaires et irrégulièrement rameuses. Fruit de couleur rouge à la
maturité, de la grosseur d'un doigt ou plus, atteignant jusqu'à 3
pieds de long, imitant souvent, par ses replis ou ses sinuosités,
la forme serpentine.

Cette espèce, qu'on croit originaire de la Chine, se cultive
fréquemment dans toute l'Asie équatoriale, tant comme plante
alimentaire, qu'à cause des formes bizarres de son fruit. Toutes
les parties de la plante ont une saveur amère et une odeur nauséabonde; mais les jeunes fruits deviennent mangeables après
avoir subi quelques cuissons.

TRICHOSANTHE CONCOMBRE. — *Trichosanthes cucumerina*
Linn. — Hort. Malab. v. 8, tab. 15.

Feuilles cordiformes-ovales, anguleuses, subsinuolées, acuminées; pétiole muriqué. Vrilles bifurquées. Grappes plus courtes que les feuilles. Fruit ovoïde, conique, acuminé.

Sous-arbrisseau grimpant. Feuilles grandes, velues, à 3 angles peu saillants. Fleurs petites : les femelles courtement pédonculées. Pétales fimbriés seulement au sommet. Fruit du volume d'un œuf de pigeon, lisse, d'abord d'un vert panaché de blanc, plus tard d'un jaune rougeâtre.

. Cette espèce croît dans l'Inde. Le suc de ses parties vertes est émétique; celui des racines est fort purgatif, et passe pour un excellent remède tant vermifuge que fébrifuge.

TRICHOSANTHE CORNU. — *Trichosanthes cuspidata* Lamk. Dict. — Hort. Malab. v. 8, tab. 16.

Feuilles ovales-lancéolées, pointues, dentées, cordiformes à la base. Fruits turbinés, longuement appendiculés au sommet.

Tiges grimpantes. Feuilles 5-nervées à la base; pétiole court, volubile. Fleurs femelles subsessiles. Dents calicinales courtes. Fruit lisse.

Cette espèce, qui croît aussi dans l'Inde, jouit des mêmes propriétés que la précédente.

Genre LAGÉNARIA. — *Lagenaria* Sering.

Fleurs monoïques. — *Fleurs mâles* : Calice campanulé, 5-lobé, rétréci à la base. Corolle rotacée, 5-partie. Disque épais, trilobé. Étamines 3, insérées à la base de la corolle, plus courtes que le calice; filets cylindriques, libres; anthères cohérentes en cylindre tronqué : bourses à 2 ou 3 plis juxtaposés, très-inégaux : le plus long lui-même flexueux. — *Fleurs femelles* : Limbe calicinal cupuliforme, 5-denté. Disque peu apparent. Corolle comme celle des fleurs mâles. Trois filets stériles. Ovaire étranglé vers son milieu, ou claviforme, comme 3-loculaire; ovules très-nombreux, nidulants dans chaque loge. Style très-court, turbiné. Stigmates 3, épais, obcordiformes-bilobés, connivents. Baie triloculaire, charnue, creuse, polymorphe, polysperme. Graines comprimées, obovales, échancrées au sommet, épaissies aux bords.

Herbes annuelles, à pubescence molle. Vrilles rameuses. Feuilles anguleuses, ou légèrement lobées, pédatinervées, sinuolées-denticulées. Pédoncules solitaires ou fasciculés, 1-flores, axillaires, dressés, non-bractéolés : les fructifères pendants. Dents ou lanières du calice distants en estivation, séparés par des sinus arrondis. Corolle grande, blanche; pétales en préfloraison involutés aux bords et imbriqués; tube adné à celui du calice. Disque des fleurs mâles adné au fond du calice. Filets épaissis et velus à la base. Graines grosses, blanchâtres.

Les fruits des *Lagénaria* sont connus sous les noms vulgaires de *Calébasses* ou *Gourdes*, et en général remarquables tant par la singularité que par la diversité de leurs formes; la chair de ces fruits, encore jeunes, s'emploie, dans beaucoup de pays, à des usages alimentaires; l'épicarpe, ou écorce du fruit mur, finit par prendre une consistance ligneuse. Tout le monde sait que les calébasses peuvent tenir lieu de bouteille ou de toute autre sorte de vase, et que par cette raison elles sont devenues l'un des insignes des pèlerins. Les graines des Lagénaria ont une saveur agréable, et elles contiennent beaucoup d'huile grasse, assez analogue à l'huile d'Amandes douces. Toutes les parties de ces végétaux exhalent une légère odeur de musc.

Outre l'espèce dont nous allons traiter, on en admet encore trois autres, lesquelles ne sont probablement autre chose que des variétés de la même.

LAGÉNARIA COMMUN. — *Lagenaria vulgaris* Sering. in De Cand. Prodr. — *Cucurbita lagenaria* Linn. — *Cucurbita leucantha* Duchêne.

Les variétés les plus notables qu'offre cette plante, quant à la conformation de ses fruits, sont les suivantes :

— *α* : **La Cougourde**, *Gourde des pélerins*, ou *Courge
bouteille.* — « Ces dénominations, » dit Lamark, « annoncent la
» figure de son fruit. Le côté du pédoncule se trouve diminué,
» non pas en forme de poire, mais en forme de cou allongé ou
» de goulot de bouteille. D'autres fois, cette partie voisine de
» la queue se renfle, imitant en plus petit la figure du ventre.»

— *β* : **La Gourde.** — « Je réserve, » dit l'auteur précité, « avec
» le poëte La Fontaine ce nom de *Gourde* pour la Calébasse
» à coque dure et à gros fruits renflés. C'est elle dont les na-
» geurs novices font usage, sous le nom de Calébasse propre-
» ment dite, pour se soutenir plus aisément à la surface de
» l'eau, en s'attachant à chaque aisselle un de ses fruits sec,
» et par conséquent plein d'air. »

— *γ* : **La Courge-trompette**, ou *Gourde-Massue.* — « Le
» grand allongement des fruits dans cette race, » dit le même
auteur, « dépend en grande partie de sa position; posés à
» terre ils se courbent souvent en forme de faux ou de crois-
» sant, ou même se renflent par les deux bouts en forme de
» pilon. Il s'en trouve aussi de plus ou moins gros; ceux qui
» le sont le plus ont la coque la plus tendre et la pulpe un
» peu plus charnue. »

Tiges grimpantes ou décombantes (quelquefois radicantes),
épaisses, longues, anguleuses, pubescentes comme presque toutes les autres parties vertes de la plante. Vrilles longues, bifurquées, ou trifurquées, ou quadrifurquées. Feuilles cordiformes-
orbiculaires, obscurément trilobées, un peu ondulées aux bords,
biglanduleuses à la base, 5-nervées, molles, un peu glauques,
larges de 4 à 12 pouces; lobes et sinus arrondis; glandes dures,
courtes, dentiformes, solitaires de chaque côté du sommet du
pétiole; pétiole subcylindrique, épais, raide (érigé verticalement
lorsque le rameau est couché), plus court que la lame. Pédoncules solitaires ou fasciculés : ceux des fleurs mâles plus longs
que les pétioles; ceux des fleurs femelles plus courts. Calice des
fleurs mâles long de près de 1 pouce : lobes oblongs ou ovales-

oblongs, pointus, dressés, plus courts que le tube. Calice des
fleurs femelles à 5 lanières subulées, dressées, aussi longues que
le tube. Corolle large d'environ 2 pouces : pétales étalés, oblongs-
obovales, crépus, 5-nervés. Connectif des anthères papilleux
aux bords. Ovaire velouté. Fruit glabre, d'abord verdâtre, plus
tard blanchâtre, ou jaunâtre, de forme et de volume très-divers ;
sarcocarpe blanc, spongieux. Graines nidulantes.

Cette plante paraît être cultivée de temps immémorial dans
presque toute la Zône équatoriale, ainsi que dans beaucoup d'autres contrées du globe ; aussi sa véritable patrie est-elle inconnue.

Genre COURGE. — *Cucurbita* Linn.

Fleurs monoïques. — *Fleurs mâles* : Calice campanulé,
5-fide. Corolle campanulée, 5-lobée. Disque triangulaire,
concave. Étamines 5, monadelphes, syngénèses ; androphore conique, trigone ; anthères cohérentes en cylindre
obtus, inappendiculé : bourses à plis subrectilignes, juxtaposés, égaux.—*Fleurs femelles :* Calice (partie inadhérente)
5-parti : fond cupuliforme. Corolle comme celle des fleurs
mâles. Disque cupuliforme. Trois filets stériles, triangulaires, confluents par la base. Ovaire 3-ou 5-loculaire ;
ovules très-nombreux, 4-sériés dans chaque loge. Style
court, épais, obconique, trifide au sommet. Stigmates 3,
obcordiformes, connivents. Baie 3-ou 5-loculaire, charnue,
creuse, polysperme. Graines ovales, comprimées, lisses,
blanches, épaissies en bourrelet aux bords.

Herbes annuelles. Pubescence scabre. Feuilles anguleuses
ou lobées, profondément cordiformes à la base. Vrilles
(quelquefois nulles) ordinairement bifurquées. Pédoncules
non-bractéolés, érigés, axillaires, 1-flores : ceux des fleurs
femelles solitaires, courts ; ceux des fleurs mâles plus longs,
ordinairement fasciculés. Lanières calicinales subulées, dressées, beaucoup plus courtes que la corolle. Disque épais,
recouvert par la base des filets. Étamines plus courtes que
le tube calicinal. Filets stériles très-courts, épais, bidentés

au sommet, insérés sous le disque. Ovules horizontaux, bisériés aux bords de chaque lame placentairienne. Stigmate velouté. Fruit de forme et de volume extrêmement variables.

Personne n'ignore que les *Courges* sont du nombre des plantes alimentaires les plus généralement cultivées, surtout dans les pays chauds. La chair de leurs fruits, ferme et peu sucrée, n'est guère mangeable crue; mais l'art culinaire sait en préparer des mets très-délicats. Les graines, abondantes en huile et d'une saveur agréable, participent aux propriétés adoucissantes communes aux graines de la plupart des Cucurbitacées.

Ce genre offre une foule de variétés qu'il est presque impossible de rapporter à des types spécifiques certains. Nous les exposerons ici suivant le travail de Duchêne.

COURGE MELONNÉE. — *Cucurbita moschata* Duch. — *Cucurbita Pepo*, A : *moschata* Lamk.

Feuilles mollement pubescentes. Tube de la corolle rétréci à la base; limbe dressé.

Cette plante, nommée vulgairement *Citrouille melonnée*, ou *Citrouille musquée*, diffère de toutes les autres Courges par sa pubescence molle, ses fleurs blanchâtres en dehors, et le goût musqué de la pulpe des fruits. Ce fruit est sphérique, ou déprimé, ou ovale, ou cylindrique, ou claviforme, ou en forme de pilon, plus ou moins gros, et à côtes plus ou moins saillantes, d'un vert plus ou moins foncé en dehors, à chair variant du jaune soufre le plus pâle jusqu'au rouge orangé.

La *Courge melonnée* se cultive beaucoup aux Antilles, ainsi que dans l'Europe australe ; dans le nord de la France elle exige autant de soin que la Pastèque.

COURGE PEPON. — *Cucurbita polymorpha* Duch. — *Cucurbita Pepo*, C. *verrucosa*, C. *Melopepo*, et C. *ovigera* Linn. — *Cucurbita Pepo*, B : *polymorpha* Lamk.

Feuilles scabres. Tube de la corolle rétréci à la base; limbe dressé.

— α : L'Orangin ou la Coloquinelle. — *Cucurbita polymorpha Colocintha* Duch. — Feuilles peu profondément lobées. Fleurs mâles également distribuées sur toute la plante.
Fruit sphérique, d'un diamètre seulement double de celui de
la fleur, triloculaire : pulpe jaunâtre, fibreuse, un peu amère,
se desséchant facilement, et acquérant alors une saveur un peu
musquée ; épicarpe assez solide , d'abord d'un vert noir ,
lors de la maturité d'un jaune orangé très-vif. La *Coloquinelle* est une variation à épicarpe plus mince, souvent panac
de bandes claires, ou quelquefois blanc. Graines grosses.

— β : La Cougourdette. — *Cucurbita polymorpha pyxi-
daris* Duch.—*Cucurbita ovifera* Linn.—Tiges grêles. Feuilles plus profondément découpées que celles des *Orangins*.
Fleurs plus petites que celles de toutes les autres variétés.
Fruit pyriforme ou ovoïde ; épicarpe dur, d'un vert brun,
marqué de bandes et de mouchetures d'un blanc de lait ; chair
fibreuse, friable, très-blanche. Graines oblongues.

— γ : La Barbarine. — *Cucurbita polymorpha verrucosa*
Duch. — *Cucurbita verrucosa* Linn. — Fruit orbiculaire,
ou sphérique, ou ovale, ou oblong, bosselé, jaune, ou panaché de bandes vertes, ordinairement assez gros. Cette variété, connue sous le nom vulgaire de *Barbaresque sauvage,*
aime à grimper. Le fruit n'est bon à manger que très-jeune.

— δ : Le Pepon-Turban. — *Cucurbita pileiformis* Duch. —
Variété très-voisine de la précédente, mais remarquable par
la forme particulière de ses fruits : leur partie inférieure, très-
large, est légèrement sillonnée ; mais ses côtes s'arrêtent vers
le milieu, et au-dessus de la contraction formée en cet endroit,
on ne voit plus que quatre cornes correspondantes aux quatre
loges du fruit ; les deux moitiés sont séparées par un cordon
de petites verrues grises ; l'épicarpe est solide, la chair sèche, fort colorée. Graines ovales , à bourrelet peu exprimé.

— ε : Les Citrouilles et Giraumons. — *Cucurbita polymorpha oblonga* Duch. — *Cucurbita Pepo* : β, Linn. —

Cette variété ou race est caractérisée par le volume de ses fruits en général très-considérable. « Les *Giraumons*, » dit Duchêne, « pourraient se distinguer des Citrouilles par une » pulpe ordinairement plus pâle et toujours plus fine ; il pa- » raît aussi qu'ils ont les feuilles en général plus profondé- » ment découpées que celles des Citrouilles, qui ne sont sou- » vent qu'anguleuses ; mais ces différences légères étant d'ail- » leurs moins sensibles que celles de la forme et de la couleur » des fruits, nous ne ferons qu'une seule énumération des va- » riétés que nous avons été à portée de reconnaître, savoir : » 1°, la *Citrouille verte*, à peau tendre, fort luisante, variant » quelquefois au jaune ; 2°, la *Citrouille grise*, d'un vert pâle, » d'une forme ovale un peu en pointe ; 3°, la *Citrouille blan-* » *che*, décolorée, et en même temps si molle, que son poids » lui fait perdre sa forme, qui est aussi en Poire ; 4°, la *Ci-* » *trouille jaune*, arrondie également aux deux bouts ; 5°, les » *Giraumonts verts*, bosselés, énormes en grosseur et égaux » par les 2 bouts comme les Citrouilles ; 6°, le *Giraumon* » *noir*, effilé du côté de la queue, peau fort lisse, pulpe » ferme ; 7°, le *Giraumon rond*, d'un vert noir, quelquefois » aussi gros qu'un Potiron ; 8°, les *Giraumons* ou *Citrouilles* » *à bandes*, nommés vulgairement *Concombres de Malte*, » *Concombres de Barbarie*, ou *Citrouilles iroquoises*, de » forme variée, tantôt verts, tantôt jaunes, ou panachés ; 9°, » les *Giraumons blancs*, c'est-à-dire d'un jaune pâle, appe- » lés *Concombres d'hiver* par plusieurs cultivateurs, peuvent » être regardés comme les plus dégénérés d'entre les précé- » dents : aussi sont-ils communément plus petits ; 10°, le » *Giraumon vert tendre*, à bandes et mouchetures, soit en » foncé, soit en pâle. » Les Citrouilles sont assez recherchées pour les usages culinaires. Les Giraumons s'emploient en guise de Concombres.

— ι : LE PASTISSON. — *Cucurbita polymorpha Melopepo* Duch. — *Gucurbita Melopepo* Linn. — « L'état de contrac- » tion qui affecte ces plantes, se dénote dans toutes leurs

» parties ; et cette maladie héréditaire se perpétue depuis
» plusieurs siècles plus ou moins constamment, mais se re-
» produit toujours en ressemant les fruits les plus régu-
» lièrement déformés. — Ces fruits ont en général la peau
» fine comme les Coloquinelles, mais ordinairement plus
» molle, la pulpe plus ferme, blanche et assez sèche. Les
» loges y sont fréquemment au nombre de 4 ou de 5, et quant
» à la forme, il s'en trouve de ronds, de turbinés, et de pyri-
» formes, mais plus souvent encore, dans les races franches,
» comme s'ils étaient serrés par les nervures du calice ; la
» pulpe se boursoufle et s'échappe dans les intervalles, for-
» mant tantôt dix côtes dans toute la longueur, seulement plus
» élevées vers le milieu, tantôt des proéminences dirigées
» vers la tête ou vers la queue, qu'elles entourent en couronne.
» D'autres fois aussi le fruit se trouve étranglé vers le milieu,
» et renflé aussitôt en un large chapiteau, comme dans un
» champignon qui n'est pas encore épanoüi ; ou même enfin,
» il est entièrement aplati en bouclier, quelquefois gaudronné
» inégalement, quelquefois régulièrement. Cette dernière
» forme, la plus éloignée de la nature, est au reste la plus
» rare de toutes, et aussi celle qui se reproduit le moins con-
» stamment. — Une partie des graines contenues dans ces
» fruits contractés, sont elles-mêmes bossues ; toutes sont fort
» courtes, et presque de forme ronde, suivant la proportion
» qui s'observe en général dans les Pepons, dont les fruits les
» plus longs ont aussi les graines les plus allongées. — La
» même contraction affecte la plante dès le commencement de
» la végétation. Ses rameaux, plus fermes par le rapproche-
» ment considérable des nœuds, au lieu de ramper mollement,
» s'élancent de côté et d'autre, quelques-uns même vertica-
» lement, et ne s'abattent enfin sur la terre qu'entraînés par
» le poids des fruits. De là résulte fort naturellement un al-
» longement au double et plus des pédoncules des fleurs mâ-
» les, qui, sans cela ne trouveraient pas de place pour s'épa-
» nouir, et un allongement encore plus grand des pétioles qui,
» ne pouvant se soutenir dans un tel excès, se courbent en di-

» verses ondulations , comme s'ils commençaient à se tor-
» tiller ; la forme totale de la feuillle est fort allongée , et les
» angles en sont moins sensibles. Mais l'état des vrilles est ce
» qui a droit de paraître le plus extraordinaire dans les Pas-
» tissons. Subsistant dans les uns , quoique sans usage, ainsi
» que Linné l'avait observé , elles sont pour le moins fort di-
» minuées d'étendue; dans d'autres , elles se trouvent méta-
» morphosées en de petites feuilles à pétiole tortillé , dont la
» pointe recourbée se termine par un petit bout de vrille d'un,
» de deux, ou de trois filets , ne faisant qu'une ou deux révo-
» lutions , quelquefois moins ; dans d'autres , enfin , on ne
» trouve à leur place que de très-petits rudiments à peine sen-
» sibles. » Cette race ou variété est connue sous les noms
vulgaires de *Bonnet d'électeur, Bonnet de prêtre, Couronne impériale, Artichaut de Jérusalem, Artichaut d'Espagne , Arbouse d'Astrakan ,* etc. Le *Pastisson-Barbarin*
est une forme de fruit intermédiaire entre les Pastissons et
les Barbarins ; le *Pastisson giraumoné* tient le milieu entre
le Pastisson et le Giraumon. Les Pastissons se cultivent fréquemment, à cause de la singularité de leurs fruits , lesquels,
d'ailleurs , se conservent tout l'hiver , et sont assez recherchés pour les fritures.

Courge Potiron. — *Cucurbita maxima* Duch. — *Cucurbita Pepo* var. Linn. — *Cucurbita Potiro* Pers. — *Pepo ma-
crocarpus* Rich. fil.

Feuilles scabres. Tube de la corolle non-rétréci à la base ;
limbe réfléchi. Baie subglobuleuse, un peu déprimée aux deux
bouts.

— α : Le Potiron jaune commun.—Fruit très-gros, très-creux,
acquérant un diamètre de 2 pieds sur 1 pied de haut, et un
poids de 40 à 100 livres ; chair d'un beau jaune.

— β : Le gros Potiron vert.—Fruit d'un vert grisâtre, quelquefois ardoisé avec des bandes blanches ; chair variant du
jaune au rouge orangé.

— γ : LE PETIT POTIRON VERT. — Fruit fort aplati, assez plein, peu aqueux. Cette variété peut se conserver jusqu'à la fin de mars; on la cultive aussi sous le nom de *Potiron d'Espagne*.

Tiges cirrifères, traînantes, muriquées, atteignant souvent 20 à 30 pieds de long. Feuilles larges de $^{1}/_{2}$ pied à 1 pied, cordiformes-orbiculaires, ou cordiformes-ovales, ou réniformes-orbiculaires, obscurément 5-lobées, ou quinquangulées, obtuses, sinuolées-dentelées, rugueuses, pubescentes, muriquées en dessous aux nervures; pétiole gros, cylindrique, érigé, long d'environ 1 pied; lame presque horizontale. Fleurs longues d'environ 3 pouces.

Le *Potiron* se cultive dans toutes les contrées habitées du globe, excepté dans la Zône arctique; aussi sa véritable patrie est-elle fort incertaine. Parmi les végétaux herbacés, il n'en est probablement aucun dont les fruits atteignent un volume aussi considérable. La chair des Potirons est ferme et peu savoureuse; néanmoins on préfère ce fruit, comme aliment, à la plupart des variétés de la *Courge Pepon*.

Genre BÉNINCASA. — *Benincasa* Savi.

Fleurs polygames-monoïques. Calice et corolle rotacés, 5-partis. Disque 3-5-angulaire, presque plane. — *Fleurs mâles* : Étamines 3-5, libres, divergentes; anthères toutes dithèques, épaisses, comme trilobées : bourses irrégulièrement flexueuses.—*Fleurs hermaphrodites*: Étamines comme celles des fleurs mâles. Ovaire cylindracé, 3-5-loculaire; ovules très-nombreux, nidulants dans chaque loge. Style très-court, turbiné. Stigmates 3-5, confluents par la base, irrégulièrement sinueux. — *Fleurs femelles* : comme les fleurs hermaphrodites, mais à étamines sans anthères. — Baie charnue, hérissée, triloculaire, polysperme, couverte d'une poussière glauque. Graines ovales, comprimées, rétrécies au sommet, immarginées.

Herbe annuelle, hérissée de poils rudes. Feuilles suborbiculaires, anguleuses. Vrilles bifurquées. Fleurs grandes, solitaires : les mâles longuement pédonculées; les femelles et les hermaphrodites courtement pédonculées; pédoncules non-bractéolés, érigés pendant la floraison. Corolle jaune.

L'espèce suivante constitue à elle seule ce genre :

BÉNINCASA CÉRIFÈRE. — *Benincasa cerifera* Savi, Mem. Cucurb. cum Ic. — Delile, in Mém. Acad. Paris, 1824, p. 395. — Hort. Malab. v. 8, tab. 3.

Tiges longues, rameuses, diffuses, ou grimpantes, fortement anguleuses, garnies (de même que les pétioles) de tubercules pilifères. Feuilles larges de 4 à 8 pouces, molles, suborbiculaires, pointues, ou acuminées, cordiformes-bilobées à la base, 5-ou 6-angulées, sinuolées-dentelées, pédatinervées, pubérules et un peu scabres en dessus, hérissées en dessous (surtout aux nervures) de courts poils raides; angles pointus; dentelures inégales, subobtuses, mutiques; pétiole ordinairement aussi long ou plus long que la lame. Vrilles grêles, subhorizontales, poilues, spiralées au sommet, souvent plus longues que les feuilles. Pédoncules hérissés (de même que le calice), bractéolés à la base, débordés par le pétiole : ceux des fleurs mâles plus longs que le calice; ceux des fleurs femelles plus courts que l'ovaire. Calice à fond presque plane; sépales beaucoup plus courts que les pétales, réfléchis, subovales, trinervés, ondulés aux bords, tridentés au sommet. Corolle large de 2 à 3 pouces, d'un jaune vif; pétales presque étalés, obovales, acuminés, multinervés. Filets très-courts, gros, anguleux, insérés au fond de la corolle, hérissés à la base. Ovaire hérissé de longs poils mous horizontaux. Fruit atteignant ½ pied à 1 pied de long, sur 2 à 4 pouces de diamètre, cylindrique, ou ovale-oblong, ou subclaviforme, rectiligne, d'un vert foncé, marbré de blanc.

Cette plante croît sur la côte de Malabar, où on la nomme *Cumbulam;* elle se cultive fréquemment dans toute l'Inde, ainsi que dans le midi de l'Europe. Ses fruits se mangent en guise de Concombres ; ils sont remarquables, en outre, par la poussière glauque qui les recouvre à la maturité, et qui se compose de cire presque pure.

Genre CUCUMIS. — *Cucumis* Linn.

Fleurs monoïques ou polygames-monoïques. — *Fleurs mâles :* Calice turbiné, 5-fide, resserré vers son milieu. Corolle rotacée, 5-partie. Disque triangulaire ou trilobé, épais. Étamines 3; filets courts, libres; anthères syngénèses, appendiculées au sommet : bourses à replis inégaux, juxtaposés. — *Fleurs femelles :* Calice urcéolé, 5-fide. Corolle comme celle des fleurs mâles. Disque cupuliforme. Ovaire subcylindracé ou globuleux, 3-loculaire; ovules très-nombreux, nidulants, horizontaux. Style court, indivisé. Stigmates 3, subbilobés, connivents. Baie 1-loculaire ou 3-loculaire, charnue, polysperme, remplie de pulpe. Graines comprimées, lisses, amincies aux bords.

Herbes annuelles. Pubescence le plus souvent formée de poils raides, articulés, tuberculeux à la base. Vrilles simples ou rameuses. Feuilles anguleuses ou lobées, dentelées, pédatinervées. Pédoncules courts, axillaires, dressés : ceux des fleurs mâles 1-flores ou pauciflores, ordinairement fasciculés; ceux des fleurs femelles uniflores, solitaires (ordinairement à d'autres aisselles que les fleurs mâles). Lanières calicinales subulées, séparées par de larges sinus arrondis. Corolle jaune. Étamines insérées au-dessus du disque.

Ce genre renferme environ dix espèces, dont voici les plus intéressantes :

Cucumis Melon. — *Cucumis Melo* Linn. — *Cucumis deliciosus* Roth.

Feuilles scabres, cordiformes-orbiculaires, à 5 angles (ou quelquefois à 5 lobes) arrondis. Fleurs polygames. Baie costée ou écostée, réticulée ou lisse.

Tiges et rameaux décombants, anguleux, hérissés de poils scabres. Feuilles larges de 3 à 6 pouces, sinuolées-denticulées, d'un vert foncé en dessus, d'un vert pâle en dessous, pubérules et scabres aux 2 faces, ordinairement hérissées en dessous aux nervures (les jeunes feuilles ordinairement cotonneuses en dessous); pétiole à peu près aussi long que la lame, ou plus court, hérissé. Vrilles simples, hérissées, grêles, spiralées vers leur sommet, tantôt plus longues que la feuille, tantôt plus courtes. Fleurs mâles fasciculées au sommet d'un pédoncule plus court que le pétiole; fleurs femelles (et hermaphrodites) solitaires, subsessiles (souvent à la même aisselle que les fleurs mâles). Pédoncules, pédicelles et calice très-hérissés. Fruit glabre, de forme et de volume très-variables (le plus souvent subglobuleux, ou ellipsoïde, ou oblong).

Les jardiniers divisent les nombreuses variétés de Melons en 3 races principales, savoir : 1°, *les Melons communs* ou *brodés*, dont l'écorce est plus ou moins réticulée; ils sont en général très-productifs, et d'une culture facile, mais leur chair est moins sucrée; 2°, *les Cantaloups*, caractérisés par une écorce peu ou point réticulée, et relevée de côtes plus ou moins saillantes; et 3°, les *Melons à écorce lisse et unie.*—Les variétés les plus généralement cultivées en France, sont les suivantes :

I. MELONS COMMUNS, OU BRODÉS.

— *Melon-Maraîcher.* Fruit brodé, rond, quelquefois un peu déprimé à la base, sans côtes, et de moyenne grosseur. Chair très-épaisse et abondante en eau; saveur médiocre.

— *Melon-Sucrin de Tours.* Rond et brodé comme le précédent, mais inconstant dans sa forme. Chair rouge, ferme et très-sucrée.

— *Melon-Sucrin à petites graines.* Fruit précoce, très-plein, rond; chair rouge.

— *Melon de Langeais.* Fruit ovale, à côtes peu saillantes; chair rouge, sucrée, vineuse.

— *Melon des Carmes.* Fruit petit ou de grosseur moyenne; chair pâle, fondante, très-sucrée.

— *Melon-Sucrin à chair blanche.* Variété à chair très-fondante.

— *Melon-Ananas.* Fruit petit, rond, peu brodé, à côtes ; chair verte, d'une saveur exquise.

— *Melon de Honfleur.* Fruit très-gros, allongé, à larges côtes ; chair un peu grossière, mais très-succulente et de bonne qualité. ￭

— *Melon de Coulommiers.* Fruit très-gros, mais inférieur en qualité au précédent.

II. Melons Cantaloups.

— *Melon Orange.* Fruit petit, rond, à côtes ; fond vert clair ou brun ; chair rouge, un peu ferme, mais bonne. — Cette variété passe pour l'une des plus hâtives.

— *Melon fin hâtif.* Aussi précoce que le précédent, plus petit, un peu plus aplati, à côtes plus marquées, quelquefois parsemé de petites verrues ; chair rouge, très-fine et très-bonne.

— *Melon noir des Carmes.* Fruit rond, sans verrues, d'un vert noir ; côtes peu enfoncées ; chair rouge, fondante, très-bonne.

— *Melon petit Prescott.* Fruit brunâtre ou noirâtre, un peu aplati aux extrémités, couronné, mucroné, à côtes tuberculeuses ; chair rouge, d'une excellente qualité. — Cette variété est hâtive, et recommandée comme l'une des meilleures à cultiver sous châssis.

— *Melon gros Prescott.* Fruit noirâtre ou blanchâtre, de même forme que le précédent, mais plus gros, presque aussi hâtif ; variété très-recherchée.

— *Melon Boule de Siam.* Fruit très-aplati à ses deux extrémités, noirâtre, verruqueux, à côtes larges et relevées ; chair un peu moins fine que celle des précédents.—M. Poiteau cite en outre comme d'excellentes variétés de *Cantaloups*, le *gros noir de Hollande ;* le *gros Portugal ;* le *Mogol ;* le *Cantaloup à chair verte*, celui *à chair blanche*, etc.

III. MELONS A ÉCORCE LISSE, ET A GRANDES GRAINES.

— *Melon de Malte.* Fruit allongé, de moyenne grosseur ; chair blanche ou rouge, fondante, très-sucrée. Cette variété est très-hâtive.

— *Melon-Muscade des États-Unis.* Fruit petit, oblong, verdâtre, brodé ; chair verte, fondante, d'une saveur délicieuse.

— *Melon du Pérou.* Fruit ovale ; écorce mince, d'un vert noirâtre ; chair fondante, très-blanche, très-sucrée.

— *Melon de Morée*, ou *de Candie*, ou *Melon d'hiver de Malte.* Fruit à chair verdâtre et fondante. Cette variété se conserve jusqu'au mois de février.

— *Melon de Perse* ou *d'Odessa.* Fruit très-allongé, rayé de vert et de jaune ; chair verte, fondante. — Cette variété, de même que la précédente, mûrit en hiver, dans le fruitier.

Le Melon, cultivé de temps immémorial dans la plus grande partie de l'Asie, est probablement indigène dans l'Inde ou la Perse ; mais il paraît que ce fruit était très-rare en Europe jusqu'à l'époque de l'invasion des Arabes. Pline rapporte que Tibère faisait élever des Melons, avec beaucoup de soins, sous une sorte de châssis. Dans les pays chauds, et même encore dans le midi de l'Europe, la culture des Melons est très-facile ; mais dans les contrées plus septentrionales, il faut-les semer sur couche chaude et sous châssis, ou du moins sous cloche. Les différentes variétés, comme l'on sait, sont très-sujettes à dégénérer, lorsqu'elles se trouvent plantées à proximité les unes des autres, ou même dans le voisinage d'autres Cucurbitacées, dont la floraison a lieu à la même époque.

Personne n'ignore que la chair du Melon est un aliment aussi agréable que rafraîchissant, mais qui ne convient point aux estomacs faibles. Les confiseurs emploient le jus des Melons à toutes sortes de préparations. Les jeunes fruits peuvent être confits au vinaigre, en guise de Cornichons. Les graines servent à faire des émulsions adoucissantes.

CUCUMIS DE PERSE. — *Cucumis Dudaim* Linn. — Dillen. Hort. Elth. tab. 177, fig. 218. — Andr. Bot. Rep. tab. 548.

Cette plante, indigène en Perse, ne paraît guère différer du Melon. Son fruit, de la forme et du volume d'une Orange, est panaché de vert et de jaune; sa chair est blanchâtre, mais peu savoureuse.

CUCUMIS DÉLICIEUX. — *Cucumis deliciosus* Roth.

Cette plante est probablement aussi une variété du Melon, dont elle ne paraît différer que par son fruit velu. Ce fruit est ovale-globuleux, de la grosseur d'une Orange, panaché de jaune et de vert; sa chair est blanche, très-odorante et sucrée. On cultive ce Melon dans le midi de l'Europe; mais il exige plus de chaleur que le Melon commun.

CUCUMIS ABDÉLAOUI. — *Cucumis Chate* Linn. — Alp. Ægypt. tab. 40.

Feuilles cordiformes-orbiculaires, quinquangulées, molles, très-velues. Pédoncules très-courts. Baie fusiforme, hérissée.

Tiges décombantes ou radicantes, flexueuses, velues de même que toute la plante. Pubescence molle. Feuilles semblables à celles du Melon. Fleurs petites. Fruit hérissé de poils blancs.

Cette espèce croît en Égypte et en Arabie. Les Égyptiens la cultivent fréquemment dans les champs; ils en mangent le fruit, tant cru que cuit, et ils préparent avec sa pulpe une boisson rafraîchissante.

CUCUMIS CONCOMBRE. — *Cucumis sativus* Linn. — Blackw. Herb. tab. 4. — Dod. Pempt. tab. 662.

Feuilles scabres, profondément cordiformes à la base, 5-lobées; lobes pointus ou acuminés, triangulaires: les 2 basilaires très-courts; le terminal très-grand. Fleurs ordinairement ternées. Baie obscurément trigone, ordinairement oblongue ou ovale-oblongue, le plus souvent verruqueuse.

Tiges radicantes ou diffuses, hérissées de courts poils scabres. Feuilles longues de 4 à 8 pouces (y compris le pétiole), larges de 3 à 6 pouces, sinuolées-dentelées; pétiole plus long que la lame, ou plus court, hérissé de même que les pédoncules et calices. Vrilles filiformes, presque glabres, tortillées au sommet, simples, ordinairement plus longues que les feuilles. Fleurs toutes subsessiles. Lanières calicinales recourbées, plus courtes que le tube. Corolle large d'environ 1 pouce : pétales obovales, mucronés. Fruit de forme, de grandeur et de couleur variables; chair molle, aqueuse, assez insipide, blanche, ou verdâtre.

Les variétés les plus notables de ce fruit sont les suivantes :

— *Concombre commun.* Fruit oblong ou ovale-oblong, rectiligne ou plus ou moins arqué, jaune, ou vert, ou blanc, ou panaché; on en possède des sous-variétés plus ou moins hâtives; le *Concombre tardif* peut se semer jusqu'à la fin de juin.

— *Concombre-Cornichon.* Fruit petit, oblong, ou ovale-oblong, vert : c'est cette variété qu'on choisit de préférence pour confire au vinaigre.

— *Concombre de Russie.* Fruits fort petits, presque ronds, ordinairement fasciculés. Cette variété est plus hâtive que toutes les autres.

Le Concombre paraît originaire de l'Inde ou de l'Asie centrale, où on le cultive de temps immémorial; il n'est introduit en Europe, que depuis la seconde moitié du XVIe siècle. Les usages culinaires des *Concombres* sont connus de tout le monde. Ce fruit est très-rafraîchissant, mais dépourvu de tout principe nutritif, et, de même que la plupart des autres fruits de Cucurbitacées, il ne convient point aux estomacs délicats. Les graines, qu'on classait dans l'ancienne pharmaceutique parmi les *quatre semences froides majeures*, sont tombées dans un juste oubli;

toutefois, leur embryon contenant beaucoup d'huile douce, on pourrait, à défaut d'amandes, s'en servir pour les émulsions. La *pommade de Concombres* est un cosmétique peu usité aujourd'hui.

Une exposition chaude et des arrosements copieux sont indispensables à la réussite des Concombres ; ceux qu'on cultive en pleine terre se sèment de la mi-avril au commencement de mai, dans des trous remplis de fumier recouvert de terreau ; les Concombres de primeur exigent les mêmes soins que les Melons.

CUCUMIS FLEXUEUX. — *Cucumis flexuosus* Linn. — Lobel. Stirp. p. 363, fig. 2.

Feuilles scabres, cordiformes-orbiculaires, obscurément 5-lobées, ou anguleuses. Pédoncules fasciculés. Baie cylindracée-claviforme, sillonnée, diversement repliée ou flexueuse.

Plante diffuse ou radicante, ayant le port du Melon. Pubescence scabre. Tiges et rameaux hérissés de courts poils blancs. Feuilles longues de 4 à 12 pouces (y compris le pétiole), larges de 3 à 6 pouces, sinuolées-denticulées, pubérules aux 2 faces (les jeunes presque cotonneuses), hérissées en dessous aux nervures ; lobes arrondis, fort peu saillants. Pédoncules hérissés. Calice laineux : lanières dressées. Corolle de la grandeur de celle du Melon. Fruit long de 1 pied à 2 pieds, jaune, ou blanchâtre, diversement replié en serpentant.

Cette espèce, dont on ignore l'origine, se cultive à cause de la singularité de ses fruits, lesquels d'ailleurs peuvent s'employer en guise de *Concombres*, dont ils ont aussi la saveur.

CUCUMIS A FRUIT SÉTIFÈRE. — *Cucumis dipsaceus* Ehrenb.

Feuilles cordiformes, ou cordiformes-orbiculaires, obscurément trilobées, scabres, très-longuement pétiolées. Baie cylindracée, hérissée de soies très-serrées.

Tiges spinelleuses (de même que les rameaux et les pétioles), grêles, diffuses, un peu flexueuses, longues de 3 à 4 pieds. Feuilles larges de 3 à 5 pouces, sinuolées-denticulées, d'un vert un peu glauque, pubérules et scabres aux 2 faces, spinelleuses en dessous aux nervures; pétiole aussi long que la lame, ou jusqu'à deux fois plus long. Vrilles filiformes, simples. Fleurs courtement pédonculées, ou subsessiles, souvent solitaires (du moins les femelles). Calices et pédoncules fortement hérissés. Lanières calicinales presque étalées, 2 fois plus courtes que les pétales. Pétales oblongs-obovales, mucronés, longs d'environ 3 lignes. Fruit du volume et de la forme d'un capitule de *Dipsacus:* obtus aux 2 bouts, hérissé d'une multitude de soies verdâtres.

Cette espèce, remarquable par la conformation de ses fruits, est originaire des côtes de la Mer-Rouge.

CUCUMIS DES PROPHÈTES. — *Cucumis prophetarum* Linn.— Blackw. Herb. tab. 589. — Jacq. Hort. Vindob. tab. 9.

Feuilles cordiformes-orbiculaires, 5-lobées-palmées : lobes obovales-arrondis, rétus, sinués, ou sinuolés, denticulés. Baie globuleuse, hispidule.

Tiges longues de 2 à 4 pieds, grêles, diffuses, muriquées de même que les rameaux et les pétioles. Feuilles larges de 2 à 4 pouces, glauques, lisses en dessus, scabres et pubescentes en dessous ; lobes séparés par des sinus obtus; pétiole aussi long que la lame ou plus long. Fleurs petites, courtement pédonculées. Calice hispide : lanières dentiformes, dressées, courtes. Corolle large de 4 à 5 lignes, d'un jaune vif ; pétales oblongs, obtus, 2 fois plus longs que les dents calicinales. Fruit du volume d'une Cerise, panaché de bandes vertes alternativement très-claires et très-foncées.

Cette espèce, remarquable, parmi ses congénères, par la petitesse de son fruit, croît dans les déserts de l'Arabie.

Genre CITRULLUS. — *Citrullus* Schrad.

Fleurs monoïques. Calice 5-fide. Disque cupuliforme. Corolle rotacée, 5-partie. — *Fleurs mâles :* Étamines 3; filets courts, libres; anthères inappendiculées, subtrilobées, tantôt libres, tantôt syngénèses : bourses irrégulièrement flexueuses. — *Fleurs femelles :* Ovaire 3-loculaire ovules très-nombreux, nidulants. Style très-court. Stigmates 5, obcordiformes, épais. Trois filets stériles. — Baie 5-loculaire, polysperme, pulpeuse en dedans. Graines ovales, comprimées, immarginées (non-tranchantes aux bords) ou épaissies en bourrelet marginal très-étroit.

Herbes annuelles. Feuilles profondément palmatifides ou pédatifides. Vrilles rameuses. Pédoncules solitaires, 1-flores, érigés : les fructifères réfléchis. Fleurs jaunes, de grandeur médiocre.

Ce genre ne renferme que 3 ou 4 espèces, dont voici les plus remarquables :

a) Baie à pulpe finalement sèche et spongieuse. Graines
immarginées.

CITRULLUS COLOQUINTE. — *Citrullus Colocynthis* Schrad. — *Cucumis Colocynthis* Linn. — Blackw. Herb. tab. 441. — Turp. in Flor. Méd. Ic.

Tiges diffuses ou grimpantes, grêles, anguleuses, hérissées de poils raides. Feuilles longues de 2 à 4 pouces, cordiformes, ou réniformes à la base, quinquélobées-palmées, ou profondément trilobées, scabres et pubescentes aux 2 faces, un peu hérissées en dessous aux nervures : lobes obtus ou pointus, sinués-pennatifides : le terminal beaucoup plus long que les autres ; sinus et segments obtus ; pétiole grêle, ordinairement plus long que la lame. Calice hérissé de longs poils blancs, divisé (jusque vers son milieu dans les fleurs mâles, et jusqu'au-delà du milieu de la partie inadhérente dans les fleurs femelles) en 5 lanières subulées, recourbées au sommet. Lobes de la corolle ovales, pointus, mucronés. Ovaire obové, hérissé. Baie glabre, globuleuse, d'abord verdâtre, jaune à la maturité : épicarpe coriace, mince ; pulpe spongieuse, blanchâtre, très-amère. Graines ovales, obtuses, brunâtres, longues d'environ 3 lignes.

Cette plante croît en Égypte, en Syrie et dans l'Archipel. La pulpe de son fruit est d'une amertume extrême, et l'un des plus violents drastiques que l'on connaisse ; en grande vogue dans la thérapeutique des anciens et même jusqu'à une époque encore peu éloignée, ce remède s'emploie aujourd'hui bien rarémént, si ce n'est dans des cas désespérés, tels que la manie ou l'apoplexie.

b) *Baie très-succulente. Graines épaissies aux bords en bourrelet.*

CITRULLUS PASTÈQUE. — *Citrullus edulis* Spach. — *Cucurbita Citrullus* Linn. — *Cucurbita Anguria* Duch. — *Cucumis Citrullus* Sering. in De Cand. Prodr. — Blackw. Herb. tab. 157. — Rumph. Amb. 5, tab. 146.

— α : L'ARBOUSE OU LE MELON D'EAU. — Fruit très-succulent.

— β : LA PASTÈQUE. — Fruit à chair ferme, peu succulente.

Tiges diffuses ou grimpantes, velues, un peu scabres, anguleuses, cannelées, rameuses, très-longues, atteignant la grosseur d'un doigt. Feuilles larges de 3 à 6 pouces, à peu près aussi longues que larges (le pétiole non compris), presque verticales, assez fermes, glauques, scabres et pubérules aux 2 faces, trinervées, profondément trifides, cordiformes-bilobées à la base ; segments sinués-pennatifides et érosés-denticulés, ondulés : les latéraux bilobés, plus courts ; le terminal trilobé, acuminé-cuspidé au sommet ; lobes et sinus arrondis ; denticules mucroniformes ; nervures très-saillantes en dessous et couvertes de courts poils raides ; pétiole épais, cannelé, pubescent, presque aussi long que la lame. Vrilles raides, bifurquées, poilues, à peu près aussi longues que le pétiole. Pédoncules érigés, pubescents, à peu près 2 fois plus courts que les pétioles, ordinairement solitaires. Calice pubescent : tube turbiné dans les fleurs mâles, cupuliforme (la partie inadhérente) dans les fleurs femelles ; lanières linéaires-lancéolées, pointues, étalées. Corolle rotacée, presque plane, large de 12 à 15 lignes : pétales ovales-oblongs, obtus, 2 fois plus longs que les lanières calicinales. Étamines à peu près aussi longues que les lanières calicinales. Anthères libres, divergentes. Ovaire ellipsoïde, presque cotonneux. Fruit subglobuleux ou ellipsoïde : épicarpe mince, lisse, verdâtre, moucheté de taches blanches étoilées ; chair rouge ou blanche, ferme, ou très-succulente. Graines noires ou d'un rouge foncé.

Cette plante, connue sous les noms de *Pastèque*, *Melon d'eau*, *Arbouse*, ou *Citrouille laciniée*, est originaire de l'Asie équatoriale. On la cultive très-fréquemment dans tous les pays chauds, parce que la pulpe de son fruit, dans certaines variétés, consiste presque en totalité dans un suc très-rafraîchissant et légèrement sucré. Le nom de *Pastèque* se donne plus spécialement, en Provence, aux variétés dont le fruit a la chair assez ferme, et qu'on ne mange que frits ou confits. Dans le nord de la France, cette espèce exige plus de soins que le Melon, et donne rarement de bons fruits; aussi ne la cultive-t-on guère que comme objet de curiosité.

Genre ÉCBALIUM. — *Ecbalium* Reichenb.

Fleurs monoïques. — *Fleurs mâles* : Calice turbiné, profondément 5-fide. Corolle campanulée, profondément 5-fide. Étamines 5, libres; anthères inappendiculées : bourses irrégulièrement flexueuses. — *Fleurs femelles* : Calice (partie inadhérente) campanulé, 5-parti. Corolle comme celle des fleurs mâles. Trois courts filets stériles. Ovaire ellipsoïde, 5-loculaire, multi-ovulé, rétréci en col au sommet; ovules bisériés dans chaque loge. Style court, cylindrique. Stigmates 5, bicornes. — Baie tuberculeuse, hérissée, polysperme, triloculaire, pulpeuse, se détachant avec élasticité du pédoncule et lançant les graines avec la pulpe hors de l'ouverture. Graines lisses, ellipsoïdes, un peu comprimées, munies d'un rebord tranchant très-étroit.

Herbe annuelle, hérissée de courts poils rudes. Feuilles cordiformes, légèrement anguleuses. Vrilles nulles. Fleurs jaunes, longuement pédonculées : les mâles en cymes bractéolées; les femelles solitaires. Pédoncules érigés : ceux des fleurs femelles inclinés au sommet après l'anthèse. Estivation des sépales distante. Bourses des anthères divariquées au sommet.

L'espèce que nous allons décrire constitue à elle seule ce genre.

ÉCBALIUM CATHARTIQUE. — *Ecbalium agreste* Reichenb.
Flor. Germ. excurs.—*Cucumis agrestis* Blackw. Herb. tab. 108.
— *Momordica Elaterium* Linn. — Bull. Herb. tab. 81. —
Schk. Handb. tab. 313. — Hayn. Arzn. VIII, tab. 45.

Racine longue, charnue, blanchâtre, atteignant 2 à 3 pouces de
diamètre. Tiges longues de 2 à 4 pieds, décombantes, plus ou moins
muriquées ; rameaux courts, ascendants. Feuilles longues de 3 à 8
pouces, ovales, ou ovales-oblongues, ou subhastiformes, cordiformes-bilobées ou tronquées à la base, inégalement crénelées
ou sinuolées, obtuses, 3-nervées (nervures latérales pédalées),
en dessus glauques, un peu luisantes et parsemées de courts poils
scabres, en dessous couvertes d'une pubescence molle et incane
(excepté aux nervures, lesquelles, de même que le pétiole, sont
plus ou moins muriquées); pétiole épais, tantôt plus court que
la lame, tantôt plus long. Pédoncules plus courts que le pétiole,
ordinairement géminés aux aisselles des feuilles raméaires,
l'un portant 5 à 12 fleurs mâles, l'autre une seule fleur fe-
melle. Pédicelles des fleurs mâles dressés, hérissés (de même que
le calice), filiformes, plus longs que le calice, 1-bractéolés à la
base ; bractées lancéolées-spathulées, pointues. Corolle d'un
jaune pâle, longue de ¹/₂ pouce; pétales oblongs-obovales, mucronés, trinervés, réticulés, 4 à 5 fois plus longs que les étamines. Fruit long d'environ 2 pouces, sur 7 à 8 lignes de diamètre, succulent, d'un vert glauque, ellipsoïde, obtus aux 2
bouts, hérissé de turbercules pointus ou pilifères. Graines bombées aux 2 faces, brunâtres, longues de 2 lignes.

Cette plante, connue sous les noms vulgaires de *Concombre
sauvage*, ou *Concombre d'âne*, est commune dans la région
méditerranéenne. Toutes ses parties, mais surtout le suc de ses
fruits, sont fort amères, âcres et drastiques. Le suc épaissi des
fruits, appelé *élatérion* ou *elaterium*, jouissait d'une très-
grande vogue dans la thérapeutique des anciens, comme remède purgatif; on lui attribuait en outre une foule de vertus
imaginaires, dont Pline a donné un long commentaire. Les
médecins de nos jours n'emploient guère ce médicament, à
cause des dangers qui peuvent résulter de son administration

inconsidérée. Toutefois, le docteur Loiseleur Deslongchamps assure que les racines de la plante, données à la dose de 40 à 60 grains, pourraient être substituées utilement au Jalap.

Genre LUFFA. — *Luffa* Cavan.

Fleurs monoïques. — *Fleurs mâles :* Calice campanulé, profondément quinquéfide. Corolle rotacée, 5-partie. Étamines 3-5, libres; filets courts; anthères inappendiculées : bourses irrégulièrement flexueuses. — *Fleurs femelles :* Calice (partie inadhérente) rotacé, 5-parti. Corolle comme celle des fleurs mâles. Ovaire subclaviforme, anguleux, 3-loculaire; ovules très-nombreux, nidulants. Style trifide. Stigmates 3, profondément bilobés. Cinq courts filets stériles. — Baie triloculaire, operculée, polysperme : pulpe filandreuse. Graines lisses, comprimées, tranchantes aux bords, apiculées, munies de 2 bosselures (oblongues) au sommet des deux faces.

Herbes annuelles ou suffrutescentes. Feuilles anguleuses ou lobées. Vrilles simples ou rameuses. Fleurs jaunes : les mâles en panicule racémiforme; les femelles solitaires. Pédoncules longs, axillaires. Pédicelles bractéolés. Disque épais, cupuliforme. Ovules bisériés aux bords de chaque lame placentairienne.

Ce genre, propre à l'Asie équatoriale, renferme 6 espèces, dont voici les plus notables :

Luffa Papongay. — *Luffa acutangula* et *Luffa Pluckenetiana* Sering. in De Cand. Prodr. — *Cucumis acutangulus* Linn. — Jacq. Hort. Vindob. 3, tab. 73 et 74. — Rumph. Amb. 5, tab. 149. — Hort. Malab. 8, tab. 7. — Pluck. Alm. tab. 172, fig. 1.

Feuilles cordiformes-orbiculaires, ou réniformes-orbiculaires, pointues, anguleuses, ou subquinquélobées, inégalement sinuolées-denticulées, cordiformes-bilobées à la base, scabres. Baie oblongue-claviforme ou turbinée, mucronée, décaédre, couronnée. Graines noires, ovales-elliptiques.

Tiges longues, grêles, pentagones, diffuses, ou grimpantes, presque glabres. Feuilles larges de 2 à 4 pouces, légèrement pubérules (surtout en dessous), d'un vert gai en dessus, pâles en dessous; angles et dentelures acuminés ou mucronulés; pétiole tantôt aussi long que la lame, tantôt plus court. Panicules des fleurs mâles ordinairement plus longues que les feuilles. Pédoncules des fleurs femelles à peu près aussi longs que les pétioles. Fleurs larges d'environ 1 pouce. Segments calicinaux ovales-lancéolés, subulés au sommet, plus longs que le tube, 2 à 3 fois plus courts que la corolle. Fruit long de 6 à 18 pouces, sur 1 à 2 pouces de diamètre, rétréci vers la base, d'un jaune orange ou rougeâtre à la maturité, couronné par le limbe du calice et par un opercule caduc; chair d'abord pulpeuse, finalement sèche, fongueuse et remplie d'un réseau filandreux; épicarpe finalement presque ligneux.

Cette espèce, nommée par les Hindous *Papongay*, est cultivée dans l'Inde, ainsi qu'en Chine et aux îles de la Sonde. Ses jeunes fruits se mangent en guise de Concombres. Suivant Rheede, la pulpe spongieuse du fruit sec est émétique, et la racine de la plante (vivace dans l'Inde, suivant le même auteur) a des propriétés purgatives. Les feuilles et tiges vertes ont une odeur nauséabonde, semblable à celle de la Bryone.

Luffa a feuilles de Vigne. — *Luffa ægyptiaca* Mill. — *Momordica Luffa* Linn. — Alp. Plant. Ægypt. tab. 58.

Feuilles suborbiculaires ou subréniformes, pointues, subquinquélobées, ou anguleuses, sinuolées, scabres, cordiformes-bilobées à la base. Baie obovale-claviforme, ou oblongue et rétrécie aux 2 bouts, décaèdre, couronnée. Graines elliptiques, blanches.

Plante semblable à l'espèce précédente par le port. Feuilles larges de 3 à 6 pouces, pubérules; lobes ou angles pointus ou arrondis; lobes basilaires souvent incombants; crénelures ou dentelures mucronulées. Pédoncules tantôt plus longs que les feuilles, tantôt plus courts. Fleurs d'un jaune pâle, larges de 12 à 18 lignes. Fruit jaunâtre ou verdâtre, long de 5 à 8 pouces, sur 12 à 18 lignes de diamètre; pulpe finalement fongueuse et remplie d'un réseau de fibres ; épicarpe chartacé. Graines longues d'environ 4 lignes, sur 3 lignes de large.

Cette espèce est cultivée, comme la précédente, dans l'Asie équatoriale et en Égypte ; ses jeunes fruits s'emploient aussi comme aliment, mais ils ne sont guère recherchés.

Luffa Pétola. — *Luffa Petola* Sering. in De Cand. Prodr. — Rumph. Herb. Amb. 5, tab. 147.

Feuilles cordiformes, ou cordiformes-orbiculaires, 3-5-ou 7-lobées ; lobes pointus ou acuminés, triangulaires - lancéolés, acuminés, dentelés : le terminal beaucoup plus grand que les autres. Fruit oblong-obovale ou claviforme, pointu, légèrement sillonné, non-fibreux en dedans. Graines noires.

Tiges grêles, longues, anguleuses. Feuilles assez semblables de forme à celles de l'*Érable Plane*, longues de 3 à 5 pouces. Fruit atteignant la grosseur du bras d'un homme, et une longueur de 2 pieds, ordinairement rectiligne, quelquefois falciforme, ou semi-luné, ou flexueux, d'abord vert et moucheté de blanc, puis rougeâtre, enfin grisâtre : épicarpe chartacé ; chair insipide, succulente, finalement fongueuse et lacuneuse, mais dépourvue de fibres.

Cette plante est cultivée fréquemment dans les Moluques, où, suivant Rumphius, elle a été introduite de Chine. Les Malais, qui l'appellent *Pétola*, font de ses jeunes fruits un de leurs mets favoris.

Genre MOMORDICA. — *Momordica* Linn.

Fleurs monoïques. — *Fleurs mâles* : Calice 5-fide. Disque cyathiforme, épais, adné au fond du calice. Pétales 5, presque étalés, courtement onguiculés. Étamines 5 ; filets courts, libres ou diadelphes ; anthères syngénèses par la base : bourses à 2 plis inégaux, juxtaposés. — *Fleurs femelles* : Limbe calicinal 5-parti, subpersistant. Disque annulaire. Pétales comme ceux des fleurs mâles. Trois filets stériles. Ovaire comme triloculaire, tuberculeux, multi-ovulé, rétréci en col au sommet ; ovules 1-sériés dans cha-

que loge. Style court, trifide au sommet. Stigmates bilobés.
— Fruit 5-loculaire, charnu, non-succulent, tuberculeux,
rétréci aux 2 bouts, irrégulièrement ruptile, polysperme.
Graines comprimées, échancrées aux 2 bouts, crénelées,
comme ciselées aux 2 faces, enveloppées dans un arille
pulpeux rougeâtre.

Herbes annuelles, glabres, ou parsemées de poils mous.
Vrilles filiformes, simples. Feuilles palmatifides ou pédatifides. Pédoncules défléchis ou pendants, axillaires, uniflores : ceux des fleurs femelles bractéolés au-dessus de la
base; ceux des fleurs mâles bractéolés au milieu ou plus
haut. Bractées solitaires, foliacées, suborbiculaires, profondément cordiformes à la base. Corolle jaune; onglets des
pétales adnés au disque; estivation imbricative (de même
que celle des segments calicinaux). Lamelles placentairiennes non-soudées à l'époque de la floraison.

Ce genre renferme environ dix espèces, dont voici les
plus remarquables :

a) *Calice des fleurs mâles infondibuliforme, 5-fide jusqu'au milieu.
Filets libres.*

Momordica Charantia. — *Momordica Charantia* Linn.
— Hort. Malab. v. 8, p. 17, tab. 9. — Bot. Mag. tab.
2455.

Feuilles 5-ou 7-lobées, cordiformes à la base, poilues en
dessous aux nervures : lobes suboblongs ou ovales-oblongs, rétrécis à la base, sinués, ou sinués-dentés : dents mucronées.
Pédoncules des fleurs mâles bractéolés vers leur milieu ; bractée
cordiforme, ou cordiforme-orbiculaire, mucronée, très-entière.
Fruit oblong, longuement pédonculé.

Tiges grêles, anguleuses, très-rameuses, poilues. Feuilles
larges de 3 à 6 pouces, d'un vert foncé en dessus, pâles en dessous, quelquefois glabres (excepté aux nervures), plus souvent
pubescentes aux 2 faces, lobées jusqu'au milieu ou plus profondément; dents arrondies ou ovales-triangulaires. Pédoncules
aussi longs que la feuille, ou un peu plus longs, défléchis; ceux

des fleurs femelles pendants après l'anthèse. Segments calicinaux des fleurs femelles linéaires-lancéolés. Corolle large de 8 à 10 lignes, d'un jaune vif. Fruit long de 2 pouces, ou plus, sur 6 à 8 lignes de diamètre, obscurément trigone, de couleur orange, couvert de tubercules, les uns obtus, les autres plus grands, triangulaires, pointus.

Cette espèce, indigène dans l'Inde, se cultive comme plante d'agrément, à cause de ses fruits, qui sont d'un assez bel effet, à la maturité. Toute la plante a une odeur vireuse, semblable à celle de la *Stramoine*.

b) *Calice des fleurs mâles subcampanulé, profondément 5-fide. Étamines ordinairement diadelphes; anthères divariquées après l'anthèse.*

MOMORDICA BALSAMINE. — *Momordica Balsamina* Linn. — Blackw. Herb. tab. 534. — Lamk. Ill. tab. 794, fig. 1.

Feuilles glabres, 5-ou 7-lobées, subcordiformes à la base : lobes subrhomboïdaux, sinués-dentés; dents mucronées. Pédoncules des fleurs mâles bractéolés au-dessous du sommet; bractée cordiforme-orbiculaire, mucronée, dentelée. Fruit subglobuleux, conique aux deux bouts, courtement pédonculé.

Tiges grêles, anguleuses, glabres comme toute la plante, longues de 2 à 4 pieds. Feuilles larges de 2 à 4 pouces, luisantes aux 2 faces, d'un vert foncé en dessus, d'un vert gai en dessous; lobes séparés par des sinus très-larges et mucronés; dents triangulaires ou oblongues. Fleurs mâles portées sur des pédoncules défléchis, presque aussi longs que la feuille. Segments calicinaux oblongs, cuspidés. Corolle large de 1 pouce, d'un jaune tirant sur l'orange; pétales obovales, trinervés, réticulés, ondulés, beaucoup plus longs que les étamines. Fleurs femelles portées sur des pédoncules plus courts que le pétiole. Segments calicinaux linéaires-lancéolés. Fruit de la grosseur d'une Pomme d'Api, d'un rouge orange, muni de 8 à 10 crêtes spinelleuses.

Cette espèce, indigène dans l'Inde, se cultive parfois comme plante d'agrément. Autrefois ses fruits étaient fort en vogue comme un puissant vulnéraire (ce qui leur fit appliquer le nom de *pommes de merveille*), et on leur attribuait une multitude d'autres vertus médicales.

Genre MURICIA. — *Muricia* Lour.

Fleurs monoïques. Calice 5-parti, accompagné d'une grande spathe ventrue; sépales subulés, striés, colorés, étalés. Corolle campanulée, 5-fide. — *Fleurs mâles* : Étamines 5; filets libres; anthères syngénèses. — *Fleurs femelles* : Ovaire.... Style trifide. Stigmates 5, sagittiformes. — Fruit ovoïde, muriqué, uniloculaire, polysperme. Graines grandes, orbiculaires, réticulées, tuberculeuses aux bords.

Ce genre, fort incomplétement connu, ne renferme que l'espèce suivante :

MURICIA DE COCHINCHINE. — *Muricia cochinchinensis* Loureir. Flor. Coch.

Grand arbuste grimpant. Tronc épais, rameux. Feuilles glabres, denticulées, veineuses, 5-lobées; lobes inégaux : les 3 terminaux acuminés, allongés; les 2 inférieurs courts, obtus. Fleurs jaunâtres, solitaires, longuement pédonculées. Spathe obtuse. Calice noirâtre. Pétales ovales-lancéolés, nerveux, étalés. Fruit grand, charnu, pourpre en dehors et en dedans, inodore, insipide. Graines brunâtres.

Cette plante croît dans les provinces méridionales de la Chine, ainsi qu'en Cochinchine. Les habitants de ces contrées se servent de ses fruits pour donner une couleur rouge à certains mets. Les feuilles et les graines passent pour apéritives.

Genre CYCLANTHÉRA. — *Cyclanthera* Schrad.

Fleurs monoïques. Calice petit, cupuliforme, quinquédenticulé. Corolle campanulée, quinquélobée. — *Fleurs mâles* : Une seule étamine : filet très-court, conique; anthère disciforme, orbiculaire, peltée, monothèque : bourse circulaire, marginale, poilue au bord supérieur. — *Fleurs femelles* : Ovaire comme 2-loculaire obliquement ovoïde, rétréci en col grêle ; un seul placentaire nerviforme, multi-ovulé, d'abord adné seulement au bord de la cloison, plus tard adhérent aussi à la paroi du fruit ; ovules bisériés. Style très-court. Stigmate subhémisphérique, pelté. — Fruit charnu, ovoïde, rétréci aux 2 bouts, élastiquement ruptile, 2-loculaire, 8-10-sperme ; placentaire gros, nerviforme, comprimé latéralement, asperme au-dessus du milieu, moins long que la cavité, inadhérent après la déhiscence. Graines bisériées, renversées, presque carrées, comprimées, tronquées à la base, appendiculées au sommet, muriquées aux bords, comme ciselées aux 2 faces ; funicules persistants, ascendants, arqués, marginaux.

Feuilles pédatiparties. Vrilles rameuses. Fleurs petites, jaunâtres : les mâles en panicules subverticillées, multiflores, composées de cymules dichotomes ; pédicelles non-bractéolés ; pédoncule commun solitaire, axillaire, horizontal ; fleurs femelles solitaires (aux mêmes aisselles que les mâles), dressées, subsessiles. Estivation de la corolle valvaire. Disque confondu avec la base du calice.

Ce genre est très-remarquable parmi les Cucurbitacées, par ses fleurs monandres et son pistil à un seul placentaire ; on ne peut y rapporter avec certitude que l'espèce dont nous allons traiter ; mais peut-être faudra-t-il y joindre quelques espèces du genre *Elaterium*.

CYCLANTHÉRA A FEUILLES PÉDALÉES. — *Cyclanthéra pedata* Schrad. in Cat. Sem. Hort. Gœtting. 1830.

Herbe annuelle (vivace dans son pays natal). Tiges grêles, anguleuses, très-longues, très-rameuses, grimpantes, lisses, glabres. Feuilles larges de 3 à 6 pouces, glabres (du moins les adultes), lisses, d'un vert gai, partagées jusqu'à la base en 5 ou 7 lobes lancéolés ou lancéolés-oblongs, subobtus, mucronés, sinuolés-dentelés : les deux basilaires plus courts, mais plus larges, et ordinairement bilobés; pétiole glabre, anguleux, long de 2 à 3 pouces. Vrilles ordinairement plus longues que les feuilles, presque filiformes, à 2 ou 3 branches spiralées. Panicules ordinairement plus longues que les feuilles. Fleurs larges à peine de 2 lignes. Fruit lisse ou parsemé de courtes soies, courtement pédonculé, dressé, d'abord vert, puis d'un blanc jaunâtre, ovoïde, rétréci à la base, prolongé en long bec au sommet. Graines brunâtres, longues de 5 à 6 lignes, souvent marquées aux deux faces d'une bosselure en forme de croix ; cotylédons aplatis, suborbiculaires, penninervés, échancrés à la base ; radicule courte, conique.

Cette plante croît au Mexique; ses fruits ont la saveur des Cornichons.

Genre MÉLOTHRIA. — *Melothria* Linn.

Fleurs monoïques ou hermaphrodites. Calice (partie inadhérente) campanulé, renflé à la base, quinquédenticulé. Disque cyathiforme. Corolle rotacée. Étamines 5-5 libres; filets très-courts; anthères suborbiculaires, toutes dithèques, latéralement déhiscentes: bourses rectilignes; connectif large. Ovaire cylindrique, comme triloculaire, rétréci en col filiforme; ovules superposés en une seule série dans chaque loge. Style court, obconique. Stigmates 5, subtriangulaires, souvent bilobés. Baie 5-loculaire, polysperme, pulpeuse en dedans. Graines lisses, ovales, comprimées, tranchantes aux bords, 1-sériées dans chaque loge.

Vrilles simples. Pédoncules solitaires. Fleurs petites, jaunes les mâles en grappe; les femelles et hermaphrodites solitaires, pendantes.

L'espèce suivante est la seule qu'on puisse rapporter avec certitude à ce genre :

MÉLOTHRIA A FRUITS PENDANTS. — *Melothria pendula* Linn. — Pluk. Alm. tab. 85, fig. 5.

Herbe annuelle, plus ou moins pubérule. Tiges grimpantes, très-grêles, anguleuses, atteignant 5 à 6 pieds de long. Feuilles cordiformes, ou cordiformes-orbiculaires, ou subréniformes, 5-lobées, ou anguleuses, subsinuolées, scabres (surtout en dessus), larges de 1 pouce à 2 pouces; angles ou lobes pointus ou obtus, mucronulés; pétiole grêle, ordinairement un peu plus long que la lame. Vrilles filiformes, longues de 3 à 6 pouces. Pédoncules des fleurs fertiles plus longs que les feuilles, filiformes, pendants. Pédoncules des grappes longs d'environ 2 pouces. Dents calicinales subulées. Pétales obovales, profondément échancrés. Fruit vert, glabre, ellipsoïde, long de 3 à 4 lignes. Graines minces, presque aussi larges que la cavité des loges, blanchâtres.

Cette plante croît dans le midi des États-Unis.

Genre BRYONIA. — *Bryonia* Linn.

Fleurs monoïques ou dioïques. Calice cupuliforme, à 5 dents ou lanières subulées. Corolle rotacée, profondément 5-fide. — *Fleurs mâles* : Étamines 3-5, libres; filets courts, connivents; anthères inappendiculées, comme bifurquées étant dithèques : bourses irrégulièrement flexueuses. — *Fleurs femelles* : Ovaire globuleux, triloculaire, rétréci en col grêle; ovules géminés dans chaque loge. Style trifide au sommet. Stigmates 3, bifurqués. Trois à cinq filets stériles, insérés au fond du calice. — Baie 3-loculaire, oligosperme, remplie de pulpe. Graines lisses ou scabres, ovales, un peu comprimées, bordées d'un bourrelet peu épais, ou amincies en rebord tranchant (1).

Herbes vivaces. Racine tubéreuse. Tiges grimpantes ou diffuses, anguleuses, quelquefois suffrutescentes. Vrilles le plus souvent simples. Feuilles anguleuses, ou lobées, ou

---

(1) Nous n'avons tracé ces caractères que d'après 2 espèces : le *Bryonia alba* Linn., et le *Bryonia dioica* Jacq. — Parmi les autres espèces rapportées à tort ou à raison à ce genre, il en est sans doute un certain nombre qui s'en écartent plus ou moins.

palmées : base cordiforme, ou hastiforme, ou sagittiforme,
ou rarement cunéiforme. Fleurs fasciculées, ou en grappes,
ou en ombelles, ou en corymbes, ou solitaires (soit tant les
mâles que les femelles, soit seulement les femelles); pédoncules axillaires, ébractéolés de même que les pédicelles : les
fructifères pendants ou défléchis. Lanières calicinales distantes en préfloraison. Corolle jaune ou verdâtre, en général petite; estivation des pétales involutive. Disque cupuliforme. Placentaires non-cohérents à l'époque de la floraison.
Ovules horizontaux.

La plupart des *Bryonia* ont des propriétés vénéneuses plus
ou moins prononcées ; leurs racines surtout contiennent très-
souvent un principe âcre fort dangereux. Ce genre renferme
environ soixante espèces (en grande partie indigènes dans
les régions équatoriales de l'ancien continent), dont voici les
plus remarquables :

BRYONIA DIOÏQUE. — *Bryonia dioica* Jacq. Flor. Austr.
tab. 199. — Engl. Bot. tab. 439. — Blackw. Herb. tab. 37.

Feuilles 5-lobées-palmées, scabres aux 2 faces, sagittiformes
ou profondément cordiformes à la base; lobes triangulaires ou
oblongs, pointus, sinuolés-dentés : le terminal beaucoup plus allongé. Vrilles simples. Fleurs dioïques : les mâles en grappe
corymbiforme; les femelles en corymbe. Baies rouges. Graines lisses, marbrées, à rebord tranchant.

Racine charnue, allongée, rameuse, blanche, atteignant la
grosseur du bras d'un homme. Tiges grêles, pubescentes, lisses,
grimpantes, longues de 6 à 12 pieds. Vrilles filiformes, très-
longues, tortillées vers leur sommet. Feuilles larges de 1 pouce
à 3 pouces, pubérules aux 2 faces; lobes séparés par de larges
sinus arrondis ; dentelures inégales, ordinairement très-éloignées;
pétiole pubescent, 1 à 2 fois plus court que la lame. Pédoncules
solitaires, filiformes : ceux des grappes mâles ordinairement
plus longs que les feuilles; ceux des corymbes femelles à peine
aussi longs que les pétioles; pédicelles longs, filiformes. Grappes
10-15-flores, lâches; corymbes 5-7-flores. Corolle pubérule en-

dessous, d'un jaune livide, réticulée de veines vertes : celle des fleurs mâles large d'environ 8 lignes; celle des fleurs femelles de moitié plus petite; pétales ovales, obtus. Fruit pourpre, ou quelquefois orange, globuleux, de la grosseur d'un Pois. Graines marbrées de brun et de jaune.

Cette plante, connue sous les noms vulgaires de *Vigne blanche*, *Couleuvrée*, et *Navet du diable*, habite presque toute l'Europe, excepté le Nord. On la trouve communément dans les haies et les buissons, qu'elle recouvre de ses nombreux sarments.

La racine du *Bryonia dioica*, d'une saveur à la fois âcre et amère, a une odeur très-nauséabonde; c'est un violent purgatif, fort dangereux à forte dose : aussi son emploi est-il assez restreint aujourd'hui; appliquée fraîche sur la peau, elle y produit l'effet des sinapismes.

En réduisant cette racine en pulpe, moyennant la râpe, et la soumettant ainsi à des lavages réitérés, on peut enlever tous les principes drastiques, et en obtenir une fécule propre à servir d'aliment.

Bryonia blanc. — *Bryonia alba* Linn. — Flor. Dan. tab. 813. — Schkuhr, Handb. tab. 316. — Hayn. Arzn. 6, 23.

Feuilles 5-ou 7-lobées, profondément cordiformes à la base. Fleurs monoïques. Baies noires. Graines un peu scabres, épaissies en bourrelet aux bords.

Cette espèce, très-semblable à la précédente dans presque toutes ses parties, participe aussi aux mêmes propriétés. Elle est rare en France, mais plus commune que le *Bryonia dioica* dans le nord et l'est de l'Europe.

Bryonia Karivi. — *Bryonia Rheedii* Blum. Bijdr. — Hort. Malab. 8, tab. 26.

Tiges suffrutescentes. Feuilles oblongues-lancéolées, acuminées, denticulées, subsessiles, sagittiformes à la base, réticulées, glabres, ponctuées en dessus, glauques en dessous. Fleurs mâles en grappes denses. Fleurs femelles solitaires, courtement pédonculées. Fruit ovoïde, acuminé, anguleux, de couleur orange.

Cette espèce croît dans l'Inde et à Java. Au Malabar, où on la nomme *Karivi*, elle passe pour un excellent remède antisiphylitique. Le fruit, suivant Rheede, a la saveur des Concombres.

BRYONIA HÉTÉROPHYLLE. — *Bryonia heterophylla* Sering. in De Cand. Prodr. — *Solena heterophylla* Lour. Flor. Coch.

Tige suffrutescente. Feuilles glabres, denticulées : les inférieures cordiformes; les supérieures hastiformes. Fleurs solitaires, axillaires, pédonculées, hermaphrodites. Fruit rouge. Graines noirâtres.

Cette espèce, indigène en Chine et en Cochinchine, est remarquable par ses racines, qui servent d'aliment aux habitants de ces contrées; ces racines sont des tubercules fasciculés, fusiformes, blanchâtres et farineux.

Genre SÉCHIUM. — *Sechium* Linn.

Fleurs monoïques. Calice campanulé, 5-denté, creusé de 10 fovéoles au sommet du tube. Corolle campanulée, 5-fide. — *Fleurs mâles* : Étamines 4 ou 5, monadelphes; androphore épais, columnaire, 4-ou 5-fide au sommet; anthères cordiformes, divergentes. — *Fleurs femelles* : Ovaire ovale. Style épais, indivisé. Stigmate 5-5-fide, subcapitellé. Baie obcordiforme ou turbinée, charnue, un peu comprimée, monosperme. Graine comprimée, ovale, obtuse, suspendue au sommet de la loge.

L'espèce suivante est la seule qu'on puisse rapporter avec certitude à ce genre :

SÉCHIUM COMESTIBLE. — *Sechium edule* Swartz, Flor. Ind. Occid. — *Sicyos edulis* Swartz, Prodr. — Jacq. Amer. tab. 163.

Plante annuelle. Tiges grimpantes, cylindriques, striées, lisses. Feuilles anguleuses, acuminées, un peu scabres, rugueuses en dessous, cordiformes-bilobées à la base; angles apiculés;

lobes basilaires incombants. Vrilles 4-ou 5-furquées. Fleurs petites, jaunes : les mâles en grappe ; les femelles solitaires ; les unes et les autres naissant aux mêmes aisselles. Dents calicinales très-petites, subulées. Fruit 5-costé, gibbeux au sommet, lisse ou sétifère, d'un vert luisant ; chair blanche. Graine verte, longue d'environ 1 pouce.

Cette plante est fréquemment cultivée aux Antilles, où on la connaît sous les noms de *Chayote*, *Chayotl et Chocho*. Ses fruits, accommodés de diverses manières, sont un mets favori des créoles. On distingue deux variétés principales de ce fruit : l'une, appelée *Chayote français*, est lisse, et du volume d'un œuf de poule ; l'autre, plus ou moins hérissée de soies molles, atteint 3 à 4 pouces de long.

Genre SICYOS. — *Sicyos* Linn.

Fleurs monoïques. — *Fleurs mâles :* Calice cupuliforme, 5-denté. Disque peu apparent. Corolle subcampanulée, 5-partie. Étamines 5, monadelphes, syngénèses ; androphore court, cylindrique ; anthères soudées en disque hémisphérique : bourses à replis contigus. — *Fleurs femelles :* Calice (partie inadhérente) campanulé, 5-denté. Corolle comme celle des fleurs mâles. Ovaire ovale, un peu comprimé, 1-loculaire, 1-ovulé ; ovule suspendu au sommet de la loge. Style filiforme, saillant, indivisé. Stigmates 3 ou 4, subglobuleux, confluents par la base. Péricarpe indéhiscent, sec, chartacé, hérissé, tuberculeux, monosperme. Graine lisse, comprimée, immarginée, conforme au péricarpe.

Herbes annuelles ou vivaces. Feuilles anguleuses ou lobées, cordiformes à la base. Vrilles trifides ou plurifides. Fleurs blanchâtres ou jaunâtres, petites : les mâles en grappes longuement pédonculées, ébractéolées ; les femelles en capitules courtement pédonculés (naissant le plus souvent aux mêmes aisselles que les grappes mâles), ébractéolées. Pédoncules solitaires ou fasciculés, axillaires ; pédicelles hörizontaux pendant la floraison. Estivation de la corolle valvaire.

Dents calicinales petites, distantes en estivation. Ovaire hérissé de soies barbellulées.

Ce genre, qui se rapproche beaucoup des *Xanthium*, renferme environ dix espèces (toutes indigènes en Amérique), dont voici la plus notable :

SICYOS A FEUILLES ANGULEUSES. — *Sicyos angulatus* Linn. — Lamk. Ill. tab. 796, fig. 2. (mala.) — Dill. Hort. Elth. tab. 51 , fig. 59.

Herbe vivace. Tiges grêles, faibles, anguleuses, grimpant à des hauteurs considérables, hérissées (ainsi que les pétioles et pédoncules) de poils glandulifères, inégaux, horizontaux. Feuilles larges de 2 à 3 pouces, d'un vert gai, pubérules et un peu scabres aux 2 faces, courtement pétiolées , cordiformes-orbiculaires, 3-lobées au sommet, ou 5-angulaires, finement denticulées, 5-nervées; lobes ou angles obtus ou acuminés. Vrilles 3-5-furquées, horizontales, très-longues : branches filiformes, spiralées. Pédoncules dressés : les mâles solitaires ou géminés , plus longs que le pétiole; les femelles ordinairement solitaires (aux mêmes aisselles que les mâles), plus courts que le pétiole, raides, défléchis ou horizontaux après la floraison. Fleurs larges d'environ 2 lignes , jaunâtres , marquées de nervures et de veines vertes. Pétales oblongs ou ovales-oblongs. Pédicelles des fleurs mâles subverticillés , étalés. Capitules femelles 10-15-flores. Fruits longs d'environ 6 pouces, d'abord verts, puis jaunâtres, ovales, acuminés, comprimés, poilus, parsemés de tubercules pointus et terminés en longue soie piquante, barbellulée.

Cette plante, indigène aux États-Unis, est fort incommode à cause des nombreux piquants qui hérissent ses fruits, et qui s'enfoncent dans la peau au moindre attouchement.

Genre GRONOVIA. — *Gronovia* Linn.

Fleurs hermaphrodites. Calice (partie inadhérente) marcescent, infondibuliforme, profondément 5-fide, coloré :

lanières étalées pendant la floraison. Disque cyathiforme, crénelé, charnu. Pétales 5, spathulés-lancéolés. Étamines 5, libres, conniventes, insérées (sous le disque) devant les sépales; filets courts, cylindriques, filiformes; anthères cordiformes-elliptiques, obtuses, dithèques : bourses rectilignes. Ovaire turbiné, quinquécosté, 1-loculaire, 1-ovulé, rempli de pulpe; ovule suspendu au sommet de la loge. Style filiforme, rectiligne, dressé, triédre. Stigmate petit, capitellé, pelté, papilleux. Carcérule coriace, turbiné, pentaédre, monosperme, couronné par le limbe calicinal. Graine remplissant la cavité du péricarpe : tégument mince, lisse.

Herbe annuelle, dépourvue de vrilles. Feuilles longuement pétiolées, pédatinervées, incisées-lobées. Pédoncules oppositifoliés, solitaires, multiflores, bi-ou tri-furqués, ou subtrichotomes. Fleurs assez petites, jaunâtres, ordinairement dibractéolées à la base, subsessiles, ou sessiles, disposées en grappes unilatérales ou moins souvent en cymules subfastigiées. Sépales valvaires avant et après la floraison. Disque épigyne, inadhérent, jaunâtre, crénelé au bord. Pétales dressés, insérés un peu au-dessous de la gorge du calice. Côtes de l'ovaire correspondantes aux sépales.

Ce genre tient presque le milieu entre les Cucurbitacées et les Loasées, mais on ne saurait l'éloigner des *Sycios*. L'espèce suivante est la seule que l'on connaisse :

GRONOVIA GRIMPANT. — *Gronovia scandens* Linn. — Jacq. Ic. Rar. tab. 338. — Lamk. Ill. tab. 144, fig. 2. (mala.)

Tiges très-rameuses, anguleuses, grêles, grimpantes, longues de 5 à 8 pieds, pubérules, et en outre hérissées (ainsi que les rameaux, pétioles et pédoncules) de courtes soies diaphanes et terminées par 2 ou 3 petits crochets. Feuilles larges de 1 pouce $^{1}/_{2}$ à 3 pouces, ordinairement moins longues que larges, réniformes, ou cordiformes, ou ovales, très-inégalement incisées-lobées : les jeunes presque cotonneuses aux 2 faces; les adultes d'un vert foncé, scabres, pubérules ; lobes triangulaires, ou lancéolés, ou ovales, acuminés : les terminaux beaucoup plus longs, quelquefois irrégulièrement dentés ; pétiole grêle, ordinairement plus long que la lame. Pédoncules à peu près aussi longs que le pétiole. Fleurs longues de 3 lignes. Ovaire couvert de poils scabres couchés. Calice pubérule : sépales linéaires-lancéolés. Pétales et étamines plus courts que le calice. Bractées subulées, plus longues que l'ovaire. Carcérule long d'environ 2 lignes, noirâtre à la maturité, articulé au rachis, caduc.

Cette plante croît dans l'Amérique méridionale.

QUATRE-VINGT-TREIZIÈME FAMILLE.

LES LOASÉES. — *LOASEÆ*.

(Loaseæ Juss. in Ann. du Mus. v. 5, p. 18 ; et in Dict. des Sciences Nat. v. 27, p. 95. — De Cand. Prodr. v. 5 , p. 339. — Bartl. Ord. Nat. p. 272.)

Cette famille, qui renferme environ cinquante espèces, est propre à l'Amérique. Les Loasées sont en général parsemées de poils ou de soies très-raides dont la piqûre produit les mêmes effets que celle des Orties. Les fleurs de la plupart des espèces sont très-élégantes.

CARACTÈRES DE LA FAMILLE.

Herbes annuelles ou vivaces. Tiges et rameaux anguleux ou cylindriques, souvent diffus ou grimpants. Vrilles nulles. Pubescence scabre : poils basilés, piquants, oncinés, ou barbellulés dans toute leur longueur.

Feuilles opposées ou éparses, simples, non-stipulées, le plus souvent palmatifides, quelquefois pennatifides.

Fleurs hermaphrodites, régulières, jaunes, ou blanches, ordinairement solitaires. Pédoncules axillaires, ou terminaux, ou latéraux, ou dichotoméaires.

Calice adhérent inférieurement ; limbe 5-parti (par exception 4-parti) : sépales égaux, distants ou valvaires en préfloraison, étalés pendant l'anthèse, marcescents.

Disque épigyne, presque plane, convexe.

Pétales en même nombre que les sépales et interpositifs, ou en nombre double des sépales et bisériés (5 extérieurs, alternes avec les sépales, et 5 intérieurs, opposés aux sépales), insérés à la gorge du calice, cuculliformes, ou cymbiformes, ou planes, onguiculés, ou inonguiculés, non-persistants, quelquefois fugaces; estivation valvaire (lorsque les pétales sont cuculliformes ou cymbiformes), ou imbricative et contortive (lorsque les pétales sont planes).

Étamines insérées à la gorge du calice, au nombre de 10 (bisériées : les unes insérées devant, les autres entre les pétales), ou plus souvent en nombre indéfini : les 10 extérieures souvent stériles et adhérentes par paires à la base des 5 pétales intérieurs. Filets filiformes, subulés au sommet, libres, ou monadelphes par la base, ou soudés par la base en cinq phalanges insérées devant les pétales extérieurs. Anthères supra-basifixes ou médifixes, mobiles, elliptiques, ou oblongues, ou suborbiculaires, dithèques (quelquefois subdidymes), latéralement déhiscentes; connectif inapparent.

Pistil : Ovaire adhérent en tout ou en partie, 1-loculaire, ou moins souvent incomplètement 3-5-loculaire par des placentaires septiformes; placentaires 3-6, nerviformes, ou quelquefois septiformes, pauci-ovulés, ou multi-ovulés, suturaux; ovules suspendus ou adnés, anatropes(1), unisériés, ou bisériés, ou nidulants, ou épars. Styles en même nombre que les placentaires, le plus souvent cohérents presque jusqu'au sommet, ou complètement soudés en un seul. Stigmates distincts, souvent peu apparents.

---

(1) Nous ne saurions affirmer que ce caractère soit général, n'ayant pas eu l'occasion d'examiner vivantes d'autres espèces que le *Mentzelia hispida*, le *Blumenbachia insignis* et le *Loasa nitida*.

Péricarpe (par exception charnu et indéhiscent) : Capsule couronnée par le limbe calicinal, 3-7-valve au sommet (par exception jusqu'à la base), 1-loculaire, ou rarement incomplètement 3-5-loculaire (par des placentaires septiformes), polysperme, ou oligosperme; placentaires intervalvaires ou marginaux.

Graines (inconnues pour la plupart des espèces) anatropes, inarillées, comprimées, ou cylindriques, ou anguleuses, quelquefois marginées : tégument extérieur formant souvent un réseau lâche et coriace; périsperme mince ou épais, charnu, quelquefois huileux. Embryon rectiligne, axile, grêle, cylindrique; cotylédons planes.

La famille des Loasées se compose des genres suivants :

SECTION I. **BARTONINÉES**. — *BARTONINEÆ* Spach.

Pétales planes, contournés et imbriqués en préfloraison. Étamines 10, ou en nombre indéfini; filets submonadelphes par la base, ou libres.

Acrolasia Presl. — *Bartonia* Nutt. — *Mentzelia* Cavan. — *Petalanthera* Nutt. —*? Grammatocarpus* Presl.

SECTION II. **LOASINÉES**. — *LOASINEÆ* Spach.

Pétales cuculliformes ou cymbiformes; estivation valvaire. Étamines en nombre indéfini; filets (des étamines fertiles) pentadelphes par la base; phalanges opposées aux pétales (dans le capuchon desquels elles sont incluses avant l'épanouissement).

Caiophora Presl. — *Loasa* Linn. — *Blumenbachia* Schrad. — *Scyphanthus* Sweet. — *Klaprothia* Kunth.

Section I. **BARTONINÉES.** — *BARTONINEÆ* Spach.

*Pétales planes, contournés et imbriqués en préfloraison.
Étamines 10, ou en nombre indéfini; filets libres, ou submonadelphes par la base.*

Genre ACROLASIA. — *Acrolasia* Presl.

Calice (partie inadhérente) 5-parti, persistant. Pétales 5,
très-courtement onguiculés. Étamines 10, toutes fertiles:
les 5 extérieures plus longues, à anthères suborbiculaires;
filets filiformes, libres. Ovaire cylindracé. Style filiforme,
trigone, trifide à la base. Stigmate obtus. Capsule cylindracée, trivalve au sommet, oligosperme. Graines anguleuses, rugueuses.

L'espèce suivante constitue à elle seule le genre:

Acrolasia Faux-Bartonia.—*Acrolasia bartonioides* Presl,
Rel. Hænk. 2, p. 39; tab. 54.

Herbe annuelle, couverte de poils scabres. Feuilles sessiles,
oblongues, pennatifides. Fleurs terminales et latérales, non-
bractéolées, petites, solitaires. Pétales blancs, munis à leur
sommet d'un fascicule de poils.

Cette plante croît au Chili.

Genre BARTONIA. — *Bartonia* Nutt.

Limbe calicinal 5-parti. Pétales 10, courtement onguiculés, lancéolés, bisériés : les 5 intérieurs plus courts
que les extérieurs. Étamines en nombre indéfini; filets
libres, filiformes : les extérieurs quelquefois stériles et
pétaloïdes; anthères oblongues ou suborbiculaires. Style
à 3 ou 5 ou 7 stries spiralées. Capsule cylindracée, grêle,
3-7-valve au sommet, 1-loculaire, polysperme; placentaires

nerviformes. Graines horizontales, comprimées, bisériées sur chaque placentaire.

Herbes annuelles ou vivaces, plus ou moins hérissées de poils rudes. Feuilles alternes, sessiles, pennatifides. Fleurs blanches ou jaunes, nocturnes, terminales.

Ce genre renferme les trois espèces suivantes :

A. *Étamines* 20-3o, *toutes fertiles ; filets linéaires-filiformes, marginés ; anthères suborbiculaires. Stigmates* 3, *libres. Capsule trivalve.*

BARTONIA A PETITES FLEURS. — *Bartonia albescens* D. Don, in Sweet, Brit. Flow. Gard. ser. 2, tab. 182.

« Plante annuelle, haute de 1 à 3 pieds, pubérule, et en outre parsemée de soies raides très-courtes. Tige dressée, rameuse, cylindrique, feuillue, glauque, atteignant la grosseur d'un petit doigt. Feuilles longues de 2 à 7 pouces, oblongues, ou oblongues-lancéolées, sinuées-pennatifides, penninervées, subamplexicaules : les inférieures obtuses ; les supérieures pointues ; lobes oblongs, obtus. Ramules florifères terminaux, courts, 1-flores, nus, ou garnis d'une ou de deux bractées foliacées, lancéolées, entières, longues d'environ 4 lignes. Ovaire long d'environ 6 lignes, cylindracé, un peu rétréci à la base, hérissé de sétules. Sépales ovales-lancéolés, acuminés, longs de 5 à 6 lignes. Pétales lancéolés, d'un jaune pâle, un peu plus courts que les sépales. Étamines plus courtes que le calice. Style court, trigone. Stigmates 3, étroits, semi-cylindriques, obtus. Capsule cylindracée, grêle, à peine longue de 1 pouce. Graines nombreuses, suborbiculaires, comprimées, avec un rebord membraneux ; placentaires 3, linéaires. » (D. Don, l. c.)

Cette plante croît au Chili.

B. *Étamines environ* 200 *ou plus : les extérieures quelquefois pétaloïdes et stériles ; anthères oblongues. Stigmate inapparent. Capsule* 3-7-*valve.*

BARTONIA ÉLÉGANT.— *Bartonia ornata* Nutt. Gen. — *Bartonia decapetala* Bot. Mag. tab. 1487.

Feuilles pétiolées, lancéolées, sinuées-pennatifides. Segments pointus. Rameaux florifères feuillés jusqu'au sommet. Étamines toutes fertiles. Capsule 5-7-valve. Graines à peine marginées.

« Plante plus ou moins parsemée de poils scabres barbellulés. Racine bisannuelle, longue, succulente, fusiforme. Tige haute de 2 à 4 pieds, très-rameuse, irrégulièrement anguleuse. Feuilles (les supérieures ovales-lancéolées) sessi · les, longues de 6 à 8 pouces : segments longs de 6 a 8 lignes, ordinairement 1-ou 2-dentés au bord inférieur. Fleurs solitaires, terminales, sessiles. Sépales lancéolés, acuminés, persistants, longs de 1 pouce. Corolle large de 4 à 5 pouces, odorante, d'un blanc jaunâtre : pétales lancéolés-oblongs, pointus, multinervés, longuement onguiculés, concaves, étalés : les 5 intérieurs un peu plus petits. Étamines environ 200 à 250, un peu plus courtes que la corolle ; filets filiformes ; anthères longues d'environ 1 ligne. Style filiforme, tubuleux, un peu plus long que les étamines, marqué de 5 à 7 stries spiralées (correspondantes au nombre des placentaires). Capsule cylindrique-oblongue, 1-loculaire, couronnée par le calice ; sommet plane, orbiculaire, s'ouvrant du centre à la circonférence en 5 à 7 valves. Graines nombreuses, planes, subovales. » (Nuttall, l. c.)

Cette espèce, très-remarquable par la beauté de ses fleurs, croît sur les bords du Missouri, dans les terrains argileux. Elle fleurit depuis la fin d'août, jusqu'au commencement de l'hiver.

BARTONIA A RAMEAUX NUS. — *Bartonia nuda*. Nutt. l. c.

« Feuilles sublancéolées, sinuées-pennatifides : segments pointus. Rameaux florifères nus. Étamines extérieures pétaloïdes, souvent stériles. Capsule 3-valve. Graines marginées.

Plante vivace, semblable à l'espèce précédente par le port. Feuilles scabres, incanes : pubescence courte, couchée, barbellulée. Fleurs plus petites que celles de l'espèce précédente. » (Nuttall, l. c.)

Cette espèce a été observée par Nuttall sur les bords du Missouri.

Genre MENTZÉLIA. — *Mentzelia* Plum.

Calice (partie inadhérente) 5-parti. Pétales 5, éphémères,
étalés. Étamines en nombre indéfini, toutes fertiles : 10
extérieures plus longues, à filets ascendants, arqués, élargis
et soudés à la base (dans deux espèces tous les filets sont
presque isométres); les autres à filets déclinés, libres, filiformes, recourbés au sommet. Anthères elliptiques : celles
des 10 étamines extérieures 2 fois plus longues que les autres.
Ovaire obconique-turbiné, trigone, presque 5-loculaire:
placentaires 5, épais, charnus, septiformes, 3-6-ou 9-ovulés,
atteignant presque le centre de la cavité; ovules irrégulièrement ovoïdes, suspendus, bisériés sur chaque placentaire.
Style filiforme, trisulqué, tripartible (quelquefois trifide au
sommet). Stigmate minime, tronqué. Capsule 5-ou 6-
sperme, trigone, trivalve au sommet.

Herbes vivaces, dichotomes, hérissées de poils barbellulés. Feuilles alternes ou opposées, sessiles, ou subsessiles,
profondément dentelées. Fleurs dichotoméaires (ou oppositifoliées) et terminales, solitaires, sessiles. Corolle d'un jaune
orange. Disque épigyne, plane, charnu, glabre. Ovaire
hérissé de sétules barbellulées. Filets épaissis vers leur sommet, puis brusquement terminés en alène.

Ce genre renferme six espèces, dont voici les plus notables :

A. *Étamines* 3o-100 : *les* 1o *extérieures (insérées par paires devant les pétales) presque* 2 *fois plus longues que les
autres. Capsule* 6-*ou* g-*sperme.*

Mentzélia hispide. — *Mentzelia hispida* Willd. — *Mentzelia aspera* Cavan. Ic. 1, tab. 7o. (non Linn.)

Feuilles alternes, courtement pétiolées, scabres, ovales, ou
ovales-lancéolées, ou oblongues-lancéolées, pointues, très-inégalement dentées, ou anguleuses et dentelées. Sépales oblongs-

lancéolés ou linéaires-lancéolés, acuminés. Pétales obovales, mucronés. Capsule 6-sperme. Graines ovales, comprimées.

Racine tubéreuse. Tige haute d'environ 2 pieds, rameuse, striée, scabre, pubérule, parsemée de quelques poils. Feuilles longues de 1 pouce à 2 pouces ¹/₂, d'un vert foncé en dessus, d'un vert pâle en dessous : les jeunes un peu veloutées. Corolle large de 12 à 15 lignes. Étamines 30-40 : les extérieures presque aussi longues que les pétales.

Cette plante, qu'on cultive fréquemment dans les collections d'orangerie, croît au Mexique, où on la nomme *Zazalé*. Ses racines sont un violent purgatif, et les habitants du Mexique les regardent comme un excellent remède anti-siphilitique.

B. *Étamines* 20-25, *presque isomètres. Capsule* 3 - *ou* 6-
sperme.

MENTZÉLIA OLIGOSPERME. — *Mentzelia oligosperma* Nutt. in Bot. Mag. tab. 1760. — *Mentzelia aurea* Nutt. Gen.

Feuilles ovales, ou ovales-lancéolées, incisées-crénelées. Sépales linéaires. Pétales ovales, acuminés. Capsule ordinairement trisperme. Graines linéaires-oblongues, lisses.

« Plante très-scabre et tenace ; pubescence fortement barbellulée. Racine succulente, tubéreuse. Tiges hautes d'environ 12 pouces, dichotomes : rameaux divariqués. Feuilles longues de 10 à 15 lignes, larges de 6 à 8 lignes, sessiles : les supérieures ovales ; les inférieures rétrécies aux 2 bouts. Fleurs solitaires, dichotoméaires, sessiles. Sépales linéaires. Corolle fugace, d'un jaune vif, large d'environ 8 lignes. Étamines environ 20, à peu près aussi longues que la corolle. Style filiforme, à peu près aussi long que les étamines, marqué de 3 stries. Stigmate inapparent. Capsule cylindrique, très-petite. Graines anguleuses, presque aussi longues que la capsule. » (Nuttall, l. c.)

Cette espèce croît dans la haute Louisiane.

Section II. **LOASINÉES.** — *LOASINEÆ* Spach.

*Pétales cuculliformes ou cymbiformes (ordinairement 10,
dont 5 extérieurs, plus grands, cuculliformês, étalés,
ou réfléchis, et 5 intérieurs, plus petits, cymbiformes,
connivents), comprimés bilatéralement ; estivation valvaire. Étamines en nombre indéfini ; filets pentadelphes
par la base : phalanges insérées devant les pétales extérieurs, dont le capuchon les recouvre avant l'épanouissement.*

Genre CAÏOPHORA. — *Caiophora* Presl.

Calice (partie inhadérente) 5-parti : sépales sinués-pennatifides, réfléchis après la floraison. Pétales 10, courtement
onguiculés : les 5 intérieurs petits, échancrés ou 4-dentés au
sommet, munis chacun à sa base (antérieurement) de 4 filets
stériles. Étamines très-nombreuses, pentadelphes. Ovaire
obconique, à côtes spiralées. Style trigone. Stigmates 3,
connivents. Capsule ovale-oblongue, 1-loculaire, polysperme, s'ouvrant par 3 fentes suturales ; côtes et sillons
spiralés ; placentaires 3, finalement libres. Graines réticulées ou hispidules, anguleuses.

Herbes rameuses, souvent volubiles, hérissées de poils
piquants. Feuilles opposées, bipennatifides, ou lobées. Pédoncules axillaires ou terminaux, uniflores, solitaires. Pétales jaunes.

Voici l'espèce la plus notable de ce genre :

CAÏOPHORA A FRUIT CONTOURNÉ. — *Caiophora contorta*
Presl, Rel. Hænk. — *Loasa contorta* Lamk. Dict. — Juss.
in Ann. du Mus. v. 5, p. 25, tab. 3, fig. 1.

Tiges grêles, cylindriques, volubiles, peu rameuses, médiocrement hispides. Feuilles pétiolées, ovales-oblongues, pointues,

cordiformes à la base, profoudément sinuées et lobées, hispides
et pubescentes, longues de 3 à 4 pouces, larges de 2 pouces ¹/₂
à 3 pouces : lobes incisés-dentés ; pétiole long de 18 à 20 lignes.
Pédoncules terminaux et dichotoméaires, plus longs que les pétioles. Ovaire oblong-turbiné, hispide. Sépales ovales-lancéolés,
dentelés, hispides, longs d'environ 10 lignes. Pétales hispides :
les extérieurs obtus, un peu plus longs que le calice. Capsule
longue de 2 pouces.

Cette plante croît au Pérou.

Genre LOASA. — *Loasa* Adans.

Calice (partie inadhérente) 5-parti : sépales indivisés.
Pétales 10 : les 5 intérieurs bi-ou tri-lobés au sommet, chacun muni à sa base (antérieurement) de 2 filets stériles. Étamines très-nombreuses. Ovaire semi-supère, 1-loculaire,
trigone; placentaires nerviformes, multi-ovulés; ovules
adnés, nidulants. Style trifide au sommet. Capsule turbinée, polysperme, trivalve au sommet. Graines anguleuses,
réticulées.

Herbes annuelles ou vivaces, diffuses, ou grimpantes,
hérissées de poils piquants et en outre parsemées d'une pubescence barbellulée souvent glandulifère. Feuilles alternes
ou opposées, incisées, ou lobées. Pédoncules oppositifoliés,
ou axillaires, ou terminaux, ou dichotoméaires, 1-flores.
Pétales extérieurs jaunes ou blancs, réfléchis; pétales intérieurs petits, cymbiformes, connivents en cône, ordinairement panachés de blanc et de rouge. Filets capillaires,
connivents. Anthères supra-médifixes, tétragones, 4-sul-
quées.

La piqûre des poils des *Loasa* produit sur la peau des
ampoules douloureuses, comme celles qui résultent de l'attouchement des Orties. Les fleurs de la plupart des espèces
sont très-élégantes. On en connaît environ trente, dont
voici les plus intéressantes :

a) *Feuilles opposées.*

Loasa a feuilles luisantes. — *Loasa nitida* Desrouss. in Lamk. Dict. — Juss. in Annal. du Mus. vol. 5, tab. 2, fig. 2. —Hook. Exot. Bot. tab. 82. — Sweet, Brit Flow. Gard. ser. 2, tab. 195. — *Loasa tricolor* Bot. Reg. tab. 667. — *Loasa acanthifolia* Bot. Reg. tab. 785 (non Lamk.). — *Loasa Placei* Lindl. — Bot. Mag. tab. 3218.

Tiges diffuses. Feuilles (les inférieures pétiolées , les supérieures sessiles) cordiformes, pennatifides, ou incisées, ou 3-7-lobées ; lobes anguleux, dentés. Pédoncules dichotoméaires ou axillaires, défléchis. Sépales oblongs-lancéolés, acuminés, aussi longs que les pétales.

Herbe annuelle. Tiges faibles, succulentes, médiocrement hispides. Feuilles longues de 2 à 6 pouces, larges de 2 à 3 pouces, luisantes et poilues en dessus, pubescentes et pâles en dessous. Pédoncules longs de 2 à 3 pouces. Fleurs larges d'environ 12 lignes. Pétales extérieurs jaunes.

Cette espèce, indigène au Pérou, se cultive dans les collections d'orangerie.

Loasa hispide. — *Loasa hispida* Linn. — Bot. Mag. tab. 3057. — *Loasa urens* Jacq. Obs. 2, p. 15, tab. 38. — *Loasa ambrosiæfolia* Juss. l. c. p. 26, tab. 4.

Feuilles bipennatifides : lobes et lobules obtus. Sépales cordiformes-ovales, pointus, 2 fois plus courts que les pétales.

Tige, rameaux et pédoncules hérissés de poils horizontaux. Feuilles longues de 5 pouces, sur 3 pouces ½ de large. Fleurs penchées, odorantes, larges de 2 pouces.

Cette espèce, indigène au Pérou, mérite d'être cultivée, à cause de la beauté de ses fleurs.

b) *Feuilles alternes.*

Loasa Faux-Argémone. — *Loasa argemonoides* Juss. l. c. — Humb. et Bonpl. Plant. Équat. tab. 15.

Feuilles pétiolées, cordiformes, pointues, sinuées-lobées,

cotonneuses-incanes : lobes dentés. Pédoncules axillaires et terminaux. Sépales lancéolés, 1 fois plus courts que les pétales.

Herbe vivace, rameuse, haute de 6 à 10 pieds, hérissée de nombreux piquants jaunâtres. Fleurs larges de 3 pouces.

Cette espèce, remarquable par la grandeur de ses fleurs, a été observée par MM. de Humboldt et Boupland aux environs de Santa Fé de Bogota.

Loasa a feuilles de Renoncule. — *Loasa ranunculifolia* Humb. et Bonpl. Plant. Équat. tab. 14.

Feuilles pétiolées, cordiformes-anguleuses, sinuées-lobées, cotonneuses (jaunâtres) en dessous : lobes inégalement dentelés. Pédoncules axillaires et terminaux. Sépales ovales-lancéolés, pointus, plus courts que les pétales.

Herbe vivace, hérissée, haute de 2 pieds. Fleurs larges de 2 pouces.

Cette espèce croît au Pérou.

Genre BLUMENBACHIA. — *Blumenbachia* Schrad.

Calice (partie inadhérente) 5-parti : sépales 3-5-fides ou entiers. Pétales 10 : les 5 extérieurs onguiculés; les 5 intérieurs inonguiculés, cymbiformes, convolutés, 3-ou 4-carénés au dos, chacun muni à sa base (antérieurement) de 2 staminodes falciformes. Étamines en nombre indéfini : phalanges 7-20-andres; filets anisomètres, subulés; anthères cordiformes-elliptiques, échancrées, médifixes. Ovaire ovale, 10-sulqué, presque 5-loculaire; côtes et sillons un peu contournés en spirale; placentaires septiformes, épais, multi-ovulés; ovules unisériés au bord antérieur et épars des 2 côtés des placentaires, suspendus à des funicules très-courts. Style court, cylindrique. Stigmates 5, subulés, connivents. Capsule polysperme, subéreuse, subglobuleuse, incomplétement 5-loculaire, 10-costée, 10-sulquée, 5-valve jusqu'à la base : les 5 côtes correspondantes aux placentaires continues avec ceux-ci et persistant avec eux, sous forme de cloisons très-épaissies au bord postérieur, après la chute des valves. Graines ovoïdes, anguleuses, réticulées.

Herbes vivaces, diffuses, hérissées de soies piquantes, en outre parsemées d'une pubescence scabre. Feuilles opposées, palmati-parties (du moins les inférieures), cordiformes à la base : les inférieures longuement pétiolées ; les supérieures sessiles. Pédoncules uniflores, axillaires, érigés, inclinés et dibractéolés au sommet (les fructifères décombants ou pendants). Sépales étalés pendant la floraison, puis dressés, marcescents. Disque plane, quinquangulaire, charnu, hispidule. Pétales extérieurs blancs, cuculliformes, étalés ou un peu réfléchis, cuspidés, uni-carénés au dos, bi-ou tri-dentés de chaque côté à la base du capuchon. Pétales intérieurs panachés de blanc, de jaune et de pourpre, courts, connivents en cône, très-obtus, échancrés et ondulés au sommet : chacune des 3 carénes dorsales munie à sa base d'une soie subulée, ascendante, ou étalée, presque aussi longue que le pétale, jaune vers sa base, plus haut blanche. Staminodes ascendants, comprimés, un peu plus longs que les pétales. Étamines conniventes. Capsule à 10 côtes contigues, un peu tordues en spirale, alternativement plus larges et plus étroites : celles-ci correspondantes aux placentaires. Tégument des graines double : l'extérieur crustacé, épais ; l'intérieur pelliculaire ; périsperme épais, huileux.

Ce genre, très-remarquable par la structure du pistil et du fruit, se compose des trois espèces suivantes :

a) *Androphores* 16-20-*andres. Fleurs longuement pédonculées. Sépales indivisés.*

BLUMENBACHIA ÉLÉGANT. — *Blumenbachia insignis* Schrad. Diss. in Gœtt. Gel. Anz. 1825, p. 1705, cum Ic. — Reichenb. Gart. Mag. tab. 121. — *Loasa acerifolia* Spreng. Syst.

Feuilles scabres, pubérules, 3-9-lobées : lobes pennatifides ou bipennatifides, ou incisés-dentés, pointus de même que les lobules. Sépales linéaires-subulés, presque aussi longs que l'ovaire, de moitié plus courts que les pétales extérieurs.

Tiges longues de 1 pied à 2 pieds, anguleuses, très-rameuses, faibles, cassantes, scabres, pubérules, parsemées (de même que les rameaux, les pétioles, les pédoncules et le bord des feuilles) de soies blanches ordinairement oncinées (ainsi que les petits poils de la pubescence). Feuilles d'un vert glauque, ou incanes, longues de 1 pouce à 4 pouces (les inférieures ordinairement aussi larges que longues, les supérieures plus longues que larges); lobes inégaux, suboblongs : les basilaires beaucoup plus courts; le terminal très-prolongé; segments des lobes sublinéaires, ou dentiformes-triangulaires. Pétiole court, grêle. Pédoncules très-grêles, longs de 3 à 6 pouces, défléchis après la floraison. Bractées petites, subulées, étalées. Ovaire fortement hérissé de soies semblables à celles de la tige. Fleurs larges d'environ 1 pouce. Pétales pubérules en dehors : les intérieurs environ 4 fois plus courts que les extérieurs. Étamines majeures environ du quart plus courtes que les pétales extérieurs : filets finement pubérules vers leur sommet. Staminodes aristés. Style hispidule, lors de l'épanouissement de la fleur plus court que les étamines, plus tard saillant. Capsule d'abord verte et succulente, enfin subéreuse, d'un jaune pâle, du volume d'une cerise. Graines longues à peine de 2 lignes : tégument extérieur noirâtre, lâche, formant un réseau irrégulièrement plissé; amande petite, oblongue, subcylindrique, inadhérente.

Cette espèce, indigène au Chili et au Paraguay, se cultive comme plante d'agrément.

BLUMENBACHIA PALMÉ.—*Plumenbachia palmata* Cambess. in Flor. Brasil. Merid.

Feuilles à 5 lobes linéaires, pennatifides, pointus. Sépales linéaires-lancéolés, 1 fois plus courts que la corolle.

Tige décombante. Feuilles longues de 24 à 30 lignes, larges de 30 à 36 lignes. Pédoncules longs de 3 à 4 pouces. Fleurs larges de 1 pouce. Pétales intérieurs ciliés, pubérules, 5 fois plus courts que les extérieurs. Androphores sub-16-andres.

Cette espèce, qui paraît très-voisine de la précédente, a été trouvée au Paraguay, par M. Aug. de Saint-Hilaire.

b) *Androphores 6-ou 7-andres. Fleurs courtement pédonculées.
Sépales 3-ou 5-fides.*

BLUMENBACHIA A LARGES FEUILLES. — *Blumenbachia latifolia* Cambess. l. c. tab. 118.

Feuilles triparties; segments pointus, incisés-dentés : les latéraux inéquilatéraux, oblongs, subtrilobés; le terminal équila-
téral, cunéiforme, 3-ou 5-lobé. Sépales 3-ou 5-fides, 3 fois plus
courts que les pétales extérieurs.

Tiges décombantes, débiles, longues de 2 pieds et plus.
Feuilles longues de 2 à 3 pouces, ordinairement moins larges
que longues. Fleurs larges de 4 à 5 lignes. Pétales intérieurs ciliés, 1 fois plus courts que les extérieurs. Étamines plus courtes
que les pétales extérieurs.

Cette espèce a été observée par M. Aug. de Saint-Hilaire,
au Paraguay.

Genre SCYPHANTHE. — *Scyphanthus* Sweet.

Calice (partie inadhérente) 5-parti : sépales indivisés.
Pétales 10 : les 5 extérieurs cuculliformes, très-courtement
onguiculés, ascendants; les 5 intérieurs sacciformes, tricornes, munis chacun à sa base (antérieurement) de 2 staminodes. Étamines très-nombreuses, pentadelphes. Ovaire
grêle, prismatique, uniloculaire. Style court, rectiligne,
trigone, pointu. Stigmate inapparent. Capsule prismatique,
siliquiforme, uniloculaire, polysperme, trivalve au sommet.
Graines ellipsoïdes, rugueuses.

L'espèce suivante est la seule qu'on connaisse :

SCYPHANTHE ÉLÉGANT. — *Scyphanthus elegans* Sweet,
Brit. Flow. Gard. tab. 238.

Herbe volubile. Tiges et rameaux grêles, dichotomes, hérissées de sétules réfléchies. Feuilles opposées, hispides, ciliées,
bipennatifides (les supérieures pennatifides) : lanières linéaires,
obtuses, courtes. Fleurs sessiles, solitaires; cyathiformes, di-

chotoméaires et terminales, d'environ 8 lignes de diamètre. Corolle d'un jaune vif. Staminodes jaunâtres, pourpres au sommet, terminés par 3 appendices linéaires-spathulés. Étamines fertiles plus courtes que les pétales, d'abord contenues dans la cavité des pétales, puis conniventes. Lanières calicinales recourbées, obovales-lancéolées, obtuses. Ovaire hérissé. Capsule grèle, longue de plus de 1 pouce. Graines brunâtres. (Sweet, l. c.)

Cette plante, originaire du Chili, est introduite depuis plusieurs années en Angleterre.

QUATRE-VINGT-QUATORZIÈME FAMILLE.

LES TURNÉRACÉES. — *TURNERACEÆ*.

(Turneraceæ De Cand. Prodr. v. 3, p. 123. — Bartl. Ord. Nat. p. 271.
— *Loasearum* sectio II, Kunth, in Humb. et Bonpl. Nov. Gen. et
Spec. v. 6, p. 123.)

Les *Turnéracées* diffèrent fort peu des Loasées, avec
lesquelles plusieurs auteurs les ont réunies, peut-être
à juste titre; on en connaît environ soixante espèces,
toutes indigènes en Amérique, et principalement dans
les régions intertropicales.

CARACTÈRES DE LA FAMILLE.

Herbes, ou *sous-arbrisseaux*. Pubescence simple.
Feuilles alternes, simples, non-stipulées, dentées, ou
quelquefois pennatifides ; pétiole souvent biglanduleux
au sommet.
Fleurs hermaphrodites, régulières, jaunes, ou moins
souvent bleues. Pédoncules (quelquefois adnés au pétiole) axillaires, solitaires, dibractéolés, 1-flores ou rarement 2-flores.
Calice inadhérent, persistant, 5-fide, ordinairement
coloré, infondibuliforme, ou campanulé ; estivation
imbricative.
Disque laminaire, tapissant la paroi intérieure du tube
calicinal.
Pétales 5, interpositifs, insérés au tube du calice (au-
dessous de la gorge), caducs, planes, égaux, imbriqués
et contournés en préfloraison.
Étamines 5, libres, insérées au tube calicinal (plus

bas que les pétales), alternes avec les pétales. Filets aplatis. Anthères oblongues, médifixes, mobiles, à 2 bourses latéralement déhiscentes ; connectif inapparent.

Pistil : Ovaire inadhérent, 1-loculaire; placentaires 3, pariétaux, multi-ovulés. Styles 3 (rarement 6), plus ou moins profondément 2-fides. Stigmates multifides.

Péricarpe : Capsule 1-loculaire, 3-valve, polysperme; placentaires filiformes ou nerviformes, adnés à l'axe des valves.

Graines horizontales ou suspendues, anatropes, un peu courbées, subcylindracées, munies d'un rebord membraneux unilatéral. Tégument double : l'extérieur crustacé, réticulé; l'intérieur membraneux. Périsperme charnu. Embryon axile, spathulé, un peu courbé; cotylédons courts, foliacés.

La famille ne renferme que les deux genres suivants :
Turnera (Plum.) Linn. — *Piriqueta* Aubl. (Burcardia Schreb. Burghartia Neck.)

Genre TURNÉRA. — *Turnera* Linn.

Calice infondibuliforme, 5-fide. Pétales 5, étalés. Étamines 5. Ovaire 1-loculaire; placentaires 5, multi-ovulés. Styles 5, simples, ou bifides. Stigmates multifides. Capsule 1-loculaire, 5-valve du sommet jusqu'au milieu, polysperme; valves placentifères au milieu.

La plupart des *Turnéra* méritent d'être cultivés comme plantes d'agrément. Le genre renferme près de soixante espèces, dont voici les plus notables :

a) Pédoncules pétioléens.

Turnéra a feuilles d'Orme. — *Turnera ulmifolia* Linn.

Hort. Cliff. tab. 10. — Mill. Ic. tab. 268, fig. 2. — *Turnera angustifolia* Bot. Mag. tab. 281.

Feuilles obovales, ou oblongues, ou lancéolées-oblongues, pointues, dentelées, pubescentes en dessus, cotonneuses en dessous : dentelures acérées. Fleurs sessiles. Pétales obovales, plus longs que les sépales. Styles plus courts que les étamines.

Arbuste atteignant 7 à 8 pieds de haut. Tige droite, cylindrique, rameuse. Rameaux alternes, rougeâtres, pubescents vers leur sommet. Feuilles longues de 12 à 30 lignes, larges de 6 à 8 lignes, vertes et luisantes en dessus, pâles en dessous ; nervures blanchâtres ; dentelures arrondies ou pointues, larges, inégales ; pétiole court, pubescent, biglanduleux. Fleurs solitaires aux aisselles supérieures des rameaux. Tube calicinal subcylindrique, strié, pubescent ; sépales oblongs-lancéolés, pointus. Corolle large de plus de 1 pouce, d'un beau jaune. Étamines débordant le tube ; anthères oblongues, pointues. Capsule ovale, pubescente, à 3 côtes peu marquées. Graines oblongues, d'un brun roussâtre, légèrement striées et chagrinées.

Cette espèce, indigène aux Antilles et dans l'Amérique méridionale, se cultive souvent dans les collections de serre.

Turnéra a fleurs de Trione. — *Turnera trioniflora* Sims, Bot. Mag. tab. 2106. — *Turnera elegans* Link et Otto, Ic. Sel.

Feuilles pubescentes, oblongues-lancéolées, dentelées vers leur sommet, entières et cunéiformes vers la base. Fleurs subsessiles. Styles plus longs que les étamines.

Herbe vivace. Fleurs larges de 1/2 pouce. Pétales d'un jaune pâle, avec une tache brunâtre au-dessus de l'onglet.

Cette espèce, indigène au Brésil, aux Antilles et au Mexique, se cultive dans les serres.

Turnéra soyeux. — *Turnera sericea* Kunth, in Humb. et Bonpl. — *Turnera peruviana* Willd.

Feuilles molles, oblongues, pointues, dentelées, pétiolées, pubescentes en dessus, soyeuses en dessous ; biglanduleuses à la base. Fleurs solitaires, sessiles. Calice tubuleux : sépales linéaires-subulés. Pétales obovales-oblongs, de la longueur des sépales.

Arbuste diffus. Rameaux poilus, feuillés. Feuilles longues d'environ 1 pouce, larges de 6 lignes. Bractées linéaires-subulées. Fleurs larges de 1 pouce. Calice soyeux, jaunâtre. Pétales jaunes, avec une tache violette à leur base. Étamines 3 fois plus courtes que les pétales.

Cette espèce croît au Pérou.

b) Pédoncules axillaires.

TURNÉRA A FEUILLES DE CHARME. — *Turnera carpinifolia* Kunth, in Humb. et Bonpl.

Feuilles pétiolées, oblongues-lancéolées, pointues, doublement dentelées, pubérules aux 2 faces. Fleurs solitaires, courtement pédonculées. Bractées ovales, dentelées. Sépales lancéolés-linéaires, aristés, trinervés, étalés. Pétales obovales, mucronés, plus longs que les sépales.

Arbrisseau. Rameaux lisses, feuillés au sommet. Feuilles longues de 3 à 4 pouces, larges de 1 pouce. Fleurs de couleur orange, larges d'environ 8 lignes. Étamines incluses.

Cette espèce a été observée par MM. de Humboldt et Bonpland, sur les bords de l'Orénoque.

TURNÉRA FAUX-GENÊT. — *Turnera genistoides* Cambess. in Flor. Brasil. Merid. tab. 121.

Feuilles sessiles, églanduleuses, linéaires, pointues, très-entières, pubérules. Fleurs sessiles, subterminales, subfasciculées. Sépales lancéolés, pointus, trinervés. Pétales oblongs-obovales, très-obtus, un peu plus longs que les sépales. Styles plus longs que les étamines.

Sous-arbrisseau très-rameux, haut d'environ 1 pied. Tiges cylindriques, poilues, scabres, feuillues. Feuilles longues de 3 à 6 lignes, larges à peine de 1/2 ligne. Fleurs petites, jaunes, nombreuses. Calice subcampanulé, hérissé. Capsule ovoïde, pointue, pubescente.

Cette espèce a été observée par M. Aug. de Saint-Hilaire, au Brésil, dans la province des Mines.

Turnéra a fleurs roses. — *Turnera rosea* Cambess. l. c. tab. 123.

Feuilles subsessiles, églanduleuses, lancéolées, subobtuses, denticulées, poilues. Pédoncules 1-flores, filiformes, un peu plus courts que les feuilles. Sépales linéaires-lancéolés, pointus, un peu plus courts que les pétales. Pétales cunéiformes-obovales. Stigmates flabelliformes, bifurqués.

Tige haute d'environ 1 pied, suffrutescente, presque simple, poilue. Feuilles longues de 12 à 20 lignes, larges de 2 à 4 lignes. Calice campanulé, profondément 5-fide, cotonneux. Corolle rose, de près de 1 pouce de diamètre. Pistil 1 fois plus long que les étamines. Capsule ovoïde, pointue, hérissée.

Cette espèce a été trouvée par M. Aug. de Saint-Hilaire, au Brésil, dans la province de Saint-Paul.

Turnéra a grappes. — *Turnera racemosa* Jacq. Hort. Vind. v. 3, tab. 94.

Feuilles subsessiles, églanduleuses, oblongues, ou oblongues-lancéolées, pointues, denticulées, poilues en dessus, cotonneuses en dessous. Pédoncules longs, filiformes, 1-flores : les supérieurs rapprochés en grappe. Sépales lancéolés, pointus, un peu plus courts que la corolle. Pétales ovales.

Herbe annuelle. Tige presque simple, haute de 1 pied à 2 pieds. Rameaux effilés, poilus, aphylles vers leur sommet. Feuilles longues de 3 à 18 lignes, larges de 3 à 7 lignes. Pédoncules longs de 8 à 12 lignes. Fleurs jaunes. Pistil plus long que les étamines. Capsule obovée, pubescente.

Cette espèce, indigène aux Antilles et dans l'Amérique méridionale, se cultive parfois dans les serres.

Turnéra a feuilles de Sida. — *Turnera sidæfolia* Cambess. l. c. tab. 124.

Feuilles oblongues ou ovales-oblongues, rétrécies aux 2 bouts, obtuses, crénelées, courtement pétiolées, églanduleuses, scabres en dessus, cotonneuses en dessous. Pédoncules axillaires, filiformes, plus courts que les feuilles, 1-ou 2-flores. Sépales lancéolés, pointus, 1 fois plus courts que la corolle. Pétales obovales.

Tiges hautes de 7 à 8 pouces, suffrutescentes, touffues, poilues. Feuilles longues de 10 à 20 lignes, larges de 5 à 8 lignes. Calice cotonneux. Corolle jaune, large d'environ 1 pouce.

Cette plante a été observée par M. Aug. de Saint-Hilaire, au Brésil, dans la province des Mines.

QUATRE-VINGT-QUINZIÈME FAMILLE.

LES PASSIFLORÉES. — *PASSIFLOREÆ*.

(*Passifloreæ* Juss. in Ann. du Mus. vol. 6, p. 102. — Aug. Saint-
Hil. in Mém. du Mus. v. 5. — De Cand. Prodr. v. 5, p. 521. —
Bartl. Ord. Nat. p. 270.)

On connaît environ deux cents espèces de *Passiflorées*, la plupart indigènes dans les régions équatoriales
de l'Amérique. Ces végétaux sont en général remarquables tant par la structure particulière, que par la beauté
de leurs fleurs; plusieurs espèces produisent des fruits
dont la pulpe est rafraîchissante et d'une saveur délicieuse.

CARACTÈRES DE LA FAMILLE.

Herbes ou *arbustes*, ordinairement sarmenteux. Tiges et rameaux cylindriques ou anguleux, inarticulés.
Vrilles (rarement nulles) axillaires, solitaires, spiralées.

Feuilles éparses, simples (par exception imparipennées), bi-stipulées (par exception non-stipulées), indivisées, ou plus souvent soit palmées, soit lobées, soit pédatiparties, souvent glanduleuses en dessous; pétiole
inarticulé (quelquefois nul), souvent bordé de glandules. Stipules inadhérentes.

Fleurs hermaphrodites (par exception unisexuelles),
régulières, axillaires, ou rarement axillaires et terminales. Pédoncules 1-flores ou quelquefois pluriflores,
ordinairement articulés au sommet ou un peu plus bas,
et garnis à cette articulation d'une collerette de trois
bractées soit libres, soit soudées.

Calice inadhérent, tubuleux, ou rotacé, ou campanulé, souvent urcéolé, marcescent ; limbe à 5 sépales imbriqués en préfloraison, ordinairement colorés en dessus.

Disque inapparent.

Réceptacle confondu avec le fond du calice, prolongé en thécaphore stipitiforme.

Pétales nuls, ou 5, insérés à la gorge du calice, alternes avec les sépales, imbriqués en préfloraison, marcescents.

Parapétales en nombre indéfini, ou rarement en nombre défini, 1-2-ou pluri-sériés, filiformes, ou squamiformes, ou piliformes, pétaloïdes, ou membraneux, quelquefois soudés en tube ou en anneau, insérés à la gorge du calice.

Étamines 5, insérées au fond du calice, alternes avec les pétales. Filets monadelphes inférieurement et adnés au thécaphore, plus haut libres et ordinairement divariqués. Anthères médifixes, introrses avant l'anthèse, versatiles, dithéques, longitudinalement déhiscentes ; bourses contiguës, parallèles; connectif inapparent.

Pistil : Ovaire inadhérent, uniloculaire, ordinairement saillant ; placentaires 3 (par exception 5), pariétaux, nerviformes, multi-ovulés ; ovules horizontaux ou rarement renversés, anatropes, ordinairement nidulants, quelquefois bisériés ; funicules plus ou moins allongés. Styles en même nombre que les placentaires, filiformes, ou claviformes, quelquefois soudés par la base. Stigmates claviformes, ou capitellés, ou subbilobés, ordinairement gros.

Péricarpe plus ou moins charnu et indéhiscent, ou capsulaire (trivalve), 1-loculaire, ordinairement polysperme ; placentaires adnés à l'axe des valves.

Graines horizontales, ou vagues, ou rarement renversées, le plus souvent nidulantes, anatropes, comprimées, enveloppées d'un arille pulpeux (par exception inarillées et seulement strophiolées). Tégument double : l'extérieur crustacé, scrobiculé; l'intérieur pelliculaire. Périsperme charnu, plus ou moins épais. Embryon axile, rectiligne, presque aussi long que le périsperme; cotylédons foliacés, ordinairement plus longs que la radicule.

Les genres suivants font partie de la famille des Passiflorées :

Malesherbia Ruiz et Pav. (Gynopleura Cavan.) — *Passiflora* Linn. (Cieca Med. Astephananthes, Monactineirma et Anthactinia Bory.) — *Disemma* Labill. — *Murucuia* Tourn. — *Tacsonia* Juss. (Distephana Juss.) — *Paschanthus* Burch. — *Modecca* Lamk. — *Deidamia* Pet. Thou. — *Paropsia* Noron. — *Thompsonia* R. Br. — ? *Vareca* Gærtn. — ? *Smeathmannia* Banks.

Genre MALESHERBIA. — *Malesherbia* Ruiz et Pav.

« Calice persistant, infondibuliforme; limbe 5-parti, subpétaloïde. Pétales 5, insérés à la gorge du calice. Parapétales 1-sériés, courts, membraneux, soudés en couronne multidentée ou 10-lobée. Étamines 5; filets filiformes; anthères ovales, versatiles. Ovaire 1-loculaire; placentaires 5, multi-ovulés; ovules bi-sériés, renversés; funicules allongés. Styles 5, capillaires, divariqués, alternes avec les valves de la capsule. Stigmates petits, subclaviformes. Capsule 1-loculaire, polysperme, trivalve au sommet; placentaires nerviformes, courts. Graines inarillées, obovées, striées, munies d'une strophiole fongueuse laciniée. » (D. Don.)

Herbes vivaces, quelquefois suffrutescentes, jamais grimpantes ni garnies de vrilles. Feuilles simples, non-stipulées.

Fleurs axillaires ou terminales, solitaires, sessiles. Pétales bleus ou jaunes.

Ce genre renferme, suivant M. D. Don, sept espèces, toutes indigènes dans l'Amérique méridionale. En voici les plus notables :

A. *Tube calicinal turbiné. Parapétales soudés en couronne annulaire, érosée-denticulée.*

MALESHERBIA COURONNÉ. — *Malesherbia coronata* D. Don, in Edinb. Phil. Journ. jan. 1832; et in Sweet, Brit. Flow. Gard. ser. 2, tab. 167. — *Gynopleura linearifolia* Cavan. Ic. tab. 376. — Bot. Mag. tab. 3362.

« Herbe couverte d'un duvet subincane, et en outre parsemée de glandules stipitées. Tige dressée, cylindrique, haute de 2 à 3 pieds, paniculée dans sa partie supérieure. Rameaux courts, grêles, axillaires, florifères. Feuilles sessiles, pubescentes, linéaires, subobtuses, rétrécies à la base : les caulinaires inférieures longues de 3 à 5 pouces, sinuées-pennatifides ; les caulinaires supérieures et les raméaires denticulées, pennatifides à la base. Fleurs axillaires et terminales, disposées en grappe lâche tout le long des rameaux. Calice presque cotonneux, poilu, d'un vert tirant sur le violet : tube long d'environ 6 lignes ; sépales lancéolés-elliptiques, subobtus, 3-nervés, veineux, de moitié plus longs que le tube. Pétales ovales, subacuminés, courtement onguiculés, veineux, d'un bleu de ciel, un peu plus courts que les sépales. Filets comprimés, à peu près aussi longs que les pétales. Couronne des parapétales blanchâtre, érosée-denticulée. Ovaire cotonneux, un peu saillant. Styles longs, capillaires, insérés au bord du sommet de l'ovaire. » (D. Don, l. c.)

Cette plante, qui mérite d'être cultivée à cause de l'élégance de ses fleurs, croît dans les Andes du Chili.

B. *Tube calicinal cylindracé, urcéolé à la gorge. Parapétales soudés en couronne a 10 lanières 2-4-dentées.*

MALESHERBIA EN THYRSE.   *Malesherbia thyrsiflora* Ruiz

et Pav. Flor. Peruv. 3, tab. 254. — *Gynopleura tubulosa*
Cavan. Ic. 4, tab. 375.

Feuilles linéaires-lancéolées, pointues, sinuées-dentées, cotonneuses. Fleurs axillaires, rapprochées en épi thyrsiforme.

Tiges hautes de 2 pieds et plus, dressées, rameuses, cotonneuses, cylindriques. Feuilles longues de 2 à 4 pouces, larges
de 2 à 4 lignes, nombreuses, sessiles, visqueuses, pointues aux
2 bouts. Calice long de 1 pouce ¹/₂, d'un jaune orange ; tube
à 10 stries ; sépales lancéolés, ciliés. Pétales conformes aux sépales, mais un peu plus courts. Filets plus longs que les sépales. Ovaire ovale-oblong, velu, obscurément trigone. Styles
presque aussi longs que les étamines. Capsule plus longue que
le limbe du calice.

Cette espèce croît au Pérou.

Genre GRENADILLE. — *Passiflora* Linn.

Calice rotacé, 5-sépale ; tube cupuliforme. Pétales 5 ou
nuls. Parapétales tri-ou pluri-sériés : ceux des rangées extérieures pétaloïdes, filiformes, libres, longs ; ceux des rangées intérieures courts, membraneux, soudés en anneau ou
en couronne. Étamines 5. Thécaphore cylindrique, grêle,
saillant. Ovaire inadhérent, ovoïde, 1-loculaire. Styles 3,
étalés, subclaviformes. Stigmates capitellés. Baie charnue
ou rarement presque sèche.

Arbustes, ou rarement herbes vivaces. Tiges sarmenteuses, cirrifères. Feuilles indivisées, ou palmées, ou diversement lobées. Fleurs hermaphrodites, le plus souvent
très-grandes. Pédoncules solitaires, ou géminés, ou rarement fasciculés, uniflores, ou pluriflores, ordinairement
horizontaux ou défléchis : les fructifères pendants.

Les *Grenadilles* ou *Passiflores* constituent l'un des genres
les plus remarquables, tant par la structure que par la rare
beauté des fleurs ; aussi ces végétaux font-ils la parure des
forêts de l'Amérique équatoriale, et, par la même raison,
les recherche-t-on pour l'ornement des serres. La pulpe qui

enveloppe les graines des Grenadilles est en général rafraîchissante, et, dans plusieurs espèces, d'une saveur exquise.

Le nombre des espèces décrites se monte à environ cent cinquante, toutes indigènes en Amérique, et, à l'exception de quelques-unes, propres aux contrées inter-tropicales de ce continent. Les espèces les plus curieuses sont les suivantes :

Section I. ASTROPHEA De Cand.

Vrilles nulles. Fleurs dépourvues d'involucre. Sépales 5. Pétales 5. Tige arborescente (1).

GRENADILLE GLAUQUE. — *Passiflora glauca* Humb. et Bonpl. Plant. Équat. tab. 22.

Feuilles oblongues, ou oblongues-obovales, pointues, ou acuminées, rétrécies à la base, très-entières, penninervées, vertes en dessus, glauques et glanduleuses en dessous ; pétiole non-glanduleux. Pédoncules défléchis, dichotomes, pauciflores, beaucoup plus courts que les feuilles. Pétales et sépales oblongs. Parapétales extérieurs arqués, épaissis au sommet, aussi longs que les périanthes.

Petit arbre, haut d'environ 25 pieds. Tronc droit, cylindrique, haut d'une dixaine de pieds. Rameaux nombreux : les inférieurs étalés ou inclinés. Feuilles atteignant jusqu'à 2 pieds de long. Fleurs larges d'environ 18 lignes. Sépales et pétales blancs. Couronnes jaunes.

Cette espèce a été trouvée par MM. de Humboldt et Bonpland, au Pérou, à 6000 pieds au-dessus du niveau de la mer ; ce serait sans doute une belle acquisition pour les collections d'orangerie.

GRENADILLE A FEUILLES ÉCHANCRÉES. — *Passiflora emarginata* Humb. et Bonpl. Plant. Équat. tab. 23.

---

(1) M. de Candolle se demande si les espèces de cette section ne seraient pas plutôt à réunir au genre *Paropsia.*

Feuilles elliptiques-oblongues , arrondies aux 2 bouts , échancrées ou pointues , hérissées en dessous, biglanduleuses à la base.
Pédoncules velus, dichotomes , 3-5-flores , plus courts que les
feuilles. Sépales et pétales lancéolés. Parapétales extérieurs arqués, épaissis au sommet , aussi longs que les périanthes.

Petit arbre, haut d'environ 12 pieds, ressemblant au Ca-
caoyer par le port. Rameaux dressés , très-nombreux. Jeunes
ramules couverts de poils roux. Fleurs de 2 pouces de diamètre,
de même couleur que celles de l'espèce précédente.

Cette espèce a été observée par MM. de Humboldt et Bonpland, dans les Andes du Pérou, à environ 4800 pieds au-
dessus du niveau de la mer.

SECTION II. POLYANTHEA De Cand.

Pédoncules tantôt géminés, avec une vrille entre les deux
tantôt solitaires, rameux et terminés en vrille. Involucre
nul ou très-petit. Sépales 5. Pétales 5. Tiges grimpantes.

GRENADILLE VELOUTÉE. — *Passiflora holosericea* Linn. —
Cav. Diss. 10, tab. 291. — Bot. Reg. tab. 59. — Bot. Mag.
tab. 2015.

Feuilles ovales ou ovales-elliptiques , trilobées vers leur sommet, pubérules en dessus, presque cotonneuses ou veloutées
en dessous, subcordiformes ou arrondies et bidentées à la base :
lobes arrondis, mucronés : les 2 latéraux très-courts ; pétiole
biglanduleux au-dessus du milieu. Grappes pauciflores, souvent géminées. Sépales et pétales oblongs, obtus, à peu près
isomètres. Parapétales extérieurs lancéolés-subulés , un peu
plus courts que le calice.

Arbuste grimpant. Tiges (longues de 10 pieds et plus) et
rameaux cylindriques, grêles, veloutés étant jeunes. Feuilles
longues de 2 à 4 pouces , larges de 1 pouce à 2 pouces, molles ,
trinervées ; dents basilaires sétiformes , réfléchies ; pétiole 2 à 3
fois plus court que la lame. Pédoncules courts, pubescents. Vrilles pubescentes, spiralées, plus courtes que les feuilles. Fleurs
ébractéolées, de 12 à 18 lignes de diamètre. Calice glabre, ver-

dâtre en dessous. Pétales d'un blanc tirant sur le bleu. Parapétales d'un pourpre violet à la base, jaunâtres vers leur
sommet.

Cette espèce, indigène dans l'Amérique méridionale, se cultive dans les collections de serre.

SECTION III. CIECA Med. — De Cand.

Sépales 5. Pétales nuls. Involucre nul ou minime. Pédoncules uniflores, ordinairement accompagnés d'une vrille.

GRENADILLE A FLEURS PALES. — *Passiflora pallida* Linn.
— Plum. Amer. p. 73, tab. 89. — Bot. Reg. tab. 660.

Feuilles ovales, très-entières, glabres, acuminées : pétiole
biglanduleux au-dessus du milieu.

Tiges suffrutescentes, grêles. Fleurs assez petites, d'un vert
pâle, solitaires. Baie ovoïde ou subglobuleuse, violette, du volume d'une Groseille à maquereaux.

Cette espèce croît aux Antilles et dans l'Amérique méridionale.

GRENADILLE A FLEURS CUIVRÉES. — *Passiflora cuprea* Linn.
(non. Cavan.) — Dill. Hort. Elth. tab. 138, fig. 165. —
Jacq. Ic. Rar. tab. 606.

Feuilles ovales, très-entières, glabres, trinervées ; pétiole
non-glanduleux.

Tige grêle, ligneuse, sarmenteuse. Feuilles raides, veineuses,
assez semblables à celles du Câprier. Fleurs solitaires, d'un
pourpre cuivré, larges d'environ 18 lignes. Sépales oblongs. Parapétales plus courts que le calice, d'un jaune safrané. Baie
ovoïde ou ellipsoïde, de couleur pourpre.

Cette espèce, indigène aux Antilles, se cultive parfois dans
les serres.

GRENADILLE JAUNE. — *Passiflora lutea* Linn. — Cavan. Diss.
10, tab. 267. — Bot. Reg. tab. 79.

Feuilles subréniformes, trilobées, glabres, glauques en dessous : lobes presque égaux, mucronés, non-glandulifères (de

même que le pétiole). Pédoncules poilus, géminés, plus longs que le pétiole. Stipules petites, subulées. Sépales oblongs. Pétales linéaires, plus courts que les sépales, à peu près aussi longs que les parapétales extérieurs.

Racine vivace, composée d'épaisses fibres charnues. Tiges herbacées, sarmenteuses, grêles, pubérules, longues de 5 à 10 pieds. Feuilles larges de 2 à 3 pouces, pubérules étant jeunes, assez luisantes en dessus, semblables à celles de l'Hépatique; lobes ovales ou arrondis; pétiole plus court que la lame. Pédoncules longs de 1 pouce à 2 pouces, filiformes, défléchis, non-bractéolés. Fleurs larges d'environ 6 lignes, d'un jaune verdâtre. Baie violette, subglobuleuse, du volume d'un gros Pois.

Cette espèce croît aux Antilles, et dans le midi des États-Unis, jusqu'en Virginie. On peut la cultiver en pleine terre dans le nord de la France, mais d'ailleurs ses fleurs n'ont rien d'élégant.

Section IV. DECALOBA De Cand.

Cette section ne diffère de la précédente que par des fleurs munies de pétales.

Grenadille perfoliée. — *Passiflora perfoliata* Linn. — Jacq. Hort. Schœnbr. 2, tab. 182.—Andr. Bot. Rep. tab. 547. — Bot. Reg. tab. 78.

Feuilles subamplexicaules, semi-lunées, trilobées, glabres, glauques en dessous; lobes échancrés, mucronés : l'intermédiaire très-court; pétiole non-glanduleux. Stipules subulées. Sépales linéaires-lancéolés, de moitié plus courts que les pétales, plus longs que les parapétales.

Arbuste sarmenteux. Tige cylindrique. Fleurs de couleur pourpre, larges de 1 1/2 pouce.

Cette espèce, indigène aux Antilles, se cultive dans les serres.

Grenadille a fruit rouge. — *Passiflora rubra* Linn. — Cavan. Ic. tab. 174. — Cav. Diss. 10, tab. 268.

Feuilles semi-lunées, subtrilobées, cordiformes à la base,

veloutées, non-glanduleuses (de même que le pétiole); lobes mucronés : le terminal très-court. Pédoncules solitaires, plus longs que les pétioles. Sépales et pétales ovales-oblongs, obtus.

Arbuste sarmenteux. Tiges rameuses, trigones, longues de 8 pieds et plus. Feuilles larges de 2 à 4 pouces : pétiole court, hérissé. Fleurs larges de $1/2$ pouce. Sépales et pétales verdâtres en dessous, jaunâtres en dessus. Parapétales rougeâtres. Péricarpe rouge, coriace, obové, scabre, du volume d'une petite Poire.

Cette espèce croît aux Antilles et dans l'Amérique méridionale.

GRENADILLE POURPRE. — *Passiflora kermesina* Link et Otto, Ic. Sel. — Bot. Reg. tab. 1633..

Feuilles cordiformes-trilobées, discolores, glabres : lobes oblongs, obtus, denticulés. Pédoncules solitaires, beaucoup plus longs que les feuilles.

Tiges grêles. Feuilles larges de 2 à 3 pouces, luisantes et d'un vert foncé en dessus, violettes en dessous. Pétioles cylindriques, biglanduleux vers leur sommet. Fleurs larges de 2 à 3 pouces. Sépales linéaires-oblongs, pointus, d'un pourpre très-vif. Pétales conformes et concolores, un peu plus longs que les sépales. Parapétales courts, étalés, d'un pourpre violet.

Cette espèce, indigène au Brésil, et l'une des plus belles du genre, se cultive dans les serres.

GRENADILLE CHAUVE-SOURIS. — *Passiflora Vespertilio* Linn. — Dill. Hort. Elth. tab. 137, fig. 164. — Cavan. Diss. 10, tab. 271.

Feuilles semi-lunées, subtrilobées, glabres, cordiformes et biglanduleuses à la base; lobes latéraux oblongs-lancéolés, obtus; lobe intermédiaire dentiforme, pointu. Pédoncules courts, solitaires. Sépales et pétales ovales-oblongs, obtus, un peu plus courts que les parapétales.

Arbuste sarmenteux. Tiges cylindriques, striées, très-longues. Feuilles larges de 2 à 3 pouces; pétiole très-court; glandes pourpres, assez grosses. Fleurs larges de 1 pouce. Sépales et pétales verdâtres en dessus, blancs en dessous. Parapétales blancs.

Cette espèce, indigène dans l'Amérique méridionale, se cultive dans les serres.

GRENADILLE DISCOLORE. — *Passiflora discolor* Link et Otto, Ic. Sel. tab. 5. — Lodd. Bot. Cab. tab. 565. — *Passiflora Vespertilio* Bot. Reg. tab. 597.

Cette Grenadille, indigène au Brésil, ne paraît différer de la précédente que par ses feuilles cordiformes à la base et rouges en dessous.

GRENADILLE BIFLORE. — *Passiflora biflora* Lamk. Dict. — Cavan. Diss. 10, tab. 288. — *Passiflora lunata* Smith, Ic. Pict. tab. 1. — Bot. Reg. tab. 577. — *Passiflora Vespertilio* Lawr. Pass. tab. 8.

Feuilles glabres, glanduleuses en dessous, cordiformes à la base, semi-lunées, subtrilobées; lobes latéraux obtus; lobe terminal (quelquefois nul) dentiforme. Pédoncules géminés, plus longs que les pétioles. Sépales et pétales ovales, obtus.

Arbuste sarmenteux. Tiges anguleuses, glabres. Feuilles larges de 2 à 4 pouces, trinervées à la base; pétiole court. Stipules subulées. Fleurs larges de ¹/₂ pouce, verdâtres en dessous, blanchâtres en dessus. Pétales plus courts que les sépales. Parapétales jaunes, plus courts que les pétales.

Cette espèce croît dans l'Amérique méridionale.

GRENADILLE A FEUILLES RONDES. — *Passiflora rotundifolia* Linn. — Cavan. Diss. 10, tab. 290. — Plum. Amer. ed. Burm. tab. 138, fig. 1.

Feuilles glabres en dessus, cotonneuses et glanduleuses en dessous, semi-orbiculaires, trilobées au sommet : lobes égaux, arrondis, apiculés. Pédoncules géminés, presque aussi longs que les feuilles. Sépales ovales - lancéolés, subobtus, 2 fois plus longs que les pétales. Pétales ovales-oblongs.

Arbuste sarmenteux. Tiges sillonnées, flexueuses. Feuilles larges de 1 pouce à 3 pouces, trinervées; pétiole long d'environ

1 pouce, non-glanduleux. Stipules dentiformes. Bractées courtes, subulées, Fleurs blanches, larges d'environ 15 lignes. Parapétales à peu près aussi longs que les pétales. Baie globuleuse,
atteignant 1 pouce de diamètre.

Cette espèce croît aux Antilles et dans l'Amérique méridionale.

GRENADILLE PONCTUÉE. — *Passiflora punctata* Linn. —
Cavan. Diss. 10, tab. 269.

Feuilles glabres, réniformes, subtrilobées, glanduleuses en
dessous; lobes courts, arrondis, presque égaux. Pédoncules solitaires, plus longs que le pétiole. Sépales et pétales oblongs, obtus, plus longs que les parapétales.

Tiges cylindriques, sarmenteuses, sillonnées, très-longues,
glabres. Feuilles larges de 2 à 4 pouces; pétiole court. Fleurs
larges de 1 1/2 pouce, d'un blanc jaunâtre. Parapétales claviformes, jaunes, rouges au milieu. Baie ovoïde, rouge, du volume
d'un œuf de pigeon.

Cette espèce, assez commune dans les collections de serre,
est originaire du Pérou.

SECTION V. GRANADILLA De Cand.

Sépales 5. Pétales 5. Fleurs accompagnées chacune d'un
involucre triphylle. Pédoncules 1-flores, accompagnés
d'une vrille.

a) *Feuilles non-lobées.*

GRENADILLE A FEUILLES DENTELÉES. — *Passiflora serrati-
folia* Linn. — Cavan. Diss. 10, tab. 279. — Bot. Mag.
tab. 651.

Feuilles ovales ou ovales-oblongues, acuminées, dentelées,
pubescentes en dessous; pétiole 2-ou 4-glandulifère. Stipules
linéaires, velues. Pédoncules solitaires, plus longs que les pétioles. Sépales et pétales oblongs, obtus, aussi longs que les
parapétales extérieurs.

Arbuste sarmenteux, haut de 5 pieds. Rameaux grêles, verdâtres, pubescents. Feuilles longues d'environ 3 pouces : les jeunes pubescentes en dessous ; les adultes glabres ; pétiole long de 3 à 4 lignes, aussi long que les stipules. Fleurs verdâtres, de 3 pouces de diamètre. Parapétales bleus, violets vers la base. Baie ellipsoïde, du volume d'un œuf.

Cette espèce croît dans la Guiane ; on la cultive dans les collections de serre.

GRENADILLE ÉCARLATE. — *Passiflora coccinea* Aubl. Guian. tab. 324. — Cavan. Diss. 10, tab. 280.

Feuilles glabres, cordiformes-ovales, pointues, inégalement dentelées ; pétiole 4-glandulifère. Pédoncules solitaires, un peu plus courts que les feuilles. Bractées ovales, dentelées, un peu plus longues que le calice. Sépales oblongs-lancéolés, mucronés. Pétales elliptiques-oblongs, obtus, 2 fois plus longs que les parapétales extérieurs.

Arbuste sarmenteux. Tiges striées, glabres, très-longues. Feuilles longues de 2 à 4 pouces, larges de 1 pouce à 2 pouces, penninervées, glauques en dessous : les jeunes cotonneuses ; pétiole court. Stipules linéaires-lancéolées, dentelées. Bractées de couleur orange. Fleurs de 2 pouces de diamètre, brunâtres en dessus, écarlates en dessous. Parapétales de couleur orange. Baie jaune, ovoïde.

Cette espèce croît dans la Guiane. Son fruit, suivant Aublet, est mangeable.

GRENADILLE MUCRONÉE. — *Passiflora mucronata* Lamk. Dict. — Cavan. Diss. 10, tab. 282.

Feuilles cordiformes - elliptiques, obtuses, très-entières, glabres ; pétiole biglandulifère au milieu. Stipules grandes, ovales-elliptiques, apiculées. Pédoncules solitaires, flexueux, plus longs que les pétioles. Bractées ovales-lancéolées, pointues, crénelées, distantes de la fleur. Sépales et pétales lancéolés, 3 fois plus longs que les parapétales extérieurs.

Arbuste sarmenteux. Tige glabre, cylindrique, légèrement striée. Feuilles coriaces, penninervées, longues de 2 à 4 pouces, larges de 1 pouce à 2 pouces ; pétiole long d'environ 1 pouce.

Stipules aussi longues que le pétiole. Fleurs blanchâtres, de 2 ¹/₂ pouces de diamètre.

Cette espèce croît au Brésil.

GRENADILLE POMIFÈRE. — *Passiflora maliformis* Linn. — Bot. Reg. tab. 94.

Feuilles ovales ou ovales-oblongues, pointues, cordiformes à la base, très-entières; pétiole 2-ou 4-glandulifère. Pédoncules solitaires, défléchis, plus longs que les pétioles. Bractées ovales, pointues, plus longues que le calice. Baie globuleuse, ombiliquée.

Tiges sarmenteuses, suffrutescentes, trigones, atteignant jusqu'à 20 pieds de long. Feuilles longues d'environ 6 pouces, larges de 2 à 3 pouces, d'un beau vert; pétiole court. Stipules ovales-lancéolées, minces, nerveuses. Bractées rougeâtres, veinées de pourpre. Fleurs verdâtres, de 2 à 3 pouces de diamètre. Parapétales panachés de pourpre, de blanc et de violet. Baie de la forme et du volume d'une Pomme moyenne, jaune à la maturité.

Cette espèce est commune aux Antilles et dans l'Amérique méridionale. Son fruit, dont la pulpe a une saveur agréable, est fort estimé des créoles. La coque sèche de ce fruit sert à faire des tabatières.

GRENADILLE A FEUILLES DE TILLEUL. — *Passiflora tiliæfolia* Linn. — Cavan. Diss. 10, tab. 285. — Feuill. Pér. v. 2, p. 720, tab. 12.

Feuilles glabres, suborbiculaires, acuminées, cordiformes-bilobées à la base : lobes équitants; pétiole non-glanduleux. Stipules larges, ovales-lancéolées. Bractées ovales, acuminées. Sépales et pétales linéaires-oblongs, 2 fois plus longs que les parapétales extérieurs.

Tiges sarmenteuses, cylindriques, très-longues. Feuilles longues d'environ 3 pouces, sur 2 ¹/₂ pouces de large; pétiole long de 1 pouce. Stipules plus courtes que le pétiole. Fleurs rouges, de 2 pouces de diamètre. Parapétales d'un pourpre vif, panachés de blanc au milieu. Baie atteignant 2 à 2 ¹/₂ pouces de diamètre, globuleuse, panachée de rouge et de jaune.

Cette espèce croît au Pérou, où on la cultive dans les jardins, tant à cause de la beauté de ses fleurs, que pour ses fruits dont la pulpe est d'une saveur agréable.

GRENADILLE LIGULAIRE. — *Passiflora ligularis* Juss. in Annal. du Mus. v. 6, tab. 40. — Hook. in Bot. Mag. tab. 2967.

Feuilles cordiformes, acuminées, glabres, très-entières; pétiole aplati, à 4 ou 6 glandules liguliformes. Stipules ovales-lancéolées, acuminées, dentées. Bractées ovales, entières. Pédoncules solitaires ou géminés.

Tiges sarmenteuses, suffrutescentes, très-longues. Feuilles longues de 6 pouces et plus, d'un vert gai en dessus, glauques en dessous. Pédoncules longs de 1 pouce. Fleurs de 3 pouces de diamètre, verdâtres en dessus, d'un rose pâle en dessous. Bractées aussi longues que le calice. Baie du volume d'une Orange. Parapétales aussi longs que les sépales, panachés de blanc et de pourpre.

Cette espèce, indigène au Pérou, produit aussi un fruit mangeable; elle se cultive dans les serres.

GRENADILLE QUADRANGULAIRE. — *Passiflora quadrangularis* Linn. — Jacq. Amer. tab. 143. — Cavan. Diss. 10, tab. 283. — Bot. Rég. tab. 14. — Tussac, Flor. Antill. v. 4, tab. 10 et 11.

Rameaux tétraptères. Feuilles glabres, cordiformes-ovales, acuminées, entières. Stipules et bractées ovales, entières; pétiole 2-6-glandulifère. Pédoncules solitaires, plus courts que les feuilles. Sépales et pétales ovales-elliptiques, aussi longs que les parapétales extérieurs.

Arbuste atteignant jusqu'à 60 pieds de haut. Feuilles penninervées, longues de 4 à 6 pouces, larges de 3 à 4 pouces; pétiole long d'environ 1 pouce. Stipules aussi longues que le pétiole. Bractées beaucoup plus petites que le calice. Fleurs très-odorantes, larges de 3 à 4 pouces, de couleur pourpre. Parapétales arqués, flexueux, épais, panachés de blanc, de pourpre et de violet. Baie du volume d'un œuf d'oie ou plus, ovoïde, jaunâtre, luisante; pulpe aqueuse, odorante, d'une saveur douce mêlangée d'acidule.

Cette magnifique plante croît aux Antilles ainsi que dans l'Amérique méridionale, et, dans ces contrées, on la cultive fréquemment dans les jardins, à cause de son fruit, dont les créoles sont très-friands. Jacquin rapporte que ses sarments se développent avec une prodigieuse rapidité, et que dans l'espace de quelques mois ils couvrent de grands arbres.

GRENADILLE AILÉE. — *Passiflora alata* Hort. Kew. — Bot. Mag. tab. 66. — Herb. de l'Amat. Ic.

Rameaux tétraptères. Feuilles glabres, entières, ovales, acuminées, subcordiformes à la base; pétiole 4-glandulifère. Stipules et bractées lancéolées, dentelées. Pédoncules solitaires, presque aussi longs que les feuilles.

Plante semblable à l'espèce précédente par le port. Stipules subfalciformes, petites. Fleurs également semblables à celles du *Passiflora quadrangularis*, mais plus petites.

Cette espèce est indigène au Pérou, et se cultive souvent dans les serres. Son fruit est mangeable.

GRENADILLE A LONGS PÉDONCULES. — *Passiflora longipes* Juss. in Ann. du Mus. v. 6, tab. 38, fig. 1.

Feuilles ovales-lancéolées, échancrées à la base, entières, acuminées; pétiole 4-glandulifère. Stipules lancéolées, obliques à la base. Pédoncules plus longs que les feuilles, solitaires. Sépales et pétales pointus, plus longs que les parapétales.

Arbuste sarmenteux. Feuilles subcoriaces, glabres. Vrilles à peine plus longues que les pétioles. Pédoncules longs de 6 à 8 pouces. Bractées lancéolées, entières, plus courtes que le calice. Fleurs grandes, pendantes, de couleur rose.

Cette espèce croît dans la Nouvelle-Grenade.

GRENADILLE A FEUILLES DE LAURIER. — *Passiflora laurifolia* Linn. — Plum. Amer. tab. 80. — Bot. Reg. tab. 13.

Rameaux aptères, subcylindriques. Feuilles glabres, entières, ovales-oblongues, acuminées ; pétiole 2-glandulifère au sommet. Stipules sétacées. Bractées obovales, à dentelures glanduleuses. Pédoncules solitaires, plus longs que les pétioles. Parapétales extérieurs dressés, bifides au sommet, aussi longs que les pétales.

Arbuste sarmenteux. Tiges fortes, très-longues. Feuilles atteignant 6 pouces de long et 1 ¹/₂ pouce de large, luisantes, coriaces, presque sans veines ; pétiole long d'environ ¹/₂ pouce. Stipules un peu plus courtes que le pétiole. Fleurs larges de près de 3 pouces. Sépales pourpres en dessus, verts en dessous. Pétales roses. Parapétales panachés de zones violettes, blanches, et pourpres. Baie jaune, ovoïde, du volume d'un œuf : épicarpe coriace ; pulpe sucrée, aqueuse.

Cette espèce croît aux Antilles et dans l'Amérique méridionale, où elle se cultive aussi à cause de ses fruits. La beauté de ses fleurs la fait rechercher pour l'ornement des serres.

b) *Feuilles lobées, ou palmées, ou pédalées.*

Grenadille a grappes. — *Passiflora racemosa* Brot. in Trans. Linn. Soc. v. 2, tab. 6. — Bot. Reg. tab. 285. — *Passiflora princeps* Lodd. Bot. Cab. tab. 84.

Feuilles glabres, coriaces, presque peltées, cordiformes-trilobées ; lobes oblongs-lancéolés, pointus : les latéraux courts ; pétiole glanduleux. Fleurs en grappe (par l'avortement des feuilles supérieures) ; pédicelles géminés. Calice tubuleux presque jusqu'au milieu : sépales beaucoup plus longs que les parapétales.

Arbuste sarmenteux. Rameaux glabres, cylindriques, striés. Feuilles d'un vert un peu glauque, larges de 3 à 4 pouces ; dentelures glanduleuses en dessous ; pétiole long de 8 à 12 lignes, parsemé de quelques glandes sessiles. Stipules 2 à 3 fois plus courtes que le pétiole, ovales, acuminées, mucronées, inéquilatérales, dentées. Grappes lâches, pendantes, multiflores, nues. Pédicelles longs de 8 à 12 lignes. Calice écarlate, long de 2 pouces. Sépales oblongs-linéaires, obtus, 2 fois plus ongs que les pétales. Pétales oblongs-lancéolés, pointus, de couleur écarlate de même que les parapétales.

Cette espèce, l'une des plus remarquables du genre , par la beauté et l'abondance de ses fleurs, est indigène au Brésil. On la cultive fréquemment dans les serres.

GRENADILLE STIPULAIRE. — *Passiflora stipulata* Aubl. Guian. 2, tab. 325.—*Passiflora glauca* Jacq. Hort. Schœnbr. tab. 284 (non Humb. et Bonpl.) — Bot. Reg. tab. 88.

Feuilles glabres, glauques en dessous, trilobées, arrondies ou subcunéiformes à la base : lobes presque égaux, oblongs, obtus , mucronés, bordés (de même que les bractées et stipules) de quelques dentelures glanduleuses; pétiole glanduleux. Stipules grandes, amplexicaules, falciformes. Pédoncules solitaires, défléchis, plus courts que les feuilles. Sépales oblongs, obtus , longuement cuspidés. Parapétales capillaires, plus courts que les pétales.

Arbuste sarmenteux, glabre. Tiges striées, cylindriques. Feuilles minces, larges de 3 à 4 pouces ; pétiole grêle , long de 1 pouce, parsemé de 3 à 6 glandules sessiles. Fleurs larges d'environ 2 pouces , vertes en dessous, d'un bleu très-pâle en dessus. Parapétales d'un jaune tirant sur le brun.

Cette plante, originaire de la Guiane, se cultive dans les serres.

GRENADILLE CARNÉE. — *Passiflora incarnata* Linn. — Cavan. Diss. 10, tab. 293. — Jacq. Ic. Rar. 1, tab. 187. — Bot. Reg. tab. 152 et tab. 332 (var. integriloba). — *Passiflora edulis* Sims, Bot. Mag. tab. 1989. —Hort. Trans. Lond. v. 3, tab. 3.

Feuilles trifides ou triparties , cunéiformes ou cordiformes à la base , glabres : lobes ovales ou ovales-lancéolés, acuminés, dentelés, ou entiers, presque égaux; pétiole biglanduleux au sommet. Pédoncules solitaires, plus longs que les pétioles. Stipules sétacées. Bractées ovales ou oblongues, courtes, bordées de dentelures glanduleuses. Sépales et pétales oblongs, quelquefois un peu plus courts que les parapétales.

Tiges herbacées ou suffrutescentes , sarmenteuses , atteignant 3o pieds de long ou plus. Feuilles fermes, d'un vert gai , larges de 5 à 6 pouces; dentelures ordinairement glanduleuses au sommet; pétiole ferme, anguleux , long de 6 à 12 lignes. Stipules beaucoup plus courtes que le pétiole. Fleurs larges de 2 à 3 pouces, vertes en dessous, d'un blanc carné ou d'un bleu pâle en dessus. Sépales courtement cuspidés, un peu plus longs que les pétales. Parapétales filiformes, de couleur bleue ou pourpre et panachés de zones blanches. Baie ellipsoïde ou ovoïde, jaunâtre, subcoriace, du volume d'un œuf d'oie; pulpe sucrée.

Cette espèce croît dans l'Amérique méridionale, aux Antilles, et dans le midi des États-Unis, jusqu'en Virginie. Elle est fréquemment cultivée à cause de ses fruits et comme plante d'ornement.

GRENADILLE A FEUILLES CUNÉIFORMES. — *Passiflora cuneifolia* Cavan. Diss. 10, tab. 292.

Feuilles cunéiformes et biglanduleuses à la base, glabres, triparties : lobes ovales-lancéolés, dentelés, acuminés. Pédoncules solitaires, plus longs que les pétioles. Bractées ovales-elliptiques , obtuses. Parapétales 3 fois plus courts que les sépales.

Rameaux striés, glabres. Feuilles larges de 3 à 4 pouces ; pétiole long de 1 pouce. Stipules courtes, sétacées. Fleurs larges de près de 3 pouces , de couleur pourpre. Sépales et pétales obtus. Parapétales rougeâtres.

Cette espèce croît dans l'Amérique équatoriale.

GRENADILLE FILAMENTEUSE.—*Passiflora filamentosa* Cavan. Diss. 10, tab. 294.

Feuilles subcordiformes à la base, 3-ou-5-parties, glabres; lobes lancéolés ou ovales-lancéolés , pointus, dentelés , glanduleux vers la base ; pétiole biglanduleux au-dessous du sommet. Bractées ovales-elliptiques, à dentelures glanduleuses. Parapétales extérieurs plus longs que le calice.

Cette espèce, indigène dans l'Amérique équatoriale, se cultive comme plante d'ornement, en serre.

GRENADILLE PALMÉE. — *Passiflora palmata* Loddig. Bot.
Cab. tab. 97. — Bot. Mag. tab. 2023. — *Passiflora filamentosa* Bot. Reg. tab. 584.

Feuilles pubescentes en dessous, arrondies à la base, palmées,
à 3, ou 5, ou 7 lobes ovales-lancéolés, pointus, dentelés; pétiole biglanduleux au sommet. Stipules petites, subulées. Bractées ovales ou arrondies, dentelées, glanduleuses vers la base.
Parapétales extérieurs à peu près aussi longs que les pétales.

Arbuste sarmenteux. Tiges anguleuses, très-longues. Fleurs
larges de 3 pouces, verdâtres en dessous, blanchâtres en dessus.
Parapétales violets. Fruit globuleux, du volume d'une Pomme
moyenne; pulpe mangeable.

Cette espèce, originaire du Brésil, et très-voisine de la Grenadille commune, se cultive comme plante d'ornement. Elle est
assez rustique, et supporte en plein air les hivers des environs
de Paris, lorsqu'ils ne sont pas rigoureux.

GRENADILLE COMMUNE. — *Passiflora cœrulea* Linn. —
Cavan. Diss. 10, tab. 225. — Bot. Mag. tab. 28. — Herb. de
l'Amat. tab. 102. — Bot. Reg. tab. 488. — Duham. Arb. ed.
nov. vol. 2, tab. 12.

Feuilles glabres, glauques en dessous, pédatiparties, à 3, 5
ou 7 lobes oblongs, obtus, entiers, échancrés, ou apiculés;
pétiole glanduleux. Stipules larges, falciformes, cuspidées,
denticulées. Pédoncules solitaires, plus longs que les pétioles.
Bractées ovales ou elliptiques, apiculées, grandes, entières,
cordiformes à la base. Sépales et pétales oblongs, 1 fois plus
longs que les parapétales.

Arbuste sarmenteux, grimpant à 60 pieds de haut et plus.
Rameaux cylindriques, striés. Feuilles larges de 3 à 6 pouces,
fermes, luisantes en dessus; lobes parfois bordés de quelques
glandules vers leur base : les basilaires ordinairement plus
courts et divariqués; pétiole long d'environ 1 pouce, parsemé
de 3 à 6 glandules ordinairement stipitées et quelquefois opposées.
Pédoncules fermes, défléchis, longs de 2 à 3 pouces. Fleurs de
2 à 3 pouces de diamètre, verdâtres en dessous, d'un bleu très-

pâle en dessus, odorantes. Sépales oblongs, trinervés, cuspidés, un peu plus longs que les pétales. Pétales oblongs, obtus. Bractées d'un vert pâle, 1 fois plus courtes mais de moitié plus larges que les sépales. Parapétales extérieurs filiformes, obtus, dressés, d'un pourpre violet dans leur moitié inférieure, panachés d'une zone blanche au milieu, bleu de ciel dans leur moitié supérieure. Baie jaunâtre, ellipsoïde, du volume d'un petit œuf.

Cette espèce, connue sous le nom vulgaire de *Fleur de Passion*, est originaire du Pérou, et se cultive depuis fort longtemps comme plante d'ornement. Elle est assez rustique, et s'accommode très-bien du climat de la France méridionale, où elle est même presque naturalisée dans plusieurs localités ; mais aux environs de Paris, elle ne résiste que difficilement aux hivers un peu rigoureux. Ses fleurs ont une odeur très-suave, et se succèdent depuis le mois de juillet jusqu'à la fin de l'automne.

Section VI. DYSOSMIA De Cand.

Sépales 5. Pétales 5. Pédoncules 1-flores, solitaires. Fleurs accompagnées d'un involucre à 3 folioles fimbriées : lanières glandulifères au sommet. Baie presque sèche.

Grenadille fétide. — *Passiflora fœtida* Cavan. Diss. 10, tab. 289. — Bot. Mag. tab. 2619. — *Passiflora hirsuta* Loddig. Bot. Cab. tab. 138. — *Passiflora variegata* Mill.

Feuilles velues aux 2 faces, 5-nervées, cordiformes, trilobées ; lobes presque entiers : les latéraux très-courts ; le terminal acuminé ; pétiole hispide (de même que les tiges), non-glanduleux.

Tiges herbacées, cylindriques, striées, hérissées de longs poils horizontaux. Feuilles longues de 2 à 3 pouces, larges de 18 à 24 lignes ; pétiole court. Stipules petites, dentiformes. Fleurs blanches, larges de 1 ½ pouce. Parapétales jaunes au sommet.

Cette espèce croît aux Antilles et dans l'Amérique méridionale.

GRENADILLE CILIÉE. — *Passiflora ciliata* Ait. Hort. Kew. — Bot. Mag. tab. 288.

Feuilles glabres, subquinquénervées, cordiformes à la base, trifides; lobes acuminés, ciliés, dentelés, oblongs; pétiole pubescent, non-glanduleux.

Tiges herbacées, glabres. Stipules étroites, pennatifides. Folioles de l'involucre bipennatiparties. Fleurs larges de 2 à 3 pouces. Corolle carnée. Parapétales blancs au milieu, d'un violet foncé tant à leur base qu'à leur sommet.

Cette espèce croît aux Antilles.

Genre DISEMMA. — *Disemma* Labill.

Calice rotacé : sépales 5. Pétales 5. Parapétales bisériés : la série extérieure filamenteuse; la série intérieure formant un tube ou anneau membraneux soit entier, soit denté. Étamines, pistil et péricarpe comme ceux des Grenadilles.

Les *Disemma* ont des fleurs très-élégantes, et se cultivent comme plantes d'agrément. On ne connaît que les quatre espèces dont nous allons parler.

a) *Pétiole biglanduleux au sommet.*

DISEMMA ORANGE. —*Disemma aurantia* Labill. Sert. Caled. tab. 79. — *Passiflora aurantia* Forst. Prodr. — *Murucuja aurantia* Pers.

Feuilles glabres, arrondies à la base, trilobées; lobes divergents, obtus : les 2 latéraux plus courts, obscurément lobés du côté extérieur. Pédoncules tribractéolés peu au dessous du sommet. Bractées sétacées, glanduleuses au sommet. Parapétales extérieurs à peu près aussi longs que le calice.

Tiges glabres, sarmenteuses, cannelées. Vrilles rougeâtres. Fleurs larges d'environ 2 pouces, de couleur orange. Sépales et pétales oblongs.

Cette espèce croît dans la Nouvelle-Calédonie.

DISEMMA DE HERBERT. — *Disemma Herbertiana* De Cand. Prodr. — *Passiflora Herbertiana* Bot. Reg. tab. 637.

Feuilles pubérules : les inférieures réniformes, courtement 5-ou 7-lobées ; les autres cordiformes ou cordiformes-orbiculaires, profondément trilobées ; lobes obtus ou pointus, divergents : le terminal ordinairement plus long. Pédoncules bractéolés au dessus du milieu. Bractées sétacées. Pétales 1 fois plus courts que les sépales, 1 fois plus longs que les parapétales extérieurs.

Tiges sarmenteuses, rameuses, suffrutescentes : les jeunes pubérules ou veloutées. Feuilles larges de 2 à 4 pouces, assez fermes, d'un vert foncé; lobes triangulaires, ou ovales-triangulaires, ou oblongs-triangulaires, tantôt presque égaux, tantôt les 2 latéraux très-courts; pétiole plus court que la lame. Pédoncules solitaires, uniflores, plus courts que les pétioles. Fleurs larges d'environ 3 pouces. Sépales verdâtres en dessous, d'un rouge pâle en dessus, oblongs-linéaires, obtus. Pétales oblongs, obtus, d'un rouge de cinabre pâle. Parapétales extérieurs filiformes, jaunes. Parapétales intérieurs soudés en tube conique, rougeâtre, aussi long que les parapétales extérieurs. Thécaphore un peu plus long que les sépales.

Cette espèce, assez commune dans les collections de serre tempérée, est originaire de la Nouvelle-Hollande.

DISEMMA ÉCARLATE. — *Disemma coccinea* De Cand. Prodr.

Feuilles glabres, glanduleuses en dessous, cunéiformes à la base, 3-nervées, à 3 lobes très-obtus. Bractées subulées, éparses.

Cette espèce croît dans la Nouvelle-Hollande.

b) *Pétiole non-glanduleux.*

DISEMMA A FEUILLES D'ADIANTHE. — *Disemma adianthifolia* De Cand. Prodr. — *Passiflora adianthifolia* Bot. Reg. tab. 233. — *Passiflora aurantia* Andr. Bot. Rep. tab. 295. (non Forst.) — *Passiflora glabra* Wendl. Coll. 1, tab. 17. — *Passiflora Adianthum* Willd. Enum.

Feuilles glauques et glanduleuses en dessous, cunéiformes ou tronquées à la base, glabres, 3-ou 5-lobées ; lobes obtus, subtrilobés. Bractées subulées, éparses. Pétales 2 fois plus courts que les sépales, plus longs que les parapétales.

Arbrisseau sarmenteux. Pédoncules solitaires, uniflores, à peu près aussi longs que les pétioles. Fleurs larges de près de 3 pouces. Calice de couleur orange en dessous, rougeâtre ou couleur de chair en dessus.

Cette espèce est indigène dans l'île de Norfolk.

Genre MURUCUIA. — *Murucuia* Tourn.

Les *Murucuïa* ne diffèrent des Grenadilles que par leurs parapétales unisériés, soudés en tube pétaloïde, conique, tronqué au sommet. Ce genre ne renferme que les deux espèces suivantes :

a) *Sépales* 5. *Pétales nuls. Tube des parapétales cylindracé.*

Murucuïa a feuilles orbiculaires. — *Murucuia orbiculata* Pers. — *Passiflora orbiculata* Cavan. Diss. 10, tab. 286.

Feuilles glanduleuses en dessous, suborbiculaires, trilobées au sommet; lobes très-courts, arrondis, presque égaux. Pédoncules géminés, uniflores, plus longs que les feuilles, tribractéolés vers leur milieu. Tube des parapétales 2 fois plus court que le calice.

Arbuste sarmenteux. Tiges cylindriques, striées. Vrilles caduques. Feuilles larges de 1 pouce à 3 pouces, trinervées, glabres : pétiole long de ½ pouce, tortillé, non-glanduleux. Fleurs larges de 2 pouces, de couleur écarlate. Sépales lancéolés-oblongs, presque obtus. Tube des parapétales long de 1 pouce, sur 4 lignes de diamètre, 2 fois plus court que le thécaphore.

Cette espèce croît à Saint-Domingue.

b) *Sépales* 5. *Pétales* 5. *Tube des parapétales urcéolé.*

Murucuïa écarlate. — *Murucuia ocellata* Pers. — *Passiflora Murucuia* Linn. — Bot. Reg. tab. 574. — Tussac, Flor. Antill. v. 2, tab. 7.

Feuilles glabres, glanduleuses en dessous, cordiformes ou

tronquées à la base, trinervées, bilobées (presque sémi-lunées) : lobes divergents, égaux, inéquilatéraux, elliptiques-oblongs, arrondis au sommet, rétus, mucronulés. Pédoncules solitaires, uniflores, plus longs que les feuilles. Pétales 1 fois plus courts que les sépales, un peu plus longs que le tube des parapétales.

Arbuste sarmenteux. Rameaux grêles, anguleux, cannelés. Vrilles filiformes, spiralées, plus longues que les feuilles. Feuilles larges de 1 pouce à 3 pouces, subcoriaces; nervures fines, prolongées en denticules mucroniformes; pétiole grêle, non-glanduleux, presque aussi long que la lame. Stipules et bractées sétacées. Fleurs de couleur écarlate, larges d'environ 2 pouces. Sépales lancéolés-oblongs, obtus. Pétales linéaires-oblongs, plus étroits que les sépales. Tube des parapétales long de ½ pouce. Thécaphore plus long que le calice. Baie ellipsoïde, violette, du volume d'une Olive.

Cette espèce, indigène en Guiane et aux Antilles, se cultive souvent pour l'ornement des serres.

Genre TACSONIA. — *Tacsonia* Juss.

Calice tubuleux : limbe 5-parti. Pétales 5, insérés à la gorge du calice. Parapétales courts, 1-sériés, squamuli-formes et soudés par la base, ou piliformes et libres, insérés à la gorge du calice. Étamines, pistil et péricarpe comme ceux des Grenadilles.

Ce genre renferme environ trente espèces, la plupart propres à l'Amérique équinoxiale, et en général remar-quables par des fleurs magnifiques. Voici les espèces les plus notables :

A. *Parapétales piliformes ou sétiformes, 1-sériés. Tube calicinal long.*

a) *Fleurs accompagnées chacune d'un involucre à 5 bractées libres.*

TACSONIA HYBRIDE. — *Tacsonia adulterina* Juss. in Ann.

du Mus. v. 6, p. 393. — *Passiflora adulterina* Linn. —
Smith, Ic. Ined. tab. 24. — Cavan. Diss. 10, tab. 278.

Feuilles ovales ou ovales-oblongues, obtuses, révolutées aux
bords, penninervées, denticulées, glabres en dessus, cotonneuses en dessous. Stipules linéaires-lancéolées, dentelées. Sépales
et pétales ovales, concaves, 1 étrécis à la base.

Arbuste sarmenteux. Tiges anguleuses. Feuilles longues d'environ 2 pouces, sur 1 pouce de large. Stipules à peu près aussi
longues que le pétiole. Pédoncules uniflores, solitaires, plus
longs que les pétioles. Bractées ovales-lancéolées. Tube calicinal
long de 4 pouces; limbe large de 3 à 4 pouces. Parapétales piliformes, courts. Péricarpe ellipsoïde, moucheté, du volume
d'un œuf.

Cette espèce croît dans la Nouvelle-Grenade.

Tacsonia a stipules pectinées. — *Tacsonia pinnatistipula* Juss. l. c. — Don, in Sweet, Brit. Flow. Gard. ser. 2,
tab. 156. — Bot. Reg. tab. 1536. — *Passiflora pinnatistipula*
Cavan. Ic. 5, tab. 428.

Feuilles profondément trifides, subcordiformes à la base, glabres en dessus, cotonneuses en dessous; segments lancéolés ou
lancéolés-oblongs, pointus, dentelés; pétiole 4-8-glandulifère.
Stipules minimes, pectinées (de même que les bractées). Parapétales filiformes, de moitié plus courts que les sépales.

« Tiges très-longues. Rameaux quadrangulaires, cotonneux
(de même que les pétioles, stipules, pédoncules et bractées).
Feuilles larges de 4 lignes à 5 pouces, tantôt plus longues que
larges, tantôt moins longues, luisantes en dessus : les adultes
rugueuses; pétiole long d'environ 8 lignes. Vrilles longues d'environ 6 pouces. Pédoncules plus ou moins tortillés, longs d'environ 3 pouces. Bractées ovales, pointues, brunâtres, longues
de 5 à 6 lignes, insérées presque au sommet du pédoncule. Tube
calicinal long de 2 à 3 pouces, un peu charnu, cotonneux à la
surface externe, blanchâtre à la paroi interne, muni un peu au-
dessous de la gorge de 5 fovéoles auxquelles correspondent, à
l'extérieur, autant de bosses. Sépales longs de 2 pouces, oblongs,

obtus, verdâtres et cotonneux en dessous, d'un rose pâle en dessus, courtement cuspidés au-dessous de leur sommet. Pétales conformes aux sépales, mais un peu plus courts, de couleur rose, mutiques. Parapétales bleus. » D. Don. l. c.

Cette plante magnifique, introduite depuis environ 10 ans en Angleterre, est indigène au Chili.

> **b)** *Bractées de l'involucre soudées en calicule.*

TACSONIA COTONNEUX. — *Tacsonia tomentosa* Juss. l. c. — *Passiflora tomentosa* Linn. — Cavan. Diss. 10, tab. 275 et 276.

Feuilles cordiformes-orbiculaires, cotonneuses, profondément trilobées; lobes ovales ou ovales-oblongs, pointus, dentelés, un peu divergents. Stipules lancéolées-falciformes, semi-amplexicaules, denticulées. Calicule trifide, campanulé. Sépales et pétales oblongs-obovales, obtus. Parapétales sétiformes, glandulifères.

Arbuste sarmenteux. Rameaux cylindriques, cotonneux. Feuilles larges de 3 pouces et plus; pétiole long d'environ 1 pouce, bordé de 6 glandules stipitées. Pédoncules solitaires, uniflores, un peu plus longs que les pétioles. Fleurs de couleur rose. Tube calicinal long de près de 6 pouces; sépales longs de 2 pouces, cuspidés, d'un brun roux en dessous. Baie longue de 2 à 3 pouces, sur 1 pouce de diamètre, ovale-oblongue : pulpe jaune, odorante.

Cette plante croît au Pérou. La pulpe de ses fruits est mangeable.

TACSONIA A LONGUES FLEURS. — *Tacsonia mixta* Juss. l. c. — *Passiflora Tacso* Cavan. Diss. 10, tab. 277. — Smith, Ic. Ined. tab. 25. — *Passiflora longiflora* Lamk.

Feuilles cordiformes-orbiculaires, 5-lobées, glabres; lobes oblongs, pointus, dentelés, divergents : les 2 basilaires très-courts; pétiole glanduleux. Stipules semi-cordiformes, acuminées, dentelées. Calicule urcéolé, renflé, tridenté. Sépales et pétales oblongs. Parapétales sétiformes, glandulifères.

Arbuste sarmenteux. Tiges glabres , anguleuses. Feuilles larges de 4 à 6 pouces, longues de 3 à 4 pouces ; pétiole court, bordé de 6 glandules stipitées. Fleurs semblables à celles de l'espèce précédente.

Cette espèce croît au Pérou.

B. *Parapétales bisériés : ceux de la série extérieure libres, filiformes ; ceux de la série intérieure soudés en anneau membraneux. Tube calicinal court, subcampanulé.*

Tacsonia glanduleux. — *Tacsonia glandulosa* Juss. l. c. — *Passiflora glandulosa* Cavan. Diss. 10, tab. 281.

Feuilles glabres , coriaces, ovales-oblongues, courtement acuminées, très-entières ; pétiole court, biglanduleux. Stipules minimes. Pédoncules solitaires, uniflores, un peu plus longs que les pétioles. Involucre à 3 bractées subulées, biglanduleuses à la base. Sépales oblongs-lancéolés, mucronés au-dessous du sommet. Pétales linéaires-oblongs, obtus.

Tige cylindrique, glabre. Feuilles longues de 2 à 4 pouces, larges de 1 pouce à 2 pouces ; pétiole long de 4 à 6 lignes, à 2 glandules sessiles. Fleurs larges de 2 pouces. Sépales d'un brun roux en dessous. Pétales rouges. Baie ovoïde, du volume d'un œuf.

Cette espèce habite la Guiane.

Genre MODECCA. — *Modecca* Lamk.

Fleurs dioïques ou monoïques. Calice campanulé, persistant, 5-fide. Pétales 5. Parapétales (rarement nuls) 5, ou 10, squamiformes. Étamines 5; anthères immobiles. Ovaire courtement stipité. Stigmates 3, pétaloïdes. Capsule vésiculeuse, uniloculaire, trivalve, polysperme, ou quelquefois oligosperme ; placentaires 3 , adnés à l'axe des valves. Graines tuberculeuses.

Ce genre, qui paraît avoir de très-grandes affinités avec les Cucurbitacées, renferme environ dix espèces, dont la suivante seule offre quelque intérêt.

Modecca a feuilles palmées. — *Modecca palmata* Lamk.
— Hort. Malab. v. 8, tab. 20.

Feuilles cordiformes, palmées, 3-ou 5-lobées, glabres, glanduleuses en dessous; lobes ovales-lancéolés, acuminés, entiers.
Stipules spinescentes. Pédoncules axillaires, dichotomes, cirrifères. Fleurs en cymes lâches. Sépales acuminés. Capsule globuleuse.

Arbuste sarmenteux, fleurissant pendant presque toute l'année. Racine grosse, charnue. Feuilles grandes, molles. Fleurs
jaunâtres, inodores. Capsule de couleur orange, du volume
d'une petite Pomme.

Cette espèce est indigène dans l'Inde. Rheede lui attribue des
vertus pectorales.

Genre DÉIDAMIA. — *Deidamia* Pet. Thou.

Calice pétaloïde, profondément 5-8-fide. Corolle nulle.
Parapétales filamentiformes, 1-sériés, insérés au fond du
calice. Étamines en même nombre que les lobes du calice;
androphore court, columnaire. Ovaire ovale. Styles 3 ou 4.
Capsule stipitée, 3-ou 4-valve. Graines horizontales, unisériées sur chaque placentaire, comprimées, scrobiculées,
recouvertes d'un arille renflé à la base, ouvert au sommet.

Arbrisseaux grimpants. Vrilles axillaires. Feuilles imparipennées : pétiole glanduleux. Pédoncules 2-7-flores.

Ce genre, propre à l'île de Madagascar, renferme trois
espèces, dont voici la plus remarquable :

Déidamia de Noronha. — *Deidamia Noronhæ* De Cand.
Prodr. — *Deidamia alata* Pet. Thou. Hist. des Végét. des
îles de l'Afr. austr. tab. 20.

Tiges anguleuses, comprimées. Feuilles un peu écartées, ailées, 5-foliolées : pétiole commun long de 4 à 5 pouces, parsemé
de glandes urcéolées; folioles pétiolulées, échancrées, fermes,
articulées, longues de 3 à 4 pouces : les 4 latérales oblongues ; la terminale cunéiforme-oblongue. Vrilles simples. Pédoncules courts, bifurqués, biflores : les fructifères pendants.

Fleurs blanchâtres, larges d'environ 4 lignes. Sépales ovales-oblongs, obtus. Fruit verdâtre, de la forme et du volume d'un œuf de poule. Graines superposées, longues de 5 à 6 lignes ; arille transparent.

Cette espèce est nommée *Vahing Viloma* par les naturels de Madagascar, lesquels en mangent les graines avec leur arille.

Genre PAROPSIA. — *Paropsia* Petit-Thou.

Calice 5-parti. Pétales 5, insérés au fond du calice. Parapétales unisériés, pentadelphes. Étamines 5, monadelphes par la base ; anthères immobiles? Ovaire non-stipité. Styles 5, soudés inférieurement. Stigmates 5, gros, capitellés. Capsule vésiculeuse, profondément trisulquée, 1-loculaire, 5-valve, polysperme ; placentaires 5. Graines bisériées sur chaque placentaire.

Arbuste non-sarmenteux, dépourvu de vrilles. Feuilles indivisées, penninervées, non-glanduleuses, non-stipulées. Pédoncules axillaires, courts, 1-flores, non-bractéolés, fasciculés.

L'espèce suivante constitue à elle seule le genre :

PAROPSIA COMESTIBLE. — *Paropsia edulis* Pet. Thou. Hist. des Vég. d'Afr. tab. 19.

Arbrisseau haut de 5 à 6 pieds. Tronc dressé. Branches grêles, peu rameuses. Feuilles longues de 3 à 4 pouces, larges de 6 à 18 lignes, elliptiques-oblongues, ou oblongues, acuminées, légèrement dentées, glabres, rétrécies en court pétiole. Pédoncules inégaux, longs de 2 à 5 lignes. Fleurs larges d'environ 6 lignes. Sépales ovales-lancéolés, pointus. Pétales conformes aux sépales, mais un peu plus courts. Parapétales filiformes, nombreux, un peu plus courts que les pétales, à peu près aussi longs que les étamines. Capsule cotonneuse, subglobuleuse, du volume d'une Cerise. Graines oblongues, comprimées, horizontales, enveloppées d'un arille blanchâtre, charnu, transparent.

Cette plante croît à Madagascar. L'arille de ses graines est mangeable.

QUATRE-VINGT-SEIZIÈME FAMILLE.

LES HOMALINÉES. — *HOMALINEÆ.*

(*Homalineæ* R. Brown, in Tuck. Cong. p. 438. — De Cand. Prodr.
v. 2, p. 55. — Bartl. Ord. Nat. p. 269.)

Cette petite famille, qui du reste paraît avoir peu
d'affinités avec les précédentes, ne renferme qu'une
vingtaine d'espèces, toutes indigènes dans la zone équinoxiale. Ces végétaux sont d'un intérèt purement scientifique.

CARACTÈRES DE LA FAMILLE.

Arbrisseaux ou *arbustes*. Rameaux cylindriques.

Feuilles alternes, simples, entières, penninervées, pétiolées, non ponctuées ni glanduleuses, bi-stipulées.
Stipules caduques.

Fleurs hermaphrodites, régulières, disposées en
grappe, ou en épi, ou en panicule. Pédicelles non-bractéolés.

Calice adhérent inférieurement; limbe 5-15-sépale,
valvaire en préfloraison, étalé pendant la floraison, persistant, herbacé; 1 ou 2 glandules ou squamules insérées à la base (très-rarement au dessus de la base) de
chaque sépale.

Pétales en même nombre que les sépales et interpositifs, persistants, subvalvaires en préfloraison.

Étamines insérées à la base des pétales, en même
nombre que ceux-ci, ou en nombre triple, ou en nombre sextuple. Filets libres, subulés. Anthères versatiles,
didymes, longitudinalement déhiscentes.

Pistil : Ovaire semi-infère, 1-loculaire ; placentaires 3-5, pariétaux, 1-2- ou pluri-ovulés. Styles 3-5, filiformes, ou subulés, rarement soudés. Stigmates indivisés, peu apparents.

Péricarpe charnu et indéhiscent, ou capsulaire, 1-loculaire ; placentaires adnés à l'axe des valves, filiformes, monospermes, ou pleïospermes.

Graines (inconnues dans la plupart des espèces) petites, ovales, ou anguleuses. Périsperme charnu. Embryon petit, axile.

Les genres suivants sont rapportés à cette famille :

Homalium Jacq. (Acoma Adans. Racoubea Aubl.) — *Napimoga* Aubl. — *Pineda* Ruiz et Pav. — *Blackwellia* Commers. (Vermontea Commers. Astranthus Lour.) — *Nisa* Pet. Thou. — *Myriantheia* Pet. Thou. — *Eriodaphus* Nees. — *Adenobasium* Presl.

QUATRE-VINGT-DIX-SEPTIÈME FAMILLE.

LES SAMYDÉES. — *SAMYDEÆ*.

(*Samydeæ* Gærtn. fil. Carpol. III, p. 258-242. — Vent. in Mém. de l'Inst. 1807, vol. 2, p. 142. — Kunth, in Humb. et Bonpl. Nov. Gen. et Spec. v. 5, p. 360. — De Cand. Prodr. v. 2, p. 47. — Bartl. Ord. Nat. p. 268. — Aug. Saint-Hil. in Flor. Brésil. Merid.)

En général, les *Samydées* n'offrent rien de remarquable ni dans leur port, ni dans leurs propriétés. On connaît environ soixante espèces, toutes indigènes dans la zône équatoriale.

CARACTÈRES DE LA FAMILLE.

Arbrisseaux ou *arbustes*. Rameaux cylindriques.

Feuilles éparses, souvent subdistiques, simples, coriaces, indivisées, penninervées, très-entières, ou dentelées, courtement pétiolées, bistipulées, ordinairement parsemées de vésicules transparentes (les unes ponctiformes, les autres linéaires). Stipules petites, libres, caduques.

Fleurs hermaphrodites, régulières, axillaires, solitaires, ou fasciculées. Pédoncules articulés au-dessus de leur base.

Calice inadhérent, persistant, 5-parti (rarement 3-7-parti), ou 5-fide ; sépales herbacés en dessous, colorés en dessus, imbriqués ou rarement valvaires en préfloraison.

Disque laminaire, tapissant le fond ou le tube du calice.

Pétales nuls.

Étamines insérées au fond ou à la gorge du calice, en nombre soit double, soit triple, soit quadruple des sépales. Filets monadelphes par la base, subulés, tantôt tous anthérifères, tantôt alternativement stériles (velus ou ciliés, et plus courts) et anthérifères. Anthères basifixes, innées, dithèques : bourses contiguës, longitudinalement déhiscentes.

Pistil : Ovaire inadhérent, 1-loculaire ; placentaires 3-5, pariétaux, multi-ovulés. Styles soudés en un seul soit indivisé, soit 3-5-fide au sommet. Stigmates capitellés, souvent soudés en un seul.

Péricarpe : Capsule coriace, 1-loculaire, 3-5-valve ; endocarpe souvent coloré ; placentaires papilleux ou pulpeux, adnés à l'axe des valves, polyspermes.

Graines (orthotropes?) ovales, nidulantes, complétement ou incomplétement recouvertes d'un arille soit membraneux, soit charnu. Tégument double : l'extérieur crustacé ; l'intérieur pelliculaire. Hile ombiliqué. Périsperme charnu, huileux. Embryon petit, rectiligne, axile : cotylédons ovales, foliacés, plissés ; radicule obtuse, dirigée en sens inverse du hile.

La famille ne renferme que les deux genres suivants :
Samyda Linn. (Bigelovia Spreng.) — *Casearia* Jacq. (Anavinga Lamk. Iroucana et Pitumba Aubl. Melistaurum Forst. Athenæa Schreb. Lindleya Kunth. Chætocrater Ruiz et Pav.)

Genre SAMYDA. — *Samyda* Linn.

Calice campanulé, coloré, 5-fide, décagone en préfloraison : sépales inégaux. Pétales nuls. Étamines 10-18, insérées au tube calicinal ; filets monadelphes, subulés au sommet, tous anthérifères ; anthères petites, oblongues, dressées. Ovaire ovoïde, 1-loculaire ; placentaires 3 ou 4.

Style subulé, indivisé. Stigmate capitellé. Capsule coriace, 1-loculaire, 3-ou 4-sulquée, 3-ou 4-valve au sommet, polysperme. Graines ovoïdes, obtuses, recouvertes d'un arille pulpeux.

Ce genre renferme environ quinze espèces, dont les suivantes se cultivent parfois comme plantes d'ornement, en serre.

SAMYDA A FEUILLES LUISANTES. — *Samyda nitida* Linn. — Brown. Jam. tab. 23, fig. 3. — Lamk. Ill. tab. 355, fig. 3.

Petit arbre. Rameaux alternes, diffus. Feuilles glabres aux 2 faces, luisantes en dessus, pétiolées, cordiformes-ovales, légèrement crénelées. Pédoncules 1-flores, fasciculés. Fleurs 8-ou 10-andres. Calice profondément 5-fide : sépales ovales, obtus. Capsule subglobuleuse, coriace, remplie de pulpe.

Cette espèce croît à la Jamaïque.

SAMYDA A FLEURS ROSES.— *Samyda rosea* Sims, Bot. Mag. tab. 550 — *Samyda serrulata* Andr. Bot. Rep. tab. 202. — *Samyda pubescens* Linn.

Arbrisseau. Rameaux pubescents. Feuilles longues d'environ 3 pouces, pubescentes aux 2 faces, courtement pétiolées, oblongues, obtuses, dentelées. Pédoncules courts, uniflores, fasciculés. Calice long d'environ 6 lignes, d'un rose vif, campanulé, 5-fide jusqu'au dessus du milieu; sépales ovales, obtus. Étamines environ 20, plus courtes que le calice.

Cette espèce est originaire de Saint-Domingue.

SAMYDA ÉPINEUX. — *Samyda spinulosa* Vent. Choix des Plant. tab. 43.

Arbrisseau à tiges rameuses. Feuilles longues de 4 à 6 pouces, glabres, pétiolées, ovales-oblongues, dentelées, pointues. Pédoncules courts, géminés, ou ternés. Bractées ovales, pointues, pubescentes, plus longues que les pédoncules. Calice pourpre, pubescent, 5-fide jusque vers son milieu. Étamines 10. Capsule globuleuse, glabre, du volume d'une petite Prune, 4-ou 5-valve.

Cette espèce croît aux Antilles.

Genre CASÉARIA. — *Casearia* Jacq.

Calice profondément 4-6-fide ; estivation imbricative. Étamines 16 à 30 ; filets alternativement stériles (plus courts, squamiformes, poilus) et anthérifères (plus longs, subulés). Style indivisé, ou trifide au sommet. Stigmates 3, subglobuleux, ou un seul stigmate trilobé. Capsule coriace, charnue, polysperme, 3-valve. Graines munies d'un arille incomplet, membraneux, multifide.

Arbres ou arbrisseaux. Feuilles entières ou dentées, distiques. Fleurs en ombelles, ou en glomérules, ou moins souvent en corymbe, ou solitaires. Calice d'un blanc verdâtre, ou rose.

Ce genre renferme environ cinquante espèces (15 indigènes dans l'Asie équatoriale, les autres dans l'Amérique équatoriale), dont voici la plus remarquable :

CASÉARIA A FEUILLES D'ORME. — *Casearia ulmifolia* Vahl. — Saint-Hil. in Flor. Brasil. Merid.

Arbrisseau à rameaux pubérules. Feuilles longues de 3 à 5 pouces, larges de 1 pouce à 2 pouces, pubérules, oblongues, acuminées, dentelées, ponctuées ; pétiole long de 3 à 4 lignes. Stipules caduques. Ombelles courtement pédonculées, multiflores. Calice long d'environ 1 ligne, profondément 5-fide ; sépales ovales, obtus. Étamines un peu plus courtes que le calice. Filets stériles spathulés. Style indivisé.

Cette espèce croît dans l'Amérique méridionale. M. Aug. de Saint-Hilaire rapporte que chez les habitants de la province des Mines, elle passe pour un remède efficace contre la morsure des serpents venimeux : à cet effet, on fait boire aux malades le suc des feuilles de la plante, et l'on applique les feuilles mêmes sur la plaie.

LES RHÉADÉES.

RHOEADEÆ Bartl.

CARACTÈRES.

Herbes, ou *sous-arbrisseaux,* ou *arbrisseaux,* ou *arbres.* Sucs-propres quelquefois laiteux. Tiges et rameaux cylindriques ou irrégulièrement anguleux, inarticulés.

Feuilles éparses (par exception opposées, ou verticillées), simples, ou rarement composées, souvent lobées ou profondément incisées. Stipules le plus souvent nulles.

Sépales 2-4, ou moins souvent 5 ou 6, libres, ou soudés par la base, ou rarement soudés jusqu'au milieu ou plus haut, ordinairement caducs ; estivation valvaire, ou distante, ou plus souvent imbricative.

Réceptacle confondu avec le fond du calice, ou saillant, ou plane, souvent prolongé en thécaphore stipitiforme.

Disque inapparent, ou incomplet et irrégulier, ou constitué par un certain nombre de glandules, ou rarement complet et régulier.

Pétales hypogynes (par exception nuls ou périgynes), en même nombre que les sépales et interpositifs, ou en nombre double des sépales, ou en nombre multiple et plurisériés, non-persistants, imbriqués ou condupliqués (rarement distants) en préfloraison.

Étamines hypogynes (par exception périgynes), en nombre défini, ou en nombre indéfini, uni- bi- ou pluri-sériées. Filets libres ou diadelphes. Anthères à 2 bourses, ou rarement à une seule bourse.

Pistil : Ovaire inadhérent, à 2-8 placentaires pariétaux, ordinairement nerviformes, ou filiformes, ou septiformes, multi-ovulés, ou rarement uni-ovulés. Style nul, ou indivisé et persistant. Stigmates en même nombre que les placentaires (perpendiculaires à l'axe de ceux-ci, ou interpositifs), quelquefois bifides, ou bilobés, libres, ou soudés en un seul. Ovules anatropes ou campylotropes.

Péricarpe complétement ou incomplétement déhiscent, ou moins souvent charnu, uniloculaire, ou 2-loculaire, ou quelquefois pluri-loculaire, le plus souvent polysperme; placentaires ordinairement intervalvaires.

Graines campylotropes ou anatropes, quelquefois arillées ou strophiolées, périspermées, ou apérispermées. Embryon rectiligne ou curviligne; cotylédons foliacés en germination.

Cette classe se compose des Capparidées, des Résédacées, des Crucifères, des Papavéracées, des Fumariacées, des Polygalées, et des Trémandrées.

QUATRE-VINGT-DIX-HUITIÈME FAMILLE.

LES CAPPARIDÉES. — *CAPPARIDEÆ*.

(*Capparides* Juss. Gen. et in Ann. du Mus. v. 18, p. 474.—*Capparideæ*
Vent. Tabl. — De Cand. Prodr. 1, p. 237. — R. Brown, in Denh. et
Clapp. — Bartl. Ord. Nat. p. 265.)

La famille des *Capparidées* renferme environ trois
cents espèces, la plupart indigènes dans la zone équatoriale. En général, les graines ainsi que les parties
herbacées de ces végétaux ont une saveur piquante,
analogue à celle de la Moutarde ; aussi plusieurs espèces
ont-elles été signalées comme diurétiques et anti-scorbutiques. Un certain nombre de Capparidées méritent d'être cultivées comme plantes d'ornement.

CARACTÈRES DE LA FAMILLE.

Herbes, ou *arbustes,* ou *arbres.* Sucs-propres aqueux.
Tiges et rameaux ordinairement cylindriques.
Feuilles simples ou digitées, éparses, pétiolées. Stipules nulles, ou sous forme d'aiguillons.
Fleurs hermaphrodites, ou rarement par avortement
unisexuelles, plus ou moins irrégulières, axillaires, ou
terminales, pédonculées. Pédoncules uniflores ou pluriflores, ordinairement solitaires, disposés en grappe,
ou en corymbe, ou en panicule.
Calice inadhérent, non-persistant, ou rarement persistant ; sépales 4 (1 supérieur, 2 latéraux, souvent plus
petits, et 1 inférieur), libres, ou soudés jusque vers leur
milieu ; estivation distante, ou valvaire, ou imbricative.
Réceptacle plus ou moins saillant, ou quelquefois

confondu avec le fond du calice, fréquemment prolongé en thécaphore filiforme ou cylindracé.

Disque adné au réceptacle (ou quelquefois inapparent), ordinairement incomplet et réduit à une grosse glande insérée devant le sépale supérieur, ou à 3 glandes insérées devant les 3 sépales supérieurs, ou rarement à 4 glandes insérées devant les 4 sépales.

Pétales 4 (très-rarement nuls), insérés à la base du réceptacle (entre les glandes du disque, lorsqu'il y en a), onguiculés, souvent dissemblables, ordinairement inégaux (les 2 inférieurs fréquemment plus petits, déclinés, ou ascendants); estivation imbricative, ou rarement distante.

Étamines en nombre indéfini (probablement multiple des pétales), ou en nombre soit double, soit triple, soit quadruple, soit quintuple des pétales, ou bien au nombre de 6 (dont 4 insérées deux à deux devant les sépales supérieur et inférieur; les 2 autres insérées une à une devant les 2 sépales latéraux), ou par exception au nombre de 4 ou de 5, insérées au réceptacle (plus haut que les pétales) ou au thécaphore. Filets filiformes ou capillaires, libres, ou monadelphes par la base, ou par exception diadelphes (une seule fertile, libre; les 4 autres stériles, monadelphes), souvent anisomètres. Anthères mobiles, basifixes, échancrées aux 2 bouts, linéaires, ou oblongues, ou elliptiques, subtétragones, arquées après l'anthèse, à 2 bourses contiguës, confluentes postérieurement, chacune déhiscente par une fente longitudinale soit latérale, soit antérieure; connectif inapparent.

Pistil : Ovaire 1-loculaire, ou 2-8-loculaire (1) par

___

(1) Quoique nous n'ayons observé ce caractère que sur le *Capparis spinosa*, nous ne doutons pas qu'on ne le retrouve dans beaucoup d'au-

des expansions septiformes des placentaires, lesquelles
soñt soudées par leur bord antérieur en axe central
rayonnant; placentaires filiformes, ou capillaires, ou
nerviformes, pariétaux (1), ordinairement multi-ovulés.
Ovules horizontaux ou résupinés, campylotropes, unisériés ou bisériés ou nidulants sur chaque placentaire;
funicule denticuliforme, ou capillaire et plus ou moins
allongé. Style nul, ou indivisé et cylindrique, persistant. Stigmate disciforme, pelté.

Péricarpe charnu et indéhiscent (souvent rempli de
pulpe), ou siliqueux (bivalve, à 2 placentaires intervalvaires, libres après la déhiscence), 1-loculaire (soit
originairement, soit par l'oblitération des diaphragmes
placentairiens; peut-être pluri-loculaire dans certaines
espèces), ordinairement polysperme.

Graines horizontales, ou appendantes, campylotropes, subglobuleuses, ou presque réniformes. Tégument
triple : l'extérieur mince, souvent réticulé, ou chagriné,
ou muriqué; l'intermédiaire testacé; l'intérieur pelliculaire. Périsperme (souvent nul) charnu et plus ou
moins épais. Embryon presque circulaire ou courbé en
fer à cheval, subcylindracé; radicule dorsale, un peu

---

tres Capparées, lorsqu'on les examinera avec soin et sur le vivant.
D'ailleurs cette conformation du pistil est tout à fait analogue à celle
qu'offrent la plupart des Crucifères, et elle établit un lien de plus entre
les deux familles.

(1) Lorsque l'ovaire offre seulement deux placentaires, l'un est opposé à l'axe du sépale supérieur, l'autre à l'axe du sépale inférieur.
Telle est du moins la symétrie relative des placentaires et des sépales dans
les *Cléomées*, tout à fait analogues, en ce point, aux Crucifères. Nous
n'avons pas eu l'occasion d'étendre aux *Capparées* nos recherches à ce
sujet. Il est inutile de faire remarquer que, dans le *Capparis spinosa*,
dont l'ovaire offre toujours 6 ou 7 placentaires, il ne saurait y avoir de
rapport symétrique entre ces organes et les quatre sépales.

écartée des çotylédons et à peu près de même longueur que ceux-ci; cotylédons linéaires, obtus, entiers, semi-cylindriques.

La famille des Capparidées se compose des genres suivants :

Ire TRIBU. LES CAPPARÉES.—*CAPPAREÆ* De Cand.

Péricarpe charnu, indéhiscent (2), à 2-8 placentaires. Étamines jamais au nombre de 6, le plus souvent en nombre indéfini.

Prockia Linn. — *Mærua* Forsk. — *Thylachium* Lour. — *Busbeckea* Endl. — *Morisonia* Plum. — *Stephania* Willd. (Steriphoma Spreng.) — *Sodada* Forsk. — *Capparis* Linn. — *Atamisquea* Miers. — *Schepperia* Neck. (Macromerum Burch.) — *Cadaba* Forsk. (Strœmia Vahl.) — *Boscia* Lamk. (Podoria Pers.) — *Niebuhria* De Cand. — *Cratæva* Linn. (Othrys Pet. Thou.) — *? Tovaria* Flor. Peruv. — *? Hermupoa* Lœffl. — *? Roydsia* Wall. — *? Singana* Aubl. (Sterbeckia Schreb.)

IIe TRIBU. LES CLÉOMÉES. — *CLEOMEÆ* De Cand.

Silique bivalve. Étamines le plus souvent au nombre de 6.

Corynandra Schrad. — *Rorida* Forsk. — *Physostemon* Mart. — *Cristatella* Nutt. (Jacksonia Rafin.) — *Polanisia* Rafin. — *Siliquaria* Forsk. — *Cleome* Linn. — *Gynandropsis* De Cand. (Podogyne Hoffmannsegg.)

---

(1) A en juger d'après les courtes descriptions de Jacquin et d'autres auteurs, les fruits de certains *Capparis* seraient des siliques bivalves.

— *Peritoma* De Cand. — *Cleomella* De Cand. — *Dac-tylœna* Schrad. — *Stanleya* Nutt. — *Warea* Nutt. (1).

Genre CAPRIER. — *Capparis* Linn.

Sépales *4* : le supérieur et l'inférieur cuculliformes, éta-lés, recouvrants en préfloraison; les 2 latéraux naviculaires, plus étroits, réfléchis. Réceptacle hémisphérique. Disque incomplet, formant (devant le sépale supérieur) une bosse charnue subtriangulaire. Pétales *4*, étalés, inégaux, courte-ment onguiculés : les 2 supérieurs contigus, inéquilatéraux; les 2 inférieurs subéquilatéraux, divergents, un peu plus longs mais moins larges que les supérieurs. Étamines très-nombreuses, plurisériées, un peu déclinées, divergentes; filets filiformes, subcylindriques; anthères oblongues, échan-crées aux 2 bouts. Thécaphore très-long, grêle, cylindrique. Ovaire cylindrique, 6-ou 7-loculaire; cloisons très-minces, placentairiennes, soudées par leur bord antérieur en axe anguleux; placentaires 6 ou 7, nerviformes, multi-ovulés; ovules résupinés, bisériés sur chaque placentaire ; funicules capillaires, allongés. Stigmate petit, subcapitellé, sessile. Baie polysperme, pulpeuse, 1-loculaire par l'oblitération des cloisons. Graines nidulantes (2).

Arbustes, ou rarement herbes suffrutescentes. Feuilles simples, indivisées : pétiole souvent muni de 2 aiguillons stipulaires. Fleurs grandes, éphémères.

On rapporte à ce genre environ cent trente espèces, la plupart très-incomplétement connues.

CAPRIER COMMUN. — *Capparis spinosa* Linn. — Blackw.

---

(1) Le docteur Nuttall envisage ce genre et le précédent comme con-stituant un petit groupe (les *Stanléyées*) tenant le milieu entre les Cru-cifères et les Capparidées.

(2) N'ayant examiné que le *Capparis spinosa*, nous sommes loin de croire que ces caractères s'appliquent à toutes les espèces classées à tort ou à raison dans le genre.

Herb. tab. 417.— Duham. Arb. ed. 2, v. 1, tab. 34.— Sibth. et Smith, Flor. Græc. tab. 486. — Bot. Mag. tab. 291. — *Capparis rupestris* Sibth. et Smith, Flor. Græc. tab. 487. — *Capparis ovata* Desfont. Flor. Atl. — Marsch. Cauc. — *Capparis Fontanesii* De Cand. Prodr. — *Capparis herbacea* Willd.

Arbuste très-rameux, ordinairement glabre sur toutes les parties; souche épaisse, ligneuse. Rameaux herbacés, annuels, cylindriques, effilés, diffus ou ascendants, feuillus, fragiles, ordinairement simples. Feuilles longues de 1 pouce à 3 pouces, aussi larges ou moins larges que longues, glauques, un peu charnues, lisses, luisantes en dessus, penninervées, ovales, ou ovales-elliptiques, ou elliptiques, ou suborbiculaires, pointues, ou très-obtuses, souvent échancrées et submucronulées, arrondies ou subcordiformes à la base; nervures (au nombre de 3 à 5 de chaque côté) saillantes en dessous, peu apparentes en dessus; pétiole court, épais, charnu, tantôt inerme, tantôt muni à sa base de deux petits aiguillons stipulaires soit crochus, soit rectilignes, rougeâtres, ou jaunâtres, réfléchis, ou divariqués. Pédoncules solitaires, uniflores, axillaires, érigés ou ascendants lorsque les rameaux sont couchés, horizontaux lorsque les rameaux sont érigés, à peu près aussi longs que la feuille ou un peu plus longs, raides, nus, cylindriques. Sépales verdâtres, très-obtus, longs de 7 à 8 lignes; bouton suborbiculaire, comprimé. Pétales longs de 10 à 12 lignes, larges de 6 à 8 lignes, blancs, cunéiformes-obovales : les 2 supérieurs charnus et verdâtres du côté intérieur vers leur base, et un peu convolutés de ce même côté. Étamines à peu près aussi longues que les pétales; filets débiles, violets vers leur sommet, blancs inférieurement; anthères violettes. Thécaphore grêle, violet, un peu plus long que les étamines, ascendant pendant la floraison, plus tard ordinairement décliné. Ovaire long de 2 lignes, cylindrique, oblong, rétréci à la base, 6- ou 7-loculaire. Stigmate petit, sessile, violet. Baie verte ou rougeâtre, ovoïde, ou fusiforme, ou subclaviforme, ou oblongue-cylindracée, charnue, remplie de pulpe avant la maturité, longue de 1 pouce à 2 pouces. Graines brunes, subréniformes, lisses, larges d'environ 2 lignes; périsperme inapparent. Embryon courbé en fer à cheval.

Cette espèce, la seule du genre qui soit indigène en Europe, croît dans toute la région méditerranéenne, surtout aux endroits pierreux ou rocailleux et exposés au soleil. Les boutons de ses fleurs, cueillis quelque temps avant l'épanouissement, et confits au vinaigre, fournissent le condiment connu de tout le monde sous le nom de *Câpres;* à cet effet, l'arbuste est cultivé en grand dans le midi de la France, et ailleurs, dans l'Europe australe, ainsi qu'aux environs de Tunis. Les jeunes fruits se confisent en guise de Cornichons. Toutes les parties de la plante ont une saveur piquante et des propriétés antiscorbutiques; la racine passe pour diurétique.

La beauté de ses fleurs, qui se succèdent pendant tout l'été, fait rechercher le Câprier comme arbuste d'agrément; mais dans le nord de la France, il ne prospère qu'au pied d'un mur exposé au midi.

CAPRIER DES MARIANNES. — *Capparis mariana* Jacq. Hort. Schœnbr. 1, tab. 109. — *Capparis cordifolia* Lamk. Dict.

Arbrisseau haut de 5 à 6 pieds. Feuilles cordiformes-ovales, obtuses, ou échancrées, glabres, glauques; pétiole court, inerme. Pédoncules solitaires, axillaires, uniflores, à peu près aussi longs que les feuilles. Fleurs très-odorantes, larges de plus de 2 pouces. Pétales obovales, 2 fois plus longs que les sépales.

Cette espèce, indigène aux îles Mariannes, se cultive dans les serres.

CAPRIER ODORANT. — *Capparis odoratissima* Jacq. Hort. Schœnbr. 1, tab. 110.

Arbrisseau haut d'environ 7 pieds. Rameaux ferrugineux. Feuilles elliptiques-lancéolées, pointues, arrondies ou échancrées à la base, glabres en dessus, pulvérulentes en dessous; pétiole court. Pédoncules latéraux et terminaux, pluriflores; pédicelles courts, en grappe. Fleurs très-odorantes, larges d'en-

viron 1 pouce. Pétales ovales, un peu plus longs que les sépales, passant du blanc au pourpre. Étamines 28-32, à peu près
aussi longues que les pétales. Thécaphore court. Baie oblongue.

Cette espèce, qu'on cultive aussi en serre, comme plante
d'ornement, croît dans l'Amérique méridionale.

CAPRIER MAGNIFIQUE. — *Capparis pulcherrima* Jacq. Amer.
tab. 106. — *Capparis arborescens* Mill. Dict.

Arbrisseau atteignant 12 pieds de haut. Feuilles glabres, coriaces, luisantes, ovales-oblongues, obtuses, longues de 10
pouces; pétiole très-court, inerme. Fleurs très-odorantes, en
grappe terminale, dressée, simple, longue de 6 pouces. Pétales
ovales, pointus, d'un jaune blanchâtre. Étamines plus longues
que les pétales; filets d'abord blancs, puis pourpres. Baie grosse,
globuleuse, jaunâtre et molle à la maturité. Graines réniformes-
globuleuses, blanches.

Cette espèce a été observée par Jacquin, sur les montagnes
des environs de Carthagène.

CAPRIER A GROS FRUIT. — *Capparis amplissima* Lamk.
Dict. — Plum. ed. Burm. tab. 73, fig. 2.

Arbre à tronc atteignant une grosseur considérable. Écorce
épaisse, noirâtre, ridée. Feuilles coriaces, glabres, veineuses,
elliptiques-oblongues, assez semblables à celles du Laurier, mais
plus grandes, munies à leur aisselle d'une glande ovale; pétiole
court, inerme. Pédoncules courts, axillaires, subterminaux,
uniflores. Fleurs larges de 3 pouces. Pétales blancs. Étamines
très-nombreuses, blanches, beaucoup plus longues que les pétales. Thécaphore long. Baie de la forme et du volume d'un œuf
d'oie, d'un vert brun; épicarpe charnu, ridé.

Cette espèce croît à Saint-Domingue.

CAPRIER TOUFFU. — *Capparis frondosa* Jacq. Amer.
tab. 104.

Arbrisseau peu rameux, haut de 7 à 20 pieds. Rameaux redressés. Feuilles coriaces, nerveuses, glabres, lancéolées, acuminées, subcordiformes à la base, atteignant jusqu'à 1 pied de long; pétiole court, inerme. Pédoncules uniflores, terminaux, en corymbe. Fleurs inodores, larges de 1 pouce. Sépales suborbiculaires. Pétales pourpres. Thécaphore court. Fruit cylindrique, court, tortueux.

Cette espè   croît à Saint-Domingue et dans la Nouvelle-Grenade.

Caprier de Rheede. — *Capparis Rheedii* De Cand. Prodr. — Hort. Malab. v. 6, tab. 57. — *Capparis Baducca* Lamk. Dict.

Arbrisseau haut de 5 à 6 pieds; tronc atteignant la grosseur d'un bras. Feuilles molles, un peu charnues, glabres, vertes, rapprochées, ovales-lancéolées, pointues. Pédoncules solitaires ou ternés, axillaires, uniflores, à peu près aussi longs que les feuilles. Pétales grands, cunéiformes, d'un blanc bleuâtre. Étamines de la longueur des pétales.

Cette espèce croît sur la côte de Malabar, où on la nomme *Badukka;* les Hindous la cultivent dans les jardins, à cause de la beauté de ses fleurs.

Genre CRATÆVA. — *Cratœva* Linn.

Sépales 4, inégaux. Pétales 4, redressés. Réceptacle hémisphérique ou cylindracé. Étamines 8-28; filets filiformes, déclinés; anthères oblongues. Thécaphore long, filiforme. Stigmate sessile, capitellé. Baie longuement stipitée, 1-ou 2-loculaire, remplie de pulpe : épicarpe mince, subcoriace. Graines nidulantes.

Arbres ou arbrisseaux. Feuilles trifoliolées. Fleurs en panicule ou en corymbe, terminales.

Ce genre renferme onze espèces, dont voici les plus remarquables :

Cratæva Tapier. — *Cratœva Tapia* Linn. — Plum. Gen. tab. 21. — Pis. Brasil. tab. 69 ?

Arbre très-élevé. Tronc atteignant 40 pieds de haut, et plus;

écorce verte; branches étalées, touffues, très-rameuses. Folioles vertes, glabres, entières, ovales, acuminées, inégales : la terminale longue de 5 pouces et plus, large de 2 à 3 pouces ; les 2 latérales beaucoup plus petites; pétiole-commun glabre, très-long. Fleurs en panicule lâche. Pédoncules longs, alternes, glabres. Sépales ovales, subobtus, beaucoup plus courts que les pétales. Pétales obovales, obtus. Étamines 8-16, un peu plus courtes que la corolle, insérées à un réceptacle cylindracé. Thécaphore 2 fois plus long que les étamines. Baie du volume et de la forme d'une Orange : épicarpe brun, dur; pulpe farineuse, un peu ferme. Graines réniformes.

Ce végétal, nommé vulgairement *Tapier* ou *Tapia*, croît aux Antilles et dans l'Amérique méridionale; la pulpe de son fruit a une odeur d'Ail.

CRATÆVA ODORANT. — *Cratæva fragrans* Sims, Bot. Mag. tab. 596. — *Cratæva capparoides* Andr. Bot. Rep. tab. 176.

Arbuste volubile. Rameaux glabres, cylindriques. Folioles longues de 4 à 5 pouces, larges de 18 à 24 lignes, sessiles, glabres, vertes, elliptiques-oblongues, acuminées aux 2 bouts, très-entières; pétiole-commun long d'environ 1 pouce. Fleurs en corymbe terminal. Pédoncules longs de 2 pouces, glabres, cylindriques, inclinés avant la floraison. Sépales lancéolés, verts, longs d'environ 18 lignes, larges de 5 à 6 lignes. Pétales 2 fois plus longs que les sépales, très-étroits, lancéolés-spathulés, longuement cuspidés, ondulés aux bords. Étamines 12-16, à peu près aussi longues que les sépales, insérées à un réceptacle cylindracé très-court; filets blancs; anthères bleues. Thécaphore plus long que les sépales. Ovaire court, cylindrique. Stigmate sessile.

Cette espèce, originaire de Sierra-Léoné, se cultive comme plante d'ornement, en serre chaude.

IIᵉ TRIBU. **LES CLÉOMÉES.** — *CLEOMEÆ* De Cand.

Étamines ordinairement au nombre de 6 : 2 insérées une à une devant les 2 sépales latéraux, ou (étant insérées au thécaphore) perpendiculaires à l'un de ces sépales; les 4 autres insérées deux à deux devant le sépale supérieur et le sépale inférieur, ou (étant insérées au thécaphore) perpendiculaires à ces sépales. Filets souvent anisomètres : les 2 supérieurs plus courts, les 2 inférieurs plus longs que les 2 latéraux. Ovaire uniloculaire; placentaires 2, filiformes, ou nerviformes, correspondants l'un à l'axe du sépale supérieur, l'autre à l'axe du sépale inférieur (1). Péricarpe : silique bivalve, 1-loculaire, ordinairement polysperme. — Sépales en préfloraison à peine imbriqués par les bords, ou distants (du moins dans leur partie supérieure).

Genre CORYNANDRA. — *Corynandra* Schrad.

« Sépales 4, ovales, pointus. Pétales 4, obovales, étalés. Étamines en nombre indéfini, insérées au réceptacle; filets claviformes; anthères oblongues. Silique bivalve de bas en haut. Graines verruqueuses. »

L'espèce suivante constitue à elle seule ce genre :

CORYNANDRA ÉLÉGANT. — *Corynandra pulchella* Schrad. Cat. Sem. Hort. Gœtt. 1826. — Reichenb. Hort. 2, tab. 147.

Herbe annuelle, glauque, haute d'environ 2 pieds. Tige

---

(1) Quoi qu'en aient dit mal à propos quelques auteurs, la symétrie respective de tous les organes floraux des *Cléomées* hexandres est absolument semblable (sauf la longueur relative des étamines) à celle qu'on observe dans les Crucifères.

dressée, lisse, peu rameuse, un peu flexueuse. Feuilles 3-ou 5-foliolées; folioles longues d'environ 1 pouce, lancéolées, pubescentes aux bords et en dessous aux nervures; pétiole pubescent. Fleurs en grappe lâche. Pédicelles longs de 1 pouce ou plus, horizontaux pendant l'anthèse. Sépales ovales, 5 à 6 fois plus courts que les pétales. Corolle large de 1 pouce $^1/_2$; pétales obovales-oblongs, acuminés, d'un rose vif. Filets violets, aussi longs que les pétales. Silique longue d'environ 2 pouces.

Cette plante, indigène au Mexique, se cultive dans les serres.

Genre POLANISIA. — *Polanisia* Rafin.

Sépales 4, ascendants, inégaux : le supérieur et l'inférieur plus longs, mais moins larges que les latéraux. Pétales 4, dressés : les 2 inférieurs un peu plus petits. Réceptacle confondu avec la base du calice. Disque incomplet, à 5 glandules confluentes par la base. Étamines 8-52; filets libres, subulés; anthères elliptiques, échancrées aux 2 bouts, latéralement déhiscentes; connectif inapparent. Thécaphore nul ou très-court. Ovaire linéaire, comprimé latéralement; placentaires filiformes, multi-ovulés. Style filiforme. Stigmate disciforme. Silique non-stipitée, ou substipitée, comprimée, polysperme. Graines réniformes, renversées, bisériées sur chaque placentaire.

Herbes annuelles. Pubescence ordinairement glandulifère. Feuilles ponctuées, 5-7-foliolées. Aiguillons stipulaires nuls. Pédoncules axillaires, 1-flores. Organes floraux· dressés. Pétales blancs, ou jaunes, ou roses, ou violets.

Suivant M. de Candolle, ce genre renferme neuf espèces, dont voici les plus notables :

POLANISIA BITUMINEUX. — *Polanisia graveolens* Rafin. Journ. de Phys. 1819, p. 93. — *Cleome dodecandra* var. *canadensis* Linn.

Feuilles 3-foliolées, pubérules-glanduleuses et visqueuses (de même que les autres parties herbacées); folioles lancéolées-ellip-

tiques ou lancéolées-oblongues, obtuses, très-entières. Pétales
obcordiformes, de moitié plus longs que les sépales. Étamines
8 à 12, débordées par le pistil. Pédoncules fructifères divergents
ou divariqués. Silique érigée, substipitée, glanduleuse, oblongue,
rétrécie aux 2 bouts, apiculée par le style ; valves finement
1-nervées au milieu, subréticulées.

Plante haute de 6 à 18 pouces, couverte sur toutes ses parties
herbacées d'une courte pubescence glandulifère et visqueuse.
Tige dressée, cylindrique, striée, feuillue, ordinairement
rameuse. Feuilles molles, d'un vert foncé : les florales plus
petites, souvent 1-foliolées vers l'extrémité des grappes; folioles longues de 6 à 18 lignes, courtement pétiolulées; pétiole - commun tantôt plus long, tantôt plus court que les
folioles. Grappes multiflores, d'abord courtes et très-denses :
les fructifères lâches et plus ou moins allongées. Pédoncules filiformes, accrescents, plus courts que la silique : les supérieurs beaucoup plus longs que la feuille florale; les inférieurs
débordés par les feuilles. Fleurs petites. Sépales lancéolés-
obovales, bombés, brunâtres, à peine longs de 2 lignes. Pétales blancs : onglets filiformes, plus courts que la lame. Étamines un peu plus longues que les pétales. Glandes du disque
inégales : l'intermédiaire (insérée devant le sépale supérieur)
beaucoup plus grosse; les 2 autres (insérées devant les 2 sépales
latéraux) courtes, stipitiformes. Style très-court. Stigmate petit.
Silique longue de 12 à 18 lignes, chartacée, fragile, d'un jaune
verdâtre ; valves larges de 3 à 4 lignes, légèrement bombées ;
nervures placentairiennes filiformes. Funicules denticuliformes,
persistants. Graines caduques, brunes, scrobiculées, à peine
échancrées, comprimées, suborbiculaires, du volume d'un grain
de Moutarde. Périsperme charnu, inégal (mince autour des cotylédons, épais autour de la radicule). Embryon subcirculaire :
cotylédons oblongs-linéaires, obtus, semi-cylindriques; radicule
cylindrique, pointue, un peu plus courte que les cotylédons.

Cette espèce croît aux États-Unis. Toutes ses parties ont une
forte odeur bitumineuse.

Pᴏʟᴀɴɪsɪᴀ ᴠɪsǫᴜᴇᴜx. — *Polanisia viscosa* De Cand. Prodr.

— *Cleome viscosa* Linn. — Hort. Malab. v. 9, tab. 23. — *Cleome icosandra* Linn. — Burm. Zeyl. tab. 99.

Feuilles pubérules-glanduleuses (de même que les autres parties herbacées), 3-ou 5-foliolées ; folioles lancéolées-obovales ou lancéolées-oblongues. Pétales ovales ou ovales-oblongs, 2 fois plus longs que les sépales. Étamines 8-24. Silique non-stipitée, striée, velue, rétrécie à la base, apiculée par le style.

Plante haute de 2 à 4 pieds, très-visqueuse et plus ou moins velue sur toutes ses parties herbacées. Tige dressée, striée, raide, anguleuse ; rameaux ascendants ou divergents. Grappes multiflores, plus ou moins allongées, feuillées seulement à la base, aphylles supérieurement ou garnies de petites bractées. Fleurs jaunes. Sépales lancéolés-oblongs. Onglets des pétales courts. Étamines un peu plus courtes que les pétales. Silique longue de 12 à 18 lignes, grêle.

Cette espèce croît dans presque toute l'Asie équatoriale ; sa saveur est âcre et piquante, assez semblable à celle de la Moutarde; aussi les Hindous emploient-ils les feuilles de la plante comme assaisonnement, ou en guise de salade.

Genre SILIQUARIA. — *Siliquaria* Forsk.

Sépales 4, réfléchis : l'inférieur plus large; les 3 autres à peu près égaux. Réceptacle confondu avec le fond du calice. Disque incomplet, à 3 glandules. Pétales 4, redressés : les 2 latéraux plus grands, divariqués. Étamines 6, subisomètres, déclinées; filets filiformes-spathulés, arqués, divariqués après l'anthèse; anthères sagittiformes-elliptiques, apiculées, latéralement déhiscentes : connectif inapparent. Thécaphore court. Ovaire arqué, décliné, résupiné, comprimé bilatéralement, multi-ovulé; ovules horizontaux, unisériés sur chaque placentaire. Style court, filiforme. Stigmate disciforme, papilleux. Silique chartacée, comprimée, courtement stipitée, apiculée par le style, polysperme. Graines réniformes, finement scrobiculées, quelquefois cotonneuses.

Herbes ou sous-arbrisseaux. Pubescence ordinairement glanduleuse. Feuilles 3-5-ou 7-foliolées, ou simples. Fleurs en grappe. Pétales blancs, ou violets, ou jaunes. Pédoncules horizontaux pendant l'anthèse, plus tard défléchis ou pendants. Silique pendante.

M. de Candolle classe dans ce genre (qu'il envisage comme section du genre *Cleome*) trente-quatre espèces, la plupart fort incomplétement connues. Les caractères que nous venons d'exposer ne sont peut-être applicables qu'au *Siliquaria arabica* Forsk., et aux deux espèces suivantes :

A. *Feuilles florales simples , de même forme et presque aussi grandes que les folioles des feuilles inférieures. Disque à 3 glandules subglobuleuses : l'une , insérée devant le sépale supérieur, un peu plus petite ; les deux autres insérées devant les sépales latéraux. Silique non-toruleuse, rostrée.*

SILIQUARIA A FLEURS VIOLETTES. — *Cleome violacea* Linn. — Schkuhr, Handb. tab. 189, fig. 6.

Pubérule-glanduleux. Feuilles inférieures trifoliolées ; folioles et feuilles florales linéaires , obtuses. Grappes très-lâches, feuillées. Siliques à peine stipitées , linéaires, glanduleuses, beaucoup plus longues que le pédicelle.

Herbe annuelle, haute de 6 à 12 pouces, couverte sur presque toutes ses parties herbacées d'une courte pubescence glandulifère et visqueuse. Tige grêle, dressée, cylindrique, striée , ordinairement rameuse. Rameaux presque dressés ou ascendants , feuillus , florifères presque dès la base. Folioles longues de 3 à 6 lignes ; pétiole-commun très-glanduleux, filiforme, à peu près aussi long que les folioles. Feuilles florales courtement pétiolées, beaucoup plus longues que les pédicelles. Pédicelles filiformes, défléchis après l'anthèse. Fleurs larges de 3 à 4 lignes. Sépales brunâtres , pointus : le supérieur et les 2 latéraux lancéolés-oblongs ; l'inférieur ovale. Pétales 1 fois plus longs que les sépales, onguiculés , érosés-denticulés , finement glanduleux, marbrés de jaune et de violet livide : les 2 supérieurs lancéolés-elliptiques ; les 2 inférieurs suborbiculaires; onglet plus court que la lame. Étamines un peu plus longues que les pétales, 2 fois plus courtes que le pistil. Glandes du disque jaune. Siliques longues de 18 lignes à 2 pouces, larges de ¹/₂ ligne, obliquement striées ; nervures placentairiennes presque capillaires; funicules denticuliformes, persistants. Graines superposées en une seule série axile, subglobuleuses, brunes, scrobiculées, très-finement pubérules, d'un brun noirâtre.

Cette espèce croît au Portugal et en Espagne.

B. *Feuilles florales la plupart simples, bractéiformes, beaucoup plus petites que les folioles des autres feuilles. Disque subtrilobé. Silique toruleuse, très-courtement apiculée.*

SILIQUARIA EFFILÉ. — *Cleome virgata* Stev.

Pubérule-glanduleux. Feuilles trifoliolées; folioles lancéolées ou lancéolées-oblongues, pointues. Grappes assez denses, feuillées à la base, plus haut bractéolées. Bractées ovales, pointues, subpétiolées, beaucoup plus courtes que les pédicelles. Siliques à peine stipitées, linéaires, réticulées, glanduleuses, de moitié à 3 fois plus longues que le pédicelle.

Herbe annuelle, haute de 6 à 12 pouces, couverte sur toutes ses parties herbacées d'une fine pubescence glandulifère et visqueuse. Tige grêle, subdichotome, ou irrégulièrement rameuse, cylindrique, striée, dressée, grêle. Folioles longues de 3 à 6 lignes, quelquefois glabres; pétiole-commun grêle, ordinairement plus court que les folioles. Grappes multiflores, nues vers leur extrémité. Pédicelles capillaires, 3 à 4 fois plus longs que la fleur. Fleurs à peine larges de 3 lignes. Sépales d'un violet tirant sur le brun. Pétales d'un rose pâle ou blanchâtre, suborbiculaires, longuement onguiculés, érosés-denticulés. Siliques longues de 10 à 15 lignes, larges de 1 ligne, déclinées; nervures placentairiennes presque capillaires; funicules denticuliformes, persistants. Graines superposées en une seule série axile, comprimées, brunes, finement scrobiculées.

Cette espèce croît en Géorgie et en Perse.

Genre CLÉOME. — *Cleome* Linn.

Sépales 4, réfléchis, involutés au sommet : les 2 latéraux plus courts que les 2 autres. Réceptacle conique ou subhémisphérique, anguleux. Disque complet, adné au réceptacle, à 4 bosses dont une (supérieure) plus grosse. Pétales 4, égaux, redressés. Étamines 6, insérées à la base du thécaphore; filets libres, filiformes, divergents, déclinés, anisomètres; anthères linéaires, rétuses, subtétragones, profondément échancrées à la base; connectif filiforme. Thécaphore très-long, filiforme. Ovaire grêle, cylindrique; placentaires nerviformes, multi-ovulés. Style court, filiforme. Stigmate pelté, hémisphérique. Silique longuement stipitée, grêle, subcylindrique, polysperme. Graines réniformes, nidulantes.

Herbes, ou sous-arbrisseaux. Feuilles digitées (les florales la plupart simples et bractéiformes), souvent munies d'aiguillons stipulaires. Fleurs en grappes d'abord corymbiformes. Pédicelles dressés ou presque dressés pendant la floraison, puis défléchis. Fleurs blanches, ou roses, ou vertes, éphémères. Corolle comme unilatérale par la déflection des pétales inférieurs. Pétales insérés à la base du réceptacle, entre les bosses du disque. Ovules nidulants sur chaque placentaire, horizontaux. Silique mince, chartacée, ordinairement pendante.

Ce genre renferme une vingtaine d'espèces, en général remarquables par la beauté de leurs fleurs. Nous allons faire mention de celles qu'on cultive comme plantes d'agrément.

A. *Espèces herbacées.*

a) *Pétiole muni de deux aiguillons stipulaires.*

CLÉOME PIQUANT. — *Cleome pungens* Willd. Hort. Berol. 1, tab 18. — *Cleome spinosa* Linn. — Bot. Mag. tab. 1640.

Tige herbacée, pubérule-glanduleuse (de même que les rameaux, les pétioles, les nervures à la face inférieure des feuilles, et les pédicelles). Aiguillons coniques-subulés, courts, subrectilignes, ou en crochet. Folioles (5 ou 7) lancéolées, ou lancéolées-elliptiques, ou lancéolées-obovales, acuminées, presque glabres en dessus. Bractées ovales ou cordiformes, pointues, subpétiolées. Sépales linéaires-lancéolés, glanduleux. Lame des pétales lancéolée-elliptique, obtuse, 3 à 4 fois plus longue que l'onglet. Étamines plus courtes que le thécaphore, de moitié plus longues que les pétales. Silique rectiligne ou arquée, plus longue que le stipe ou plus courte, subcylindrique, déclinée, ou ascendante, glabre, finement striée.

Plante annuelle, haute de 2 à 4 pieds, plus ou moins visqueuse sur toutes ses parties herbacées. Tige dressée, rameuse, anguleuse, striée, feuillue de même que les rameaux. Folioles longues de 6 lignes à 4 pouces (les latérales toujours 1 à 2 fois plus petites que les terminales), d'un vert foncé, courtement pétiolulées ; pétiole-commun grêle, cylindrique, long de 1 pouce à 6 pouces (celui des feuilles les plus supérieures très-court ou presque nul). Aiguillons subhorizontaux ou réfléchis. Bractées décrescentes : les inférieures presque aussi longues que les pédicelles ; les supérieures beaucoup plus courtes. Grappes multiflores, atteignant finalement jusqu'à 1 pied de long. Pédicelles filiformes, longs de 6 à 15 lignes. Sépales oblongs-lancéolés, verdâtres. Pétales longs d'environ 8 lignes, d'un rose pâle. Filets, thécaphore et ovaire d'un pourpre violet. Ovaire grêle, 3 à 4 fois plus court que le thécaphore. Stigmate subsessile. Silique longue de 1 pouce $\frac{1}{2}$ à 3 pouces, d'un vert tirant sur le jaune, ou rougeâtre, quelquefois bosselée, plus ou moins longuement rétrécie à la base, terminée par un court bec conique, asperme, subapiculé par le style ; valves bombées, larges d'environ 2 lignes ; nervures placentairiennes filiformes. Graines d'un brun noirâtre, non-scrobiculées, finement striées de lignes concentriques ; extrémité radiculaire très-saillante. Embryon courbé en fer à cheval. Périsperme inapparent.

Cette espèce est indigène aux Antilles et dans l'Amérique méridionale.

b) *Aiguillons stipulaires nuls.*

CLÉOME PUBESCENT. — *Cleome pubescens* Sims, Bot. Mag. tab. 1857.

Cette plante, qui ne nous est connue que par la figure citée ci-dessus, ne paraît guère différer du *Cleome spinosa*, si ce n'est par le manque des aiguillons stipulaires. C'est peut-être une variété obtenue par la culture, car on ignore son origine.

CLÉOME ROSE. — *Cleome rosea* De Cand. Prodr. — Bot. Reg. tab. 960.

Plante glabre, herbacée. Feuilles à 3 ou 5 folioles lancéolées ou lancéolées-elliptiques, acuminées-acérées, subsinuolées. Grappes presque nues. Bractées ovales, acuminées. Pédicelles filiformes, beaucoup plus longs que le calice. Lame des pétales oblongue-obovale, obtuse, 2 fois plus longue que l'onglet. Étamines 1 fois plus longues que les pétales, de moitié plus longues que le thécaphore.

Herbe annuelle, non-visqueuse, haute de 2 à 3 pieds. Tige anguleuse, striée, dressée, rameuse, feuillue. Folioles inégales, longues de 6 lignes à 4 pouces, courtement pétiolulées ; pétiole comprimé, dilaté au sommet, long de 6 lignes à 5 pouces (celui des feuilles les plus supérieures presque nul) : grappes multiflores, finalement longues de 6 à 12 pouces. Bractées (nulles dans le haut des grappes) ordinairement plus courtes que le pédicelle. Pédicelles longs d'environ 1 pouce. Sépales petits, violets, linéaires-lancéolés, pointus. Pétales longs de 4 à 5 lignes, d'un rose vif. Filets et thécaphore capillaires, d'un jaune orange. Stigmate subsessile.

Cette espèce est originaire du Brésil.

CLÉOME ÉLÉGANT. — *Cleome speciosissima* Lindl. Bot. Reg. tab. 1312.

Suivant M. Lindley, cette espèce, originaire du Mexique, diffère de la précédente par des feuilles poilues et toujours 5-foliolées, par des pédicelles dont la longueur ne dépasse pas celle du calice, et par des fleurs plus grandes.

B. *Espèces à tige ligneuse.*

a) *Aiguillons stipulaires nuls.*

CLÉOME GIGANTESQUE. — *Cleome gigantea* Linn. — Jacq. Obs. 4, p. 1, tab. 76. — *Cleome viridiflora* Schreb. in Nov. Act. Nat. Cur. v. 4, tab. 3.

Feuilles 7-foliolées, pubescentes ou veloutées (de même que les autres parties herbacées); folioles lancéolées-obovales ou lancéolées-oblongues, acuminées, acérées, très-entières, sessiles. Grappes nues. Sépales linéaires, ciliés. Pétales lancéolés-oblongs, ondulés, obtus, plus courts que les filets.

Tige haute de 6 pieds et plus, dressée, pubescente étant jeune. Rameaux simples, étalés. Feuilles presque couronnantes; pétiole commun long de 6 à 18 pouces, grêle, cylindrique; folioles anisomètres : la terminale longue de 5 pouces à 1 pied; les basilaires longues de 2 à 4 pouces. Grappes dressées, atteignant jusqu'à 2 pieds de long. Pédicelles visqueux, plus longs que les fleurs. Pétales verdâtres, longs d'environ 18 lignes. Thécaphore à peu près aussi long que les étamines. Stigmate subsessile.

Cette espèce, remarquable par son port élégant et sa corolle verdâtre, croît dans la Guiane.

b) *Pétiole muni d'aiguillons stipulaires.*

CLÉOME ARBUSCULE. — *Cleome dendroides* Schult. Syst. — Hook. in Bot. Mag. tab. 3296. — *Cleome arborea* Kunth, in Humb. et Bonpl.

Feuilles veloutées et visqueuses (de même que les autres parties herbacées), 7-foliolées; folioles lancéolées, subacuminées. Grappes bractéolées. Sépales lancéolés. Pétales lancéolés-spathulés. Étamines très-longues de même que le thécaphore.

Tige haute de 4 à 5 pieds, sur 1 pouce de diamètre, cylindrique, peu rameuse. Feuilles presque couronnantes; pétiole long de 4 à 6 pouces, ordinairement pourpre; folioles molles, d'un vert foncé : la terminale longue de 4 à 5 pouces, large de

2 pouces ; les latérales plus petites. Grappes finalement longues de 1 pied, et plus. Bractées ovales. Pédicelles longs de 1 pouce à 2 pouces. Pétales violets , longs de 1 pouce. Filets longs de 2 à 3 pouces, d'un pourpre noirâtre. Silique oblongue, comprimée. Graines muriquées.

Cette espèce magnifique est indigène dans l'Amérique méridionale.

Genre GYNANDROPSIS. — *Gynandropsis* De Cand.

Les *Gynandropsis* ne diffèrent des *Cleome* que par leurs étamines insérées vers le milieu du thécaphore. Le genre, suivant M. de Candolle, renferme neuf espèces, dont voici la plus notable :

GYNANDROPSIS PENTAPHYLLE. — *Gynandropsis pentaphylla* De Cand. Prodr. — *Cleome pentaphylla* Linn. — Bot. Mag. tab. 1681. — Rumph. Amb. v. 5, tab. 96, fig. 3. — Hort. Malab. v. 9, tab. 24: — Jacq. Hort. Vindob. v. 1, tab. 24.

Herbe annuelle, haute de 2 à 3 pieds. Tige glabre ou pubescente, dressée, cannelée; rameaux divergents ou étalés. Feuilles glabres ou pubescentes : les inférieures longuement pétiolées, 5-foliolées; les florales subsessiles, 3-foliolées; folioles obovales, ou cunéiformes-obovales, ou lancéolées-obovales, quelquefois inéquilatérales, très-entières, ou subsinuolées, sessiles, ou subsessiles, molles, ordinairement acuminées (les florales toujours très-obtuses) : celles des feuilles inférieures longues jusqu'à 3 pouces; celles des feuilles florales longues au plus de 6 à 8 lignes, très-petites vers l'extrémité des grappes; pétiole grêle, long de 2 à 4 pouces. Grappes multiflores, atteignant jusqu'à 1 pouce de long. Pédicelles longs de 6 lignes à 1 pouce, filiformes, horizontaux pendant la floraison, plus tard déclinés ou pendants. Fleurs obliquement horizontales. Sépales linéaires, obtus, étalés, à peu près aussi longs que les onglets des pétales. Pétales longs de 4 à 5 lignes, d'un blanc lavé de violet, redressés : lame cunéiforme-obovale ou oblongue-obo-

vale, un peu plus longue que l'onglet ; onglet filiforme. Thécaphore filiforme, ascendant. Filets capillaires, anisomètres, divergents, débordant l'ovaire, violets ; anthères jaunes, linéaires-oblongues, subtétragones. Ovaire linéaire, glanduleux, comprimé bilatéralement. Style court, filiforme. Stigmate orbiculaire. Ovules horizontaux, nidulants sur chaque placentaire. Silique longue de 2 à 3 pouces, pendante ou déclinée, rectiligne
ou un peu arquée, mince, chartacée, glanduleuse, obliquement
striée, linéaire, comprimée, rétrécie aux 2 bouts, apiculée par
le style, polysperme ; valves légèrement bombées, larges d'environ 2 lignes ; nervures placentairiennes filiformes ; stipe ordinairement plus court que la silique. Graines noirâtres, muriquées.

Cette espèce, qu'on cultive parfois comme plante d'agrément,
croît dans presque toute l'Asie équatoriale, ainsi qu'en Chine
et en Égypte. Dans l'Inde, on la regarde comme un excellent
sudorifique.

Genre DACTYLÈNE. — *Dactylæna* Schrad.

Sépales 4 : les 2 latéraux minimes ; le supérieur gibbeux
postérieurement, de moitié plus petit que l'inférieur. Pétales 4, spathulés : les 2 supérieurs plus grands, réfléchis ;
les inférieurs redressés, divariqués. Réceptacle peu saillant,
gibbeux postérieurement. Disque presque complet, subtrilobé. Étamines 5, diadelphes : une seule (insérée devant
le sépale inférieur) anthérifère ; les 4 filets stériles rectilignes, monadelphes inférieurement, trigones, subulés,
divergents au sommet ; le filet anthérifère un peu plus court
mais beaucoup plus gros que les autres, subcylindrique,
libre, ascendant. Anthère linéaire, tétragone, échancrée à
la base. Thécaphore court. Ovaire cylindrique, un peu
comprimé bilatéralement ; placentaires multi-ovulés. Style
conique-subulé, court. Stigmate petit, capitellé. Silique
courtement stipitée, cylindrique, grêle, polysperme. Graines
subglobuleuses, réticulées.

L'espèce suivante constitue à elle seule ce genre :

DACTYLÈNE A PETITES FLEURS. — *Dactylœna micrantha*
Schrad. Ind. Sem. Hort. Gœtting. — *Cleome monandra* De
Cand. Plant. Rar. Hort. Genev.

Plante annuelle, haute de 6 à 12 pouces. Tige dressée,
grêle, cylindrique, striée, rameuse, couverte (de même que
les rameaux, les pétioles, les pédicelles et les ovaires) de petites glandules subsessiles visqueuses. Rameaux axillaires, médiocrement feuillés. Feuilles trifoliolées, longuement pétiolées
(les supérieures des rameaux quelquefois simples, subsessiles);
folioles longues de 6 à 18 lignes (la terminale ordinairement 1
fois plus longue que les latérales), molles, d'un vert foncé,
presque glabres, penninervées, subsessiles, très-entières, ovales,
ou ovales-lancéolées, ou elliptiques, ou subrhomboïdales, ou
lancéolées-elliptiques, ordinairement acuminées ou pointues :
les latérales inéquilatérales ; pétiole-commun grêle, cylindrique,
inerme, long de 8 lignes à 2 pouces. Grappes lâches, multiflores,
dressées, non-bractéolées. Pédicelles filiformes, plus courts que
le calice, horizontaux pendant la floraison, puis érigés. Calice
obliquement horizontal ; sépales à peine longs de plus de 1 ligne,
violets, subulés au sommet : le supérieur et l'inférieur subovales ; les latéraux linéaires-lancéolés. Pétales d'un rose pâle,
un peu plus longs que le calice. Filets un peu plus courts que les
pétales, insérés à la base du thécaphore. Ovules appendants,
bisériés sur chaque placentaire. Silique longue d'environ 1 pouce,
subhorizontale ou érigée, linéaire, mince, chartacée, striée,
glanduleuse, verdâtre, obtuse aux 2 bouts, courtement apiculée
par le style ; valves bombées, larges de 1 ligne ; nervures placentairiennes filiformes ; funicules persistants, très-courts.
Graines du volume de celles de la Moutarde, d'un brun roux,
par avortement unisériées sur chaque placentaire. Périsperme
très-mince. Embryon presque circulaire.

Cette plante croît au Mexique.

QUATRE-VINGT-DIX-NEUVIÈME FAMILLE.

LES CRUCIFERES. — *CRUCIFERÆ*.

(*Cruciferæ*, Juss. Gen. — Vent. Tabl. III, p. 96. — De Cand. Syst.
p. 159; Prodr. I, p. 131. — Bartl. Ord. Nat. p. 261. — *Tetrady-
namæ*, Reichb. Consp.)

Cette famille, dont le nom fait allusion à ce que les
pétales sont étalés en forme de croix, offre des caractères si constants dans le nombre et la symétrie des organes floraux, que même dans le système de Linné elle
se trouve comprise dans une seule classe : la tétrady-
namie. Les Crucifères ne sont pas moins remarquables
sous le rapport de l'utilité ou de l'agrément, que sous
celui de leur structure. La plupart des espèces ont des
propriétés diurétiques, stimulantes et surtout antiscorbutiques, dues à un principe âcre et volatil, en général répandu dans toutes leurs parties. Les graines contiennent beaucoup d'huile grasse, pour l'extraction de
laquelle plusieurs espèces se cultivent en grand. D'autres espèces fournissent des denrées alimentaires d'un
usage universel, telles que les Choux, les Navets, les
Raves, les Cressons, etc. Beaucoup contribuent à orner de leurs fleurs les jardins. Enfin, quelques-unes
offrent de l'intérêt comme plantes tinctoriales. La com-
position chimique des Crucifères offre cela de particulier, que l'azote, en général fort rare dans les végétaux, y existe en quantité très-notable. C'est à la
présence de ce principe qu'on attribue l'odeur forte et
pénétrante qu'elles exhalent en fermentant.

La plupart des Crucifères habitent les régions soit

tempérées, soit boréales de l'hémisphère septentrional, et c'est surtout dans l'ancien continent qu'elles abondent. M. de Candolle, dans le premier volume de son *Prodrome* (publié en 1824), en énumère près de mille espèces, et, en y joignant celles décrites comme nouvelles dans les nombreux ouvrages publiés depuis cette époque, le nombre total des Crucifères se monterait à plus de douze cents. Mais il est certain que ce chiffre dépasse de beaucoup la réalité, la plupart des auteurs semblant avoir pris à tâche d'élever au rang d'espèces une foule de variétés, et souvent même des variations trop légères pour caractériser des variétés.

CARACTÈRES DE LA FAMILLE.

Herbes (annuelles, ou bisannuelles, ou vivaces), ou *sous-arbrisseaux*. Sucs-propres aqueux. Tiges et rameaux cylindriques ou irrégulièrement anguleux.

Feuilles éparses (par exception opposées, ou subverticillées), simples (par exception composées), indivisées, ou incisées, ou sinuées, ou pennatifides, ou pennatiparties, ou bipennatiparties : les inférieures (ou quelquefois toutes) pétiolées ; les supérieures ordinairement sessiles.

Fleurs (jaunes ou blanches, moins souvent pourpres ou roses, très-rarement bleues) hermaphrodites, nonéphémères, le plus souvent régulières (cruciformes), disposées en grappes (ordinairement solitaires, d'abord terminales, puis oppositifoliées par l'allongement du rameau florifère, rarement axillaires et terminales, ou latérales et terminales, ou plusieurs disposées en cyme terminale), en général corymbiformes lors de la floraison, puis très-allongées. Pédicelles inarticulés , so-

litaires, épars (par exception opposés ou subverticillés), nus, ou moins souvent naissant à l'aisselle d'une
feuille ou d'une bractée.

Calice inadhérent , 4-sépale, souvent coloré, presque toujours caduc peu après l'anthèse. Sépales libres,
bisériés , imbriqués (par paires) au sommet (rarement
valvaires) en préfloraison : 2 extérieurs (l'un supérieur,
l'autre inférieur), opposés aux placentaires ; 2 intérieurs (latéraux , c'est-à-dire l'un à droite , l'autre à
gauche) , souvent plus larges que les extérieurs et
comme éperonnés à la base.

Réceptacle disciforme ou un peu concave , en général
petit, souvent prolongé en thécaphore columnaire (soit
raccourci , soit stipitiforme).

Disque hypogyne , à 2 , ou 4 , ou 6 , ou rarement 8
callosités (glandules) de forme variée, distinctes, ou
confluentes par leur base (soit en un mince rebord, soit
en un bourrelet annulaire), opposées aux sépales (1),

---

(1) Lorsque le disque n'est qu'à 2 glandules, elles sont toujours opposées une à une aux sépales latéraux ; lorsqu'il y en a 4, elles sont opposées
ou une à une aux 4 sépales, ou deux à deux soit aux sépales latéraux, soit
aux sépales extérieurs (ce dernier cas est très-rare, et ne se rencontre que
chez les Crucifères à fleurs diandres) ; lorsqu'il y en a 6, elles sont presque
toujours opposées par paires aux sépales latéraux, et une à une aux sépales
extérieurs ; lorsqu'il y en a 8 (cas assez rare), elles sont opposées deux à deux
aux quatre sépales. Les glandules opposées aux sépales extérieurs (c'està-dire au sépale supérieur ou postérieur, et au sépale inférieur ou antérieur) sont toujours insérées *derrière* les étamines correspondantes (excepté
dans le cas des Crucifères diandres) ; étant solitaires, elles sont placées
diagonalement à l'axe des sépales et des placentaires, ainsi qu'à l'entredeux d'une paire d'étamines ; mais étant géminées, elles sont exactement
opposées aux étamines, et par conséquent latérales relativement aux placentaires ainsi qu'à l'axe des sépales. Les glandules opposées aux sépales
latéraux, étant solitaires, s'insèrent exactement *devant* l'étamine correspondante (c'est-à-dire entre l'étamine et l'ovaire), ou bien elles forment

insérées soit devant, soit derrière, soit entre les étamines, ou bien (mais seulement les latérales) soit staminigères, soit entourant plus ou moins complétement la base des étamines.

Pétales 4 (par exception nuls), hypogynes, alternes avec les sépales, non-persistants, onguiculés, égaux (rarement les 2 inférieurs plus grands que les supérieurs); onglets ordinairement dressés; lames bifides ou indivisées, ordinairement étalées (du moins vers leur sommet).

Étamines 6 (par exception 4 ou 2), hypogynes, non-persistantes, insérées deux à deux devant les sépales extérieurs, et une à une devant les sépales intérieurs (latéraux) (1). Filets libres, ou rarement soudés par paires (les impairs ou latéraux restent libres), cylindriques, ou anguleux, ou comprimés, subulés au sommet, rectilignes, ou arqués, assez souvent soit appendiculés, soit uni-dentés, soit ailés : les 2 impairs souvent plus courts que les autres (2). Anthères (celles des

chacune un bourrelet soit annulaire, soit presque annulaire, entourant complétement ou incomplétement la base de l'étamine; ou enfin elles forment chacune une sorte de scutelle (souvent 5-angulaire) dans la concavité de laquelle s'insère le filet. Étant géminées devant les sépales latéraux, le filet correspondant au sépale s'insère toujours *entre* les deux glandules.

(1) Ce sont toujours ces étamines impaires ou latérales qui manquent, lorsque la fleur d'une Crucifère offre moins de 6 étamines. Dans les Crucifères diandres il y a une étamine solitaire devant chacun des sépales extérieurs, diagonalement à l'axe de ces sépales et des placentaires.

(2) Tous les auteurs s'accordent à attribuer aux Crucifères hexandres, sans exception, des étamines tétradynames. Mais nous avons observé un nombre assez considérable d'espèces, dont les filets ont exactement la même longueur, ou dont les deux filets impairs sont à peine plus courts que les autres; ce qui peut facilement induire en erreur à ce sujet, c'est que les filets impairs sont souvent plus fortement arqués ou plus divariqués que les autres, d'où il résulte naturellement qu'ils paraissent moins élevés sur

deux étamines impaires souvent plus grandes que celles
des quatre autres) incombantes, supra-basifixes, à deux
bourses contiguës antérieurement (plus ou moins disjointes vers la base), séparées postérieurement par un
connectif étroit : chaque bourse déhiscente latéralement par une fente longitudinale.

Pistil : Ovaire biloculaire par un diaphragme (1) vertical (fausse-cloison constituée par des expansions membraneuses des placentaires, sauf quelques exceptions
confluentes au centre de la cavité, où leur réunion
forme assez souvent une fine nervure), ou rarement
soit dicoque, soit 1-loculaire (par exception incomplétement 3-ou 4-loculaire par des diaphragmes verti-
caux incomplets), après la floraison quelquefois transversalement cloisonné ; placentaires 2 (par exception
3 ou 4, ou pas de placentaires distincts), nerviformes,
ou filiformes, suturaux, opposés aux sépales extérieurs,
uni-bi- ou pluri-ovulés, souvent plus ou moins proémi-
nents (sous forme de nervures) à la surface externe de l'o-
vaire, confluents avec le style et le thécaphore. Ovules

---

le même plan. D'un autre côté , l'inégalité souvent très-notable des anthères (dans certaines espèces, entre autres le *Moricandia arvensis*, les
anthères des étamines latérales sont au moins de moitié plus longues que
celles des autres étamines) paraît avoir échappé complétement à tous les
observateurs. Cette inégalité des anthères est, comme l'on sait, un caractère général à toutes les Fumariacées.

(1) M. R. Brown a signalé comme fait exceptionnel, que ce diaphragme est
quelquefois séparable en deux lamelles. Toutefois, ce dédoublement est
loin d'être rare, surtout parmi les Crucifères Siliculeuses. On se convain-
cra , sans difficulté, que le diaphragme des *Lepidium*, *Thlaspi*, *Capsella*, *Iberis* et autres genres voisins , se compose (tant à l'époque de la
floraison , que plus tard) de deux lamelles appliquées l'une contre l'autre,
sans cohérer, et attachées chacune le long de l'un des côtés des deux placentaires.

suspendus, ou appendants, ou résupinés, campylotropes,
bisériés (par exception nidulants) sur chaque placentaire
(excepté étant solitaires) : exostome supère. Style indivisé, ou rarement bifide au sommet, rectiligne, quelquefois nul ou très-court, persistant, ordinairement
accrescent. Stigmate terminal (soit capitellé ou disciforme, soit à 2 lobes perpendiculaires à l'axe des placentaires), ou rarement bilatéral (c'est-à-dire à 2 bourrelets plus ou moins allongés, confluents au sommet,
perpendiculaires à l'axe des valves), persistant.

Péricarpe : Silique (ou silicule) bivalve, ou quelquefois soit dicoque, soit carcérulaire, soit lomentacée,
2-loculaire, ou moins souvent 1-loculaire (soit dès
l'origine, soit par l'oblitération ou le refoulement du
diaphragme), oligosperme, ou polysperme, ou (presque toujours par avortement) monosperme.

Graines se détachant du funicule lors de la déhiscence ou avant, suspendues (moins souvent horizontales, ou appendantes, ou vagues), campylotropes,
inarillées, souvent marginées, ordinairement échancrées entre la chalaze et l'exostome. Hile ponctiforme,
situé au fond de l'échancrure (laquelle est ou terminale,
ou infra-apicilaire). Tégument subcoriace, souvent réticulé, ou scrobiculé, ou chagriné, ou strié, dans beaucoup d'espèces mucilagineux (étant humecté ou macéré).
Funicule libre ou adné au diaphragme, filiforme, ou capillaire, quelquefois ailé. Périsperme nul. Embryon
curviligne : cotylédons accombants (c'est-à-dire redressés de manière à s'appliquer sur la radicule par
l'un de leurs bords), ou incombants (c'est-à-dire redressés de manière à ce que l'un d'eux s'applique sur
la radicule par son dos), appliqués face à face, pétiolés : lame rectiligne, ou diversement repliée, pres-

que plane , ou semi-cylindrique, ou plus ou moins convolutée , ou indupliquée, foliacée en germination ; radicule (ordinairement ascendante et supère) columnaire, ou conique , ou subfusiforme , subcylindrique, ou comprimée , rectiligne , ou subrectiligne, ou plus ou moins arquée , à peu près aussi longue que les cotylédons (par exception très-courte) ; plumule imperceptible.

La classification la moins artificielle des genres de cette famille, nous paraît être la suivante , d'ailleurs assez analogue à celle de M. Bartling et de plusieurs autres auteurs.

Ire TRIBU. **LES LOMENTEUSES**. — *LOMENTOSÆ.*

Ovaire 1 -loculaire (dès l'origine), ou 2-loculaire, étranglé vers son milieu ou plus bas. Péricarpe uni-articulé ou rarement pluri-articulé : article supérieur monosperme , ou oligosperme ou polysperme , évalve, 1 -loculaire (quelquefois septulé transversalement, aux interstices des graines) , se détachant finalement de l'article inférieur ; article inférieur asperme, ou monosperme, ou oligosperme, persistant sur le pédicelle, souvent séparable en 2 valvules, ou quelquefois spontanément bivalve.

Crambé Tourn. — *Rapistrum* Bœrh. — *Cordylocarpus* Desfont. — *Didesmus* Desv. — *Anchonium* De Cand. — *Goldbachia* De Cand. — *Cakile* Tourn. — *Chorispora* De Cand.—*Sterigma* De Cand. (Sterigmostemon Bieb. Arthrolobus Stev.) — *Enarthrocarpus* Labill. — *Raphanus* Linn, (Raphanistrum Mœnch.)

IIe TRIBU. **LES SILIQUEUSES.** — *SILIQUOSÆ.*

Ovaire 2-loculaire, continu. Péricarpe linéaire ou columnaire (ordinairement beaucoup plus long que large), inarticulé, bi-loculaire; bi-valve, polysperme, quelquefois terminé en bec séminifère évalve; placentaires persistant avec le diaphragme (et presque toujours aussi avec le style ou le bec séminifère) après la chute des valves.

Morisia Gay. — *Erucaria* Gærtn. (Cordylocarpus Willd. ex parte.) — *Hirschfeldia* Mœnch. — *Sinapistrum* Spach. — *Leucosinapis* Spach. (Ramphospermum Andrz. — *Eruca* Tourn. (Euzomum Link.). — *Brassica* Spach. (Brassica et Sinapis Linn. Napus Spenner). — *Sinapis* Spach. (Melanosinapis Spenner. Guntheria Andrz.) — *Euzomum* Spach. (non Link.) — *Erucastrum* Spenner. (Sinapidendron Lowe.). — *Diplotaxis* De Cand. — *Orychmophragmus* Bunge. — *Moricandia* De Cand. — *Streptanthus* Nutt. — *Schizopetalum* Sims. — *Hesperis* Linn. — *Malcolmia* R. Br. — *Deilosma* Spach. — *Matthiola* R. Br. (Triceras Andrz.) — *Cheiranthus* (Linn.) R. Br. — *Erysimum* (Linn.) R. Br. (Cheirinia Link.) — *Syrenia* Andrz. — *Alliaria* Adans. — *Conringia* (Heist.) Reichb. — *Barbarea* R. Br. — *Sisymbrella* Spach. — *Clandestinaria* Spach. — *Nasturtium* Spach. (R. Br. ex parte.) — *Hugueninia* Reichb. — *Notoceras* R. Br. (Diceratium Lagasca.) — *Andreoskia* Reichb. (non De Cand.) — *Chamæplium* Wallr. — *Sisymbrium* Linn. (Leptocarpæa De Cand.) — *Redowskia* Chamisso. — *Dontostemon* Andrz. (Andreoskia De Cand. non Reichb.) — *Leptaleum* De Cand. — *Braya* Sternb. — *Stevenia*

Adams. — *Orobium* Reichb. (Oreas Chamisso.) — *Eutrema* R. Br. — *Platypetalum* R. Br. — *Platyspermum* Hook. — *Taphrospermum* C. A. Meyer. — *Arabis* Linn. — *Arabidium* Spach. — *Abasicarpon* Andrz. — *Turritis* (Linn.) R. Br. — *Macropodium* R. Br. — *Parrya* R. Br. — *Neuroloma* Andrz. — *Cardamine* Linn. — *Pteroneuron* De Cand. — *Dentaria* Linn. — *Oudneya* R. Br. — *Savignya* De Cand.· — *Chamira* Thunb. — *Heliophila* Linn. — *Ormiscus* De Cand. (sub *Heliophila.*) — *Orthoselis* De Cand. (sub *Heliophila.*)

IIIe TRIBU. **LES SILICULEUSES. —** *SILICULOSÆ.*

Ovaire court, 2-loculaire, continu. Péricarpe plus large que long, ou orbiculaire, ou globuleux, ou peu allongé (par exception ou par variation siliquiforme), 2-loculaire (par exception 1-loculaire), bivalve (rarement dicoque), monosperme, ou oligosperme, ou polysperme, jamais terminé en bec séminifère ; placentaires (quelquefois soudés en axe central) persistant avec le diaphragme (souvent très-étroit) et (sauf quelques exceptions) le style après la chute des valves.

Selenocarpœa De Cand. (sub *Heliophila.*) — *Selenia* Nutt. — *Lunaria* Linn. — *Ricotia* Linn. — *Farsetia* Turr. (Fibigia Medik.) — *Berteroa* De Cand. — *Aubrietia* Adans. — *Schivereckia* Andrz. — *Cistocarpium* Spach. — *Vesicaria* (Poir.) Spach. — *Alyssum* Linn. (Aurinia et Odontarrhena C. A·Meyer. Adyseton Scopol. Meniocus Desv.) — *Psilonema* C. A. Meyer. — *Koniga* Adans. (Lobularia Desv. Octadenia Fisch. et M. Ptilotrichum C. A. Meyer.) — *Petrocallis* R. Br. — *Mathewsia* Hook. — *Draba* Linn. — *Erophila* De Cand.

—*Eudema* Kunth.—*Subularia* Linn.—*Cochlearia* Linn.
— *Kernera* Medik. — *Roripa* Scopol. (Nasturtium R.
Br. ex parte. Brachylobos Allion. Desv.) —*Tetrapoma*
Fisch. (Tetracellion Turcz.) — *Armoracia* Flor. Wette-
rav. — *Camelina* Crantz. (Mœnchia Roth.) — *Stenope-
talum* R. Br. — *Morettia* De Cand. — *Anastatica* Linn.
— *Vella* (Linn.) Desv. — *Boleum* Desv. — *Carrichtera*
De Cand. — *Succowia* Medik. — *Psychine* Desfont. —
Schouwia De Cand. — *Brachycarpœa* De Cand. —
Capsella Mœnch. (Rodschiedia Flor. Wetter.)—*Hut-
chinsia* R. Br. (Noccæa Mœnch. Reichb. Smelowskia
C. A. Meyer.)— *Cardaria* (Desv.) Spach. (Cardiolepis
Wallr.) — *Lepidium* (Linn.) Spach. (Senkenbergia
Flor. Wett.) — *Lepidinella* Spach. — *Lepia* Desv.
(Lasioptera Andrz.) — *Thlaspidium* Spach (non
Mœnch.) — *Æthionema* R. Br. —*Eunomia* De Cand.
— *Bivonæa* De Cand. — *Thlaspi* Linn. — *Pterolobium*
Andrz. — *Teesdalia* R. Br. (Guepinia Bast.) — *Iberis*
Linn. — *Biscutella* Linn (Thaspidium Mœnch.) —
Jondraba Medik. — *Cremolobus* De Cand. — *Menon-
villea* De Cand. — *Hexaptera* Hook.

IVᵉ TRIBU. **LES CARCÉRULEUSES.** — *CARCE-RULOSÆ.*

*Ovaire 1-4-ovulé (ordinairement 1-loculaire dès l'origine).
Péricarpe (en général court) caduc ou persistant, indéhiscent (par exception séparable en 2 coques placentifères), le plus souvent monosperme ; placentaires oblitérés ou adnés.*

Thysanocarpus Hook. —*Isatis* Linn. (Sameraria Desv.)
— *Tetrapterygium* Fisch. — *Dipterygium* Decaisne.
— *Tauscheria* Fisch. — *Hymenophysa* C. A. Meyer.

— *Clypeola* Gærtn. (Orium et Bergeretia Desv.) — *Peltaria* Linn. (Bohatschia Crantz.) — *Senebiera* Poir. — *Coronopus* (Daléch.) Gærtn. (Carara Medik.) — — *Neslia* Desv. — *Myagrum* (Linn.) De Cand. — *Sobolewskia* Marsch. Bieb. — *Euclidium* R. Br. — *Ochtodium* De Cand. — *Pugionium* Gærtn. — *Aphragmus* Andrz. — *Zilla* Forsk. — *Calepina* Desv. — *Bunias* (Linn.) Desv. — *Lælia* Desv. (non Pers.) — *Muricaria* Desv.

Ire TRIBU. **LES LOMENTEUSES.** — *LOMENTOSÆ* Spach.

Ovaire uni-loculaire (dès l'origine) ou biloculaire, avant la floraison parfaitement continu, plus tard (soit dès l'anthèse, soit seulement après) étranglé vers son milieu ou plus bas (quelquefois peu au-dessus de sa base). Péricarpe (par exception pluri-articulé) articulé au point correspondant à l'étranglement de l'ovaire : article supérieur monosperme, ou oligosperme, ou polysperme, évalve, 1-loculaire, quelquefois septulé transversalement ou étranglé aux interstices des graines, se détachant finalement de l'article inférieur (par exception persistant, mais facilement séparable); article inférieur (souvent très-court, rarement aussi long que l'article supérieur) asperme, ou monosperme, ou oligosperme, persistant sur le pédicelle, souvent séparable en 2 valvules, ou quelquefois spontanément bivalve.

Genre CRAMBÉ. — *Crambe* Tourn.

Sépales 4, réfléchis, ou étalés, ou subhorizontaux, égaux, cymbiformes. Pétales 4, courtement onguiculés : lames étalées. Glandules 4 (opposées aux 4 sépales). Étamines 6 ; filets filiformes, anguleux : les 2 impairs un peu plus courts, ascendants, convergents, arqués, inappendiculés, immarginés ; les 4 autres dréssés, divergents au sommet, bimarginés jusqu'au-dessus du milieu : rebord du côté intérieur (quelquefois aussi celui du côté extérieur) souvent prolongé en appendice dentiforme ou filiforme ; anthères sagittiformes-elliptiques, subisomètres. Ovaire non-stipité, 1-loculaire (par le refoulement du diaphragme), biovulé, étranglé vers son milieu ou plus bas ; ovules superposés, suspendus, solitaires sur chaque placentaire ; funicules opposés, attachés un peu au-dessus de l'étranglement : celui de l'ovule inférieur pendant ; celui de l'ovule supérieur ascendant. Style court et filiforme, ou nul. Stigmate disciforme, pelté. Péricarpe bi-articulé : article inférieur court ou stipitiforme, (quelquefois peu apparent ou oblitéré), subcoriace, ou herbacé, asperme (par avortement) ; article supérieur formant un carcérule coriace ou chartacé, ou un nucule à endocarpe osseux, monosperme. Graine subglobuleuse, lisse, suspendue à long funicule capillaire ascendant du fond de la cavité et plus ou moins tortillé ; cotylédons condupliqués, subréniformes, incombants.

Herbes vivaces multicaules, ou annuelles, ou sous-arbrisseaux. Feuilles (très-grandes dans les espèces vivaces) le plus souvent lyrées ou pennatifides : les radicales et les inférieures longuement pétiolées ; les supérieures subsessiles ou sessiles. Rameaux aphylles ou presque nus, paniculés ; ramules aphylles. Grappes terminales et latérales, nues, multiflores : les fructifères très-allongées. Pédicelles filiformes ou grêles : les fructifères dressés. Fleurs petites ou de grandeur médiocre, ordinairement subfastigiées jusqu'à la défloraison. Calice d'un blanc jaunâtre. Glandules vertes : les deux latérales petites, insérées *devant* les étamines impaires ; les deux autres plus grosses, insérées *derrière* les étamines paires. Pétales blancs, isomètres ; onglets linéaires-cunéiformes, plus ou moins divergents. Filets libres, blanchâtres. Anthères jaunes, subéquidistantes, mamelonnées au sommet. Pistil court ou allongé ; ovaire très-jeune non-étranglé, biloculaire dans toute sa longueur ; article inférieur de l'ovaire inaccrescent, dans la plupart des espèces plus court que le supérieur ; placentaires peu apparents. Carcérule ou nucule ellipsoïde, ou ovoïde, ou globuleux, obscurément tétragone et quadricosté, ou parfaitement cylindracé et sans aucune trace de côtes ni de nervures, caduc à la maturité. Graines assez grosses, solitaires ; cotylédons épais : l'extérieur convexe postérieurement, concave antérieurement ; l'intérieur caréné antérieurement, concave postérieurement, à bords recouvrant la radicule de manière à n'en laisser à nu que la surface externe ; radicule ascendante, supère.

Ce genre renferme quatorze espèces (dont plusieurs sont fort douteuses) ; en voici la plus remarquable :

Crambé maritime. — *Crambe maritima* Linn. — Flor. Dan. tab. 316. — Engl. Bot. tab. 924.

Feuilles glabres, glauques, charnues, ondulées : les radicales sinuées-pennatifides ou lyrées, ordinairement allongées ; les autres suborbiculaires ou ovales, sinuées, ou subsinuées. Fleurs épanouies subfastigiées. Sépales presque étalés. Filets majeurs bifurqués au sommet. Stigmate sessile. Péricarpe à article inférieur très-court ; nucule ellipsoïde ou subglobuleux, mutique, écosté, rugueux, presque osseux.

Herbe vivace, très-glabre, couverte sur toutes ses parties herbacées d'une poussière très-glauque. Racine vivace, grosse, charnue, ou quelquefois presque ligneuse, rameuse, stolonifère dans sa partie inférieure. Tiges hautes de 1 pied à 3 pieds, de la grosseur d'un doigt, dressées, cylindriques, striées, rameuses dès la base, feuillées. Rameaux ascendants, ou plus ou moins divergents, paniculés, subfastigiés ; ramules florifères aphylles, ou presque aphylles, subfastigiés pendant la floraison. Feuilles assez semblables à celles du *Chou* : les radicales touffues, érigées, longues de 1 pied à 2 pieds (y

compris le pétiole), larges de 5 à 12 pouces , très-irrégulière-
ment incisées ou lobées, plus ou moins ondulées ; pétiole
gros, anguleux , tantôt aussi long que la lame, tantôt plus
court, souvent ailé au sommet par la décurrence de la lame ;
lobes ou segments plus ou moins profonds, de forme très-
variée (souvent sur la même feuille), inégalement dentés,
ou sinués-dentés, ou denticulés, ou sinuolés : le terminal assez souvent beaucoup plus grand que les inférieurs , et ovale
ou arrondi ; côte très - grosse ; nervures latérales grosses,
alternes ; feuilles caulinaires graduellement plus petites et plus
courtement pétiolées, ordinairement sinuées - lobées et irrégulièrement dentées ou denticulées ; feuilles raméaires ordinairement petites et indivisées, très-entières , ou dentées : les supérieures subsessiles , lancéolées , ou lancéolées-linéaires, longues
de 3 à 6 lignes. Pédicelles longs de 6 à 12 lignes , presque
dressés , divergents , grêles , rapprochés en corymbe pendant la
floraison. Fleurs épanouies larges de 4 à 5 lignes. Pétales plus
longs que les sépales : lame suborbiculaire, de moitié plus longue que l'onglet ; onglets verdâtres de même que les filets. Étamines majeures un peu plus longues que le calice. Nucules du
volume d'un gros Pois, brunâtres, obscurément 4-sulqués ; épicarpe subéreux, assez épais ; endocarpe osseux. Graines d'un
brun roux , remplissant presque la cavité.

Cette espèce, nommée vulgairement *Chou-marin*, croît dans
presque toute l'Europe, sur les plages sablonneuses de l'Océan et
de la Méditerranée. On la cultive depuis longtemps en Angleterre, comme plante potagère, mais cet usage n'est pas encore
très-répandu sur le continent. La partie mangeable de la plante
consiste dans les jeunes pousses , étiolées (ou, comme disent les
jardiniers, *blanchies*) au moment de leur premier développement. Ce légume, dont la saveur participe à la fois de celle de
l'Asperge et du Broccoli, est plus précoce que tout autre, car
c'est en mars ou avril que commence la végétation du Crambé-
bé ; on peut même facilement se le procurer au milieu de l'hiver , en buttant les plantes en novembre, décembre, ou janvier,
et les recouvrant de fumier frais, dont la chaleur ne tarde pas

à faire croître les jeunes pousses. L'opération de l'étiolement du Chou-marin, à l'époque naturelle de ses premiers développements, se borne à placer sur chaque plante un pot de jardin renversé, exactement bouché, et pressé fortement contre terre, de manière que ni l'air, ni la lumière ne puissent y pénétrer. Au besoin, il suffit même de former au-dessus de chaque plante, avec du terreau, ou avec de la terre ordinaire, une butte en forme de taupinière. Les habitants des côtes de l'Angleterre, où le Chou-marin est très-abondant dans certaines localités, ont coutume, de temps immémorial, de déterrer dans les sables, au commencement du printemps, les jeunes pousses de la plante, et de les employer aux usages de la table. Lorsque les pousses sont trop avancées, elles prennent une saveur âcre et amère, d'ailleurs facile à enlever par quelques cuissons. Les vieilles feuilles du Chou-marin ont la saveur de celles du Chou commun. Les fleurs exhalent une odeur de miel très-prononcée.

Le Chou-marin aime un sol profond et frais; et, comme il croît dans les terrains salins, les engrais de cette nature lui seraient sans doute très-favorables; on le multiplie facilement tant de graines, que par les nombreux drageons de ses racines. Les individus doivent être plantés à 18 pouces de distance les uns des autres; âgés de deux ans, ils ont déjà acquis assez de force pour servir aux usages culinaires.

Une autre espèce, le *Crambe Tataria* Jacq., commune en Hongrie et dans la Russie méridionale, sert aussi d'aliment aux habitants de ces contrées. On en mange tant les pousses que les racines, soit bouillies, soit en guise de salade; aussi les Hongrois donnent-ils à cette plante le nom de *Pain de Tatare*.

Genre CAKILE. — *Cakile* Tourn.

Sépales 4, naviculaires, dressés, connivents : le supérieur et l'inférieur cuculliformes au sommet; les 2 latéraux plus larges, gibbeux à la base. Pétales 4, longuement onguiculés : lames réfléchies. Glandules 4 (opposées aux 4 sépales). Étamines 6; filets filiformes, anguleux, inappen-

diculés : les deux impairs ascendants, de moitié plus courts ;
les 4 autres rectilignes, dressés ; anthères sagittiformes-
oblongues, isomètres. Ovaire biloculaire, non-stipité,
subarticulé au milieu ou plus bas, 2-4-ovulé ; ovules suspendus ou renversés. Style conique, tétraèdre-ancipité. Stigmate
pelté, hémisphérique. Péricarpe subéreux, ou coriace, ou
osseux, non étranglé, tantôt bi-articulé, tantôt inarticulé
(par l'oblitération de l'article inférieur) ; articles égaux ou
inégaux, clos, 1-loculaires, non-lomentacés, tétraèdres ou
tétraèdres-ancipités : le supérieur monosperme ou disperme,
évalve, caduc ; l'inférieur monosperme ou disperme, persistant, ordinairement bipartible. Graines solitaires ou superposées (renversées dans l'article supérieur, suspendues
dans l'article inférieur), oblongues, plus ou moins comprimées ; cotylédons planes, rectilignes, tantôt accombants,
tantôt incombants.

Herbe annuelle, glabre. Feuilles pennatiparties, ou
pennatifides, ou dentées, glauques, succulentes, charnues, pétiolées. Grappes oppositifoliées et terminales,
nues, multiflores ; lâches après la floraison. Pédicelles
courts : les florifères rapprochés, subfastigiés ; les fructifères
épaissis, ascendants, ou plus ou moins divergents. Pétales
de couleur lilas, ou blancs, ou pourpres. Glandules petites, inégales : les 2 latérales plus grosses, presque carrées,
insérées *devant* les étamines impaires ; les 2 autres dentiformes, insérées *derrière* les étamines paires. Filets libres.
Ovaire cylindracé, tétraèdre, à peu près aussi long que le
style ; ovules 1-sériés dans chaque loge ; funicules courts ;
placentaires filiformes, plus tard inapparents. Péricarpe de
forme et de consistance très-variables, lisse ou strié, ordinairement dressé ; diaphragme et placentaires oblitérés en
tout ou en partie ; article supérieur courtement rostré, ordinairement plus long que l'inférieur ; article inférieur tantôt aussi gros ou plus gros que le supérieur, tantôt moins
gros et quelquefois presque stipitiforme inférieurement, ou
tout à fait oblitéré. Graines assez grosses, presque lisses,

d'un brun roux : celle de l'article inférieur attachée vers
le sommet de la cavité; celle de l'article supérieur (ou ,
lorsque l'article supérieur contient 2 graines, seulement
l'inférieure de celles-ci) attachée un peu au-dessus de la base
de la cavité; cotylédons oblongs; radicule claviforme, un
peu plus longue que les cotylédons , supère dans l'article
inférieur, infère dans l'article supérieur.

Ce genre ne renferme que l'espèce dont nous allons faire
mention.

CAKILE MARITIME. — *Cakile maritima* Scopol. — Svensk
Bot. tab. 407. — Hook. Flor. Lond. tab. 160. — *Cakile Se-
rapionis* Gærtn. Fruct. 2, tab. 141, fig. 12. —*Bunias Cakile*
Linn.—Engl. Bot. tab. 231.—Flor. Dan. tab. 1168.—*Bunias
littoralis* Salisb. Prodr. — *Cakile ægyptiaca* Willd. Spec. (1).
— *Cakile americana* Nutt. Gen. (2). — *Cakile ægyptiaca*
Tuss. Antill. 1 , tab. 17. — *Cakile cubensis* Kunth, in Humb.
et Bonpl. — *Cakile æqualis* (L'hérit.) De Cand. Syst. et Prodr.
—Deless. Ic. Sel. 2, tab. 57.

Racine grêle, subfusiforme , uni-ou pluri-caule. Tiges ascendantes, ou diffuses , ou dressées , grêles, flexueuses, anguleuses,
paniculées, feuillées, longues de $^1/_2$ pied à 2 pieds; rameaux
ascendants ou diffus, simples ou paniculés, feuillés. Feuilles
longues de 1 pouce à 3 pouces, tantôt oblongues, ou lancéolées-
oblongues, ou cunéiformes-oblongues, obtuses, ou pointues, inégalement dentées, ou incisées-dentées, ou sinuolées, ou très-entières; tantôt pennatiparties ou pennatifides, à lanières oblongues,
ou linéaires-oblongues, ou linéaires , obtuses , de longueur égale,
ou décrescentes de bas en haut, très-entières, ou dentées, ou incisées-dentées. Grappes flexueuses , finalement longues de 4 à 12
pouces. Pédicelles raides, anguleux, longs d'environ 2 lignes.

---

(1) Variété à feuilles non-pennatifides.

(2) Les caractères par lesquels on a cru devoir distinguer spécifique
ment la plante américaine, se rencontrent aussi très-fréquemment sur
celle d'Europe.

Fleurs larges de 4 à 5 lignes. Sépales oblongs, obtus, membraneux aux bords. Pétales 1 fois plus longs que les sépales : onglet peu saillant; lame obovale. Péricarpe long de 5 à 10 lignes, sur 2 à 4 lignes de diamètre; article inférieur (assez souvent complétement oblitéré, ou réduit à un court stipe) tantôt évalve, tantôt facilement bipartible, ou même spontanément bivalve au sommet, tantôt presque aussi long que l'article supérieur, tantôt jusqu'à 4 fois plus court, turbiné, ou obové, ou claviforme, ou obhastiforme, ou subdeltoïde, ou subrhomboïdal, ou subcylindracé, tétraèdre, ou tétraèdre-ancipité, lisse, ou plus ou moins fortement trinervé sur chaque face, tronqué ou pointu au sommet; article supérieur tétraèdre, ou téraèdre-ancipité, ensiforme, ou conique, ou ovoïde, ou sagittiforme, ou hastiforme, lisse, ou strié, ou subréticulé, terminé en bec asperme (court ou plus ou moins allongé, obtus ou pointu, ancipité, ou tétraèdre-ancipité). Graines longues de 1 ligne ¼ à 2 lignes ½, lisses à l'œil nu, finement poncticulées à un fort grossissement.

Cette plante, nommée vulgairement *Caquille*, est commune sur les bords de l'Océan, dans presque toute l'Europe, ainsi qu'aux États-Unis et aux Antilles; elle croît également sur le littoral de la Méditerranée. Ses jeunes pousses peuvent être mangées en salade, et on les confit aussi en guise de Câpres.

Genre RAPHANUS. — *Raphanus* Linn.

Sépales 4, ascendants, connivents, naviculaires : les 2 latéraux plus larges, sacciformes à la base. Pétales 4, longuement onguiculés. Glandules 4, ou 2. Étamines 6; filets inappendiculés, grêles, comprimés : les deux latéraux plus courts, ascendants, linéaires-tétragones; les 4 autres dressés, ancipités, anguleux, élargis inférieurement; anthères sagittiformes-oblongues, isomètres. Ovaire grêle, columnaire, obscurément tétragone, articulé peu au-dessus de sa base (1); article inférieur ordinairement inovulé, plein,

____

(1) C'est par erreur que quelques auteurs ont prétendu caractériser le *Raphanus sativus* par un fruit inarticulé, et le *Raphanus Rapha-*

peu accrescent ; article supérieur pluri-ovulé ; ovules appendants, 1-sériés dans chaque loge. Style grêle, 4-gone. Stigmate
obscurément 2-ou 4-lobé, pelté, subcapitellé. Silique substipitée ou non-stipitée, ordinairement articulée peu au-dessus
de sa base : article inférieur court, asperme (moins souvent
1-ou 2-sperme), séparable en deux valvules (quelquefois
confondu avec le stipe, ou oblitéré) ; article supérieur polysperme (accidentellement 1-3-sperme), lomentacé ou continu, plus ou moins allongé, rostré, tantôt se détachant
(encore vert) d'une seule pièce de l'article inférieur et se
séparant finalement en nucules monospermes (à endocarpe
soit osseux, soit coriace), tantôt persistant, non-ruptile,
subéreux, biloculaire, à endocarpe membraneux, finalement
détaché du mésocarpe (excepté le long des placentaires) et
formant une sorte de coque interne dans laquelle sont ren-
fermées les graines. Graines solitaires dans chaque nucule
et appendantes, ou vagues et soit unisériées, soit irrégulièrement bisériées dans chaque loge de la coque membraneuse, subglobuleuses, ou ellipsoïdes, finement scrobiculées ; cotylédons incombants, condupliqués, cordiformes à
la base, bilobés au sommet.

Herbes annuelles ou bisannuelles. Poils (quelquefois

---

nistrum par un fruit constamment muni d'un article basilaire asperme ; car, dans l'une comme dans l'autre de ces plantes, l'articulation su-
pra-basilaire (qu'il ne faut pas confondre avec les étranglements de l'article supérieur du fruit du *Raphanus Raphanistrum*, étranglements qui ne
se forment que quelque temps après la floraison, et qui ne deviennent
jamais de véritables articulations, l'épicarpe et le mésocarpe n'y offrant
pas solution de continuité) existe toujours (ou du moins très-générale-
ment) dans l'ovaire, à l'époque de la floraison, ainsi que dans le jeune
fruit ; mais l'article inférieur s'oblitère assez fréquemment dans le *Raphanus sativus* (du moins dans ses variétés cultivées en Europe), tandis que
dans le *Raphanus Raphanistrum*, cette oblitération est beaucoup plus
rare. D'ailleurs dans le *Raphanus sativus*, de même que dans le *Raphanus Raphanistrum*, l'article inférieur est quelquefois très-gros et séminifère.

nuls) épars, simples, courts, raides, basilés. Feuilles ordinairement lyrées ou pennatifides : les inférieures pétiolées ;
les supérieures sessiles ou subsessiles. Grappes terminales et
oppositifoliées, nues, très-allongées après la floraison. Pédicelles grêles, subhorizontaux pendant l'anthèse, plus
tard ordinairement ascendants ou plus ou moins redressés,
peu ou point épaissis. Sépales jaunâtres ou verdâtres, légèrement carénés au dos, cuculliformes au sommet. Pétales
jaunes, ou blancs, ou roses, ou violets, réticulés de veines
violettes ou livides; onglet linéaire-spathulé, caréné antérieurement. Glandules ordinairement 4 : 2 latérales (insérées *devant* les étamines impaires), plus grosses, carrées ;
les 2 autres (quelquefois nulles), insérées *derrière* les étamines géminées, liguliformes, ou subulées, minces. Filets
libres. Ovaire stipité, ou substipité. Silique cylindracée ou
obscurément tétragone, de forme et de volume très-variables (souvent sur le même individu); diaphragme pelliculaire, diaphane, persistant dans toute la longueur de l'article
supérieur (mais quelquefois refoulé de côté par les graines)
lorsque celui-ci est continu à l'intérieur, oblitéré dans les
nucules lorsque l'article est lomentacé, mais persistant dans
les interstices non séminifères ainsi que dans le bec; nervures placentairiennes inapparentes, excepté sur l'article
inférieur lorsque celui-ci ne se confond pas avec le stipe ;
article inférieur (souvent oblitéré dans les variétés cultivées,
ou confondu avec le stipe) subéreux ou subcoriace, plein
ou uni-loculaire, toujours beaucoup plus court que l'article
supérieur, sans côtes ni sillons apparents ; article supérieur
lisse et légèrement sillonné (étant non-lomentacé), ou bien
(étant lomentacé) relevé de côtes plus ou moins saillantes ;
bec terminal plus ou moins allongé, obscurément tétragone, continu, innervé, creux et biloculaire, mais toujours
asperme. Graines assez grosses, brunâtres ; funicule finalement presque oblitéré ; cotylédons courtement pétiolés,
charnus, amincis aux bords : l'extérieur (relativement à la
radicule) convexe au dos, concave antérieurement; l'inté-

rieur plié en carène, concave au dos, non recouvert aux bords, lesquels sont appliqués sur la radicule de manière à n'en laisser à nu que la surface extérieure ; radicule ascendante, un peu arquée, cylindrique, épaissie vers son sommet, presque aussi longue que les cotylédons.

On ne peut rapporter avec certitude à ce genre, que les deux espèces suivantes :

A. Article inférieur de la silique rarement oblitéré (ordinairement grêle et plus ou moins confondu par sa base avec le stipe) ; article supérieur transversalement septulé (immédiatement au-dessus et au-dessous de chaque graine), se détachant (encore vert) d'une seule pièce de l'article inférieur et se séparant finalement en nucules monospermes à endocarpe soit osseux, soit coriace. Graines solitaires, suspendues.

RAPHANUS RAVENELLE. — *Raphanus Raphanistrum* Linn. — Flor. Dan. tab. 678. — Engl. Bot. tab. 856. — Schk. Handb. tab. 188. — Weinm. Phyt. tab. 862, fig. *a* et *b*. — Webb et Berth. Phyt. Canar. tab. 8, A. (Anal. opt.) — *Raphanus sylvestris* Lamk. — *Rapistrum arvense* Allion. Ped. — *Raphanistrum Lampsana* Gærtn. Fruct. — *Raphanistrum innocuum* Medik. — Mœnch. — *Raphanistrum segetum* Baumg. Flor. Transylv.—*Raphanistrum arvense* Wallr. Sched. Crit. —*Raphanus rostratus* De Cand. Syst. et Prodr. (1). — *Raphanus Landra* Morett. (2). — Deless. Ic. Sel. 2, tab. 94. — *Raphanus maritimus* Smith, Engl. Bot. tab. 1643. (3).

____

(1) Variation à silique longuement rostrée.

(2) Variation très-commune, à fruit moins grêle, et à feuilles interrupté-pennatifides.

(3) Variété plus robuste dans toutes ses parties, ordinairement bisannuelle ; fruit n'offrant souvent que 2 ou 3 renflements séminifères, ce qui d'ailleurs n'est guère rare sur la plante agreste, laquelle est également tantôt annuelle, tantôt bisannuelle.

Feuilles ordinairement hispidules : les radicales et les inférieures lyrées, ou interrupté-lyrées, ou roncinées ; les supérieures tantôt conformes aux inférieures, tantôt ovales, ou lancéolées, ou lancéolées-oblongues, très-entières, ou dentelées, ou incisées-dentées, ou sinuées-dentées. Pétales blancs, ou jaunes, ou d'un rose très-pâle. Siliques rectilignes ou arquées, moniliformes, ou continues, grêles : nucules 8-16-costés ou quelquefois lisses.

Herbe tantôt annuelle, tantôt bisannuelle, unicaule, ou pluricaule, parsemée plus ou moins abondamment (surtout aux tiges, rameaux et feuilles) de sétules horizontales ou réfléchies. Racine subfusiforme ou rameuse, ordinairement grêle. Tiges hautes de 1 pied à 3 pieds, dressées, ou ascendantes, ou décombantes, glauques, ou rougeâtres, cylindriques, striées, ordinairement rameuses dès la base; rameaux simples ou paniculés, dressés, ou ascendants, ou plus ou moins divergents (les inférieurs souvent décombants), feuillés, ou nus. Feuilles d'un vert gai, ou un peu glauques, scabres, flasques : les radicales et les inférieures longues de 4 à 8 pouces ; les supérieures graduellement plus petites ; les dernières souvent à peine longues de 6 lignes ; lobes alternes ou opposés, décurrents sur la côte ou non-décurrents, très-entiers, ou sinuolés, ou dentés, ou dentelés, ou incisés-dentés, obtus, ou pointus, de forme et de grandeur extrêmement variables : les plus inférieurs ordinairement petits (souvent dentiformes); le terminal grand, souvent arrondi. Grappes finalement longues de ¹/₂ pied à 1 pied ; rachis glabre ou hispidule, peu ou point flexueux, grêle. Pédicelles glabres ou poilus, presque filiformes, à peu près aussi longs ou un peu plus longs que le calice. Sépales glabres ou hispidules, jaunâtres, ou rougeâtres, ou d'un vert tirant sur le violet, lancéolés-oblongs, subobtus, trinervés, longs de 4 à 5 lignes. Glandules supérieure et inférieure tantôt nulles, tantôt subulées, tantôt liguliformes ou subovales. Onglets des pétales de moitié plus longs que le calice; lame cunéiforme-obovale, très-obtuse, ou échancrée, à peu près aussi longue que l'onglet, réticulée de veines livides ou violettes, étalée. Étamines géminées un peu saillantes ; étamines impaires à peine plus courtes que le calice.

Silique longue de 1 pouce à 3 pouces (y compris le bec terminal) , dressée , ou ascendante , ou plus ou moins divergente ,
ou un peu déclinée, glabre, ou parsemée de sétules. Article inférieur (rarement tout à fait oblitéré ainsi que le stipe) en
général obconique ou cylindracé, asperme, plein et fongueux à
l'intérieur, court et infiniment moins gros que les nucules de
l'article supérieur : dans cet état, il se confond ordinairement
avec le stipe et les nervures placentairiennes, lesquelles sont toujours distincts dans l'ovaire et le jeune fruit ; mais quelquefois
il renferme une graine, et alors il forme un renflement soit
turbiné, soit subglobuleux, 1-loculaire, aussi gros ou même
plus gros que les nucules de l'article supérieur : après la chute
de celui-ci, il se sépare en deux valvules tronquées au sommet,
presque osseuses, distinctes des nervures placentairiennes, lesquelles sont superficielles et élargies à la base, mais plus haut filiformes et incluses avant la déhiscence ; quelquefois enfin, l'article inférieur est assez gros et bipartible, sans renfermer de
graine. Article supérieur plus ou moins allongé, tantôt moniliforme , tantôt parfaitement continu à l'extérieur, ou à étranglements peu marqués, rostré soit aux 2 bouts , soit seulement au
sommet : bec terminal conique, ou conique-subulé, ou subcolumnaire et plus ou moins gros, obscurément tétragone, innervé,
tantôt aussi long ou plus long que la partie séminifère de l'article,
tantôt plus court ; nucules (renflements séminifères) 8-16-costés
(côtes plus ou moins saillantes, tantôt égales , tantôt inégales, carénées, peu apparentes avant la maturité, mais devenant très-saillantes par la dessiccation, même sur des fruits non-mûrs), ou moins
souvent soit légèrement sillonnés , soit tout à fait lisses , subglobuleux, ou ellipsoïdes, ou cylindriques, ou ovoïdes, de 1 ligne
à 4 lignes de diamètre (mais en général assez égales sur le même
fruit), longs de 1 ligne à 3 lignes, tantôt presque immédiatement superposés, tantôt séparés par des rétrécissements non-
séminifères plus ou moins allongés; le nombre des nucules de
l'article supérieur varie de 2 à 15, mais le plus fréquemment il
est de 5 à 10; accidentellement le fruit est monosperme, et par
conséquent à un seul nucule, lequel, dans ce cas, atteint jus-

qu'à 4 lignes de diamètre. Graines ellipsoïdes, ou ovoïdes, ou oblongues, ou subglobuleuses, cylindriques, ou un peu comprimées, brunes, remplissant la cavité des nucules ; cotylédons à lobes elliptiques, ou ovalés-elliptiques, ou suborbiculaires ; radicule supère.

Cette plante, connue sous le nom de *Ravenelle*, croît dans les champs cultivés, surtout dans les terrains sablonneux ou légèrement argileux ; elle devient dans beaucoup de localités une mauvaise herbe très-incommode, car sa propagation, lorsque le cultivateur ne s'y oppose, se fait avec une étonnante rapidité ; aussi a-t-on coutume de l'arracher avec soin, avant que ses fruits ne commencent à mûrir. En Italie et en Espagne, le peuple en mange les jeunes feuilles en salade ; elle peut aussi servir de fourrage, mais les bestiaux n'en sont pas très-friands. Elle fleurit pendant tout l'été, et les racines qui restent en terre, après la moisson, repoussent ordinairement de nouvelles tiges, lesquelles continuent à fleurir jusqu'au commencement de l'hiver. Les jeunes fruits ont la saveur des petits Radis.

B. *Silique subéreuse : article inférieur souvent oblitéré (mais dans le cas contraire ordinairement gros et turbiné) ; article supérieur continu à l'intérieur, fragile, persistant (mais très-facilement séparable de l'article inférieur, lorsque celui-ci reste distinct), non-ruptile : endocarpe finalement pelliculaire, diaphane, détaché du mésocarpe (excepté le long des placentaires) et formant un autre diaphragme vertical, de chaque côté du diaphragme placentairien, de manière que les graines sont contenues dans une sorte de coque interne tantôt biloculaire (lorsque le diaphragme placentairien n'est pas refoulé par les graines), tantôt uniloculaire (lorsque les graines refoulent le diaphragme placentairien d'un côté ou de l'autre). Graines vagues (souvent horizontales), unisériées, ou irrégulièrement bisériées dans chaque loge de la coque épicarpienne, ou bien (lorsque le diaphragme placentairien est refoulé)*

*soit unisériées , soit irrégulièrement bisériées au centre de
la coque épicarpienne.*

RAPHANUS CULTIVÉ. — *Raphanus sativus* Linn. — Lamk.
Ill. tab. 566 (mala).—Webb et Berth. Phyt. Canar. tab. 8. A
(Anal. opt.)—*Raphanus rotundus., R. sativus, R. chinensis,*
et *R. orbicularis* Mill. Dict. — *Raphanus Radicula* Pers.
Syn. — *Raphanus niger* Lobel.

Feuilles glabres ou hispidules : les radicales et les inférieures
lyrées, ou interrupté-lyrées, ou roncinées; les supérieures la plupart ovales, ou ovales-lancéolées, ou lancéolées, ou lancéolées-
oblongues, incisées-dentées, ou inégalement dentelées, ou sinuolées, ou très-entières. Pétales blancs, ou roses, ou pourpres. Siliques rectilignes ou un peu arquées, ovoïdes, ou ellipsoïdes, ou
columnaires (rarement moniliformes), obscurément tétragones,
écostées, légèrement sillonnées.

Les variétés qu'offre la racine de cette plante sont divisées vulgairement en deux races principales, savoir :

I. Les RADIS ou PETITES-RAVES.—Racine de grosseur médiocre,
d'une saveur légèrement piquante. Les variétés les plus notables
de cette race sont le *Radis rond* ou *Radis proprement dit* (*Raphanus Radicula* Pers. — *Raphanus rotundus* Mill.), dont
on cultive des sous-variétés plus ou moins hâtives, et de couleur
soit blanche, soit rose, soit violette, soit jaunâtre; le *Radis allongé*, ou *Petite-Rave* (*Raphanus sativus* Mill.), offrant les
mêmes variations de couleur que le Radis rond.

II. Les RAVES proprement dites, ou RAIFORTS. — Racine plus
ou moins grosse, à chair dure et d'une saveur très-piquante. Les
variétés les plus notables de cette race sont : La *Rave noire*
ou le *Raifort noir* (*Raphanus niger* Lobel.), à racine noirâtre
à l'extérieur, tantôt oblongue, tantôt ronde et plus ou moins
déprimée; la *Rave blanche*, ou *gros Raifort blanc* (*Raphanus rotundus* Mill.), à racine ordinairement globuleuse;
enfin le *petit Raifort gris*, le *gros violet d'hiver*, etc.

Herbe ordinairement annuelle (du moins dans les jardins), très-semblable au *Raphanus Raphanistrum* quant au port, au feuillage et aux fleurs (si ce n'est que celles-ci ne sont jamais jaunes dans le *Raphanus sativus*), mais en général plus robuste dans toutes ses parties. Racine tantôt grêle dans toute sa longueur, tantôt plus ou moins renflée et charnue dans sa partie supérieure, blanche à l'intérieur, en dehors jaunâtre, ou blanche, ou rose, ou violette, ou grisâtre, ou noirâtre, terminée inférieurement en longue queue très-grêle et plus ou moins fibreuse. Tige dressée, ordinairement rameuse dès la base, feuillée; rameaux paniculés, médiocrement feuillés, divariqués, ou plus ou moins divergents, ou ascendants; ramules ordinairement nus. Feuilles glauques ou d'un vert foncé, offrant les mêmes variations que celles du *Raphanus Raphanistrum*. Pédicelles aussi longs que le calice ou jusqu'à 1 fois plus longs. Fleurs semblables dans toutes leurs parties, tant par la forme que par la grandeur, à celles du *Raphanus Raphanistrum*. Pédicelles fructifères longs de 5 à 8 lignes (le plus souvent au moins de moitié plus courts que la silique). Siliques longues de 1 pouce à 3 pouces (y compris le bec terminal), sur 3 à 6 lignes de diamètre, glabres, lisses, vertes et charnues avant la maturité, couleur de feuille morte et de consistance subéreuse à l'état sec, rectilignes, ou légèrement arquées, tantôt érigées, tantôt plus ou moins horizontales, ou rarement un peu déclinées; article inférieur (souvent tout à fait oblitéré ainsi que le thécaphore, surtout dans les variétés cultivées) asperme ou monosperme (très-rarement disperme), hémisphérique, ou turbiné, ou obconique, ou stipitiforme, ou annuliforme, ou presque plane et plus ou moins confondu avec la base de l'article supérieur, tantôt d'un diamètre égal ou presque égal à celui de la partie inférieure de l'article supérieur, tantôt beaucoup plus grêle, toujours beaucoup plus court que l'article supérieur (le plus grand volume que nous ayons observé sur l'article inférieur, parmi une multitude de fruits visiblement articulés, a été de 3 à 4 lignes de haut, sur 4 lignes de diamètre) (1);

---

(1) On rencontre toutes ces variations indistinctement sur toutes les variétés, et très-souvent sur le même individu.

valvules tronquées, ou tridentées, ou tricuspidées au sommet, facilement séparables des nervures placentairiennes, lesquelles sont très-élargies vers leur base; article supérieur polysperme ou oligosperme, rostré, ordinairement non-rétréci à la base, tantôt irrégulièrement bosselé, tantôt offrant 1 à 6 étranglements plus ou moins forts (mais sans jamais interrompre la continuité des loges du fruit), tantôt enfin sans aucun étranglement ni bosselure; bec terminal conique, ou conique-subulé, ou columnaire, pointu, ésulqué, obscurément tétragone, plus dur que la partie séminifère de l'article, et tantôt aussi long, tantôt jusqu'à 6 fois plus court que cette partie. Graines obovées, ou subglobuleuses, ou ellipsoïdes, souvent un peu comprimées, en général plus grosses que celles du *Raphanus Raphanistrum*; cotylédons à lobes ordinairement suborbiculaires ou orbiculaires.

Cette espèce, dont la patrie n'est pas connue avec certitude, mais qu'on présume originaire de Chine, se cultive de temps immémorial, comme plante potagère, dans presque toute l'Asie ainsi qu'en Europe. Personne n'ignore l'emploi alimentaire des *Radis* et des *Raves* ou *Raiforts*; ces racines ont des vertus antiscorbutiques, mais on n'en fait pas usage en thérapeutique. Dans beaucoup de contrées, on mange aussi les jeunes feuilles de la plante, soit cuites, soit en salade.

En Chine et au Japon, on exprime des graines du Radis une huile qui s'emploie aux usages culinaires. La plante qu'on cultive à cet effet ne diffère des Radis ordinaires que par sa racine, laquelle est grêle et peu charnue dans toute sa longueur. Cette variété (*Raphanus sativus chinensis* Mill.) a été depuis assez longtemps introduite en Italie, mais il ne paraît pas que sa culture soit devenue extensive. M. Vilmorin recommande aux agronomes d'en faire des essais comparatifs avec nos autres plantes oléagineuses.

Les Radis ainsi que les Raves exigent un sol profond, frais et très-meuble; on assure toutefois que pour obtenir des *Radis* bien arrondis, il faut piétiner la terre avant de répandre les graines. Dans un sol aride, ou faute d'arrosements convenables, la chair de ces racines devient dure et filandreuse, ou cotonneuse.

Les graines conservent leur faculté germinative pendant cinq ou six ans.

***

IIe TRIBU. **LES SILIQUEUSES.** — *SILIQUOSÆ* Spach.

Ovaire biloculaire, continu. Péricarpe linéaire ou columnaire (ordinairement beaucoup plus long que large, très-rarement à peine plus long que large), inarticulé, 2-loculaire, 2-valve, polysperme (par exception oligosperme), quelquefois terminé en bec séminifère évalve (mais jamais articulé complètement à la portion valvaire de la silique); placentaires persistant avec le diaphragme (et presque toujours aussi avec le style ou le bec séminifère) après la chute des valves.

Genre SINAPISTRE. — *Sinapistrum* Spach.

Sépales 4, subnaviculaires, étalés, non-sacciformes à la base, cuculliformes au sommet. Pétales 4, onguiculés. Glandules 4 (opposées aux 4 sépales). Étamines 6. Filets anisomètres : les 2 impairs filiformes, anguleux, ascendants, plus courts ; les 4 autres dressés, ancipités. Anthères sagittiformes-oblongues, obtuses : les 2 latérales un peu plus grandes. Ovaire tétragone, 2-loculaire ; loges pluri-ovulées. Style grêle, tétraèdre, plus long que l'ovaire. Stigmate disciforme, pelté, 4-lobé. Silique tétragone ou octogone, rostrée, 2-loculaire, polysperme (rarement 6-12-sperme) ; bec caduc avec les valves, tétraèdre, ancipité, conique, ou conique-subulé ; valves immarginées ou bordées d'une nervure, tricostées (plus ou moins distinctement) ; nervures placentairiennes filiformes, incluses, très-amincies au sommet. Graines suspendues, 1-sériées dans chaque loge, globuleuses; cotylédons incombants, condupliqués, réniformes, bilobés au sommet ; radicule non-proéminente.

Herbes annuelles, tantôt glabres, tantôt parsemées de sétules (ordinairement horizontales ou réfléchies) simples.
Feuilles lyrées, ou pennatifides, ou pennatiparties, ou indivisées : les inférieures pétiolées ; les supérieures sessiles, ou
subsessiles. Grappes terminales et oppositifoliées, nues, multiflores, lâches après la floraison. Pédicelles courts, anguleux :
ceux des fleurs épanouies rapprochés en corymbe; les fructifères divariqués, ou plus ou moins divergents, ou ascendants, ou presque dressés, ordinairement très-épaissis. Sépales presque égaux (les 2 latéraux un peu plus larges et plus
bombés que les 2 autres), d'un jaune verdâtre. Pétales égaux :
onglets linéaires, dressés ; lame étalée, d'un jaune de citron.
Glandules inégales : les 2 latérales plus grosses, presque
carrées, insérées *devant* les étamines impaires ; les 2 autres
oblongues, comprimées, obtuses, insérées *derrière* les étamines paires. Filets inappendiculés : ceux des étamines
paires un peu plus larges que les deux autres, contigus inférieurement, divergents vers leur sommet. Ovaire non-
stipité ou porté sur un gros thécaphore très-court ; ovules
suspendus, unisériés dans chaque loge; funicules courts.
Style ordinairement plus long que l'ovaire, comprimé
parallèlement au diaphragme. Stigmate à 4 lobes alternativement plus grands et plus petits : ceux-ci alternes avec les placentaires. Silique cartilagineuse ou chartacée, plus ou moins
longuement rostrée, tantôt bosselée, tantôt non-bosselée,
non-stipitée, ou courtement stipitée, déhiscente longtemps
après la maturité des graines; bec tombant avec l'une ou
l'autre des valves (par suite de la rupture du sommet
des nervures placentairiennes), plus long ou aussi long ou
plus court que les valves, ordinairement gros à sa base,
plus ou moins effilé supérieurement, un peu comprimé parallèlement au diaphragme, tantôt monosperme à la base,
tantôt asperme (mais toujours creux à sa base), subéreux et
plein supérieurement, à 4 ou 8 nervures plus ou moins saillantes, alternes avec les 4 angles ; nervures placentairiennes
filiformes, très-amincies et presque oblitérées vers leur som-

met (d'où résulte, lors de la déhiscence, leur rupture qui entraîne la chute du bec), avant la déhiscence complétement recouvertes par les valves (excepté à la base, laquelle est sensiblement élargie); diaphragme fovéolé, diaphane, innervé; valves rectilignes, naviculaires, obtuses aux 2 bouts, épaissies et subéreuses (en dedans) au sommet, non-réticulées, ou plus ou moins fortement réticulées : côtes rectilignes ou flexueuses, plus ou moins saillantes (quelquefois presque oblitérées), tantôt égales, tantôt les 2 latérales moins fortes que la médiane. Graines assez grosses (à peu près du même diamètre que la largeur du diaphragme), finement poncticulées (lisses à l'œil nu), superposées en une seule série dans chaque loge; funicule plus ou moins décliné, court, ailé, inadhérent; cotylédons un peu charnus : l'extérieur (relativement à la radicule) bombé au dos, concave antérieurement; l'intérieur plié en carène, concave postérieurement, non recouvert aux bords et recouvrant la radicule de manière à n'en laisser à nu que la surface externe; radicule ascendante, arquée, subclaviforme, un peu plus courte que les cotylédons.

Ce genre ne diffère guère du *Hirschfeldia* que par ses graines globuleuses, mais des autres genres voisins par sa silique à bec caduc. Outre la plante que nous allons décrire, il faudra peut-être y rapporter quelques autres espèces classées parmi les *Sinapis* des auteurs.

Sɪɴᴀᴘɪsᴛʀᴇ Sᴇ́ɴᴇᴠᴇ́. — *Sinapistrum arvense* Spach.

Cette plante offre une multitude de variations, en général trop inconstantes, sur les mêmes individus, pour constituer des variétés; toutefois, les modifications les plus marquantes du fruit peuvent se définir comme suit :

— α : Lᴇ Sᴇ́ɴᴇᴠᴇ́ ᴄᴏᴍᴍᴜɴ (*vulgare*). — *Sinapis arvensis* Linn. — Flor. Dan. tab. 753. — Engl. Bot. tab. 748. — Curt. Lond. tab. 321.—Hayn. Arzn. Gew. II, 14. — Schk. Handb. tab. 186. — *Sinapis orientalis* Schk. l. c.; et auctor.

pler. (1) — *Sinapis retrohirsuta* Bess. — *Napus Agria-sinapis* Spenn. Flor. Friburg. — Silique grêle (longue de 12 à 18 lignes), à bec 1 à 3 fois plus court que les valves.

— β : LE SÉNEVÉ A LONG BEC (*longirostre*). — *Sinapis orientalis* Linn. — De Cand. Syst. et Prodr. — *Sinapis Allionii* Jacq. (2) Hort. Vindob. 2, tab. 168. — Silique assez grosse, ou grêle (longue de 10 à 18 lignes), à bec aussi long ou un peu plus long que les valves.

— γ : LE SÉNEVÉ A COURT BEC (*brevirostre*). — *Sinapis Kaber* De Cand. Syst. et Pródr. — Silique ellipsoïde ou oblongue (longue de 6 à 9 lignes), assez grosse, à bec 1 ou 2 fois plus court que les valves.

— δ : LE SÉNEVÉ TURGIDE (*turgidum*). — *Sinapis turgida* Delile, Flor. Ægypt. — Silique ellipsoïde, ou ovoïde, ou subglobuleuse (longue de 4 à 6 lignes), grosse, à bec aussi long ou plus long que les valves. Feuilles ordinairement sinuées-pennatifides.

Racine fusiforme ou rameuse, garnie de beaucoup de fibrilles. Tige haute de 1 pied à 3 pieds, dressée, ordinairement hispide dans sa partie inférieure et glabre supérieurement (quelquefois tout à fait glabre de même que toutes les autres parties de la plante), cannelée, anguleuse, rameuse tantôt dès sa base, tantôt seulement vers le haut (quelquefois presque simple, dans les localités arides). Rameaux ascendants, ou plus ou moins divergents, ou dressés, paniculés, ou dichotomes, ou bifurqués seulement au sommet, ou simples, médiocrement feuillés, striés ou lisses. Feuilles flasques, d'un vert gai, souvent scabres (de petites sétules) : les radicales et les caulinaires inférieures longues de 3 à 6 pouces, inégalement dentées ou denticulées dans tout leur contour, tantôt indivisées (ordinairement ovales, ou ovales-oblongues, ou ovales-arrondies), ou panduriformes, ou seulement soit uni-soit bi-auriculées à la base, tantôt lyrées (à lobe terminal

---

(1) (2). Variations à silique hispidule ou pubérule.

très-grand, de forme variable), ou pennatifides, ou sinuées-pennatifides, ou sinuées-lobées, ou incisées-lobées (lobes ou segments de forme très-variable, tantôt obtus, tantôt pointus); feuilles caulinaires supérieures et feuilles raméaires graduellement plus petites, en général indivisées, ou seulement uni- ou bi-auriculées à la base, lancéolées, ou lancéolées-oblongues, ou oblongues, pointues, ou obtuses, inégalement dentées, ou denticulées, ou sinuées-dentées. Pédicelles florifères filiformes, à peu près aussi longs que le calice, plus tard très-épaissis, tantôt presque aussi gros que la base de la silique, tantôt beaucoup moins gros, toujours beaucoup plus courts que la silique, de direction très-variable. Sépales longs de 2 1/2 à 3 lignes, larges de 3/4 de ligne à 1 ligne, linéaires-oblongs, étalés horizontalement. Pétales presque 2 fois plus longs que le calice : onglets un peu plus courts que les sépales ; lame cunéiforme-obovale, souvent échancrée, plus longue que l'onglet. Étamines impaires de moitié plus courtes que les 4 autres, lesquelles sont plus longues que les onglets des pétales. Siliques érigées, ou plus ou moins divergentes, ou horizontales, ou un peu déclinées, rectilignes, ou rarement un peu arquées, cylindriques, ou un peu comprimées en sens contraire du diaphragme, longues de 4 à 18 lignes, sur 1 à 2 lignes de diamètre ; valves longues de 2 à 12 lignes, cartilagineuses, ou chartacées, tantôt plus ou moins fortement bosselées, tantôt non-bosselées. Graines d'un brun roux, ou noirâtres.

Cette plante, nommée vulgairement *Sénevé*, est très-commune dans toute l'Europe, ainsi qu'en Orient et dans le nord de l'Afrique. Elle se plaît dans les terres labourées, où elle abonde souvent de manière à devenir une mauvaise-herbe fort nuisible, surtout aux Céréales. Sa floraison dure depuis le mois de mai jusqu'en août, et l'on en rencontre fréquemment des individus fleurissant en automne, lesquels proviennent de graines de la même année.

Les graines de Sénevé ont la saveur et les propriétés de celles de la Moutarde noire ; on les emploie quelquefois en place de celle-ci. Dans plusieurs contrées, on mange les jeunes feuilles de la plante, tant cuites qu'en salade : ces feuilles ne sont guère goûtées du bétail , et l'on assure même qu'elles nuisent aux chevaux.

Genre LEUCOSINAPIS. — *Leucosinapis* (De Cand.) Spach.

Sépales 4, dressés ou étalés, subnaviculaires, cuculliformes au sommet. Pétales 4, onguiculés. Glandules 4 (opposées aux 4 sépales). Étamines 6. Filets anisomètres : les deux impairs filiformes, anguleux, ascendants, plus courts; les 4 autres dressés, ancipités. Anthères sagittiformes-oblongues, obtuses : les 2 latérales un peu plus grandes. Ovaire tétragone, 2-loculaire; loges 5-6-ovulées. Style ensiforme, plus long que l'ovaire. Stigmate disciforme, 4-lobé. Silique tétragone ou subcylindracée, biloculaire, longuement rostrée, 4-12-sperme : bec persistant, large, ensiforme (aplati parallèlement au diaphragme); valves immarginées, tricostées; nervures placentairiennes filiformes, incluses. Graines suspendues, 1-sériées dans chaque loge, globuleuses; cotylédons condupliqués, incombants, réniformes, bilobés au sommet; radicule non-proéminente.

Herbes annuelles, ordinairement parsemées de sétules simples. Feuilles pennatifides ou lyrées, pétiolées. Grappes terminales et oppositifoliées, multiflores, nues, lâches après la floraison, peu flexueuses. Pédicelles anguleux : ceux des fleurs épanouies rapprochés en corymbe convexe; les fructifères divariqués ou ascendants. Sépales d'un jaune verdâtre. Pétales égaux , d'un jaune de citron ; lames étalées; onglets dressés. Glandules verdâtres, inégales : les 2 latérales plus grosses, presque carrées, insérée *devant* les étamines impaires; les 2 autres ovales, comprimées, obtuses, insérées *derrière* les étamines paires. Filets inappendiculés : ceux des étamines paires un peu plus larges, contigus inférieurement, divergents au sommet. Ovaire non-stipité, court, un peu comprimé parallèlement au dia-

phragme ; ovules suspendus, unisériés dans chaque loge ;
funicules courts. Style large, tétraèdre-ancipité, comprimé
parallèlement au diaphragme. Stigmate à 4 lobes alternativement plus grands et plus petits : ceux-ci alternes avec
les placentaires. Silique cartilagineuse, longuement rostrée,
non-stipitée, plus ou moins fortement bosselée ; bec aussi
large ou plus large que les valves, tantôt asperme, tantôt
mono-sperme (ou très-rarement disperme), 3-ou 5-costé sur
chaque face, obtus, ou pointu ; nervures placentairiennes
minces, aplaties, avant la déhiscence complétement recouvertes par le bord des valves (excepté à la base, laquelle
est élargie); diaphragme diaphane, fovéolé, innervé ; funicules déclinés ou subhorizontaux, courts, dentiformes-
triangulaires ; valves à peine aussi longues que le bec, ou
plus courtes, rectilignes, naviculaires, non-subéreuses au
sommet, tombant longtemps après la maturité des graines,
subréticulées ou uni-nervées entre les côtes : côtes saillantes,
convergentes au sommet : la médiane plus forte, rectiligne ; les latérales flexueuses. Graines assez grosses, finement chagrinées, superposées en une seule série dans chaque
loge ; cotylédons un peu charnus : l'extérieur bombé au dos,
concave antérieurement ; l'intérieur plié en carène, concave au dos, non recouvert aux bords et recouvrant la
radicule de manière à n'en laisser à nu que la surface externe ; radicule ascendante, arquée, subclaviforme, un
peu plus courte que les cotylédons.

On ne peut rapporter avec certitude à ce genre, que les
deux espèces dont nous allons parler.

A. *Sépales étalés pendant l'anthèse, plus courts que le pédicelle. Silique 4-8-sperme, subcylindracée, un peu comprimée en sens contraire au diaphragme : bec plus long
ou aussi long que les valves, oblong-lancéolé, ou ovale-
lancéolé, décurrent (sous forme d'un large rebord) sur la
partie supérieure des nervures placentairiennes.*

Leucosinapis Moutarde-blanche. — *Leucosinapis alba* Spach.

— *α* : A feuilles lyrées (*lyrata*). — *Sinapis alba* Linn. — Engl. Bot. tab. 1677.—Hayn. Arzn. 8, tab 39.—Nees, Off. Pfl. tab 402.—Flor. Dan. tab. 1393. — Blackw. Herb. tab. 29. — Turp. in Flor. Méd. Ic. — *Napus Leucosinapis* Spenn. Flor. Frib. — *Sinapis foliosa* Willd. Enum.

— *β* : A feuilles pennatiparties (*pinnata*). — *Sinapis dissecta* Lag. Hort. Madrit. — *Sinapis apula* Tenor.

Plante annuelle, haute de 1 pied à 3 pieds, tantôt glabre, tantôt plus ou moins parsemée de sétules soit horizontales, soit réfléchies. Racine grêle, subfusiforme, garnie de fibres filiformes. Tige dressée, assez grêle, feuillée, rameuse supérieurement, ou quelquefois dès sa base, cannelée; rameaux effilés, nus, ou médiocrement feuillés, dressés, ou peu divergents, simples, ou presque simples. Feuilles molles, d'un vert gai : les radicales et les caulinaires inférieures longues de 3 à 5 pouces, 7-ou 9-ou 11-lobées; les supérieures plus petites, 3-ou 5-lobées; les raméaires ordinairement trilobées ou incisées-dentées ; lobes ou segments alternes ou subopposés, sinuolés, ou inégalement dentés, ou incisés-dentés, ou pennatifides, tantôt presque linéaires ou oblongs, tantôt larges et ovales ou arrondis, les basilaires ordinairement petits et dentiformes, le terminal tantôt beaucoup plus grand que les autres, tantôt à peu près de même grandeur. Grappes finalement longues de 5 à 12 pouces. Pédicelles 1 à 2 fois plus longs que le calice : les florifères filiformes, très-rapprochés, subfastigiés; les fructifères peu épaissis, plus ou moins éloignés, divariqués, ou plus ou moins ascendants, ou presque dressés. Fleurs légèrement odorantes. Sépales oblongs, subcorniculés au-dessous du sommet, longs de 2 lignes à 2 1/2 lignes. Pétales de moitié plus longs que le calice : onglets de moitié plus courts que les sépales; lame cunéiforme-obovale, penniveinée. Filets des étamines paires aussi longs que le calice, 1 fois plus longs que les impairs. Pistil un peu plus court que le calice : ovaire à loges 2-4-ovulées. Silique grosse, longue de 10 à 15 lignes, horizontale, ou plus ou moins érigée, ou ascendante, fortement bosselée, longuement rostrée, glabre, ou hérissée (surtout aux valves) de sétules soit horizontales, soit dressées, soit un peu réfléchies ; valves minces, longues de 4 à 7 lignes, larges d'environ 2 lignes, fortement bombées, oblongues, obtuses aux 2 bouts, tantôt un peu élargies, tantôt un peu rétrécies vers leur sommet, subréticulées ou finement uni-nervées entre les côtes ; bec tantôt asperme, tantôt monosperme à sa base, rectiligne, ou subfalciforme, échancré, long de 5 à 9 lignes, plus large à sa base que le sommet des valves, strié à chacune des 2 faces de 5 nervures (dont 3 médianes, plus fines, égales, très-rapprochées, confluentes au sommet, perpendiculaires aux côtes valvaires ; et 2 latérales quelquefois nulles, un peu plus fortes, perpendiculaires aux nervures placentairiennes) ; diaphragme large d'environ 2 lignes, ordinairement un peu élargi supérieurement. Graines jaunes ou d'un brun roux.

Cette plante, connue sous le nom de *Moutarde-blanche*, croît dans les champs de presque toutes les contrées tempérées de l'Europe, et surtout dans la région méditerranéenne ; elle se cultive fréquemment en grand, tant comme fourrage vert, que pour les usages économiques de ses graines, lesquelles ont les mêmes propriétés que les graines de la *Moutarde-noire (Sinapis nigra* Linn.), mais à un degré moins prononcé ; aussi s'en sert-on moins souvent tant en thérapeutique, que pour la confection de la moutarde proprement dite.

La Moutarde-blanche destinée à la récolte des graines, se sème au printemps ; elle exige un sol frais et profond. Comme fourrage, on a coutume d'en ensemencer les champs de Céréales, immédiatement après la moisson ; elle croît très-vite, et fournit une excellente nourriture pour les vaches. En Angleterre, on la cultive en serre, comme salade d'hiver. Les jeunes feuilles ont la saveur du Cresson.

B. *Sépales dressés, aussi longs que les pédicelles. Silique 8-12-sperme, tétragone, un peu comprimée parallèlement au diaphragme ; bec souvent plus court que les valves, oblong, très-obtus, non-décurrent.*

Leucosinapis hispide. — *Leucosinapis hispida* Spach. — *Sinapis hispida* Schousb. Plant. Marocc. tab. 4. — *Sinapis flexuosa* Lamck.

Plante ayant le port de l'espèce précédente, mais ordinairement plus grande. Feuilles pennatifides ou lyrées, scabres. Grappes fructifères un peu flexueuses, longues de ¹/₂ pied à 1 pied : rachis et pédicelles ordinairement couverts d'un duvet incane. Pétales à peine plus longs que les sépales : onglets aussi longs que la lame. Pédicelles fructifères raides, presque aussi gros que les siliques, divariqués, ou subhorizontaux (souvent redressés au sommet), ou ascendants. Silique longue de 12 à 30 lignes, ordinairement hispidule et incane, érigée, ou plus ou moins divergente, ou horizontale, ou un peu déclinée, raide, rectiligne ; valves longues de 5 à 10 lignes, larges de 1 1/2 ligne à 2 lignes, subcoriaces, naviculaires, oblongues-linéaires, arrondies aux 2 bouts, fortement tricostées, beaucoup moins fortement bosselées que celles de l'espèce précédente ; bec long de 6 à 12 lignes, de même largeur ou à peine plus large que les valves, peu ou point rétréci au sommet, tantôt asperme, tantôt monosperme à la base, 1-ou 3-nervé sur chaque face ; la nervure médiane très-saillante, carénée ; les 2 latérales fines, souvent oblitérées (lorsque le bec est séminifère, la bosselure, produite à l'extérieur par la graine, est fortement tricostée, et les 3 côtes confluent dans la carène de la partie asperme) ; diaphragme large d'environ 2 lignes ; nervures placentairiennes à peine marginées au sommet. Graines d'un brun roux, un peu moins grosses que celles de l'espèce précédente.

Cette espèce croît dans la Barbarie et à Ténériffe. Ses graines ont les mêmes propriétés que celles de la Moutarde-blanche.

Genre ÉRUCA. — *Eruca* Tourn.

Sépales 4, dressés, naviculaires, corniculés au sommet, non-sacciformes à la base. Pétales 4, réticulés, longuement onguiculés. Glandules 4 (opposées aux 4 sépales). Étamines 6 : Filets anisomètres, rectilignes, dressés, comprimés, sublinéaires : les 2 latéraux un peu plus courts. Anthères sagittiformes-oblongues, obtuses. Ovaire tétraédre, 2-loculaire; loges multi-ovulées. Style tétragone-ancipité, ensiforme, plus long et plus large que l'ovaire. Stigmate court, semi-circulaire, bilatéral. Silique tétraédre, 2-loculaire, polysperme, longuement rostrée; bec ensiforme, aplati, un peu décurrent, persistant, asperme; valves finement trinervées, marginées : les 2 nervures latérales marginales; nervures placentairiennes filiformes, incluses. Graines suspendues, bisériées (1) dans chaque loge, ellipsoïdes, comprimées; cotylédons condupliqués, incombants, réniformes, profondément échancrés au sommet; radicule très-proéminente.

Herbe annuelle, tantôt glabre, tantôt parsemée de sétules simples (soit horizontales, soit réfléchies) et de poils crépus. Feuilles lyrées, ou pennatiparties, ou pennatifides : les inférieures pétiolées; les supérieures subsessiles (quelquefois indivisées). Grappes terminales et oppositifoliées, nues, multiflores, lâches et un peu flexueuses après la floraison. Pédicelles fructifères ascendants ou presque dressés, courts, épais. Sépales d'un jaune verdâtre, connivents, subascendants à la base, un peu imbriqués par les bords, légèrement carénés, équilarges : les 2 latéraux un peu plus courts que les 2 autres. Pétales égaux : onglets dressés, linéaires-spathulés; lame jaunâtre, ou blanchâtre, ou carnée (souvent jaunâtre au moment de l'épanouissement, et plus tard blanchâtre), réticulée de veines livides ou violettes. Glandules inégales : les 2 latérales grosses, presque parallélipipédiques, tridenticulées au bord supérieur, insérées *devant* les étamines impaires; les 2 autres minimes, subulées, insérées *derrière* les étamines paires. Ovaire un peu comprimé en sens contraire du diaphragme; ovules bisériés dans chaque loge, marginaux,

____

(1) C'est sans doute par erreur typographique, que dans le Prodrome de M. de Candolle, le caractère du genre *Eruca* porte « *graines unisériées.* »

immédiatement superposés, suspendus ; funicules courts, déclinés. Style comprimé parallèlement au diaphragme. Stigmate formant un court bourrelet canaliculé, décurrent sur les deux cotés du style, et perpendiculaire à l'axe des valves. Silique chartacée, plus ou moins longuement rostrée, non-stipitée, rectiligne, déhiscente longtemps après la maturité des graines ; bec aussi long ou plus court que les valves, mince, jamais séminifère, aplati parallèlement au diaphragme, oblong-lancéolé, un peu plus large à sa base que les valves, tronqué, trinervé de chaque côté, marginé, décurrent sur les nervures placentairiennes ; nervures placentairiennes filiformes, complétement recouvertes par les valves avant la déhiscence (excepté à la base, laquelle est élargie), munies d'un léger rebord membraneux (provenant de la décurrence des bords du bec); diaphragme oblong, ou linéaire-oblong, ou elliptique-oblong, peu ou point rétréci aux 2 bouts, diaphane, pelliculaire, innervé, non-fovéolé, presque complétement recouvert par les graines; valves un peu comprimées en sens contraire au diaphragme, fragiles, naviculaires, non-bosselées, peu ou point réticulées, très-obtuses aux 2 bouts, non-subéreuses au sommet, à 5 nervures filiformes et très-distinctement marginées (le rebord de la nervure médiane est moins large que celui des nervures marginales). Graines 1 fois moins larges que le diaphragme, marginales, un peu imbriquées, finement chagrinées (lisses à l'œil nu), immarginées, arrondies aux 2 bouts, convexes aux 2 faces; funicules subhorizontaux, ou un peu déclinés, courts, filiformes, anguleux, inadhérents; cotylédons assez minces, réniformes, subpétiolés, échancrés au sommet : l'extérieur bombé au dos, concave antérieurement ; l'intérieur plié en carène, concave postérieurement, non recouvert aux bords, laissant à nu presque toute l'épaisseur de la radicule ; radicule ascendante, subclaviforme arquée, saillante de manière à se mouler très-distinctement à la surface de la graine.

Ce genre, très-caractérisé tant par la forme du stigmate et de la silique, que par la disposition des graines, ne renferme que l'espèce dont nous allons traiter.

Éruca Roquette. — *Eruca Ruchetta* Spach.

— α A calice caduc. — *Brassica Eruca* Linn. — Blackw. Herb. tab. 242. — Bull. Herb. tab. 313. — Schk. Handb. tab. 186. — Sibth. et Smith, Flor. Græc. tab. 646 et 647. — *Brassica turgida* Pers. — *Brassica erucoides* Horn. — *Eruca sativa* Lamk. Fl. Fr. — *Eruca sativa* et *Eruca hispida* De Cand. Syst. et Prodr. — *Euzomum sativum* Link. —Calice (ordinairement glabre) tombant immédiatement après la floraison.

— β : A calice subpersistant. — *Brassica vesicaria* Linn. — Asso, Syn. Arrag. tab. 4. — *Eruca vesicaria* De Cand. Syst. et Prodr. - Calice (ordinairement hispide) persistant quelque temps après l'anthèse.

Racine subfusiforme ou rameuse, garnie de fibrilles. Tige haute de 1 pied à 3 pieds, tantôt glabre, tantôt plus ou moins hispide, dressée, rameuse ordinairement dès la base, cylindrique, lisse, ou légèrement cannelée. Rameaux simples ou paniculés, dressés, ou ascendants, grêles, effilés, un peu flexueux, médiocrement feuillés, ou presque nus. Feuilles flasques, d'un vert foncé, glabres, ou hispidules : les radicales et les caulinaires inférieures longues de 3 à 6 pouces ; les supérieures graduellement plus petites, souvent lancéolées et très-entières, ou seulement incisées-dentées à la base; lobes ou segments sinués-dentés, ou incisés-dentés, ou inégalement dentés, ou sinuolés, ou très-entiers, pointus, ou obtus, de forme et de grandeur très-variables. Grappes effilées, finalement longues jusqu'à 15 pouces. Pédicelles glabres ou poilus, aussi longs que le calice, ou jusqu'à 2 fois plus courts : les florifères filiformes, subhorizontaux lors de l'anthèse (ceux des fleurs épanouies rapprochés, mais déjà en grappe plus ou moins allongée, débordée par les boutons); les fructifères tétragones, assez gros (mais 3 à 4 fois moins que la silique), longs de 2 à 4 lignes. Fleurs de la grandeur de celles de la Ravenelle. Sépales oblongs, ou oblongs-linéaires, glabres, ou hispides, ou poilus, longs d'environ 4 lignes, sur ¼ à ½ ligne de large. Pétales longs de 8 à 9 lignes ; onglets peu saillants ; lame cunéiforme–obovale. Étamines impaires incluses ; les autres saillantes. Siliques longues de 9 à 15 lignes, dressées et très-souvent appliquées contre le rachis, ou plus ou moins divergentes (rarement horizontales) ; valves d'environ 2 lignes de diamètre, tantôt à peine aussi longues que le bec, tantôt jusqu'à 3 fois plus longues (très-souvent à peu près de moitié plus longues que le bec) ; bec long de 3 à 5 lignes ; diaphragme large de 1 ½ ligne à 3 lignes ; nervures placentairiennes aplaties, minces. Graines longues d'environ 1 ligne, sur ½ ligne de large, jaunes, ou d'un brun jaunâtre, marquées de 4 lignes (correspondantes aux bords des cotylédons) longitudinales noirâtres.

Cette plante, nommée vulgairement *Roquette*, est commune dans tout le midi de l'Europe, ainsi qu'en Orient, en Barbarie, et aux Canaries ; elle croît dans les champs et autres localités dé-couvertes. Toutes ses parties ont une odeur forte, et une saveur très-piquante ; elles sont diurétiques, antiscorbutiques, et stimu-lantes ; aussi les anciens attribuaient-ils à l'*Éruca* des vertus éminemment aphrodisiaques. Dans le midi de l'Europe, sur-tout en Italie (où on l'appelle *Ruca*, *Rucola*, et *Ruchetta*), ses jeunes feuilles sont très-recherchées comme salade, et la plante est même assez fréquemment cultivée à cet usage. Les grai-nes peuvent servir en guise de celles des Moutardes, car leur saveur est encore plus âcre que la Moutarde-noire.

Genre BRASSICA. — *Brassica* (Linn.) Spach.

Sépales 4, étalés, ou presque dressés, naviculaires, non-sacciformes à la base. Pétales 4, onguiculés. Glandules 4 (opposées aux 4 sépales). Étamines 6. Filets anisomètres : les 2 impairs ascendants, plus courts, filiformes ; les 4 au-tres comprimés, anguleux, dressés. Anthères sagittiformes-oblongues, subisomètres. Ovaire grêle, tétragone, 2-locu-laire ; loges multi-ovulées. Style conique ou columnaire,

obscurément tétragone. Stigmate pelté, subhémisphérique.
Silique tétraèdre-ancipitée, biloculaire, polysperme, rostrée : bec conique ou columnaire, cylindrique, ou un peu
comprimé, ou tétragone-ancipité, persistant ; valves 1-ner-
vées ou nerveuses, submarginées ; nervures placentairiennes
filiformes, incluses. Graines globuleuses, suspendues, unisériées dans chaque loge ; cotylédons condupliqués, incombants, réniformes, bilobés au sommet ; radicule non-
proéminente.

Herbes (quelquefois suffrutescentes à la base) annuelles, ou
bisannuelles, ou vivaces, glabres, ou parsemées de sétules
simples. Racine ou collet souvent très-gros et charnu.
Feuilles indivisées, ou lyrées, ou roncinées, ou pennatifides : les inférieures pétiolées ; les supérieures sessiles et
souvent amplexicaules. Grappes terminales et oppositifoliées, nues, multiflores, peu ou point flexueuses, lâches
après la floraison. Pédicelles grêles : les fructifères peu ou
point épaissis, horizontaux, ou plus ou moins divergents,
ou subascendants. Sépales jaunâtres ou verdâtres, presque
égaux, obtus, un peu gibbeux au sommet : le supérieur et
l'inférieur 1-nervés ; les 2 latéraux 3-nervés, un peu plus
larges. Pétales jaunes, égaux : onglets dressés ; lames étalées.
Glandules inégales : les 2 latérales plus grosses, presque
carrées, insérées *devant* les étamines impaires ; les 2 autres
linguiformes ou subulées, subhorizontales, insérées *derrière*
les étamines paires. Filets libres, inappendiculés : les 2 impairs subcylindriques, plus ou moins divergents, plus
grêles que les autres. Anthères obtuses : celles des 2 étamines impaires un peu plus longues que les autres. Ovaire
stipité ou substipité, allongé, plus ou moins comprimé en
sens contraire au diaphragme ; ovules suspendus, immédiatement superposés dans chaque loge en une seule série
axile. Style plus court que l'ovaire. Stigmate à 2 lobes peu
marqués, connivents, perpendiculaires aux placentaires.
Silique rectiligne, ou un peu arquée, ou flexueuse, comprimée soit en sens contraire, soit parallèlement au dia-

phragme, déhiscente peu après la maturité des graines, plus ou moins longuement rostrée, tantôt à peine stipitée, tantôt portée sur un thécaphore columnaire plus ou moins allongé ; valves 1-costées ou 2-5-costées, veineuses, minces, subcartilagineuses, naviculaires, ordinairement bosselées : endocarpe prolongé au-delà du sommet en une petite languette subéreuse obtuse ; bec tantôt asperme, tantôt mono- ou di-sperme inférieurement, nerveux, non-comprimé, ou plus ou moins comprimé parallèlement au diaphragme (mais jamais aplati comme dans les *Leucosinapis* et l'*Eruca*), uniloculaire, ou biloculaire, ou plein et subéreux à l'intérieur, au moins de moitié plus court que les valves ; nervures placentairiennes minces, aplaties, avant la déhiscence complétement recouvertes par le bord des valves (excepté à la base, laquelle est plus ou moins élargie) ; diaphragme fovéolé ou plus habituellement non-fovéolé, diaphane, pelliculaire, innervé. Graines scrobiculées, immédiatement superposées dans chaque loge en une seule série axile ; funicule aplati, ou anguleux, ou ailé, fongueux, inadhérent, plus ou moins décliné, de longueur à peu près égale à la largeur du diaphragme ; tégument mince, non-mucilagineux par la madéfaction ; cotylédons condupliqués, incombants, un peu charnus : l'extérieur bombé au dos, concave antérieurement ; l'intérieur plié en carène, concave au dos, non recouvert aux bords, recouvrant la radicule excepté à la surface externe ; radicule ascendante, arquée, subclaviforme.

On doit comprendre dans ce genre la plupart des *Sinapis* des auteurs ; les espèces les plus remarquables sont les suivantes :

A. *Feuilles supérieures subpétiolées ou sessiles, quelquefois plus ou moins amplexicaules, mais peu ou point cordiformes à leur base. Sépales dressés, un peu divergents au sommet, connivents inférieurement. Étamines impaires*

presque aussi longues que les autres. Glandules supé-
rieure et inférieure subulées.

Brassica Chou. — *Brassica oleracea* Linn.

— α : A tige herbacée (*herbacea*). — *Brassicu oleracea*
Linn. — Smith, Engl. Bot. tab. 637. — Gærtn. Fruct.
tab. 143. — *Napus oleracea* Spenn. Flor. Friburg.—*Bras-*
sica pinnatifida Desfont. Flor. Atlant. tab. 165 (1). —
Plante bisannuelle ou rarement (dans certaines variétés de
culture) annuelle. Tige non-frutescente, mais souvent très-
grosse et charnue vers sa base.

— β : A tige frutescente (*frutescens*). — *Brassica ba-*
learica Pers. — Deless. Ic. Sel. 2, tab. 86. — Cambess.
Enum. Balear. tab. 1. — Plante subperenne. Tige grosse,
haute de 2 à 3 pieds, finalement plus ou moins ligneuse. Cette
variété, due à l'effet d'un climat plus chaud joint à celui d'un
sol aride, ne sé trouve que dans les contrées les plus méridionales de l'Europe.

Feuilles glauques (pulvérulentes), un peu charnues.. Grappes
dès la floraison lâches et allongées. Sépales aussi longs que les
onglets des pétales, à peine plus courts que les étamines. Valves
de la silique 1-costées, veineuses, 6 à 12 fois plus longues que
le bec, ordinairement rétrécies à la base.

Plante bisannuelle, ou quelquefois suffrutescente et subperenne,
en général glabre sur toutes ses parties. Racine subfusiforme, plus
ou moins grosse. Tige haute de 2 à 6 pieds (quelquefois jusqu'à
10 dans certaines variétés cultivées), tantôt rameuse dès sa base
(surtout dans la plante à l'état spontané), tantôt simple inférieurement et paniculée vers son sommet, dressée, cylindrique, de la
grosseur d'un doigt à celle du bras d'un homme, ordinairement
très-feuillue dans sa partie inférieure. Rameaux médiocrement

---

(1) Sous-variété à feuilles hispidules, la plupart (même les caulinaires
supérieures) pétiolées et pennatifides.

feuillés, ordinairement paniculés. Feuilles de forme et de grandeur très-variées : les radicales et les caulinaires inférieures roselées (imbriquées en tête dans certaines variétés cultivées), érigées, pétiolées, lyrées, ou pennatiparties, ou pennatifides, ou irrégulièrement laciniées, ou indivisées (soit ovales, ou ovales-oblongues, ou oblongues, denticulées, ou sinuolées, ou très-entières), longues de ¹/₂ pied jusqu'à 3 pieds; les caulinaires et les raméaires graduellement plus petites, oblongues, ou oblongues-spathulées, ou oblongues-obovales, ou obovales, obtuses, sinuolées, ou sinuolées-denticulées, ou sinuées-dentées, ou sinuées-pennatifides, obtuses; côte et nervures très-saillantes en dessous. Grappes finalement longues de 3 pouces à 2 pieds. Pédicelles longs de 5 à 15 lignes : ceux des fleurs épanouies ainsi que ceux des boutons voisins de l'épanouissement déjà disposés en grappe lâche plus ou moins allongée; les fructifères ascendants, ou plus ou moins divergents, ou horizontaux, ou déclinés. Fleurs légèrement odorantes : les épanouies débordées par les boutons. Sépales longs de 4 à 5 lignes, d'un jaune verdâtre, oblongs-naviculaires. Pétales longs de 8 à 9 lignes : lame oblongue-obovale, de moitié plus longue que l'onglet, d'un jaune pâle, ou quelquefois blanche; onglets linéaires-cunéiformes, dressés. Filets des étamines impaires ascendants à la base, peu ou point divergents. Pistil (pendant l'anthèse) à peu près aussi long que le calice. Ovaire porté sur un stipe tantôt court mais très-visible, tantôt à peine apparent. Siliques longues de 3 à 4 (moins souvent de 2 à 3) pouces, plus ou moins grêles, érigées, ou plus ou moins divergentes, ou horizontales, ou déclinées, rectilignes, ou arquées, ou flexueuses, courtement rostrées, stipitées, ou à peine stipitées; stipe atteignant jusqu'à 3 lignes de long, columnaire, à peu près aussi grêle que le pédicelle; valves sublinéaires, obtuses aux 2 bouts, souvent rétrécies soit à la base, soit au sommet, soit aux 2 bouts, submarginées, fortement veineuses, munies d'une nervure médiane rectiligne assez saillante; diaphragme large de ³/₄ de ligne à 1 ¹/₂ ligne, ordinairement fovéolé, quelquefois fongueux entre les graines; bec long de 3 à 4 lignes, subéreux en dedans, tantôt asperme, tantôt mono-ou di-sperme, tantôt gros et conique, tantôt grêle et subcolumnaire ou conique-subulé, subcylindrique, ou obscurément tétragone, ou ancipité et plus ou moins comprimé parallèlement au diaphragme. Graines d'un brun roux.

Cette plante, tant connue sous le nom de *Chou*, croît spontanément sur les côtes de l'Océan en France et en Angleterre, ainsi que sur le littoral de la Méditerranée. De même que la plupart des végétaux soumis à la culture de temps immémorial, elle a produit une foule de races et de variétés assez constantes, dont les plus notables sont les suivantes :

I. LES CHOUX-VERTS (*ou Chou* *non-pommés*, *Choux sans tête*).—Tige cylindrique, avant la floraison plus ou moins allongée. Feuilles inférieures indivisées ou lyrées, ou plus ou moins laciniées, ou sinueuses, jamais imbriquées en tête. — Cette race est celle qui se rapproche le plus de la plante à l'état spontané, où, pour mieux dire, qui n'en diffère que par des caractères peu tranchés. En général les Choux-verts sont moins recherchés que ceux des races suivantes, pour les usages culinaires ; mais ils offrent l'avantage d'être d'une culture très-facile, et de fournir des légumes verts au milieu de l'hiver : ce n'est même qu'après avoir essuyé des gelées, que leurs feuilles deviennent tendres et bonnes à manger. Du reste, ces Choux sont aussi d'une grande utilité comme fourrage. Les sous-variétés les plus notables sont les suivantes :

— Le *Chou-vert commun*. — Tige assez grosse, haute de 3 à 4 pieds. Feuilles amples, lyrées (lobe terminal très-ample, plus ou moins arrondi), ondulées, crépues, sinueuses, à côte très-saillante, et à pétiole long de 3 à 6 pouces. Ce Chou est fréquemment cultivé pour la nourriture des bestiaux : on en cueille les feuilles, pendant l'été, à mesure qu'elles acquièrent leur développement ; en hiver, après avoir été attendries par les gelées, elles servent de légume.

— Le *Chou-cavalier*, *Grand Chou-vert*, ou *Chou en arbre*, ainsi nommé parce que sa tige, dure et rameuse, mais d'ailleurs non-frutescente, s'élève jusqu'à huit pieds, ou même plus. On le désigne aussi par les noms de *Chou à vache*, et *Chou de Laponie*; le *Chou-Palmier* n'en est également qu'une légère modification à feuilles plus allongées et plus étroites. Il ne fleurit habituellement que la troisième année. Ses feuilles sont d'un vert gai, planes, ou peu crépues, et portées sur des pétioles longs de 5 à 6 pouces. On cultive ce Chou aux mêmes usages que le précédent. Le *Chou-caulet de Flandre* en est une variation à feuilles rougeâtres.

— Le *Chou-vert branchu du Poitou* tient le milieu entre les deux précédents : moins élancé que le *Chou-cavalier*, il forme une touffe très-rameuse et très-productive.

— Le *Chou vivace de Daubenton* se distingue du *Chou-vert commun* par de longs rameaux réclinés, et s'enracinant quelquefois spontanément, lorsqu'ils atteignent le sol.

— Le *Chou frangé*, *Chou frisé d'Allemagne*, *Chou frisé d'É-cosse*, ou *Grand Chou frisé du nord*, offrant des variations à feuilles violettes, ou panachées de vert et de violet, ou de jaune, ou de blanc, ou de plusieurs de ces couleurs. La tige de cette sous-variété n'atteint que 1 à 2 pieds de haut ; les feuilles, de grandeur médiocre, sont pennatiparties ou pennatifides, à lobes laciniés et fortement crépus. On cultive fréquemment ce Chou comme légume d'hiver ; il résiste parfaitement aux froids les plus rigoureux de notre climat. Ses feuilles élégamment frisées et panachées en font d'ailleurs une véritable plante d'ornement. Le *Chou de Naples* ne paraît guère différer du *Chou frangé*, si ce n'est par une tige plus basse et plus grosse, ainsi que par des feuilles crépues seulement aux bords.

— Le *Chou à grosse côte* diffère des précédents par sa tige basse, et ses feuilles épaisses, planes, subsinuées, de forme ovale ou ovale-arrondie ; les côtes de ces feuilles sont grosses et moelleuses. Il est cultivé fréquemment comme légume d'hiver, et, à ce titre, plus estimé que les autres Choux de la même race. Suivant la couleur de ses feuilles, on le distingue en *vert* et en *blond* (c'est-à-dire d'un jaune pâle) : celui-ci est plus tendre et moins robuste, tandis que l'autre n'acquiert toutes ses qualités qu'après de fortes gelées.

II. LES CHOUX DE MILAN (ou *Choux-pommés frisés*). — Tige non-renflée à la base, plus ou moins allongée avant la floraison. Feuilles bosselées, crépues, d'un vert plus ou moins foncé, ordinairement indivisées : les supérieures (avant la floraison) très-rapprochées, bombées, imbriquées en rosette capitellée et plus ou moins serrée. Fleurs blanches, ou blanchâtres. Ces Choux sont en général plus tendres et d'une saveur plus fine que les Choux non-pommés ; aussi se cultivent-ils plus fréquemment pour les usages de la table ; mais ils ne prospèrent point dans les terrains médiocres. Les sous-variétés les plus répandues sont les suivantes :

— Le gros *Chou-Milan*, ou *Milan ordinaire*. — Tige élancée. Feuilles d'un vert foncé, grossièrement frisées : tête assez grosse, ferme. Ce Chou est un peu dur avant d'avoir essuyé des gelées.

— Le *Chou de Milan pointu, ou à tête longue*. — Tête ovoïde, pointue, de grosseur médiocre, mais très-tendre.

— Le *Milan doré*. — Tête peu serrée, tendre, devenant jaune en hiver.

— Le *Milan des vertus*, ou gros *Chou-pommé frisé d'Allemagne*. — Feuilles peu bosselées, quelquefois un peu glauques : tête très-grosse et serrée.

— Le *Milan-court*, ou *Milan-nain*. — Tige très-basse. Feuilles d'un vert très-foncé. Ce Chou est tendre et très-hâtif.

— *Chou Pancalier*, ou *Milan de Savoie, Chou de Hollande, Chou d'Espagne*. — Tige haute de 1 pied à 2 pieds. Feuilles vertes ou jaunâtres, fortement crépues aux bords ; pétioles gros, courts, moelleux, comestibles ; tête petite, très-lâche. Le *Milan d'Ulm très-hâtif* paraît n'en être qu'une légère modification.

— *Chou de Bruxelles*, ou *Chou rosette*. — Tige haute de 2 à à 3 pieds, produisant à l'aisselle des feuilles de petites têtes crépues, fort tendres, et d'une excellente saveur.

III. LES CHOUX-POMMÉS, ou *Choux-Cabus*.—Cette race ne diffère de la précédente que par ses feuilles ni crépues ni bosselées, ordinairement d'un vert pâle ou glauque, et imbriquées en tête très-compacte. Les fleurs sont jaunes.— Cette race, en général moins rustique que les deux précédentes, exige un sol frais et substantiel ; mais elle renferme une foule de variétés excellentes pour les usages culinaires. Plusieurs de ces variétés produisent des têtes d'un poids et d'un volume très-considérables : ce sont celles qui s'emploient à faire la *Choucroute*. Les variétés les plus généralement cultivées sont :

— Le *Chou-pommé blanc*, ou *gros Chou-Cabus blanc*, ou simplement *Chou-pommé*.—Tige (avant la floraison) grosse, courte. Feuilles d'un vert glauque ou jaunâtre, très-amples, ovales, ou ovales-elliptiques, ou ovales-arrondies : tête très-grosse, très-compacte, sphérique, souvent déprimée au sommet. Cette variété, la plus productive de toutes, est aussi celle qui se cultive le plus fréquemment, du moins dans les campagnes et pour la confection de la *Choucroute*. On en distingue comme sous-variétés : le *Chou de Saint-Denis*, ou *Chou-blanc de Bonneuil;* — le *Chou-Cabus d'Alsace*, ou *de Strasbourg;* — le gros *Chou d'Allemagne*, ou *Chou-quintal;* — le *Chou de Hollande à pied court;* — le gros *Chou-Cabus de Hollande* ou *Chou-Cauve*, etc.

— Le *Chou-pommé rouge* diffère du précédent par la couleur violette de ses feuilles, et par une saveur particulière beaucoup plus recherchée. Cette variété est très-estimée en Allemagne ainsi qu'en Hollande ; ses feuilles, coupées en lanières étroites, sont fréquemment mangées en salade, ou confites en guise de cornichons.

— *Chou d'York*. — Tige très-courte. Feuilles d'un vert clair, finement denticulées, un peu crépues aux bords : tête petite, blanche, ferme, allongée. — Cette variété, la plus précoce de la race, est aussi l'une des plus estimées comme légume vert. On en distingue plusieurs sous-variétés, telles que : le *superfin hâtif*, le *nain hâtif*, le *gros Chou d'York*, etc.

— *Chou Chicou, Chou en pain de sucre.* — Feuilles oblongues-obovales, allongées, cuculliformes : tête ellipsoïde, ou obconique, de volume médiocre, peu ferme, blanche ou jaunâtre. Cette variété, moins précoce que la précédente, est aussi très-tendre et d'une saveur excellente.

— *Chou Cœur de bœuf.* — Cette variété ne diffère de la précédente que par la forme obovée de son capitule.

IV. LES CHOUX-FLEURS. — « La surabondance de nourriture » dans cette race, » dit Lamark, « au lieu de se porter comme » dans les autres, soit dans les feuilles, soit dans la souche, » se porte dans les branches naissantes, et y produit un gonfle- » ment si singulier, qu'il les transforme en une masse épaisse, » ou une tête mamelonnée, granulée, charnue, blanche, » tendre, en cime dense, qui ressemble en quelque sorte à un » bouquet, et qui est fort bonne à manger. Si on laisse pousser » cette tête jusqu'à la hauteur convenable, elle se divise, se » ramifie, s'allonge, et porte des fleurs et des fruits comme » les autres Choux. Les feuilles des *Choux-fleurs* sont plus » allongées que celles des *Choux-Cabus*, et leur tête est, dans » certaines variétés, d'un blanc éclatant. » — Les Choux-fleurs, ainsi que personne ne l'ignore, constituent un mets très-délicat. Cette race ne peut se cultiver que dans un sol onctueux, bien fumé, et surtout, qu'à l'aide d'arrosements copieux; sans être rustique, elle s'accommode beaucoup mieux d'une température douce que d'une forte chaleur : aussi n'est-ce qu'à force de soins qu'on parvient à en avoir au milieu de l'été et en hiver. Les variétés principales sont les suivantes :

— *Chou-fleur dur commun.* — Tige peu élevée. Feuilles entières, très-rapprochées, d'un vert lavé de bleu, avec les nervures blanches. Tête grosse, compacte, devenant souvent verdâtre par la cuisson. Le *Chou-fleur d'Angleterre* en est une légère modification, de couleur plus blanche.

— *Chou-fleur tendre.* — Cette variété ne diffère de la précédente qu'en ce qu'elle est plus tendre, et plus petite dans toutes ses parties ; elle monte beaucoup plus facilement en graine, mais prospère en terre forte, et s'accommode mieux de la chaleur. — Les *Choux-fleurs de Malte*, de *Chypre*, d'*Italie*, de *Hollande*, et autres, ne sont que de légères variations quant à la couleur et la précocité, soit du *Chou-fleur dur*, soit du *Chou-fleur tendre.*

V. LES CHOUX BROCOLIS. — Cette race ne diffère des *Choux-fleurs* qu'en ce que ses feuilles sont ondulées, les ramules de sa tête plus allongés, plus charnus et moins serrés, ses boutons verts, ou violets, ou blancs. Les *Brocolis* exigent les mêmes soins de culture que les *Choux-fleurs.*

VI. LES CHOUX-RAVES. (1) *(Brassica oleracea gongyloides* Linn.) — Tige avant la floraison épaissie en une souche plus ou moins grosse, charnue, déprimée, sphéroïde, feuillue, recouverte d'une écorce épaisse et fort dure. Feuilles inférieures lyrées, érigées, non-imbriquées en tête. Lorsque la plante monte en graine, il s'élève, du centre de la souche, une panicule feuillée, en tout semblable à celle des autres Choux. — Les *Choux-Raves* résistent à des gelées assez fortes. Leur souche charnue, qui acquiert quelquefois le volume d'un gros Navet, est comestible, et d'une saveur particulière participant à la fois de celle du Chou et du Navet. Pour devenir de bonne qualité, ce légume exige un sol substantiel et de

---

(1) Il faut se garder de confondre cette race avec le *Chou-Navet*, lequel, malgré son nom impropre, est une variété du *Brassica Napus*, et non du *Brassica oleracea.*

copieux arrosements. On en possède deux variétés principales : l'une à chair *violette*, l'autre à chair *blanche*.

Le *Chou* est cultivé de temps immémorial, comme plante potagère, dans presque toutes les contrées tempérées de l'ancien continent. Les anciens Romains le regardaient en outre comme un remède à peu près universel ; mais aujourd'hui l'emploi médical de cette plante est hors d'usage, quoique d'ailleurs elle participe aux propriétés stimulantes et anti-scorbutiques communes à beaucoup d'autres Crucifères ; la *choucroute* surtout est un aliment très-salubre sous ce rapport, et par conséquent précieux pour les marins. Les graines du Chou renferment beaucoup d'huile grasse, mais on n'en tire point parti, la culture du *Colza* et de la *Navette*, à titre de plantes oléagineuses, étant beaucoup plus avantageuse.

B. *Feuilles (excepté les radicales) sessiles, amplexicaules, profondément cordiformes ou bi-auriculées à la base. Sépales très-étalés, ou divergents dès la base. Étamines impaires de moitié à 3 fois plus courtes que les autres. Glandules supérieure et inférieure ovales ou linguiformes.*

a) *Sépales plus ou moins divergents, mais jamais étalés horizontalement. Étamines impaires à peu près de moitié plus courtes que les autres. Glandules supérieure et inférieure linguiformes.*

Brassica Faux-Navet. — *Brassica Napus* Koch, in Rœhl. Deutschl. Flor. ed. nov.

— α : A-racine grêle (*leptorhiza*).—*Brassica Napus* Linn. (1) —Blackw. Herb. tab. 224. — *Napus oleifera* Spenn. Flor. Friburg.—*Brassica Napus oleifera*, et *Brassica campestris pabularia* De Cand. Syst. et Prodr. — *Brassica præcox* Waldst. et Kit. in Schult. Obs. — De Cand. l. c. — *Bras-*

---

(1) Plusieurs auteurs sont tombés dans une erreur bien grave en appliquant ce nom au Navet (*Brassica Rapa* Linn.)

sica incana Tenor. Cat. Sem. Hort. Neap. (1) — *Brassica villosa* Bivon. Manip. Sic. (2) — Plante ordinairement annuelle à l'état spontané, tantôt annuelle, tantôt bisannuelle à l'état cultivé. Racine grêle, non-tubéreuse.

— β : A RACINE TUBÉREUSE (*sarcorhiza*). — *Brassica oleracea Napo-brassica* Linn. — *Brassica Napus esculenta* et *Brassica campestris Napo-brassica* De Cand. Syst. et Prodr. — *Napus campestris Napo-brassica* Spenn. Flor. Friburg.— Race produite par la culture, toujours bisannuelle. Racine renflée dans sa partie supérieure en un gros tubercule charnu.

Feuilles glauques (même les radicales) : les inférieures lyrées, ou roncinées, ou sinuées-pennatifides ; les supérieures oblongues, ou ovales-oblongues. Fleurs épanouies disposées en grappe lâche débordée par les boutons. Onglets des pétales presque aussi longs que les sépales. Valves de la silique 1-costées, veineuses, 3 à 8 fois plus longues que le bec (3).

Plante haute de 2 à 4 pieds. Tige dressée, rameuse ordinairèment dès la base, glabre, ou hispidule dans sa partie inférieure, feuillée. Rameaux plus ou moins divergents, ou ascendants, feuillés, ordinairement paniculés. Ramules floriféres nus, ou presque nus, grêles. Feuilles vertes, ou pubérules-incanes, un peu charnues, couvertes d'une poussière glauque : les radicales et les caulinaires inférieures longues de 6 pouces à 3 pieds, pétiolées, tantôt très-glabres, tantôt plus ou moins hispidules (surtout à la côte et aux nervures), tantôt fortement pubescentes : lobes ou segments de forme variable, sinuésdenticulés, ou sinuolés-denticulés, ou inégalement crénelés ; le lobe terminal ordinairement très-ample, obtus, tantôt suborbiculaire, tantôt plus ou moins allongé ; les feuilles supérieures

---

(1) (2) Sous-variétés plus ou moins pubescentes.

(3) La direction des siliques, par laquelle on a voulu distinguer cette espèce de la suivante, est également variable dans l'une comme dans l'autre, et par conséquent d'aucune valeur caractéristique.

profondément cordiformes ou subhastiformes à la base, glabres, sinuées, ou sinuées-dentées, ou sinuolées, ou crénelées, ou denticulées (les ramulaires souvent très-entières, très-élargies à la base), obtuses. Grappes (du moins celles qui terminent la tige et les rameaux) atteignant finalement 1 pied à 2 pieds de long. Pédicelles plus longs que le calice : les florifères filiformes ; les fructifères longs d'environ 1 pouce, grêles, horizontaux, ou plus ou moins divergents, ou presque érigés. Fleurs odorantes, un peu plus petites que celles du Chou, mais notablement plus grandes que celles du *Navet (Brassica Rapa* Linn*)*. Sépales longs d'environ 3 lignes, d'un jaune verdâtre, oblongs-naviculaires. Pétales d'un jaune de citron, ou plus pâles : onglets presque aussi longs que les sépales ; lames obovales ou suborbiculaires, à peine plus longues que l'onglet. Filets des étamines paires un peu plus longs que les sépales. Ovaire très-courtement stipité ou non-stipité. Siliques longues de 1 1/2 pouce à 3 pouces, sur 1 1/2 ligne à 3 lignes de diamètre, rectilignes, ou un peu arquées, érigées, ou plus ou moins divergentes, ou horizontales, non-stipitées, ou courtement stipitées, tétragones, ou tétragones-ancipitées, ou subcylindriques, comprimées en sens contraire au diaphragme; valves bosselées, ou non-bosselées, fortement naviculaires, sublinéaires, obtuses aux 2 bouts, un peu subéreuses au sommet, plus ou moins fortement veineuses, à peine marginées : nervure médiane filiforme; diaphragme large de 1 ligne à 2 lignes, non-bosselé, ou plus ou moins bosselé, quelquefois un peu fongueux entre les graines, linéaire; bec long de 3 à 6 lignes, rectiligne, conique, ou conique-cylindracé, ou presque columnaire, tétragone, ou tétragone-ancipité, ou ancipité, ou subcylindrique, plus ou moins comprimé parallèlement au diaphragme. Graines du volume de celles du Chou, d'un brun roux ou noirâtre; funicule marginé, ou ailé, grêle, court, fongueux.

Dans son état de culture, cette plante offre deux races et plusieurs variétés, savoir :

I. Le Colzat (1). — Racine grêle, non-épaissie en tubercule charnu. — Cette race, qu'on doit considérer comme le type de l'espèce, se cultive fréquemment dans les départements orientaux de la France, ainsi qu'en Belgique et en Allemagne, tant comme plante oléagineuse, que comme légume et comme fourrage. Elle offre deux sous-variétés : l'une annuelle, nommée *Colzat de mars* ou *d'été*, l'autre bisannuelle, désignée sous le nom de *Colzat d'hiver*; cette dernière étant plus productive en graines, on lui donne en général la préférence sur l'autre, à titre de plante oléagineuse; mais sa culture n'est avantageuse que dans un terrain frais et substantiel.

II. Le Chou-Navet. — Plante bisannuelle. Racine épaissie dans sa partie supérieure en un gros tubercule fusiforme, ou ovoïde, ou conique, ou oblong, charnu. — Cette race, qu'on désigne aussi sous les noms de *Chou-Turneps*, *Chou-Rutabaga*, *Rutabaga*, et *Navet de Suède*, est peu cultivée comme plante oléagineuse (quoique d'ailleurs ses graines rempliraient le même but que celles du Colzat), mais très-communément tant comme légume, que comme fourrage d'hiver. On en mange les jeunes feuilles et surtout la racine, dont la saveur se rapproche beaucoup de celle des Choux-Raves. Suivant la nature du terrain, cette racine varie beaucoup quant à son volume, et elle acquiert quelquefois celui d'une grosse Bette-Rave; quant à sa couleur, il y en a de blanchâtres, de jaunes et de violettes. Le *Chou-Navet* est très-rustique, et s'accommode mieux que le *Chou* proprement dit *(Brassica oleracea Linn.)* des terrains légers ou médiocres, mais il réussit aussi de préférence dans les sols argileux.

Le *Brassica Napus* croît spontanément en Europe, tant sur

---

(1) Quelques auteurs ont confondu le Colzat avec la variété du *Brassica Rapa*, nommée vulgairement *Navette* ou *Ravette*; Lamark et d'autres en font à tort une variété du *Brassica oleracea*.

les côtes de l'Océan, que sur celles de la Méditerranée. On le cultive en grand dans presque toute l'Europe, ainsi que dans l'Asie tempérée. L'*huile de Colzat*, comme l'on sait, est un article de commerce très-important pour plusieurs départements de la France, ainsi que pour la Belgique et l'Allemagne. Le *Chou-Navet*, à cause de sa faculté de résister à des froids très-rigoureux, est précieux, pour le Nord, comme légume et comme fourrage.

b) *Sépales pendant l'anthèse étalés horizontalement. Étamines impaires 2 à 3 fois plus courtes que les autres. Glandules supérieure et inférieure ovales-orbiculaires.*

Brassica Navet. — *Brassica Rapa* Koch, in Rœhl. Deutschl. Flor. ed. nov. — *Napus Rapa* Spenn. Flor. Friburg.

— α : À racine grêle (*leptorhiza.*) — *Brassica campestris* Linn. — Smith, Engl. Bot. tab. 2224. — *Brassica campestris oleifera* De Cand.! in Herb. Desfont. — Plante tantôt annuelle, tantôt bisannuelle. Racine grêle, rameuse.

— β : À racine tubéreuse (*sarcorhiza.*) — *Brassica Rapa* Linn. — De Cand. Syst. et Prodr. — Blackw. Herb. tab. 231. — Plante bisannuelle. Racine épaissie à sa partie supérieure en un gros tubercule charnu.

Feuilles (excepté les radicales) glauques : les inférieures lyrées, ou roncinées, ou panduriformes ; les supérieures oblongues, ou oblongues-lancéolées, ou ovales-oblongues, ou oblongues, ou ovales, cordiformes-bilobées à la base. Fleurs épanouies subfastigiées, débordant les boutons. Onglets des pétales de moitié plus courts que les sépales. Valves de la silique uni-costées, finement veineuses, de moitié à 3 fois plus longues que le bec.

Tige haute de 2 à 4 pieds, dressée, cylindrique, peu ou point cannelée, glauque, feuillée, rameuse tantôt dès sa base, tantôt seulement dans sa partie supérieure, tantôt très-simple, très-glabre, ou moins souvent hispidule dans sa partie inférieure. Rameaux dressés ou presque dressés, ou ascendants, effilés, feuillés, lisses, glabres, le plus souvent paniculés. Ramules flori-

fères presque nus ou médiocrement feuillés. Feuilles minces, un
peu flasques : les radicales longues de 6 à 18 pouces, d'un vert
gai, courtement pétiolées, plus ou moins scabres et hispidules
(surtout en dessous), ou moins souvent glabres (lobes ou segments subopposés ou alternes, rapprochés, ou éloignés, sinués,
ou sinués-dentés, ou sinuolés, ou denticulés, ou crénelés, obtus,
ou pointus, arrondis, ou plus ou moins allongés); les caulinaires
(toutes sessiles et glauques) inférieures plus ou moins conformes
aux radicales (mais munies de deux oreillettes amplexicaules),
tantôt glabres, tantôt hispidules; les supérieures toujours glabres et glauques, pointues, ou obtuses, très-entières, ou subsinuolées, tantôt très-élargies à leur base, tantôt linguiformes :
lobes basilaires ordinairement équitants. Grappes très-lâches
après la floraison : celles des rameaux principaux atteignant finalement jusqu'à 2 pieds de long : rachis glauque, grêle, effilé.
Pédicelles plus longs que le calice : les florifères filiformes, très-
rapprochés; les fructifères longs de 6 à 12 lignes, divariqués, ou
plus ou moins divergents, ou ascendants. Fleurs odorantes, notablement plus petites que celles des deux espèces précédentes. Sépales oblongs-naviculaires, d'un jaune verdâtre, longs de 2 lignes
à 2 lignes ¹/₂. Pétales longs de 4 lignes, d'un jaune pâle : onglets
dressés, connivents au sommet, linéaires-spathulés; lames elliptiques ou elliptiques-obovales, étalées, presque 2 fois plus longues que l'onglet. Filets des étamines majeures de moitié plus
longs que les sépales. Étamines impaires très-divergentes. Pistil (lors de l'anthèse) un peu plus court que les étamines majeures. Ovaire grêle, substipité. Siliques longues de 1 pouce ¹/₂ à
2 pouces ¹/₂, sur 1 ligne ¹/₂ à 2 lignes de diamètre, rectilignes,
ou un peu arquées, érigées, ou plus ou moins divergentes, ou
subhorizontales, ou un peu déclinées, non-stipitées, ou courtement stipitées, tétragones, ou tétragones-ancipitées, ou subcylindriques, comprimées en sens contraire au diaphragme; valves bosselées ou non-bosselées, plus ou moins fortement naviculaires, sublinéaires, obtuses aux 2 bouts, immarginées, ordinairement un peu rétrécies à la base : endocarpe prolongé au-
delà du sommet en une petite languette obtuse et subéreuse; ner-

vure médiane filiforme, peu saillante ; diaphragme large de 1 ligne ¹/₂ à 2 lignes, non-bosselé , ou plus ou moins bosselé, linéaire; bec long de 5 à 12 lignes (ordinairement de 7 à 9), rectiligne ou subfalciforme, conique, ou conique-cylindrique, ou columnaire, tontôt dès sa base d'un diamètre moindre que la largeur du diaphragme, tantôt d'un diamètre égal à la largeur du diaphragme, cylindrique, ou obscurément tétragone, ou tétragone-ancipité, ou subancipité (comprimé parallèment au diaphragme), tantôt asperme, tantôt mono-ou di-sperme à sa base. Graines plus petites que celles des deux espèces précédentes, d'un brun roux ou noirâtre; funicule marginé ou ailé, grêle, court, fongueux.

De même que le *Brassica Napus*, cette espèce offre aussi deux races cultivées, lesquelles ne diffèrent l'une de l'autre que par leur racine , soit tubéreuse , soit non-tubéreuse.

I. **La Navette** ou **Ravette**. — Plante tantôt annuelle, tantôt bisannuelle. Racine grêle, non tubéreuse. — Cette racé, en tout semblable au type de l'espèce, se cultive fréquemment en grand, pour la récolte de ses graines, dont on obtient, par expression, l'*huile de Navette*. La *Navette d'été* ou *Navette-Quarantaine,* et la *Navette d'hiver* ou *Navette ordinaire* ne diffèrent point l'une de l'autre; mais la première est semée au printemps, et se récolte dans le courant de l'été, tandis que l'autre se sème vers la fin de l'été, pour être récoltée l'année suivante. La *Navette d'hiver* est plus productive que la *Navette d'été*, et, par cette raison, celle-ci n'est guère cultivée que pour remplacer l'autre, qui souffre quelquefois des rigueurs de l'hiver. La Navette, semée sur les chaumes après la moisson , s'emploie aussi comme fourrage vert. Cette plante oléagineuse offre l'avantage de prospérer dans les terrains sablonneux , peu favorables à la culture du Colzat.

II. **Le Navet**. — Plante bisannuelle. Racine épaissie supérieurement en tubercule fusiforme , ou conique, ou cylindrique, ou subglobuleux et déprimé, charnu, à écorce blanche, ou jaune, ou noirâtre, mince ou peu épaisse. — Cette race, si fréquemment cultivée tant pour les usages de la table, que pour la nourriture des bestiaux, perd bientôt son caractère distinctif, étant abandonnée à elle-même; et, même à l'état cultivé, elle monte souvent en graines sans former de racine tubéreuse, lorsqu'elle est semée au printemps ou au commencement de l'été. Pour devenir de bonne qualité, les Navets exigent un terrain sablonneux et de copieux arrosements. On en possède un grand nombre de variétés, d'ailleurs peu constantes, si ce n'est dans certaines localités. Les cultivateurs les classent en 3 catégories, savoir :

— 1° *Navets secs*, caractérisés par une chair fine, et qui ne se délaie point en cuisant : ces Navets sont les plus estimés pour les usages de la table, mais ils exigent absolument un sol d'un sable pur. Les variétés les plus notables sont : la *Freneuse*, petit et de forme cylindrique; le *Navet de Meaux*, très-allongé, de forme cylindrique-conique; le *Petit Berlin* ou *Teltau*, n'atteignant que la grosseur d'un Radis.

— 2° Les *Navets tendres*, d'une saveur moins recherchée que les *Navets secs*, mais en général précoces, et s'accommodant mieux des terrains non-sablonneux; les variétés les plus notables sont : le *Navet des Vertus*, cylindrique, très-blanc et hâtif; le *Navet rose du Palatinat*, très-tendre et doux; le *gros Navet long d'Alsace*, remarquable par son volume, mais plus recommandable pour la nourriture des bestiaux que pour l'usage culinaire; le *Navet blanc hâtif* et le *rouge hâtif*, l'un et l'autre de forme déprimée, et recherchés à cause de leur précocité; la *Rave du Limousin*, ou *Rabioule*, ou *Turneps*, cultivé fréquemment pour les bestiaux.

— 3° *Les Navets demi-tendres*, qui participent à la fois aux qualités des Navets secs et des Navets tendres. Les variétés les plus estimés sont : le *Navet jaune de Hollande*, de forme globuleuse, à écorce et à chair jaunes; le *Navet jaune d'Écosse*, le *Navet jaune de Malte*, le *Navet noir d'Alsace*, et le *Navet gris de Morigny*.

Cette espèce croît çà et là dans les champs, dans presque toute l'Europe; mais il n'est pas certain qu'elle soit véritablement indigène. Elle est cultivée de temps immémorial, surtout comme plante potagère, dans presque toutes les contrées tempérées de l'ancien continent. Les Navets ont des propriétés diurétiques, et autrefois on en préparait un sirop pectoral très-renommé. L'huile de Navette, de même que celle de Colzat, est d'un emploi très-général pour l'éclairage, mais elle ne sert guère aux usages alimentaires, si ce n'est parmi les classes les moins aisées.

Genre SINAPIS. — *Sinapis* (Linn.) Spach.

Sépales 4, subnaviculaires, étalés. Pétales 4, onguiculés. Glandules 4 (opposées aux 4 sépales). Étamines 6; filets anisomètres, filiformes : les 2 impairs ascendants, un peu plus courts; les 4 autres dressés; anthères sagittiformes-oblongues, obtuses. Ovaire grêle, tétraèdre, biloculaire; loges pluri-ovulées. Style filiforme, obscurément tétragone. Stigmate pelté, disciforme, obscurément 4-lobé. Silique tétraèdre-ancipitée, 2-loculaire, 6-12-sperme, ou polysperme, rostrée : bec asperme, persistant, tétragone, grêle; valves uni-nervées, marginées; nervures placentairiennes filiformes, incluses. Graines globuleuses, suspendues, unisériées dans chaque loge; cotylédons condupliqués, incombants, réniformes, bilobés au sommet; radicule non-proéminente.

Herbes annuelles, glabres, ou parsemées de sétules simples (soit horizontales, soit réfléchies). Feuilles pétiolées : les inférieures pennatifides, ou pennatiparties, ou lyrées; les supérieures indivisées. Grappes terminales et oppositifoliées, multiflores, nues, non-flexueuses. Pédicelles grêles, horizontaux pendant l'anthèse : les fructifères dressés ou ascendants, ou divergents. Sépales presque égaux, d'un jaune verdâtre. Pétales égaux, d'un jaune de Citron : lame étalée. Glandules inégales : les 2 latérales plus grosses,

presque carrées, insérées *devant* les étamines impaires; les
2 autres dentiformes, subtrigones, insérées *derrière* les étamines paires. Filets libres, inappendiculés : ceux des étamines paires un peu plus larges que les autres. Ovaire
stipité ou non-stipité, court, un peu comprimé en sens
contraire au diaphragme; loges 3-6- ou pluri-ovulées;
ovules suspendus, unisériés dans chaque loge, immédiatement superposés. Style à peu près aussi long que l'ovaire.
Stigmate subrhomboïdal. Silique cartilagineuse, rectiligne, ou arquée, bosselée, ou non-bosselée, non-stipitée,
ou stipitée, comprimée en sens contraire au diaphragme;
bec au moins 4 fois plus court que les valves, conique à la
base (mais beaucoup moins large que les valves), filiforme
supérieurement, jamais séminifère; nervures placentairiennes minces, planes, avant la déhiscence complétement
recouvertes par les valves (excepté à la base, laquelle est
sensiblement élargie); diaphragme diaphane, légèrement
bosselé, innervé; valves caduques peu après la maturité
des graines, non-subéreuses au sommet, fortement naviculaires, innervées et finement réticulées entre les bords et la
nervure médiane. Graines scrobiculées, superposées en une
seule série axile dans chaque loge; funicules déclinés ou subhorizontaux, fongueux, marginés, ou ailés, inadhérents;
cotylédons un peu charnus : l'extérieur bombé au dos, concave antérieurement; l'intérieur plié en carène, concave
postérieurement, non recouvert aux bords et recouvrant
la radicule excepté à la surface externe; radicule ascendante, arquée, subclaviforme, un peu plus courte que les
cotylédons.

Ce genre est très-voisin des *Brassica*, dont il ne diffère
essentiellement que par sa silique à bec très-grêle; ainsi caractérisé, il renferme probablement fort peu d'espèces; la
plupart des *Sinapis* des auteurs étant à classer parmi les
Brassica, ou constituant les genres *Leucosinapis*, *Sinapistrum* et *Hirschfeldia*. Nous ne pouvons y rapporter avec
certitude que les deux espèces suivantes :

A. *Siliques non-stipitées ou très-courtement stipitées, 6-12-spermes, toujours érigées, ordinairement appliquées contre le rachis, et plus ou moins imbriquées ; nervure médiane des valves carénée, saillante.*

SINAPIS MOUTARDE-NOIRE. — *Sinapis nigra* Linn. — Engl. Bot. tab. 969. — Flor. Dan. tab. 1582. — Svensk Bot. tab. 83. — Turp. in Flor. Méd. Ic. — Hayn. Arzn. Gew. 8, tab. 46. — Nees, Offic. Pfl. tab. 403. — *Sinapis torulosa* et *Sinapis turgida* Pers. — *Sinapis villosa* Mérat, Flor. Paris. — *Sinapis lævigata* Burm. Cap. (ex De Cand.) — *Brassica sinapoides* Roth. — *Brassica nigra* Koch, Flor. Germ. — *Melanosinapis communis* Spenner, Flor. Friburg.

Feuilles la plupart indivisées : les inférieures ordinairement lyrées, ou panduriformes, ou sinuées-pennatifides. Pédicelles à peu près aussi longs que le calice : les fructifères dressés ou presque dressés. Sépales très-étalés (lors de l'épanouissement), 1 fois plus courts que les pétales. Graines scrobiculées.

Racine rameuse ou subfusiforme, garnie de fibres. Tige haute de 1 pied à 4 pieds, dressée, grêle, cylindrique, non-anguleuse, peu ou point striée, feuillée, en général rameuse seulement dans sa partie supérieure. Rameaux dressés, ou ascendants, ou plus ou moins divergents, presque nus, ou aphylles, paniculés, ou bifurqués, très-grêles, lisses, un peu flexueux. Feuilles flasques, d'un vert gai, lisses et glabres, ou scabres et pubérules : les radicales et les caulinaires inférieures longues de 4 à 8 pouces, tantôt lyrées (à lobe terminal très-grand et arrondi, ou ovale, ou ovale-oblong, ordinairement sinué-lobé, ou sinué-pennatifide ; segments latéraux petits, peu nombreux, souvent triangulaires ou oblongs), tantôt panduriformes, tantôt soit ovales, soit ovales-oblongues, soit plus ou moins arrondies, sinuées-pennatifides, ou sinuées-lobées, ou anguleuses, souvent bi-auriculées (quelquefois cordiformes ou tronquées) à la base (oreillettes petites, ordinairement réfléchies), inégalement denticulées ou dentées ou incisées-dentées dans tout leur contour, très-obtuses (de même que les lobes ou segments) ou rarement pointues ; feuilles caulinaires supérieures hastiformes, ou lancéolées, ou lancéolées-rhomboïdales, ou lancéolées-oblongues, ordinairement pointues, souvent pendantes, tantôt très-entières, tantôt subdenticulées, ou sinuolées, ou rarement soit sinuées-dentées, soit incisées-dentées ; feuilles raméaires presque toujours très-petites, très-entières, lancéolées-linéaires. Pédicelles filiformes, à peu près aussi longs que le calice, assez rapprochés même après la floraison. Boutons obtus. Sépales longs d'environ 2 lignes, oblongs-linéaires, non-carénés. Pétales une fois plus longs que les sépales : onglets linéaires, aussi longs que le calice ; lame cunéiforme-obovale, arrondie, ou échancrée, un peu plus longue que l'onglet. Filets des étamines paires un peu plus longs que le calice, les autres un peu plus courts. Pistil de la longueur du calice. Grappes fructifères longues de 3 à 15 pouces. Siliques longues de 6 à 12 lignes, glabres, ou moins souvent pubescentes, presque imbriquées (très-rarement un peu divergentes) ; valves longues de 5 à 10 lignes, minces ; diaphragme à peine large de 1 ligne ; bec long de 1 ligne à 2 lignes, rectiligne, quelquefois à peine élargi à la base. Graines petites, d'un brun roux.

Cette plante, connue sous le nom vulgaire de *Moutarde-noire*, habite presque toute l'Europe, mais elle est beaucoup moins commune dans le nord que dans le midi. Il s'en fait une culture très-étendue dans certaines contrées, car ce sont ses graines qui s'emploient le plus généralement aux usages de la médecine et de la table, de préférence à celles de quelques autres Crucifères (1) douées des mêmes propriétés.

La saveur des graines de la Moutarde-noire est âcre et piquante ; elles ont des propriétés toniques et antiscorbutiques très-prononcées ; appliquées pendant quelque temps sur la peau, sous forme de cataplasme, elles en déterminent la rubéfaction et

---

(1) Notamment le *Leucosinapis alba*, ou Moutarde-blanche, et le *Sinapistrum arvense*, ou Sénevé.

même la vésication, surtout lorsque la pâte a été faite avec du vinaigre : tout le monde connaît l'emploi médical de ces cataplasmes stimulants, dits *sinapismes*, ainsi que celui des bains de pieds à la farine de Moutarde, lesquels produisent des effets analogues. Il serait superflu de parler des usages de la moutarde comme assaisonnement.

De même que la Moutarde-blanche, l'espèce dont nous traitons ici se sème aussi comme fourrage vert, et ses jeunes feuilles se mangent également dans beaucoup de contrées, tant cuites qu'en salade.

B. *Siliques ordinairement polyspermes, de direction variée (jamais appliquées contre le rachis, ni imbriquées), portées sur un stipe columnaire très-apparent; nervure médiane des valves filiforme.*

MOUTARDE ÉLANCÉE.—*Sinapis elongata* Spach.—*Brassica elongata* Ehrh. — Waldst. et Kit. Plant. Hung. Rar. tab. 28. — *Eruca elongata* Baumg. — *Guntheria elongata* Andrz. — *Erucastrum elongatum* Reichenb. Flor. Germ. Excurs.

Feuilles la plupart pennatifides, ou pennatiparties, ou interrupté-pennatifides, ou sinuées-pennatifides (les ramulaires ordinairement indivisées). Pédicelles plus longs que le calice : les fructifères divariqués, ou divergents, ou ascendants. Sépales (pendant l'épanouissement) presque étalés, 2 fois plus courts que les pétales. Graines presque lisses.

Plante bisannuelle, très-rameuse, haute de 2 à 4 pieds. Tige dressée, anguleuse, rameuse ordinairement dès la base, glabre, ou légèrement pubérule. Rameaux ascendants ou étalés, paniculés, feuillés inférieurement; ramules grêles, presque nus. Feuilles un peu charnues, d'un vert gai, glabres, ou pubescentes (surtout aux bords et aux nervures) : les radicales et les caulinaires inférieures atteignant 6 à 12 pouces de long, sur 3 à 8 pouces de large; les supérieures graduellement plus petites; celles des ramules florifères sublinéaires, longues de 6 à 12 lignes; lobes ou segments de forme et de grandeur très-variables (mais assez souvent oblongs, ou triangulaires-lancéolés), sub-opposés, ou alternes, inégalement sinués-dentés, ou sinuolés, ou sinués-lobés, ou très-entiers, obtus, ou pointus. Grappes finalement longues de 6 à 15 pouces : rachis peu ou point flexueux, grêle. Pédicelles longs de 3 à 6 lignes : ceux des fleurs épanouies subfastigiés, débordant les boutons ; les fructifères ascendants, ou plus ou moins divergents, ou horizontaux mais redressés au sommet. Sépales longs d'environ 2 lignes, oblongs-linéaires. Pétales presque 2 fois plus longs que les sépales : onglets linéaires-cunéiformes ; lames obovales. Siliques longues de 5 à 11 lignes, dressées, ou ascendantes, ou plus ou moins divergentes, ou horizontales, rectilignes, ou un peu arquées, glabres, bosselées ; stipe grêle, obscurément tétragone, au moins 4 fois plus court que les valves ; valves pointues tantôt aux 2 bouts, tantôt seulement à la base, beaucoup plus longues que le bec ; bec très-grêle, à peine épaissi à sa base, long de 1 ligne à 2 lignes ; diaphragme large d'environ 3⁄4 de ligne, ordinairement fovéolé. Graines de moitié moins grosses que celles de la *Moutarde-noire*, noirâtres, ou d'un brun roux, finement scrobiculées (lisses à l'œil nu).

Cette espèce croît en Hongrie et dans la Russie méridionale. On la cultive en grand, comme plante oléagineuse, dans quelques districts de la Hongrie.

Genre EUZOMUM. — *Euzomum* Spach.

Sépales 4, presque dressés, subnaviculaires, non-sacciformes à la base. Pétales 4, onguiculés. Glandules 4 (opposées aux 4 sépales). Étamines 6 : filets anisomètres, filiformes, anguleux : les 2 latéraux de moitié plus courts, ascendants ; les 4 autres rectilignes, dressés, un peu plus gros. Anthères subisomètres, sagittiformes-oblongues, obtuses. Ovaire tétragone, 2-loculaire, substipité ; loges multi-ovulées. Style court, gros, tétragone-ancipité. Stigmate disciforme, pelté, inégalement 4-lobé. Silique tétragone-ancipitée (comprimée parallèlement au diaphragme), poly-sperme, rostrée : bec tétragone-ancipité, columnaire, per-

sistant; valves finement 1-nervées, submarginées; nervures
placentairiennes filiformes, incluses. Graines uni-sériées ou
sub-bisériées, suspendues, ellipsoïdes, un peu comprimées;
cotylédons elliptiques, incombants, conduplíqués ; radicule
proéminente.

Herbe annuelle, tantôt glabre, tantôt parsemée de poils
simples (ordinairement horizontaux ou réfléchis). Feuilles
indivisées, ou lyrées, ou roncinées, ou pennatiparties, ou
plus ou moins profondément pennatifides : les inférieures
pétiolées; les supérieures sessiles ou subsessiles. Grappes terminales et oppositifoliées, multiflores, nues, très-lâches
après la floraison. Pédicelles filiformes : les florifères dressés ; les fructifères horizontaux ou plus ou moins divergents. Sépales verts, presque égaux : le supérieur et l'inférieur cuculliformes au sommet. Pétales égaux, blancs lors
de l'anthèse, plus tard rougeâtres; lames étalées. Glandules
inégales : les 2 latérales grosses, presque carrées, insérées
devant les étamines impaires; les 2 autres subulées, dressées,
insérées *derrière* les étamines paires. Ovaire porté sur un
court thécaphore; ovules suspendus, tantôt 1-sériés, tantôt
bisériés dans chaque loge. Style obconique ou columnaire,
presque aussi gros mais plus court que l'ovaire, après l'anthèse ordinairement bifurqué ou échancré au sommet. Stigmate à 4 lobes alternativement plus petits et plus grands :
ceux-ci perpendiculaires aux placentaires. Silique chartacée, rectiligne, ou légèrement arquée, courtement stipitée,
sublinéaire, courtement rostrée, déhiscente dès la maturité
des graines ; bec tronqué, ou échancré, ou bifurqué au
sommet, ordinairement asperme, sublinéaire, comprimé
parallèlement au diaphragme, non-décurrent, presque aussi
large que les valves; diaphragme pelliculaire, diaphane,
peu ou point fovéolé, innervé; nervures placentairiennes
très-minces, complétement recouvertes par les valves avant
la déhiscence; valves bosselées ou non-bosselées, subnaviculaires, comprimées parallèlement au diaphragme, finement
réticulées, sublinéaires, obtuses aux 2 bouts, munies d'une

nervure médiane filiforme et d'un rebord mince très-étroit. Graines petites, échancrées au sommet, finement scrobiculées à un fort grossissement (lisses à l'œil nu), immédiatement superposées (tantôt en une seule série axile, tantôt en 2 séries marginales plus ou moins irrégulières); funicule décliné ou subhorizontal, filiforme, inadhérent, court; tégument très-mucilagineux par la madéfaction. Cotylédons assez minces, légèrement échancrés à la base, à peine échancrés ou arrondis au sommet : l'extérieur bombé au dos, concave antérieurement; l'intérieur plié en carène, concave postérieurement, non-recouvert aux bords. Radicule subclaviforme, ascendante, légèrement arquée, un peu plus courte que les cotylédons, proéminente dans toute sa longueur de manière à se mouler très-distinctement à la surface de la graine.

L'espèce suivante constitue peut-être à elle seule ce genre, lequel diffère des *Diplotaxis* par les graines irrégulièrement bisériées ou très-souvent unisériées, et des *Erucastrum* par la silique comprimée parallèlement au diaphragme, ainsi que par la forme du bec de la silique.

EUZOMUM A FEUILLES DE ROQUETTE. — *Euzomum erucoides* Spach. — *Sinapis erucoides* Linn. — Jacq. Hort. Vindob. tab. 170. — Barr. Ic. tab. 132. — *Diplotaxis erucoides* De Cand. Syst. et Prodr. — *Eruca erucoides* Reichenb. Flor. Germ. excurs.

Tige haute de 1 pied à 3 pieds, dressée, feuillue, cylindrique, ou obscurément anguleuse, tantôt glabre, tantôt pubescente ou hispidule (de même que les autres parties vertes de la plante), rameuse ordinairement dès sa base. Rameaux ascendants ou presque dressés, feuillés, ordinairement paniculés. Feuilles flasques, d'un vert gai, ordinairement pubérules (parsemées, surtout en-dessus et aux nervures de la face inférieure, de sétules couchées), tantôt indivisées (lancéolées, ou lancéolées-oblongues, ou lancéolées-spathulées, ou oblongues-spathulées, ou oblongues-obovales, ou oblongues, inégalement dentées, ou dentelées, ou crénelées, ou sinuolées, ou sinuées-dentées, obtuses, ou pointues, les supérieures hastiformes à la base), tantôt plus ou moins profondément incisées (à lobes ou segments de forme et de grandeur très-variables, tantôt entiers, tantôt dentelés, ou dentés, ou incisés-dentés), longues de 1 pouce à 6 pouces (les supérieures souvent à peine longues de 3 lignes). Grappes atteignant finalement jusqu'à 1 pied de long, et quelquefois plus. Pédicelles de moitié à 2 fois plus longs que le calice : ceux des fleurs épanouies subfastigiés, rapprochés, débordant les boutons ; les fructifères plus ou moins éloignés, grêles, longs de 3 à 9 lignes. Fleurs de la grandeur de celles du Navet. Sépales oblongs, subobtus, membraneux aux bords, un peu divergents. Pétales presque 2 fois plus longs que le calice : onglets linéaires-cunéiformes, peu saillants, dressés ; lames obovales, ou cunéiformes-obovales, très-obtuses, étalées. Étamines majeures saillantes, de moitié plus courtes que les pétales ; étamines mineures un peu plus courtes que les sépales. Siliques longues de 6 à 18 lignes (tantôt plus courtes ou à peine aussi longues que leur pédicelle, tantôt jusqu'à 3 fois plus longues), horizontales, ou plus ou moins divergentes, ou redressées ; valves (toujours beaucoup plus longues que le bec) larges de 1 ligne à 1 ½ ligne ; bec long de 1 ligne à 5 lignes, asperme, chartacé, à 4 angles dont les 2 latéraux moins saillants. Graines petites, jaunâtres.

Cette plante est commune dans toute la région méditerranéenne. Ses feuilles et ses jeunes pouces ont une saveur piquante assez agréable, analogue à celle du Cresson Alénois *(Lepidium sativum)*.

Genre MORICANDIA. — *Moricandia* De Cand.

Sépales 4, dressés, connivents, naviculaires : les 2 latéraux plus larges, sacciformes à la base. Pétales 4, longuement onguiculés. Glandules 2 (opposées aux sépales latéraux). Étamines 6 : filets inéquilarges : les 2 latéraux plus courts, filiformes, subtrigones, ascendants ; les 4 autres plus larges, linéaires, comprimés, ancipités, dressés. Anthères

sagittiformes-oblongues, obtuses : les 2 impaires presque 2
fois plus longues que les autres. Ovaire linéaire-tétragone,
biloculaire; loges multi-ovulées. Style grêle, columnaire.
Stigmate à 2 lobes connivents. Silique linéaire, ancipitée-
tétragone, biloculaire, polysperme, rostrée; bec linéaire,
ancipité, asperme; valves 1-nervées, submarginées; nervures placentairiennes filiformes, aplaties, incluses. Graines
ellipsoïdes ou ovoïdes, comprimées, suspendues, irrégulièrement bisériées dans chaque loge; cotylédons elliptiques-
orbiculaires, entiers, condupliqués, incombants; radicule
très-proéminente.

Herbes annuelles, très-glabres. Feuilles indivisées, ou sinuées, ou pennatifides, un peu charnues : les caulinaires
sessiles (quelquefois amplexicaules). Grappes terminales et
oppositifoliées, nues, multiflores, lâches. Pédicelles fructifères dressés, ou divergents, ou ascendants, plus ou moins
épaissis. Fleurs grandes, semblables à celles des *Hesperis*.
Sépales d'un vert tirant sur le violet : les 2 latéraux subcorniculés au sommet; les 2 autres cuculliformes au sommet.
Pétales égaux : onglets dressés, linéaires-spathulés, carénés
antérieurement; lames étalées, réticuléés, violettes. Glandules assez grosses, disciformes, triangulaires, insérées *devant*
les étamines impaires. Filets impairs un peu divergents; les
autres rectilignes, parallèles. Ovaire porté sur un stipe court
mais gros. Ovules suspendus, immédiatement superposés
(dans chaque loge) en 2 séries marginales; funicules courts,
déclinés. Style obscurément 4-gone, un peu comprimé parallèlement au diaphragme. Stigmate à 2 lobes confluents
nférieurement de chaque côté du style en un bourrelet al-
terne avec les placentaires. Silique dressée, ou divergente,
ou déclinée, ou ascendante, rectiligne, ou arquée, grêle,
chartacée, déhiscente peu après la maturité des graines,
plus ou moins comprimée parallèlement au diaphragme;
valves linéaires, naviculaires, peu ou point bosselées, à
peine veinées, légèrement marginées : endocarpe mince,
prolongé au sommet en un très-court appendice dentifor-

me; diaphragme linéaire, étroit, pelliculaire, diaphane, innervé, subréticulé, non-bosselé; nervures placentairiennes avant la déhiscence complètement recouvertes par le bord des valves, excepté à la base, laquelle est sensiblement élargie; bec strié, obtus, beaucoup plus court que les valves, à peu près aussi large que le diaphragme. Graines petites, submarginées et échancrées au sommet : tégument un peu mucilagineux par la madéfaction ; cotylédons minces : l'extérieur bombé au dos, concave antérieurement; l'intérieur plié en carène, concave postérieurement, très-saillant par les bords; radicule ascendante, légèrement arquée, subclaviforme, pointue, à peu près aussi longue que les cotylédons, distinctement moulée à la surface de la graine ; funicules courts, filiformes, déclinés, inadhérents.

Ce genre, très-voisin des *Hesperis*, renferme 5 espèces, dont voici la plus notable :

Moricandia des champs. — *Moricandia arvensis* De Cand. Syst. et Prodr. — Bocc. Sic. tab. 25, fig. 3 et 4. — Sweet, Brit. Flow. Gard. tab. 278. — *Brassica arvensis* Linn. — *Turritis arvensis* Hort. Kew. — *Brassica suffruticosa* Desfont. Flor. Atl.

Feuilles glauques, indivisées, peu ou point dentées : les radicales et les caulinaires inférieures obovales-spathulées, ou oblongues-spathulées, très-obtuses ; les supérieures ovales, ou ovales-oblongues, ou oblongues, ou oblongues-obovales, ordinairement amplexicaules et cordiformes-bilobées à la base. Siliques longues, linéaires, tétragones-ancipitées, courtement stipitées.

Plante haute de 6 pouces à 2 pieds, très-glabre et lisse sur toutes ses parties. Tige dressée, cylindrique, légèrement striée, feuillée, rameuse ordinairement dès la base, ou quelquefois très-simple. Rameaux dressés, ou ascendants, ou divergents, ou quelquefois diffus, souvent paniculés. Feuilles un peu charnues, très-glauques, longues de 1 pouce à 4 pouces, très-entières, ou subsinuolées, ou légèrement dentées vers leur sommet : les inférieures rétrécies en pétiole plus ou moins allongé; les supérieures sessiles, tantôt arrondies à la base et non-amplexicaules, tantôt prolongées au-delà de leur base en deux oreillettes plus ou moins apparentes, ou en lobes arrondis très-apparents et souvent équitants. Grappes grêles, finalement longues de 6 à 15 pouces. Pédicelles longs de 1 ligne à 5 lignes : ceux des fleurs épanouies déjà disposés en grappe plus ou moins allongée, filiformes, presque dressés; les fructifères dressés, ou ascendants, ou plus ou moins divergents, plus ou moins épaissis (tantôt assez grêles, tantot subclaviformes et d'un diamètre plus considérable que celui de la silique). Fleurs de la grandeur de celles du Chou. Sépales longs de 4 à 5 lignes : les 2 latéraux fortement sacciformes à la base. Onglets des pétales aussi longs que le calice, blanchâtres; lames aussi longues que l'onglet, obovales, ou cunéiformes-obovales, d'un beau violet pourpre. Étamines majeures saillantes par les anthères, lesquelles sont presque 4 fois plus courtes que leurs filets; étamines impaires à peu près aussi longues que les sépales : anthères 2 fois plus courtes que leurs filets. Siliques longues de 2 à 4 pouces, dressées, ou plus ou moins divergentes, ou déclinées, ou ascendantes, rectilignes, ou arquées, très-courtement stipitées; stipe gros; valves peu ou point bosselées, linéaires, obtuses; diaphragme large d'environ 1 ligne; bec long de 2 à 3 lignes. Graines lisses, d'un brun roux, marginées au sommet, du volume de celles du Pavot.

Cette espèce croît dans la région méditerranéenne. On la cultive quelquefois comme plante d'agrément.

Genre SCHIZOPÉTALE. — *Schizopetalum* Sims.

Sépales 4, égaux, ascendants, connivents, presque planes. Pétales 4, longuement onguiculés; lame pectinée, discolore. Glandules 4, latérales, dentiformes. Étamines 6, subisomètres; filets tous filiformes, anguleux, rectilignes, dressés; anthères sagittiformes-linéaires, isomètres. Ovaire grêle, cylindrique. Style court, columnaire, accrescent. Stigmate bilatéral, très-obtus, en forme de fer à cheval.

Silique grêle, columnaire, subcylindrique, rostrée, bivalve, polysperme. Graines bisériées, subglobuleuses, finement chagrinées ; cotylédons (au nombre de 4!) linéaires, entrelacés, subspiralés ; radicule ascendante, courbée presque en fer à cheval.

Herbe annuelle. Pubescence rameuse. Feuilles régulièrement sinuées-pennatifides : les radicales et les caulinaires inférieures rétrécies en court pétiole ; les autres subsessiles. Grappes terminales, lâches, bractéolées. Pédicelles fructifères grêles, déclinés. Glandules (une de chaque côté des deux étamines impaires) petites, pointues, comprimées. Fleurs odorantes. Lame des pétales réfléchie, blanche en dessus, livide en dessous. Sépales d'un rouge verdâtre. Bourrelets stigmatiques fortement papilleux, latéraux (c'est-à-dire perpendiculaires à l'axe des valves, et par conséquent alternes avec les placentaires), confluents au sommet, à l'époque de l'ánthèse presque aussi longs que le style. Silique non-stipitée, chartacée, déclinée, rectiligne ; valves naviculaires ; bec court, columnaire, obtus, asperme.

Ce genre, très-caractérisé par la conformation des pétales, du stigmate et de l'embryon, ne renferme que l'espèce dont nous allons faire mention.

Schizopétale de Walker. — *Schizopetalum Walkeri* Sims, Bot. Mag. tab. 2379. — Bot. Reg. tab. 752.

Racine grêle, pivotante, rameuse inférieurement. Tige haute de 5 à 8 pouces, simple ou peu rameuse, médiocrement feuillée, ou presque nue, flexueuse, glabre, ou pubérule, ou presque cotonneuse. Feuilles glabres, ou cotonneuses, ou pubérules, oblongues, ou spathulées-oblongues, obtuses : les radicales et les caulinaires inférieures longues de 2 à 4 pouces, sinuées-pennatifides (lobes oblongs, obtus, égaux, opposés, subhorizontaux); les autres petites, sublinéaires, sinuées-dentées. Grappes pauciflores ; rachis grêle, flexueux, pubérule-glanduleux, finalement long de 1 pouce à 3 pouces. Pédicelles unibractéolés à leur base, pubérules, grêles : les florifères 1 à 3

fois plus courts que le calice, subhorizontaux; les fructifères
beaucoup plus courts que la silique, défléchis, rectilignes.
Bractées étroites, linéaires, obtuses, à peu près aussi longues
que les pédicelles. Sépales longs d'environ 3 lignes, oblongs-
linéaires, obtus, subcucullés au sommet, membraneux aux
bords, pubérules extérieurement. Onglets des pétales ascendants,
connivents, linéaires, plus longs que les sépales, à peu près
aussi longs que la lame; lames cunéiformes-oblongues, obtuses,
involutées au sommet, profondément divisées dans tout leur
contour en lanières très-rapprochées, linéaires, obtuses. Étamines à peu près aussi longues que les onglets des pétales.
Ovaire pubescent, beaucoup plus long que le style. Silique longue d'environ 2 pouces, de ¹/₂ ligne de diamètre, ordinairement pubérule.

Cette espèce, indigène au Chili, mérite d'être cultivée comme
plante d'agrément. Ses fleurs ont une odeur de Vanille.

Genre HESPÉRIS. — *Hesperis* (Linn.) Spach.

Sépales 4, dressés, connivents; les 2 latéraux plus larges,
sacciformes à la base. Pétales 4, onguiculés. Glandules 2,
latérales, scutelliformes. Étamines 6; les filets des deux
impaires courts, filiformes; les 4 autres subtrigones, ancipités; anthères isomètres, sagittiformes-oblongues, obtuses.
Ovaire 2-loculaire, multi-ovulé, tétragone. Stigmate subsessile, à 2 lamelles oblongues, obtuses, conniventes. Silique subrostrée, grêle, columnaire, obscurément tétragone, 2-loculaire, polysperme, bivalve; nervures placentairiennes filiformes, superficielles, presque planes. Graines
1-sériées, oblongues, subtrigones, immarginées; cotylédons
rectilignes, un peu condupliqués, incombants.

Herbes bisannuelles, plus ou moins hérissées de poils
raides (horizontaux ou réfléchis, simples ou rameux).
Feuilles denticulées, ou sinuolées, ou sinuées-dentelées, ou
sinuées-pennatifides : les radicales et les inférieures longuement pétiolées; les autres courtement pétiolées ou subsessiles.

Grappes nues, multiflores, assez denses pendant la floraison ; pédicelles fructifères plus ou moins divergents, grêles ou peu épaissis ; rachis peu ou point flexueux. Fleurs odorantes (surtout la nuit). Sépales de couleur lilas, ou d'un violet verdâtre : les deux latéraux fortement sacciformes à la base ; les 2 autres cuculliformes au sommet. Pétales égaux, longuement onguiculés ; lames étalées, de couleur jaune, ou lilas, ou pourpre, ou blanche ; onglet large, linéaire, comprimé, caréné postérieurement. Filets des étamines impaires un peu divergents, 1 à 2 fois plus courts que les autres. Ovules appendants. Lamelles du stigmate comprimées en sens inverse du diaphragme. Silique polysperme, terminée en très-court bec conique et pointu ; valves minces, chartacées, linéaires, naviculaires, 1-nervées, irrégulièrement striées ; diaphragme étroit, innervé, fovéolé, diaphane, plus ou moins fongueux aux interstices des graines ; nervures placentairiennes un peu saillantes, à peine élargies à la base. Funicules horizontaux ou déclinés, inadhérents, filiformes, anguleux, épaissis au sommet. Graines solitaires dans les fovéoles du diaphragme, appendantes, subtrigones, très-finement chagrinées à un fort grossissement, obtuses aux 2 bouts ; tégument prolongé au-delà de l'extrémité inférieure en un petit appendice opaque ; cotylédons elliptiques-oblongs, charnus, subpétiolés ; radicule ascendante, trigone, pointue, un peu plus courte que les cotylédons.

Nous ne pouvons rapporter avec certitude à ce genre, que les deux espèces dont nous allons faire mention.

A. *Corolle de couleur blanchâtre ou lilas. Pédicelles aussi longs que le calice, ou plus longs.*

Hespéris Julienne. — *Hesperis matronalis* Lamk. Dict.

— α : Églanduleux (*eglandulosa*). — *Hesperis matronalis* Linn. — *Hesperis inodora* Linn. — Jacq. Flor. Austr. tab. 347. — Engl. Bot. tab. 731. — *Hesperis sibirica* Linn. —

Hesperis nivea Baumg.—*Hesperis heterophylla* et *Hesperis pendula* Tenor. — *Hesperis sylvestris* Crantz. — *Hesperis Steveniana* De Cand. Syst. et Prodr.

— β : GLANDULEUX (*glandulosa*). — *Hesperis runcinata* Waldst. et Kit. Plant. Hung. tab. 200. —*Hesperis sibirica* Ledeb. Ic. Flor. Alt. tab. 394. — *Hesperis elata* Horn. — *Deilosma suaveolens* Andrz.

Feuilles sinuées-dentées, ou incisées-dentées, ou sinuolées-denticulées, ou sinuolées : les radicales et les inférieures lancéolées, ou lancéolées-oblongues, ou lancéolées-elliptiques ; les autres oblongues-lancéolées, ou ovales-lancéolées, ou ovales, acuminées (les supérieures souvent cordiformes ou subhastiformes à la base et amplexicaules). Lame des pétales obovale, souvent échancrée, mucronée.

Plante presque glabre, ou couverte d'une pubescence plus ou moins abondante tantôt scabre et non-glandulifère (simple, ou (étoilée, ou bifurquée), tantôt molle et glandulifère. Racine fusiforme, rameuse, atteignant la grosseur d'un doigt, unicaule, ou pluricaule. Tiges hautes de 1 pied à 3 pieds, dressées, cylindriques, striées, grêles, simples, ou plus souvent (du moins à l'état cultivé) rameuses vers le haut, souvent hérissées dans leur partie inférieure de courts poils blancs soit horizontaux, soit réfléchis. Rameaux ordinairement simples, disposés en panicule pyramidale. Feuilles d'un vert foncé ou subincanes, molles ou scabres : les radicales atteignant jusqu'à 8 pouces de long (y compris le pétiole); les caulinaires inférieures longues de 3 à 6 pouces, courtement pétiolées; les supérieures graduellement plus petites, souvent sessiles; les raméaires souvent linéaires lancéolées, longues de 5 à 12 lignes; dents de forme et de grandeur très-variables, couronnées par une petite glandule. Pédicelles longs de 4 à 12 lignes, souvent garnis d'un duvet glandulifère, horizontaux pendant l'anthèse : les fructifères horizontaux, ou quelquefois soit ascendants, soit un peu déclinés, grêles. Sépales longs de 4 à 6 lignes, panachés de vert et de lilas, glabres, ou pubescents, oblongs, obtus, souvent hérissés au sommet. Glandules réceptaculaires presque carrées. Onglets des pétales saillants (quelquefois de moitié plus longs que le calice), larges, linéaires, carénés au dos ; lame à peu près aussi longue que l'onglet. Anthères des étamines majeures un peu saillantes. Grappes fructifères longues de ½ pied à 1 pied, et plus. Siliques longues de 2 à 4 pouces, grêles, bosselées, apiculées, ou courtement rostrées, rectilignes, ou légèrement arquées, ou un peu flexueuses, dressées, ou ascendantes, ou plus ou moins divergentes (accidentellement déclinées ou horizontales) ; valves larges d'environ 1 ligne, non-épaissies aux bords, glabres, ou hispides, ou pubérules-glanduleuses. Graines brunes, lisses à l'œil nu, longues de 1 ligne ½ à 2 lignes.

Cette espèce, nommée vulgairement *Julienne*, croît dans les bois et les prairies humides de presque toute l'Europe. Tont le monde sait que c'est une plante d'agrément très-commune, dont on recherche surtout les variétés à fleurs doubles, soit blanches, soit de couleur lilas : ces variétés offrent l'avantage d'être vivaces, mais elles ne prospèrent qu'en terre-franche.

B. *Corolle variant (souvent dans la même grappe) du jaune au pourpre violet. Pédicelles de moitié à 3 fois plus courts que le calice, souvent réfléchis après l'anthèse.*

HESPÉRIS LACINIÉ. — *Hesperis laciniata* Allion. Flor. Pedem.tab. 82, fig. 1 (mala). — *Cheiranthus laciniatus* Poir. —*Hesperis hieracifolia* Vill. —*Hesperis glutinosa* Visiani. — *Hesperis laciniata* et *Hesperis villosa* De Cand. Syst. et Prodr.

Feuilles sinuées-dentées, ou sinuées-pennatifides : les inférieures lancéolées, ou lancéolées-oblongues ; les autres oblongues-lancéolées, ou ovales-lancéolées, acuminées (les supérieures souvent denticulées). Lame des pétales oblongue-obovale ou linéaire-oblongue.

Plante ayant le port de la Julienne. Tiges simples, ou rameuses vers le haut, dressées, ou ascendantes, anguleuses, hautes de 1 pied à 3 pieds, plus ou moins hérissées de longs poils blancs horizontaux, et en outre couvertes d'une courte pubes-

cence glandulifère. Rameaux divergents ou ascendants, courts,
médiocrement feuillés. Feuilles (les radicales et les inférieures
longues de 3 à 6 pouces, rétrécies en long pétiole ; les supérieures graduellement plus petites, courtement pétiolées, ou
subsessiles) d'un vert pâle, molles, plus ou moins hérissées de
poils semblables à ceux de la tige, ou quelquefois (surtout au
pétiole et à la côte) courts et rameux, en outre couvertes d'une
fine pubescence glandulifère, ou parfois presque glabres ; côte
forte, blanchâtre ; veines fines, peu nombreuses, réticulées ;
dents ou lanières plus ou moins profondes, triangulaires, ou
triangulaires-lancéolées, ou oblongues-linéaires, quelquefois
denticulées, pointues. Grappes multiflores, lâches, longues de
4 à 15 pouces : rachis peu ou point flexueux, pubérule-glanduleux, plus ou moins poilu ; pédicelles longs de ¹/₂ ligne à 2 lignes, pubérules-glanduleux, ou comme veloutés, ordinairement
poilus, souvent réfléchis après l'anthèse, plus tard dressés, ou
presque dressés, ou subhorizontaux. Fleurs de la grandeur de
celles de la Julienne. Sépales pubérules-glanduleux et plus ou
moins poilus, ou presque glabres, de couleur lilas, ou d'un vert
soit jaunâtre, soit rougeâtre, oblongs, subobtus, membraneux
aux bords. Glandules scutelliformes, quinquangulaires. Pétales 2
fois plus longs que les sépales : onglets linéaires-cunéiformes,
très-saillants ; lame obtuse, ou acuminée. Filets majeurs un peu
plus longs que le calice ; étamines latérales incluses. Pistil con-
formé comme celui de l'espèce précédente. Silique (longue d'environ 3 pouces) couverte (toujours?) d'une épaisse pubescence
veloutée, ferrugineuse, glandulifère.

Cette espèce, indigène dans l'Europe australe, mérite d'être
cultivée comme plante d'agrément.

Genre MALCOLMIA. — *Malcolmia* R Br.

Sépales 4, dressés, connivents : les deux latéraux plus
larges, sacciformes à la base. Pétales 4, onguiculés. Glandules 2 (opposées aux sépales latéraux). Étamines 6 ; filets
dissemblables, rectilignes, dressés : les 2 impairs courts, fili-

formes; les 4 autres larges, comprimés, ancipités; anthères sagittiformes-linéaires, isomètres. Ovaire cylindrique, 2-loculaire, multi-ovulé. Style subulé, plus ou moins accrescent (inappendiculé après la floraison). Stigmate à 2 bourrelets latéraux, étroits, confluents au sommet. Silique apiculée ou rostrée, cylindrique ou tétragone, grêle, columnaire, 2-loculaire, 2-valve, polysperme; valves immarginées, uninervées, naviculaires; nervures placentairiennes superficielles, planes au dos, étroites. Graines uni-sériées, suspendues, oblongues, immarginées; cotylédons un peu condupliqués, rectilignes, incombants.

Herbes annuelles, ou bisannuelles, ou vivaces, souvent pubérules-incanes ou hérissées. Pubescence rameuse ou étoilée. Feuilles très-entières, ou dentées, ou sinuées, ou subpennatifides : les inférieures spathulées, rétrécies en pétiole; les supérieures subsessiles ou courtement pétiolées. Grappes terminales, ou terminales et oppositifoliées, pauciflores ou multiflores, lâches dès la floraison. Pédicelles fructifères grêles ou épaissis, dressés, ou ascendants, ou divergents. Fleurs inodores, petites ou de grandeur médiocre. Sépales herbacés, non-carénés : le supérieur et l'inférieur presque planes. Pétales roses, ou blancs, ou violets, quelquefois livides après l'anthèse; onglets longs, linéaires-spathulés; lames étalées. Glandules minimes, presque carrées, solitaires devant les étamines impaires. Filets libres, inappendiculés : ceux des étamines impaires un peu divergents. Bourses des anthères mucronulées à leur base. Ovaire très-grêle, columnaire, non-stipité; ovules réniformes, résupinés, immédiatement superposés (dans chaque loge) en une série axile. Style plus ou moins allongé, subfiliforme, comprimé à la base. Bourrelets stigmatiques papilleux, étroits, à l'époque de la floraison presque aussi longs que le style, perpendiculaires à l'axe des valves et par conséquent alternes avec les placentaires. Silique rectiligne, ou flexueuse, ou arquée, érigée, ou ascendante, ou divergente, ou déclinée, très-grêle, non-stipitée, apiculée ou rostrée par le style; valves minces, subcoriaces, bosselées, subcarénées, uni-nervées, obliquement striées, rectilignes ou flexueuses aux bords, souvent rétrécies au sommet, persistantes assez longtemps après la maturité; nervures placentairiennes linéaires, plus ou moins élargies à leur base; bec tantôt très-court, tantôt allongé, subulé, asperme; diaphragme membraneux ou chartacé, innervé, fovéolé. Funicules plus ou moins déclinés, courts, capillaires, inadhérents. Graines immédiatement superposées (en une seule série dans chaque loge), petites, échancrées, finement chagrinées (à un fort grossissement), quelquefois appendiculées à leur extrémité inférieure; cotylédons oblongs, courtement pétiolés, charnus; radicule subfusiforme, pointue, subtrigone, à peu près aussi longue que les cotylédons.

Ce genre renferme environ dix espèces, dont voici les plus remarquables:

a) *Diaphragme membraneux, diaphane. Graines rétrécies et appendiculées au bout inférieur.*

MALCOLMIA MARITIME. — *Malcolmia maritima* R. Br. — *Cheiranthus maritimus* Linn. — Bot. Mag. tab. 166. — *Malcolmia incrassata* De Cand. Syst. et Prodr. — Deless. Ic. Sel. 2, tab. 59.

Feuilles obovales, ou elliptiques, ou oblongues, obtuses, cunéiformes à la base, très-entières, ou subdenticulées, scabres (de même que toutes les autres parties vertes). Pédicelles plus courts que le calice. Siliques rostrées, tétragones.

Herbe annuelle, unicaule, ou pluricaule, ordinairement pubérule; poils 2-4-furqués, scabres. Tiges dressées, ou ascendantes, ou diffuses, rameuses (ou simples), médiocrement feuillées, grêles, flexueuses. Rameaux ascendants ou divergents. Feuilles longues de 3 à 18 lignes, minces, d'un vert cendré. Grappes 5-15-ou rarement pluri-flores, finalement très-lâches et s'allongeant jusqu'à 1 pied. Pédicelles longs de 1 ligne à 3 lignes (tantôt presque aussi longs que le calice, tantôt jusqu'à 2 fois plus courts) : les florifères filiformes, dressés; les fructifères presque dressés ou un peu divergents, raides, à peu près aussi gros que la silique. Sépales longs de 3 lignes, linéaires-oblongs, un peu pointus. Pétales de moitié plus longs que le calice : onglets un peu saillants, linéaires, jaunâtres; lame de moitié plus courte que l'onglet, large de 2 à 3 lignes, cunéiforme-obovale, profondément échancrée, d'un rose vif. Étamines paires un peu plus longues que le calice; étamines impaires de moitié plus courtes que les autres. Pistil (à l'époque de la floraison) un peu plus court que le calice. Siliques longues de 1 pouce à 2 pouces $^1/_2$, ordinairement scabres et pubérules, érigées, ou plus ou moins divergentes, ou ascendantes, ou quelquefois soit horizontales soit déclinées, rectilignes, ou plus ou moins arquées, bosselées, ou non-bosselées, terminées en bec plus ou moins allongé et ordinairement pointu; valves minces, chartacées, larges de $^1/_2$ ligne à 1 ligne; nervures placentairiennes linéaires-filiformes, à peine élargies à la base. Graines longues de près de 1 ligne, d'un brun roux, oblongues, ou oblongues-obovées, subtrigones, profondément échancrées au bout supérieur; test prolongé audelà de l'autre bout sous forme d'une petite languette obtuse (non diaphane); radicule très-oblique.

Cette espèce, commune dans la région méditerranéenne, se cultive très-fréquemment comme plante d'agrément; elle ressemble assez, pour le port, aux variétés annuelles de la *Quarantaine*, mais ses fleurs sont inodores et près de deux fois plus petites.

b) *Diaphragme plus ou moins fongueux, opaque. Graines inappendiculées, obtuses aux deux bouts.*

MALCOLMIA D'AFRIQUE. — *Malcolmia africana* R. Br. in Hort. Kew. — *Hesperis africana* Linn. — Waldst. et Kit. Plant. Hung. tab. 277. — *Cheiranthus taraxacifolius* Balb. Cat. Hort. Taur. — *Malcolmia taraxacifolia* De Cand. Syst. et Prodr. (var. fol. profundè dentatis). — *Malcolmia laxa* De Cand. l. c. (var. siliquis glabris).

Feuilles lancéolées, ou lancéolées-oblongues, obtuses, ou

pointues, dentées, ou sinuées-dentées, ou incisées-dentées, ou presque entières, pétiolées, ordinairement scabres et pubérules. Fleurs subsessiles. Siliques peu ou point bosselées, tétragones, apiculées. Graines oblongues, subtétragones, jaunâtres.

Herbe annuelle, haute de 6 à 15 pouces, uni-ou pluri-caule, ordinairement plus ou moins parsemée sur toutes ses parties vertes de poils courts, scabres, bi-ou tri-furqués. Tiges dressées, ou ascendantes, ou diffuses, grêles, flexueuses, feuillées, ordinairement rameuses. Feuilles longues de 6 lignes à 4 pouces, minces, d'un vert un peu glauque ou cendré. Grappes 5-20-flores, très-lâches après la floraison : les fructifères longues de 4 à 12 pouces. Pédicelles fructifères épais, plus ou moins divergents, longs de ¹/₂ ligne à 1 ligne. Sépales longs d'environ 2 lignes, linéaires, ordinairement hérissés de courts poils raides. Pétales de couleur lilas ou pourpre, 1 fois plus longs que les sépales : onglets saillants; lame obovale. Siliques longues de 1 pouce ¹/₂ à 3 pouces, glabres, ou pubérules, ou hérissées de courts poils raides (tantôt réfléchis, tantôt horizontaux), érigées, ou plus ou moins divergentes, ou horizontales, ou déclinées, rectilignes, ou plus ou moins arquées, comme tronquées, apiculées par un court bec conique-subulé; nervures placentairiennes presque aussi larges que le diaphragme, linéaires, ordinairement très-élargies aux 2 bouts; valves minces, naviculaires, larges de ¹/₂ ligne à ³/₄ de ligne. Graines à peine longues de plus de ¹/₂ ligne.

Cette espèce croît dans la région méditerranéenne.

MALCOLMIA LITTORAL. — *Malcolmia littorea* R. Br. l. c. — Sweet, Brit. Flow. Gard. tab. 54.

Feuilles linéaires-spathulées, ou linéaires-oblongues, ou linéaires, ou lancéolées-linéaires, obtuses, sinuolées-denticulées, où sinuées-dentées, ou à peine denticulées, sessiles, cotonneuses-incanes (de même que les autres parties herbacées). Pédicelles presque aussi longs que le calice. Siliques très-grêles, incanes, subcylindriques, longuement rostrées, bosselées. Graines subellipsoïdes, subcylindriques, brunâtres.

Plante bisannuelle, multicaule, haute de 6 à 18 pouces,
couverte sur toutes ses parties herbacées d'un duvet étoilé très-
serré et velouté. Tiges dressées, ou ascendantes, flexueuses,
grêles, feuillées, ordinairement paniculées. Feuilles longues de
½ pouce à 3 pouces, un peu charnues. Grappes multiflores :
les fructifères flexueuses, beaucoup moins lâches que celles des espèces précédentes. Fleurs assez rapprochées. Pédicelles longs de
2 à 3 lignes : les fructifères ascendants ou plus ou moins divergents, raides, épais. Calice long de 3 à 4 lignes : sépales oblongs-
linéaires, pointus. Pétales de couleur pourpre pendant l'anthèse,
plus tard souvent jaunâtres; onglets saillants; lame obovale,
plus courte que l'onglet. Glandules subcirculaires. Étamines
majeures un peu saillantes. Ovaire grêle, cotonneux. Style à
peu près aussi long que l'ovaire. Siliques longues de 20 à 30 lignes, érigées, ou ascendantes, ou plus ou moins divergentes,
ou divariquées, ou déclinées, rectilignes, ou arquées, terminées par un long bec conique-subulé; valves naviculaires, minces, à peine larges de ½ ligne; nervures placentairiennes linéaires-filiformes, un peu élargies à la base. Graines petites, d'un
brun roux.

Cette espèce, indigène dans la région méditerranéenne, mérite d'être cultivée comme plante d'ornement.

Genre DÉILOSMA. — *Deilosma* Spach.

Sépales 4, dressés, connivents : les 2 latéraux plus larges, sacciformes à la base. Pétales 4. Glandules 2, latérales,
scutelliformes. Étamines 6; les filets des deux impaires
courts, filiformes; ceux des 4 autres ancipités, subtrigones;
anthères isomètres, sagittiformes-oblongues, obtuses. Ovaire
tétragone-ancipité, 2-loculaire, multi-ovulé. Stigmate subsessile, à 2 lamelles ovales, obtuses, un peu divergentes.
Silique non-rostrée, obtuse, large, ancipitée, comprimée
(parallèlement au diaphragme), biloculaire, bivalve; nervures placentairiennes très-grosses, très-saillantes, carénées,

fongueuses. Graines presque carrées, immarginées; cotylédons rectilignes, un peu condupliqués, incombants.

Herbe bisannuelle, plus ou moins hérissée. Poils simples ou rameux, souvent glandulifères. Feuilles très-entières ou denticulées : les radicales longuement pétiolées, subspathulées; les caulinaires courtement pétiolées ou sessiles. Grappes nues, multiflores, très-allongées après la floraison. Pédicelles fructifères divariqués, ancipités, très-gros. Fleurs odorantes (surtout la nuit). Sépales jaunâtres, carénés : les 2 latéraux fortement sacciformes à la base. Pétales longuement onguiculés : lame réfléchie, d'un jaune verdâtre, réticulée de veinules violettes; onglet comprimé, linéaire, convoluté. Filets des étamines impaires un peu divergents, de moitié plus courts que les autres. Ovules résupinés. Lamelles du stigmate comprimées contrairement au diaphragme. Funicules courts, assez épais, déclinés, inadhérents. Silique polysperme, terminée en très-court bec obtus; valves chartacées, minces, linéaires, subnaviculaires, uni-nervées; diaphragme étroit, innervé, fovéolé, diaphane, plus ou moins fongueux aux interstices des graines; nervures placentairiennes grosses, dilatées en large carène dorsale. Graines assez grosses, suspendues, immédiatement superposées, obtuses ou tronquées aux 2 bouts, inappendiculées, immarginées, échancrées; cotylédons elliptiques, charnus, subpétiolés, un peu plus longs que la radicule.

Déilosma a fleurs tristes. — *Deilosma tristis* Spach. — *Hesperis tristis* Linn. — Jacq. Flor. Austr. tab. 102.— —Clus. Hist. 1, p. 296, Ic. — Schkuhr, Handb. tab. 184.— Bot. Mag. tab. 730. — *Cheiranthus lanceolatus* Willd.

Feuilles très-entières ou sinuolées-denticulées, pubérules : les inférieures lancéolées, ou lancéolées-spathulées, ou lancéolées-oblongues; les supérieures ovales-lancéolées ou oblongues-lancéolées, acuminées. Pédicelles aussi longs que le calice ou jusqu'à 3 fois plus longs : les fructifères divariqués ou divergents. Siliques subhorizontales ou déclinées, glabres, très-longues, ensiformes.

Racine rameuse, charnue. Tige haute de 1 pied à 2 pieds, dressée, anguleuse, hérissée de nombreux poils blancs horizontaux (simples), en outre couverte de courts poils mous glandulifères, tantôt très-simple, tantôt rameuse soit dès la base, soit seulement vers le haut. Rameaux étalés. Feuilles (les radicales et les inférieures longues de 2 à 4 pouces, longuement pétiolées ; les supérieures graduellement plus petites, courtement pétiolées, ou subsessiles) d'un vert pâle, molles, couvertes de courts poils scabres ordinairement rameux, et une outre d'une fine pubescence glandulifère ; côte forte, blanchâtre ; nervures fines, réticulées. Grappes lâches, multiflores ; rachis poilu et pubérule, anguleux, très-flexueux après la floraison et s'allongeant jusqu'à 18 pouces ; pédicelles longs de 6 à 15 lignes, anguleux, glabres, ou pubescents : les florifères grêles ; les fructifères à peu près aussi larges que les valves de la silique. Fleurs de la grandeur de celles de la Julienne. Sépales pubérules-glanduleux et plus ou moins poilus, d'un jaune verdâtre, oblongs, obtus, membraneux aux bords. Glandules scutelliformes. Pétales 1 fois plus longs que le calice ; onglet linéaire-cunéiforme, un peu saillant ; lame oblongue-linéaire ou oblongue-obovale, obtuse. Filets des étamines majeures un peu saillants ; étamines latérales un peu plus courtes que le calice, à peu près aussi longues que le pistil. Siliques longues de 3 à 5 pouces, larges de 2 lignes à 2 $\frac{1}{2}$ lignes (y compris les carènes dorsales), rectilignes, ou un peu arquées, bosselées, obtuses ; valves larges de 1 ligne, obliquement striées : nervure médiane saillante ; nervures placentairiennes pentagones, larges de $\frac{1}{2}$ ligne à $\frac{3}{4}$ de ligne. Graines lisses, oblongues, brunes, longues de près de 2 lignes.

Cette plante est commune dans la Russie méridionale, et se retrouve en Hongrie, en Autriche, ainsi qu'en Italie. Elle mérite d'être cultivée à cause du parfum qu'exhalent ses fleurs, surtout vers le soir et pendant la nuit ; les pétales se font remarquer par leur couleur d'un jaune verdâtre, réticulée de veines violettes.

Genre MATTHIOLA. — *Matthiola* R. Br.

Sépales 4, dressés, connivents : les 2 latéraux plus larges, sacciformes à leur base. Pétales 4, longuement onguiculés. Glandules 2 ou 4 (opposées aux sépales latéraux). Étamines 6 : filets dissemblables, rectilignes, dressés : les 2 impairs courts, filiformes ; les 4 autres larges, comprimés, ancipités ; anthères sagittiformes-linéaires, isomètres. Ovaire cylindrique ou comprimé, 2-loculaire, multi-ovulé. Style court, gros, conique, échancré, très-accrescent (après la floraison diversement appendiculé). Stigmate à 2 bourrelets latéraux, divergents au sommet. Silique bi- ou tri-corne, ou tricuspidée au sommet, linéaire et aplatie (parallèlement au diaphragme), ou bien columnaire et obscurément tétragone, biloculaire, bivalve ; nervures placentairiennes superficielles, étroites, planes au dos. Graines marginées ou immarginées, suspendues, uni-sériées, lisses, plus ou moins comprimées ; cotylédons presque planes, rectilignes, accombants.

Herbes annuelles ou bisannuelles, ordinairement pubescentes-incanes. Pubescence étoilée ou irrégulièrement rameuse, couchée. Feuilles souvent sinuées ou pennatifides : les inférieures rétrécies en pétiole ; les supérieures sessiles ou subsessiles. Grappes terminales, ou terminales et oppositifoliées, nues, multiflores, lâches dès la floraison. Pédicelles fructifères érigés, ou ascendants, ou divergents, quelquefois gros et très-courts. Fleurs odorantes (grandes dans quelques espèces, très-petites dans d'autres). Sépales herbacés, non-carénés, ascendants à leur base. Pétales livides, ou roses, ou violets, ou pourpres, ou blancs : onglets dressés, connivents, larges, linéaires-cunéiformes ; lame réfléchie ou étalée. Glandules petites, dentiformes, solitaires *devant* les étamines impaires, ou solitaires *de chaque côté* des étamines impaires. Filets libres, inappendiculés : ceux des étamines impaires un peu divergents, 2 à 3 fois plus courts que les autres. Ovaire cylindrique, ou comprimé parallèlement au diaphragme, grêle, columnaire, non-stipité; ovules réniformes, résupinés, immédiatement superposés (dans chaque loge) en une série axile; diaphragme un peu charnu, presque aussi épais que les nervures placentairiennes. Style beaucoup plus court que l'ovaire, plus ou moins comprimé en sens contraire au diaphragme. Bourrelets stigmatiques assez gros, fortement papilleux, perpendiculaires à l'axe des valves et par conséquent alternes avec les placentaires. Silique rectiligne ou flexueuse, érigée, ou déclinée, ou ascendante, ou divergente, non-stipitée, rostrée par le style amplifié; bec tantôt très-court, tantôt allongé, asperme, couronné, par 2 excroissances dorsales du style (perpendiculaires à l'axe des placentaires, et tantôt obtuses, tantôt pointues, tantôt divariquées, tantôt convergentes), et souvent en outre par une excroissance intermédiaire (provenant de l'accroissement de la portion stigmatifère du style) tantôt entière, tantôt bilobée et presque toujours plus courte que les 2 autres (1); valves ordinairement caduques longtemps après la maturité, chartacées, ou subcoriaces, bosselées, naviculaires, ou presque planes, rectilignes ou flexueuses aux bords, souvent rétrécies au sommet, relevées d'une nervure médiane filiforme, et en outre striées d'une multitude de nervules obliques; nervures placentairiennes plus ou moins élargies à leur base; diaphragme chartacé, presque opaque, plus ou moins subéreux aux bords, fovéolé, quelquefois muni d'une nervure médiane (assez forte) rectiligne et de 2 nervures latérales flexueuses (très-fines); funicules courts, déclinés, filiformes, inadhérents. Graines immédiatement superposées (en une

---

(1) Ces diverses variations dans la direction, la forme et la longueur relative des excroissances du style, se rencontrent indistinctement sur le même individu; quelquefois aussi ces excroissances sont réduites, sur un nombre plus ou moins considérable de siliques, à des bosses peu saillantes: accident dû à un développement imparfait.

seule série dans chaque loge), à peu près aussi larges que le
diaphragme, échancrées, le plus souvent entourées d'un rebord membraneux; cotylédons subfoliacés ou un peu charnus, planes antérieurement, convexes postérieurement,
courtement pétiolés, elliptiques, obtus; radicule ascendante, subrectiligne, ordinairement un peu plus courte
que les cotylédons.

A. *Pétales de couleur livide : lame linéaire ou oblongue, réfléchie. Silique aplatie, bicorne, ou à 5 cornes dont l'intermédiaire est beaucoup moins prolongée que les 2 autres.
Graines oblongues, entourées d'un rebord très-étroit.*

MATTHIOLA A FLEURS TRISTES. — *Matthiola tristis* R. Br. in
Hort. Kew. — *Cheiranthus tristis* Linn. — Barrel. Ic. tab.
8o3. — Bot. Mag. tab. 729. — *Matthiola varia* De Cand.
Syst. et Prodr. — *Cheiranthus varius* Sibth. et Smith, Flor.
Græc. tab. 636.

Feuilles très-entières ou pennatifides, linéaires, ordinairement
incanes. Fleurs subsessiles. Lame des pétales linéaire ou oblongue.

Herbe vivace, touffue, souvent suffrutescente à la base,
ordinairement très-rameuse, haute de 6 à 12 pouces. Tiges
ascendantes ou dressées, plus ou moins incanes. Feuilles longues
de 1 pouce à 3 pouces, larges de ¹/₂ ligne à 2 lignes : les inférieures ordinairement pennatifides; les supérieures tantôt très-
entières, tantôt pennatifides, tantôt profondément dentées.
Grappes longuement pédonculées, lâches, dressées, ordinairement multiflores, moins souvent 5-7-flores. Pédicelles à peine
longs de 1 ligne : les fructifères aussi gros que la base de la silique. Calice long d'environ 4 lignes, incane. Pétales d'un brun
verdâtre, ou rougeâtre, ou tirant sur le violet; onglets à peu
près aussi longs que les sépales; lames un peu plus courtes que
l'onglet. Silique longue de 2 à 3 pouces, très-grêle, aplatie (non
cylindrique ainsi que l'ont faussement avancé plusieurs auteurs),
bosselée, non-glandulifère, dressée, ou ascendante, plus ou

moins incane, ou finalement glabre. Graines d'un brun roux ou jaunâtre.

Cette espèce, qu'on cultive parfois comme plante d'agrément, croît dans la région méditerranéenne.

MATTHIOLA ODORANT. — *Matthiola odoratissima* R. Br. in Hort. Kew. — Bot. Mag. tab. 1711. — *Hesperis odoratissima* Poir. Enc.

Feuilles sinuées-pennatifides, ou sinuées-dentées, oblongues, ou spathulées, cotonneuses. Fleurs courtement pédonculées. Pétales linéaires-oblongs.

Herbe vivace (ou bisannuelle?), touffue, haute de $^1/_2$ pied à 1 pied, plus ou moins cotonneuse (blanche ou incane) sur toutes ses parties herbacées, mais sans glandules. Tiges dressées, rameuses. Feuilles longues de 1 pouce à 4 pouces (les supérieures graduellement plus petites), larges de 2 à 15 lignes; lanières ou dents obtuses, ou pointues. Grappes lâches, ordinairement multiflores. Pédicelles assez grêles, longs d'environ 2 lignes. Sépales oblongs, obtus, longs de 4 à 5 lignes, laineux. Pétales d'un brun verdâtre ou tirant sur le violet : onglets un peu saillants; lames un peu plus longues que les sépales. Étamines majeures un peu saillantes. Pistil inclus. Silique longue de 2 à 3 pouces, large d'environ 2 lignes.

Cette espèce, indigène au Caucase, mérite d'être cultivée comme plante d'agrément; ses fleurs exhalent une odeur analogue à celle de la Quarantaine.

B. *Pétales de couleur rose, ou pourpre, ou blanche, ou violette; lame obovale, étalée. Silique aplatie, bicorne, ou à 5 cornes dont l'intermédiaire beaucoup moins prolongée que les 2 autres. Graines suborbiculaires, à rebord large.*

MATTHIOLA QUARANTAINE. — *Matthiola vulgaris* Spach.
— α : VERDATRE. — Plante glabre ou presque glabre, non-glandulifère, d'un vert gai. — *Matthiola græca* Sweet. — De Cand. Syst. et Prodr. — *Cheiranthus græcus* Pers. — *Matthiola glabrata* De Cand. Syst. et Prodr.

— β : INCANE.—Plante cotonneuse, ou pubérule (incane ou d'un vert glauque), non-glandulifère. — *Matthiola incana* R. Br. in Hort. Kew. — *Matthiola annua* Sweet. — *Cheiranthus incanus* et *Cheiranthus annuus* Linn. —*Matthiola fenestralis* R.Br. l. c. — *Cheiranthus fenestralis* Linn. fil. —*Matthiola crucigera* De Cand. Syst. et Prodr.

— γ : A SILIQUES GLANDULEUSES. — Plante plus ou moins pubérule ou cotonneuse, incane. Siliques, pédicelles, et rachis parsemés de glandules stipitées ou sessiles. — *Cheiranthus sinuatus* Linn. — Engl. Bot. tab. 462. —*Matthiola sinuata* R. Br. l. c. — *Matthiola arborescens* Schrad. Cat. Sem. Hort. Goett. — *Matthiola saxatilis* Bernh. Cat. Sem. Hort. Erfurt 1836 (olim *M. rupestris*).—*Matthiola patens* Presl. —Bernh. l. c. — *Matthiola sicula* Hortor.

Feuilles lancéolées, ou lancéolées-oblongues, ou oblongues, ou oblongues-spathulées, obtuses : les inférieures très-entières, ou sinuées-dentées, ou sinuées-pennatifides ; les supérieures toujours très-entières (quelquefois linéaires). Pédicelles presque aussi longs que les sépales. Siliques divergentes ou érigées, raides, rectilignes, linéaires, souvent rétrécies en bec conique; diaphragme 2-ou 3-nervé.

Herbe annuelle ou bisannuelle (souvent suffrutescente à la base, lorsqu'elle croît dans des localités arides), haute de ¼ pied à 2 pieds, tantôt très-simple, tantôt plus ou moins touffue. Tiges simples ou rameuses, dressées, ou ascendantes, plus ou moins grosses, ou grêles, feuillues. Feuilles un peu charnues : les radicales atteignant quelquefois jusqu'à 9 pouces de long, sur ½ pouce à 2 pouces de large (tantôt entières et tantôt sinuées dans les 3 variétés que nous venons de signaler, mais plus habituellement entières dans les variétés β et γ); les autres longues de 1 pouce à 4 pouces. Grappes multiflores, plus ou moins lâches. Pédicelles longs de 3 à 6 lignes : les fructifères dressés ou un peu divergents, gros. Sépales longs de 5 à 6 lignes, oblongs, obtus. Glandules 2, latérales, assez grosses, concaves, presque carrées, profondément échancrées au bord supérieur et au bord inférieur. Pétales 1 fois plus longs que les sépales ; onglets un peu saillants ; lame arrondie au sommet, quelquefois échancrée. Étamines majeures à peu près aussi longues que le calice, un peu plus longues que le pistil. Silique longue de 2 à 6 pouces, ordinairement glabre à la maturité, bosselée, non-glandulifère, ou parsemée de glandules visqueuses brunâtres ; valves presque planes, larges de 1 1/2 ligne à 2 lignes. Graines d'un brun noirâtre, bordées d'une assez large membrane diaphane.

Cette espèce, connue sous le nom vulgaire de *Quarantaine*, croît dans presque toute la région méditerranéenne. C'est une plante d'agrément très-recherchée, tant à cause du parfum que de l'élégance de ses fleurs. On en possède des variétés à corolle blanche, rose, carnée, pourpre, violette, ou panachée.

C. *Pétales de couleur lilas, ou pourpre, ou blanche ; lame obovale, étalée. Silique subcylindrique, à 3 cornes dont la terminale aussi longue ou plus longue que les 2 latérales. Graines elliptiques, légèrement marginées à l'extrémité inférieure.*

MATTHIOLA TRICUSPIDÉ. — *Matthiola tricuspidata* R. Br. in Hort. Kew. — *Cheiranthus tricuspidatus* Linn. — Sweet, Brit. Flow. Gard. tab. 46.

Feuilles oblongues, ou spathulées-oblongues, obtuses, sinuées-dentées, ou profondément sinuées, ou pennatifides. Pédicelles 3 à 4 fois plus courts que le calice. Grappes fructifères très-lâches, fortement flexueuses. Siliques érigées ou plus ou moins divergentes, courtement pédicellées, non-rétrécies au sommet.

Herbe annuelle, haute de 3 à 15 pouces, tantôt très-simple, tantôt plus ou moins touffue, ordinairement veloutée, ou cotonneuse, ou plus ou moins pubérule sur toutes ses parties herbacées. Racine grêle, pivotante, rameuse. Tiges dressées, ou ascendantes, ou diffuses, ordinairement rameuses, cylindriques, feuillues, flexueuses. Rameaux plus ou moins divergents, flexueux, axillaires, feuillés, ordinairement ramulifères aux aisselles. Feuilles longues de 1 pouce à 4 pouces (les ramulaires et les raméaires supérieures longues de 3 à 6 lignes), larges de 6 à 12 lignes, un peu charnues, d'un vert glauque, ordinairement recouvertes d'un duvet incane plus ou moins serré; lanières oblongues, ou oblongues-linéaires, ou triangulaires, ou arrondies, ordinairement très-obtuses. Grappes courtes et très-denses au commencement de la floraison, finalement longues de 5 à 8 pouces. Pédicelles à peine longs de plus de 1 ligne, raides, dressés : les fructifères très-gros, plus ou moins divergents. Sépales longs de 4 à 5 lignes, oblongs-linéaires, obtus, marginés, laineux. Glandules 2, petites, concaves, bifides. Pétales de moitié plus longs que le calice : onglets naviculaires, un peu saillants. Étamines incluses : les majeures un peu plus courtes que les sépales, 2 fois plus longues que le pistil (à l'époque de l'anthèse); filets impairs 3 fois plus courts que les autres, lesquels sont largement marginés. Siliques longues de 2 à 3 pouces, raides, coriaces, ordinairement rectilignes, quelquefois toruleuses ou submoniliformes, tantôt presque glabres, tantôt laineuses, ou cotonneuses, ou pubérules, souvent parsemées de glandules stipitées; valves striées, naviculaires, larges de 1 ligne à 1 ½ ligne; nervures placentairiennes un peu saillantes, filiformes, très-élargies à la base; appendices apicilaires (cornes) coniques-subulés, ordinairement pointus, un peu comprimés, longs de 2 à 3 lignes : les 2 latéraux ordinairement divariqués, ou accidentellement réduits à des bosses. Graines d'un brun jaunâtre, du volume de celles de la Quarantaine.

Cette espèce, commune dans la région méditerranéenne, mérite d'être cultivée comme plante de parterre.

Genre GIROFLÉE. — *Cheiranthus* (Linn.) R. Br.

Sépales 4, dressés, connivents : les 2 latéraux plus larges, naviculaires, sacciformes à la base; les 2 autres cuculliformes au sommet, presque planes inférieurement. Pétales 4, longuement onguiculés. Glandules 6 (une seule devant chacun des sépales latéraux; deux devant chacun des autres sépales), ou seulement 2 (latérales) : les latérales scutelli-

formes. Étamines 6; filets subtétragones : les 2 impairs filiformes, ascendants à la base, un peu divergents; les 4 autres larges, linéaires - lancéolés, ancipités, rectilignes,
dressés; anthères sagittiformes-oblongues. Ovaire tétraèdre,
biloculaire, multi-ovulé. Style conique, ou columnaire, ou
filiforme. Stigmate biparti ou bilobé. Silique tétraèdre-
ancipitée (comprimée parallèlement au diaphragme),
rostrée, ou apiculée, ou cuspidée, biloculaire, polysperme;
valves immarginées, 1-nervées; nervures placentairiennes
planes au dos, superficielles. Graines unisériées, comprimées, suspendues, marginées : cotylédons presque planes,
rectilignes, accombants.

Herbes vivaces ou sous-arbrisseaux; parties herbacées ordinairement couvertes soit de sétules (simples ou bifurquées)
très-courtes et couchées, soit d'une fine pubescence rameuse (souvent incane). Feuilles très-entières, ou denticulées, ou dentelées, rétrécies en court pétiole. Grappes
terminales, ou terminales et oppositifoliées, nues (accidentellement feuillées à la base), multiflores, lâches après la
floraison. Pédicelles fructifères dressés, ou divergents, ou
ascendants, anguleux, peu ou point épaissis. Fleurs grandes,
odorantes. Sépales plus ou moins colorés, uninervés : les
2 latéraux à peu près de moitié plus larges que les 2 autres,
lesquels sont munis vers leur sommet d'une large carène
dorsale. Pétales brunâtres, ou de couleur orange, ou jaunes,
ou blancs, ou roses, ou pourpres, ou violets, ou livides,
égaux : onglets linéaires-cunéiformes, dressés; lames étalées,
arrondies. Glandules latérales grosses, staminigères à leur
base, échancrées ou crénelées au bord supérieur; les 4 autres glandules (nulles dans l'une des espèces) minimes,
denticuliformes, insérées chacune *derrière* un des filets géminés. Filets des étamines impaires presque aussi longs que
les autres. Anthères isomètres ou subisomètres (les latérales
quelquefois un peu plus grandes), obtuses, ou échancrées,
jaunes. Ovaire columnaire, grêle, plus ou moins comprimé
parallèlement au diaphragme, ou exactement tétragone;

ovules suspendus, immédiatement supērposés (dans chaque
loge) en une seule série axile; funicules capillaires, un peu
déclinés. Style court ou allongé, plus ou moins accrescent.
Stigmate à peine échancré ou bien à deux lobes soit allongés
(obtus, convexes antérieurement), soit courts et subglobuleux, divariqués, ou plus ou moins divergents, perpendiculaires aux placentaires. Silique dressée ou divergente,
rectiligne, non-stipitée ou très-courtement stipitée, non-
bosselée, cartilagineuse, mince, plus ou moins fortement
comprimée parallèlement au diaphragme, déhiscente longtemps après la maturité des graines; valves subnaviculaires,
linéaires, peu ou point veinées, munies d'une nervure médiane plus ou moins saillante; diaphragme chartacé, semi-
diaphane ou presque opaque, mince, peu ou point fovéolé,
muni d'une nervure médiane très-fine (le long de laquelle
il se fend quelquefois spontanément, lors de la déhiscence);
bec (style plus ou moins amplifié) court ou plus ou moins
allongé, filiforme, ou columnaire, ou conique, obscurément tétragone, ou tétragone-ancipité (comprimé dans le
même sens que les valves), toujours asperme, couronné par
le stigmate (soit bifurqué, soit bilobé, soit capitellé); nervures placentairiennes minces, subcylindriques, peu ou
point saillantes, mais non-recouvertes par le bord des valves, quelquefois garnies d'un rebord dorsal mince et très-
étroit (provenant de la décurrence du style). Funicules
libres, ou adnés au diaphragme par leur partie inférieure,
capillaires, plus ou moins déclinés. Graines suborbiculaires, ou elliptiques, ou oblongues, assez minces, lisses,
marginées (rebord membraneux, plus ou moins élargi ou
aliforme vers l'extrémité inférieure), superposées immédiatement (dans chaque loge) en une seule série axile,
échancrées; tégument mince, chartacé, non-mucilagineux
par la madéfaction. Cotylédons elliptiques, ou oblongs, ou
ovales-elliptiques, très-entiers, obtus, minces, courtement
pétiolés. Radicule ascendante, plus ou moins arquée, rimale,
subcylindrique, un peu plus courte que les cotylédons.

Les deux espèces dont nous allons traiter sont les seules qu'on puisse rapporter avec certitude à ce genre (1).

Section I. HOMOCHROANTHUS Spach.

Glandules 2, latérales, presque en forme de croissant de chaque côté. Style conique ou columnaire, beaucoup plus court que l'ovaire, mais presque aussi gros. Stigmate toujours bifurqué dès sa base. —Pétales non-changeants (ordinairement jaunes).

Giroflée odorante.—*Cheiranthus Cheiri* Linn. — Webb et Berth. Phytogr. Canar. tab. 8, A (Anal. opt.) — Blackw. Herb. tab. 179. — Bull. Herb. tab. 349. — Schk. Handb. tab. 184. — Hook. Flor. Lond. tab. 147. — *Cheiranthus fruticulosus* Linn. — Engl. Bot. tab. 1334.

Racine vivace, pivotante, rameuse, finalement ligneuse, ne produisant la première année qu'une touffe de feuilles radicales. Tige basse, dressée, d'abord très-feuillue et simple, puis nue, cicatriqueuse, ligneuse (dans la région méditerranéenne), ou suffrutescente (dans les contrées plus septentrionales), ou quelquefois annuelle et herbacée (dans des variétés de culture), simple inférieurement, très-rameuse vers son sommet. Rameaux frutescents ou annuels, simples, ou paniculés, feuillus, anguleux, ou cylindriques, ascendants, ou dressés, souvent subfastigiés, ordinairement incanes, atteignant jusqu'à 2 pieds de long. Feuilles verdâtres, ou plus ou moins incanes (surtout en dessous), un peu charnues, lancéolées, ou lancéolées-li-

---

(1) Parmi les espèces énumérées par M. de Candolle dans ce genre, le *Cheiranthus ochroleucus* Hall. fil., le *Cheiranthus alpinus* Linn., et le *Cheiranthus linifolius* Pers., ont l'embryon notorhizé, et doivent par conséquent être rapportés aux *Erysimum*. Quant au *Cheiranthus semperflorens* Schousb., nous n'avons pas eu l'occasion d'en examiner des graines mûres. D'ailleurs la plupart des *Erysimum*, nonobstant leur radicule dorsale, figureraient à tout aussi juste titre dans le genre *Cheiranthus*.

néaires, ou lancéolées-oblongues, ou lancéolées-elliptiques, ou lancéolées-spathulées, arrondies au sommet ou pointues, mucronées (à pointe ordinairement récourbée), quelquefois ondulées : les radicales et celles de la base des jeunes pousses roselées, très-touffues, souvent uni-ou bi-denticulées de chaque côté, longues de 3 à 6 pouces ; les supérieures graduellement plus petites, très-entières. Grappes raides, un peu flexueuses : les fructifères atteignant jusqu'à 18 pouces de long. Pédicelles longs de 3 à 6 lignes : ceux des fleurs épanouies (à peu près de moitié plus courts que le calice) disposés en corymbe assez dense. Sépales longs de 4 à 6 lignes, oblongs, obtus, uni-costés. Corolle d'environ 9 lignes de diamètre (ou jusqu'à 30 lignes dans des variétés de culture); onglets un peu plus courts que les sépales; lame cunéiforme-obovale, ou cunéiforme-orbiculaire, un peu plus longue que l'onglet. Étamines majeures à peu près aussi longues que le calice. Silique longue de 2 à 4 pouces (ordinairement d'environ 3 pouces, rarement de 12 à 18 lignes seulement), large de 1 ligne ½ à 2 lignes, ordinairement pubérule et plus ou moins incane, ou bien d'un brun jaunâtre lors de sa parfaite maturité; bec (style) long de 1 ligne à 2 lignes, cartilagineux, rectiligne, à base tantôt presque aussi large que les valves, tantôt jusqu'à 2 fois plus étroite. Graines d'un brun roux, ou jaunâtres, moins larges que le diaphragme, garnies d'un rebord membraneux étroit ou presque nul autour de leur moitié supérieure, plus large autour de leur moitié inférieure et presque aliforme à l'extrémité.

Cette espèce, nommée vulgairement *Giroflée*, *Giroflée jaune*, *Violier jaune*, et *Ravenelle*, vient dans presque toute l'Europe, jusque vers le 50ᵉ degré de latitude; elle croît de préférence sur les vieux murs et les rochers. Ses belles fleurs odorantes et de très-longue durée l'ont fait cultiver depuis bien des siècles comme plante d'agrément. Les amateurs d'horticulture estiment surtout les variétés connues sous le nom de *Bâton d'or*, lesquelles se font remarquer par des fleurs doubles et beaucoup plus grandes que celles de la plante sauvage.

Les fleurs et les feuilles de la Giroflée, aujourd'hui hors d'usage en médecine, étaient préconisées autrefois comme apéritives, diurétiques, emménagogues, céphaliques, antispasmodiques et anodynes.

Section II. DICHROANTHUS Webb.

Glandules 6 : 2 latérales, subquinquangulaires; les 4 autres minimes, denticuliformes, insérées derrière les étamines géminées. Style tantôt très-court, tantôt plus ou moins allongé (souvent très-long), filiforme, ou subulé, ou columnaire, ou conique, cylindrique, ou tétragone, ou tétragone-ancipité. Stigmate tantôt bifurqué, tantôt bilobé, tantôt capitellé (1). *Pétales ordinairement changeants (d'abord blanchâtres, ou d'un rose pâle, ou jaunâtres, ou d'un rouge cuivré, plus tard d'un pourpre violet, ou d'un rose vif, ou d'un violet livide, ou d'un jaune orange).*

Giroflée a fleurs changeantes.—*Cheiranthus mutabilis* Spach.

— α : A feuilles dentelées (*serratifolius*). — *Cheiranthus mutabilis* L'hérit.—Bot. Mag. tab. 195.—Webb. et Berth. Phyt. Canar. tab. 8 (fruct.). — *Cheiranthus longifolius* Vent. Malm. tab. 83. — Feuilles lancéolées, ou lancéolées-linéaires, plus ou moins fortement dentelées.

— β : A feuilles non-dentelées (*integrifolius*). — *Cheiranthus scoparius* Willd. — Webb et Berth. Phyt. Canar. tab. 6. — *Cheiranthus Cheiri Chamæleon* Bot. Reg. tab. 219. — *Cheiranthus cinereus* Webb et Berth. l. c. tab. 5 (2) — *Cheiranthus tenuifolius* L'hérit. Sert. (3). —

---

(1) Ces diverses modifications du style et du stigmate, quoique parfois assez constantes sur des individus donnés, sont néanmoins si variables en général, qu'on ne saurait les employer à caractériser des variétés. Il en est de même des nombreuses variations qu'offrent la longueur et la largeur de la silique.

(2) Sous-variété à feuilles très-étroites, très-allongées et incanes.

(3) Sous-variété naine, à feuilles sublinéaires et incanes.

Feuilles lancéolées-oblongues, ou oblongues ou lancéolées,
ou lancéolées-linéaires, ou sublinéaires, très-entières, ou à
peine denticulées.

Sous-arbrisseau en général haut de 2 à 3 pieds (quelquefois seulement de 3 à 4 pouces), d'un port très-variable, couvert
ou parsemé sur toutes ses parties herbacées d'une pubescence
couchée, ordinairement rameuse, tantôt molle et comme satinée,
tantôt un peu scabre. Tige dressée ou tortueuse, plus ou moins
allongée, ou très-basse, feuillue étant jeune, plus tard aphylle
et ligneuse, tantôt paniculée, tantôt simple inférieurement et
terminée par une touffe de rameaux disposés en corymbe. Rameaux tantôt très-courts, tantôt effilés et plus ou moins allongés,
simples, ou paniculés, dressés, ou divergents, ou ascendants,
cylindriques, ou anguleux : les jeunes plus ou moins feuillus;
les adultes nus, ligneux. Feuilles tantôt vertes et légèrement
pubérules ou presque glabres, tantôt couvertes d'un duvet incane plus ou moins serré (soit scabre, soit soyeux), flasques,
ou plus ou moins fermes, le plus souvent très-rapprochées ou
recouvrantes, de forme très-variable (en général assez constante
sur le même individu), longues de 6 lignes à 8 pouces, larges
de ¹/₂ ligne à 8 lignes (ordinairement beaucoup plus grandes
sur la plante jeune, et encore herbacée que sur les individus
adultes), acérées, ou rarement subobtuses, très-entières, ou
à peine denticulées, ou plus ou moins profondément dentelées (dentelures égales ou inégales, ordinairement mucronées
ou acérées). Grappes atteignant finalement jusqu'à 1 pied de
long, et quelquefois plus; rachis effilé, raide, non-flexueux,
anguleux, nu dans sa partie inférieure. Pédicelles longs de 2 à
6 lignes : les florifères filiformes, presque dressés, tantôt aussi
longs ou un peu plus longs que le calice, tantôt plus courts; les
fructifères beaucoup plus courts que la silique, grêles, assez
rapprochés, presque dressés, ou ascendants, ou divergents.
Fleurs légèrement odorantes, disposées soit en corymbe, soit en
courte grappe (tantôt assez dense, tantôt lâche). Sépales longs de
3 à 4 lignes, panachés de vert et de lilas ou de pourpre, 3-ner-

vés (les nervures latérales très-fines), obtus : le supérieur et l'inférieur oblongs; les 2 latéraux ovales-oblongs (étant déployés). Corolle de 6 à 8 lignes de diamètre : onglets à peu près aussi longs que les sépales ; lame obovale ou obovale-orbiculaire, un peu plus courte que l'onglet. Filets des étamines majeures un peu plus longs que le calice ; filets des étamines mineures un peu plus courts. Anthères 3 fois plus courtes que les filets. Ovaire grêle, columnaire, pubérule-incane, débordé par les étamines. Style 1 à 2 fois plus long que l'ovaire, ou jusqu'à 5 fois plus court, tantôt presque aussi gros que l'ovaire, tantôt beaucoup plus grêle. Siliques érigées (quelquefois imbriquées) ou divergentes, rectilignes, ou rarement un peu arquées, non-stipitées , ou très-courtement stipitées, apiculées, ou cuspidées, ou rostrées, pubérules (ordinairement incanes avant la maturité), longues de 6 lignes à 4 pouces (de longueur en général très-variable sur le même individu), tétraèdres-ancipitées (plus ou moins comprimées ou presque aplaties parallèlement au diaphragme); valves larges de 1 ligne à 2 lignes, arrondies ou pointues aux 2 bouts, peu ou point bosselées; diaphragme plus ou moins diaphane; bec (style) long de $^1/_2$ ligne à 4 lignes, filiforme, ou plus ou moins gros, couronné par le stigmate (tantôt bifurqué, tantôt plus ou moins distinctement bilobé, tantôt capitellé ou disciforme). Funicules courts, capillaires, tantôt libres, tantôt adnés au diaphragme par leur partie inférieure. Graines suborbiculaires, ou elliptiques, ou oblongues, d'un brun roux, un peu moins larges que le diaphragme, garnies d'un rebord membraneux plus ou moins large (aliforme vers l'extrémité inférieure).

Cette espèce, remarquable par les couleurs changeantes de sa corolle, est indigène à Madère et aux Canaries; on la cultive fréquemment dans les collections d'orangerie ; elle fleurit pendant une grande partie de l'année, et même en hiver dans les serres.

Genre ALLIARIA. — *Alliaria* Adans.

Sépales 4, très-caducs, subnaviculaires : les deux latéraux plus larges. Pétales 4, onguiculés. Glandules 4 (opposées aux 4 sépales). Étamines 6; filets filiformes, anguleux, rectilignes, un peu divergents; anthères sagittiformes-oblongues. Ovaire grêle, tétragone, biloculaire, multi-ovulé. Style très-court, columnaire. Stigmate pelté, orbiculaire. Silique columnaire, apiculée, tétraèdre, 2-loculaire, 2-valve, polysperme; valves 1-nervées ou subtrinervées, immarginées; nervures placentairiennes subcarénées, très-saillantes. Graines suspendues, 1-sériées dans chaque loge, cylindriques, gibbeuses antérieurement, striées longitudinalement, immarginées; cotylédons rectilignes ou pliés transversalement en carène, semi-cylindriques, ou concaves; radicale flexueuse ou géniculée, obliquement dorsale.

Herbe bisannuelle. Pubescence nulle ou simple. Feuilles crénelées ou profondément dentées, pétiolées. Grappes terminales, feuillées à la base, nues supérieurement, multiflores, lâches après la floraison. Pédicelles fructifères horizontaux, ou très-divergents, cylindriques, courts, trèsgros. Fleurs blanches, assez petites. Sépales pétaloïdes, caducs dès l'épanouissement : le supérieur et l'inférieur finement 3-nervés; les deux latéraux finement 5-nervés, de moitié plus larges. Pétales persistants plus longtemps que les sépales : onglets dressés; lames étalées. Glandules inégales : les 2 latérales plus grosses, en forme de fer à cheval, adnées, entourant la base des filets impairs; les 2 autres petites, dentiformes, obtuses, insérées une à une *derrière* chaque paire de filets. Filets impairs du tiers plus courts que les autres. Anthères jaunes, mamelonnées au sommet. Siliques érigées, ou ascendantes, ou plus ou moins divergentes, rectilignes, ou légèrement arquées, raides, non-stipitées, courtement apiculées par un bec asperme (le style peu amplifié) tronqué au sommet, tantôt columnaire ou subfiliforme, tantôt conique ou conique-subulé; valves minces, cartilagineuses, bosselées ou non-bosselées, naviculaires, arrondies à la base, ordinairement rétrécies au sommet, munies d'une nervure médiane assez saillante et

de deux nervures presque marginales très-fines (souvent
oblitérées ou anastomosantes); nervures placentairiennes
triédres, saillantes dans toute leur longueur, élargies à la
base, ordinairement beaucoup plus grosses que la nervure
médiane des valves; diaphragme pelliculaire, diaphane,
innervé, plus ou moins refoulé de côté et d'autre par les
graines. Funicules horizontaux ou plus ou moins déclinés,
courts, inadhérents, marginés. Graines tantôt un peu imbriquées, tantôt immédiatement superposées, tantôt plus
ou moins distantes, assez grosses, oblongues, ou ellipsoïdes, ou subovoïdes, tronquées ou arrondies ou un peu
pointues à leur extrémité inférieure, ou tronquées aux
deux bouts, échancrées, relevées de stries longitudinales
presque contiguës et plus ou moins obliques; tégument
épais, subcoriace, non-mucilagineux par la madéfaction;
cotylédons oblongs, ou elliptiques, ou subovales, obtus, courtement pétiolés : l'extérieur ordinairement rectiligne et semi-cylindrique (convexe postérieurement, plane
antérieurement, ou quelquefois plus ou moins concave antérieurement); l'intérieur tantôt rectiligne, ou subrectiligne,
tantôt plié transversalement en carène (rarement le cotylédon extérieur offre aussi cette plicature, mais toujours à un
degré moins prononcé), ou plus ou moins arqué, ou irrégulièrement flexueux, creusé d'un profond sillon longitudinal dans lequel est nichée la radicule; radicule ascendante, cylindrique, pointue, plus ou moins flexueuse ou
géniculée (souvent courbée en forme de S), un peu débor-
dante, peu ou point moulée à la surface de la graine; largeur des cotylédons parallèle au diaphragme.

L'espèce suivante constitue à elle seule le genre :

ALLIARIA OFFICINAL.—*Alliaria officinalis* Andrz. ex Marsch.
Bieb. Flor. Taur. Cauc. — *Erysimum Alliaria* Linn.— Flor.
Dan. tab. 935. — Engl. Bot. tab. 996. — Blackw. Herb. tab.
372. — Bull. Herb. tab. 338. — Schk. Handb. tab. 183. —
Hayn. Arzn. Gew. V, 34. — Svensk Bot. tab. 208. — *Sisym-
brium Alliaria* Scopol.— *Hesperis Alliaria* Lamk.

Racine pivotante, subfusiforme, rameuse vers l'extrémité. Tige haute de 1 pied à 3 pieds, plus ou moins anguleuse, ou subcylindrique, cannelée, grêle, dressée, feuillée, tantôt simple, tantôt rameuse, souvent violette, glabre, ou pubescente (surtout vers sa base). Rameaux dressés, ou ascendants, ou un peu divergents, médiocrement feuillés, ordinairement simples. Feuilles glabres ou légèrement pubescentes, molles, flasques, d'un vert pâle en dessus, un peu glauques en dessous, pédati-nervées, veineuses : les radicales réniformes, ou réniformes-ovales, ou cordiformes-orbiculaires, très-obtuses, inégalement crénelées, très-longuement pétiolées, larges de 1 pouce à 2 pouces; les caulinaires inférieures conformes aux radicales, mais plus grandes (atteignant jusqu'à 5 pouces de large) et moins longuement pétiolées; les supérieures et les raméaires graduellement plus petites et plus courtement pétiolées, cordiformes, ou cordiformes-triangulaires, ou ovales-triangulaires, ou subrhomboïdales, pointues, ou longuement acuminées, irrégulièrement sinuées-dentées ou incisées-dentées (dents pointues ou obtuses, ordinairement triangulaires); pétioles grêles, anguleux, ceux des feuilles radicales atteignant jusqu'à ½ pied de long, souvent poilus. Grappes atteignant finalement jusqu'à 1 pied de long, et quelquefois plus; rachis anguleux, raide, plus ou moins flexueux. Pédicelles longs de 2 à 4 lignes : les florifères (à peu près aussi longs que le calice ou un peu plus longs) filiformes, très-rapprochés; les fructifères très-éloignés, presque aussi gros que la silique, quelquefois épaissis au milieu ou vers le sommet. Sépales longs de 1 ligne ½ à 2 lignes, blanchâtres, oblongs, obtus. Pétales longs de 3 à 4 lignes, blancs, spathulés-obovales; onglets un peu plus courts que les sépales, à peu près aussi longs que la lame. Étamines majeures de moitié plus courtes que les pétales, un peu plus longues que le pistil. Silique (ordinairement violette avant la maturité) longue de 1 pouce à 2 pouces ½, de 1 à ¼ ligne de diamètre, ordinairement glabre. Graines aussi larges que le diaphragme, longues d'environ 1 ligne, d'un brun noirâtre.

Cette plante, commune dans toute l'Europe, croît dans les bois et autres lieux ombragés; elle fleurit en avril et en mai.

Toutes ses parties vertes ont une forte odeur d'ail : c'est à cette circonstance qu'elle doit son nom vulgaire d'*Alliaire*. Sa saveur est amère et piquante. Ses feuilles ont des propriétés dépuratives et diurétiques. Les graines peuvent, au besoin, servir en guise de Moutarde.

Genre BARBARÉA. — *Barbarea* R. Br.

Sépales 4, naviculaires, dressés : le supérieur et l'inférieur plus étroits ; les 2 autres subsacciformes à la base. Pétales 4, onguiculés. Glandules 6 (2 devant chacun des sépales latéraux ; une seule devant chacun des autres sépales). Étamines 6 ; filets filiformes, anguleux : les 2 latéraux ascendants ; les 4 autres rectilignes, dressés ; anthères sagittiformes-oblongues, obtuses. Ovaire tétragone, 2-loculaire, multi-ovulé. Style conique, ou filiforme, ou nul. Stigmate pelté, subhémisphérique. Silique tronquée, ou cuspidée, ou subrostrée, ou apiculée, columnaire, tétraèdre (un peu comprimée en sens contraire au diaphragme), 2-loculaire, 2-valve, polysperme ; valves submarginées, 1-nervées ; nervures placentairiennes filiformes, superficielles. Graines suspendues, 1-sériées, un peu comprimées, immarginées, scrobiculées ; cotylédons subsemi-cylindriques, incombants.

Herbes bisannuelles, glabres, ou quelquefois parsemées de sétules simples. Feuilles lyrées (excepté les supérieures et les primordiales) : les radicales et les caulinaires inférieures longuement pétiolées ; les supérieures sessiles, amplexicaules. Grappes terminales, ou terminales et oppositifoliées, nues, multiflores, assez denses même après la floraison. Pédicelles fructifères plus ou moins épaissis, anguleux, dressés, ou ascendants, ou divergents, ou horizontaux. Fleurs petites ou de grandeur médiocre, jaunes, odorantes, disposées en corymbe serré. Sépales colorés, subcarénés, cuculliformes au sommet (surtout le supérieur et l'inférieur). Pétales égaux, obtus : onglets dressés, linéaires ; lames étalées. Glandules dissemblables : les latérales

ovales-triangulaires, comprimées, solitaires de chaque
côté des étamines impaires; les 2 autres très-petites, linéaires, obtuses, solitaires *derrière* chaque paire d'étamines.
Filets inappendiculés : les impairs un peu plus grêles et
à peu près du tiers plus courts que les autres. Anthères
obtuses, anisomètres; celles des 2 étamines impaires un peu
plus grandes. Ovaire grêle, columnaire. Ovules suspendus,
superposés en une seule série dans chaque loge. Style presque nul, ou plus ou moins allongé, obscurément tétragone,
tantôt très-grêle, tantôt presque aussi gros que l'ovaire.
Stigmate très-entier ou à peine échancré. Silique érigée,
ou ascendante, ou plus ou moins divergente, rectiligne, ou
arquée, non-stipitée, ou courtement stipitée, raide, grêle,
déhiscente peu après la maturité, terminée par le style
(conique, ou columnaire, ou filiforme) tantôt très-court,
tantôt plus ou moins allongé, couronné par le stigmate (peu
apparent); valves subcartilagineuses, naviculaires, linéaires,
amincies aux bords, bosselées, ou non-bosselées, finement
réticulées-veinées, munies d'une nervure médiane filiforme
et plus ou moins saillante; diaphragme membraneux, diaphane, innervé, bosselé : nervures placentairiennes minces, planes au dos, élargies à la base, superficielles mais
non-saillantes. Graines elliptiques, ou oblongues, ou subovoïdes, un peu comprimées, souvent irrégulièrement anguleuses (par compression mutuelle), arrondies ou tronquées
aux deux bouts, légèrement échancrées, immédiatement superposées (dans chaque loge) en une seule série axile; funicule
plus ou moins décliné, inadhérent, court, capillaire ; tégument épais, finement scrobiculé et comme furfuracé à sa
surface externe, fortement reticulé à sa surface interne,
non-mucilagineux par la madéfaction ; cotylédons elliptiques, ou ovales elliptiques, ou oblongs, obtus, courtement
pétiolés, rectilignes, planes antérieurement, convexes postérieurement; radicule subrectiligne, ascendante, cylindrique,
pointue, un peu plus courte que les cotylédons.

Ce genre ne renferme que les deux espèces dont nous
allons parler.

A. *Segments latéraux des feuilles inférieures* 1-5-*jugués.
Feuilles supérieures la plupart indivisées ou incisées-dentées. Pédicelles fructifères gréles,* 2 *à* 8 *fois plus courts
que la silique.*

BARBARÉA COMMUN. — *Barbarea vulgaris* R. Br. in Hort.
Kew.

— α : A SILIQUES DRESSÉES (*stricta*).—*Barbarea stricta* Andrz.
in Bess. Enum. Volhyn. — *Barbarea vulgaris* De Cand.
Prodr. et Syst. — *Barbarea parviflora* Fries. Nov. ed. 2.—
Erysimum Barbarea : β, Linn. Flor. Suec. — *Barbarea sicula* Presl. — *Barbarea rupestris* Moris. Flor. Sard. tab.
— *Barbarea prostrata* Gay, Enum. Plant. Hisp. — Pédicelles fructifères dressés ou ascendants. Siliques érigées,
souvent presque imbriquées, ordinairement rectilignes.

— β : A SILIQUES DIVERGENTES (*divergens*). — *Erysimum
Barbarea* : α, Linn. Flor. Suec. — Engl. Bot. tab. 443. —
Flor. Dan. tab. 985. — Svensk Bot. tab. 194. — *Barbarea
arcuata* Andrz. in Bess. Enum. — *Barbarea taurica, Barbarea iberica* et *Barvarea plantaginea* (Deless. Ic. 2, tab.
19) De Cand. Syst. et Prodr. — *Barbarea altaica* Andrz.
in hortis. — *Barbarea hirsuta* Weihe. — *Barbarea vulgaris* et *Barbarea arcuata* Reichenb. Flor. Germ. Excurs. —
Cheiranthus lævigatus et *Cheiranthus ibericus* Willd. (ex
C. A. Mey. in Flor. Alt.) — Siliques plus ou moins divergentes (ainsi que les pédicelles) ou presque horizontales, tantôt
rectilignes, tantôt arquées.

Plante glabre, ou moins souvent soit pubérule, soit légèrement
poilue. Racine pivotante, longue, garnie d'une multitude de fibrilles. Tige haute de 1 pied à 3 pieds, dressée, anguleuse,
sillonnée, feuillée, souvent rougeâtre, rameuse tantôt dès sa base,
tantôt seulement vers son sommet. Rameaux dressés, ou ascendants, ou plus ou moins divergents, ou presque divariqués,
feuillés, tantôt simples, tantôt bifurqués ou paniculés vers leur
sommet; ramules ordinairement nus, ou presque nus. Feuilles

un peu charnues, assez fermes, d'un vert soit clair, soit plus ou
moins foncé, soit jaunâtre ou rougeâtre (surtout lorsque la plante
croît dans une localité aride), un peu luisantes, veineuses, ordinairement glabres : les radicales longues de 4 à 15 pouces (y
compris le pétiole), lyrées, ou roncinées-lyrées (segments très-
obtus, tantôt sessiles, tantôt comme pétiolulés, très-entiers,
ou subsinuolés, ou sinuolés-denticulés, ou crénelés : les latéraux
subréniformes, ou suborbiculaires, ou ovales, ou ovales-oblongs,
ou oblongs, ou dentiformes-triangulaires, ou subrhomboïdaux,
tantôt presque égaux ou régulièrement accrescents de bas en
haut, tantôt par paires alternativement grandes et dentiformes;
segment terminal beaucoup plus grand, atteignant quelquefois
jusqu'à 5 pouces de long, subréniforme, ou cordiforme-orbiculaire, ou cordiforme, ou ovale, ou ovale-oblong); les caulinaires
inférieures en général conformes aux radicales ; les suivantes
graduellement plus petites, amplexicaules (par 2 oreillettes plus
ou moins allongées, tantôt obtuses, tantôt pointues), tantôt lyrées,
tantôt pennatiparties (segments 2-5-jugués, souvent incisés-dentés ou sinués-dentés, tout aussi variables de forme et de grandeur
que ceux des feuilles inférieures, mais très-rarement cordiformes
à la base); les caulinaires supérieures et les raméaires obovales,
ou oblongues-obovales, ou ovales, ou ovales-oblongues, ou
oblongues-lancéolées, obtuses, ou pointues, très-entières, ou
subsinuolées, ou crénelées, ou dentées, ou sinuées-dentées, ou
incisées-dentées, ou rarement pennatifides. Grappes finalement
longues de 2 à 12 pouces ; rachis dressé ou ascendant, raide,
anguleux, peu ou point flexueux. Pédicelles florifères filiformes,
très-rapprochés, à peu près aussi longs que les sépales; les fructifères horizontaux, ou plus ou moins divergents, ou ascendants,
ou presque dressés, un peu épaissis au sommet, beaucoup moins
gros que la silique, longs de 2 à 4 lignes. Sépales longs de 1
ligne à 1 ½ ligne, jaunes, ou d'un jaune verdâtre, linéaires,
obtus. Pétales du tiers à 2 fois plus longs que les sépales, d'un
jaune tantôt pâle, tantôt plus ou moins vif : lame obovale, ou
cunéiforme-obovale, ou cunéiforme-oblongue, arrondie au sommet ou échancrée. Étamines majeures un peu plus longues que le

calice. Silique longue de 5 à 15 lignes, plus ou moins grêle, souvent violette avant la maturité, glabre, ou quelquefois pubérule, non-stipitée, ou très-courtement stipitée, terminée par un bec filiforme ou conique (tantôt très-court, tantôt atteignant jusqu'à 1 1/2 ligne de long); valves larges de 1/2 ligne à 1 ligne, tantôt exactement linéaires et arrondies aux 2 bouts, tantôt pointues soit aux 2 bouts, soit seulement au sommet. Diaphragme diaphane ou subopaque. Graines longues de 1/2 ligne à 1 ligne, à peu près aussi larges que le diaphragme, brunâtres.

Cette espèce, connue sous les noms vulgaires d'*Herbe de Sainte-Barbe*, *Herbe aux charpentiers*, *Julienne jaune*, *Barbarée*, et *Rondotte*, est commune dans toute l'Europe, ainsi qu'en Sibérie, en Orient, et dans les contrées boréales de l'Amérique. Elle croît de préférence dans les terrains sablonneux ou pierreux, surtout au voisinage des eaux courantes; on la trouve en fleurs depuis le mois de mai jusqu'au milieu de l'été.

Toutes les parties vertes de la plante ont une saveur piquante, analogue à celle du Cresson. Les feuilles et la racine sont très-usitées, dans la médecine populaire, comme détersives, vulnéraires, et dépuratives. Les jeunes feuilles peuvent être mangées en salade.

On cultive fréquemment dans les parterres, le *Barbarea commun à fleurs doubles*: cette variété, ne fructifiant jamais, est vivace et se multiplie d'éclats de racine; elle est assez délicate et ne prospère que dans un sol frais.

B. *Segments latéraux des feuilles inférieures ordinairement 5-9-jugués. Feuilles supérieures toutes ou la plupart pennatiparties. Pédicelles fructifères aussi gros et beaucoup plus courts que la silique.*

Barbaréa précoce. — *Barbarea præcox* R. Br. in Hort. Kew. — *Erysimum præcox* Smith, Flor. Brit. — Engl. Bot. tab. 1129.

Plante semblable à l'espèce précédente tant par le port que par les fleurs, et aussi par le feuillage; mais les feuilles radicales et les feuilles caulinaires inférieures offrent en général un plus grand nombre de segments latéraux (d'ailleurs de forme et de grandeur tout aussi variables que ceux du *Barbarea vulgaris*); les feuilles supérieures sont allongées et pennatiparties, ou profondément pennatifides (rarement trifides ou indivisées), à segments oblongs ou oblongs-linéaires.

Pédicelles fructifères longs de 1 ligne à 2 lignes, beaucoup plus gros que ceux du *Barbarea vulgaris*, subhorizontaux, ou ascendants, ou plus ou moins divergents. Silique longue de 15 à 30 lignes, érigée, ou redressée, ou ascendante, ou plus ou moins divergente, rectiligne, ou arquée, tantôt comme tronquée au sommet, tantôt apiculée ou très-courtement rostrée par le style (soit columnaire, soit conique); valves larges d'environ 1 ligne, ordinairement un peu rétrécies au sommet; diaphragme diaphane ou subopaque. Graines semblables à celles de l'espèce précédente.

Cette espèce croît en France, en Angleterre, et dans plusieurs autres contrées de l'Europe; mais elle est beaucoup moins commune que la précédente. Elle fleurit en avril et en mai. La saveur de ses jeunes feuilles est agréable et semblable à celle du Cresson; aussi la cultive-t-on quelquefois comme herbe à salade, sous le nom de *Roquette des jardins*.

Genre SISYMBRELLA. — *Sisymbrella* Spach.

Sépales 4, divergents, ou étalés, naviculaires, égaux, ou presque égaux. Pétales 4, courtement onguiculés. Glandules 6, confluentes par la base, alternes avec les étamines. Étamines 6; filets filiformes, divergents : les 2 impairs ascendants, arqués; les 4 autres subrectilignes, dressés; anthères sagittiformes-oblongues, obtuses. Ovaire cylindrique, 2-loculaire, multi-ovulé. Style columnaire ou filiforme. Stigmate pelté, disciforme, suborbiculaire, souvent bilobé après la floraison. Silique columnaire (soit tétragone, soit cylindrique), ou linéaire-ancipitée, courte, apiculée, ou cuspidée, biloculaire, polysperme; valves finement uni-nervées, immarginées; nervures placentairiennes filiformes, superficielles. Graines bisériées dans chaque loge, subhorizontales, cylindriques, ou un peu comprimées, scrobiculées, submarginées; cotylédons tantôt accombants, tantôt incombants, rectilignes, subsemi-cylindriques.

Herbes vivaces, glabres, ou parsemées soit de sétules simples, soit de papilles scabres. Feuilles (du moins la plupart) pennatiparties ou profondément pennatifides, pétiolées (les supérieures des ramules quelquefois indivisées et sessiles); pétiole souvent amplexicaule (soit bi-auriculé, soit très-élargi à sa base). Grappes terminales ou terminales et oppositifoliées, nues, ou feuillées à leur base, multiflores, assez denses même après la floraison. Fleurs petites, en corymbe pendant l'épanouissement. Pédicelles fructifères soit longs et filiformes, soit courts et gros, déclinés, ou ascendants, ou horizontaux, ou plus ou moins divergents, ou presque dressés. Sépales jaunâtres : le supérieur et l'inférieur cuculliformes au sommet, les 2 latéraux subcorniculés. Pétales d'un jaune soit pâle, soit vif, égaux, peu à peu rétrécis en onglet, étalés vers leur sommet. Glandules dentiformes, inégales, confluentes par leur base en disque annulaire : les 4 latérales plus grosses, solitaires de chaque côté des 2 étamines impaires; les 2 autres (solitaires *derrière* chaque paire d'étamines) minimes. Filets libres, inappendiculés, grêles, obscurément tétragones, subéquidistants au sommet : les impairs un peu plus courts. Ovaire grêle, columnaire, un peu comprimé en sens contraire au diaphragme; ovules tantôt suspendus, tantôt subhorizontaux, immédiatement superposés (dans chaque loge) en 2 séries marginales contiguës. Style tantôt court, tantôt plus ou moins allongé, aussi gros que l'ovaire, ou beaucoup plus grêle. Stigmate tantôt très-entier, tantôt plus ou moins distinctement bilobé (surtout après la floraison). Silique (quelquefois presque réduite à une silicule) rectiligne ou arquée, érigée, ou ascendante, ou horizontale, ou plus ou moins

divergente, ou déclinée, très-courtement stipitée, ou non-
stipitée, tantôt parfaitement cylindrique ou obscurément
tétragone, tantôt distinctement tétragone, tantôt tétragone-
ancipitée (comprimée parallèlement au diaphragme), tantôt presque aplatie parallèlement au diaphragme, plus ou
moins longuement apiculée (par le style peu amplifié,
tantôt filiforme, tantôt assez gros, columnaire, ou subclaviforme, couronné par le stigmate tantôt disciforme, tantôt
bifurqué ou plus ou moins distinctement bilobé); valves
persistant quelque temps après la maturité, minces, chartacées, naviculaires (carénées ou non-carénées), ordinairement rétrécies au sommet, munies d'une nervure médiane
filiforme (quelquefois évanescente vers le sommet) et de
veinules subréticulées très-fines; diaphragme linéaire ou
sublinéaire, rétréci au sommet, pelliculaire, diaphane,
innervé; nervures placentairiennes fines, cylindriques, un
peu élargies à leur base, non-recouvertes, mais peu ou point
proéminentes à la surface. Funicules courts, capillaires,
inadhérents, subhorizontaux, ou déclinés. Graines petites,
ovoïdes, ou ellipsoïdes, ou subglobuleuses, anguleuses, ou
un peu comprimées, ou subcylindriques, échancrées, irrégulièrement bisériées (dans chaque loge), recouvrant le
diaphragme; tégument mince, subcoriace, mucilagineux
par la madéfaction ; cotylédons ovales ou elliptiques , obtus, courtement pétiolés, planes antérieurement, convexes
ou subcarénés postérieurement, souvent un peu inégaux ;
radicule subcylindrique ou conique, subrectiligne, dressée,
ou obliquement horizontale, tantôt commissurale, tantôt
latéralement dorsale, ordinairement de moitié plus courte
que les cotylédons.

Outre les deux espèces que nous allons décrire, ce genre
en renferme probablement plusieurs autres, considérées à
tort comme faisant partie des genres *Sisymbrium* ou *Nas-
urtium*.

A. *Plante glabre ou parsemée de sétules. Fleurs d'un jaune
vif. Sépales égaux, étalés, presque 2 fois plus courts que
les pétales. Pédicelles fructifères filiformes, souvent aussi
longs ou plus longs que la silique. Silique (quelquefois
raccourcie presque en silicule) lisse, glabre, tantôt tétragone-ancipitée, tantôt (mais moins souvent) soit parfaitement cylindrique, soit obscurément tétragone, soit presque aplatie parallèlement au diaphragme.*

Sisymbrella commun. — *Sisymbrella sylvestris* Spach. —
Sisymbrium sylvestre Linn. — Engl. Bot. tab. 2324. — Flor.
Dan. tab. 931. — Schk. Handb. tab. 187. — Curt. Flor.
Lond. tab. 26. — Reichenb. in Sturm, Deutschl. Flor. fasc. 43.
—*Sisymbrium vulgare* Pers.—*Brachylobos sylvestris* Allion.
Flor. Pedem. tab. 56, fig. 2.—*Radicula pinnata* Mœnch. —
Nasturtium sylvestre R. Brown, in Hort. Kew.—*Nasturtium
rivulare* Reichb. Ic. Plant. Crit. v. 6, fig. 711.

Racine rampante, rameuse, surculifère. Tiges décombantes,
ou ascendantes, ou quelquefois dressées, touffues, grêles,
flexueuses, cylindriques, peu ou point cannelées, feuillées, rameuses ordinairement dès leur base, longues de 1½ pied à 2
pieds. Rameaux dressés, ou ascendants, ou plus ou moins divergents, feuillés ou presque nus, simples ou paniculés, quelquefois
subfastigiés. Feuilles pennatiparties ou profondément pennatifides (les supérieures et les ramulaires quelquefois très-entières,
ou dentelées, ou incisées-dentées), minces, d'un vert foncé : les
inférieures longues de 2 à 4 pouces (y compris le pétiole); les
supérieures graduellement plus petites ; segments linéaires, ou
linéaires-oblongs, ou oblongs, ou lancéolés-oblongs, ou lancéolés-
linéaires, ou oblongs-obovales, ou subcunéiformes, obtus, ou
pointus, très-entiers, ou dentelés, ou dentés, ou incisés-dentés,
ou pennatifides, ou pennatipartis, ou irrégulièrement laciniés,
tantôt presque égaux, tantôt accrescents de bas en haut (les basilaires assez souvent dentiformes); pétiole plus ou moins élargi
à la base, souvent ailé, tantôt inauriculé, tantôt garni de

deux petites oreillettes amplexicaules. Grappes sessiles ou pédonculées, finalement longues de 1 pouce à 6 pouces; rachis
grêle ou presque filiforme, peu ou point flexueux, dressé, ou
ascendant, ou divergent. Pédicelles longs de 2 à 6 lignes : les
florifères subhorizontaux, à peu près 2 fois plus longs que le calice ; les fructifères déclinés, ou résupinés, ou horizontaux, ou
ascendants, ou presque dressés, ou plus ou moins divergents,
tantôt à peu près aussi longs que la silique, tantôt soit jusqu'à 1
fois plus courts, soit jusqu'à 2 fois plus longs. Sépales longs de
1 ligne ou un peu plus, oblongs-linéaires. Pétales à peine plus
longs que les étamines, oblongs-spathulés, étalés par leur partie
saillante. Stigmate plus large que le style, souvent profondément
bilobé. Silique longue de 2 à 10 lignes, grêle, non-stipitée, ou
très-courtement stipitée, souvent arquée, de direction très-variable (en général sur le même individu), apiculée par un style
long de 1/4 de ligne à près de 1 ligne (tantôt filiforme, tantôt à
peine plus grêle que la silique, quelquefois épaissi au sommet);
valves larges de 1/3 de ligne à 2/3 de ligne, carénées, ou non-
carénées, ordinairement rétrécies au sommet. Graines d'un brun
roux, du volume de celles du Coquelicot.

Cette plante est commune dans toute l'Europe, ainsi que dans
le nord de l'Asie et de l'Amérique; elle se plaît dans les localités humides ou aqueuses, mais d'ailleurs on la trouve également
dans les terrains secs. Elle fleurit pendant tout l'été et souvent
jusqu'à la fin de l'automne. Ses feuilles ont la saveur du Cresson,
et dans beaucoup de contrées on les mange en guise de salade.

B. *Plante parsemée (surtout aux siliques) de papilles scabres.
Fleurs d'un jaune pâle. Sépales dressés, un peu divergents
au sommet, presque aussi longs que les pétales. Pédicelles
fructifères courts, presque aussi gros que la silique. Silique
scabre (papilleuse), parfaitement cylindrique.*

Sisymbrella scabre. — *Sisymbrella aspera* Spach. —
Sisymbrium asperum Linn.

Tiges hautes de 1/2 pied à 1 1/2 pied, dressées, ou ascendantes, un peu anguleuses, fermes, légèrement flexueuses, feuillées, rameuses ordinairement dès la base, le plus souvent touffues. Rameaux médiocrement feuillés, dressés, ou divergents, souvent paniculés. Feuilles d'un vert foncé, un peu charnues, pennati-parties : les inférieures longues de 2 à 4 pouces, pétiolées; les supérieures sessiles on subsessiles, graduellement plus petites; segments linéaires, ou oblongs, ou lancéolés-oblongs, pointus, ou obtus, ou mucronés, très-entiers, ou dentés, ou incisés-dentés : les basilaires souvent très-petits. Grappes finalement longues de 1 pouce à 3 pouces : rachis raide, un peu flexueux. Pédicelles longs de 1 ligne à 2 lignes : les florifères ordinairement plus courts que le calice; les fructifères 3 à 8 fois plus courts que la silique, presque dressés, ou plus ou moins divergents, ou horizontaux, ou un peu déclinés. Sépales oblongs-linéaires, à peine longs de 1 ligne. Pétales spathulés-oblongs, obtus, à peine étalés au sommet. Filets subisomètres, presque aussi longs que les pétales. Ovaire fortement papilleux, très-courtement stipité, cylindrique, un peu comprimé en sens contraire au diaphragme. Style court, cylindrique, presque aussi gros que l'ovaire. Stigmate petit, très-entier, ou légèrement échancré. Silique longue de 5 à 10 lignes, sur 1/2 ligne à 3/4 de ligne de diamètre, de direction très-variable, substipitée, ou non-stipitée, rectiligne, ou arquée, apiculée par un style grêle (tantôt conique-subulé, tantôt subclaviforme, tantôt columnaire), long de 1/4 de ligne à 1 ligne ; valves non-carénées, obtuses, ordinairement rétrécies vers leur sommet. Graines d'un brun de Châtaigne, du volume de celles du Pavot.

Cette espèce croît en France et en Espagne.

Genre CLANDÉSTINARIA. — *Clandestinaria* Spach.

Sépales 4, subnaviculaires, égaux, dressés, un peu divergents. Pétales 4 (quelquefois 1 à 3, ou nuls), courtement onguiculés. Glandules 4 (opposées deux à deux aux sépales latéraux), minimes. Étamines 6 : filets filiformes, subrectilignes : les 2 impairs ascendants; les 4 autres dressés; anthères sagittiformes-oblongues. Ovaire cylindrique, 2-loculaire, multi-ovulé. Style court, columnaire. Stigmate disciforme, suborbiculaire. Silique grêle, columnaire, pointue, cylindrique, apiculée, 2-loculaire, polysperme; valves innervées, immarginées; nervures placentairiennes filiformes, superficielles. Graines bisériées dans chaque loge, suspendues, peu ou point comprimées, immarginées, scrobiculées; cotylédons tantôt accombants, tantôt incombants, rectilignes, subsemi-cylindriques.

Herbe annuelle. Feuilles tantôt indivisées, tantôt sinuées-pennatifides ou lyrées : les inférieures longuement pétiolées; les supérieures sessiles ou subsessiles (jamais amplexicaules). Grappes terminales ou terminales et oppositifoliées, nues, lâches après la floraison. Pédicelles fructifères subhorizontaux, ou ascendants, ou plus ou moins divergents, ou presque dressés, filiformes. Fleurs petites, en corymbe pendant l'épanouissement. Sépales d'un vert violet ou jaunâtre. Pétales égaux, spathulés-oblongs, à peine étalés au sommet. Glandules égales, dentiformes, obtuses, solitaires de chaque côté des deux étamines impaires, confluentes en rebord par la base. Étamines non-divergentes : les impaires un peu plus courtes que les paires. Anthères jaunâtres, rétuses. Ovules suspendus, immédiatement superposés (dans chaque loge) en deux séries marginales. Style plus court et moins gros que l'ovaire, quelquefois un peu épaissi vers son sommet. Stigmate petit, tantôt très-entier, tantôt échancré. Silique érigée, ou ascendante, ou plus ou moins divergente, ou subhorizontale, ou rarement déclinée, rectiligne, ou plus ou moins arquée, courtement stipitée, ou non-stipitée, parfaitement cylindrique, apiculée par le style (ordinairement court et tantôt filiforme, tantôt épaissi vers son sommet); valves minces, chartacées, caduques dès la maturité, naviculaires, non-carénées, rétrécies au sommet, sans nervures ni veines, ou réticulées de quelques veinules très-fines; diaphragme pelliculaire, diaphane, linéaire, innervé, rétréci au sommet; nervures placentairiennes fines, cylindriques, non-recouvertes mais peu ou point proéminentes à la surface. Funicules courts, capillaires, inadhérents, déclinés. Graines petites, ovoïdes, ou ellipsoïdes, ou subglobuleuses, anguleuses, ou trigones, ou un peu comprimées, ou subcylindriques, échancrées, tantôt alternes-distiques, tantôt irrégulièrement bisériées, recouvrant le diaphragme, souvent un peu imbriquées; tégument mince, subcoriace, non-mucilagineux par la madéfaction; cotylédons ovales ou elliptiques, obtus, courtement pétiolés, planes antérieurement, convexes ou subcarénés postérieurement, souvent un peu inégaux; radicule un peu conique, plus courte que les cotylédons, dressée, ou plus ou moins oblique, subrectiligne, tantôt commissurale, tantôt soit exactement soit latéralement dorsale.

Ce genre, auquel nous ne pouvons rapporter avec certitude que l'espèce décrite ci-après, ne correspond point à la section établie sous le même nom, par M. de Candolle, dans les *Nasturtium,* laquelle paraît renfermer des espèces très-hétérogènes.

Clandéstinaria d'Inde. — *Clandestinaria indica* Spach. — *Sisymbrium indicum* Linn. — *Nasturtium indicum* De Cand. Syst. et Prodr. — *Sisymbrium Sinapis* Burm. Flor. Ind. (ex De Cand.) — *Sisymbrium apetalum* Desf. Cat. Hort. Par. ed. 2. — *Sisymbrium dubium* Pers. — *Sisymbrium atrovirens* Horn. Hort. Hafn. — *Nasturtium atrovirens* De Cand. Syst. et Prodr. — *Sisymbrium* (*Nasturtium* De Cand. l. c.) *apetalum* Loureir. Flor. Cochinch. (var. tomentosa.)

Plante tantôt très-glabre, tantôt plus ou moins fortement pubérule, haute d'environ 1 pied. Racine longue, grêle, pivotante, ordinairement rameuse. Tige anguleuse, feuillée, dressée, rameuse ordinairement dès sa base. Rameaux dressés, ou ascendants, ou plus ou moins divergents, ou presque divariqués, feuillés, ordinairement paniculés. Feuilles d'un vert foncé, un peu charnues : les inférieures longues de 2 à 5 pouces (y compris le pétiole), tantôt indivisées et conformes aux supérieures

(mais munies d'un pétiole ordinairement plus long que la lame), tantôt lyrées, ou sinuées-pennatifides, ou subhastiformes, ou panduriformes, ou courtement bi-auriculées à la base (lobes ou segments obtus ou pointus, inégalement dentés, ou sinués-dentés, ou sinuolés, ou incisés-dentés) ; les supérieures ordinairement indivisées (rarement en partie lobées, ou pennatifides, ou hastiformes), lancéolées, ou lancéolées-oblongues, ou ovales-lancéolées, ou ovales, ou elliptiques, très-obtuses, ou pointues, décurrentes sur le pétiole (lequel est assez souvent 1-ou 2-denté de chaque côté), inégalement dentées, ou dentelées, ou sinuées-dentées, ou crénelées, ou sinuolées ; les ramulaires ordinairement petites, lancéolées, ou lancéolées-linéaires, dentées, subsessiles. Grappes subsessiles ou courtement pédonculées, finalement longues de 2 à 6 pouces : rachis raide, anguleux, grêle, effilé, non-flexueux, souvent divergent. Pédicelles longs de 1 ligne à 4 lignes : ceux des fleurs épanouies rapprochés, subfastigiés, ordinairement un peu plus longs que le calice ; les fructifères assez éloignés, 2 à 4 fois plus courts que la silique. Sépales longs de 1 ligne ou un peu plus, linéaires, obtus. Pétales à peine plus longs que le calice, souvent nuls ou réduits à un seul. Étamines un peu plus longues que le calice, à peu près aussi longues que le pistil (au moment de l'épanouissement). Silique longue de 6 à 12 lignes, sur ¹/₂ ligne à ³/₄ de ligne de diamètre, souvent violette avant la parfaite maturité ; style long au plus de 1 ligne. Graines d'un brun roux, du volume de celles du Pavot.

Cette espèce croît dans les deux presqu'îles de l'Inde, en Chine, et dans les archipels voisins, ainsi qu'aux îles de la Sonde. La plante a une faible saveur de Cresson, ce qui la fait rechercher comme herbe potagère dans les contrées où elle est indigène.

Genre NASTURTIUM. — *Nasturtium* C. Bauh.

Sépales 4, naviculaires, presque égaux, dressés. Pétales 4, onguiculés. Glandules 4 (opposées aux sépales latéraux), égales. Étamines 6 ; filets filiformes : les 2 impairs ascen-

dants, arqués ; les 4 autres dressés, divariqués au sommet.
Anthères sagittiformes-elliptiques. Ovaire cylindrique, biloculaire, multi-ovulé. Style court, un peu comprimé.
Stigmate pelté, subhémisphérique. Silique courte, columnaire, cylindrique, apiculée, polysperme; valves innervées,
immarginées ; nervures placentairiennes filiformes, superficielles. Graines subhorizontales ou résupinées, bisériées,
comprimées, réticulées, immarginées ; cotylédons presque
planes, rectilignes, tantôt accombants, tantôt obliquement
incombants.

Herbe vivace, multicaule, ordinairement très-glabre.
Feuilles imparipennées (excepté les primordiales, lesquelles
sont longuement pétiolées et indivisées). Grappes terminales, ou terminales et oppositifoliées, nues (ou quelquefois feuillées à la base), multiflores, lâches et très-allongées
après la floraison. Pédicelles fructifères horizontaux, ou
défléchis, ou déclinés, ou ascendants, ou rarement dressés,
longs, filiformes. Fleurs petites. Sépales verdâtres, membraneux aux bords : les 2 latéraux un peu plus larges, subascendants. Pétales blancs : onglets dressés; lames étalées.
Glandules verdâtres, petites, subovoïdes, solitaires de chaque côté des 2 étamines impaires. Filets subcylindriques,
libres, inappendiculés : les 2 impairs un peu plus courts.
Anthères jaunes : les 2 impaires un peu plus longues. Ovaire
non-stipité ou substipité, grêle. Ovules résupinés, immédiatement superposés (dans chaque loge) en deux séries
marginales contigues. Style tantôt presque aussi gros que
l'ovaire, tantôt plus grêle, columnaire, un peu comprimé
parallèlement au diaphragme. Stigmate petit, ordinairement échancré après la floraison. Silique rectiligne ou arquée, érigée, ou ascendante, ou moins souvent soit horizontale, soit déclinée, non-stipitée, ou très-courtement
stipitée, apiculée (par un style court, grêle, ou filiforme,
columnaire, tronqué); valves naviculaires, non-carénées,
minces, chartacées, bosselées, finement striées de veinules
longitudinales anastomosantes ; nervures placentairiennes

très-fines, un peu enfoncées à la surface; diaphragme membraneux, innervé, non-fovéolé. Funicules courts, capillaires, déclinés, inadhérents. Graines très-petites, immédiatement superposées, recouvrant le diaphragme, suborbiculaires, ou elliptiques, échancrées; tégument mince, subcoriace, non-mucilagineux par la madéfaction. Cotylédons elliptiques, obtus, planes antérieurement, légèrement convexes postérieurement, courtement pétiolés; radicule ascendante, subrectiligne, cylindrique, pointue, un peu plus courte que les cotylédons.

Nous ne comprenons dans ce genre que l'espèce suivante :

NASTURTIUM CRESSON. — *Nasturtium officinale* R. Brown, in Hort. Kew. ed. 2. — *Sisymbrium Nasturtium* Linn. — Blackw. Herb. tab. 268. — Flor. Dan. tab. 690. — Engl. Bot. tab. 855. — Reichenb. in Sturm, Deutschl. Flor. fasc. 43.— Bull. Herb. tab. 302. — Schkuhr, Handb. tab. 187. — *Cardamine fontana* Lamk. — *Cardaminum Nasturtium* Mœnch, Meth.—*Bœumerta Nasturtium* Flor. Wetter. — *Nasturtium microphyllum* Reichb. Flor. Germ. Excurs. (var. microphylla.) — *Nasturtium siifolium* Reichb. l. c. et Plant. Crit. v. 9, fig. 1132 (var. elata, macrophylla.)

Plante le plus souvent aquatique. Racine fibreuse. Tiges décombantes et radicantes inférieurement étant submergées, dressées ou ascendantes étant terrestres, longues de ½ pied à 3 pieds (quelquefois jusqu'à 12 à 18 pieds, suivant M. Reichenbach, dans la variété dite *Nasturtium siifolium*), anguleuses, fistuleuses, faibles, feuillues, plus ou moins rameuses (surtout vers leur sommet). Feuilles longues de 1 pouce à ½ pied, ou quelquefois plus, 3-15-foliolées : les inférieures longuement pétiolées ; les supérieures subsessiles ; pétiole anguleux, quelquefois pubescent, ordinairement sagittiforme à sa base (par deux oreillettes pointues) ; folioles opposées ou subopposées , d'un vert foncé, minces, un peu charnues, lisses, glabres, subtrinervées, ovales , ou elliptiques , ou oblongues, ou ovales-lancéolées, ou subrhomboïdales, ou quelquefois sublinéaires, ordinairement obtuses, sinuolées, ou irrégulièrement crénelées, quelquefois cordiformes à la base, souvent inéquilatérales (surtout à leur base) : la terminale longuement pétiolée, ordinairement plus grande; les latérales subsessiles ou courtement pétiolulées, accrescentes de bas en haut; les plus inférieures ordinairement très-petites, les autres longues de 4 lignes à 3 pouces. Grappes sessiles ou courtement pédonculées, finalement atteignant jusqu'à ¹/₂ pied de long. Fleurs épanouies ordinairement disposées en corymbe tantôt lâche, tantôt dense. Pédicelles glabres ou pubérules, longs de 2 lignes à 1 pouce : les florifères plus longs que le calice; les fructifères tantôt aussi longs ou plus longs que la silique, tantôt jusqu'à 2 fois plus courts. Sépales longs d'environ 1 ligne, oblongs, obtus. Pétales longs de 2 lignes ¹/₂ à 3 lignes : onglets linéaires, un peu plus courts que les sépales; lame obovale, arrondie au sommet. Étamines majeures presque aussi longues que les pétales. Silique longue de 5 à 10 lignes, sur ¹/₂ ligne à 1 ligne de diamètre. Graines d'un brun jaunâtre, du volume de celles du Pavot.

Cette plante, si connue sous les noms de *Cresson*, ou *Cresson de fontaine*, est commune dans presque toute l'Europe, ainsi que dans le nord de l'Asie et de l'Amérique. Elle croît en général dans les eaux peu profondes, et dans les prairies ou autres localités submergées pendant une partie de l'année. Sa floraison dure pendant tout l'été.

Le Cresson est fréquemment employé en médecine comme dépuratif, diurétique, et antiscorbutique. En outre, sa saveur agréable et légèrement piquante le fait préférer en général, pour les usages de la table, à d'autres Crucifères douées de qualités analogues : c'est surtout à Paris, comme l'on sait, qu'il s'en consomme une quantité très-considérable. Aux environs de la capitale, on obtient cette herbe en toute saison, en la semant sur de grosses toiles, étendues à la surface de baquets remplis d'eau.

Genre CHAMÆPLIUM. — *Chamœplium* Wallr.

Sépales 4, égaux, presque dressés. Pétales 4, spathulés. Glandules 4, insérées par paires devant les 2 sépales latéraux. Étamines 6; filets filiformes, subtétragones, dressés, rectilignes; anthères sagittiformes-oblongues, obtuses. Ovaire conique-subulé, tétraèdre, biloculaire, multiovulé. Style court, filiforme, tétraèdre. Stigmate disciforme, pelté, indivisé. Silique conique-subulée, grêle, hexaèdre, apiculée, 2-loculaire, polysperme; valves trinervées; nervures placentairiennes incluses. Graines unisériées, suspendues, subovoïdes, anguleuses, immarginées, inappendiculées; cotylédons trièdres; radicule obliquement dorsale, géniculée.

Herbe annuelle. Pubescence non-rameuse. Feuilles roncinées ou hastiformes, pétiolées. Grappes terminales et latérales, nues, multiflores, raides, lâches après la floraison. Pédicelles courts : les fructifères assez rapprochés, très-courts, gros, turbinés, érigés. Fleurs petites, d'un jaune pâle. Glandules petites, dentiformes, insérées une à une *de chaque côté* des deux étamines impaires. Ovaire non-stipité, comprimé en sens contraire au diaphragme; ovules suspendus, immédiatement superposés en une seule série axile dans chaque loge. Siliques raides, rectilignes, appliquées contre le rachis et un peu imbriquées, beaucoup plus longues que leur pédicelle, déhiscentes longtemps après la maturité des graines; diaphragme membraneux, subdiaphane, innervé, fovéolé, étroit, linéaire-lancéolé, courtement apiculé par le style, légèrement marginé par les nervures placentairiennes, lesquelles, avant la déhiscence, sont recouvertes par les bords des valves (excepté à la base laquelle est très-élargie); valves cartilagineuses, minces, naviculaires, carénées, immarginées, linéaires-lancéolées, pointues. Funicules courts, capillaires, un peu déclinés. Graines petites, brunâtres, très-finement chagrinées, échancrées, souvent pointues à l'extrémité inférieure; tégument mince, chartacé, un peu mucilagineux par la madéfaction; cotylédons un peu charnus, courtement pétiolés, elliptiques, inéquilatéraux, obtus : l'extérieur convexe au dos, caréné antérieurement; l'intérieur un peu concave antérieurement, caréné postérieurement; radicule ascendante, subclaviforme, fortement géniculée au-dessus de sa base, plus ou moins arquée supérieurement et unilatérale relativement au cotylédon sous-jacent, moulée à la surface de la graine.

L'espèce suivante constitue à elle seule ce genre :

CHAMÆPLIUM OFFICINAL.— *Chamœplium officinale* Wallr. Sched. Crit. — *Erysimum officinale* Linn. — Engl. Bot. tab. 735. — Flor. Dan. tab. 560. — Bull. Herb. tab. 259.— Schk. Hand. tab. 183. — Chaum. Flore Méd. Ic. — *Sisymbrium officinale* Scopol. Carn. — *Klukia officinalis* Andrz.

Plante haute de 1 pied à 2 pieds, finement pubérule (plus ou moins incane) sur toutes ses parties herbacées. Racine grêle, pivotante, flexueuse, peu rameuse. Tige dressée, raide, cylindrique, souvent rougeâtre, rameuse soit presque dès sa base, soit seulement dans sa partie supérieure, feuillue inférieurement, médiocrement feuillée ou presque nue vers son sommet. Rameaux médiocrement feuillés ou presque nus, grêles, effilés, divariqués, tantôt simples, tantôt paniculés : pubescence (de même que celle de la tige) réfléchie. Feuilles molles : les radicales et les caulinaires inférieures longues de 3 à 6 pouces, roncinées-pennatiparties (segments 2-4-jugués, opposés ou alternes, très-inégaux, accrescents de bas en haut, inégalement dentés, ou sinués-dentés, ou crénelés, ou denticulés, obtus, ou pointus : les latéraux oblongs, ou oblongs-linéaires, ou triangulaires; le terminal hastiforme ou profondément trilobé, plus grand); les caulinaires supérieures et les raméaires ordinairement hastiformes (quelquefois lancéolées-linéaires, très-entières), à lobes tantôt très-entiers, tantôt denticulés, ou dentelés, ou incisés-dentés, le plus souvent pointus. Grappes effilées, finalement longues de 6 à 15 pouces : les raméaires divariquées ou plus ou moins ascendantes. Pédicelles à peu près aussi longs que le calice : ceux des fleurs épanouies très-rapprochés, subfastigiés; les fructifères beaucoup plus courts que la silique, mais aussi gros que la base de la silique. Sépales longs d'environ 1 ligne, d'un vert tirant sur le violet, linéaires, un peu divergents. Pétales de moitié plus longs que les sépales : onglets non-saillants ; lames obovales, tronquées. Silique longue de 5 à 8 lignes, ordinairement pubescente, souvent violette avant sa parfaite maturité ; diaphragme large de ⅓ de ligne, peu à peu rétréci en pointe terminée par le style. Graines d'un brun roux, longues de ⅓ de ligne.

Cette plante, connue sous les noms vulgaires de *Vélar, Tortelle* et *Herbe au chantre*, croît dans toute l'Europe ; on la trouve communément dans les haies, les décombres, les champs incultes, et au bord des chemins ; elle fleurit pendant tout l'été.

Le Vélar participe aux propriétés antiscorbutiques et légèrement stimulantes communes à beaucoup d'autres Crucifères. La thérapeutique d'aujourd'hui ne fait guère usage de cette plante, qui jouit toujours d'une grande vogue dans la médecine populaire, à titre de remède pectoral.

Genre ARABIDE. — *Arabidium* Spach.

Sépales 4, dressés, naviculaires : les 2 latéraux plus larges, sacciformes à la base. Pétales 4, onguiculés. Glandules 4 (opposées aux 4 sépales) : les 2 latérales scutelliformes, bi-appendiculées à la base. Étamines 6 ; les filets des 2 impaires filiformes, ascendants ; les 4 autres plus gros, ancipités, élargis à la base, rectilignes, dressés ; anthères sagittiformes-oblongues. Ovaire linéaire, comprimé, 2-loculaire, multi-ovulé. Style court, columnaire. Stigmate pelté, hémisphérique. Silique linéaire, apiculée, aplatie parallèlement au diaphragme, 2-loculaire, polysperme ; valves immarginées, planes, finement 1-nervées ; nervures placentairiennes filiformes, superficielles. Graines suspendues, uni-sériées dans chaque loge, comprimées, marginées ; cotylédons planes, rectilignes, accombants.

Herbe vivace, stolonifère, couverte ou parsemée d'une pubescence ordinairement étoilée. Stolons touffus, feuillus,

ascendants au sommet, suffrutescents, finalement allongés
en tiges florifères. Feuilles dentées : les radicales et celles
des stolons spathulées ; les caulinaires la plupart amplexicaules, bi-auriculées à leur base. Grappes terminales, ou
axillaires et terminales, nues, multiflores, longuement pédonculées, très-lâches après la floraison. Pédicelles fructifères ascendants, ou divergents, ou horizontaux, ou déclinés, filiformes. Fleurs assez grandes. Sépales obtus,
non-corniculés : le supérieur et l'inférieur étroits, subcarénés. Pétales blancs : onglets dressés ; lames étalées. Glandules dissemblables : les 2 latérales grosses, staminigères,
tridenticulées au sommet, prolongées inférieurement en 2
appendices subulés, lesquels sont plongés dans la poche
du sépale correspondant ; les 2 autres subulées, insérées derrière les étamines paires. Filets libres, inappendiculés : les
2 impairs plus courts. Anthères obtuses, isomètres, jaunes.
Ovaire comprimé parallèlement au diaphragme. Ovules
suspendus, immédiatement superposés en une seule série
dans chaque loge. Style très-court, cylindrique, presque
aussi gros que l'ovaire. Silique rectiligne ou un peu arquée,
dressée, ou ascendante, ou divergente, ou horizontale, ou
quelquefois déclinée, stipitée, ou non-stipitée, courtement apiculée par le style (tantôt conique, tantôt columnaire, tantôt filiforme), ou couronnée par le stigmate subsessile ; valves minces, chartacées, bosselées, peu ou point
veinées, ordinairement rétrécies aux 2 bouts : nervure
médiane filiforme, souvent oblitérée supérieurement ; nervures placentairiennes fines, non-carénées, planes au dos ;
diaphragme membraneux, diaphane, innervé, non-fovéolé.
Funicules déclinés, courts, capillaires, inadhérents. Graines disposées dans chaque loge en une seule série (tantôt
continue, tantôt plus ou moins interrompue), minces, finement chagrinées, échancrées entre la chalaze et l'exostome,
entourées d'un étroit rebord membraneux ; tégument mince,
chartacé, non-mucilagineux par la madéfaction ; cotylédons elliptiques ou suborbiculaires, très-entiers, obtus,

courtement pétiolés, minces; radicule commissurale, ascendante, arquée, grêle, cylindrique, pointue, tantôt un peu
plus courte que les cotylédons, tantôt un peu plus longue.

L'espèce suivante est la seule que nous puissions rapporter
avec certitude à ce genre :

ARABIDE ALPESTRE. — *Arabidium alpestre* Spach.

— α : A FEUILLES PUBESCENTES (*pubescens*). — *Arabis alpina* Linn. — Flor. Dan. tab. 62. — Reichenb. in Sturm,
Deutschl. Flor. fasc. III, fig. 12. — Bot. Mag. tab. 226.—
Arabis Clusiana Schrank. —*Arabis crispata* et *A. undu-
lata* Willd. —*Arabis leptocarpea* Fisch. — *Arabis canescens* Mœnch, Meth. — *Turritis verna* Lamk. Flore Franç.
— *Arabis viscosa* De Cand. Syst. et Prodr. —Feuilles verdâtres ou légèrement incanes, plus ou moins fortement pubérules.

— β : A FEUILLES COTONNEUSES (*tomentosum*). — *Arabis
albida* Steven. — Jacq. Fil. Eclog. 1, tab. 71. — *Arabis
caucasica* Willd. — Bot. Mag. tab. 2046. —Schrank,
Hort. Monac. tab. 24.—*Arabis Billardieri* De Cand. Syst.
et Prodr. — Deless. Ic. Sel. 2, tab. 24. — *Arabis brevifo-
lia* De Cand. Syst. et Prodr. — *Arabis longifolia* De Cand.
l. c. — Deless. Ic. Sel. 2, tab. 25. —? *Arabis thyrsoidea*
Sibth. et Smith, Flor. Græc. — Feuilles très-incanes ou
blanchâtres, couvertes d'un épais duvet cotonneux ou velouté.

Plante formant (du moins dans son état adulte) des touffes
très-serrées. Racine longue, fibreuse. Tiges florifères longues de
3 pouces à 1 pied, grêles, dressées, ou ascendantes, cylindriques, feuillues, simples, ou rameuses, pubescentes, ou cotonneuses. Ramules florifères nus ou presque nus, filiformes. Stolons simples ou rameux, courts, décombants, ou radicants,
ordinairement stériles la première année. Feuilles longues de
½ pouce à 3 pouces, un peu charnues, penniveinées, incanes,
ou blanchâtres, ou verdâtres, molles, ou un peu scabres, plus
ou moins profondément dentées, ou dentelées, ou denticulées

(dents ou dentelures plus ou moins rapprochées ou éloignées),
quelquefois crépues ou ondulées : les radicales, les caulinaires
inférieures ainsi que celles des stolons spathulées-obovales, ou
spathulées-oblongues, ou lancéolées-spathulées, ou oblongues-
obovales, ordinairement obtuses ; les caulinaires supérieures
ovales, ou ovales-oblongues, ou ovales-lancéolées, ou lancéolées,
ou oblongues-lancéolées, ou oblongues, obtuses, ou pointues, plus
ou moins profondément cordiformes ou sagittiformes à leur base.
Grappes (du moins les terminales) multiflores, finalement longues
de 3 à 12 pouces : rachis grêle ou filiforme, souvent flexueux.
Pédicelles longs de 2 à 8 lignes : les florifères subfastigiés, 1 à
3 fois plus longs que le calice, ou quelquefois à peine aussi longs
que le calice ; les fructifères éloignés, tantôt presque aussi longs
que la silique, tantôt plus courts. Sépales longs de 2 à 3 lignes,
pubérules, ou cotonneux, souvent en outre poilus, d'un blanc
jaunâtre. Onglets des pétales un peu plus longs que les sépales ;
lames aussi longues ou plus longues que les onglets, obovales,
très-obtuses, quelquefois échancrées. Étamines saillantes : les majeures à peu près de moitié plus courtes que les pétales, un peu
plus longues que le pistil. Silique longue de 6 lignes à 2 pouces, large de 1/2 ligne à 1 ligne, glabre, ou rarement pubérule ;
valves linéaires, souvent rétrécies aux 2 bouts ; nervures placentairiennes quelquefois flexueuses. Graines petites, brunes, un peu
moins larges que le diaphragme.

Cette plante croît dans les régions alpines et subalpines des
montagnes de l'Europe presque entière, ainsi que dans celles de
Madère, de Ténériffe, du Caucase, de l'Asie mineure et de Syrie.
Elle est très-fréquemment cultivée dans les parterres, et connue
des amateurs d'horticulture sous les noms de *Tourette* ou *Arabette printanière*, *Arabette du Caucase*, et *Arabette des Alpes*. Sa floraison commence dès la fin de mars et se prolonge jusqu'en mai.

Genre CARDAMINE. — *Cardamine* Linn.

Sépales 4, dressés, ou divergents, naviculaires, non-sacciformes à la base : les 2 latéraux plus larges. Pétales 4, onguiculés. Glandules 4 (opposées soit aux 4 sépales, soit seulement aux sépales latéraux), ou 6 (opposées aux 4 sépales). Étamines 6, ou 4 (par manque des 2 impaires); filets filiformes, dressés, ou un peu divergents; anthères linéaires, ou oblongues, ou suborbiculaires, sagittiformes ou cordiformes à la base. Ovaire linéaire, comprimé, biloculaire, multi-ovulé. Style filiforme, ou columnaire, ou nul. Stigmate disciforme ou ponctiforme, pelté. Silique tronquée ou apiculée, linéaire, aplatie parallèlement au diaphragme, élastiquement bivalve, polysperme; valves innervées, se roulant en crosse (de bas en haut) lors de la déhiscence; nervures placentairiennes larges ou filiformes, proéminentes. Graines suspendues, unisériées dans chaque loge, comprimées, immarginées, ou submarginées; cotylédons presque planes, rectilignes, accombants.

Herbes (quelquefois acaules ou subacaules) annuelles, ou bisannuelles, ou vivaces, glabres, ou parsemées de sétules (soit simples, soit bifurquées). Racine fibreuse, ou tubéreuse, ou tuberculeuse. Feuilles indivisées, ou pennati-parties (3-ou pluri-foliolées), pétiolées (du moins la plupart) : pétiole quelquefois bi-auriculé à sa base. Grappes terminales ou terminales et oppositifoliées (quelquefois radicales et pauciflores; rarement hampes uniflores), multiflores, nues, lâches après la floraison. Pédicelles fructifères plus ou moins allongés, grêles, dressés, ou ascendants, ou plus ou moins divergents, ou horizontaux. Fleurs blanches, ou roses, ou d'un pourpre violet, le plus souvent petites ou de grandeur médiocre. Sépales finement striés, subcucullés au sommet. Pétales entiers : lames étalées; onglets dressés. Glandules dissemblables : les latérales soit au nombre de 4 (denticuliformes, une de chaque côté des 2 étamines impaires), soit au nombre de 2 (denticuliformes et insérées *devant* les 2 étamines impaires, ou bien en forme de fer à cheval et entourant la base des 2 étamines impaires);

les 2 autres (quelquefois nulles) petites, ordinairement linguiformes, insérées *derrière* les étamines paires. Filets libres,
inappendiculés. Anthères jaunes ou rouges. Ovaire non-stipité ou courtement stipité, grêle, columnaire, comprimé parallèlement au diaphragme. Ovules suspendus, immédiatement superposés en une seule série dans chaque loge. Silique érigée, ou plus ou moins divergente, ou horizontale, ou
ascendante, rectiligne, ou subrectiligne, courtement stipitée,
ou non-stipitée, comme tronquée au sommet, ou surmontée
du style plus ou moins allongé (soit filiforme , soit columnaire, soit conique-subulé, soit subclaviforme); valves planes , minces , chartacées , légèrement bosselées , ou non-
bosselées, immarginées, sans veines ni nervures apparentes;
diaphragme membraneux , diaphane , innervé. Funicules
filiformes ou capillaires, inadhérents, courts, plus ou moins
déclinés. Graines elliptiques, ou oblongues , ou suborbiculaires , petites , lisses (rarement un peu rugueuses); tégument subcoriace, mince ; cotylédons courtement pétiolés , entiers , minces , planes antérieurement , légèrement
convexes postérieurement; radicule commissurale , grêle ,
subcylindrique , pointue , ascendante , subrectiligne , un
peu plus courte que les cotylédons.

Ce genre renferme environ trente espèces, dont voici la
plus remarquable :

Cardamine des prés. — *Cardamine pratensis* Linn. —
Flor. Dan. tab. 1039. — Engl. Bot. tab. 776. — Curt. Flor.
Lond. 3, tab. 40. — Schk. Hand. tab. 187. — Hayn. Arzn. v,
30. — Svensk Bot. tab. 150. — *Cardamine dentata* Schult.
Obs. — *Cardamine uliginosa* Marsch. Bieb. Flor. Taur. Cauc.
Suppl. — *Cardamine scaturiginosa* Wahlenb. — *Cardamine
granulata* Allion. Pedem.

Plante vivace, ordinairement multicaule, souvent stolonifère.
Rhizome oblique, tronqué, tuberculeux, de la grosseur d'un
doigt, garni d'une multitude de fibrilles filiformes. Tiges hautes
de ½ pied à 2 pieds, dressées, ou ascendantes, cylindriques,

finement striées , un peu flexueuses, glauques, ou rougeâtres , simples , ou ramulifères aux aisselles des feuilles supérieures, glabres , ou parsemées (surtout vers leur base) de sétules. Ramules dressés ou presque dressés , grêles, ordinairement nus. Feuilles glabres ou pubérules, lisses , d'un vert gai ou un peu glauque , imparipennées (les radicales quelquefois indivisées); les radicales longues de 2 à 6 pouces, pétiolées, 3-19-foliolées (folioles opposées ou alternes, pétiolulées, réniformes, ou suborbiculaires, ou cordiformes-orbiculaires, ou ovales, ou elliptiques , mucronulées-denticulées , ou sinuées-dentées , ou sinuolées, ou quelquefois trilobées, équilatérales, ou inéquilatérales , tantôt presque égales , tantôt les inférieures beaucoup plus petites ; la foliole terminale ordinairement 2 à 3 fois plus grande que celles de la dernière paire) ; feuilles caulinaires sessiles ou subsessiles, non-amplexicaules, distantes, 5-25-foliolées (les inférieures pluri-foliolées, les supérieures pauci-foliolées) : folioles elliptiques ou ovales-oblongues (surtout celles des feuilles inférieures), ou oblongues , ou oblongues-linéaires , ou lancéolées-oblongues, ou linéaires , mucronulées , très-entières ou moins souvent dentées (la foliole terminale des feuilles inférieures est ordinairement 3-dentée au sommet et subcunéiforme) , sessiles, ou subpétiolées. Grappes longuement pédonculées. Pédicelles comprimés, filiformes, 2 à 3 fois plus longs que le calice : ceux des fleurs épanouies rapprochés en corymbe assez dense ; les fructifères ordinairement plus courts que la silique. Sépales longs de 2 à 3 lignes , d'un vert clair ou tirant sur le violet, dressés , un peu divergents, oblongs-cymbiformes, obtus , membraneux aux bords : les 2 latéraux de moitié plus larges. Pétales 3 fois plus longs que les sépales ; onglets verdâtres , ailés, 1-dentés de chaque côté, à peu près aussi longs que les sépales ; lames obovales, arrondies au sommet, ou quelquefois échancrées, d'un lilas pâle , ou moins souvent soit blanchâtres , soit d'un pourpre violet. Étamines subisomètres, presque 2 fois plus longues que le calice. Anthères sagittiformes-oblongues, jaunes, 4 fois plus courtes que les filets. Glandules 4, opposées aux 4 sépales : les 2 latérales grosses, en forme de fer à cheval ; les 2 autres petites, linguiformes, obtuses. Pistil (lors de l'anthèse) à peu près aussi long que les étamines. Style court, columnaire. Stigmate pelté, subhémisphérique. Silique longue d'environ 1 pouce, érigée, ou plus ou moins divergente, ou presque horizontale, rectiligne, ou subrectiligne, stipitée, ou non-stipitée, glabre, courtement rostrée (par le style tantôt columnaire, tantôt conique, long au plus de 1 ligne); valves larges de ½ ligne; nervures placentairiennes tricarénées, comprimées bilatéralement, larges, très-proéminentes. Graines elliptiques-oblongues, lisses, jaunâtres.

Cette espèce, nommée vulgairement *Cresson des prés*, est commune dans toute l'Europe ainsi qu'en Sibérie et dans les contrées boréales de l'Amérique; elle croît de préférence dans les prairies humides et au voisinage des eaux. Sa floraison commence avec le printemps et se continue pendant plus d'un mois.

La saveur de la *Cardamine des prés* est très-analogue à celle du véritable Cresson (*Nasturtium officinale*) : aussi possède-t-elle, comme celui-ci, des propriétés antiscorbutiques, diurétiques et dépuratives. Dans le nord de l'Europe, ses feuilles sont très-recherchées comme salade.

La variété à fleurs doubles de la *Cardamine des prés* est une fort jolie plante d'ornement, qu'on cultive assez souvent dans les parterres; mais elle exige un sol humide et substantiel. Cette variété se produit parfois spontanément dans les prairies très-fertiles.

Les folioles des feuilles radicales de cette plante (ainsi que celles de plusieurs autres *Cardamine* vivaces), produisent assez souvent des racines aux nervures de leur face inférieure, et des rosettes de folioles ou des ramules soit à leur aisselle, soit aux nervures de leur face supérieure. Cette végétation particulière, signalée d'abord par Goldbach (Mém. des Nat. de Moscou, v. 5, p. 131), a depuis été observée de nouveau par MM. Spenner et C. A. Meyer.

Genre DENTARIA. — *Dentaria* Linn.

Sépales 4, dressés : les 2 latéraux naviculaires; les 2 au-

tres presque planes. Pétales 4, onguiculés. Glandules 4 ou
6 (opposées aux 4 sépales) : les 2 latérales grosses, en forme
de fer à cheval. Étamines 6; filets filiformes, rectilignes :
les 2 impairs un peu divergents; les 4 autres dressés; anthères sagittiformes-oblongues. Ovaire obscurément tétragone, 2-loculaire, multi-ovulé. Style filiforme ou columnaire, allongé. Stigmate pelté, subhémisphérique. Silique
aplatie parallèlement au diaphragme, sublancéolée, rostrée
par le style, 2-loculaire, oligosperme, ou polysperme;
nervures placentairiennes larges, superficielles, planes au
dos; valves planes, innervées, immarginées, se roulant
(de bas en haut) avec élasticité en forme de crosse lors de
la déhiscence. Graines suspendues, unisériées dans chaque
loge, un peu comprimées, immarginées; cotylédons concaves antérieurement ou indupliqués, tantôt accombants,
tantôt incombants.

Herbes vivaces, à rhizome rameux, fibrilleux, charnu,
horizontal, comme denté (par des écailles charnues, plus
ou moins rapprochées), unicaule à l'extrémité des ramifications. Feuilles (quelquefois opposées ou verticillées)
imparipennées, ou digitées, ou triternées, ou palmatipar-
ties, pétiolées (les supérieures quelquefois indivisées et sessiles) : pétiole inauriculé; folioles minces, penninervées.
Tige (souvent nue dans presque toute sa longueur) très-
simple, dressée, terminée en grappe nue et souvent pauciflore. Pédicelles longs : les florifères filiformes, rapprochés
en corymbe lâche et convexe; les fructifères dressés ou
presque dressés, peu ou point épaissis. Fleurs assez grandes,
blanches, ou roses, ou d'un pourpre violet, ou jaunâtres.
Sépales colorés, membraneux aux bords, presque équilarges, non-sacciformes à la base. Lame des pétales indivisée, étalée. Glandules dissemblables : les 2 latérales grosses, entourant la base des étamines impaires; les 2 ou 4
autres petites, denticuliformes, insérées *derrière* les étamines paires. Filets libres, inappendiculés : les 2 impairs
plus courts. Anthères obtuses. Ovaire stipité ou non-stipité,

grêle, columnaire, comprimé parallèlement au diaphragme;
diaphragme un peu charnu ; ovules suspendus , superposés
en une seule série dans chaque loge ; funicules gros, déclinés. Silique stipitée ou non-stipitée , rectiligne , dressée,
plus ou moins longuement rostrée ou cuspidée (par le style
tantôt filiforme , tantôt columnaire et un peu comprimé) ;
valves lancéolées ou lancéolées-linéaires , peu ou point bosselées, minces, chartacées , sans veines ni nervures apparentes ; diaphragme fongueux, épaissi aux bords, innervé,
fovéolé. Graines subglobuleuses ou ellipsoïdes, souvent anguleuses (par compression mutuelle), échancrées entre la
chalaze et la radicule, lisses, immarginées, inappendiculées;
tégument mince, chartacé , non-mucilagineux par la madéfaction; cotylédons charnus , longuement pétiolés, convexes
postérieurement, concaves antérieurement ou diversement
induphiqués ; radicule courte, rectiligne, supère, tantôt
plus ou moins oblique et dorsale, tantôt rectiligne et commissurale. Funicules larges , aplatis, inadhérents, ou adhérents au diaphragme par leur partie inférieure.

Ce genre se compose d'environ douze espèces (indigènes
en Europe et dans l'Amérique septentrionale), en général
ornées de grandes fleurs. Les suivantes se cultivent quelquefois dans les parterres :

A. *Feuilles digitées :*

a) *Feuilles verticillées-ternées , trifoliolées.*

DENTARIA GLANDULEUX. — *Dentaria glandulosa* Waldst. et
Kit. Plant. Hung. Rar. tab. 272. — Reichenb. in Sturm,
Deutschl. Flor. fasc. 45.

Tige triphylle. Folioles lancéolées, ou oblongues-lancéolées,
acuminées, incisées-dentées , courtement pétiolulées , glandulifères aux aisselles. Grappes 2-7-flores. Étamines majeures à peu
près aussi longues que le calice.

Plante glabre , haute de 5 pouces à 1 pied. Rhizome grêle,

blanchâtre, médiocrement écailleux. Tige grêle, subcylindrique, nue excepté à son sommet. Feuilles lisses, d'un vert gai : les caulinaires courtement pétiolées ; folioles longues de 1 pouce à 3 pouces. la terminale équilatérale ; les latérales à base inéquilatérale ; dents inégales, triangulaires, pointues, mucronulées. Grappe longuement pédonculée. Pédicelles longs de 3 à 6 lignes, subfastigiés lors de la floraison. Sépales longs d'environ 4 lignes, jaunâtres, ou d'un vert tirant sur le violet. Pétales 1 fois plus longs que le calice, oblongs-obovales, d'un rose vif. Silique longue d'environ 15 lignes, lancéolée-linéaire, cuspidée : style long, subulé ; valves longues de 1 ligne à 1 1/2 ligne, lisses, jaunâtres à la maturité. Graines (suivant M. Koch) ellipsoïdes, verdâtres ; cotylédons indupliqués seulement d'un côté.

Cette espèce croît dans les bois des montagnes en Dalmatie, en Hongrie, en Transylvanie, en Silésie, et dans la Russie méridionale.

DENTARIA ENNÉAPHYLLE. — *Dentaria enneaphyllos* Linn. —Jacq. Flor. Austr. tab. 316.—Reichenb. in Sturm, Deutschl. Flor. fasc. 48.—*Cardamine enneaphylla* R. Br. in Hort. Kew.

Tige triphylle. Folioles lancéolées, ou ovales-lancéolées, acuminées, incisées-dentées, sessiles, ou subsessiles, quelquefois glandulifères aux aisselles. Grappes 3-20-flores. Étamines majeures aussi longues que la corolle.

Plante très-semblable à l'espèce précédente, mais en général plus forte dans toutes ses parties. Rhizome grêle. Tige haute de 1/2 pied à 1 1/2 pied, subanguleuse, glabre, nue excepté à son sommet. Folioles de même forme que celles de l'espèce précédente, ordinairement pubérules aux bords. Grappe longuement pédonculée. Pédicelles longs de 3 à 6 lignes. Sépales longs d'environ 4 lignes, blanchâtres. Pétales obovales, blanchâtres, 1 à 2 fois plus longs que les sépales. Silique longue d'environ 2 pouces, lancéolée-linéaire, cuspidée : style long, subulé. Graines (d'après M. Koch) ellipsoïdes, brunâtres : cotylédons indupliqués aux 2 bords.

Cette espèce croît dans les bois des montagnes subalpines de l'Europe.

b) *Feuilles éparses, 5-7 (ordinairement 5-) foliolées.*

DENTARIA DIGITÉ. — *Dentaria digitata* Lamk. — Clus.
Hist. 2, p. 122, fig. 1.—Tabernæm. p. 323, Ic. —Reichenb.
in Sturm, Deutschl. Flor. fasc. 48. — *Dentaria pentaphyllos*
varr. β et γ Linn. — *Dentaria pentaphylla* Scop. Carn. —
Bot. Mag. tab. 2202.—*Cardamine pentaphylla* R. Brown,
in Hort. Kew. ed. 2. — *Dentaria Clusiana* Reichenb. Flor.
Germ. Excurs.

Tige 2-4-phylle. Folioles lancéolées, ou ovales-lancéolées,
ou lancéolées-oblongues, acuminées, subsessiles, inégalement
dentelées. Grappe 5-20-flore. Étamines un peu plus longues
que le calice. Silique longuement rostrée, lancéolée-linéaire.

Rhizome de la grosseur d'un doigt, couvert de larges écailles
dentiformes. Tige haute de 1[2 pied à 2 pieds, rectiligne, ou
plus ou moins flexueuse, subcylindrique, glabre, nue jusqu'au-
delà du milieu. Feuilles toutes pétiolées, ordinairement 5-fo-
liolées (quelquefois les inférieures sont 7-foliolées, et les supérieures 3-foliolées); pétiole des feuilles caulinaires long de 6
lignes à 2 pouces, souvent biglanduleux à sa base; folioles glabres ou légèrement pubérules, d'un vert gai, longues de 1 pouce
à 4 pouces (tantôt presque égales, tantôt les 2 basilaires plus petites que les autres), équilatérales, ou inéquilatérales; dentelures plus ou moins inégales, pointues, mucronulées. Grappe
longuement pédonculée. Fleurs épanouies disposées en corymbe
plus ou moins lâche. Pédicelles longs de 3 lignes à 1 pouce.
Sépales longs de 4 à 5 lignes, glabres, panachés de vert ou de
jaune et de violet. Pétales longs de 8 à 12 lignes, d'un lilas plus
ou moins vif : lame obovale, quelquefois échancrée. Filets d'un
violet pâle : les majeurs un peu plus longs que le calice; anthères
avant l'anthèse d'un jaune livide. Style columnaire, aussi long
ou plus long que l'ovaire. Silique longue d'environ 2 pouces.

Cette espèce croît dans les bois humides des montagnes, en
France, en Suisse et en Allemagne.

B. *Feuilles imparipennées.*

DENTARIA PENNÉ. — *Dentaria pinnata* Lamk. Encycl. — Boïss. Flor. Europ. tab. 449. — Reichenb. in Sturm, Deutschl. Flor. fasc. 48. — Clus. Hist. 2, p. 123, Ic. — Spenner, Flor. Friburg. fig. 5-7 (sem. anal.) — *Dentaria pentaphyllos* var. α, Linn. — *Dentaria heptaphyllos* Vill. Dauph. — *Cardamine pinnata* R. Brown, in Hort. Kew. ed. 2.

Tige 2-5-phylle. Feuilles éparses, 3-9-(ordinairement 7-) foliolées; folioles lancéolées, ou lancéolées-oblongues, ou oblon-gues-lancéolées, ou oblongues, acuminées, ou pointues, dente-lées, ou crénelées, sessiles (souvent décurrentes), glauques en dessous. Grappe 7-20-flore. Étamines majeures un peu plus longues que le calice. Silique lancéolée, longuement rostrée.

Rhizome de la grosseur d'un doigt, blanchâtre, couvert de larges écailles charnues. Tige haute de ¹/₂ pied à 2 pieds, dressée, cylindrique, glauque, glabre, nuè inférieurement. Feuilles cau-linaires plus ou moins rapprochées, glabres, ou légèrement pu-bérules; pétiole commun long de 1 pouce à 4 pouces, ordinai-rement biglanduleux à sa base, plus ou moins largement ailé entre les folioles, submarginé ou immarginé inférieurement; folioles longues de 1 pouce à 4 pouces (les latérales ordinaire-ment presque égales; la terminale tantôt plus grande, tantôt plus petite que les latérales), luisantes et d'un vert foncé en dessus, glauques en dessous, très-rapprochées (la terminale souvent con-fluente par sa base avec la dernière paire), alternes, ou plus sou-vent opposées, ordinairement biglanduleuses aux aisselles, équi-latérales, ou inéquilatérales : dentelures ou crénelures tantôt égales, tantôt plus ou moins inégales, mucronulées. Grappe courtement pédonculée (du moins lors de la floraison), atteignant finalement jusqu'à 1¹/₂ pied de long. Pédicelles longs de 3 à 18 lignes : ceux des fleurs épanouies disposés en corymbe convexe et plus ou moins lâche. Sépales longs de 3 à 4 lignes, panachés de vert et de violet ou de lilas. Pétales longs de 7 à 10 lignes, d'un blanc carné, ou d'un lilas pâle : lame obovale, plus longue que l'onglet. Étamines impaires aussi longues que le calice, du tiers à peu près plus courtes que les 4 autres. Pistil un peu plus long que le calice, un peu plus court que les étamines majeures. Style grêle, columnaire, plus long que l'ovaire. Silique longue de 1 pouce à 2 1/2 pouces, courtement stipitée; valves larges de 1 1/2 ligne à 2 1/2 lignes, plus ou moins rétrécies aux 2 bouts, lisses, jaunâtres à la maturité; nervures placentairiennes larges de près de 1 ligne, confluentes par leur base en un gros théca-phore subcylindrique, et à leur sommet en un bec (le style am-plifié) subcolumnaire, grêle, tronqué (couronné par le stigmate), long de 3 à 6 lignes; loges 3-6 spermes. Graines ovoïdes ou sub-globuleuses, de la grosseur de celles de la *Moutarde-blanche*, plus ou moins comprimées, jaunâtres; cotylédons tantôt tous deux pliés en dedans soit par les deux bords et dans toute leur longueur, soit seulement par l'un des bords, soit obliquement de haut en bas ou de bas en haut, soit à la fois tant en long (ou par les deux bords, ou seulement par l'un des bords) que de haut en bas ou de bas en haut, tantôt l'un d'eux diversement plié en dedans et l'autre seulement très-concave antérieurement; radi-cule courte (souvent à peine aussi longue que les pétioles des co-tylédons), grosse, conique, rectiligne, tantôt dressée et com-missurale, tantôt plus ou moins oblique et dorsale.

Cette espèce croît dans les bois humides des montagnes de presque toute l'Europe.

C. *Feuilles caulinaires bulbillifères aux aisselles : les infé-rieures imparipennées; les supérieures indivisées.*

Dentaria bulbillifère. — *Dentaria bulbifera* Linn. — Engl. Bot. tab. 309. — Flor. Dan. tab. 361. — Schkuhr, Handb. tab. 183. — Svensk Bot. tab. 356. — Reichenb. in Sturm, Deutschl. Flor. fasc. 48. — Besl. Hort. Eyst. ord. 7, tab. 12, fig. 2. — *Dentaria baccifera* Clus. Hist. p. 121. — *Cardamine bulbifera* R. Brown, in Hort. Kew. ed. 2.

Tige très-grêle, polyphylle. Feuilles éparses : les radicales et les caulinaires inférieures 5-ou 7-foliolées; les suivantes 3-

foliolées ou trifides; les supérieures simples, indivisées, souvent très-entières ; folioles sessiles ou subsessiles, dentelées, ou denticulées, ou crénelées, lancéolées, ou lancéolées-oblongues, ou oblongues, ou ovales-lancéolées, pointues, ou acuminées. Grappe 5-12-flore. Étamines majeures un peu plus longues que le calice. Silique lancéolée-linéaire, cuspidée.

Rhizome grêle, blanchâtre, garni de distance en distance de petites écailles dentiformes. Tige cylindrique, glabre, un peu flexueuse, subcylindrique, d'un vert pâle, ou rougeâtre, nue inférieurement. Feuilles d'un vert gai, glabres, ou légèrement pubérules (surtout aux bords); pétiole très-grêle, ordinairement ailé ou marginé entre les folioles : celui des feuilles radicales long de 3 à 6 pouces; celui des feuilles caulinaires inférieures long de 1 pouce à 2 pouces; celui des feuilles simples long de quelques lignes; folioles longues de 1/2 pouce à 2 pouces, presque égales, ou plus ou moins inégales, équilatérales, ou inéquilatérales, opposées, ou alternes, plus ou moins rapprochées : la terminale ordinairement un peu plus grande que les latérales, tantôt pétiolulée, tantôt confluente avec la dernière paire; les feuilles supérieures graduellement plus petites, longues de 6 lignes à 2 1/2 pouces (y compris le pétiole), tantôt très-entières (surtout les dernières), tantôt plus ou moins profondément dentelées ou crénelées, rarement trifides, ou bi-auriculées au-dessus de leur base; dentelures et crénelures égales ou inégales, mucronülées. Bulbilles axillaires de la grosseur d'un petit pois, finalement caducs (et reproduisant de nouvelles plantes), subglobuleux, ou ovoïdes, composés de squamules charnues. Grappe lâche, en général courtement pédonculée lors de la floraison. Pédicelles longs de 4 lignes à 1 pouce : ceux des fleurs épanouies disposés en corymbe. Sépales longs de 2 lignes, d'un jaune verdâtre. Pétales longs de 5 à 6 lignes, blanchâtres, ou d'un lilas pâle : lame oblongue-obovale, 2 fois plus longue que l'onglet. Style plus court que l'ovaire, mais à peine moins gros. Cotylédons (suivant M. Koch) l'un plane, l'autre indupliqué seulement au sommet.

Cette espèce, remarquable par les bulbilles prolifères qui se développent à l'aisselle de presque toutes ses feuilles, croît dans les bois des montagnes d'une grande partie de l'Europe.

Genre ORMISCUS. — *Ormiscus* De Cand.

Sépales 4, subnaviculaires, égaux, cuculliformes au sommet. Pétales 4, courtement onguiculés. Glandules 4 (une sous chacune des deux étamines latérales, et une entre chaque paire), ou seulement 2 (latérales), petites, dentiformes. Étamines 6, subisomètres; filets inappendiculés, rectilignes, filiformes, papilleux à la base; anthères sagittiformes-elliptiques, obtuses. Ovaire tétragone ou subcylindrique, grêle. Style court ou presque nul, cylindrique. Stigmate disciforme, pelté, orbiculaire, hérissé de papilles claviformes. Silique aplatie, linéaire, moniliforme, bicarénée aux bords, non-stipitée, apiculée, ou subrostrée. Graines 1-sériées, suspendues, suborbiculaires, comprimées, immarginées, ou entourées d'un rebord membraneux; cotylédons linéaires, 2 fois repliés, incombants.

Herbes annuelles. Feuilles très-entières ou pennatifides, sessiles ou amplexicaules, quelquefois opposées. Grappes terminales et oppositifoliées, nues, multiflores, très-lâches après la floraison. Fleurs petites, épanouies au soleil, fermées à l'ombre et à l'obscurité. Sépales, pétales et étamines presque étalés pendant l'épanouissement. Corolle blanche ou rose. Pédicelles filiformes : les fructifères ordinairement pendants ou défléchis. Ovules suspendus, immédiatement superposés en une seule série dans chaque loge ; funicules courts, subhorizontaux. Silique comprimée parallèlement au diaphragme, plus ou moins longuement apiculée par le style ; valves chartacées, minces, linéaires, ordinairement rétrécies aux 2 bouts, bosselées, presque planes, sinueuses et épaissies aux bords, munies d'une nervure médiane filiforme assez saillante, et de 4 ou 6 nervules latéraux peu apparents; nervure placentairienne filiforme, incluse, flexueuse comme les bords des valves ; diaphragme membraneux , innervé, subdiaphane, un peu bosselé , moniliforme : élargissements suborbiculaires comme ceux des valves ; funicules capillaires, inadhérents, horizontaux, un peu déclinés , de longueur presque égale à la largeur du diaphragme. Graines assez minces, brunâtres, finement poncticulées (à un fort grossissement), presque aussi larges que le diaphragme ; hile situé dans une petite échancrure apicilaire ; cotylédons plano-convexes, linéaires, étroits, plus longs que la radicule ; radicule ascendante.

M. de Candolle énumère huit espèces de ce genre , dont voici les plus notables :

A. *Glandules 2, latérales, semi-lunées. Style filiforme. Graines immarginées. — Feuilles très-entières , amplexicaules , opposées (excepté les supérieures).*

ORMISCUS AMPLEXICAULE. — *Ormiscus amplexicaulis* De Cand. Syst. et Prodr. (sub *Heliophila*). — *Heliophila amplexicaulis* Linn. fil. — Jacq. Fragm. 49, tab. 64 , fig. 2.

Très-glabre , un peu glauque. Feuilles oblongues, ou oblongues-lancéolées, ou linéaires-lancéolées, pointues , cordiformes ou arrondies à la base, subtrinervées. Pédicelles 2 à 4 fois plus longs que le calice. Pétales oblongs-obovales , de moitié plus longs que les sépales. Siliques pendantes ou déclinées, longuement apiculées , 1 à 2 fois plus longues que leur pédicelle.

Plante haute de 6 pouces à 1 pied, tantôt très-simple, tantôt paniculée. Tige grêle, dressée ; rameaux ascendants, médiocrement feuillés , ordinairement simples. Feuilles caulinaires longues de 1 pouce à 3 pouces. Sépales verdâtres , linéaires, obtus, membraneux aux bords, à peine longs de plus de 1 ligne. Pétales longs d'environ 2 lignes , d'abord blancs , puis roses. Étamines un peu plus longues que le calice. Pistil un peu plus court que le calice. Siliques longues de 8 à 15 lignes , à peine larges de 1 ligne, souvent violettes avant la maturité, rectilignes, ou un peu arquées, apiculées par un style filiforme long d'environ 1 ligne.

Cette espèce, originaire du Cap de Bonne-Espérance, se cultive quelquefois comme plante d'agrément.

B. *Glandules 4, dentiformes : les 2 latérales un peu plus grandes, échancrées ; les 2 autres entières. Style presque nul. Graines entourées d'un étroit rebord membraneux. — Feuilles alternes, pennatifides, non-amplexicaules.*

ORMISCUS PENNÉ. — *Ormiscus pendulus* De Cand. Syst. et Prodr. (sub *Heliophila*). — *Heliophila pendula* Willd. — *Heliophila pinnata* Vent. Malm. tab. 113. (non Linn.)

Glabre, un peu glauque. Feuilles découpées en lanières linéaires-filiformes et presque égales. Pédicelles capillaires, 1 à 2 fois plus longs que le calice. Pétales obovales, un peu plus longs que les sépales. Siliques pendantes ou déclinées, plus longues que leur pédicelle, ordinairement rostrées, quelquefois seulement apiculées par un style très-court et assez gros.

Plante haute de 6 à 18 pouces, ordinairement unicaule et très-rameuse. Tige rameuse dès la base, dressée, cylindrique, grêle et médiocrement feuillée de même que les rameaux; rameaux dressés ou ascendants, souvent paniculés. Feuilles longues de 1 pouce à 3 pouces. Pédicelles longs d'environ 2 lignes à l'époque de la floraison. Sépales à peine longs de 1 ligne, oblongs, membraneux aux bords, d'un vert tirant sur le rouge. Pétales d'abord blancs, puis carnés : onglet jaune. Étamines un peu plus longues que le calice. Pistil un peu plus court que les étamines. Silique longue de 8 à 18 lignes, large de 1 à 1 ¹/₂ ligne, subrectiligne, rétrécie au sommet en bec plus ou moins allongé, comprimé, terminé par un très-court style à peine moins large que le sommet du bec.

Cette espèce croît au Cap de Bonne-Espérance.

Genre ORTHOSÉLIS. — *Orthoselis* De Cand.

Sépales 4, subnaviculaires, égaux. Pétales 4, courtement onguiculés. Glandules 2 (une sous chacune des 2 étamines impaires), petites, échancrées. Étamines 6, subisomètres;

filets filiformes, rectilignes, appendiculés postérieurement au-dessus de leur base; anthères sagittiformes-oblongues, rétuses. Ovaire grêle, subcylindrique. Style filiforme. Stigmate disciforme, pelté, orbiculaire, hérissé de papilles claviformes. Silique linéaire, comprimée, écarénée, non-stipitée, subrostrée. Graines 1-sériées, suspendues, oblongues, plus ou moins comprimées, marginées; cotylédons incombants, linéaires, 2 fois repliés.

Herbe annuelle. Feuilles indivisée, ou lobées, ou pennatifides. Grappes terminales, ou terminales et oppositifoliées, nues, lâches. Fleurs épanouies au soleil, fermées à l'ombre et pendant la nuit : sépales, pétales et étamines presque étalés lors de l'épanouissement. Pédicelles fructifères dressés, grêles. Ovules suspendus, immédiatement superposés en une seule série dans chaque loge. Pétales bleus. Silique comprimée parallèlement au diaphragme; valves chartacées, minces, linéaires, obtuses, presque planes, fortement trinervées, rectilignes et un peu épaissies aux bords; nervures placentairiennes filiformes, planes, superficielles, rectilignes; diaphragme fovéolé, innervé, un peu fongueux; funicules courts, capillaires, subhorizontaux ou déclinés, inadhérents. Graines brunes, finement scrobiculées, convexes aux 2 faces, arrondies ou tronquées aux 2 bouts, bordées d'une étroite aile membraneuse.

L'espèce suivante est la seule que nous puissions rapporter avec certitude à ce genre :

ORTHOSÉLIS POILU. — *Orthoselis pilosa* De Cand. Syst. et Prodr. (sub *Heliophila*). — *Heliophila pilosa* Lamk. Dict. — *Heliophila integrifolia* Linn. — Reichenb. Hort. Bot. tab. 55.—Jacq. Ic. Rar. v. 3, tab. 5o6.—*Heliophila arabidioides* Bot. Mag. tab. 496.—*Heliophila stricta* Bot. Mag. tab. 2526.

Glauque, poilu. Feuilles tantôt cunéiformes et trifides, tantôt lancéolées, ou lancéolées-linéaires soit très-entières, soit incisées-dentées. Pédicelles plus longs que le calice, filiformes : les fructifères dressés ou presque dressés. Siliques érigées ou déclinées, rectilignes, ou falciformes.

Herbe annuelle, ordinairement multicaule. Tiges longues de ¹/₂ pied à 1 pied, ascendantes, ou diffuses, ou dressées, feuillues, ordinairement rameuses, parsemées (ainsi que les rameaux, les feuilles, les pédicelles, et le calice) de courts poils blancs horizontaux ou réfléchis. Rameaux érigés ou ascendants. Feuilles un peu charnues, d'un vert glauque : les caulinaires longues de 1 pouce à 2 pouces; lobes ou dents obtus, ou pointus, ou quelquefois arrondis. Pédicelles longs de 3 à 4 lignes. Sépales longs d'environ 2 lignes, presque étalés, un peu divergents, oblongs, très-obtus, membraneux aux bords. Pétales longs de 4 lignes, larges de près de 3 lignes, obovales, très-courtement onguiculés, d'un bleu vif. Étamines plus longues que le calice, plus courtes que la corolle ; appendice basilaire des filets court, liguliforme, papilleux. Siliques longues de 2 à 2 ¹/₂ pouces, courtement rostrées par le style épaissi (surtout à sa base) ; valves larges de 1 ligne ou un peu plus, quelquefois un peu bosselées. Graines longues de 1 ligne, larges de ¹/₂ ligne.

Cette espèce, originaire du Cap de Bonne-Espérance, se cultive comme plante d'agrément; elle est remarquable, parmi les Crucifères, à cause de ses fleurs d'un bleu pur.

IIIᵉ TRIBU. **LES SILICULEUSES.** — *SILICULOSÆ*.

Ovaire court, inarticulé, 2-loculaire. Péricarpe plus large que long, ou orbiculaire, ou globuleux, ou du moins peu allongé (par exception, ou quelquefois par variation, siliquiforme), 2-loculaire, 2-valve (par exception dicoque, ou 1-loculaire et indéhiscent mais sans oblitération des nervures placentairiennes), monosperme, ou polysperme, jamais terminé en bec séminifère; diaphragme persistant avec les nervures placentairiennes (et, sauf quelques exceptions , aussi avec le style) après la chute des valves.

Genre LUNARIA. — *Lunaria* Linn.

Sépales 4, subnaviculaires, ascendants, connivents : les latéraux plus larges, sacciformes à la base. Pétales 4, longuement onguiculés. Glandules 2 (opposées aux sépales latéraux), grosses, scutelliformes, staminigères. Étamines 6 ; filets inappendiculés, anguleux, connivents : les impairs ascendants, filiformes, plus courts ; les 4 autres plus gros, ancipités, rectilignes, dressés ; anthères sagittiformes-oblongues, apiculées. Ovaire stipité, comprimé (parallèlement au diaphragme), ancipité, pauci-ovulé. Style filiforme ou columnaire. Stigmate capitellé, ou bilobé. Silicule (ou silique) suborbiculaire, ou elliptique, ou lancéolée-elliptique, grande, longuement stipitée, cuspidée par le style, aplatie parallèlement au diaphragme, 2-loculaire, 2-valve, 4-10-sperme ; valves planes, innervées, subréticulées, épaissies en rebord ; nervures placentairiennes étroites, comprimées, incluses. Graines appendantes, bisériées, distantes, intra-marginales, aplaties, largement marginées, subréniformes ; cotylédons rectilignes, presque planes, accombants, 1 à 2 fois plus longs que la radicule. Funicules capillaires, adnés au diaphragme.

Herbes vivaces ou bisannuelles, ordinairement pubescentes : poils simples. Feuilles indivisées, pétiolées (excepté quelquefois les supérieures), 5-ou 7-nervées à la base, tantôt alternes, tantôt opposées. Grappes terminales, ou axillaires et terminales, nues, pauciflores, ou multiflores, très-lâches après la floraison. Pédicelles grêles ou filiformes : les fructifères dressés ou divergents. Fleurs odorantes ou inodores, assez grandes. Sépales verdâtres ou lilas, corniculés ou gibbeux au sommet : le supérieur et l'inférieur carénés, peu concaves, 2 fois plus étroits que les latéraux ; les latéraux très-convexes au dos, comme éperonnés à leur base. Pétales lilas, ou d'un

pourpre violet, ou blancs, égaux : onglets dressés, linéaires, carénés; lames étalées, indivisées. Glandules triangulaires ou tricornes, presque planes. Filets libres, non-den-
tés : les impairs insérés au-dessus du milieu des glandules.
Anthères d'un jaune verdâtre : celles des étamines impaires
presque de moitié plus longues que les autres. Ovaire linéaire ou lancéolé-linéaire, épaissi en nervure aux 2 bords :
stipe columnaire ou filiforme, 4-gone, plus ou moins allongé; loges 2-5-ovulées. Ovules réniformes, appendants,
marginaux. Style obscurément tétragone, court, ou aussi
long que l'ovaire. Stigmate assez gros. Silique ou silicule
inclinée, ou pendante, ou dressée, rectiligne, plus ou
moins longuement cuspidée (par un style grêle, columnaire, subtétragone); stipe (tantôt plus court que les valves, tantôt presque aussi long) dressé, ou oblique, ou décliné, grêle, à peu près aussi gros que le pédicelle; valves
(souvent plus longues que larges) minces, chartacées, finement réticulées, légèrement bosselées par les graines,
épaissies en rebord étroit (lequel recouvre les placentaires,
avant la déhiscence); diaphragme chartacé (comme satiné),
mince, semi-diaphane, innervé, très-lisse. Graines subréniformes (elliptiques, ou suborbiculaires, profondément
échancrées latéralement), superposées à distances plus ou
moins considérables en 2 séries (dans chaque loge); tégument lisse, mince, chartacé, non-mucilagineux par la madéfaction, aminci en rebord aliforme, membraneux, subopaque; cotylédons elliptiques ou ovales-elliptiques, obtus, courtement pétiolés, souvent inéquilatéraux; radicule
ascendante, subrectiligne, cylindracée, commissurale, 1 à 2
fois plus courte que les cotylédons. Funicules horizontaux,
presque aussi longs que les graines, adnés dans toute leur
longueur.

Ce genre, très-caractérisé parmi les Crucifères, par le volume et le long stipe de son fruit (lequel peut d'ailleurs être
considéré, à tout aussi juste titre, comme silique, que comme
silicule), ne se compose que des deux espèces suivantes :

A. *Plante bisannuelle (moins souvent trisannuelle, c'est-à-
dire ne fleurissant que la 3ᶜ année; ou annuelle). Fleurs
inodores. Sépales un peu gibbeux au-dessous du sommet.
Pétales blancs ou d'un pourpre violet. Glandules à 5 appendices liguliformes (très-étroits) : l'un terminal, dressé,
opposé antérieurement au filet ; les deux autres basilaires,
descendants, plus étroits. Style aussi long ou plus long
que l'ovaire, grêle, presque filiforme. Stipe grêle, ordinairement plus court que l'ovaire. Stigmate distinctement
bilobé. Silicule suborbiculaire ou elliptique (au plus de
moitié plus longue que large).*

LUNARIA INODORE. — *Lunaria inodora* Lamk. Fl. Franç.
— *Lunaria biennis* Mœnch, Meth. — Reichenb. in Sturm,
Deutschl. Flor. fasc. 48. — *Lunaria annua* Linn. — Lamk.
Ill. tab. 561, fig. 2. — Schk. Handb. tab. 182.

Rameaux la plupart paniculés, feuillés. Feuilles supérieures
sessiles ou subsessiles. Lame des pétales cunéiforme-obovale, à
peu près aussi longue que l'onglet. Silicule à valves arrondies au
sommet, acuminulées à la base, de moitié à 4 fois plus longues
que le style (accrû).

Racine longue, pivotante, rameuse, fibrilleuse, mono-ou
oligo-céphale. Tige haute de 1 ¹/₂ pied à 4 pieds, dressée, plus
ou moins anguleuse, striée, cannelée, feuillée, rameuse ordinairement presque dès sa base, légèrement poilue et pubérule
(de même que les rameaux) : poils horizontaux ou réfléchis,
mous, blancs, plus ou moins longs. Rameaux dressés ou presque dressés, grêles : les inférieurs feuillés, paniculés ; les supérieurs simples ou presque simples, nus ou presque nus, souvent
subfastigiés. Feuilles minces, pubérules (du moins étant jeunes),
un peu scabres, d'un vert foncé, inégalement dentelées ou dentées, ou sinuolées-denticulées, ou sinuées-dentées (dents ou
dentelures pointues, ou acuminées, ou subobtuses et mucronulées), courtement ou (plus souvent) longuement acuminées (pointe
très-entière), ovales, ou ovales-triangulaires, cordiformes-bilobées

ou légèrement cordiformes à la base (les supérieures quelquefois
tronquées ou arrondies ou cunéiformes à la base) : les caulinaires
et les radicales longues de 2 à 4 pouces (le pétiole non compris);
les raméaires et ramulaires petites; pétiole grêle, poilu : celui
des feuilles radicales aussi long ou plus long que la lame; celui
des feuilles caulinaires graduellement plus court, enfin presque
nul ou nul. Grappes simples, lâches dès la floraison (mais
corymbiformes) : les axillaires 3-7-flores, longuement pédonculées; la terminale (de la tige et des rameaux principaux) multiflore, atteignant finalement jusqu'à 1 pied de long; rachis
grêle, un peu anguleux, rectiligne, pubérule (de même que les
pédicelles). Pédicelles longs de 2 lignes à 1 pouce : les florifères
tantôt plus courts que le calice, tantôt plus longs; les fructifères
tantôt à peine aussi longs que le stipe de la silicule, tantôt jusqu'à 2 fois plus longs. Fleurs de la grandeur de celles de la Julienne. Sépales longs de 3 à 4 lignes, d'un pourpre ou d'un rose
verdâtre, membraneux aux bords : les latéraux oblongs; le
supérieur et l'inférieur oblongs-linéaires. Onglets des pétales un
peu plus longs que les sépales : lame à peu près aussi longue que
l'onglet, souvent échancrée. Étamines majeures un peu plus longues que les onglets; étamines mineures un peu plus courtes que les
sépales. Pistil un peu plus court que les étamines : ovaire et stipe
ciliolés. Silicule (peu après la floraison ordinairement lancéolée ou
lancéolée-elliptique) lisse, glabre, très-finement réticulée, arrondie au sommet et cuspidée par un style long de 2 à 3 lignes;
valves longues de 1 pouce à 2 pouces, larges de 9 à 18 lignes
(tantôt aussi larges ou un peu plus larges que longues, tantôt
jusqu'à de moitié plus longues que larges), assez souvent (surtout
étant suborbiculaires) plus ou moins inéquilatérales; stipe long
de 3 lignes à 1 pouce, souvent incliné au sommet ou décliné.
Graines longues d'environ 4 lignes, larges de 3 à 4 lignes (y
compris le rebord), d'un brun noirâtre : rebord d'un brun
roux, large de près de 1 ligne.

Cette espèce, à laquelle la forme orbiculaire et la couleur
nacre de perle du diaphragme de sa silicule ont fait donner les
noms vulgaires de *Lunaire* ou *Monnoyère*, croît dans presque

toute l'Europe, mais sans être commune; elle se plaît dans les endroits ombragés des montagnes. Sa floraison a lieu en mai et juin. On la cultive fréquemment comme plante de parterre; une terre-franche légère est celle qui lui convient le mieux. Semée dès le commencement du printemps, elle fleurit souvent la même année. Outre les deux variétés à fleurs soit blanches, soit rouges, il y en a une autre à fleurs panachées de ces deux couleurs.

B. *Plante vivace. Fleurs odorantes. Sépales corniculés au-dessous du sommet. Pétales de couleur lilas. Glandules triangulaires, verticales. Style gros, très-court. Stipe columnaire, aussi long et presque aussi gros que l'ovaire. Stigmate subglobuleux, déprimé, très-entier, ou obscurément 4-lobé. Silique lancéolée-oblongue ou lancéolée-elliptique (2 à 4 fois plus longue que large).*

LUNARIA ODORANT. — *Lunaria odorata* Lamk. Fl. Franç.— *Lunaria rediviva* Linn. — Lamk. Ill. tab. 561. —Reichenb. in Sturm, Deutschl. Flor. fasc. 48. — *Lunaria Ricotia* Gærtn. Fruct. 2, tab. 142, fig. 1.

Rameaux la plupart simples, nus, pédonculiformes. Feuilles toutes pétiolées. Lame des pétales elliptique ou obovale, 2 fois plus longue que l'onglet. Silique à valves pointues aux 2 bouts, 2 à 3 fois plus longues que le stipe, beaucoup plus longues que le style.

Racine rameuse, fibreuse, ordinairement multicaule. Tiges hautes de 1 1/2 pied à 4 pieds, dressées, obscurément anguleuses, feuillues, rameuses dans leur moitié supérieure ou seulement vers leur sommet, plus ou moins poilues (de même que les rameaux, pétioles et pédoncules) : poils courts, blancs, mous, horizontaux, ou réfléchis. Rameaux grêles, dressés : les inférieurs multiflores, nus, ou monophylles au sommet, tantôt plus courts que les feuilles, tantôt plus longs; les supérieurs courts, aphylles, rapprochés en cyme subfastigiée (du moins pendant la floraison), pluri-flores, ou multiflores. Feuilles d'un vert foncé en dessus, pâles en dessous, pubérules (surtout étant jeunes), minces, un peu scabres, cordiformes, ou cordiformes-triangulaires (les supérieures quelquefois ovales, ou ovales-lancéolées, ou sublancéolées), courtement ou longuement acuminées (pointe très-entière), acérées, sinuolées-denticulées, ou sinuées-denticulées, ou sinuées-dentées (dentelures acuminées ou mucronées) : les radicales et les inférieures longues de 4 à 6 pouces (non compris le pétiole, à peu près aussi long ou plus long que la lame); les supérieures longues de 1 à 3 pouces, à pétiole 2 à 4 fois plus court que la lame; les raméaires petites. Grappes subsessiles ou longuement pédonculées, lâches, corymbiformes pendant la floraison : les terminales atteignant finalement jusqu'à 1½ pied de long ; rachis grêle, pubérule (de même que les pédicelles, du moins pendant la floraison), un peu flexueux. Pédicelles longs de 2 lignes à 1 pouce : ceux des fleurs épanouies tantôt plus longs que le calice, tantôt plus courts, souvent opposés, très-rapprochés; les fructifères éloignés, ordinairement à peu près aussi longs que le stipe. Sépales longs de 2 à 3 lignes, glabres, ou pubérules, d'un lilas pâle : les latéraux elliptiques; le supérieur et l'inférieur lancéolés-oblongs. Pétales marbrés de veines pourpres : onglets un peu plus longs que les sépales; lames à peu près aussi longues que les onglets, échancrées ou arrondies au sommet. Étamines majeures un peu plus longues que les onglets ; étamines mineures à peine aussi longues que les sépales. Pistil glabre, à peu près aussi long que le calice. Stipe filiforme, presque aussi long que l'ovaire. Silique 3-8-sperme, glabre, luisante, finement réticulée, ordinairement pendante, cuspidée par un style long de 1 à 2 lignes; valves longues de 2 à 3 pouces, larges de 6 à 12 lignes ; stipe long de 10 à 15 lignes, ordinairement décliné. Graines longues d'environ 4 lignes, larges de 3 à 4 lignes, brunes.

Cette espèce croît dans les endroits ombragés des montagnes de presque toute l'Europe. Elle fleurit en mai et en juin. On la cultive comme plante d'agrément. Ses fleurs ont l'odeur et l'aspect de celles de la Julienne.

Genre BERTÉROA. — *Berteroa* De Cand.

Sépales 4, subnaviculaires, égaux, dressés : les 2 latéraux un peu divergents. Pétales 4, onguiculés : lame profondément bifide. Glandules 4 (opposées aux sépales latéraux), dentiformes. Étamines 6 ; filets filiformes, anguleux : les deux impairs ascendants, arqués en convergeant, unidentés à la base ; les 4 autres presque dressés, ailés à la base, arqués au-dessous du sommet en divergeant ; anthères sagittiformes-oblongues. Ovaire comprimé, ancipité, 2-loculaire, multi-ovulé. Style filiforme. Stigmate pelté, subhémisphérique. Silicule comprimée ou aplatie (parallèlement au diaphragme), ancipitée, courte ou plus ou moins allongée, 2-loculaire, 2-valve, polysperme (accidentellement oligosperme), cuspidée par le style ; valves planes ou convexes, non-carénées, innervées, ou très-finement uni-nervées, immarginées ; nervures placentairiennes filiformes, incluses. Graines suspendues, bisériées, imbriquées, aplaties, ou sublenticulaires, marginées ; cotylédons rectilignes, presque planes, accombants.

Herbes bisannuelles, très-rameuses, couvertes d'un duvet étoilé. Feuilles indivisées : les radicales et les caulinaires inférieures sinuées-dentées, ou subsinuées, ou sinuolées, spathulées, rétrécies en long pétiole ; les autres sessiles, très-entières. Grappes terminales, ou terminales et oppositifoliées, nues, multiflores, très-allongées après la floraison. Pédicelles filiformes : les florifères subfastigiés ; les fructifères érigés ou plus ou moins divergents, ordinairement plus longs que la silicule, assez rapprochés, ou plus ou moins éloignés. Fleurs de grandeur médiocre, inodores. Sépales herbacés, pubérules-incanes. Pétales blancs ou carnés, égaux : onglets dressés ; lames étalées. Glandules petites, égales, anguleuses, solitaires de chaque côté des 2 étamines impaires. Étamines anisomètres, subéquidistantes au sommet ; filets latéraux un peu plus courts, dentés antérieurement ; les 4 autres ailés antérieurement de la base jusque vers leur milieu. Anthères petites, jaunes : les 2 latérales un peu plus grandes. Ovaire plus ou moins comprimé parallèlement au diaphragme ; loges 6-12-ovulées.

Ovules suspendus, immédiatement superposés (dans chaque loge) en 2 séries marginales. Style tantôt plus court que l'ovaire, tantôt aussi long ou plus long. Stigmate petit, très-entier. Silicule érigée ou plus ou moins divergente, rectiligne, non-stipitée, ou très-courtement stipitée, de forme très-variable (dans les mêmes espèces), cuspidée par un style filiforme (tantôt à peu près aussi long que les valves, tantôt plus court); valves chartacées, très-minces (presque membraneuses), non-bosselées, très-finement veinées, tantôt aussi larges que longues, tantôt plus longues que larges; diaphragme suborbiculaire, ou elliptique, ou oblong, ou obovale, ou lancéolé-elliptique, diaphane, membraneux, innervé, bilamellaire, souvent inéquilatéral; nervures placentairiennes très-étroites, planes au dos, un peu élargies à leur base, complétement recouvertes (avant la déhiscence) par le bord des valves. Funicules subhorizontaux ou déclinés, courts, capillaires, inadhérents. Graines elliptiques, ou suborbiculaires, échancrées, assez larges (recouvrant le diaphragme et plus ou moins imbriquées), entourées d'un rebord membraneux soit étroit, soit aliforme; tégument mince, lisse, non-mucilagineux par la madéfaction; cotylédons elliptiques, ou suborbiculaires, obtus, courtement pétiolés, planes antérieurement, plus ou moins convexes postérieurement; radicule ascendante, subrectiligne, ou un peu arquée, grêle, cylindrique, pointue, exactement commissurale, à peu près aussi longue que les cotylédons.

Ce genre se compose des deux espèces suivantes :

A. *Corolle non-changeante (toujours blanche). Silicule à valves plus ou moins convexes. Graines à rebord très-étroit. — Pédicelles fructifères dressés (ordinairement appliqués contre le rachis), très-rapprochés (de sorte que les silicules sont disposées en grappe assez dense).*

BERTÉROA INCANE. — *Berteroa incana* De Cand. Syst. et Prodr. — Reichenb. in Sturm, Deutschl. Flor. fasc. 48. —*Alys-*

sum incanum Linn.—Flor. Dan. tab. 1461. — Schk. Handb.
tab. 181. — *Mœnchia incana* Roth, Flor. Germ. — *Vesicaria incana* Desv. Journ. — *Draba cheiranthifolia* Lamk.
Enc. — *Camelina incana* Presl, Flor. Cech. —*Farsetia incana* R. Brown, in Hort. Kew. ed. 2. — *Berteroa incana* et
Berteroa viridis Reichb. Flor. Germ. Exc.

Feuilles lanceolées-oblongues, ou oblongues, ou lancéolées
(les inférieures spathulées, sinuées, ou subsinuolées). Silicule
ellipsoïde, ou ovoïde, ou columnaire, ou subfusiforme, ou
obovée : style presque aussi long que les valves, ou jusqu'à 6
fois plus court.

Plante ordinairement pluri-caule. Racine pivotante, rameuse.
Tiges hautes de 1 pied à 3 pieds, dressées, ou ascendantes,
grêles, cylindriques, pubérules, feuillues, rameuses tantôt dès
la base, tantôt seulement vers leur sommet. Rameaux plus ou
moins divergents, effilés, feuillés, tantôt simples, tantôt paniculés. Feuilles assez fermes, incanes, ou subincanes (glabrescentes
par la culture), souvent en outre poilues aux bords : les radicales et les caulinaires inférieures spathulées-oblongues, obtuses,
longues de 2 à 4 pouces ; les autres graduellement plus petites,
obtuses, ou moins souvent pointues. Grappes courtement pédonculées : les principales atteignant finalement jusqu'à 1 pied de
long ; rachis dressé ou ascendant, effilé, rectiligne. Pédicelles
longs de 2 à 6 lignes, velus : ceux des fleurs épanouies subfastigiés, très-rapprochés, ordinairement plus longs que le calice ;
les fructifères aussi longs ou plus longs que les valves de la silicule. Sépales longs d'environ 1 ligne, oblongs, obtus, membraneux aux bords. Pétales longs de 2 lignes : lame cunéiforme-
obovale, fendue jusque vers le milieu en 2 lanières obtuses.
Étamines presque aussi longues que les pétales. Ovaire cotonneux-incane, tantôt plus court que le style, tantôt plus long.
Silicule 8-16-sperme, pubérule-incane avant la maturité, finalement glabre ou presque glabre : valves longues de 1 1/2 ligne à
4 lignes; style long de 1/2 ligne à 2 lignes ; diaphragme large
de 3/4 de ligne à 1/2 ligne. Graines d'un brun de Châtaigne,
larges de 1/2 ligne.

Cette espèce croît dans presque toute l'Europe, sur les pelouses, aux bords des chemins, etc. Elle fleurit depuis le commencement de l'été jusqu'à la fin de l'automne.

B. *Corolle ordinairement changeante (blanche au moment de l'épanouissement, puis carnée ou d'un rose pâle). Silicule à valves planes, ou très-légèrement convexes au centre. Graines entourées d'une aile assez large. — Pédicelles fructifères plus ou moins éloignés, plus ou moins divergents, ou ascendants mais jamais appliqués contre le rachis.*

BERTÉROA A FLEURS CHANGEANTES. — *Berteroa mutabilis* Spach. — *Alyssum mutabile* Vent. Hort. Cels. tab. 85. — *Alyssum obliquum* Sibth. et Smith, Flor. Græc. tab. 643 (ex Smith, Prodr.) — *Berteroa mutabilis*, *Berteroa obliqua* et *Berteroa orbiculata* De Cand. Syst. et Prodr. — *Berteroa procumbens* Portensch. Enum. Plant. Dalmat. tab. 9. — *Berteroa mutabilis* Reichb. Plant. Crit. X. (ex ejusd. Flor. Germ. Exc.)

Feuilles radicales et caulinaires inférieures lancéolées-spathulées, ou oblongues-spathulées, sinuolées, ou subsinuées, ou sinuées-dentées; les autres lancéolées, ou lancéolées-oblongues, ou linéaires-oblongues. Silicule elliptique, ou lancéolée-elliptique, ou ovale-elliptique, ou elliptique-obovale, ou obovale, ou obovale-orbiculaire, ou suborbiculaire; valves souvent inéquilatérales, 1 à 6 fois plus longues que le style.

Plante ordinairement pluri-caule. Racine longue, pivotante, rameuse. Tiges hautes de 1 pied à 3 pieds, dressées, ou ascendantes, ou quelquefois procombantes, feuillues, cylindriques, pubérules, rameuses ordinairement dès la base. Rameaux dressés, ou ascendants, ou divergents, ou quelquefois diffus, feuillés, tantôt paniculés, tantôt simples et effilés. Feuilles plus ou moins incanes (glabrescentes par la culture), assez fermes : les radicales et les caulinaires inférieures longues de 3 à 6 pouces, obtuses, ou pointues; les autres graduellement plus petites, ordinairement pointues; les ramulaires étroites, sublinéaires. Grappes sessiles ou pédonculées : les principales atteignant finalement jusqu'à 1 pied de long ; rachis dressé ou ascendant , rectiligne , effilé, pubérule. Pédicelles longs de 2 à 6 lignes, finement pubérules ou velus : ceux des fleurs épanouies à peu près 2 fois plus longs que les sépales , subfastigiés, très-rapprochés ; les fructifères tantôt un peu plus longs que les valves , tantôt aussi longs ou plus courts. Sépales longs de 1 ligne à 1 1/2 ligne , incanes, elliptiques-oblongs, obtus. Pétales longs de 2 à 3 lignes : lame cunéiforme-obovale, divisée jusque vers le milieu en deux lanières obtuses ; onglets plus longs que les sépales. Étamines à peu près aussi longues que les onglets. Ovaire presque cotonneux, ordinairement plus court que le style. Silicule 8-20-sperme , finalement glabre ou presque glabre, érigée , ou un peu divergente , cuspidée par un style filiforme et long de 1/2 ligne à 2 lignes ; valves longues de 2 à 6 lignes, larges de 1 1/2 ligne à 3 lignes , ordinairement obtuses aux 2 bouts. Graines d'un brun roux , larges de 3/4 de ligne à 1 ligne.

Cette espèce, qui se cultive quelquefois comme plante d'agrément, croît dans l'Europe australe et en Orient. Elle fleurit depuis le commencement de l'été jusqu'en automne.

Genre AUBRIÉTIA. — *Aubrietia* Adans.

Sépales 4, dressés, connivents : les 2 latéraux plus larges, concaves, sacciformes à la base. Pétales 4, longuement onguiculés. Glandules 2 (opposées aux sépales latéraux), staminigères, disciformes, bicornes au sommet. Étamines 6 ; filets dressés, rectilignes, filiformes, ailés : les 2 impairs uni-dentés ; les 4 autres gibbeux au-dessous du sommet ; anthères sagittiformes-elliptiques, obtuses. Ovaire columnaire, un peu comprimé, 2-loculaire, multi-ovulé. Style long, filiforme. Stigmate hémisphérique ou bilobé. Silicule ellipsoïde, ou columnaire, subcylindrique, ou un peu comprimée, ou tétragone-ancipitée, cuspidée par le style, 2-loculaire, 2-valve, polysperme ; valves naviculaires, carénées, ou non-carénées, innervées, immarginées ; nervures placentairiennes filiformes, incluses. Graines subcylindri-

ques ou un peu comprimées, immarginées, bisériées, suspendues ; cotylédons rectilignes, subsemi-cylindriques, accombants.

Herbes vivaces, suffrutescentes à la base, très-rameuses,
touffues, plus ou moins couvertes d'un duvet étoilé, et en
outre hérissées de sétules soit simples, soit rameuses. Feuilles (quelquefois opposées) très-entières, ou dentées, ou trifides, rétrécies en pétiole, ou subsessiles, très-rapprochées
et roselées à l'extrémité des ramules destinés à fleurir l'année suivante. Grappes terminales et oppositifoliées, lâches,
pauciflores, nues. Pédicelles filiformes : les fructifères dressés, ou ascendants, ou divergents. Fleurs assez grandes,
inodores. Sépales verdâtres, obtus, membraneux aux bords:
le supérieur et l'inférieur un peu carénés au dos, presque
planes antérieurement, presque 2 fois plus étroits que les
latéraux. Pétales égaux, d'un pourpre violet : onglets linéaires, ailés, dressés ; lame étalée, indivisée. Glandules
petites, un peu concaves. Filets grêles, libres : les 2 impairs plus courts, ailés antérieurement : aile libre vers le
sommet et y formant un appendice dentiforme ; les 4 autres
ailés du côté extérieur : aile adnée dans toute sa longueur.
Anthères petites, jaunes : celles des 2 étamines impaires un
peu plus longues que les autres. Ovaire tantôt obscurément
tétragone, tantôt subcylindrique, tantôt un peu comprimé
parallèlement au diaphragme, non-stipité, ou très-courtement stipité. Ovules suspendus, marginaux, immédiatement superposés. Style aussi long ou plus long que l'ovaire.
Stigmate assez gros, tantôt très-entier, tantôt à 2 lobes
arrondis, plus ou moins divergents, perpendiculaires aux
placentaires. Silicule érigée ou un peu divergente, rectiligne, ou rarement subfalciforme, non-stipitée, ou très-
courtement stipitée, assez grande, cuspidée par un style filiforme ordinairement aussi long ou plus long que les valves ; valves chartacées, minces, raides, non-bosselées, réticulées, plus longues que larges, obtuses aux 2 bouts, couvertes (à la surface externe) d'un duvet étoilé ; nervures

placentairiennes très-étroites, planes au dos, un peu élargies à leur base, complétement recouvertes par les valves; diaphragme membraneux, diaphane, innervé, subréticulé, oblong, ou elliptique, ou lancéolé-elliptique, ou lancéolé-oblong. Funicules courts, capillaires, inadhérents, subhorizontaux, ou déclinés. Graines petites, ovoïdes, ou ellipsoïdes, ou cylindracées, subcylindriques, ou plus ou moins comprimées, bi-apiculées et échancrées au sommet, obtuses au bout inférieur; tégument mince, chartacé, lisse, non-mucilagineux par la madéfaction; cotylédons elliptiques, obtus, minces, courtement pétiolés, planes antérieurement, plus ou moins convexes postérieurement; radicule columnaire, grêle, pointue, cylindrique, ascendante, subrectiligne, exactement commissurale, à peu près aussi longue que les cotylédons.

Ce genre ne renferme que les deux espèces dont nous allons traiter.

A. *Feuilles plus ou moins profondément dentées, longuement pétiolées (excepté les supérieures des ramules florifères), ciliolées de courts poils mous (soit simples, soit rameux).*

AUBRIÉTIA MULTIFLORE. — *Aubrietia floribunda* Spach. — *Alyssum deltoideum* Linn. — Bot. Mag. tab. 126. — *Farsetia deltoidea* Hort. Kew. — *Aubrietia deltoidea* et *Aubrietia purpurea* De Cand. Syst. et Prodr.

Feuilles pubérules ou presque cotonneuses : les inférieures (et celles des rosettes) spathulées-cunéiformes, profondément tridentées au sommet; les supérieures spathulées-obovales, ou spathulées-lancéolées, ou obovales, ou rhomboïdales, pointues ou obtuses, uni-ou pauci-dentées de chaque côté. Style à peu près aussi long que l'ovaire. Silicule ellipsoïde, ou columnaire (rarement ovoïde) : valves 2 à 4 fois plus courtes que le style.

Plante formant des gazons très-serrés. Racine grêle, rameuse, fibreuse, multicaule. Tiges grêles, décombantes, touffues, très-rameuses, atteignant jusqu'à 1 pied de long : les jeunes feuil-

lues , velues ; les adultes aphylles, suffrutescentes. Rameaux ascendants ou diffus, très-grêles ou subfiliformes : les uns (destinés à fleurir l'année suivante) courts , simples, très-feuillus ; les
autres (florifères) plus ou moins allongés, ordinairement paniculés. Feuilles incanes ou d'un vert glauque, fermes, penniveinées , plus ou moins fortement pubescentes aux 2 faces : celles
des rameaux florifères et celles des rosettes longues de 6 lignes à
1 pouce (les supérieures souvent plus larges que les inférieures);
celles des ramules axillaires plus petites, quelquefois très-entières ; dents triangulaires, ou arrondies, pointues ou obtuses,
souvent mucronées, tantôt égales, tantôt inégales (surtout les
terminales); pétioles foliacés, velus : ceux des feuilles inférieures
plus longs que la lame ; ceux des supérieures graduellement plus
courts. Grappes 5-12-flores, pédonculées : les principales atteignant finalement jusqu'à 6 pouces de long ; rachis grêle, cotonneux (de même que les pédicelles et le pistil), ascendant , ou
dressé , flexueux après la floraison. Pédicelles longs de 1 ligne à
6 lignes : ceux des fleurs épanouies subfastigiés , tantôt plus
longs que le calice, tantôt plus courts (les inférieurs ordinairement plus longs, les supérieurs graduellement plus courts, quelquefois tous à peu près équilongs) ; les fructifères plus ou moins
éloignés , tantôt plus longs que les valves de la silicule , tantôt
aussi longs ou plus courts , le plus souvent ascendants ou presque dressés. Sépales longs de 3 à 4 lignes , pubérules, ou presque
cotonneux : les latéraux oblongs; le supérieur et l'inférieur
oblongs-linéaires. Pétales longs de 6 à 8 lignes : onglets un peu
plus longs que les sépales ; lame cunéiforme-obovale , arrondie
ou tronquée ou échancrée au sommet. Étamines majeures à peu
près aussi longues que les onglets ; étamines mineures un peu
plus courtes que le calice. Anthères environ 4 fois plus courtes
que les filets. Pistil à peu près aussi long que le calice. Silicule
un peu comprimée parallèlement au diaphragme, ou cylindrique,
ou obscurément tétragone, ou tétragone-ancipitée et plus ou
moins comprimée en sens contraire au diaphragme, cotonneuse
avant la parfaite maturité, finalement glabre ou presque glabre ,
cuspidée par un style long de 1 ligne à 2 lignes ; valves longues

de 2 à 5 lignes, caduques peu après la maturité, ordinairement arrondies et obtuses aux 2 bouts, moins souvent rétrécies; diaphragme elliptique, ou elliptique-oblong, ou oblong, ou ovale-oblong, ou lancéolé-elliptique, large de $^3/_4$ de ligne à 1 ligne $^1/_2$. Graines d'un brun roux, un peu plus grosses que celles du Pavot, ordinairement peu ou point comprimées.

Cette espèce croît dans les montagnes de la Grèce, de l'Asie mineure et de la Syrie. Elle fleurit depuis le commencement du printemps jusques vers la fin de mai. Elle mérite d'être cultivée comme plante d'ornement, son feuillage glauque et touffu ainsi que ses fleurs produisant un fort bel effet; elle est très-robuste, peu délicate quant au terrain, et se prête surtout à garnir des glacis ou des rocailles.

B. *Feuilles sessiles ou courtement pétiolées, très-entières, ciliées de longs poils raides (ordinairement bi-ou tri-furqués au sommet).*

Aubriétia de Columna. — *Aubrietia Columnæ* Guss.

Feuilles strigueuses, verdâtres : les inférieures et celles des rosettes (ordinairement très-petites) obovales, ou oblongues-obovales, ou spathulées-obovales, très-obtuses; les supérieures lancéolées-oblongues, ou spathulées-lancéolées, ou obovales-oblongues, subobtuses. Style 2 fois plus long que l'ovaire. Silicule ellipsoïde, ou ovoïde, ou columnaire; valves à peine plus longues que le style.

Plante ayant le même port que l'espèce précédente. Feuilles en général plus petites (longues de 2 à 6 lignes), parsemées aux 2 faces de courts poils étoilés et scabres, en outre hérissées aux bords de longues sétules blanches. Inflorescence, calice, corolle et étamines comme ceux de l'espèce précédente. Pédicelles pubérules de même que le rachis et les sépales, tantôt plus courts que le calice, tantôt aussi longs ou plus longs : les fructifères ordinairement à peu près aussi longs ou plus longs que les valves de la silicule. Pistil pubérule-incane, presque aussi long que les pétales. Silicule tétragone, ou tétragone-ancipitée (un

peu comprimée en sens contraire au diaphragme), ou un peu comprimée parallèlement au diaphragme, cuspidée par un style long
de 2 à 3 lignes ; valves longues de 3 à 4 lignes, tantôt arrondies
et obtuses aux 2 bouts, tantôt un peu rétrécies, quelquefois subfalciformes ; diaphragme long de ³/₄ de ligne à 1 ligne ¹/₂, elliptique, ou elliptique-oblong, ou ovale-oblong, ou lancéolé-elliptique. Graines d'un brun de Châtaigne, un peu plus grandes que
celles de l'espèce précédente.

Cette espèce croît dans les montagnes de la Calabre. Elle mérite également d'être cultivée comme plante d'agrément.

Genre CISTOCARPE. — *Cistocarpium* Spach.

Sépales 4, dressés, connivents, inégaux : les 2 latéraux
plus larges, sacciformes à la base. Pétales 4, longuement
onguiculés : lames très-entières. Glandules 2 (opposées aux
sépales latéraux), grosses, presque semi-lunées, concaves
et staminigères au centre. Étamines 6; filets sublinéaires,
comprimés, connivents, inappendiculés : les 2 impairs arqués, ascendants; les 4 autres rectilignes, dressés; anthères sagittiformes-elliptiques. Ovaire ellipsoïde, 2-loculaire,
multi-ovulé. Style long, filiforme. Stigmate capitellé. Silicule globuleuse ou subglobuleuse, bouffie, cuspidée par le
style, 2-loculaire, 2-valve, polysperme; valves cymbiformes, non-carénées, immarginées, subuninervées ; nervures placentairiennes filiformes, superficielles. Graines
suspendues, bisériées, imbriquées, comprimées, ailées,
scrobiculées; cotylédons rectilignes, presque planes, accombants.

Herbe vivace, parsemée de poils étoilés, ou glabre.
Feuilles très-entières : les inférieures rétrécies en pétiole,
spathulées; les autres sessiles. Grappes terminales (solitaires), sessiles, multiflores, nues, finalement très-allongées.
Pédicelles filiformes : les fructifères dressés ou presque
dressés. Fleurs grandes. Sépales pétaloïdes, finement striés,
membraneux aux bords, subcucullés au sommet : le supé

rieur et l'inférieur presque planes; les latéraux convexes, non-carénés. Pétales égaux, d'un jaune vif : onglets dressés, linéaires-spathulés; lames étalées. Filets libres : les 2 impairs (insérés chacun sur une glandule) plus étroits et un peu plus courts. Ovaire court; ovules réniformes, suspendus, bisériés (au nombre de 6 à 12) dans chaque loge. Silicule grosse, érigée, courtement stipitée, souvent mucronée seulement par les restes du style (lequel est très-fragile); valves subpersistantes, minces, chartacées, non-bosselées, finement réticulées, munies d'une nervure médiane filiforme oblitérée vers le haut ; diaphragme suborbiculaire ou elliptique, membraneux, diaphane, innervé; nervures placentairieunes élargies à leur base. Graines minces, échancrées, entourées d'un large rebord membraneux.

L'espèce suivante paraît constituer à elle seule ce genre :

CISTOCARPE UTRICULEUX. — *Cistocarpium utriculatum* Spach. — *Vesicaria utriculata* Lamk. Enc. — Lamk. Ill. tab. 559 (mala). — Reichenb. in Sturm, Deutschl. Flor. fasc. 48. — *Alyssum utriculatum* Bot. Mag. tab. 130.

Racine pivotante, longue, assez grosse, finalement ligneuse et multicaule. Tiges ascendantes ou dressées, grêles, anguleuses, feuillues, très-simples, suffrutescentes à la base, hautes de $\frac{1}{2}$ pied à 1 pied, glabres, ou légèrement pubérules. Feuilles d'un vert gai, un peu charnues, ordinairement glabres : les inférieures spathulées-oblongues ou lancéolées-spathulées, ciliées, obtuses, roselées, longues d'environ 6 lignes; les autres oblongues, ou lancéolées-oblongues, obtuses, ou pointues, ou mucronées, longues d'environ 1 pouce (les supérieures aussi grandes ou plus grandes que les inférieures). Grappe finalement longue de 6 pouces à 1 pied : rachis glabre, effilé, dressé, rectiligne. Pédicelles longs de 3 à 6 lignes : ceux des fleurs épanouies à peine aussi longs que le calice ou plus courts, ordinairement subfastigiés; les fructifères plus ou moins éloignés, plus longs ou à peu près aussi longs que la silicule. Fleurs de la grandeur de celles de la Giroflée commune. Sépales longs de 4 à 5 lignes, d'un jaune verdâtre, oblongs. Pétales longs de 7 à 8 lignes : onglets un peu plus longs que les sépales ; lame obovale. Étamines majeures à peu près aussi longues que les onglets des pétales. Pistil de la longueur des étamines. Style 2 à 3 fois plus long que l'ovaire. Silicule globuleuse, ou ellipsoïde, ou obovée, du volume d'un fruit de Prunellier ; valves longues de 4 à 6 lignes ; style (rarement persistant jusqu'à la maturité) long de 3 à 6 lignes.

Cette espèce, qui se cultive comme plante d'agrément, croît sur les rochers des montagnes, dans l'Europe méridionale et en Orient.

Genre VÉSICARIA. — *Vesicaria* (Poir.) Spach.

Sépales 4, presque étalés, égaux, subcymbiformes. Pétales 4, onguiculés ; lame obcordiforme-bilobée. Glandules 4 (opposées aux 2 sépales latéraux), petites, dentiformes, trigones. Étamines 6 ; filets filiformes, ascendants, arqués, subdivariqués, calleux antérieurement un peu au-dessus de leur base ; anthères sagittiformes-elliptiques, mamelonnées au sommet. Ovaire ellipsoïde, à peine comprimé, 2-loculaire, multi-ovulé. Style filiforme. Stigmate pelté, subbilobé. Silicule globuleuse ou subglobuleuse, bouffie, polysperme, bi-loculaire, 2-valve, cuspidée par le style ; valves hémisphériques-cymbiformes, non-carénées, sub-uni-nervées, immarginées ; nervures placentairiennes filiformes, incluses. Graines suspendues, bisériées, imbriquées, comprimées, ailées ; cotylédons rectilignes, presque planes, accombants.

Plante subperenne, formant une courte souche suffrutescente ; parties herbacées couvertes d'une pubescence étoilée molle et plus ou moins serrée. Feuilles la plupart très-entières ou subdenticulées, sessiles, ou subsessiles : les radicales de la jeune plante et celles des rameaux non-florifères pétiolées, souvent sinuées-dentées (surtout vers leur base). Grappes terminales ou terminales et oppositifoliées, nues, multiflores, très-allongées après la floraison. Pédicelles fructifères dressés, ou ascendants, ou divergents, filiformes. Sépales jaunâtres, obtus, membraneux aux bords, à peine gibbeux à leur base. Pétales égaux, d'un jaune vif : onglets cunéiformes. Filets libres, subéquidistants au sommet, subtrigones : les 2 impairs de moitié plus courts, plus fortement arqués; callosité dentiforme, obtuse. Anthères jaunes, petites : les 2 impaires un peu plus longues que les autres. Ovaire court. Ovules (6 à 12 dans chaque loge) suspendus, bisériés, marginaux, réniformes. Style cylindrique, plus long que l'ovaire. Stigmate petit, à 2 lobes plus ou moins distincts, perpendiculaires aux placentaires. Silicule érigée ou moins souvent divergente, non-stipitée ou à peine stipitée, rectiligne, assez grosse, cuspidée par un style filiforme, ordinairement plus court que les valves; valves minces, chartacées, fragiles, caduques peu après la maturité, non-bosselées, très-finement réticulées, munies d'une nervure médiane filiforme oblitérée vers le haut; diaphragme orbiculaire, ou obovale, ou elliptique, membraneux, diaphane, innervé, après la floraison séparable en 2 lamelles; nervures placentairiennes minces, convexes au dos. Funicules courts, capillaires, inadhérents, un peu déclinés. Graines assez larges, suborbiculaires, échancrées (tantôt à l'extrémité supérieure, tantôt un peu latéralement), entourées d'un large rebord membraneux et diaphane; tégument lisse, mince, mucilagineux par la madéfaction; cotylédons elliptiques ou ovales-elliptiques, obtus, courtement pétiolés, planes antérieurement, convexes postérieurement; radicule grêle, cylindrique, ascendante, subrectiligne, ou plus ou moins arquée, exactement commissurale, tantôt un peu plus courte que les cotylédons, tantôt aussi longue.

Ce genre ne diffère essentiellement des *Alyssum,* que par sa silicule nullement comprimée. Nous ne pouvons y rapporter avec certitude que l'espèce suivante :

Vésicaria sinué. — *Vesicaria sinuata* Poir. in Lamk. Enc.

— Reichenb. in Sturm, Deutschl. Flor. fasc. 48. — *Alyssum sinuatum* Linn. — Schk. Handb. tab. 181. — *Farsetia sinuata* Roth, Man.

Feuilles incanes ou blanchâtres, veloutées : les radicales et les caulinaires les plus inférieures lancéolées, ou obovales, ou oblongues-obovales, spathulées, très-obtuses, souvent sinuées-dentées ; les autres oblongues, ou lancéolées-oblongues, ou linéaires-oblongues, obtuses, ou pointues. Silicule globuleuse, ou ellipsoïde, ou obovée, cuspidée, glabre, aussi longue ou presque aussi longue que le pédicelle.

Plante touffue, fleurissant ordinairement dès la première année et périssant au bout de la seconde ou de la troisième (du moins à l'état cultivé). Racine longue, pivotante, rameuse, finalement presque ligneuse, poussant une ou plusieurs courtes souches suffrutescentes (d'abord feuillues, plus tard nues). Tiges hautes de $1/2$ pied à 2 pieds, dressées, ou ascendantes, grêles, cylindriques, légèrement cannelées, cotonneuses ou veloutées (de même que les rameaux, les pédoncules et pédicelles), rameuses soit dès leur base, soit seulement plus haut. Rameaux plus ou moins divergents, simples, ou paniculés, feuillés ; ramules ordinairement simples et presque nus. Feuilles radicales (ou des souches stériles) longues de 3 à 6 pouces ; feuilles caulinaires longues de 1 pouce à 2 pouces, larges de 1 ligne à 6 lignes, graduellement plus petites, très-entières, ou sinuolées-denticulées, ou subsinuolées. Grappes pédonculées : les principales atteignant finalement jusqu'à 1 pied de long ; rachis dressé ou ascendant, grêle, effilé, non-flexueux. Pédicelles longs de 2 à 6 lignes : les florifères très-rapprochés, subfastigiés, 1 à 2 fois plus longs que le calice ; les fructifères plus ou moins éloignés. Sépales longs de 1 ligne $1/2$, pubescents, ovales-elliptiques, innervés. Pétales longs de 3 lignes : onglets connivents, un peu plus longs que les sépales ; lames fendues presque jusqu'au milieu en deux lobes obtus. Étamines majeures un peu plus longues que le calice. Pistil glabre, à peu près aussi long que l'ovaire. Style de moitié plus long que l'ovaire. Silicule de 2 à 4 lignes de diamètre, cuspidée par un style long de $1/2$ ligne à 2 lignes ; valves longues de 2 à 5 lignes, ordinairement arrondies aux 2 bouts, quelquefois un peu rétrécies, assez souvent inéquilatérales. Graines d'un brun roux, larges de 1 ligne ½ à 2 lignes.

Cette espèce, indigène dans l'Europe méridionale, se cultive comme plante de parterre. Elle croît dans les localités arides, et fleurit pendant les mois de mai et de juin.

Genre ALYSSUM. — *Alyssum* (Linn.) Spach.

Sépales 4, égaux, subnaviculaires, ascendants, ou dressés. Pétales 4, onguiculés : lame indivisée ou bifide. Glandules 4 (opposées aux 2 sépales latéraux), dentiformes, ou sétiformes. Étamines 6; filets anisomètres, ascendants, plus ou moins arqués, filiformes, appendiculés (du moins les impairs; par exception tous inappendiculés mais marginés), ou uni-dentés à leur base; anthères suborbiculaires ou elliptiques, profondément cordiformes à leur base, mamelonnées au sommet. Ovaire comprimé, 2-loculaire; loges 1-2-ou rarement 4-6-ovulées. Style filiforme ou subulé. Stigmate pelté, subhémisphérique. Silicule plus ou moins comprimée, ou aplatie (parallèlement au diaphragme), courte, 2-loculaire, 2-valve, apiculée ou cuspidée par le style; loges 1-2-ou rarement 4-6-spermes; valves planes ou convexes, non-carénées, immarginées, innervées; nervures placentairiennes filiformes, incluses. Graines ailées ou marginées, lenticulaires, suspendues, solitaires, ou collatérales, ou rarement bisériées, lisses; cotylédons rectilignes, presque planes, accombants.

Plantes annuelles, ou bisannuelles, ou suffrutescentes à la base, plus ou moins abondamment couvertes d'un duvet étoilé subfurfuracé, quelquefois en outre parsemées ou hérissées de poils simples. Feuilles petites ou de grandeur médiocre, sessiles, ou rétrécies en pétiole, très-entières, ou quelquefois (les inférieures) sinuées-dentées. Grappes terminales (soit solitaires, soit en cyme), ou terminales et oppositifoliées, nues, multiflores. Pédicelles filiformes : ceux

des fleurs épanouies ordinairement subfastigiés, très-rapprochés ; les fructifères dressés, ou ascendants, ou plus ou moins
divergents, ou horizontaux, assez rapprochés. Fleurs petites ou de grandeur médiocre, subinodores. Sépales jaunâtres, ou verdâtres, ou pubérules-incanes, peu ou point
sacciformes à la base, érigés, ou un peu divergents, peu ou
point carénés, obtus, membraneux aux bords. Pétales
égaux, d'un jaune soit vif, soit pâle : onglets cunéiformes ;
lames étalées (du moins vers leur sommet), très-entières,
ou échancrées, ou bilobées, ou profondément bifides.
Glandules solitaires de chaque côté des filets impairs, petites, égales, ordinairement subtriangulaires et obtuses, rarement sétacées. Filets libres, plus ou moins divergents,
subéquidistants au sommet, appendiculés (à l'exception de
l'*Alyssum calycinum*, dont les filets sont seulement un peu
marginés) soit d'une callosité dentiforme, soit d'une ligule
pétaloïde (libre dans presque toute sa longueur, ou bien
adnée en tout ou en grande partie, quelquefois nulle sur
les filets pairs) : les 2 impairs un peu plus courts que
les autres. Anthères minimes, jaunes, subisomètres. Ovaire
non-stipité ou à peine stipité, plus ou moins comprimé parallèlement au diaphragme, ordinairement lenticulaire ; ovules (dans 2 ou 3 espèces, à loges 4-ou 6-ovulées, superposés
en deux séries marginales) suspendus au sommet des placentaires, solitaires ou collatéraux dans chaque loge. Style
tantôt plus court, tantôt plus long que l'ovaire, quelquefois
un peu épaissi soit dans sa partie inférieure, soit vers son
sommet. Stigmate très-entier ou très-légèrement bilobé.
Silicule petite, érigée, ou subhorizontale, rectiligne, arrondie ou tronquée ou échancrée au sommet, orbiculaire,
ou suborbiculaire, ou elliptique, ou obovale, non-stipitée,
ou très-courtement stipitée, souvent pubérule-incane ou
presque cotonneuse, surmontée d'un style filiforme ou fi-
liforme-subulé (soit court, soit plus ou moins allongé) ; valves minces, chartacées, peu ou point veinées, ordinairement planes vers leur circonférence et plus ou moins bom-

bées vers leur centre, ou (par variation) tout à fait planes
(par exception constamment planes); diaphragme membraneux, diaphane, innervé, de même forme que le contour
de la silicule ; nervures placentairiennes arrondies au dos,
quelquefois submarginées, un peu élargies à leur base,
avant la déhiscence complétement recouvertes par le bord
des valves. Funicules filiformes, courts, plus ou moins déclinés, libres, ou adnés au diaphragme. Graines suborbiculaires ou elliptiques, échancrées (tantôt à l'extrémité supérieure, tantôt latéralement), plus ou moins imbriquées
étant bisériées ou collatérales, entourées d'un rebord membraneux soit très-étroit, soit plus ou moins large ; tégument
mince, ordinairement mucilagineux par la madéfaction;
cotylédons oblongs, ou elliptiques, ou suborbiculaires, ou ovales, obtus, courtement pétiolés, planes antérieurement, plus ou moins convexes postérieurement;
radicule exactement commissurale, ascendante, subrectiligne, ou plus ou moins arquée, grêle, cylindrique, tantôt
aussi longue que les cotylédons, tantôt un peu plus courte.

En excluant de ce genre les espèces qui constituent le
genre *Koniga* (caractérisé par des fleurs blanches, et des
étamines à filets ni calleux, ni appendiculés, ni marginés),
il n'en renferme plus que dix à douze (1), dont voici les plus
remarquables :

Section I. AURINIA C. A. Meyer.

Pétales d'un jaune vif : lame bilobée ou bifide. Glandules
dentiformes, trigones, obtuses. Filets tous calleux antérieurement, un peu au-dessus de leur base : callosités
dentiformes, obtuses, horizontales, appliquées sur l'o-
vaire. Ovaire à loges 2-ou 2-6-ovulées. Valves de la sili-

---

(1) Abstraction faite des doubles, triples ou multiples emplois de
chaque espèce, lesquels, grâces à plusieurs auteurs, abondent singulière-
mnet dans ce genre.

cule plus ou moins bombées. — Plantes bisannuelles, ou
vivaces et suffrutescentes à la base. Pubescence molle, jamais furfuracée.

A. *Plante bisannuelle. Lame des pétales profondément bifide. Callosités des filets impairs plus grosses que celles
des autres filets. Silicule à valves fortement bombées
(presque cymbiformes); loges 1-6-spermes. — Rameaux
et ramules florifères terminés par une ou deux grappes.*

ALYSSUM FAUX-VÉSICARIA.—*Alyssum vesicarioides* Andrz.
— *Alyssum edentulum* Waldst. et Kit. Plant. Rar. Hung.
tab. 92. — Reichenb. in Sturm, Deutschl. Flor. fasc. 48.

Feuilles cotonneuses ou pubérules-incanes : les radicales et les
caulinaires inférieures spathulées-oblongues, ou spathulées-obovales, pétiolées, sinuées-dentées (surtout au-dessous du milieu),
ou sinuolées, ou sinuolées-denticulées; les autres oblongues, ou
lancéolées-oblongues, très-entières, ou denticulées, sessiles, ou
subsessiles. Pédicelles 2 fois plus longs que le calice. Style de
moitié plus long que l'ovaire. Graines largement marginées. Silicule ovale, ou elliptique, ou suborbiculaire, non-échancrée,
cuspidée, glabre.

Plante pubescente ou presque cotonneuse sur toutes ses parties
herbacées (excepté le pistil). Racine longue, pivotante, grêle,
rameuse inférieurement, pluricaule. Tiges hautes de 1/4 pied à
2 pieds, dressées, ou ascendantes, cylindriques, grêles, feuillues, rameuses soit dès leur base, soit seulement plus haut. Rameaux dressés ou plus ou moins divergents, très-grêles, feuillés, tantôt simples ou presque simples, tantôt paniculés; ramules ordinairement très-simples et presque aphylles. Feuilles
minces : les radicales obtuses, longues de 3 à 6 pouces; les caulinaires longues de 2 à 4 pouces, obtuses, ou pointues. Inflorescence générale (de chaque tige ou rameau) formant une panicule
lâche. Grappes pédonculées, plus ou moins lâches après la floraison : les principales finalement longues de 1/2 pied et plus; rachis dressé ou ascendant, non-flexueux, très-grêle, pubérule

de même que les pédicelles. Pédicelles longs de 2 à 4 lignes :
les florifères presque capillaires ; les fructifères dressés, ou ascendants , ou plus ou moins divergents, ou subhorizontaux. Sépales longs de 1 ligne, jaunâtres, ascendants, divergents : les
2 latéraux gibbeux à la base. Pétales longs de 3 lignes : onglets
linéaires-cunéiformes, presque aussi longs que les sépales ; lame
fendue jusqu'au milieu en deux lanières obtuses un peu divergentes. Étamines majeures un peu plus longues que les sépales ;
étamines impaires un peu plus courtes. Pistil glabre, un peu
plus long que le calice. Silicule érigée ou subhorizontale, très-
courtement stipitée , cuspidée par un style filiforme tantôt presque aussi long que les valves, tantôt jusqu'à 1 fois plus court ;
valves très-lisses, à peine veinées, arrondies à la base, subacuminulées au sommet, longues de 1 ligne à 4 lignes , larges de 1
ligne à 3 lignes (tantôt aussi larges tantôt moins larges que longues). Graines d'un brun roux , suborbiculaires, larges de ½
ligne à 1 ligne.

Cette espèce, indigène dans l'Europe orientale, mérite d'être
cultivée comme plante de parterre. Elle se plaît dans les terrains arides , et fleurit en mai et juin.

B. *Plante vivace , à souches suffrutescentes. Lame des pétales obcordiforme. Callosités de tous les filets de même
grosseur. Silicule à valves légèrement bombées au centre ;
loges 1-ou 2-spermes. — Rameaux et ramules florifères
ordinairement terminés par plusieurs grappes disposées en
cyme.*

ALYSSUM CORBEILLE-D'OR. — *Alyssum saxatile* Linn. —
Bot. Mag. tab. 159. — Reichb. Plant. Crit. v. 3, fig. 284.—
Alyssum petræum Ard. Spec. 2, tab. 14. — *Alyssum gemo-
nense* Linn. (non Wulff.) ex Reichb. For. Germ. Excurs.

Feuilles cotonneuses ou veloutées, incanes : les inférieures
spathulées-lancéolées, sinuées-dentées (surtout vers leur base),
ou sinuolées-denticulées, ou sinuolées ; les autres lancéolées,
ou lancéolées-oblongues, ou oblongues , sessiles , ordinairement

très-entières. Pédicelles 2 à 3 fois plus longs que le calice.
Style plus court que l'ovaire. Silicule orbiculaire, ou transversalement elliptique, ou ovale-elliptique, ou obovale, ou obovale-
orbiculaire, non-échancrée, courtement apiculée, glabre. Graines largement marginées.

Plante couverte sur toutes ses parties herbacées (excepté le
pistil) d'un duvet plus ou moins serré, quelquefois en outre parsemée de poils mous. Racine assez grosse, ligneuse, longue, rameuse, pivotante, polycéphale. Souches atteignant jusqu'à 1
pied de long et la grosseur d'un tuyau de plume d'oie, perennes,
suffrutescentes, procombantes, simples ou rameuses, feuillues
et ramulifères aux extrémités, nues inférieurement. Rameaux
subfasciculés, dressés, ou ascendants : les uns stériles, courts,
très-feuillus, très-simples, subperennes; les autres florifères,
grêles, annuels, feuillés, flexueux, paniculés (en général seulement vers leur sommet), longs de 6 pouces à 1 pied; ramules
filiformes. Feuilles minces, molles, obtuses, ou un peu pointues :
celles des rameaux non-florifères (ainsi que les radicales de la
jeune plante et celles des extrémités des souches) longues de 3
à 6 pouces; celles des rameaux florifères en général beaucoup
plus petites. Inflorescence générale de chaque rameau formant
une panicule assez dense et souvent subfastigiée. Grappes pédonculées, denses même après la floraison : les principales atteignant guère plus de 3 pouces de long; rachis très-court, un peu
flexueux, dressé, ou ascendant, pubescent de même que les pédicelles. Pédicelles longs de 2 à 5 lignes, presque capillaires :
les fructifères ordinairement ascendants ou presque dressés. Sépales longs de 1 ligne, ascendants, divergents, obtus, d'un jaune
verdâtre. Pétales longs de 2 lignes : onglets cunéiformes, un
peu plus courts que les pétales. Étamines majeures un peu plus
longues que les sépales, du quart plus longues que les impaires.
Pistil un peu plus court que le calice. Silicule érigée, à peine
stipitée, apiculée par un style filiforme 4 à 6 fois moins long
que les valves; valves larges de 1 ligne ½ à 2 lignes ½ (ordinairement moins longues que larges), légèrement bombées au
centre, assez raides, très-lisses, à peine veinées, arrondies à la

base, subacuminulées au sommet. Graines suborbiculaires ou elliptiques, d'un brun roux, larges d'environ 1 ligne; rebord étroit mais distinct, blanchâtre, diaphane.

Cette espèce, connue des amateurs d'horticulture sous le nom vulgaire de *Corbeille d'or*, croît dans l'Europe orientale. Elle fleurit en avril et mai. On la cultive très-fréquemment comme plante de parterre.

Section II. ODONTHARRENA (C. A. Meyer.) Spach.

Pétales d'un jaune vif : lame très-entière ou échancrée, obovale. Glandules dentiformes, trigones, obtuses. Filets tous garnis antérieurement d'un appendice pétaloïde liguliforme : celui des filets impairs très-entier, adné seulement par sa base; celui des autres filets adné latéralement depuis la base jusqu'au-delà du milieu, échancré au sommet. Ovaire à loges 1- ou 2-ovulées. Valves de la silicule plus ou moins bombées. — Plantes vivaces, suffrutescentes à la base, plus ou moins couvertes d'un duvet incane, étoilé, furfuracé et scabre; quelquefois en outre poilues ou hérissées de sétules.

A. *Loges de l'ovaire 2-ovulées. Filets peu arqués. Funicules libres. — Grappes terminales et oppositifoliées, ou solitaires au sommet des ramules (jamais disposées en cymes terminales). (Genre Alyssum C. A. Meyer.)*

ALYSSUM DES MONTAGNES. — *Alyssum montanum* Linn.

— α : INCANE (*incanum*). — *Alyssum montanum* (auctor. plerr.) Jacq. Austr. tab. 37. — Reichb. Ic. Plant. Crit. 1, fig. 11. — Bot. Mag. tab. 419. — *Alyssum diffusum*·Tenor. —*Clypeola montana* Allion.—*Adyseton montanum* Scopol. — *Alyssum campestre* Pollich, Palat. (non Linn.) — *Alyssum arenarium* Loisel. — *Alyssum Fischerianum* De Cand. Syst. et Prodr. (ex descript.) — *Alyssum atlanticum* Desfont. Flor. Atlant. tab. 149. — Plante peu

ou point poilue, couverte d'un duvet étoilé plus ou moins
serré.

— *β* : Verdatre (*viridescens*). — *Alyssum rostratum* Stev.
Mém. Acad. Pétersb. iii, tab. 15, fig. 1. — *Alyssum ver-
nale* Kit. — Schrank, Hort. Monac. tab. 96. — *Alyssum
alpestre* Wulf. (non Linn.) in Jacq. Collect. iv, tab. 4, fig. 1.
— Reichenb. in Sturm, Deutsch. Flor. fasc. 48. — *Alyssum Wulfenianum* Bernh. — Reichb. Ic. Plant. Crit. v. 1,
fig. 12. — *Alyssum cuneifolium* Tenor. — *Alyssum al-
taicum* C. A. Meyer, in Flor. Alt. — Ledeb. Ic. Flor. Alt.
tab. 255. — Plante plus ou moins poilue; pubescence-étoilée
plus ou moins éparse; feuilles vertes ou verdâtres.

Feuilles scabres, très-entières : les inférieures (petites) spathulées-obovales, ou spathulées-elliptiques, ou spathulées-oblongues; les autres obovales-oblongues, ou lancéolées-oblongues,
ou linéaires-oblongues, ou linéaires-spathulées, ou oblongues,
sessiles, ou subsessiles. Grappes très-allongées après la floraison. Pédicelles 2 à 6 fois plus longs que les sépales. Pétales 1 à
2 fois plus longs que le calice. Silicule orbiculaire, ou obovale-
orbiculaire, ou elliptique-orbiculaire, ou elliptique, ou ovale,
longuement cuspidée (glabre, ou plus ou moins pubérule). Graines légèrement marginées.

Racine longue, grêle, rameuse, pivotante, pluri- ou multicaule, finalement ligneuse. Tiges touffues, longues de quelques
pouces à 1 pied, procombantes, ou diffuses, ou ascendantes,
grêles, cylindriques, feuillées, rameuses dès leur base, souvent
rougeâtres. Rameaux dressés, ou ascendants, ou diffus, très-grêles, effilés, feuillus (surtout avant la floraison), tantôt très-
simples, tantôt paniculés (soit dès leur base, soit seulement
plus haut ou vers leur extrémité), produisant souvent (surtout
aux aisselles des feuilles inférieures) des ramules axillaires stériles. Ramules florifères presque nus ou feuillés, ordinairement
très-simples. Feuilles longues de 2 à 18 lignes (les inférieures et
les radicales ordinairement plus petites que les supérieures), larges de 1 ligne à 4 lignes, pointues, ou obtuses, tantôt incanes

ou verdâtres aux deux faces, tantôt plus ou moins vertes en dessus et incanes en dessous. Grappes sessiles ou pédonculées, dressées, ou ascendantes, les principales atteignant finalement 5 à 10 pouces de long : rachis très-grêle, effilé, rectiligne, souvent velu de même que les pédicelles. Pédicelles longs de 2 à 6 lignes, filiformes : ceux des fleurs épanouies très-rapprochés; les fructifères assez rapprochés, horizontaux, ou subhorizontaux, ou moins souvent soit ascendants soit obliquement dressés. Sépales longs de 1 ligne à 1 ligne ½, verdâtres, ou incanes, souvent poilus, presque dressés, oblongs : les latéraux subgibbeux à la base. Pétales longs de 2 à 4 lignes : onglets spathulés, un peu plus longs que les sépales; lame obovale ou cunéiforme-obovale, tantôt très-entière, tantôt plus ou moins profondément échancrée. Étamines majeures à peu près aussi longues que les onglets; appendices des filets à peu près de moitié plus courts que ceux-ci. Ovaire incane ou moins souvent glabre, 1 à 2 fois plus court que le style. Silicule érigée ou subhorizontale, 4-sperme, ou par avortement 1-3-sperme, cuspidée par un style filiforme long de ½ ligne à 2 lignes (le plus souvent presque aussi long que les valves; celui des silicules supérieures ordinairement plus court que celui des inférieures); valves longues de 1 ligne ½ à 3 lignes, larges de 1 ligne à 2 lignes, plus ou moins convexes, ou quelquefois (surtout lorsque les graines de la loge avortent) planes, raides, à peine veinées, arrondies aux 2 bouts, plus ou moins profondément échancrées au sommet; nervures placentairiennes munies d'un très-étroit rebord (dorsal) membraneux. Graines d'un brun roux, orbiculaires, ou ovales, ou elliptiques, longues d'environ 1 ligne : rebord membraneux, diaphane, étroit.

Cette espèce, qui mérite d'être cultivée comme plante d'agrément, croît dans presque toute l'Europe (excepté les contrées boréales), ainsi qu'en Orient, en Barbarie, et dans la Sibérie méridionale. Elle préfère les localités pierreuses ou sablonneuses, et arides. Sa floraison a lieu au printemps.

B. *Loges de l'ovaire 1-ovulées (très-rarement 2-ovulées).
Filets fortement arqués. Funicules adnés par leur base.
— Grappes terminales (accidentellement solitaires) ou
axillaires et terminales, disposées en cyme vers l'extrémité des rameaux et des ramules. Feuilles très-entières,
rétrécies en court pétiole. — (Genre Odontarrhena C. A.
Meyer.)*

a) *Grappes fructifères denses, courtes. Graines largement marginées, suborbiculaires, arrondies de chaque côté de l'échancrure.*

Alyssum argenté. — *Alyssum argenteum* Vitm. Summ.
— Bertolon. Amœn. — *Lunaria argentea* Allion. Pedem.
tab. 54, fig. 3. — *Alyssum murale* Waldst. et Kit. Plant.
Hung. Rar. tab. 6 (et Marsch. Bieb !) — Reichenb. in Sturm,
Deutschl. Flor. fasc. 48. — *Alyssum Bertolonii* Desv. —
Deless. Ic. Sel. 2, tab. 37.—*Alyssum obtusifolium* De Cand.
Syst. et Prodr.—Deless. Ic. Sel. 2, tab. 38. — *Alyssum sibi-
ricum* De Cand. Syst. et Prodr. — *Odontarrhena obtusifolia*
C. A. Meyer, Enum. Plant. Caucas.

Feuilles pubérules (incanes ou verdâtres) en dessus , cotonneuses (incanes ou blanchâtres) en dessous, ou rarement verdâtres aux 2 faces , scabres : les caulinaires inférieures (et ordinairement toutes celles des ramules stériles inférieurs) petites,
spathulées-obovales, ou spathulées-oblongues, ou lancéolées-obovales, ou obovales, ou elliptiques-obovales ; les autres lancéolées-oblongues, ou lancéolées-linéaires, ou lancéolées, ou oblongues. Pédicelles 1 à 3 fois plus longs que les sépales. Pétales
de moitié à 1 fois plus longs que les sépales. Silicule (verte ou
incane) orbiculaire , ou suborbiculaire, ou elliptique, ou ovale,
apiculée, quelquefois rétuse.

Racine pivotante, presque ligneuse, longue, rameuse, ordinairement pluri-ou multi-caule. Tiges longues de ¹/₂ pied à 2 pieds,
dressées, ou ascendantes, ou diffuses, cylindriques, grêles, effilées, scabres, rougeâtres, ou plus ou moins incanes, jusque
vers l'époque de la floraison rameuses seulement dans leur par-

tie supérieure, plus tard produisant inférieurement des rameaux ou ramules stériles. Rameaux florifères très-rapprochés, sub-fastigiés, très-grêles, feuillés, plus ou moins divergents, ou presque dressés, terminés soit par une cyme de grappes, soit par un corymbe de ramules florifères filiformes; pendant ou après la floraison, il se développe aussi des ramules stériles aux aisselles inférieures des principaux rameaux florifères. Ramules stériles grêles ou filiformes, feuillus : les inférieurs ordinairement décombants ou réclinés et atteignant jusqu'à ¹/₂ pied de long; les supérieurs en général courts. Feuilles obtuses ou pointues, fermes : les caulinaires longues d'environ 1 pouce; les raméaires et les ramulaires longues de 2 à 6 lignes, souvent à peine larges de ¹/₂ ligne. Inflorescence générale de la tige formant un corymbe très-dense et atteignant jusqu'à ¹/₂ pied de diamètre. Grappes sessiles ou pédonculées : les principales atteignant finalement 2 à 3 pouces de long; rachis dressé ou ascendant, non-flexueux, presque filiforme. Pédicelles longs de 1 ligne à 2 lignes, presque capillaires, pubérules, toujours très-rapprochés : les fructifères dressés, ou ascendants, ou subhorizontaux. Sépales jaunâtres, longs de ¹/₂ ligne, pubérules-incanes. Pétales longs de 1 ligne : onglets spathulés, un peu plus longs que le calice; lames obovales ou cunéiformes-obovales, très-entières, ou échancrées. Étamines majeures un peu plus longues que le calice. Silicule érigée ou subhorizontale, non-stipitée, ou très-courtement stipitée, disperme, ou par avortement 1-sperme, apiculée par un style presque capillaire et long au plus de ¹/₄ ligne; valves longues de 1 ligne ¹/₂ à 2 lignes ¹/₂, souvent un peu plus larges que longues, pubérules, ou glabres, plus ou moins bombées au centre, arrondies ou tronquées au sommet, quelquefois rétuses. Graines d'un brun roux, larges d'environ 1 ligne : rebord diaphane, blanchâtre.

Cette espèce, indigène dans une grande partie de l'Europe ainsi qu'en Orient et en Sibérie, se cultive comme plante d'ornement. Elle aime les terrains secs, et fleurit pendant presque tout l'été.

b) *Grappes fructifères lâches , plus ou moins allongées. Graines bi-
apiculées (c'est-à-dire pointues de chaque côté de l'échancrure),
ovales ou elliptiques , à peine marginées.*

ALYSSUM ALPESTRE. — *Alyssum alpestre* Linn. — Allion.
Flor. Pedem. tab. 18, fig. 2. — *Alyssum tortuosum* Waldst.
et Kit. Plant. Hung. Rar. tab. 91. — Reichb. Plant. Crit. 1 ,
fig. 192. — *Zizia tortuosa* Roth, Man. — *Alyssum minutu-
lum* Schleich. — *Alyssum serpyllifolium* Desfont. Flor. Atlant. (et Marsch. Bieb.!) — *Alyssum repens* Baumg. Flor.
Transylv. — *Alyssum nebrodense* Tineo. — *Alyssum Mar-
schallianum* Andrz. — *Alyssum savranicum* Bess. — *Odontarrhena tortuosa, Odontarrhena microphylla* (Ledeb. Ic.
Plant. Alt. tab. 143.) et *Odontarrhena obovata* (Ledeb. l. c.
tab. 277.) C. A. Meyer, in Flor. Alt. — *Odontarrhena Mar-
schalliana* C. A. Mey. Enum. Plant. Caucas.

Feuilles pubérules (soit verdâtres ou incanes ou blanchâtres
aux 2 faces , soit discolores), scabres, spathulées-obovales, ou
spathulées-oblongues, ou spathulées-cunéiformes , ou cunéiformes-obovales, ou obovales-orbiculaires, ou obovales , ou oblongues-obovales, ou linéaires-spathulées , ou elliptiques-obovales,
ou obovales-orbiculaires (1) : les caulinaires supérieures et les
ramulaires assez souvent lancéolées-spathulées , ou lancéolées-
oblongues, ou oblongues , ou linéaires-oblongues. Pédicelles 1
à 4 fois plus longs que les sépales. Pétales 1 fois plus longs
que les sépales. Silicule (glabre, ou pubérule , ou cotonneuse-
incane) orbiculaire, ou suborbiculaire, ou elliptique, ou lancéolée-elliptique, ou ovale, ou obovale, ou lancéolée-obovale,
tronquée, ou rétuse, ou échancrée, cuspidée.

Plante extrêmement variable dans son port, ainsi que dans
la forme ou la grandeur de ses feuilles, de ses fleurs et de ses
silicules ; en général plus grêle et plus paniculée que l'espèce
précédente. Racine longue, tantôt très-grêle, tantôt atteignant

---

(1) L'une ou l'autre de ces diverses formes prédomine en général sur
le même individu.

la grosseur d'un tuyau de plume d'oie , rameuse, finalement ligneuse et multicaule. Tiges longues de quelques pouces à 1 pied, procombantes, ou diffuses, ou ascendantes, ou dressées, feuillées, cylindriques, ordinairement très-rameuses et tortueuses, accidentellement simples (sur des individus rabougris), quelquefois filiformes, après la floraison en général garnies dans leur partie inférieure de rameaux ou ramules stériles décombants. Rameaux dressés, ou ascendants, ou divergents, ou diffus , ou décombants, feuillés, ou feuillus, tantôt simples ou presque simples, tantôt paniculés dès la base. Ramules florifères presque nus ou feuillés, disposés tantôt en panicule, tantôt en corymbe subfastigié. Feuilles pointues ou obtuses , fermes, longues de 2 lignes (celles des ramules stériles souvent encore plus petites) à 1 pouce, larges de 1 ligne à 5 lignes. Grappes sessiles ou pédonculées , dressées ou ascendantes, finalement longues de 1 pouce à ½ pied : rachis scabre, presque filiforme, non-flexueux, quelquefois poilu de même que les pédicelles. Pédicelles longs de 1 ligne à 4 lignes, filiformes , ou presque capillaires : ceux des fleurs épanouies tantôt subfastigiés et plus ou moins rapprochés, tantôt déjà disposés en grappe lâche ; les fructifères plus ou moins éloignés , dressés, ou ascendants, ou plus ou moins divergents , ou horizontaux mais en général redressés au sommet. Sépales longs de ½ ligne à 1 ligne, jaunâtres , ou incanes, presque dressés , oblongs, ou elliptiques , obtus. Pétales longs de 1 ligne à 2 lignes, d'un jaune soit pâle , soit plus ou moins vif ; onglets cunéiformes-spathulés , à peu près aussi longs que les sépales ; lames obovales, ou obovales-orbiculaires, ou cunéiformes-obovales, ou oblongues-obovales , très-entières , ou échancrées. Étamines majeures un peu plus longues que les sépales. Silicule érigée ou rarement subhorizontale, non-stipitée, ou courtement stipitée, cuspidée par un style presque capillaire et 1 à 3 fois plus court que les valves (long de ½ ligne à 1 ligne) ; valves longues de 1 ligne à 2 lignes ½, larges de 1 ligne à 2 lignes, plus ou moins bombées , ou presque planes, submembranacées, fragiles. Graines petites , d'un brun roux, larges au plus de ½ ligne.

Cette espèce croît sur les collines arides et les rochers des montagnes, dans presque toute l'Europe, ainsi qu'en Barbarie, en Orient, et en Sibérie. Elle mérite d'être cultivée comme plante d'agrément. Sa floraison commence au printemps et dure pendant plusieurs mois.

Genre KONIGA. — *Koniga* Adanson.

Sépales 4, ascendants, ou dressés, subnaviculaires, égaux. Pétales 4, onguiculés : lame indivisée. Glandules 4 (opposées aux sépales latéraux), ou 8 (opposées aux 4 sépales), subdentiformes. Étamines 6; filets filiformes, ou subulés, inappendiculés, subisomètres, ascendants et arqués (du moins les impairs), plus ou moins divariqués; anthères elliptiques ou suborbiculaires, cordiformes à la base. Ovaire comprimé, biloculaire, 2-16-ovulé. Style filiforme. Stigmate pelté, subhémisphérique. Silicule lenticulaire (comprimée parallèlement au diaphragme) ou aplatie, courte, apiculée ou cuspidée par le style, 2-loculaire, 2-valve, 1-16-sperme; valves planes ou convexes, non-carénées, immarginées, innervées; nervures placentairiennes filiformes, incluses. Graines ailées, ou marginées, ou immarginées, suspendues, ou subhorizontales, lisses, comprimées, solitaires, ou collatérales, ou bisériées; cotylédons rectilignes, planes, accombants.

Plantes soit annuelles, soit bisannuelles, soit perennes et plus ou moins ligneuses; parties herbacées couvertes ou parsemées soit de sétules simples couchées, soit d'un duvet étoilé (quelquefois très-fin et furfuracé). Feuilles petites ou de grandeur médiocre, très-entières, sessiles, ou rétrécies en court pétiole. Grappes terminales (solitaires), ou terminales et oppositifoliées, nues, ou feuillées à la base, multiflores, lâches et allongées après la floraison. Pédicelles filiformes : ceux des fleurs épanouies subfastigiés; les fructifères dressés, ou ascendants, ou plus ou moins divergents, ou horizontaux. Fleurs petites ou de grandeur médiocre.

Sépales verdâtres ou pubérules-incanes, non-carénés, obtus, membraneux aux bords, non-sacciformes à la base. Pétales égaux, blancs : lames étalées. Filets libres, subéquidistants au sommet, souvent rougeâtres. Ovaire non-stipité ou courtement stipité, plus ou moins comprimé parallèlement au diaphragme. Ovules suspendus (vers le sommet des placentaires, étant solitaires ou collatéraux). Style cylindrique, ordinairement plus long que l'ovaire. Stigmate assez gros, très-entier. Silicule érigée ou subhorizontale, petite, rectiligne, non-stipitée, ou courtement stipitée, arrondie au sommet, orbiculaire, ou suborbiculaire, ou elliptique, ou ovale, ou sublenticulaire, souvent strigueuse, ou pubérule-incane, ou cotonneuse, surmontée d'un style filiforme soit court, soit plus ou moins allongé ; valves cymbiformes, ou planes à la circonférence et plus ou moins bombées vers le centre, ou parfaitement planes, chartacées, ou submembranacées, caduques dès la maturité, ou subpersistantes, très-finement veinées, ou sans veines apparentes ; diaphragme innervé ou finement uni-nervé, membraneux, diaphane, conforme au contour de la silicule ; nervures placentairiennes arrondies au dos, un peu élargies à la base, avant la déhiscence complétement recouvertes par le bord des valves. Funicules libres ou plus ou moins adnés au diaphragme, courts, filiformes, plus ou moins déclinés. Graines suborbiculaires, ou elliptiques, ou ovales, échancrées (tantôt à l'extrémité supérieure, tantôt latéralement), immarginées, ou entourées d'un rebord membraneux plus ou moins large ; tégument mince ; cotylédons elliptiques, ou suborbiculaires, ou ovales, obtus, courtement pétiolés, planes antérieurement, plus ou moins convexes postérieurement ; radicule exactement commissurale, ascendante, subrectiligne, ou plus ou moins arquée, grêle, cylindrique, tantôt aussi longue que les cotylédons, tantôt un peu plus courte.

Ce genre ne diffère essentiellement des *Alyssum*, que par la couleur de sa corolle, et par ses filets ni ailés, ni appen-

diculés, ni dentés. Il renferme sept ou huit espèces, dont
voici les plus remarquables :

Section I. OCTADENIA Fisch. et Mey.

Glandules au nombre de 8, érigées, subcylindracées, obtuses : 4 plus petites, solitaires de chaque côté des 2 filets impairs; 4 plus grosses, solitaires derrière les 4 filets
pairs. — Plantes annuelles, ou suffrutescentes à la base;
parties herbacées couvertes ou parsemées de sétules simples (très-fines et courtes) couchées. Grappes feuillées à
la base. Silicule à valves submembranacées, caduques
dès la maturité; diaphragme finement uni-nervé ou innervé. Funicules plus ou moins adhérents. — (Genre
Koniga R. Br. — Genre *Lobularia* Webb. — Genre
Glyce Lindl. — Genre *Octadenia* Fisch. et Meyer.)

Koniga maritime. — *Koniga maritima* R. Br. in Clappert.
— *Alyssum maritimum* Lamk. Enc. — Reichenb. in Sturm,
Deutschl. Flor. fasc. 48. — *Thlaspi montanum* Barr. Ic. 844.
— *Alyssum halimifolium* Linn. Spec. — Bot. Mag. tab. 101.
— *Clypeola maritima* Linn. Mant. — *Draba maritima* Lamk.
Fl. Franç. — *Lepidium fragrans* Willd. in Ust. Ann. 11,
p. 37. — *Lobularia maritima* Desv. — *Glyce maritima* Lindl.
— *Alyssum rupestre* Tenor. Flor. Napol. tab. 60.

Tige suffrutescente à la base. Feuilles pubérules (incanes ou
verdâtres) ou satinées-argentées, rétrécies à la base, lancéolées-
linéaires, ou lancéolées, ou lancéolées-oblongues : les supérieures souvent linéaires ou linéaires-lancéolées. Sépales ascendants, presque étalés. Silicule ovale, ou obovale, ou elliptique,
apiculée, 1-4-sperme; valves plus ou moins bombées; diaphragme innervé. Graines immarginées.

Racine longue, pivotante, rameuse, finalement presque ligneuse. Tige très-rameuse, plus ou moins allongée dans les
jeunes plantes, réduite dans les plantes adultes à une courte souche suffrutescente. Rameaux décombants, ou ascendants, ou
presque dressés, touffus, feuillés, obscurément anguleux, un peu

cannelés, grêles, paniculés, longs de quelques pouces à 1 pied. Feuilles un peu charnues, d'un vert glauque, ou incanes, ou argentées, pointues ou obtuses, longues de quelques lignes à 2 pouces (les inférieures plus grandes que les supérieures), larges de ½ ligne à 6 lignes. Grappes sessiles : les principales atteignant finalement jusqu'à 3 à 6 pouces de long; rachis dressé ou ascendant, non-flexueux, strié, à peine moins gros que le rameau, glabre, ou pubérule, ou satiné. Pédicelles longs de 2 à 3 lignes : ceux des fleurs épanouies plus longs que le calice, subfastigiés, très-rapprochés; les fructifères ascendants, ou divergents, ou horizontaux (mais le plus souvent redressés au sommet). Sépales longs d'environ 1 ligne, verdâtres, ou d'un vert tirant sur le violet, elliptiques. Pétales longs de 2 à 3 lignes : onglets plus courts que les sépales, linéaires, souvent rougeâtres; lame elliptique ou obovale, échancrée, ou très-entière. Étamines un peu plus longues que les sépales. Silicule glabre ou pubérule, érigée, ou un peu divergente, ou subhorizontale, à peine stipitée, souvent rougeâtre avant la maturité, apiculée par un style environ 4 fois plus court que les valves; valves longues de $^3/_4$ de ligne à 1 ¼ ligne, caduques dès la maturité, subacuminulées, ordinairement bombées presque dès leurs bords. Graines longues de ¼ ligne, de moitié moins larges que le diaphragme, elliptiques, ou ovales-elliptiques; tégument d'un brun de Châtaigne à la surface des cotylédons, jaune à la surface de la radicule (de sorte que les graines paraissent munies d'un rebord jaune, du côté de la radicule.)

Cette espèce croît dans les lieux arides de presque toute la région méditerranéenne, ainsi qu'aux Canaries. Ses fleurs sont odorantes et se succèdent depuis le commencement de l'été jusqu'à la fin de l'automne; aussi la plante mérite-t-elle d'être cultivée dans les jardins.

Section II. TETRADENIA Spach.

Glandules au nombre de 4, égales, dentiformes, trigones, subhorizontales, solitaires de chaque côté des 2 filets impairs. — Sous-arbrisseaux, quelquefois épineux; parties

herbacées couvertes d'une pubescence étoilée. Grappes
nues. Diaphragme innervé. Funicules libres. — (Genre
Ptilotrichum C. A. Meyer.)

A. *Tige et rameaux adultes ligneux. Pubescence très-fine,
furfuracée, comme satinée. Sépales ascendants, presque
étalés. Loges de l'ovaire 2-6-ovulées. Silicule 1-8-sperme :
valves raides, subpersistantes.*

a) *Ramules florifères paniculés-divariqués, très-flexueux : ramules
non-florifères et sommet des rachis spinescents. Graines immarginées ou à peine marginées. — Feuilles des rameaux stériles non
conformes à celles des rameaux florifères.*

KONIGA ÉPINEUX. — *Koniga spinosa* Spach. — *Alyssum
spinosum* Linn. — Barrel. Ic. tab. 808.

Feuilles incanes ou argentées, très-obtuses : celles des rameaux-
stériles oblongues-spathulées, pétiolées ; les autres oblongues,
ou oblongues-obovales, ou obovales, ou obovales-orbiculaires,
ou cunéiformes-oblongues, subsessiles, la plupart très-petites.
Silicule (glabre) orbiculaire, ou elliptique, ou obovale, ou
ovale, cuspidée, ou apiculée, 1-ou 2-sperme, souvent cymbi-
forme.

Sous-arbrisseau très-touffu, haut de quelques pouces à 1 pied.
Tige tortueuse, basse, très-rameuse, atteignant la grosseur d'un
doigt. Rameaux diffus, ou ascendants, touffus, tortueux : les vieux
nus et ligneux ; les jeunes les uns florifères, paniculés, très-
flexueux, médiocrement feuillés, annuels, les autres stériles, simples, feuillus, finalement frutescents ; ramules nus ou médiocrement feuillés, grêles ou filiformes, divariqués, raides, souvent
bifurqués au sommet : les inférieurs ordinairement terminés en
épine subulée ; les supérieurs terminés en grappe à rachis spines-
cent. Feuilles subcoriaces, un peu charnues, persistantes (plus ou
moins longtemps, suivant la durée des rameaux) : celles des rameaux stériles longues de 6 lignes à 1 pouce ; les autres longues
de 1/2 ligne à 6 lignes. Grappes sessiles ou courtement pédonculées, finalement longues de 2 à 4 pouces ; rachis ascendant ou

dressé, grêle, effilé, non-flexueux. Pédicelles longs de 2 à 4 lignes : ceux des fleurs épanouies très-rapprochés, 1 à 2 fois plus longs que le calice; les fructifères divariqués, ou un peu déclinés, ou divergents, souvent redressés au sommet, tantôt à peine aussi longs que la silicule, tantôt jusqu'à 3 fois plus longs. Sépales longs d'environ 1 ligne, pubérules-incanes. Pétales longs de 2 lignes; onglets linéaires, de moitié plus courts que les sépales; lame cunéiforme-orbiculaire. Étamines presque aussi longues que les pétales. Pistil glabre, un peu plus court que les étamines. Ovaire suborbiculaire, à peu près aussi long que le style. Silicule érigée, ou subhorizontale, ou un peu déclinée, peu ou point stipitée, souvent rougeâtre avant la maturité, surmontée d'un style long de ¹/₄ de ligne à 1 ligne; valves longues de 1 ¹/₂ ligne à 2 ¹/₂ lignes, larges d'environ 2 lignes, très-lisses, arrondies au sommet ou subacuminulées, tantôt planes à la circonférence et plus ou moins bombées vers le centre, tantôt presque planes, tantôt convexes, tantôt l'une convexe et l'autre concave. Graines suborbiculaires, d'un brun roux, larges de ¹/₂ ligne à 1 ligne.

Cette espèce croît sur les collines arides de l'Europe méridionale. Son port touffu et son feuillage argenté en font un petit arbuste assez élégant pour l'ornement des jardins. Elle fleurit en mai et juin.

b) *Rameaux florifères très-simples ou presque simples, subrectilignes, non-spinescents. Graines largement marginées. — Feuilles des rameaux florifères plus petites que celles des rameaux stériles, mais conformes.*

Koniga a feuilles d'Halime. — *Koniga halimifolia* Reichb. Flor. Germ. Excurs. — *Lunaria halimifolia* Allion. Flor. Pedem. tab. 54, fig. 1, et tab. 86, fig. 1. — *Alyssum halimifolium* (Willd.), *Alyssum macrocarpum* (Deless. Ic. Sel. 2, tab. 41.) et *Alyssum pyrenaicum* (Lapeyr. Abr.) De Cand. Syst. et Prodr.

Feuilles incanes ou argentées, très-obtuses, ou acuminulées : les inférieures (plus petites) obovales, ou oblongues-obovales, ou obovales-orbiculaires, ou elliptiques-obovales, sessiles; les supérieures spathulées-oblongues, ou spathulées-obovales, ou linéaires-spathulées. Silicule (glabre ou pubérule) orbiculaire, ou elliptique, ou obovale, 2-8-sperme, cuspidée.

Sous-arbrisseau très-touffu, atteignant ¹/₂ pied à 1 pied de haut. Tige basse, tortueuse, ordinairement très-rameuse dès sa base. Rameaux diffus, ou divariqués, ou ascendants, ou dressés, grêles : les adultes nus, ligneux, souvent tortueux; les jeunes incanes, ordinairement fasciculés vers l'extrémité des anciens : les uns florifères, annuels, feuillus inférieurement ; les autres stériles, perennes, feuillus dans toute leur longueur. Feuilles un peu charnues, subcoriaces (celles des rameaux non-florifères persistantes), carénées en dessous, longues de 2 lignes à 1 pouce, larges de ¹/₂ ligne à 5 lignes : celles de la base des rameaux ordinairement recourbées, presque imbriquées; les supérieures plus éloignées (surtout sur les rameaux florifères). Grappes pédonculées ou sessiles, finalement longues de 2 à 6 pouces : rachis grêle, dressé, rectiligne, pubérule-incane de même que les pédicelles. Pédicelles longs de 2 à 8 lignes : ceux des fleurs épanouies très-rapprochés, 1 à 3 fois plus longs que le calice; les fructifères presque dressés, ou ascendants, ou divergents, ou horizontaux, ou défléchis, souvent redressés au sommet, 1 à 4 fois plus longs que la silicule. Sépales longs d'environ 1 ligne, elliptiques, incanes. Pétales longs de 2 lignes; onglets plus courts que le calice; lame elliptique ou elliptique-obovale, souvent échancrée. Étamines presque aussi longues que les pétales. Pistil à peu près aussi long que les étamines. Ovaire glabre ou pubérule, 1 à 2 fois plus court que le style; loges 2-6-ovulées. Silicule courtement stipitée, ordinairement érigée, cuspidée par un style long de ¹/₂ ligne à 2 lignes; valves assez raides, subpersistantes, peu ou point veinées, tantôt presque planes, tantôt plus ou moins convexes, tantôt planes vers leur circonférence et plus ou moins bombées vers leur centre, assez souvent inéquilatérales, longues de 1 ¹/₂ ligne à 4 lignes, larges de 1 ¹/₂ ligne à 2 ¹/₂ lignes. Graines brunes, larges d'environ 1 ligne, bordées d'une aile presque aussi large que le diamètre de l'amande.

Cette espèce croît dans les localités arides des collines et des montagnes de l'Europe méridionale. Elle mérite d'être cultivée comme plante d'ornement.

C. *Plante suffrutescente seulement à sa base. Pubescence plumeuse, non-furfuracée. Sépales dressés. Loges de l'ovaire 1-ovulées. Silicule à valves submembranacées. Funicules inadhérents.*

KONIGA DE SIBÉRIE. — *Koniga sibirica*.Spach.

— α : A FEUILLES OBTUSES (*obtusifolia*). — *Ptilotrichum canescens* (Ledeb. Ic. Flor. Alt. tab. 273.) et *Ptilotrichum elongatum* (Ledeb. 1. c. tab. 275.) C. A. Meyer, in Flor. Alt. — *Alyssum canescens* De Cand. Syst. et Prodr.

— β : A FEUILLES POINTUES (*acutifolia*). — *Ptilotrichum tenuifolium* C. A. Meyer, 1. c.—*Alyssum tenuifolium* Steph. in Willd. Spec.

Feuilles cotonneuses (incanes ou blanchâtres) ou pubérules (incanes ou verdâtres), linéaires, ou linéaires-oblongues, ou oblongues, obtuses, ou pointues. Silicule (cotonneuse ou pubérule) elliptique, ou elliptique-oblongue, ou ovale, apiculée, ou cuspidée; valves convexes. Graines immarginées.

Plante basse, touffue, couverte ou parsemée sur toutes ses parties herbacées d'une pubescence étoilée (chaque poil composé de 2 ou 4 rayons plumeux). Tiges dressées, ou ascendantes, ou diffuses, suffrutescentes à la base, grêles, feuillues, longues de 2 à 6 pouces. Rameaux ordinairement disposés en corymbe vers l'extrémité des tiges. Feuilles longues de 3 lignes à 1 pouce, larges de 1 ligne à 2 lignes, subcoriaces, scabres, souvent involutées aux bords. Grappes plus ou moins allongées. Fleurs larges de 2 à 3 lignes. Onglets des pétales linéaires; lames suborbiculaires, très-entières. Filets rougeâtres après l'anthèse. Silicule longue de 1 ¹/₂ ligne à 2 lignes, large de ³/₄ de ligne à 1 ligne, cuspidée par un style long de ¹/₂ ligne à ³/₄ de ligne. Graines subelliptiques, un peu comprimées, noirâtres.

Cette espèce croît dans les steppes arides de la Sibérie, de la Daourie et du Kamtchatka. Elle mérite d'être cultivée comme plante d'agrément.

Genre PÉTROCALLIS. — *Petrocallis* R. Br.

Sépales 4, presque étalés, cymbiformes, égaux. Pétales 4, courtement onguiculés. Étamines 6; filets filiformes, anguleux, inappendiculés, ascendants, arqués; anthères sagittiformes-oblongues. Ovaire ellipsoïde, un peu comprimé, 2-loculaire; loges bi-ovulées. Style court, filiforme. Stigmate pelté, disciforme, suborbiculaire. Silicule ancipitée ou obscurément tétragone, apiculée, comprimée parallèlement au diaphragme, 2-loculaire, 2-valve, 1-4-sperme; valves peu ou point carénées, cymbiformes, uni-nervées, immarginées; nervures placentairiennes filiformes, superficielles. Funicules adnés au diaphragme. Graines suspendues, subcylindriques, immarginées, rostrées (par la radicule); cotylédons subsemi-cylindriques, rectilignes, tantôt accombants, tantôt incombants.

Herbe vivace, basse, très-touffue. Vieilles tiges suffrutescentes. Feuilles imbriquées (roselées au sommet des ramules et des jeunes tiges), subcoriaces, persistantes, spathulées-cunéiformes, palmatifides, ciliées (de sétules simples divariquées ou réfléchies), glabres aux 2 faces ainsi que toutes les autres parties de la plante. Grappes solitaires (d'abord terminales, plus tard latérales par l'allongement du ramule), pédonculées, pauciflores (assez souvent le ramule florifère se termine par un pédoncule 1-3-flore). Pédicelles dressés ou un peu divergents, filiformes, assez rapprochés. Sépales presque membraneux, finement 3-ou 5 nervés, obtus, non-sacciformes à la base. Corolle assez grande, rose, presque étalée : pétales égaux, très-entiers, rétrécis en onglet court. Filets libres; anisométres, subéquidistants au sommet : les 2 impairs un peu plus courts, plus fortement arqués, convergents; les 4 autres divergents par paires. Anthères petites, jaunes. Ovaire petit, comprimé parallèlement au diaphragme; ovules suspendus, collatéraux; funicules adnés presque jusqu'à leur extrémité, déclinés, attachés au-dessus du milieu des placentaires. Silicule dressée, rectiligne, ovoïde, ou ellipsoïde, ou subglobuleuse, plus ou moins comprimée, non-stipitée, apiculée par un style plus court que les valves; valves chartacées, très-minces, subdiaphanes, non-bosselées, ordinairement obtuses aux 2 bouts, plus ou moins convexes, munies d'une nervure médiane très-fine, subpenniveinée, oblitérée supérieurement; diaphragme membraneux, diaphane, innervé. Graines collatérales dans chaque loge ou par avortement solitaires (assez souvent les ovules de l'une des loges avortent tous deux), ellipsoïdes, ou oblongues, ou ovoïdes, subcylindriques, assez grosses, échancrées au-dessous du sommet, rostrées par la partie supérieure de la radicule, obtuses à l'extrémité inférieure; tégument mince, lisse, non-mucilagineux par la madéfaction; cotylédons elliptiques ou elliptiques-oblongs, obtus, pétiolés, planes antérieurement, convexes postérieurement; radicule grêle, pointue, cylindrique, ascendante, subrectiligne, ou plus ou moins arquée, un peu plus longue que les cotylédons, tantôt exactement ou latéralement dorsale, tantôt latérale, tantôt exactement commissurale.

L'espèce suivante paraît constituer à elle seule le genre :

Pétrocallis des Pyrénées. — *Petrocallis pyrenaica* R. Brown, in Hort. Kew. ed. 2. — Loddig. Bot. Cab. tab. 635. — *Draba pyrenaica* Linn. — Jacq. Flor. Austr. tab. 229. — Bot. Mag. tab. 713. — Allion. Pedem. tab. 8, fig. 1. — *Draba rubra* Crantz. — *Zizia pyrenaica* Roth, Man.

Plante semblable par le port à certains *Saxifraga* et *Androsace* des hautes régions alpines, formant des touffes très-serrées. Racine longue, grêle, rampante, rameuse, multicaule. Tiges longues de 2 à 4 pouces, procombantes, très-rameuses, grêles : les jeunes feuillues; les adultes nues ou recouvertes par les restes des anciennes feuilles. Rameaux longs de 2 à 3 pouces, ascendants ou dressés, feuillus : les jeunes simples; les adultes terminés par une touffe très-serrée de ramules raccourcis (réduits à la rosette de feuilles, du moins avant la floraison). Feuilles longues de 2 à 4 lignes, d'un vert gai, profondément 3-ou rarement 5-fides, rétrécies en pétiole foliacé (tantôt plus long, tantôt plus court que la lame); lanières pointues ou obtuses, étroites, linéaires, un peu divergentes. Pédoncule commun long de 2 lignes à 1 pouce, 1-12-flore, dressé, grêle, naissant ou immédiatement du centre de la rosette de feuilles, ou terminant un allongement pauci-folié du ramule. Pédicelles longs de 1 ligne à 2 lignes. Fleurs subfastigiées. Sépales longs de 1 ligne, d'un rose pâle rayé de vert, elliptiques. Pétales longs de 2 lignes : onglets 2 à 3 fois plus courts que les sépales ; lame spathulée-obovale. Étamines un peu plus longues que le calice. Silicule petite, apiculée par un style long au plus de $^{1}/_{3}$ de ligne; diaphragme long de $^{3}/_{4}$ de ligne à 1 $^{1}/_{4}$ ligne, large de $^{1}/_{2}$ ligne à 1 ligne, elliptique, ou ovale-elliptique, ou lancéolé-elliptique, quelquefois inéquilatéral. Graines presque aussi longues que le diaphragme, brunes.

Cette jolie plante croît sur les rochers les plus élevés et aux bords des glaciers dans les Pyrénées, ainsi que dans les Alpes.

Genre COCHLÉARIA. — *Cochlearia* (Linn.) Koch.

Sépales 4, presque cuculliformes, égaux, étalés. Pétales 4, courtement onguiculés. Glandules 4 (opposées aux sépales latéraux), égales, dentiformes. Étamines 6; filets subisomètres, filiformes, ascendants, arqués, subéquidistants au sommet; anthères cordiformes-elliptiques, échancrées, égales. Ovaire subdidyme, comprimé, 2-loculaire : loges 2-6- (ordinairement 4-) ovulées. Style court, filiforme. Stigmate pelté, disciforme, orbiculaire. Silicule 2-loculaire, 2-valve, tétragone ou subtétragone, ancipitée, comprimée en sens contraire au diaphragme, subglobuleuse, ou ovoïde, ou ellipsoïde, ou obovée, apiculée par le style; valves cymbiformes, carénées, uni-nervées, réticulées, marginées;

nervures placentairiennes filiformes, incluses; loges 2-6-spermes. Graines suspendues, bisériées dans chaque loge, subcylindriques, immarginées, chagrinées; cotylédons rectilignes, subsemi-cylindriques, tantôt accombants, tantôt incombants.

Herbe bisannuelle, ordinairement multicaule, très-glabre. Feuilles un peu charnues, tantôt très-entières, tantôt dentées, tantôt lobées ou anguleuses : les radicales (roselées) et les caulinaires inférieures longuement pétiolées, souvent cordiformes ou réniformes ; les autres tantôt pétiolées, tantôt sessiles et souvent amplexicaules. Grappes terminales ou terminales et oppositifoliées, nues, multiflores, lâches après la floraison. Pédicelles filiformes, après la floraison souvent défléchis ou résupinés : ceux des fleurs épanouies très-rapprochés; les fructifères (tantôt à peine aussi longs que la silicule, tantôt plus longs) obliquement dressés, ou ascendants, ou divergents, ou horizontaux, ou rarement déclinés. Sépales verdâtres, membraneux aux bords: le supérieur et l'inférieur bombés ; les latéraux carénés. Pétales blancs, presque divergents; lame étalée, indivisée. Glandules trigones, non-confluentes, solitaires de chaque côté des deux étamines impaires. Filets libres, inappendiculés, subcylindriques : les impairs à peine plus courts que les autres. Anthères jaunes. Ovaire non-stipité, plus ou moins comprimé en sens contraire au diaphragme; ovules résupinés, bisériés, marginaux. Style cylindrique, tantôt très-court, tantôt presque aussi long que l'ovaire, peu ou point accrescent. Silicule érigée, ou obliquement dressée, ou horizontale, ou déclinée, rectiligne, non-stipitée, ou rarement substipitée, de forme et de volume très-variables (souvent sur le même individu), apiculée par un style filiforme et plus court que les valves; valves caduques peu après la maturité, minces, chartacées, non-bosselées, amincies en rebord étroit et relevé, munies d'une nervure médiane filiforme et saillante de même que les veinules ; diaphragme suborbiculaire, ou elliptique, ou lancéolé-elliptique, ou lancéolé, ou obovale, ou ovale, ou rhomboïdal, membraneux, diaphane, innervé, non-fovéolé, quelquefois fénestré; nervures placentairiennes très-minces, comprimées, à peine élargies à leur base, complétement recouvertes par le rebord des valves. Funicules courts, capillaires, inadhérents, déclinés. Graines ellipsoïdes, ou ovoïdes, ou obovées, échancrées, subcylindriques, assez grosses, non-recouvrantes; tégument épais, subcoriace, non-mucilagineux par la madéfaction ; cotylédons elliptiques, ou ovales-elliptiques, ou elliptiques-oblongs, obtus, courtement pétiolés, subsemi-cylindriques (planes antérieurement, convéxes postérieurement); radicule tantôt commissurale, tantôt dorsale (soit obliquement, soit perpendiculairement), ascendante, subrectiligne, ou un peu arquée, cylindrique, grêle, ordinairement un peu plus longue que les cotylédons.

L'espèce suivante paraît constituer à elle seule le genre (1) :

Cochléaria officinal. — *Cochlearia officinalis* Spach.

— α : Commun (*vulgaris*). — *Cochlearia officinalis* Linn. — Engl. Bot. tab. 551. — Flor. Dan. tab. 135. — Hayn. Arzn. Gew. 5, tab. 18.—Nees, Off. Pfl. tab. 399.—Turp. in Chaum. Flor. Méd. Ic. — Hook. Flor. Lond. tab. 148. — Svensk Bot. tab. 87. — *Cochlearia minor* et *Cochlearia rotundifolia* Smith, Flor. Brit. — *Cochlearia pyrenaica* De Cand. Syst. et Prodr. — Deless. Ic. Sel. 2, tab. 48. — — *Cochlearia grœnlandica* Linn. — Loddig. Bot. Cab. tab. 45.—Engl. Bot. tab. 2403. — *Cochlearia lenensis, Coch-*

---

(1) La plupart des prétendues espèces que nous réunissons ici sont fondées sur des caractères même trop peu constants pour constituer des variétés ; la forme et le volume des silicules surtout ne sauraient être pris en considération à cet égard. — Plusieurs autres *Cochlearia* des aut·urs appartiennent aux genres *Armoracia, Cardaria, Kernera* et *Jonopsidium.*

learia arctica et *Cochlearia grandiflora* De Cand. Syst. et Prodr. — *Cochlearia fenestrata* R. Brown, in Ross. Voyag. — Feuilles très-entières ou dentées : les inférieures cordiformes, ou réniformes, ou ovales; les supérieures sessiles ou amplexicaules.

— β : A FEUILLES OBLONGUES (*oblongifolia*). — *Cochlearia anglica* Linn. — Flor. Dan. tab. 329. — Engl. Bot. tab. 552. — *Cochlearia oblongifolia* De Cand. Syst. et Prodr. — Plante ordinairement plus forte, dans toutes ses parties, que la variété commune. Feuilles très-entières ou dentées : les inférieures spathulées, ou oblongues, ou ovales-oblongues, ou elliptiques ; les supérieures amplexicaules.

— γ : A FEUILLES LOBÉES (*lobata*). — *Cochlearia danica* Linn. — Flor. Dan. tab. 100. — Engl. Bot. tab. 696. — *Cochlearia hastata* Mœnch, Meth. — *Cochlearia tridactylites* De Cand. Prodr. et Syst. — Plante souvent petite dans toutes ses parties. Feuilles toutes ou la plupart pétiolées, 3-ou 5-lobées, ou anguleuses : les inférieures cordiformes ou réniformes; les supérieures hastées ou subrhomboïdales. (Cette variété, quoique fort distincte dans ses extrêmes, offre néanmoins de nombreuses transitions aux précédentes.)

Racine pivotante, longue, fibrilleuse, rameuse inférieurement, tantôt très-grêle, tantôt plus ou moins grosse. Tiges longues de quelques pouces à 1 ¹/₂ pied, ordinairement touffues, rameuses soit dès leur base, soit seulement vers leur sommet, ou moins souvent simples, anguleuses, cannelées, tantôt filiformes et presque nues, tantôt plus ou moins fortes et feuillées : la principale (centrale) ordinairement dressée et plus forte; les autres (développées plus tard à la circonférence du collet) décombantes, ou ascendantes, plus grêles, moins rameuses. Rameaux dressés, ou ascendants, ou divergents, souvent presque nus, grêles, ou filiformes, tantôt simples, ou presque simples, tantôt paniculés. Feuilles d'un vert gai, de forme et de grandeur très-variées : les radicales et les caulinaires inférieures réniformes , ou cordiformes, ou cordiformes-orbiculaires (larges de 2 lignes à 2 pouces), ou ovales, ou ovales-oblongues, ou elliptiques-oblongues, ou oblongues, ou spathulées (longues de quelques lignes à 2 pouces, le pétiole non-compris), obtuses, très-entières, ou subsinuolées, ou dentées, ou anguleuses (moins souvent 3-ou 5-lobées) ; pétiole grêle, anguleux, long de $^1/_2$ pouce à 4 pouces ; feuilles caulinaires supérieures graduellement plus petites, ovales, ou ovales-oblongues, ou obovales, ou oblongues, ou oblongues-lancéolées, ou rhomboïdales, ou hastiformes, ou subdeltoïdes, ou rarement soit réniformes, soit cordiformes-orbiculaires, obtuses, ou pointues, très-entières, ou sinuolées, ou crénelées, ou pauci-dentées, ou sinuées-dentées, ou sinuées-lobées, ou anguleuses, tantôt la plupart pétiolées, tantôt sessiles (à base soit arrondie, soit courtement bi-auriculée, soit cordiforme-bilobée, soit sagittiforme) ; dents obtuses ou pointues, égales ou inégales. Grappes sessiles ou pédonculées, finalement longues de $^1/_2$ pouce à 5 pouces ; rachis grêle ou filiforme, dressé, ou ascendant, ou divergent, non-flexueux. Pédicelles longs de 1 ligne à 6 lignes : les florifères aussi longs que le calice ou jusqu'à 2 fois plus longs ; les fructifères à peine plus longs que la silicule, ou jusqu'à 6 fois plus longs. Sépales ovales-elliptiques, très-obtus. Pétales obovales ou oblongs-obovales, 1 à 3 fois plus longs que les sépales. Étamines à peu près aussi longues que le calice. Silicule longue de 1 ligne à 5 lignes, large de 1 ligne à 3 lignes (tantôt plus large que longue, tantôt plus longue que large) ; valves assez souvent pointues ou rétrécies soit aux 2 bouts, soit seulement à l'un des bouts ; diaphragme large de $^1/_2$ ligne à 2 lignes ; style long au plus de 1 ligne, souvent très-court. Graines d'un brun roux ou noirâtre, longues de $^1/_2$ ligne à 1 ligne, de grosseur variable.

Cette plante, connue sous les noms vulgaires de *Cochléaire*, *Cranson* et *Herbe aux cuillers* (1), croît sur les plages maritimes, dans toute la zone arctique, ainsi que sur les côtes océaniques d'une grande partie de l'Europe ; on la retrouve au bord

---

(1) Ce nom est dû à la forme des feuilles radicales.

des ruisseaux des Pyrénées, et, çà et là, dans les terrains salins de l'intérieur de l'Europe.

Le *Cochléaria* est l'un des antiscorbutiques les plus énergiques que l'on connaisse; sa saveur, un peu âcre et amère, se perd par la dessiccation ; aussi doit-il être employé soit frais, soit sous forme d'extrait. Les feuilles entrent dans la préparation du vin et du sirop antiscorbutiques; dans. le Nord, on les mange fréquemment en salade.

Genre RORIPA. — *Roripa* Besser.

Sépales 4, égaux, cymbiformes, ascendants, presque étalés. Pétales 4, courtement onguiculés. Glandules 6, dentiformes, alternes avec les étamines. Étamines 6; filets inappendiculés, filiformes, ascendants, équidistants au sommet : les 2 impairs arqués; les 4 autres géniculés au-dessus de leur milieu ; anthères sagittiformes-elliptiques, rétuses. Ovaire cylindrique ou un peu comprimé, bi-loculaire, multi-ovulé. Style columnaire ou filiforme. Stigmate pelté, disciforme, suborbiculaire. Silicule globuleuse, ou ellipsoïde, ou ovoïde, ou subfusiforme, ou columnaire, cylindrique, ou un peu comprimée (soit parallèlement, soit contrairement au diaphragme), apiculée, ou cuspidée, bivalve, 2-loculaire, polysperme; valves cymbiformes, noncarénées, marginées, innervées; nervures placentairiennes filiformes, incluses. Graines horizontales ou vagues, nidulantes, ou bisériées, peu ou point comprimées, submarginées, réticulées, scrobiculées; cotylédons rectilignes, subsemi-cylindriques, tantôt accombants, tantôt un peu incombants.

Herbes vivaces, ou bisannuelles, ou annuelles, tantôt glabres, tantôt parsemées de sétules simples. Feuilles amplexicaules : les inférieures (ou quelquefois toutes) lyrées, ou pennatiparties, ou pennatifides, ou sinuées; les supérieures (ou quelquefois toutes) ordinairement indivisées. Grappes terminales, ou terminales et oppositifoliées, nues, multi-

flores, lâches après la floraison ; pédicelles fructifères horizontaux, ou défléchis, ou déclinés, ou résupinés, ou plus
ou moins divergents, ou ascendants, ou presque dressés,
toujours filiformes, ordinairement plus longs que la silicule. Fleurs jaunes, très-rapprochées et subfastigiées pendant l'épanouissement. Sépales colorés, membraneux aux
bords, finement trinervés, obtus. Pétales égaux, distants,
dressés inférieurement, étalés vers leur sommet. Glandules
inégales, confluentes par leur base en disque annulaire, insérées par paires devant les sépales latéraux, et solitaires
devant les 2 autres sépales : les 4 latérales plus grosses,
solitaires *de chaque côté* des deux étamines impaires ; les
2 autres plus petites, insérées une à une *derrière* les étamines paires. Filets libres, obscurément tétragones : les 2
impairs un peu plus courts et plus fortement arqués que les
autres. Anthères jaunes, isomètres. Ovaire subglobuleux,
ou ellipsoïde, ou columnaire, parfaitement cylindrique,
ou un peu comprimé (soit parallèlement, soit contrairement
au diaphragme), courtement stipité. Ovules nidulants (irrégulièrement 4-sériés dans chaque loge), ou bisériés, subhorizontaux, ou suspendus, réniformes. Style tantôt plus
long tantôt plus court que l'ovaire, filiforme, ou assez gros,
obscurément tétragone. Stigmate petit, canaliculé transversalement, souvent obscurément bilobé après la floraison. Silicule érigée, ou redressée, ou ascendante,
ou horizontale, ou déclinée, rectiligne, ou légèrement
arquée, plus ou moins distinctement stipitée, de forme
variable (dans les mêmes espèces), apiculée ou cuspidée par un style tantôt court et assez gros, tantôt filiforme et plus ou moins allongé ; valves caduques dès
la maturité, chartacées, non-bosselées, amincies et relevées aux bords, réticulées de veinules très fines ; diaphragme suborbiculaire ou plus ou moins allongé, membraneux, diaphane, innervé, quelquefois fénestré ; nervures placentairiennes minces, planes au dos, plus ou moins
élargies à leur base, complétement ou presque complète-

ment recouvertes (avant la déhiscence) par le rebord des valves. Graines petites, de forme variable (ovoïdes, ou ellipsoïdes, ou subglobuleuses, souvent irrégulièrement anguleuses par compression mutuelle), échancrées, tantôt horizontales ou subhorizontales, tantôt suspendues, nidulantes et recouvrant le diaphragme, ou régulièrement superposées en 2 séries marginales; tégument mince, subcoriace, non-mucilagineux par la madéfaction ; cotylédons ovales, ou elliptiques, obtus, ou subobtus, courtement pétiolés; radicule érigée ou oblique, subrectiligne, cylindrique, obtuse, ordinairement à peu près de moitié plus courte que les cotylédons.

Ce genre doit probablement comprendre la plupart des *Nasturtium* des auteurs ; nous ne pouvons y rapporter avec certitude que les espèces suivantes :

A. *Plante tantôt annuelle , tantôt bisannuelle. Racine subfusiforme , pivotante. Silicule columnaire , ou ellipsoïde, ou subovoïde, courtement apiculée, rectiligne, ou un peu arquée, un peu comprimée parallèlement au diaphragme, souvent aussi longue ou plus longue que le pédicelle. Graines nombreuses, nidulantes , finement scrobiculées. — Feuilles le plus souvent toutes pennatiparties ou lyrées. Fleurs très-petites : pétales d'un jaune pâle, à peine aussi longs que le calice.*

Roripa Faux-Cresson. — *Roripa nasturtioides* Spach. — *Sisymbrium palustre* Leyss. — Schk. Handb. 2, tab. 187. — — *Sisymbrium terrestre* With. — Engl. Bot. tab. 1747. — Curt. Flor. Lond. 5, tab. 49. — *Sisymbrium islandicum* Flor. Dan. tab. 409. — *Myagrum palustre* et *Myagrum pumilum* Lamk. Dict. — *Radicula palustris* Mœnch, Meth. — *Brachylobos sylvestris* Allion. Flor. Pedem. — *Nasturtium terrestre* R. Brown, in Hort. Kew. ed. 2. — *Nasturtium palustre* De Cand. Syst. et Prodr.—*Sisymbrium barbareæfolium* Delile, Flor. Ægypt. — *Brachylobus barbareæfolius* Desv. Journ. de Bot. — *Sisymbrium Walteri* Elliot.

Plante très-glabre ou parsemée (surtout aux bords des feuilles)
de sétules très-courtes. Racine simple ou rameuse, garnie de fibrilles filiformes. Tige dressée, ou moins souvent soit décombante
soit ascendante, anguleuse, fistuleuse, haute de 1 pied à 2
pieds (dans des localités arides seulement de quelques pouces),
feuillée, rameuse ordinairement presque dès sa base. Rameaux
divergents, ou horizontaux, ou ascendants, ou diffus, tantôt
simples et presque nus, tantôt paniculés et feuillés. Feuilles
flasques, lisses, d'un vert foncé, ordinairement (du moins la
plupart) lyrées, ou sinuées-pennatiparties, ou sinuées-pennatifides, rarement la plupart indivisées (lancéolées, ou lancéolées-
spathulées, soit incisées-dentées, soit sinuées-dentées, soit crénelées ou dentelées) : les inférieures longues de 3 à 6 pouces ; les
supérieures graduellement plus petites ; lobes ou segments alternes, ou opposés, tantôt graduellement accrescents de bas en
haut, tantôt par paires alternativement plus grandes et plus
petites, inégalement crénelés, ou dentés, ou sinués-dentés, ou
très-entiers, ou incisés-dentés : les latéraux oblongs, ou oblongs-
lancéolés, ou triangulaires, ou oblongs-obovales, ou linéaires-
oblongs, obtus, ou pointus, souvent inéquilatéraux ; le lobe
terminal ordinairement plus grand, ovale, ou ovale-lancéolé, ou
ovale-oblong, ou oblong-lancéolé, ou subrhomboïdal, ou suborbiculaire, trifide ; oreillettes basilaires arrondies ou pointues,
amplexicaules, un peu divergentes, ou descendantes. Grappes
sessiles ou pédonculées : les fructifères très-lâches, longues de 1
pouce à 8 pouces ; rachis très-grêle ou presque filiforme, peu ou
point flexueux, dressé, ou ascendant, ou divergent, ou subhorizontal. Pédicelles longs de 1 ligne à 4 lignes, résupinés, ou
déclinés, ou ascendants, ou horizontaux, ou plus ou moins obliquement dressés, tantôt plus courts tantôt plus longs que la silicule. Sépales longs à peine de 1 ligne, d'un jaune verdâtre,
oblongs, obtus. Pétales un peu peu plus courts que les sépales ou
à peu près aussi longs, spathulés-obovales, quelquefois échancrés. Étamines un peu plus longues que les sépales ; anthères
minimes, 3 fois plus courtes que les filets. Silicule érigée, ou redressée, ou ascendante, ou horizontale, ou déclinée, longue de

1 ligne à 6 lignes, de ¹/₂ ligne à 1 ligne de diamètre, apiculée par un style filiforme long au plus de 1 ligne ; valves très-minces, presque membraneuses. Graines d'un brun jaunâtre, du volume de celles du Coquelicot.

Cette espèce, très-commune en Europe, se retrouve dans presque toutes les autres parties de l'hémisphère septentrional. Elle croît dans les localités découvertes et incultes, surtout dans celles dont le sol est humide, ou inondé pendant l'hiver. Sa floraison commence en mai ou en juin et se continue jusqu'à la fin de l'automne. Les feuilles ont une s: veur piquante, et peuvent servir en guise de Cresson.

B. *Plante vivace. Racine rampante. Silicule columnaire, ou ellipsoïde, ou ovoïde, rectiligne, longuement ou courtement apiculée, un peu comprimée contrairement au diaphragme, quelquefois aussi longue que le pédicelle. Graines (environ 6 à 12 dans chaque loge) distinctement bisériées, non-recouvrantes, fortement scrobiculées et réticulées.—Feuilles pennatiparties ou lyrées. Fleurs d'un jaune vif. Pétales plus longs que le calice.*

Roripa des Pyrénées. — *Roripa pyrenaica* Spach. — *Sisymbrium pyrenaicum* Linn. — Rochel, Plant. Rar. Bannat. fig. 28. — *Brachylobos pyrenaicus* Allion. Flor. Pedem. tab. 18, fig. 1. — *Myagrum pyrenaicum* Lamk. — *Alyssum pyrenaicum* Clairv. — *Lepidium stylosum* Pers. — *Nasturtium pyrenaicum* (R. Br.) et *Nasturtium lippizense* De Cand. Syst. et Prodr. — Reichb. Flor. Germ. Exc. — Mert. et Koch, Deutschl. Flor. — *Sisymbrium lippizense* Wulf. — Jacq. Ic. Rar. tab. 505. — *Nasturtium Wulfenianum* Host, Flor. Austr.

Racine assez grosse, stolonifère, couverte de fibrilles. Tiges touffues, hautes de ¹/₂ pied à 2 pieds, ascendantes, ou dressées, cylindriques, grêles, un peu flexueuses, feuillées, finement pubérules (surtout dans leur partie inférieure), ou glabres, rameuses vers leur sommet, ou presque simples. Rameaux très-grêles, souvent subfastigiés, ordinairement nus ou presque nus, tantôt simples, tantôt subpaniculés au sommet. Feuilles assez fermes, d'un vert gai, ordinairement pubérules aux bords : les radicales (du moins les plus inférieures) longuement pétiolées, spathulées, très-entières, ou quelquefois bi-auriculées à la base, longues de 1 pouce à 3 pouces; les caulinaires les plus inférieures (et souvent aussi quelques-unes des feuilles radicales lyrées (segments 2-10-jugués, oblongs, ou lancéolés-oblongs, ou oblongs-obovales, ou obovales, pointus, ou obtus, très-entiers, ou dentés; le lobe terminal ovale, ou obovale, ou oblong-obovale, ou suborbiculaire, souvent trifide), longues de 2 à 4 pouces ; les autres graduellement plus petites, pennatiparties (segments étroits, linéaires, ou lancéolés-linéaires, ordinairement très-entiers); les ramulaires ordinairement filiformes soit indivisées, soit trifides ou triparties; oreillettes basilaires filiformes ou linéaires-falciformes, descendantes, ordinairement courtes. Grappes sessiles ou courtement pédonculées : les fructifères lâches ou assez denses, longues de 1 pouce à 4 pouces ; rachis dressé, ou ascendant, ou peu divergent, très-grêle, peu ou point flexueux. Pédicelles longs de 1 ligne à 5 lignes (les florifères ordinairement 2 à 3 fois plus longs que le calice) : les fructifères résupinés, ou déclinés, ou ascendants, ou horizontaux, ou obliquement dressés, tantôt jusqu'à 5 fois plus longs que la silicule, tantôt à peu près de même longueur que la silicule. Sépales longs d'environ 1 ligne, oblongs, jaunâtres, divergents. Pétales obovales, 1 à 2 fois plus longs que les sépales. Étamines à peu près aussi longues que les pétales. Silicule longue de 1 ligne à 3 lignes, de 1/2 ligne à 1 ligne de diamètre, redressée, ou ascendante, ou érigée, ou rarement soit horizontale, soit déclinée, substipitée, apiculée par un style filiforme tantôt presque aussi long que les valves, tantôt jusqu'à 4 fois plus court; valves raides, chartacées, arrondies aux 2 bouts. Graines d'un brun roux, du volume de celles du Pavot.

Cette espèce assez rare croît en France, en Suisse, en Allemagne et dans plusieurs autres contrées plus méridionales de l'Europe; on la trouve dans les prairies sèches et autres localités découvertes, surtout sur les montagnes et les collines.

C. *Plantes vivaces. Racine rampante. Silicule globuleuse, ou ellipsoïde, ou obovée, rectiligne, longuement ou courtement apiculée , quelquefois un peu comprimée parallèlement au diaphragme, toujours plus courte que le pédicelle. Graines nombreuses, nidulantes, finement scrobiculées. — Feuilles indivisées, ou sinuées, ou pennatifides , ou lyrées. Fleurs d'un jaune vif. Pétales plus longs que le calice.*

a) *Tiges radicantes, ascendantes , stolonifères à la base. Feuilles inauriculées ou courtement auriculées à la base. Silicule ellipsoïde, ou subglobuleuse, ou obovée, ou subfusiforme : style aussi long ou jusqu'à 4 fois plus court que les valves.*

Roripa amphibie. — *Roripa amphibia* Ress. Enum. Plant. Volhyn. — *Sisymbrium amphibium* Linn. — Flor. Dan. tab. 984. — Engl. Bot. tab. 1840. — *Sisymbrium aquaticum* Poll. Palat. — *Sisymbrium aquaticum* et *Sisymbrium riparium* Wallroth. — *Sisymbrium Roripa* Scopol. — *Myagrum aquaticum* Lamk. Dict. — *Brachylobus amphibius* Allion. Pedem. — *Radicula lancifolia* Mœnch, Meth. — *Camelina aquatica* Brot. Flor. Lusit. — *Nasturtium amphibium* R. Br. in Hort. Kew. ed. 2. — *Nasturtium amphibium, Nasturtium anceps* et *Nasturtium natans* (Deless. Ic. Sel. 2, tab. 15.) De Cand. Syst. et Prodr. — *Cochlearia aquatica* et *Cochlearia natans* C. A. Meyer, in Flor. Alt.

— α : Hétérophylle (*heterophylla*). — Plante aquatique. Feuilles submergées pectinées-pennatifides , ou pectinées-pennatiparties ; feuilles non-submergées indivisées, ou incisées-dentées , ou sinuées-dentées, ou lyrées , ou roncinées , ou sinuées-pennatifides.

— β : A feuilles indivisées (*indivisa*). — Plante croissant dans des localités inondées pendant une partie de l'année, mais à sec pendant l'été. Feuilles toutes inégalement dentées, ou dentelées , ou sinuées-dentées , ou incisées-dentées.

— γ : A feuilles pennaticisées (*pinnatisecta*). — *Nastur-*

tium anceps auctor. plerr. — *Sisymbrium amphibium*
γ : *terrestre* Linn. — Plante terrestre, croissant dans des
localités sèches ou peu humides. Feuilles caulinaires pennatiparties, ou sinuées-pennatiparties, ou profondément sinuées-
pennatifides (les inférieures lyrées).

Racine fibrilleuse, oblique, atteignant la grosseur d'un doigt.
Tiges solitaires ou touffues, hautes de 2 à 4 pieds (dans les localités aqueuses), ou (dans les localités sèches ou peu humides)
seulement de ¹/₂ pied à 1 pied, cylindriques, cannelées, fistuleuses (excepté dans les localités sèches), feuillées, tantôt grêles,
tantôt de la grosseur d'un doigt, glabres, ou légèrement hispides, rameuses (du moins vers leur sommet), décombantes à la
base et s'enracinant aux aisselles moyennant des touffes de longues fibrilles (ces touffes de fibrilles naissent en outre aux aisselles
de toutes les feuilles submergées). Stolons décombants, radicants, feuillus au sommet, stériles la première année. Rameaux
simples ou paniculés, feuillés ou presque nus : les inférieurs
courts, stériles ; les autres florifères, effilés. Feuilles d'un vert
gai, molles, minces, lisses, tantôt glabres, tantôt pubérules ou
légèrement hispides (surtout à leurs bords), de forme et de grandeur très-variables : les radicales (n'existant que sur les jeunes
pousses non-florifères) atteignant (dans les localités aquatiques ou
très-humides) jusqu'à 2 pieds de long et 3 à 4 pouces de large,
plus ou moins longuement pétiolées, tantôt lyrées (segments latéraux 2-4-jugués, opposés, ou alternes, ovales, ou ovales-
oblongs, ou oblongs, ou subtriangulaires, ou falciformes-
oblongs, ou lancéolés-linéaires, obtus, ou pointus, crénelés, ou
dentés, ou dentelés, ou incisés-dentés, ordinairement accrescents
de bas en haut; lobe terminal lancéolé, ou ovale-lancéolé, ou
oblong-lancéolé, ou lancéolé-oblong, sinué, ou sinuolé, ou sinué-denté, ou incisé-denté, souvent très-grand), tantôt pennatiparties ou profondément pennatifides, tantôt lancéolées-spathulées
et soit indivisées, soit sinuées-pennatifides ou sinuées-dentées
(surtout au-dessous de leur milieu), soit hastiformes peu au-
dessus de leur base; pétiole des feuilles radicales large, aplati,
marginé; feuilles caulinaires inférieures en général (excepté

lorsqu'elles sont submergées) assez conformes aux feuilles radicales, mais plus petites et rétrécies en pétiole ailé ; feuilles caulinaires supérieures et feuilles raméaires tantôt peu ou point amplexicaules, sessiles, inauriculées à leur base, et tantôt amplexicaules (à base soit cordiforme, soit cordiforme-subbilobée, soit subsagittiforme), ordinairement (dans les variétés indivisées) lancéolées-oblongues, ou oblongues, ou oblongues-linéaires, ou lancéolées-linéaires, dentelées, ou dentées (soit également, soit inégalement), ou incisées-dentées : dents obtuses, ou mucronées, ou pointues ; feuilles des ramules stériles touffues, tantôt plus grandes, tantôt plus petites que les feuilles caulinaires, ordinairement rétrécies en pétiole ailé ou marginé. Grappes sessiles ou pédonculées, finalement longues de 1 pouce à 1 pied : rachis dressé, ou ascendant, ou divergent, grêle, effilé, peu ou point flexueux, cannelé. Pédicelles longs de 2 à 7 lignes : ceux des fleurs épanouies 1 à 3 fois plus longs que les sépales, très-rapprochés ; les fructifères 1 à 6 fois plus longs que la silicule, plus ou moins éloignés, résupinés, ou déclinés, ou horizontaux, ou ascendants, ou plus ou moins divergents, ou obliquement dressés. Sépales longs d'environ 1 ligne, jaunes, membraneux aux bords, finement trinervés, cymbiformes, subobtus, ascendants, presque étalés. Pétales d'un jaune vif, 1 à 2 fois plus longs que les sépales, courtement onguiculés, divergents, étalés au sommet ; lame elliptique-obovale, très-obtuse. Étamines jaunes, un peu plus courtes que les pétales. Pistil (à l'époque de l'épanouissement) un peu plus court que les étamines. Ovaire courtement stipité, cylindrique, columnaire. Style filiforme, cylindrique, tantôt plus court que l'ovaire, tantôt aussi long ou plus long. Stigmate disciforme, convexe, quelquefois bilobé après la floraison. Silicule redressée, ou érigée, ou horizontale, ou déclinée, courtement stipitée, d'environ 1 ligne de diamètre, apiculée par un style filiforme tantôt aussi long que les valves, tantôt jusqu'à 4 fois plus court ; valves chartacées, longues de 1 ligne à 2 lignes, très-obtuses aux 2 bouts, ordinairement rétrécies à leur base (quelquefois aux 2 bouts) ; diaphragme suborbiculaire, ou elliptique, ou elliptique-oblong, ou obovale, ou lancéolé-elliptique. Graines d'un brun roux, du volume de celles du Coquelicot.

Cette espèce est commune dans toute l'Europe ainsi que dans le nord de l'Asie et de l'Amérique ; elle croît dans les eaux tant stagnantes que coulantes, et au voisinage de ces localités, mais on ne la rencontre que rarement dans des endroits non-submergés pendant la majeure partie de l'année. Elle fleurit tout l'été et quelquefois encore en automne. Ses feuilles ont la saveur du Cresson.

b) *Tige non-radicante. Feuilles caulinaires (du moins la plupart) à base cordiforme-bilobée ou distinctement sagittiforme. Silicule globuleuse ou ellipsoïde : style ordinairement aussi long que les valves.*

RORIPA D'AUTRICHE. — *Roripa austriaca* Spach. — *Myagrum austriacum* Jacq. Flor. Austr. v. 2, tab. 111. — *Nasturtium austriacum* Crantz, Austr. I, tab. 2. — *Camelina austriaca* Pers. — *Myagrum Crantzii* Vitm. — *Leiolobia austriaca* Reichb. Flor. Germ. Excurs. (sub *Camelina*).

Racine assez grosse, rampante. Tiges hautes de 1 pied à 3 pieds, dressées, ou ascendantes, touffues, anguleuses, cannelées, un peu flexueuses, tantôt glabres, tantôt hispidules (surtout dans leur moitié inférieure), rameuses (surtout vers leur sommet), feuillues. Rameaux plus ou moins divergents, tantôt simples et presque nus, tantôt paniculés et feuillés (les inférieurs souvent réduits à de courts ramules stériles). Feuilles glabres ou pubérules, d'un vert gai : les inférieures longues de 3 à 6 pouces, lancéolées, ou lancéolées-oblongues, obtuses, inégalement dentelées (quelquefois pennatifides), rétrécies en pétiole; les autres graduellement plus petites, sessiles, amplexicaules, oblongues, ou liguliformes, ou lancéolées, ou lancéolées-oblongues, finement dentelées, pointues, ou obtuses; celles des ramules florifères ordinairement petites, linéaires, très-entières. Fleurs semblables à celles de l'espèce précédente, mais ordinairement plus petites. Pédicelles fructifères horizontaux, ou déclinés, ou résupinés, ou ascendants, assez rapprochés, longs de 3 à 5 lignes. Silicule d'environ 1 ligne de diamètre, courtement stipitée, ordinairement globuleuse; valves longues de 1 ligne à 1 ¹/₂ ligne.

Cette espèce croît en Autriche, ainsi que dans les contrées plus orientales de l'Europe.

D. *Plante annuelle ou bisannuelle. Racine pivotante. Silicule globuleuse ou courtement ellipsoïde, courtement apiculée, un peu comprimée contrairement au diaphragme, toujours plus courte que le pédicelle. Graines nombreuses, nidulantes, finement scrobiculées. — Feuilles indivisées ou sinuées-pennatifides. Fleurs d'un jaune pâle. Pétales à peine aussi longs que les sépales.*

Roripa Faux-Camélina. — *Roripa Camelinæ* Spach. — *Nasturtium globosum* et *Nasturtium Camelinæ* Fisch. et Meyer, Ind. Sem. Hort. Petrop. 1835, p. 34 et 35. — *Tetracellion globosum* Turcz. (ex Fisch. et M.) — *Camelina austriaca* Bunge, Enum. Plant. Chin. (ex auct. c.)

Plante tantôt annuelle, tantôt bisannuelle. Racine longue, rameuse, fibrilleuse. Tige haute de ¹/₂ pied à 2 pieds, dressée, ou ascendante, peu ou point flexueuse, cylindrique, ou un peu anguleuse, cannelée, fistuleuse, tantôt glabre, tantôt hispidule, rameuse soit presque dès sa base, soit seulement dans sa partie supérieure. Rameaux presque dressés, ou plus ou moins divergents, tantôt paniculés et feuillés, tantôt simples et presque nus : les inférieurs quelquefois stériles. Feuilles glabres ou pubescentes, d'un vert gai, minces, lisses, inégalement dentées, ou dentelées, ou sinuolées, ou sinuolées - denticulées, obtuses, ou pointues, la plupart (ou du moins les caulinaires·inférieures) sinuées - pennatifides au-dessous de leur milieu, ou roncinées-lyrées (lobe terminal oblong, ou elliptique-oblong, ou elliptique, ou lancéolé-elliptique, ou lancéolé; segments latéraux 1-4-jugués, triangulaires, ou ovales-triangulaires, obtus, ou pointus) : les inférieures longues de 3 à 6 pouces, rétrécies en pétiole amplexicaule ; les supérieures lancéolées, ou lancéolées-oblongues, ou oblongues, ou oblongues-lancéolées, sessiles, amplexicaules, (à base cordiforme-bilobée ou sagittiforme). Grappes sessiles ou pédonculées, finalement longues de 1 pouce à 6 pouces; rachis grêle ou presque filiforme, subrectiligne. Pédicelles longs de 1 ¹/₂ ligne à 6 lignes : les florifères très-rapprochés, presque capillaires, 1 à 2 fois plus longs que le calice; les fructifères assez rapprochés, filiformes, 2 à 6 fois plus longs que la silicule, horizontaux, ou plus ou moins déclinés, ou moins souvent soit résupinés, soit ascendants, soit obliquement dressés. Sépales longs d'environ 1 ligne. Pétales oblongs-obovales, ou cunéiformes-obovales, quelquefois échancrés, divergents, souvent recourbés au sommet. Étamines à peu près aussi longues que les pétales. Ovaire courtement stipité, ellipsoïde, un peu comprimé en sens contraire au diaphragme. Style columnaire, subtétragone, tantôt très-court, tantôt presque aussi long que l'ovaire. Stigmate transversalement elliptique, quelquefois subbilobé après la floraison. Silicule de 1 ligne à 1 ¹/₂ ligne de diamètre, courtement stipitée, ou non-stipitée, horizontale, ou déclinée, ou moins souvent érigée, ou redressée sur son stipe, apiculée par un style tantôt très-court, tantôt atteignant jusqu'à la moitié de la longueur des valves; valves longues de ³/₄ de ligne à 1 ¹/₂ ligne. Graines brunes, du volume de celles du Pavot.

Cette espèce croît dans la Daourie et dans la Mongolie chinoise.

Genre TÉTRAPOMA. — *Tetrapoma* Fisch. et Mey.

Sépales 4, égaux, cymbiformes, étalés. Pétales 4, courtement onguiculés. Glandules 6, dentiformes, alternes avec les étamines. Étamines 6; filets filiformes, inappendiculés, ascendants, subéquidistants au sommet : les 2 impairs arqués; les 4 autres géniculés au-dessus de leur milieu; anthères cordiformes-elliptiques, obtuses. Ovaire cylindrique, quadrisulqué, incomplétement 4-loculaire; placentaires 4, multi-ovulés. Style columnaire ou presque nul. Stigmate pelté, suborbiculaire, obscurément quadrilobé. Silicule subglobuleuse, ou ellipsoïde, ou obovée, apiculée, ou subapiculée, cylindrique, incomplétement 4-loculaire, 4-valve, polysperme; valves cymbiformes, non-carénées, marginées, innervées; nervures placentairiennes filiformes, incluses. Graines horizontales ou vagues, nidulantes, peu ou point comprimées, submarginées, finement scrobiculées; cotylédons rectilignes, subsemi-cylindriques, accombants.

Herbe tantôt annuelle, tantôt bisannuelle, ordinairement hérissée de poils simples. Feuilles (du moins la plupart) roncinées ou pennatifides : les caulinaires amplexicaules. Inflorescence, sépales, pétales, glandules et étamines absolument comme ceux des *Roripa*. Pédicelles fructifères ascendants, ou plus ou moins divergents, ou presque dressés, ou horizontaux, ou rarement un peu déclinés, filiformes. Ovaire courtement stipité, ellipsoïde; placentaires opposés à l'axe des 4 sépales; diaphragmes incomplets (c'est-à-dire n'atteignant point le centre de la cavité); ovules subhorizontaux, nidulants (irrégulièrement 6-sériés) sur chaque placentaire, immédiatement superposés. Style plus court que l'ovaire ou presque nul, assez gros, souvent obconique, obscurément tétragone. Silicule érigée, ou rarement subhorizontale, rectiligne, courtement stipitée, uniloculaire au centre, apiculée par un style assez gros et ordinairement beaucoup plus court que les valves; valves et nervures placentairiennes conformées comme celles des *Roripa*, mais presque toujours au nombre de 4 (accidentellement au nombre de 5, mais jamais constamment sur le même individu); diaphragmes (en même nombre que les valves) membraneux, diaphanes, innervés, subfalciformes, étroits, incomplets (à peu près de moitié moins larges que le demi-diamètre de la cavité), confluents aux 2 bouts. Graines minimes, conformées comme celles des *Roripa*.

Ce genre ne diffère essentiellement des *Roripa* (1), que par

---

(1) Le *Roripa Camelinæ* ressemble tellement au *Tetrapoma*, tant par son port que par ses fleurs et la forme de ses silicules (et souvent aussi par

sa silicule habituellement 3-ou 4-valve; caractère constituant en effet une anomalie curieuse parmi les Crucifères, mais d'ailleurs fréquent dans les Papavéracées et les Capparidées. L'espèce dont nous allons faire mention est la seule qu'on connaisse.

TÉTRAPOMA A FEUILLES DE BARBARÉA — *Tetrapoma barbareæfolium* Fich et Mey. — *Camelina barbareæfolia* De Cand. Syst. et Prodr. — Deless. Ic. Sel. v. 2, tab. 70. (falsa quoad fructum). — *Tetrapoma Kruhsianum* Fisch. et Mey. Ind. I. Sem. Hort. Petrop. 1835, p. 39. — *Tetracellion ellipsoideum* Hortorum (ex auct. c.)

Racine pivotante, rameuse, fibrilleuse. Tiges solitaires ou moins souvent touffues, hautes de ¹/₂ pied à 2 pieds, dressées, ou ascendantes, cylindriques, cannelées, assez fermes, fistuleuses, feuillées, le plus souvent poilues ou hispidules (surtout dans leur moitié inférieure), rameuses ordinairement presque dès leur base. Rameaux dressés, ou ascendants, ou plus ou moins divergents, effilés, tantôt simples et presque nus, tantôt paniculés et feuillés, souvent hispidules, ou poilus, ou pubérules. Feuilles glabres, ou pubérules (surtout aux bords), d'un vert gai, la plupart (du moins des caulinaires) roncinées, ou roncinées-lyrées, ou lancéolées et soit pennatifides, soit sinuées-pennatifides, soit incisées-dentées ou sinuées-dentées, ordinairement pointues (lobes ou segments latéraux ordinairement triangulaires, ou ovales-triangulaires, ou oblongs-triangulaires, dentelés, ou dentés, ou sinuolés, ou incisés-dentés; lobe terminal tantôt court et subovale ou triangulaire, tantôt plus ou moins

---

son feuillage),'qu'il faut avoir garde pour ne pas confondre les deux plantes : la première offre même parfois des silicules trivalves; mais cette variation, observée aussi par M. C. A. Meyer sur le *Roripa amphibia*, n'affecte jamais qu'un fort petit nombre des fruits d'un individu. Le *Tetrapoma* diffère en outre du *Roripa Camelinæ*, par ses pédicelles en général plus courts, et jamais résupinés, ainsi que par son fruit à diaphragmes constamment incomplets.

allongé et soit lancéolé, soit lancéolé-oblong, soit oblong-lancéolé,
souvent sinué-pennatifide, ou sinué-denté, ou incisé-denté),
rétrécies en pétiole bi-auriculé et amplexicaule à sa base ; feuilles
inférieures longues de 3 à 5 pouces ; feuilles caulinaires supérieures et feuilles raméaires graduellement plus petites, sessiles,
bi-auriculées ou cordiformes-bilobées à leur base, tantôt conformes aux inférieures, tantôt indivisées ; les ramulaires ordinairement linéaires ou linéaires-lancéolées, très-entières, ou
denticulées. Grappes sessiles ou pédonculées, terminales, ou
axillaires et terminales, ou terminales et oppositifoliées, assez
denses même après la floraison, finalement longues de 1 pouce
à 1 pied : rachis glabre, ou moins souvent hispidule, grêle,
effilé, ascendant, ou dressé, ou divergent, rectiligne. Pédicelles
longs de 2 à 6 lignes : les florifères subfastigiés, très-rapprochés, presque capillaires, glabres, ou rarement hispidules, en
général environ 2 fois plus longs que le calice ; les fructifères filiformes, assez rapprochés, 1 à 5 fois plus longs que la silicule, ou
moins souvent à peine aussi longs que la silicule. Fleurs de la
grandeur et de l'aspect de celles du *Roripa* (*Nasturtium*) *palus-*
tris. Sépales longs d'environ 1 ligne, larges de $^1/_3$ de ligne, elliptiques-oblongs, obtus, finement 3-nervés, d'un jaune verdâtre.
Pétales à peine plus longs que le calice, presque étalés, d'un jaune
pâle, courtement onguiculés, cunéiformes-obovales, arrondis ou
échancrés au sommet. Étamines subisomètres, un peu plus longues que les pétales. Pistil à peu près aussi long que les étamines.
Silicules de 1 ligne à 1 $^1/_2$ ligne de diamètre, quelquefois presque
imbriquées, glabres ; style long au plus de $^1/_2$ ligne, souvent
presque nul ; valves longues de 1 $^1/_2$ ligne à 2 $^1/_2$ lignes, brunâtres, chartacées, finement subréticulées, assez fermes, caduques
dès la maturité (se détachant tantôt de haut en bas, tantôt de
bas en haut, restant souvent cohérentes par leurs bords), arrondies à leur sommet, ordinairement rétrécies à leur base, souvent
alternativement plus larges et plus étroites. Graines du volume
de celles du Coquelicot, d'un brun roux, ellipsoïdes, ou oblongues, ou subovoïdes, ou obovées, subcylindriques, ou un peu
comprimées, ou irrégulièrement anguleuses (par compression

mutuelle), plus ou moins profondément échancrées ; tégument mince, subcoriace, non-mucilagineux par la madéfaction. Cotylédons elliptiques, ou oblongs, ou ovales, obtus, convexes postérieurement, planes antérieurement, courtement pétiolés ; radicule érigée, ou plus ou moins divergente, subrectiligne, cylindrique, ordinairement un peu plus courte que les cotylédons, exactement commissurale, ou très-rarement latéralement dorsale.

Cette plante est indigène dans la Sibérie orientale et la Daourie.

Genre ARMORACIA. — *Armoracia* Flor. Wett.

Sépales 4, cymbiformes, égaux, divergents, presque étalés. Pétales 4, onguiculés. Glandules 6, alternes avec les étamines, denticuliformes, confluentes par la base. Étamines 6 ; filets filiformes, subisomètres, subrectilignes, divergènts ; anthères sagittiformes-elliptiques, obtuses. Ovaire ellipsoïde, un peu comprimé, 2-loculaire, multi-ovulé. Style filiforme, très-court. Stigmate pelté, hémisphérique. Silicule ellipsoïde ou subglobuleuse, non-comprimée, biloculaire, courtement apiculée : loges 4-20-spermes ; valves cymbiformes, non-carénées, innervées, submarginées ; nervures placentairiennes filiformes, incluses. Graines suspendues, bisériées, immarginées, subcylindriques ; cotylédons rectilignes, subsemi-cylindriques, accombants (toujours ?).

Herbe vivace. Feuilles indivisées ou pennatifides : les radicales et les caulinaires inféricures pétiolées ; les autres sessiles. Grappes terminales ou terminales et oppositifoliées, nues, multiflores. Pédicelles filiformes, plus ou moins divergents après la floraison. Fleurs de grandeur médiocre. Sépales obtus, d'un jaune verdâtre, membraneux aux bords. Pétales blancs. Filets libres, subtétragones : les impairs presque divariqués. Anthères jaunes : les impaires un peu plus grandes que les autres. Ovaire un peu comprimé en

sens contraire au diaphragme; ovules marginaux, subréniformes, résupinés, au nombre de 8 à 20 dans chaque loge
(ordinairement la plupart avortants). Silicule rectiligne,
érigée; valves finement réticulées, minces, cartilagineuses;
diaphragme membraneux, diaphane, innervé. Graines petites, finement chagrinées.

L'espèce suivante est la seule que nous puissions rapporter avec certitude à ce genre :

ARMORACIA OFFICINAL. — *Armoracia Rusticana* Baumg.
Flor. Transylv. — Koch, in Rœhl. Deutschl. Flor. —
Cochlearia Armoracia Linn.—Engl. Bot. tab. 2323.—Nees,
Off. Pfl. tab. 400. — Hayn. Arzn. Gew. 5, tab. 29. — Schk.
Handb. tab. 181. — *Armoracia Rivini* Rupp. — *Cochlearia
Rusticana* Lamk. Enc. — *Armoracia lapathifolia* Gilib. —
Raphanis magna Mœnch. — *Cochlearia macrocarpa* Wald. et
Kit. Plant. Hung. tab. 184. — *Raphanus sylvestris* Blackw.
Herb. tab. 415.

Plante multicaule, très-glabre. Racine grosse, longue, charnue, blanchâtre, subcylindracée, pivotante, polycéphale, stolonifère sous terre. Tiges hautes de 2 à 5 pieds, dressées,
cylindriques, cannelées, fistuleuses, feuillées, rugueuses supérieurement. Rameaux subfastigiés, paniculés, grêles, effilés, nus,
ou médiocrement feuillés. Feuilles fermes, un peu charnues, fortement penninervées, d'un vert gai, bosselées, ou rugueuses, souvent
ondulées ou crépues, subobtuses : les radicales atteignant jusqu'à 3
pieds de long (y compris le pétiole), oblongues, ou ovales-
oblongues, ou ovales, souvent cordiformes (plus ou moins profondément) à leur base, tantôt crénelées, tantôt incisées-dentées
ou sinuées-pennatifides; les caulinaires inférieures beaucoup
plus petites, courtement pétiolées, lancéolées, ou lancéolées-
oblongues, ou ovales-oblongues, ou ovales, tantôt pennatiparties ou pennatifides (à segments linéaires, obtus, entiers, ou
dentés, on incisés-dentés), tantôt indivisées et plus ou moins
profondément dentelées ou dentées; les caulinaires supérieures
et les raméaires petites, sessiles, ou subsessiles, oblongues-

linéaires, ou lancéolées-linéaires, pauci-dentées, ou denticulées, ou très-entières; dentelures souvent cartilagineuses au sommet; côte des feuilles inférieures grosse, blanche de même que les nervures et les pétioles. Grappes pédonculées ou sessiles, finalement très-allongées; rachis grêle, effilé, peu ou point flexueux. Pédicelles longs de 3 à 6 lignes : ceux des fleurs épanouies (presque capillaires) tantôt très-rapprochés et subfastigiés, tantôt déjà disposés en grappe plus ou moins allongée, plus longs que les sépales; les fructifères obliquement dressés ou plus ou moins divergents, plus longs que la silicule. Sépales longs de 1 ligne à 2 lignes, ovales-elliptiques, ou elliptiques-oblongs, très-obtus. Pétales longs de 2 ¹/₂ lignes à 4 lignes; onglets cunéiformes, presque aussi longs que les sépales; lames elliptiques ou obovales, obtuses. Glandules petites, confluentes par leur base en annule complet. Étamines un peu plus longues que le calice. Silicule longue de 3 à 4 lignes, courtement apiculée, substipitée, ou non-stipitée, très-semblable à celle du *Roripa amphibia*.

Cette plante, connue sous les noms vulgaires de *Cranson de Bretagne*, *Cranson rustique*, *Cran de Bretagne*, *Cram des Anglais*, *Raifort sauvage*, *Grand Raifort*, *Moutardelle*, *Moutarde des Allemands*, *Moutarde des Capucins*, etc., croît aux bords des ruisseaux et dans les prairies humides, dans une grande partie de l'Europe, mais sans être commune. Elle fleurit en mai et juin. On la cultive fréquemment tant comme plante officinale, qu'aux usages alimentaires.

La racine fraîche du *Raifort-sauvage* a une odeur très-pénétrante, et une saveur extrêmement piquante, analogue à celle de la graine de Moutarde, mais plus forte; elle a des propriétés diurétiques, vermifuges, stimulantes, et éminemment antiscorbutiques. Appliquée fraîche sur la peau, elle y produit l'effet d'un vésicatoire ou d'un sinapisme.

En Angleterre, en Allemagne, et dans quelques départements de la France, on fait fréquemment usage de la racine de Raifort soit comme assaisonnement, en guise de Moutarde, soit comme légume. Pour devenir de bonne qualité, elle exige un sol frais et profond.

Genre CAMÉLINA. — *Camelina* Crantz.

Sépales 4, subnaviculaires, dressés, égaux. Pétales 4, courtement onguiculés. Glandules 4 (opposées aux 2 sépales latéraux), égales, dentiformes. Étamines 6; filets filiformes, inappendiculés : les 2 impairs ascendants, arqués; les 4 autres rectilignes, presque dressés; anthères cordiformes, acuminulées. Ovaire ellipsoïde, un peu comprimé, 2-loculaire, multi-ovulé. Style filiforme, subtétragone. Stigmate petit, pelté, subhémisphérique. Silicule turbinée, ou obovée, ou ellipsoïde, un peu comprimée (tantôt parallèlement tantôt contrairement au diaphragme), cuspidée par le style, rétrécie à la base, carénée aux bords (par le rebord des valves), biloculaire, 2-valve : loges 2-10-spermes; valves cymbiformes, non-carénées, finement uni-nervées et réticulées, marginées, confluentes avec le style et en emportant chacune la moitié lors de la déhiscence; nervures placentairiennes filiformes, incluses. Graines suspendues, bisériées, subcylindriques, immarginées; cotylédons rectilignes, subsemi-cylindriques, incombants.

Herbes annuelles, tantôt glabres, tantôt parsemées de sétules soit simples soit 2-ou 3-furquées. Feuilles très-entières, ou denticulées, ou dentées, ou sinuées-pennatifides : les radicales et les caulinaires les plus inférieures rétrécies en pétiole, les autres sessiles ou amplexicaules. Grappes terminales, ou terminales et oppositifoliées (ou latérales), nues, multiflores, lâches après la floraison. Pédicelles filiformes : ceux des fleurs épanouies subfastigiés; les fructifères obliquement dressés, ou ascendants, ou subhorizontaux, plus longs que la silicule. Fleurs petites ou de grandeur médiocre. Sépales jaunâtres ou verdâtres, obtus, membraneux aux bords : les deux latéraux un peu sacciformes à la base. Pétales égaux, d'un jaune soit vif, soit pâle, étalés par leur partie saillante. Glandules petites, obtuses, solitaires de chaque côté des deux étamines im-

paires. Filets libres, subcylindriques : les impairs un peu
plus courts que les pairs. Anthères jaunes, profondément
cordiformes à la base : celles des étamines impaires de moitié plus grandes que les autres. Ovaire obscurément hexagone, un peu comprimé en sens contraire au diaphragme,
rétréci à la base; ovules subhorizontaux, immédiatement
superposés (dans chaque loge) en 2 séries marginales.
Style tantôt aussi long que l'ovaire, tantôt plus court.
Silicule érigée ou redressée, rectiligne, de forme et de
volume variables (dans les mêmes espèces), quelquefois stipitiforme à sa base; valves persistantes quelque
temps après la maturité, non-bosselées, minces, cartilagineuses, plus ou moins fortement bombées, arrondies
au sommet (et cuspidées ou apiculées, après la déhiscence, par la portion du style qu'elles emportent), rétrécies (quelquefois en forme de stipe assez long) à leur
base, amincies en leur contour en rebord assez large et
un peu relevé : nervure médiane fine, peu saillante, quelquefois oblitérée soit peu au-dessus de sa base, soit seulement vers le milieu; diaphragme obovale, ou cunéiforme-
obovale, ou cunéiforme-orbiculaire, ou oblong-obovale,
ou ellipsoïde, rétréci à la base, membraneux, diaphane,
innervé. Funicules plus ou moins déclinés, capillaires,
courts, inadhérents. Nervures placentairiennes presque
capillaires, à peine élargies à leur base, complétement recouvertes avant la déhiscence par le rebord des valves.
Graines ellipsoïdes ou cylindracées, peu ou point comprimées, légèrement échancrées, assez grosses, finement chagrinées (à la loupe), irrégulièrement bisériées dans chaque
loge (subimbriquées lorsqu'elles sont à plus de quatre),
tantôt suspendues, tantôt plus ou moins obliques ou horizontales; tégument mince, subcoriace, mucilagineux par
la madéfaction; cotylédons elliptiques ou oblongs, obtus,
non-pétiolés, charnus, planes antérieurement, convexes
postérieurement (l'intérieur en outre canaliculé derrière la
radicule); radicule perpendiculaire ou un peu oblique,

exactement dorsale, très-proéminente, subclaviforme, ordinairement un peu plus longue que les cotylédons.

Ce genre, très-caractérisé par la déhiscence anomale de
la silicule, ne renferme que les deux espèces dont nous allons faire mention.

A. *Fleurs petites. Pétales 1 fois plus longs que les sépales.
Silicule courtement rétrécie. — Plante glabre, ou parsemée de courtes sétules rameuses.*

CAMÉLINA CULTIVÉ. — *Camelina sativa* Crantz. — Hook.
Flor. Lond. tab. 70. — *Myagrum sativum* Linn. — Flor. Dan.
tab. 1038. — Schk. Handb. tab. 178. — *Alyssum sativum*
Smith, Engl. Bot. tab. 1254. — *Camelina sagittata* Mœnch,
Meth. — *Mœnchia sativa* Roth, Flor. Germ. — *Camelina
linicola* et *Camelina campestris* Spenn. Flor. Friburg. —
Camelina microcarpa Andrz. — Deless. Ic. Sel. 2, tab. 69.
— *Camelina sativa* et *Camelina sylvestris* Wallr.—*Camelina
ambigua* Bess. Hort. Crem.

— β : A FEUILLES SINUÉES. — *Camelina dentata* Pers. Ench.
— *Myagrum dentatum* Willd. Phyt. — *Myagrum pinna-
tifidum* Ehrh. Decad. — *Myagrum Bauhini* Gmel. Flor.
Bad. — *Camelina pinnatifida* Horn. Hort. Hafn.

Plante tantôt très-glabre (surtout à l'état cultivé) ou parsemée
de quelques sétules aux bords des feuilles et sur la partie inférieure de la tige, tantôt plus ou moins fortement pubescente, ou
poilue. Racine pivotante, longue, grêle, rameuse, fibrilleuse.
Tige haute de ¹/₂ pied à 3 pieds, dressée, légèrement cannelée,
cylindrique, grêle, effilée, feuillue (surtout inférieurement),
indivisée inférieurement, plus ou moins rameuse vers son sommet (quelquefois très-simple). Rameaux obliquement dressés ou
un peu divergents, simples ou subpaniculés, presque nus ou
feuillés, quelquefois subfastigiés. Feuilles tantôt d'un vert gai
et lisses (étant glabres ou presque glabres), tantôt un peu glauques ou subincanes (étant pubescentes ou pubérules), minces

tantôt très-entières ou à peine denticulées, tantôt plus ou moins fortement sinuolées-denticulées ou sinuées-denticulées, tantôt sinuées-dentées, ou sinuées-pennatifides; les radicales (ordinairement dépéries avant la floraison) longues de 2 à 6 pouces, lancéolées-spathulées, ou spathulés-oblongues, ou spathulées-obovales, obtuses, ou subobtuses (ordinairement sinuées-dentées); les caulinaires (excepté les plus inférieures, lesquelles sont semblables aux radicales, mais plus courtement pétiolées) lancéolées, ou lancéolées-oblongues, ou oblongues-lancéolées, ou oblongues, ou liguliformes, obtuses, ou pointues, amplexicaules (à base soit sagittiforme, soit cordiforme-bilobée), ou moins souvent non-amplexicaules (à base inauriculée ou à peine auriculée); les raméaires souvent sagittiformes-linéaires et très-entières. Grappes sessiles ou courtement pédonculées, dressées, ou presque dressées : les principales atteignant finalement 1 pied à 1 ¹/₂ pied de long; rachis très-grêle, effilé, peu ou point flexueux, ordinairement glabre. Pédicelles longs de 2 à 9 lignes : les florifères très-rapprochés, 1 à 3 fois plus longs que le calice; les fructifères plus ou moins éloignés, 1 à 2 fois plus longs que la silicule. Sépales longs d'environ 1 ligne, elliptiques-oblongs, glabres, ou parsemés de quelques poils. Pétales oblongs-spathulés, d'un jaune soit pâle soit plus ou moins vif, blanchâtres après l'anthèse. Étamines un peu plus longues que le calice; anthères 3 à 4 fois plus courtes que les filets. Silicule obovée, ou turbinée, ou presque ellipsoïde, cuspidée par un style filiforme tantôt court, tantôt plus ou moins allongé; valves longues de 3 à 5 lignes, larges de 1 ¹/₂ ligne à 3 lignes, tantôt hémisphériques, tantôt légèrement bombées. Graines longues de ¹/₂ ligne à 1 ligne, de grosseur variable, jaunâtres, ou roussâtres.

Cette plante, nommée vulgairement *Caméline*, vient spontanément dans toute l'Europe (les contrées les plus boréales exceptées) ainsi qu'en Orient et en Sibérie. Elle se plaît dans les terrains secs et découverts. On la cultive comme plante oléagineuse dans l'est de la France, en Allemagne et dans d'autres contrées de l'Europe; mais l'huile qu'elle fournit ne sert guère qu'à l'éclairage. La plante étant annuelle et pouvant être semée jusqu'au

mois de juin, on en tire souvent un parti avantageux pour remplacer d'autres cultures, détruites par des hivers désastreux.

B. *Fleurs assez grandes. Pétales environ 5 fois plus longs que
les sépales. Silicule rétrécie en forme de stipe allongé. —
Plante hérissée sur ses parties inférieures de poils simples.*

CAMÉLINA PANICULÉ. — *Camelina laxa* C. A. Meyer,
Enum. Plant. Caucas. p. 193.

Plante poilue inférieurement, glabre à ses parties supérieures.
Racine pivotante, rameuse, fibrilleuse. Tige haute de 2 à 3
pieds, dressée, cylindrique, peu ou point cannelée, médiocrement feuillée, rameuse presque dès sa base. Rameaux médiocrement feuillés, divergents, ou divariqués, ou diffus, paniculés;
ramules très-grêles, effilés, ordinairement nus. Feuilles caulinaires oblongues, ou oblongues-lancéolées, ou liguliformes, sinuolées, plus ou moins profondément dentées, ordinairement
sagittiformes à la base : les inférieures pétiolées, atteignant jusqu'à
6 pouces de long; les ramulaires très-étroites, linéaires, ou linéaires-lancéolées, très-entières, sagittiformes à la base. Pétales
d'un jaune vif, longs d'environ 3 lignes; lame oblongue-obovale.
Grappes fructifères très-lâches, flexueuses : les principales
atteignant jusqu'à 1 pied de long. Pédicelles fructifères longs
d'environ 6 lignes. Silicule obovée ou turbinée, stipitiforme et
asperme dans sa moitié inférieure, plus ou moins longuement
cuspidée; valves longues de 2 à 3 lignes.

Cette espèce a été trouvée par le docteur C.-A. Meyer, au
Caucase.

Genre ANASTATICA. —*Anastatica* Linn.

Sépales 4, égaux, cymbiformes, ascendants, divergents.
Pétales 4, courtement onguiculés. Glandules 4 (opposées
par paires aux 2 sépales latéraux). Étamines 6, subisomètres; filets filiformes, trigones, ascendants, arqués; anthè-

res sagittiformes-elliptiques, rétuses. Ovaire biloculaire ;
loges 2-ovulées. Style filiforme, accrescent. Stigmate pelté,
disciforme. Silicule rostrée, subglobuleuse, comprimée en
sens contraire au diaphragme, diptère au sommet, biloculaire, bivalve, 2-4-sperme; valves cymbiformes, innervées, marginées, appendiculées postérieurement au-dessous
de leur sommet; diaphragme suborbiculaire, épais, subcoriace; nervures placentairiennes planes, très-larges, superficielles; bec conique-subulé, persistant. Graines tantôt
solitaires (dans chaque loge) et suspendues, tantôt géminées
et subhorizontales, suborbiculaires, comprimées, immarginées; cotylédons rectilignes, planes, tantôt accombants,
tantôt obliquement incombants.

Herbe annuelle, très-rameuse, couverte d'une pubescence tri-ou pluri-furquée. Rameaux dichotomes. Feuilles
pétiolées, peu ou point dentées. Grappes dichotoméaires
(ou quelquefois latérales) et terminales, nues, pauciflores,
sessiles. Pédicelles très-courts, toujours érigés : les fructifères très-épaissis. Fleurs subsessiles, très-petites. Sépales
obtus, membraneux aux bords. Lame des pétales étalée;
onglets dressés. Glandules petites, dentiformes, trigones,
insérées une à une de chaque côté des 2 étamines impaires.
Filets équidistants, un peu épaissis à leur base : les 2 impairs à peine plus courts que les autres. Ovaire court, cylindrique, comprimé en sens contraire au diaphragme;
ovules suspendus, superposés. Style court, cylindrique.
Silicules rectilignes, dressées, déhiscentes longtemps après
la maturité des graines; valves dures (endocarpe testacé,
ordinairement développé au-dessus de son milieu en une
lamelle horizontale partageant la loge en deux compartiments incomplets), subhémisphériques, prolongées postérieurement (un peu au-dessous de leur sommet) en un
large appendice chartacé, subhorizontal, suborbiculaire,
bombé (concave antérieurement); nervures placentairiennes ligneuses, très-élargies inférieurement et confluentes
en un court thécaphore uni-denté de chaque côté; dia-

phragme innervé, non-fovéolé, presque opaque; bec rectiligne, ligneux, plus long que les valves, un peu comprimé parallèlement au diaphragme. Funicules subopposés, courts, dentiformes, adnés. Graines assez grosses,
finement chagrinées, échancrées au sommet, suspendues
lorsqu'elles sont solitaires, ou (lorsqu'elles sont géminées
dans les loges) subhorizontales et séparées l'une de l'autre
par la lamelle endocarpienne; tégument mucilagineux par
la madéfaction; cotylédons elliptiques ou ovales-elliptiques,
très-obtus, subpétiolés, échancrés du côté de la radicule
au-dessous de leur milieu; radicule arquée, subfusiforme,
pointue, un peu plus courte que les cotylédons, moulée à
la surface de la graine.

L'espèce suivante constitue à elle seule le genre :

ANASTATICA HYGROMÉTRIQUE. — *Anastatica hierochuntina*
Linn. — Jacq. Hort. Vindob. 1, tab. 58. — Schk. Handb. tab.
179. — Gærtn. Fruct. 2, tab. 141.

Plante haute de 3 à 6 pouces, pubescente ou presque cotonneuse sur toutes ses parties herbacées. Racine courte, presque
simple, pivotante. Tige dressée, finalement presque ligneuse,
bifurquée ou trifurquée ordinairement peu au-dessus de sa base.
Rameaux dressés ou presque dressés, dichotomes, ou subtrichotomes, feuillus : ramules plus ou moins divergents. Feuilles
longues de 6 à 18 lignes, d'un vert blanchâtre, ou incanes,
spathulées-oblongues, ou spathulées-obovales, ou obovales, ou
subovales, obtuses, inégalement dentées à tout leur contour, ou
dentées seulement à leur sommet (souvent 3-dentées), ou très-
entières, obtuses, ou pointues, rétrécies en pétiole souvent
presque aussi long que la lame. Grappes (minimes lors du commencement de la floraison) finalement longues de 3 à 15 lignes.
Pédicelles fructifères longs de ¹/₂ ligne à 1 ligne, subturbinés,
presque aussi gros à leur sommet que la base de la silicule. Sépales longs de ¹/₂ ligne. Pétales un peu plus longs que le calice,
obovales. Silicules d'environ 2 lignes de diamètre, rapprochées
(ordinairement 3 à 7 par grappe), quelquefois presque imbri-

quées, pubescentes, ou cotonneuses; valves longues de 1 ligne à 1 ½ ligne : appendice large de 1 ½ ligne à 2 lignes, un peu moins long que large; diaphragme large de 1 ligne à 1 ½ ligne; bec ordinairement de moitié plus long que les valves. Graines jaunâtres, presque aussi larges que le diaphragme.

Cette plante, connue sous le nom vulgaire de *Rose de Jéricho* (1), croît dans les sables de l'Égypte, de la Syrie et de l'Arabie. Lorsque sa végétation est accomplie, ses branches et leurs nombreuses ramifications se contractent par l'effet de la siccité, en formant une sorte de pelotte presque globuleuse, tandis qu'elles se rouvrent dès que ce squelette végétal vient à être humecté.

Genre VELLA. — *Vella* (Linn.) De Cand.

Sépales 4, dressés, connivents, subnaviculaires, presque égaux, non-sacciformes à la base. Pétales 4, très-longuement onguiculés, veineux. Glandules 2, opposées aux sépales latéraux. Étamines 6, presque isomètres; filets assez gros, trigones, subclaviformes : les 2 impairs ascendants, divergents, libres, à peine plus courts; les 4 autres dressés, rectilignes : ceux de chaque paire soudés presque jusqu'au sommet; anthères sagittiformes-elliptiques, obtuses. Ovaire court, octogone, biloculaire ; ovules suspendus, solitaires dans chaque loge. Style large, linguiforme, plus long que l'ovaire. Stigmate petit, pelté, disciforme, obscurément 4-lobé. Silicule ovoïde, stipitée, comprimée en sens contraire au diaphragme, longuement rostrée, bi-loculaire, 2-sperme; valves cymbiformes, marginées, 5-costées; bec large, ovale, aplati parallèlement au diaphragme, caduc lors de la déhiscence; nervures placentairiennes assez larges, aplaties, incluses. Graines ovoïdes, solitaires, suspendues : cotylédons condupliqués ; radicule très-proéminente.

---

(1) Ce nom est probablement dû au phénomène hygrométrique qu'offre la plante, laquelle d'ailleurs n'est rien moins que semblable aux Roses.

Sous-arbrisseau. Rameaux-florifères simples, feuillus. Feuilles subsessiles, très-entières, épaisses, couvertes de sétules simples ou rameuses. Grappes multiflores, terminales, nues, ou bractéolées seulement à la base, assez denses. Pédicelles courts, gros, toujours dressés : ceux des fleurs épanouies non-fastigiés. Fleurs assez grandes, odorantes. Sépales d'un jaune verdâtre, membraneux aux bords, trinervés, réticulés, subacuminés, cuculliformes au sommet. Pétales jaunes ; onglets très-longs, linéaires, dressés ; lames courtes, étalées, penniveinées. Glandules presque carrées, insérées une à une *devant* les 2 étamines impaires. Filets aptères, innappendiculés. Anthères isomètres. Ovaire courtement stipité, à 8 angles alternativement plus et moins saillants : ceux-ci alternes avec les sépales. Ovules attachés un peu au-dessous du sommet des loges. Style aplati parallèlement au diaphragme. Silicule dressée, rectiligne, assez grosse : stipe columnaire, un peu moins gros que le pédicelle, 2 à 5 fois plus court que les valves ; valves dures (endocarpe testacé, prolongé au-delà du sommet de l'épicarpe en un petit appendice pointu), non-bosselées, réticulées, elliptiques, ou obovales-elliptiques, munies d'un rebord cartilagineux assez étroit et de 5 côtes saillantes ; nervures placentairiennes avant la déhiscence complétement recouvertes par le rebord des valves ; diaphragme pelliculaire, diaphane, innervé, non-fovéolé, elliptique ; bec plus long et plus large que les valves, cartilagineux, nerveux, jamais séminifère, non-décurrent, tombant lors de la déhiscence avec une portion du diaphragme. Graines lisses, assez grosses : test très-mucilagineux par la madéfaction ; funicule court, filiforme, inadhérent, décliné ; cotylédons subpétiolés, réniformes, profondément bilobés au sommet : l'extérieur charnu, bombé au dos ; l'intérieur plus mince, plié en carène, un peu saillant aux bords ; radicule ascendante, arquée, subcylindrique, non-recouverte par le bord des cotylédons, moulée à la surface de la graine.

L'espèce suivante constitue a elle seule ce genre :

VELLA FAUX-CYTISE. — *Vella Pseudo-Cytisus* Linn. — Cavan. Ic. v. 1, tab. 42 (mala). — Lamk. Ill. tab. 555, fig. 2 (mala). — Bot. Reg. tab. 293.

Sous-arbrisseau haut de 2 à 4 pieds. Tige ligneuse, dressée. Rameaux ascendants ou divergents, cylindriques : les adultes nus, ligneux, glabres ; les jeunes feuillus, pubérules, scabres, un peu flexueux, la plupart florifères et ordinairement garnis de courts ramules stériles axillaires. Feuilles obovaies, ou oblongues-obovales, ou spathulées, arrondies au sommet, rétrécies en très-court pétiole, d'un vert jaunâtre, subcoriaces, 1-nervées, scabres, hispidules : les raméaires longues d'environ 6 lignes ; les ramulaires 2 à 3 fois plus petites. Grappes finalement longues de 3 à 6 pouces. Pédicelles longs d'environ 1 ligne, assez rapprochés même après la floraison : ceux des fleurs épanouies déjà disposés en grappe plus ou moins allongée.[1] Sépales longs de 2 à 3 lignes, ordinairement parsemés de petites sétules horizontales. Onglets des pétales 2 à 3 fois plus longs que le calice, filiformes, d'un pourpre brunâtre ; lame obovale-orbiculaire, ou obcordiforme, beaucoup plus courte que l'onglet, veinée de violet. Étamines un peu plus longues que le calice. Silicule glabre, longue d'environ 4 lignes (y compris le bec et le stipe), du volume d'un gros pois dans sa partie séminifère ; valves longues de 1 ½ ligne à 2 lignes, ordinairement un peu rétrécies à la base ; diaphragme large de 1 ligne à 1 ½ ligne ; bec long de 2 à 4 lignes, large d'environ 2 lignes, ovale, ou ovale-oblong, trinervé de chaque côté. Graines d'un brun roux, presque aussi longues que le diaphragme.

Cette plante, indigène en Espagne, se cultive dans les collections d'Orangerie.

Genre CARRICHTÉRA. — *Carrichtera* De Cand.

Sépales 4, dressés, connivents, non-sacciformes à la base : les 2 latéraux naviculaires, 2 fois plus larges ; es 2 autres linéaires, presque planes. Pétales 4, longuement onguiculés, veineux. Glandules 4 (opposées deux à deux aux 2 sépales latéraux). Étamines 6; filets libres, filiformes, anguleux : les 2 impairs ascendants à la base, plus courts ; les 4 autres rectilignes , dressés ; anthères sagittiformes-ovales, appendiculées au sommet. Ovaire court , octogone, 2-loculaire : loges 3-ou 4-ovulées. Style large ; ensiforme, plus long que l'ovaire. Stigmate linguiforme, échancré. Silicule subglobuleuse, comprimée en sens contraire au diaphragme, longuement rostrée, biloculaire, 4-8-sperme ; valves cymbiformes , marginées, 3-costées ; bec large , ovale , aplati , caduc lors de la déhiscence ; nervures placentairiennes filiformes, incluses. Graines lenticulaires, bisériées, suspendues : cotylédons condupliqués; radicule un peu proéminente.

Herbe annuelle, plus ou moins hérissée de sétules simples (soit réfléchies, soit horizontales). Feuilles pennatiparties ou bipennatiparties , pétiolées. Grappes terminales et oppositifoliées, nues, lâches. Pédicelles courts : ceux des fleurs épanouies déjà disposés en grappe lâche; les fructifères un peu épaissis, réfléchis (souvent d'un seul côté). Fleurs petites. Sépales d'un jaune verdâtre ou tirant sur le violet. Pétales penniveinés, jaunâtres au moment de l'épanouissement, plus tard blanchâtres : veines violettes. Glandules tronquées, presque semi-lunées, insérées une à une de chaque côté des deux étamines impaires. Anthères petites : celles des 2 étamines impaires un peu plus longues que les autres. Ovaire non-stipité, ellipsoïde, un peu comprimé parallèlement au diaphragme; loges 3-ou 4-ovulées; ovules suspendus, immédiatement superposés dans chaque loge en deux séries marginales; funicules allongés. Style aplati parallèlement au diaphragme, un peu gibbeux de chaque côté de sa base. Stigmate court, comprimé, beaucoup plus étroit que le style. Silicule réfléchie ou déclinée, petite, rectiligne, non-stipitée, déhiscente quelque temps après la maturité des graines; valves dures (endocarpe testacé), non-bosselées, réticulées, elliptiques, ou suborbiculaires, cymbiformes, arrondies aux 2 bouts, munies d'un rebord chartacé assez étroit et de 5 nervures saillantes ordinairement hispides (de sétules très-raides); nervures placentairiennes filiformes, avant la déhiscence complétement recouvertes par le rebord des valves; diaphragme pelliculaire, diaphane, innervé, non-fovéolé, elliptique, ou suborbiculaire; bec plus long et plus large que les valves, chartacé, aplati parallèlement au diaphragme, jamais séminifère, non-décurrent, tombant lors de la déhiscence avec une portion du diaphragme. Graines petites, non-recouvrantes, lisses, marginales : test très-mucilagineux par la madéfaction; funicules courts, capillaires, inadhérents, déclinés; cotylédons subpétiolés, réniformes, profondément bilobés au sommet : l'extérieur charnu, bombé au dos; l'intérieur plus mince, plié en carène, non recouvert aux bords, lesquels s'appliquent sur la radicule de manière à n'en laisser à nu que la surface externe; radicule ascendante, subcylindrique, pointue, courbée en demi-cercle.

Ce genre, très-voisin de l'*Éruca,* ne renferme que l'espèce suivante :

Carrichtéra Faux-Vella. — *Carrichtera Vellæ* De Cand. Syst. et Prodr. — Gærtn. Fruct. II, tab. 141. — Engl. Bot. tab. 1441.

Plante haute de 6 à 18 pouces. Racine grêle, rameuse. Tige dressée, grêle, hispidule, paniculée, ou simple, feuillée. Rameaux ascendants, ou dressés, feuillés, ordinairement paniculés. Feuilles minces, d'un vert gai, hispidules, scabres, la plupart longues de 2 à 3 pouces : les inférieures bipennatiparties; les supérieures simplement pennatiparties; segments linéaires, obtus, accrescents de la base jusque vers le milieu de la feuille, décrescents depuis le milieu jusqu'au sommet. Grappes grêles, dressées, ordinairement florifères dès la base : les fructifères subunilatérales, atteignant jusqu'à un pied de long. Pédicelles assez rapprochés : les florifères à peine longs de 1 ligne; les fructifères à peu près aussi longs que les valves de la silicule, défléchis (souvent vers un seul côté), plus ou moins déclinés et arqués. Sépales longs de 1 ¹/₂ ligne à 2 lignes , subpétaloïdes, réticulés , pointus. Pétales de moitié plus longs que les sépales : onglets filiformes, dressés , un peu plus courts que les sépales ; lame étalée, obovale-spathulée. Étamines majeures à peu près aussi longues que le calice , du tiers plus longues que les mineures. Anthères couronnées par un petit appendice liguliforme blanchâtre. Silicules longues de 4 à 4 ¹/₂ lignes (y compris le bec), de la grosseur d'un Pois dans leur partie séminifère ; valves longues d'environ 2 lignes, ordinairement un peu rétrécies à la base ; côtes garnies de sétules très-raides, horizontales, comprimées, acérées, élargies à leur base ; diaphragme large d'environ 1 ¹/₂ ligne ; bec long de 2 à 2 ¹/₂ lignes, large de 1 ¹/₂ ligne à 2 lignes, mince, obtus, 3-ou 5-nervé aux 2 faces, ordinairement concave à la face supérieure. Graines du volume de celles de la Moutarde-noire, d'un brun roux ou noirâtre.

Cette plante croît dans la région méditerranéenne et aux Canaries ; elle a une odeur analogue à celle de la *Roquette*, mais beaucoup plus pénétrante.

Genre SUCCOWIA. — *Succowia* Medik.

Sépales 4, dressés, un peu divergents, naviculaires, non-sacciformes à la base : les deux latéraux 2 fois plus larges. Pétales 4, spathulés-cunéiformes. Glandules 4 (opposées aux 4 sépales). Étamines 6 : filets filiformes , subcylindriques, ascendants, arqués : les deux impairs plus courts. Ovaire didyme, biloculaire ; ovules suspendus , solitaires dans chaque loge. Style long , conique-subulé. Stigmate capitellé, fortement papilleux. Silicule didyme, comprimée en sens contraire au diaphragme, longuement rostrée, 2-loculaire, 2-sperme ; valves subhémisphériques, séteuses, innervées, immarginées ; bec grêle, pugioniforme, comprimé parallèlement au diaphragme, persistant, décurrent ; nervures placentairiennes filiformes, marginées, incluses. Graines globuleuses, solitaires, suspendues ; cotylédons condupliqués; radicule recouverte, excepté au sommet.

Herbe annuelle, glabre, ou parsemée de très-courts poils simples. Feuilles pétiolées, pennatiparties. Grappes terminales et oppositifoliées, nues, multiflores, très-lâches après la floraison. Pédicelles filiformes, toujours dressés ou presque dressés. Fleurs petites. Sépales verdâtres, cuculliformes au sommet. Pétales jaunes, peu à peu rétrécis en onglet : lame étalée. Glandules inégales : les 2 latérales plus grandes, scutelliformes, presque carrées, staminigères ; les 2 autres petites, dentiformes, subtrigones, obtuses, insérées *derrière* les étamines paires. Ovaire courtement stipité, comprimé en sens contraire au diaphragme, couvert à toute sa surface de sétules simples bulbifères à la base. Ovules attachés un peu au-dessous du sommet des loges : funicules courts. Style comprimé dans sa partie inférieure (parallèlement au diaphragme). Silicule dressée, très-courtement stipitée, déhiscente peu après la maturité des graines ; valves minces, cartilagineuses, plus courtes que le bec, non bosselées ni réticulées, mais hérissées d'une multitude de sétules subulées assez raides ; nervures placentairiennes avant la déhiscence complétement recouvertes par le bord des valves, munies dans toute leur longueur d'un étroit rebord chartacé provenant de la décurrence du bec ; diaphragme pelliculaire, diaphane, innervé, non-fovéolé, suborbiculaire, épaissi de chaque côté en rebord filiforme ; bec cartilagineux, rectiligne, plus étroit que le diaphragme, 1-costé de chaque côté, jamais séminifère. Graines assez grosses, chagrinées, exactement globuleuses, marbrées de brun clair et de noir : tégument non-mucilagineux par la madéfaction ; cotylédons réniformes, subpétiolés, profondément bilobés au sommet : l'extérieur charnu, bombé au dos ; l'intérieur plus mince, plié en carène, peu saillant par les bords ; radicule subcylindrique, pointue, courbée en demi-cercle, presque complétement recouverte par les cotylédons.

L'espèce suivante constitue à elle seule ce genre :

SUCCOWIA DES BALÉARES. — *Succowia balearica* Medik.
in Ust. Neu. Ann. 1, p. 41. — *Bunias balearica* Linn.

Plante glabre ou presque glabre, haute de ¹/₂ pied à 1 ¹/₂ pied.
Tige dressée, grêle, anguleuse, rameuse ordinairement dès la
base. Rameaux ascendants ou décombants, feuillés, ordinairement paniculés. Feuilles longues de 1 pouce à 3 pouces, lisses,
d'un vert gai : segments alternes ou subopposés, égaux, ou
plus ou moins inégaux (accrescents de bas en haut), subovales,
ou oblongs, ou oblongs-linéaires, très-obtus, ou pointus : ceux
des feuilles inférieures sinués-pennatifides, ou sinués-lobés, ou
incisés-dentés ; ceux des feuilles supérieures peu profondément
dentés ou très-entiers. Grappes grêles, un peu flexueuses, très-
lâches après la floraison, finalement longues de 4 à 12 pouces.
Pédicelles longs de 1 ¹/₂ ligne à 3 lignes : ceux des fleurs épanouies subfastigiés, à peu près aussi longs que le calice. Sépales
longs d'environ 2 lignes, obtus : les 2 latéraux ovales-oblongs ;
les 2 autres oblongs. Pétales longs de 3 lignes, jaunes, spathulés-cunéiformes, obtus. Étamines majeures un peu plus longues que le calice, du quart plus longues que les impaires.
Pistil (à l'époque de l'anthèse) à peu près aussi long que les étamines majeures. Silicule longue de 4 à 5 lignes (y compris le
bec), large d'environ 3 lignes dans sa partie séminifère ; valves
longues de 1 ¹/₂ ligne à 2 lignes ; diaphragme large de 1 ligne à
1 ¹/₂ ligne ; bec long de 3 à 4 lignes, large de ¹/₂ ligne à ³/₄ de
ligne à sa base. Graines (très-rarement géminées dans chaque
loge) du volume de celles du Chou.

Cette plante croît dans la région méditerranéenne et aux Canaries.

Genre CAPSELLA. — *Capsella* Mœnch.

Sépales 4, subcymbiformes, égaux, dressés, un peu divergents. Pétales 4, dressés, courtement onguiculés. Glandules 4 (opposées aux sépales latéraux), dentiformes. Éta-

mines 6, subisomètres ; filets filiformes , inappendiculés ,
subtétragones , ascendants, arqués ; anthères cordiformes-
elliptiques, obtuses. Ovaire elliptique, comprimé, multi-
ovulé. Style cylindrique, très-court. Stigmate pelté, suborbiculaire. Silicule comprimée en sens contraire au diaphragme, presque plane, biloculaire, bivalve , polysperme,
apiculée par le style ; valves naviculaires, carénées, aptères, marginées, finement uni-nervées ; nervures placentairiennes filiformes, incluses. Graines suspendues, bisériées,
subcylindriques, immarginées ; cotylédons rectilignes, incombants, planes antérieurement : l'extérieur convexe au
dos ; l'intérieur concave ou plane.

Herbes annuelles ou bisannuelles, très-glabres , ou couvertes d'une pubescence rameuse et en outre parsemées de
sétules simples. Feuilles tantôt indivisées, tantôt pennatifides ou pennatiparties : les radicales rétrécies en pétiole ;
les autres sessiles ou amplexicaules. Grappes terminales, ou
terminales et oppositifoliées, nues, multiflores , très-allongées après la floraison. Pédicelles filiformes : les fructifères
ascendants, ou obliquement dressés, ou plus ou moins divergents , ou horizontaux. Fleurs petites. Sépales verdâtres, obtus, membraneux aux bords, non-carénés. Pétales
blancs , égaux : lame très-entière. Glandules petites, égales,
solitaires de chaque côté des étamines impaires. Ovaire
courtement stipité ou non-stipité, comprimé contrairement
au diaphragme. Ovules suspendus, bisériés dans chaque
loge. Silicule érigée, ou obliquement dressée, ou horizontale, rectiligne, courtement stipitée, ou non-stipitée , tronquée, ou échancrée, ou bilobée au sommet, apiculée par
un style filiforme très-court ; valves minces, presque membranacées, finement réticulées, arrondies au sommet,
équilatérales, ou inéquilatérales, amincies et un peu relevées aux bords, caduques dès la maturité ; diaphragme
double, membraneux, diaphane, tantôt innervé, tantôt
très-finement uni-nervé, lancéolé-oblong, ou lancéolé-elliptique, ou elliptique, ou elliptique-oblong , moins large

que la silicule ; nervures placentairiennes très-fines, à peine élargies à leur base , avant la déhiscence complétement recouvertes par le bord des valves. Funicules plus ou moins déclinés, capillaires, inadhérents. Graines ovoïdes, ou ellipsoïdes, ou oblongues, échancrées, finement poncticulées (à la loupe); tégument mince, très-mucilagineux par la madéfaction ; cotylédons elliptiques-oblongs , obtus , courtement pétiolés ; radicule exactement dorsale, un peu comprimée, grêle, ascendante, subrectiligne, à peu près aussi longue et aussi large que les cotylédons.

Outre l'espèce que nous allons décrire, il faut encore rapporter à ce genre (ainsi que l'a déjà reconnu M. C. A. Meyer) le *Lepidium procumbens* Linn.

CAPSELLA BOURSETTE. — *Capsella Bursa pastoris* Mœnch, Meth. — *Thlaspi Bursa pastoris* Linn. — Lamk. Ill. tab. 557, fig. 2. — Flor. Dan. tab. 729. — Engl. Bot. tab. 1485. — Curt. Flor. Lond. I, tab. 50. — Bull. Herb. tab. 223. — Svensk Bot. tab. 273. — Schk. Handb. tab. 180. — *Iberis Bursa pastoris* Crantz. — *Nasturtium Bursa pastoris* Roth. — *Rodschiedia Bursa pastoris* Flor. Wetterav. — *Thlaspi Bursa* Spreng. Syst.

Feuilles indivisées, ou incisées-dentées, ou pennatifides, ou pennatiparties, ou lyrées, ou roncinées, ou sinuées, ou sinuéespennatifides : les caulinaires amplexicaules, sagittiformes à la base. Silicule triangulaire-obcordiforme, ou triangulaire-cunéiforme, courtement apiculée.

Plante tantôt annuelle, tantôt bisannuelle, haute de quelques pouces jusqu'à 3 pieds , plus ou moins fortement pubérule (surtout sur ses parties inférieures) et en outre souvent parsemée de sétules horizontales. Racine grêle, pivotante, plus ou moins rameuse, fibrilleuse, ordinairement pluri-caule. Tiges (quelquefois très-courtes) dressées ou ascendantes, grêles, cylindriques, striées, médiocrement feuillées, tantôt simples, tantôt plus ou moins rameuses. Rameaux simples ou paniculés. Feuilles d'un vert gai : les radicales longues de 1 pouce à ¹/₂ pied , sinuées, ou pennatifides, ou pennatiparties, ou lyrées, ou roncinées (lobes ou segments triangulaires, ou oblongs, ou sublinéaires, ou sub-ovales, pointus, ou obtus, très-entiers, ou denticulés, ou inégalement dentés, ou incisés-dentés), ou incisées-dentées (spathulées-lancéolées ou spathulées-oblongues), ou quelquefois peu profondément dentées ; les caulinaires inférieures en général incisées ou sinuées comme les radicales ; les supérieures (ou quelquefois toutes) indivisées (soit très-entières, soit denticulées ou légèrement dentées), lancéolées, ou lancéolées-oblongues, ou oblongues-lancéolées, ou linéaires-lancéolées, ou linéaires, ordinairement pointues, à oreillettes basilaires plus ou moins divergentes. Grappes sessiles ou pédonculées : les principales atteignant finalement jusqu'à 1 pied de long : rachis rectiligne ou subrectiligne, dressé, grêle, effilé, ordinairement glabre de même que les pédicelles. Pédicelles longs de 3 à 6 lignes : ceux des fleurs épanouies très-rapprochés, subfastigiés ; les fructifères ordinairement assez éloignés, en général horizontaux ou subhorizontaux, mais un peu redressés vers leur sommet, quelquefois déclinés, ou plus ou moins obliquement dressés, 1 à 3 fois plus longs que la silicule. Sépales à peine longs de 1 ligne, glabres, elliptiques. Pétales (accidentellement nuls) cunéiformes-obovales, du tiers ou de moitié plus longs que les sépales. Étamines à peine plus longues que le calice. Silicule longue de 2 à 5 lignes, large de 1 $^{1}/_{2}$ ligne à 3 lignes, courtement stipitée, ou non-stipitée, glabre, érigée, ou horizontale, ou rarement déclinée, tronquée, ou arrondie, ou échancrée, ou bilobée au sommet (à sinus ordinairement obtus); valves obtuses; diaphragme lancéolé, ou lancéolé-oblong, ou lancéolé-elliptique, large de $^{1}/_{3}$ à $^{2}/_{3}$ de ligne. Graines petites, d'un brun jaunâtre ou roussâtre, au nombre de 10 à 15 dans chaque loge.

Cette plante, l'une des plus communes de toute la famille, habite toute l'Europe et la majeure partie de l'Asie, ainsi que l'Amérique septentrionale. Elle croît de préférence dans les champs, les jardins, et au voisinage des habitations. On la rencontre en fleurs et en fruits pendant presque toute l'année ; aussi se multiplie-t-elle souvent au point de devenir une mauvaise

herbe très-incommode dans les endroits cultivés. On la connaît
sous les noms vulgaires de *Boursette , Bourse à berger, Bourse
à pasteur, Mallette à berger, Tabouret ,* etc. Elle participe
aux propriétés antiscorbutiques et diurétiques communes à beaucoup d'autres Crucifères.

Genre CARDARIA. — *Cardaria* (Desv.) Spach.

Sépales 4, cymbiformes, presque étalés , non-gibbeux à
leur base : les 2 latéraux plus étroits. Pétales 4, étalés, ou
réfléchis, onguiculés : lames très-entières. Glandules 6,
dentiformes, égales, alternes avec les étamines. Étamines
6, subisomètres; filets filiformes, épaissis à leur base, ascendants, arqués, distants dès la base; anthères cordiformes-elliptiques. Ovaire ovale ou didyme, comprimé, biovulé. Style long ou très-court, filiforme. Stigmate pelté,
suborbiculaire. Silicule comprimée en sens contraire au
diaphragme, rétuse, ou très-entière, courte, 2-loculaire,
2-valve, 2-sperme, apiculée ou cuspidée par le style; valves naviculaires, carénées, aptères, réticulées, submarginées; nervures placentairiennes filiformes, incluses. Graines
suspendues, un peu comprimées, immarginées; cotylédons
ascendants, subsemi-cylindriques, incombants.

Herbes vivaces. Racine ordinairement traçante. Feuilles
grandes (du moins les inférieures) : les radicales longue
ment pétiolées, quelquefois incisées; les caulinaires sessiles,
amplexicaules, dentelées. Grappes terminales et oppositifoliées, ou axillaires et terminales, ou latérales et terminales, nues, multiflores, quelquefois peu ou point accrescentes. Pédicelles filiformes : ceux des fleurs épanouies subfastigiés, très-rapprochés; les fructifères dressés, ou ascendants, ou divergents, ou horizontaux, ou déclinés, plus
ou moins éloignés, ou quelquefois (surtout ceux des grappes latérales et axillaires) en corymbe comme lors de la
floraison. Fleurs petites, légèrement odorantes. Sépales
d'un blanc verdâtre, membraneux aux bords, très-obtus,

non-carénés : le supérieur et l'inférieur ascendants; les latéraux subhorizontaux. Pétales blancs, égaux : onglets très-étroits, linéaires-spathulés. Glandules petites, confluentes par leur base, insérées deux à deux devant les sépales latéraux (une *de chaque côté* des filets impairs), et une à une devant les sépales extérieurs (*derrière* les étamines géminées). Filets libres, subtétragones, subulés au sommet, non dentés ni appendiculés : les impairs à peine plus courts. Anthères minimes, jaunâtres, échancrées, ou obtuses. Ovaire ovale, ou elliptique, ou subcordiforme, non-stipité, ou substipité, comprimé en sens contraire au diaphragme. Style très-court ou au moins aussi long que l'ovaire, cylindrique. Stigmate assez gros, fortement papilleux. Silicule érigée, ou subhorizontale, ou rarement déclinée, petite, rectiligne, non-stipitée, ou substipitée, de forme très-variable (dans les mêmes espèces tantôt cordiforme, tantôt ovale, tantôt ovale-elliptique, tantôt elliptique, tantôt suborbiculaire, plus ou moins bombée aux 2 faces), courtement apiculée ou plus ou moins longuement cuspidée par un style filiforme; valves subpersistantes, minces, chartacées, assez raides, plus ou moins fortement réticulées, amincies et un peu relevées aux bords, munies d'une carène dorsale plus ou moins saillante mais non élargie supérieurement; nervures placentairiennes fines, à peine élargies à leur base, avant la déhiscence complétement ou presque complétement recouvertes par les valves; diaphragme oblong, ou lancéolé, ou linéaire-spathulé, membraneux, subdiaphane, tantôt innervé, tantôt finement uni-ou bi-nervé, double, beaucoup plus étroit que la largeur de la silicule. Graines ovoïdes ou ellipsoïdes, lisses, échancrées; tégument mucilagineux par la madéfaction; cotylédons oblongs ou linéaires, obtus, pétiolés, assez épais, planes antérieurement : l'extérieur (relativement à la radicule) convexe au dos; l'intérieur plane ou un peu concave au dos; radicule conique ou columnaire, un peu comprimée, pointue, à peu près aussi longue et aussi large que les cotylédons, rectiligne, dressée, exactement dorsale. Funicules courts, denticuliformes, pendants, adnés inférieurement au diaphragme.

Outre les espèces dont nous allons faire mention, il faudra sans doute en rapporter à ce genre quelques autres classées à tort parmi les *Lepidium*.

A. *Pétales longuement onguiculés. Style aussi long ou plus long que l'ovaire. Silicule plus ou moins longuement cuspidée ; valves bombées de chaque côté. — Grappes terminales et oppositifoliées, non-fasciculées : les fructifères lâches, plus ou moins allongées.*

CARDARIA FAUX - COCHLÉARIA. —, *Cardaria Cochlearia* Spach.

— α : A SILICULES SUBDIDYMES (*didymocarpa*). — *Cochlearia Draba* Linn. Spec. cd. 2. — Jacq. Austr. tab. 315. — *Lepidium Draba* Linn. Spec. ed. 1.—*Cardaria Draba* Desv. Journ. de Bot. — *Cardiolepis dentata* Wallr. Sched. — *Draba ruderalis* Baumg. Flor. Transylv. — Silicules la plupart (quelquefois toutes) cordiformes, ou cordiformes-orbiculaires, ou réniformes-orbiculaires, ou réniformes-ovales.

— β : A SILICULES NON-DIDYMES (*holocarpa*). — *Lepidium chalepense* Linn. — *Lepidium chalepense* et *Lepidium oxyotum* De Cand. Syst. et Prodr.—Silicules la plupart (quelquefois toutes) elliptiques, ou ovales-elliptiques, ou ovales, ou suborbiculaires.

Racine traçante. Feuilles (glabres ou pubérules, souvent incanes) acuminées, ou pointues, ou mucronées, inégalement dentées, ou sinuées-dentées, ou sinuolées-denticulées : les radicales spathulées; les caulinaires oblongues, ou ovales-oblongues, ou ovales (les inférieures quelquefois obovales, ou oblongues-obovales), sessiles, amplexicaules, sagittiformes ou hastiformes ou cordiformes à la base. Pétales étalés, de moitié à une fois plus longs que les sépales. Silicule réticulée, 1 à 4 fois plus longue que le pédicelle.

Tiges hautes de ¹/₂ pied à 2 pieds, dressées, ou ascendantes, ou diffuses, cylindriques, striées, feuillues, glabres, ou pubérules, rameuses tantôt dès la base, tantôt seulement vers leur sommet, souvent touffues. Rameaux grêles, feuillés, dressés, souvent subfastigiés, tantôt simples, tantôt paniculés vers leur sommet. Feuilles subincanes ou d'un vert pâle, un peu charnues, non-coriaces : les radicales longues de 3 à 5 pouces ; les caulinaires graduellement plus petites, à oreillettes basilaires pointues ou obtuses, plus ou moins allongées, entières ou dentées ; côte et nervures saillantes en dessous. Grappes pédonculées ou sessiles : les principales atteignant finalement jusqu'à ¹/₂ pied de long ; rachis grêle ou presque filiforme, non-flexueux, dressé, ou ascendant, ordinairement glabre de même que les pédicelles. Pédicelles longs de 2 à 8 lignes : les florifères capillaires ; les fructifères filiformes, de direction variable. Sépales longs au plus de 1 ligne : les extérieurs elliptiques-orbiculaires ; les latéraux ovales-elliptiques, de moitié moins larges. Pétales longs de ¹/₂ ligne à 2 lignes, étalés, divariqués ; onglets aussi longs que les sépales ; lame cunéiforme, ou cunéiforme-obovale. Étamines presque aussi longues que les pétales, du tiers plus longues que le pistil. Ovaire glabre, ou pubérule, ou cilié. Silicule large de 1 ¹/₂ ligne à 3 lignes, ordinairement moins longue que large, arrondie ou tronquée au sommet, ou quelquefois légèrement échancrée ou acuminulée, non-stipitée, ou substipitée, fortement réticulée, glabre, ou pubérule ; style aussi long ou presque aussi long que le diaphragme ; diaphragme large de ¹/₃ de ligne à ¹/₂ ligne, oblong, ou linéaire-oblong, ou lancéolé-oblong. Graines longues d'environ 1 ligne, ovoïdes, ou ellipsoïdes, d'un brun roux.

Cette espèce est commune dans toute la région méditerranéenne, ainsi que dans l'Europe plus septentrionale et en Sibérie. Elle croît dans les localités soit arides, soit humides, et indifféremment dans toute espèce de sol. Sa floraison commence au printemps et se prolonge pendant plusieurs mois. Toute la plante a une saveur très-piquante, et, dans quelques contrées, on en mange les jeunes feuilles en guise de salade.

B. *Pétales courtement onguiculés. Style très-court ou presque nul. Silicule courtement apiculée ; valves presque planes de chaque côté. — Grappes axillaires et terminales, ou latérales et terminales, ou fasciculées vers l'extrémité des ramules : les fructifères assez denses, souvent (surtout les latérales et les axillaires) corymbiformes comme lors de la floraison.*

a) *Feuilles caulinaires (du moins la plupart) sessiles, plus ou moins complétement amplexicaules.*

CARDARIA AMPLEXICAULE. — *Cardaria amplexicaulis* Spach. — *Lepidium amplexicaule* Willd. Spec. — *Lepidium cordatum* Willd. Herb. —ˌLedeb. Ic. Plant. Alt. tab. 154.

Racine traçante. Feuilles subcoriaces, ordinairement glauques et glabres : les radicales obovales, ou ovales, ou ovales-oblongues, dentées, ou incisées, obtuses ; les caulinaires oblongues, ou ovales-oblongues, ou ovales, ou obovales-oblongues, très-entières, ou pauci-dentées, obtuses, ou pointues, sagittiformes ou cordiformes à la base. Pédicelles à peine aussi longs que la silicule, ou jusqu'à deux fois plus longs. Pétales réfléchis, 1 fois plus longs que les sépales. Silicule peu ou point réticulée.

Racine grêle, jaunâtre. Plante très-glabre, ou légèrement pubérule dans ses parties inférieures. Tiges hautes de ¹/₂ pied à 3 pieds, solitaires, ou subsolitaires, dressées, ou ascendantes, grêles, feuillues, rameuses ordinairement dès leur base. Rameaux paniculés, feuillés : les inférieurs diffus, ou étalés, ou ascendants, presque aussi longs que la tige ; les supérieurs graduellement plus courts, presque dressés, ou étalés. Ramules grêles ou subfiliformes, presque nus, tous florifères. Feuilles glauques ou moins souvent d'un vert foncé, fermes, un peu charnues : les radicales longues de 2 à 4 pouces, souvent subpennatifides vers leur base (lobes oblongs, quelquefois denticulés); les caulinaires inférieures longues de 1 pouce à 2 pouces, subtrinervées ; les supérieures et les ramulaires petites, ordinairement très-entières ; oreillettes basilaires plus ou moins allongées

et divergentes, obtuses, ou pointues, très-entières ; nervures et
veines fines. Grappes très-denses lors de la floraison : les terminales des rameaux principaux atteignant finalement 2 à 3 pouces
de long ; les autres courtes, souvent subsessiles et corymbiformes ;
rachis filiforme ou très-grêle, non-flexueux, glabre de même
que les pédicelles. Pédicelles longs de 2 à 4 lignes, capillaires :
les fructifères dressés ou plus ou moins étalés, le plus souvent
très-rapprochés. Sépales longs de ½ ligne : le supérieur et l'inférieur suborbiculaires ; les latéraux elliptiques. Pétales longs d'environ 1 ligne : onglets plus courts que les sépales ; lame suborbiculaire. Étamines presque aussi longues que les pétales. Pistil
glabre, plus court que les étamines. Silicule longue de $^3/_4$ de
ligne à 1 ½ ligne, large de $^3/_4$ de ligne à 1 ligne (rarement plus
large que longue), ordinairement dressée, glabre, plus ou moins
fortement réticulée, à peine apiculée, suborbiculaire, ou elliptique, ou ovale, ou ovale-elliptique, ou subcordiforme, arrondie
ou tronquée ou rétuse au sommet ; diaphragme linéaire ou linéaire-spathulé, large d'environ ¼ de ligne. Graines petites,
d'un brun roux, ellipsoïdes, ou ovoïdes.

Cette espèce croît dans les steppes salines de la Sibérie. Elle
fleurit en été. Sa saveur est la même que celle du *Cardaria latifolia.*

CARDARIA A FEUILLES ÉPAISSES. — *Cardaria crassifolia*
Spach. — *Lepidium crassifolium* Waldst. et Kit. Plant.
Hung. Rar. tab. 4.

" Racine non-traçante, polycéphale. Feuilles subcoriaces, un
peu charnues, très-glauques : les radicales ovales, ou elliptiques, ou ovales-oblongues, ou spathulées-elliptiques, obtuses,
submucronulées, très-entières ou à peine dentées ; les caulinaires
oblongues, ou oblongues-lancéolées, ou ovales-lancéolées, ou
obovales-oblongues, pointues, sagittiformes ou cordiformes à la
base ; les ramulaires souvent linéaires et inauriculées. Pétales
très-étalés, 1 à 4 fois plus longs que les sépales. Silicule réticulée.

Plante tantôt très-glabre, tantôt finement pubérule. Racine

grosse, pivotante. Tiges hautes de ¹/₂ pied à 2 pieds, dressées, ou ascendantes, cylindriques, feuillues, rameuses tantôt dès leur base, tantôt seulement vers leur sommet. Feuilles radicales longues de 3 à 6 pouces (y compris le pétiole), 3-ou 5-nervées à la base. Feuilles caulinaires longues de 1 à 2 pouces; feuilles ramulaires ordinairement très-petites. Pédicelles longs de 2 à 4 lignes. Sépales longs de 1 ligne, ordinairement pubescents : les latéraux elliptiques; les extérieurs obovales-orbiculaires. Onglets des pétales plus courts que le calice; lame rétuse ou très-entière, obovale-orbiculaire. Étamines presque aussi longues que les pétales. Silicule ovale, ou elliptique, ou subcordiforme.

Cette espèce croît dans les steppes salines de la Sibérie et de la Russie méridionale; elle se retrouve dans quelques localités analogues, en Hongrie. La plante participe aux propriétés anti-scorbutiques de ses congénères.

b) Feuilles caulinaires jamais amplexicaules : les inférieures courte-ment pétiolées ; les autres sessiles.

CARDARIA A LARGES FEUILLES. — *Cardaria latifolia* Spach. — *Lepidium latifolium* Linn. — Engl. Bot. tab 182. — Flor. Dan. tab. 557. — *Lepidium affine* Ledeb. Ind. Sem. Hort. Dorpat. — *Lepidium sibiricum* Hortor. (non Pallas.)

Racine traçante. Feuilles (glabres ou pubérules) subcoriaces, vertes, ou glauques, obtuses, ou pointues, ou acuminées, denti-culées, ou crénelées, ou dentées, ou dentelées, ou incisées-den-tées (les supérieures très-entières, du moins vers leur base) : les radicales et les caulinaires inférieures (grandes) ovales, ou ovales-oblongues, ou ovales-elliptiques, ou elliptiques, ou elliptiques-oblongues, ou oblongues-lancéolées; les autres ovales-lancéolées, ou ovales-oblongues, ou oblongues, ou oblongues-lancéolées, ou ovales, ou lancéolées-obovales, ou lancéolées-oblongues, ou lancéolées-elliptiques, ou lancéolées; les ramulaires en général linéaires ou lancéolées-linéaires. Pétales de moitié à 1 fois plus longs que les sépales. Silicule (souvent pubérule) peu ou point réticulée, de moitié à 3 fois plus courte que le pédicelle.

Plante tantôt très-glabre (surtout à l'état cultivé), tantôt plus ou moins pubérule (quelquefois subincanc) sur toutes ses parties herbacées. Racine longue, rameuse, de la grosseur d'un doigt, stolonifère sous terre. Tiges hautes de 1 pied à 3 pieds, solitaires, ou peu touffues, dressées, ou ascendantes, cylindriques, cannelées, grêles, feuillues, rameuses dans leur partie supérieure, ou moins souvent presque dès leur base. Rameaux ascendants, ou dressés, ou divergents : les inférieurs ordinairement paniculés dans leur moitié supérieure, feuillus inférieurement; les supérieurs simples ou presque simples, corymbifères presque dès leur base. Feuilles tantôt un peu glauques, tantôt d'un vert foncé, ordinairement glabres en dessus et pubescentes (les jeunes presque cotonneuses) en dessous : les radicales atteignant jusqu'à 1 '/₂ pied de long (y compris le pétiole, lequel est en général à peu près aussi long que la lame), souvent subcordiformes à leur base, peu ou point décurrentes sur le pétiole; les caulinaires graduellement plus petites, longues de 1 pouce à 1 pied; côte blanchâtre, tantôt large et très-saillante dans toute sa longueur, tantôt divisée presque dès sa base en 3 ou 5 nervures fines et divergentes; dents ou crénelures égales ou inégales, obtuses, ou pointues, ou mucronées, horizontales, ou plus ou moins inclinées. Grappes subsessiles, ou courtement pédonculées, plus ou moins rapprochées le long ou vers l'extrémité des ramules florifères, très-denses et raccourcies pendant la floraison : les fructifères en général à peine allongées. Pédicelles capillaires, longs de 1 ligne à 3 lignes, presque en ombelle, ou fasciculés : les fructifères dressés, ou ascendants, ou peu divergents, sub fastigiés. Sépales longs d'environ '/₂ ligne, d'un jaune verdâtre, obovales, ou elliptiques. Pétales presque réfléchis : onglets plus courts que les sépales; lames obovales-orbiculaires. Étamines presque aussi longues que les pétales. Ovaire ordinairement pubescent. Silicule longue de ³/₄ de ligne à 1 ligne, érigée, non-stipitée, ou à peine stipitée, ovale, ou ovale-elliptique, ou elliptique, ou suborbiculaire, arrondie au sommet, ou tronquée, ou rétuse, glabre, ou pubescente, ou pubérule; diaphragme large d'environ '/₄ de ligne. Graines petites, d'un brun roux, ellipsoïdes, ou ovoïdes.

Cette espèce , connue sous le nom vulgaire de *Grande Passe-rage* , habite toute l'Europe ainsi que la Sibérie. Elle vient in-distinctement dans toute espèce de sol , soit humide , soit aride , et se multiplie avec rapidité moyennant les longs drageons de ses racines. Sa floraison a lieu en été ou dès la fin du printemps. Les racines , de même que les parties vertes de la plante, ont une saveur très-piquante, mais non-désagréable , et des proprié-tés antiscorbutiques très-prononcées. Dans beaucoup de contrées les jeunes feuilles se mangent en guise de Cresson.

Genre LÉPIDIUM. — *Lepidium* (Linn.) Spach.

Sépales 4 , subcymbiformes , presque dressés : les laté-raux plus étroits. Pétales 4, ou nuls. Glandules 4 (opposées aux sépales extérieurs), ou 6 (alternes avec les étamines), dentiformes, égales. Étamines 6 (subisomètres), ou 2 (op-posées aux placentaires); filets filiformes , inappendiculés, ascendants , arqués , plus ou moins distants ; anthères cor-diformes-orbiculaires , rétuses. Ovaire comprimé , biloculaire, 2-ovulé. Style très-court , filiforme. Stigmate pelté, subhémisphérique. Silicule comprimée en sens contraire au diaphragme, courte, échancrée , apiculée, 2-loculaire, 2-valve, 2-sperme ; valves naviculaires, submarginées, lis-ses, munies d'une carène dorsale marginée ou ailée ; ner-vures placentairiennes incluses ou subincluses, filiformes, très-élargies à leur base. Graines subcylindriques ou plus ou moins comprimées , immarginées , ou submarginées , sus-pendues ; cotylédons non-sensiblement rétrécis en pétiole, linéaires , pointus, subsemi-cylindriques, redressés et géni-culés au-dessous du milieu , incombants.

Herbes tantôt annuelles , tantôt bisannuelles , le plus sou-vent pubescentes , quelquefois en outre couvertes ou parse-mées de glandules stipitées ; poils mous, simples. Feuilles bipennatiparties, ou pennatiparties , ou pennatifides, ou irrégulièrement laciniées, ou indivisées : les inférieures pé-tiolées ; les supérieures sessiles (rarement amplexicaules).

Grappes terminales et oppositifoliées, nues, multiflores, très-allongées après la floraison. Pédicelles capillaires ou filiformes : ceux des fleurs épanouies subfastigiés, ou déjà disposés en grappe lâche; les fructifères déclinés, ou résupinés, ou dressés, ou ascendants, ou divergents, ou horizontaux, plus ou moins éloignés. Floraison très-prolongée : la même grappe offrant souvent à sa base des fruits mûrs, et à son sommet des fleurs et des boutons. Fleurs souvent minimes et apétales. Sépales verdâtres, membraneux aux bords, obtus, ou mucronulés, plus ou moins divergents, un peu carénés, quelquefois subpersistants. Pétales blancs ou d'un jaune très-pâle, égaux, dressés, ou étalés et divariqués : lame indivisée. Glandules petites, au nombre de 4 (lorsque les fleurs sont diandres) et opposées aux sépales extérieurs (une *de chaque côté* de l'étamine), ou bien (lorsque les fleurs sont tétradynames) au nombre de 6, opposées une à une aux sépales extérieurs, et deux à deux aux sépales latéraux. Filets ni dentés ni appendiculés, libres, épaissis à leur base, subulés vers leur sommet, subtétragones. Anthères minimes. Ovaire rétus ou échancré, comprimé en sens contraire au diaphragme. Ovules solitaires, suspendus au sommet des loges. Style cylindrique, quelquefois à peine saillant hors de l'échancrure. Stigmate fortement papilleux. Silicule érigée ou rarement subhorizontale, rectiligne, non-stipitée, ou à peine stipitée, petite, de forme variée (ordinairement dans les mêmes espèces, tantôt orbiculaire ou suborbiculaire, tantôt ovale ou elliptique), presque plane aux 2 faces, rétuse, ou plus ou moins profondément échancrée, très-courtement apiculée par un style filiforme (souvent non-saillant hors de l'échancrure); valves caduques dès la maturité, minces, presque membranacées, peu ou point veinées, fortement comprimées bilatéralement, amincies et un peu relevées aux bords; carène mince, élargie supérieurement en rebord non-diaphane soit étroit, soit plus ou moins large; nervures placentairiennes minces, planes au dos, très-élar-

gies vers leur base (comme uni-dentées de chaque côté)
laquelle est superficielle, tandis que la partie supérieure est
complétement ou presque recouverte (avant la déhiscence)
par le bord des valves; diaphragme double, membraneux,
diaphane, tantôt innervé, tantôt très-finement 1-ou 2-
nervé, beaucoup plus étroit que la largeur de la silicule,
ordinairement rétréci vers les deux bouts. Funicules courts,
pendants, dentiformes, adnés inférieurement au diaphragme. Graines plus courtes que la loge, ovoïdes, ou ellipsoïdes, ou oblongues, échancrées au sommet; tégument
mince, lisse, très-mucilagineux par la madéfaction; cotylédons étroits, planes antérieurement, convexes postérieurement : l'intérieur (relativement à la radicule, mais extérieur
relativement à la circonférence de la loge) un peu plus
court, gibbeux au-dessus du milieu; radicule courte, conique, pointue, dressée, rectiligne, un peu comprimée,
aussi large que les cotylédons.

L'espèce la plus remarquable de ce genre est la suivante (1):

Lépidium des décombres. — *Lepidium ruderale* Linn. —
Flor. Dan. tab. 184. — Shckuhr, Handb. tab. 180. — Engl.

---

(1) Le caractère générique, tel que nous venons de l'exposer ci-dessus,
s'applique en outre aux espèces suivantes (et probablement à plusieurs
autres, que nous n'avons pas eu l'occasion d'examiner) :

Lepidium graminifolium Linn. (*Lepidium Iberis* Pollich. — De Cand.
Syst. et Prodr. — *Lepidium suffruticosum* Linn.)

Lepidium vesicarium Linn. (*Lepidium angulosum* d'Urville.)

Lepidium micranthum Ledebour. (*Lepidium incisum* Marsch. Bieb.
non Roth. — *Lepidium densiflorum* Schrad. — *Lepidium decumbens* et
Lepidium divaricatum Hortor.)

Lepidium subdentatum Burchell.

Lepidium Cumingianum Fisch. et Mey.

Lepidium perfoliatum Linn.

Lepidium Eckloni Schrad.

Lepidium chilense Hort. Par.

Bot. tab. 1595. — Svensk Bot. tab. 321. — *Nasturtium ruderale* Scopol. — *Iberis ruderalis* Crantz.— *Thlaspi tenuifolium*
Lamk. Flor. Franç. — *Thlaspi ruderale* Allion. — *Senkenbergia ruderalis* Flor. Wetterav. — *Lepidium ibericum*
Schrad. Ind. Sem. Hort. Gœtting.

Feuilles linéaires ou à segments sublinéaires : les radicales
bipennatiparties ; les caulinaires pennatiparties ou indivisées.
Fleurs diandres, apétales. Calice caduc. Silicule elliptique, ou
elliptique-orbiculaire, ou ovale-orbiculaire, ou orbiculaire,
échancrée, à peine apiculée, plus courte que le pédicelle ; valves
marginées au sommet. Graines un peu comprimées, immarginées.

Plante tantôt annuelle, tantôt bisannuelle, glabre, ou très-
finement pubérule. Racine simple ou rameuse, fibrilleuse, longue, grêle, pivotante. Tige haute de $^1/_2$ pied à 2 pieds, grêle,
feuillue, cylindrique, rameuse tantôt dès sa base, tantôt seulement dans sa moitié supérieure, ou rarement presque simple.
Rameaux diffus, ou ascendants, ou plus ou moins divergents,
ou divariqués, feuillés, paniculés (du moins la plupart). Feuilles
d'un vert gai, ou d'un vert terne, minces, flasques : les radicales longues de 3 à 6 pouces, découpées en lanières filiformes,
assez courtes, nombreuses, ordinairement entières au bord inférieur et pennatiparties au bord supérieur ; les lanières secondaires
souvent elles-mêmes pennatifides ; côte également presque filiforme. Feuilles caulinaires inférieures (et souvent aussi la plupart des supérieures et des raméaires) pennatiparties : segments
beaucoup plus larges que ceux des feuilles radicales, et obtus ou
pointus, très-entiers, ou moins souvent incisés-dentés, linéaires,
ou lancéolés-linéaires, ou linéaires-spathulés, ou linéaires-
oblongs ; feuilles caulinaires supérieures et feuilles raméaires en
général linéaires et très-entières. Aux aisselles des feuilles caulinaires inférieures, ou de celles des principaux rameaux, il se
développe assez souvent, au lieu de rameaux ou de ramules,
des rosettes de feuilles semblables aux feuilles radicales. Grappes
sessiles ou pédonculées, en général lâches après la floraison : les
principales atteignant finalement 3 à 6 pouces de long ; rachis

dressé, ou ascendant, ou divergent, non-flexueux, presque filiforme, souvent pubérule de même que les pédicelles. Pédicelles
longs de ¹/₂ ligne à 2 lignes : ceux des fleurs épanouies très-rapprochés, subfastigiés, dressés, ou un peu divergents; les fructifères ordinairement subhorizontaux ou très-divergents, quelquefois presque dressés ou déclinés, plus ou moins éloignés. Fleurs
minimes, toujours apétales et diandres. Sépales à peine longs de
¹/₂ ligne, d'un jaune verdâtre, souvent pubérules, subovales.
Étamines à peu près aussi longues que les sépales. Pistil glabre.
Ovaire très-petit, échancré. Style presque nul. Silicule longue
de ²/₃ de ligne à 1 ligne, ordinairement un peu moins large que
longue, glabre, non-stipitée, ou à peine stipitée, érigée, ou
moins souvent horizontale, plus ou moins profondément échancrée; sinus assez large, en général obtus; valves obtuses, à carène
peu élargie ; diaphragme lancéolé ou lancéolé-elliptique, large
d'environ ¹/₄ de ligne. Graines petites, d'un brun roussâtre,
ellipsoïdes, ou oblongues, ou ovoïdes.

Cette espèce, nommée vulgairement *Cresson des ruines*, ou
Passerage fétide, ou *Cresson fétide*, est commune dans presque
toute l'Europe, ainsi qu'en Orient et en Sibérie. Elle se plaît
dans les décombres et au voisinage des habitations; on la trouve
en fleurs et en fruits pendant tout l'été. Toutes ses parties,
à l'état frais, exhalent une odeur désagréable et pénétrante.

En Russie, le peuple emploie l'infusion théiforme de la plante
contre les fièvres intermittentes, et l'efficacité de ce remède a été
confirmée par plusieurs médecins célèbres. Le docteur Hahne-
mann pense que cette espèce est l'*Ibéris* des anciens.

Genre CYNOCARDAMUM. — *Cynocardamum* (1) Webb.

Sépales 4, subcymbiformes, presque dressés : les latéraux plus étroits. Pétales 4, onguiculés. Glandules 2 ou 4

---

(1) Ce nom est à substituer à celui de *Lepidinella*, conservé par inad-
vertance, p. 525, dans l'exposition des genres de cette famille.

(opposées aux sépales extérieurs), égales, dentiformes.
Étamines 2 ou 4 (opposées aux sépales extérieurs), isomètres; filets inappendiculés, filiformes, ascendants, arqués;
anthères cordiformes-orbiculaires, rétuses. Ovaire comprimé, profondément échancré, 2-loculaire, 2-ovulé.
Style très-court, filiforme. Stigmate pelté, subhémisphérique. Silicule comprimée en sens inverse du diaphragme,
suborbiculaire, profondément échancrée, apiculée, biloculaire, bivalve, disperme; valves naviculaires, submarginées, lisses, munies d'une carène dorsale ailée vers son
sommet; nervures placentairiennes subincluses, filiformes,
très-élargies à leur base. Graines comprimées, marginées,
suspendues; cotylédons planes, elliptiques, obtus, longuement pétiolés, accombants.

Herbe tantôt annuelle, tantôt bisannuelle, glabre, ou
légèrement pubérule. Feuilles inférieures pennatifides ou
lyrées, pétiolées; feuilles supérieures incisées ou indivisées,
sessiles, ou subsessiles. Grappes terminales et oppositifoliées, nues, multiflores, très-allongées après la floraison.
Pédicelles capillaires : ceux des fleurs épanouies courts,
très-rapprochés, subfastigiés; les fructifères dressés, ou ascendants, ou divergents, ou horizontaux, ou déclinés,
allongés, plus ou moins éloignés. Floraison très-prolongée :
la même grappe offrant souvent des fruits mûrs à sa base,
et des boutons ou des fleurs à son sommet. Fleurs minimes.
Sépales verdâtres, membraneux aux bords, obtus, un peu
divergents, subcarénés. Pétales égaux, blanchâtres, divariqués ; lames très-entières ou échancrées. Glandules petites,
au nombre de 4 (lorsque les fleurs sont diandres) solitaires *de chaque côté* des étamines, ou au nombre de 2 (lorsque les fleurs sont tétrandres) solitaires *derrière* chaque
paire d'étamines. Étamines tantôt solitaires, tantôt géminées
devant les sépales extérieurs. Filets ni dentés ni appendiculés, épaissis à leur base, subulés vers leur sommet. Anthères minimes. Ovaire suborbiculaire, comprimé en sens
contraire au diaphragme. Ovules solitaires, suspendus au

sommet des loges. Style cylindrique, non-saillant hors de l'échancrure. Stigmate assez gros, fortement papilleux. Silicule érigée, ou moins souvent soit subhorizontale, soit déclinée, rectiligne, non-stipitée, ou à peine stipitée, assez petite, ordinairement orbiculaire ou suborbiculaire, presque plane aux 2 faces, très-courtement apiculée par un style filiforme (non-saillant hors de l'échancrure) ; valves caduques dès la maturité, minces, presque membranacées, peu ou point veinées, fortement comprimées bilatéralement, amincies et un peu relevées aux bords : carène mince, élargie supérieurement en rebord aliforme opaque; nervures placentairiennes minces, planes au dos, très-élargies vers leur base (comme uni-dentées de chaque côté) laquelle est superficielle, tandis que la partie supérieure est complétement ou presque recouverte (avant la déhiscence) par le bord des valves ; diaphragme double, membraneux, diaphane, innervé, beaucoup plus étroit que la largeur de la silicule, ordinairement rétréci vers les deux bouts. Funicules courts, pendants, dentiformes, adnés inférieurement au diaphragme. Graines plus courtes que la loge, ovales, ou ovales-elliptiques, ou suborbiculaires, échancrées au sommet, entourées d'un étroit rebord subdiaphane; tégument mince, lisse, très-mucilagineux par la madéfaction ; cotylédons larges, minces, planes antérieurement, légèrement convexes postérieurement, égaux, à peine plus longs que leur pétiole, radicule courte, conique, pointue, dressée, rectiligne, un peu comprimée, moins large que les cotylédons, tantôt exactement commissurale, tantôt un peu latérale.

Ce genre, suffisamment distinct des *Lepidium* par toute la conformation de l'embryon, n'est constitué que par l'espèce suivante :

Cynocardamum de Virginie. — *Cynocardamum virginicum* Webb et Berth. Phytogr. Canar. —*Lepidium virginicum* Linn. — *Lepidium Iberis* Roth, Neu. Beitr. (non Pollich.)

— Schkuhr, Handb. tab. 180. — *Lepidium incisum* Roth,
Nov. Catal. (ex Fisch. et C. A. Mey.; nec. Marsch. Bieb.)

Racine grêle, pivotante, peu rameuse, fibrilleuse. Tige haute
de ¼ pied à 1 ½ pied, dressée, grêle, cylindrique, feuillée,
rameuse dans sa moitié supérieure, ou quelquefois très-simple,
ordinairement glabre. Rameaux plus ou moins divergents, ou
subdivariqués, très-grêles, feuillés : les inférieurs paniculés ou
subpaniculés ; les supérieurs simples ou presque simples. Feuilles
minces, d'un vert foncé, glabres, ou pubérules aux bords, ou
moins souvent pubérules aux 2 faces : les radicales et les caulinaires inférieures longues de 2 à 4 pouces (y compris le pétiole,
lequel èst en général à peu près aussi long que la lame), tantôt
obovales, ou obovales-spathulées, ou crénelées, ou incisées-
dentées, tantôt pennatifides ou lyrées (lobe terminal oblong ou
lancéolé-oblong, ordinairement incisé-denté; segments latéraux
2-ou 3-jugués, éloignés, petits, dentés, ou très-entiers, ou incisés-dentés); les supérieures graduellement plus petites, lancéolées-oblongues, ou lancéolées-linéaires, ou linéaires-spathulées, ou linéaires-oblongues, ou linéaires, plus ou moins
profondément dentées ou dentelées (rarement incisées-dentées),
ou très-entières (surtout les raméaires et les ramulaires), ou
pauci-dentées, ordinairement pointues. Grappes sessiles ou
courtement pédonculées, assez denses même après la floraison :
les principales atteignant finalement jusqu'à 4 pouces de long ;
rachis érigé ou divergent, rectiligne, presque filiforme. Pédicelles longs de 1 ligne à 3 lignes : les fructifères (en général
subhorizontaux) de moitié à 2 fois plus longs que la silicule.
Sépales à peine longs de ½ ligne. Pétales à peine plus longs que
les sépales : onglets linéaires ; lames cunéiformes-oblongues.
Étamines presque aussi longues que les pétales. Silicule large de
1 à 2 lignes, orbiculaire, ou moins souvent soit elliptique-orbiculaire, soit ovale-orbiculaire : échancrure plus ou moins large
formée par un sinus tantôt pointu, tantôt obtus; valves obtuses,
quelquefois rétrécies à leur base. Graines minces, d'un brun
roux, larges de ¼ ligne.

Cette plante, commune dans l'Amérique tant septentrionale

que méridionale , se retrouve aux Canaries et çà et là en Europe.

Genre THLASPIDIUM. — *Thlaspidium* Spach.

Sépales 4, presque étalés : les extérieurs presque planes, de moitié plus larges ; les latéraux naviculaires. Pétales 4, longuement onguiculés. Glandules 6, égales, dentiformes, alternes avec les étamines. Étamines 6, subisomètres ; filets filiformes, inappendiculés, ascendants, arqués. Ovaire comprimé, échancré, biloculaire, biovulé. Style très-court, filiforme. Stigmate pelté, subhémisphérique. Silicule comprimée en sens contraire au diaphragme, profondément échancrée, apiculée, biloculaire, bivalve, disperme ; valves naviculaires, submarginées, lisses, munies d'une carène dorsale largement ailée ; nervures placentairiennes filiformes, incluses, élargies à leur base. Graines suspendues, oblongues, subtrigones, immarginées ; cotylédons longuement pétiolés, trifoliolés, accombants, presque planes.

Plante annuelle, glauque, ordinairement très-glabre. Feuilles radicales et caulinaires inférieures pennées, ou bipennées, ou bipennatiparties, ou lyrées, ou irrégulièrement laciniées ; feuilles supérieures indivisées ou incisées, sessiles. Grappes oppositifoliées et terminales, nues, multiflores, très-allongées après la floraison. Pédicelles courts, filiformes, dressés : les florifères déjà disposés en grappe allongée ; les fructifères ordinairement appliqués contre le rachis. Floraison très-prolongée : la même grappe offrant souvent à sa base des fruits murs, et à son sommet des fleurs ou des boutons. Fleurs petites. Sépales verdâtres, membraneux aux bords, très-obtus, non-carénés. Pétales égaux, blancs : lames étalées, divariquées, indivisées. Glandules petites, opposées deux à deux (une *de chaque côté* des étamines impaires) aux sépales latéraux, et une à une (*derrière* les étamines géminées) aux sépales extérieurs. Filets ni dentés, ni appendiculés, libres, distants dès leur base, sub-tétragones, épaissis à la base, subulés au sommet. Anthères petites, violettes. Ovaire suborbiculaire, comprimé en sens contraire au diaphragme. Ovules solitaires, suspen-dus au sommet des loges. Silicule érigée, rectiligne, non-stipitée, ou à peine stipitée, ordinairement elliptique-or-biculaire, presque plane aux 2 faces, très-courtement api-culée par un style filiforme (non-saillant au-delà de l'échan-crure); valves subpersistantes, minces, chartacées, peu ou point veinées, fortement comprimées bilatéralement, amin-cies et un peu relevées aux bords : carène mince, élargie dans presque toute sa longueur en aile opaque assez large; nervures placentairiennes minces, planes au dos, très-élar-gies vers leur base (comme uni-dentées de chaque côté) la-quelle est superficielle, tandis que la partie supérieure est complétement recouverte (avant la déhiscence) par le bord des valves; diaphragme double, membraneux, dia-phane, innervé, beaucoup plus étroit que la largeur de la silicule, ordinairement rétréci vers les deux bouts. Funi-cules courts, pendants, dentiformes, adnés inférieurement au diaphragme. Graines presque aussi longues que les lo-ges, ellipsoïdes, ou oblongues, échancrées; tégument mince, lisse, très-mucilagineux par la madéfaction ; coty-lédons minces : folioles elliptiques, obtuses, pétiolulées, les deux latérales de moitié plus petites que la terminale et appliquées au dos de cette dernière; radicule courte, coni-que, pointue, dressée, rectiligne, un peu comprimée.

Outre l'espèce que nous allons décrire, il faut rapporter à ce genre le *Lepidium spinescens* De Cand.

THLASPIDIUM CULTIVÉ. — *Thlaspidium sativum* Spach. — *Lepidium sativum* Linn. — Schk. Handb. tab. 180. — Gærtn. Fruct. 2, tab. 141, fig. 5. — Hayn. Arzn. Gew. Ic. — Turp. in Flor. Médic. Ic. — *Thlaspi sativum* Crantz. — *Nasturtium sativum* Mœnch. — *Lepia sativa* Desv.

— α : PENNÉ. — Feuilles inférieures pennées ou bipennées;

folioles (souvent dissemblables sur la même feuille) pétiolulées
ou sessiles, tantôt linéaires ou lancéolées-linéaires et très-entières, tantôt ovales, ou cunéiformes, ou subrhomboïdales,
incisées-dentées, ou incisées-lobées.

— β : Crépu. — *Nasturtium crispum* J. Bauh. Hist. 2, p.
913, fig. 1. — *Lepidium sativum* β : *crispum* Linn. —
Lepidium sativum Sturm, Deutschl. Flor. fasc. 9. —
Feuilles inférieures irrégulièrement laciniées, plus ou moins
ondulées ou crépues. (Variété de culture.)

— γ : A larges feuilles. — *Lepidium sativum* γ : *latifolium*
De Cand. Syst. et Prodr. — Moris. Oxon. 2, p. 300, ser. 3,
tab. 19, fig. 2. — *Lepidium lyratum* Hortor. — Feuilles
inférieures obovales, ou cunéiformes-obovales, incisées-lobées, ou sinuées, ou incisées-dentées, non-crépues. (Variété
de culture.)

Racine grêle, pivotante, rameuse, fibrilleuse. Tige haute de
$^1/_2$ pied à 2 pieds, dressée, feuillue, cylindrique, lisse, grêle,
plus ou moins rameuse, couverte d'une poussière glauque. Rameaux simples ou paniculés, non-fastigiés, grêles, effilés,
feuillés. Feuilles un peu charnues, d'un vert plus ou moins
glauque (quelquefois, surtout les inférieures, d'un vert gai) : les
radicales et les caulinaires inférieures longues de 3 à 6 pouces ;
les autres graduellement plus petites ; les supérieures et les raméaires soit triparties (à lanières linéaires), soit indivisées (linéaires, ou linéaires-spathulées, ou lancéolées-linéaires, ordinairement très-étroites), ordinairement pointues. Grappes sessiles
ou courtement pédonculées : les principales atteignant finalement
$^1/_2$ pied de long, ou plus ; rachis grêle, effilé, raide, dressé.
Pédicelles longs de 1 ligne à 3 lignes : les florifères ordinairement
un peu plus longs que les sépales ; les fructifères en général un
peu plus courts que la silicule. Sépales longs de $^2/_3$ de ligne à 1
ligne, ovales, ou ovales-elliptiques. Pétales 1 fois plus longs que
les sépales ; onglets filiformes, aussi longs que la lame ; lames
elliptiques ou elliptiques-obovales. Étamines presque aussi longues que les pétales. Silicule longue de 2 à 3 lignes, ordinaire-

ment aussi large que longue, suborbiculaire, ou elliptique-orbiculaire, ou ovale-elliptique, ou elliptique; valves arrondies aux 2 bouts; diaphragme linéaire-spathulé. Graines d'un brun roux.

Cette plante, connue sous les noms vulgaires de *Cresson alenois*, *Cresson des jardins*, *Nasitort*, *Passerage des jardins*, etc., est originaire de Perse, et se cultive fréquemment comme herbe tant condimentaire qu'officinale.

Les propriétés diurétiques, antiscorbutiques et dépuratives, communes à tant d'autres Crucifères, sont aussi fort prononcées dans le Cresson alenois. Toutes les parties vertes de la plante ont une saveur très-piquante, mais assez agréable; aussi les emploie-t-on souvent à l'assaisonnement des viandes ou des salades. Les graines, dont la saveur approche de celle de la Moutarde, ont été recommandées comme un excellent remède contre toutes les maladies de la peau. Ces graines sont remarquables par la promptitude avec laquelle elles entrent en germination : étant convenablement humectées et exposées à une température douce, il suffit de quelques heures pour que le commencement du phénomène se manifeste par la rupture du tégument et l'allongement de la radicule.

Genres IBÉRIS. — *Iberis* Linn.

Sépales 4, étalés, ou dressés, inégaux, carénés : le supérieur et l'inférieur presque planes; les latéraux plus larges, très-concaves, subsacciformes à la base. Pétales 4, onguiculés, inégaux : les 2 inférieurs plus grands. Glandules 4 (opposées aux sépales latéraux), égales. Étamines 6, anisomètres; filets subclaviformes, inappendiculés : les 2 impairs ascendants, arqués; les autres dressés, géniculés vers leur sommet; anthères cordiformes : les latérales plus grandes. Ovaire comprimé, échancré, 2-loculaire, 2-ovulé. Style filiforme, obscurément tétragone. Stigmate hémisphérique ou disciforme, indivisé, ou bilobé. Silicule aplatie en sens contraire au diaphragme, tronquée, ou profondément échancrée, ou bilobée au sommet, 2-loculaire, 2-sperme, apiculée ou cuspidée par le style; valves naviculaires, carénées, ailées au sommet, immarginées; nervures placentairiennes superficielles, larges, planes ou concaves au dos. Graines suspendues, solitaires, plus ou moins comprimées, ou aplaties, submarginées, ou immarginées; cotylédons rectilignes, presque planes, tantôt accombants, tantôt latéralement incombants.

Herbes (soit annuelles, soit bisannuelles), ou sous-arbrisseaux. Feuilles plus ou moins charnues, très-entières, ou dentées, ou pennatifides, ou pennatiparties : les inférieures pétiolées et spathulées; les supérieures ordinairement sessiles ou subsessiles. Grappes terminales ou terminales et oppositifoliées, nues, multiflores, très-denses pendant la floraison, plus tard soit plus ou moins allongées, soit restant corymbiformes. Pédicelles grêles, allongés, subhorizontaux pendant la floraison, puis déclinés, enfin résupinés, ou ascendants, ou subhorizontaux, ou presque dressés. Fleurs assez grandes. Sépales verdâtres, membraneux aux bords, plus ou moins carénés au dos : les latéraux naviculaires ou cymbiformes. Pétales blancs, ou lilas : les 2 inférieurs considérablement plus longs et plus larges que les supérieurs; onglets dressés, plus ou moins divergents, sublinéaires; lames étalées, divariquées, indivisées. Glandules semi-lunées ou dentiformes, assez grosses, solitaires *de chaque côté* des étamines impaires. Filets trigones ou subcylindriques, subéquidistants supérieurement, épaissis vers leur sommet, puis brusquement rétrécis en pointe subulée : les impairs fortement arqués en convergeant au sommet; ceux de chaque paire divariqués au-dessus du milieu et parallèles inférieurement. Anthères jaunes, plus courts que les filets : celles des étamines latérales à peu près de moitié plus longues que les autres. Ovaire non-stipité, fortement comprimé en sens contraire au diaphragme, lequel est très-étroit (quelquefois tellement que les deux placentaires semblent appliqués l'un contre l'autre) à l'époque de la floraison. Ovules

solitaires, suspendus au sommet de l'angle interne; funicules pendants , quelquefois aussi longs que l'ovule. Style
plus ou moins allongé. Stigmate distinctement bilobé (surtout après la floraison), ou obscurément 4-lobé, ou très-
entier. Silicule assez grande, non-stipitée, érigée, rectiligne, plus ou moins longuement appendiculée par les ailes
des valves , et apiculée ou cuspidée par un style filiforme
(tantôt débordé par les ailes, tantôt débordant); valves
tombant peu après la maturité, chartacées, très-minces :
carène prolongée en aile chartacée, de forme variée, ordinairement cuspidée, souvent plus ample que la portion
naviculaire de la valve; nervures placentairiennes (ou,
pour mieux dire, carpophore) minces, mais aussi larges
que le diaphragme, un peu relevées aux bords, plus ou
moins élargies aux 2 bouts; diaphragme double, membraneux, diaphane, innervé, sublinéaire. Funicules courts,
dentiformes, membraneux, pendants, adnés par leur base.
Graines assez grandes, mais en général minces, ovales, ou
elliptiques, ou suborbiculaires, légèrement échancrées,
ordinairement très-amincies au bord postérieur (correspondant au dos de la radicule), aplaties et tricarénées au
bord antérieur; tégument mince, lisse, ordinairement non-
mucilagineux par la madéfaction ; cotylédons ovales ou elliptiques, obtus, minces, courtement pétiolés, planes antérieurement, légèrement convexes postérieurement ; radicule grêle, comprimée bilatéralement, pointue, ascendante, plus ou moins arquée, à peu près aussi longue que
les cotylédons, tantôt exactement commissurale, tantôt latéralement dorsale ou faciale.

Voici les espèces les plus remarquables du genre:

Section I. IBERIDENDRON Spach.

Sous-arbrisseaux touffus. Tiges et rameaux adultes ligneux,
aphylles. Ramules florifères (souvent disposés en corymbe
vers l'extrémité des tiges ou des rameaux plus anciens),
bisannuels, très-feuillus inférieurement, terminés par une

seule grappe. Feuilles coriaces, un peu charnues, très-entières (les inférieures quelquefois pauci-dentées).

A. *Ramules florifères très-simples. Feuilles sessiles ou sub-sessiles.*

IBÉRIS ARBUSCULE. — *Iberis arbuscula* Spach.

— α : A LARGES FEUILLES (*latifolia* Spach.) — *Iberis semper-virens* Linn. — Sibth. et Smith, Flor. Græc. tab. 620. — Barrel. Ic. tab. 734. — *Iberis Garrexiana* Allion. Flor. Pedem. tab. 40, fig. 3, et tab. 54, fig. 2. (malæ.)—Feuilles planes ou presque planes, ordinairement glabres, oblongues, ou linéaires-oblongues, ou spathulées-oblongues, ou oblongues-obovales, obtuses, ou subobtuses.

— β : A FEUILLES ÉTROITES (*angustifolia* Spach.) — *Iberis sa-xatilis* Linn. — Clus. Hist. 2, p. 152, Ic. — Bot. Mag. tab. 1642. — Moris. Oxon. 2, p. 298, s. 3, tab. 18, fig. 32. — *Iberis conferta* Lagasc. — Deless. Ic. Sel. 2, tab. 54. — *Iberis vermiculata* et *Iberis pubescens* Willd. — *Iberis subvelutina* De Cand. Syst. et Prodr. — Feuilles souvent révolutées aux bords, glabres, ou ciliées, ou pubérules, li-néaires, ou linéaires-spathulées, ou lancéolées-linéaires, ordi-nairement mucronées.

Grappes allongées après la floraison. Sépales presque étalés, elliptiques-obovales, très-obtus. Pétales courtement onguiculés : les supérieurs oblongs, ou linéaires-oblongs; les inférieurs obo-vales, ou oblongs-obovales, beaucoup plus longs que les sépales. Stigmate indivisé. Silicule suborbiculaire, ou elliptique, ou obovale, profondément échancrée, ou subbilobée, apiculée ou cuspidée par le style : ailes arrondies ou subtriangulaires, non-cuspidées. Graines aplaties, immarginées.

Racine vivace, pivotante, rameuse, multicaule, finalement ligneuse. Tiges tantôt très-courtes, tantôt atteignant jusqu'à 1 pied de long et plus, décombantes, ou ascendantes, ou rarement presque dressées, grêles, anguleuses, ordinairement très-rameuses. Rameaux ascendants, ou diffus, ou dressés, plus ou moins allongés, effilés, ramulifères vers leur sommet. Ramules dressés ou ascendants, plus ou moins allongés : les uns (nouveaux) stériles, feuillus dans toute leur étendue, ordinairement courts ; les autres (de l'année précédente) plus ou moins allongés, feuillus dans leur partie inférieure, médiocrement feuillés ou aphylles supérieurement, souvent subfastigiés, terminés par une grappe. Feuilles longues de quelques lignes à 1 pouce (les inférieures plus petites que les supérieures), larges de ¼ de ligne à 1 pouce, d'un vert foncé ou quelquefois subincane, de forme très-variée (souvent variable sur le même individu). Grappes finalement longues de 1 pouce à 5 pouces; rachis ascendant ou dressé, anguleux, effilé, non-flexueux, glabre, ou pubérule. Pédicelles longs de 2 à 4 lignes : ceux des fleurs épanouies rapprochés en corymbe très-serré ; les fructifères dressés, ou ascendants, ou subhorizontaux, ou un peu déclinés, assez rapprochés. Sépales verdâtres, ou rougeâtres, ou violets, longs au plus de 1 ligne, tantôt glabres, tantôt pubérules ou ciliolés. Pétales blancs ou moins souvent violets : les inférieurs longs de 4 à 5 lignes ; les supérieurs à peine longs de 2 lignes ; vers le sommet des grappes les fleurs ont en général des pétales beaucoup moins inégaux, ou quelquefois même presque égaux. Étamines majeures un peu plus longues que le calice ; étamines impaires un peu plus courtes. Filets ordinairement violets vers leur sommet. Pistil (à l'époque de la floraison) à peu près aussi long que le calice. Style un peu plus court que l'ovaire. Glandules assez grosses, trigones, tronquées. Silicule longue de 3 à 4 lignes, tantôt aussi large que longue, tantôt un peu moins large, ordinairement érigée, apiculée par un style long de ¼ ligne à 1 ligne (tantôt débordant l'échancrure, tantôt non-débordant), plus ou moins largement marginée par la carène des valves; valves assez raides : aile de la carène plus ou moins obliquement tronquée au bord antérieur, ou arrondie, très-obtuse, ou pointue (d'où résulte que la silicule, avant la déhiscence, offre à son sommet un sinus plus ou moins ouvert), toujours beaucoup moins ample que la partie naviculaire de la valve; diaphragme large de ¼ ligne à ³/₄ de ligne, linéaire, ou sublancéolé, obtus ou subobtus aux 2 bouts, très-concave de chaque côté; nervures placentairiennes larges de ¹/₄ de ligne à ¹/₃ de ligne. Graines larges de ³/₄ de ligne à ı ligne, d'un brun roux, ovales, ou ovales-elliptiques, ou elliptiques, ou suborbiculaires.

Cette espèce, indigène dans l'Europe méridionale, se cultive très-fréquemment comme plante de parterre. Elle fleurit au printemps. Son port touffu et son feuillage toujours vert la font surtout rechercher pour les bordures.

B. *Ramules florifères souvent paniculés. Feuilles rétrécies en long pétiole.*

Ibéris toujours-fleuri. — *Iberis semperflorens* Linn. — Moris. Oxon. 2, tab. 20, fig. ı. — Weinm. Phyt. tab. 973, fig. c.

Feuilles spathulées-oblongues, ou spathulées-obovales, ou spathulées-cunéiformes, très-obtuses, très-entières, submarginées, glabres. Sépales presque étalés, elliptiques-obovales, très-obtus. Pétales longuement onguiculés : lames obovales ou suborbiculaires. Silicule tronquée, légèrement échancrée.

Tiges dressées ou ascendantes, souvent tortueuses, atteignant jusqu'à 2 pieds de haut. Feuilles longues de ¹/₂ pouce à 2 pouces, très-rapprochées sur les ramules non-florifères, amincies en bord cartilagineux. Pédicelles longs de 2 à 5 lignes. Sépales longs d'environ ı ligne. Pétales supérieurs longs d'environ 4 lignes; onglets filiformes, saillants. Étamines majeures à peu près aussi longues que les onglets.

Cette espèce, nommée vulgairement *Thlaspi vivace* et *Ibéride de Perse*, croît en Sicile. Elle fleurit depuis l'automne jusqu'au printemps, et, par cette raison, elle est très-recherchée comme plante d'orangerie.

Section II. IBERION Spach.

Plantes annuelles ou bisannuelles, quelquefois suffrutescentes à la base. Tige et rameaux feuillés. Feuilles non-coriaces, un peu charnues, souvent pennatifides ou pennatiparties. Grappes ordinairement terminales et oppositifoliées.

A. *Pédicelles fructifères connivents, rapprochés en corymbe comme lors de la floraison. Silicules imbriquées en capitule très-dense.*

IBÉRIS OMBELLIFÈRE. — *Iberis umbellata* Linn. — Bot. Mag. tab. 106. — Gærtn. Fruct. II, tab. 141, fig. 2. — Schkuhr, Handb. tab. 179. — Barrel. Ic. tab. 193, fig. 1. — *Iberis corymbosa* Mœnch.—*Iberis pulchra* Salisb.— *Thlaspi umbellatum* Crantz.

Feuilles sessiles ou subsessiles, lancéolées, ou lancéolées-linéaires, pointues : les inférieures dentées ; les supérieures très-entières. Sépales dressés, un peu divergents : les extérieurs obovales, très-obtus ; les latéraux oblongs-naviculaires, subacuminulés. Lame des pétales elliptique ou oblongue, obtuse. Stigmate profondément bilobé. Silicule ovale, longuement bi-appendiculée, cuspidée par le style : appendices ovales ou ovales-triangulaires, acuminés-subulés, plus longs que le diaphragme. Graines aplaties, immarginées.

Herbe annuelle, haute de ½ pied à 1 pied, ordinairement glabre. Racine pivotante, grêle, rameuse, ou simple, uni-caule, ou pluri-caule. Tiges dressées ou ascendantes, anguleuses, grêles, tantôt presque simples, tantôt plus ou moins rameuses. Rameaux paniculés ou simples, ordinairement disposés en corymbe vers l'extrémité de la tige. Feuilles longues de 1 pouce à 2 pouces, d'un vert foncé. Corymbes fleuris très-denses, convexes, pédonculés, larges de ½ pouce à 2 pouces ; rachis anguleux, court. Pédicelles longs de 1 ligne à 4 lignes. Sépales longs d'environ 1 ligne. Pétales longs de 2 à 4 lignes, d'un lilas plus ou moins vif, ou quelquefois blancs : onglets filiformes, un peu plus longs que les sépales, 1 à 2 fois plus courts que la lame. Glandules assez grosses, jaunes, anguleuses, tronquées. Étamines majeures à peu près aussi longues que les onglets. Ovaire

bicuspidé. Style très-long, saillant. Silicules longues de 3 à 4
lignes (y compris les ailes), larges de 2 ¹/₂ à 3 lignes, imbriquées, cuspidées par un style filiforme long d'environ 2 lignes
(ordinairement un peu débordé par les ailes); ailes érigées ou
un peu divergentes, plus amples que la partie naviculaire de la
valve. Graines longues d'environ 1 ligne, elliptiques, ou ovales,
minces, d'un brun roux.

Cette espèce, connue sous les noms vulgaires de *Téraspic*,
ou *Thlaspi des jardins*, croît dans l'Europe méridionale. On la
cultive fréquemment comme plante d'agrément.

B. *Pédicelles fructifères disposés en grappe courte ou plus ou
moins allongée. Silicules non-imbriquées.*

Ibéris amer. — *Iberis amara* Linn. — Engl. Bot. tab. 52.
— *Iberis linifolia* Schkuhr, Handb. tab. 179. (non Linn.) —
Iberis intermedia Guers. Bull. Philom. n° 82, tab. 21. —
Iberis bicolor Reichb. Flor. Germ. Excurs. (ex descript.)

Feuilles plus ou moins profondément crénelées, ou dentelées,
ou dentées, ou pennatifides, ou trifides au sommet, ou tridentées au sommet, très-entières dans leur moitié inférieure,
obtuses : les inférieures spathulées-obovales, ou spathulées-
oblongues, longuement pétiolées; les supérieures cunéiformes-
oblongues, ou lancéolées-oblongues, ou oblongues, sessiles, ou
subsessiles. Sépales divergents, obtus. Lame des pétales oblongue-obovale. Stigmate subbilobé. Silicule ovale ou suborbiculaire, échancrée ou courtement bilobée, apiculée par le style :
lobules arrondis ou triangulaires, pointus, ou mucronés, ou
acuminés. Graines aplaties, submarginées.

Herbe annuelle, haute de quelques pouces à 1 ¹/₂ pied, en général finement pubérule sur presque toutes ses parties vertes
(rarement glabre, ou presque glabre), quelquefois en outre plus
ou moins poilue. Racine pivotante, grêle, plus ou moins rameuse. Tige grêle, dressée, anguleuse, feuillée, rameuse tantôt dès sa base, tantôt seulement vers son sommet. Rameaux
dressés, ou ascendants, ou divariqués (les basilaires quelquefois

presque diffus), feuillés, en général subfastigiés, tantôt simples, tantôt paniculés ou à ramules disposés en corymbe terminal. Feuilles finement 1-nervées, peu ou point veinées, d'un vert gai : les caulinaires longues de 6 lignes à 2 pouces; dents ou segments au nombre de 1 à 3 paires : les segments en général linéaires ou linéaires-oblongs, obtus; les dents le plus souvent triangulaires et pointues. Grappes sessiles ou pédonculées, finalement longues de $^1/_2$ pouce à 3 pouces, toujours assez denses. Pédicelles longs de 2 à 6 lignes : les fructifères divariqués, ou résupinés, ou ascendants, ou divergents, ou dressés. Fleurs pendant l'épanouissement disposées en corymbe plane et large de $^1/_2$ pouce à 2 pouces. Sépales longs à peine de 1 ligne, verdâtres, ou presque violets : les extérieurs presque 2 fois plus étroits que les autres. Pétales blancs (après l'anthèse quelquefois rougeâtres) ou rarement d'un lilas pâle : les supérieurs 1 fois plus longs que le calice; les inférieurs 4 fois plus longs que les sépales; onglets à peu près aussi longs que les sépales, linéaires, verdâtres. Étamines majeures un peu plus longues que le calice, du tiers plus longues que les impaires. Style à peu près aussi long que l'ovaire. Silicule longue de 2 à 3 lignes, à peu près aussi large que longue, érigée, ou subhorizontale, glabre, plus ou moins largement échancrée (suivant que le bord antérieur des ailes est plus ou moins arrondi ou tronqué), apiculée par un style long d'environ 1 ligne (ordinairement débordant de beaucoup l'échancrure); ailes convergentes, ou divergentes, ou presque parallèles, en général beaucoup plus petites que la partie naviculaire de la valve; diaphragme sublinéaire, large d'environ $^1/_4$ de ligne, concave de chaque côté. Graines larges de $^3/_4$ de ligne à 1 ligne, d'un brun roux, minces, ovales, ou elliptiques, ou ovales-elliptiques, bordées inférieurement d'un rebord membraneux plus ou moins apparent.

Cette espèce, commune dans presque toute l'Europe, se cultive assez fréquemment en bordures, comme plante d'ornement.

Genre BISCUTELLA. — *Biscutella* Linn.

Sépales 4, subcymbiformes, dressés, plus ou moins divergents, presque égaux : les latéraux gibbeux à leur base. Pétales 4, courtement onguiculés. Glandules 4 (opposées aux 4 sépales), dissemblables. Étamines 6. Filets filiformes, inappendiculés, anguleux, un peu divergents : les latéraux ascendants, arqués ; les autres rectilignes, dressés. Anthères sagittiformes-elliptiques, obtuses. Ovaire didyme, courtement stipité, à deux coques lenticulaires, uni-ovulées, accolées à un axe central filiforme ; diaphragme nul. Style long, filiforme. Stigmate pelté, subhémisphérique. Silicule (pour mieux dire : *crémocarpe*) didyme, longuement cuspidée (par le style), stipitée, à 2 coques lentiformes, monospermes, chartacées, indéhiscentes, mais se détachant de l'axe (qui persiste avec le style). Graines appendantes, immarginées, comprimées ; cotylédons rectilignes, presque planes, à peine pétiolés, renversés, accombants ; radicule courte, déclinée, courbée *sur le bord antérieur* des cotylédons.

Herbes annuelles ou vivaces, glabres, ou pubérules, ou plus ou moins hérissées de sétules simples. Feuilles très-entières, ou dentées, ou pennatifides : les radicales rétrécies en pétiole ; les caulinaires sessiles, souvent amplexicaules. Grappes terminales ou terminales et oppositifoliées, nues, multiflores : les fructifères soit courtes et denses, soit lâches et plus ou moins allongées. Pédicelles filiformes : ceux des fleurs épanouies ordinairement rapprochés et subfastigiés ; les fructifères dressés ou plus ou moins divergents. Fleurs odorantes, petites, ou de grandeur médiocre. Sépales subpétaloïdes, jaunâtres, obtus, non-carénés. Pétales jaunes, égaux, presque dressés, divergents : lames étalées vers leur sommet. Glandules assez grosses : les unes (opposées aux sépales extérieurs, et insérées *derrière* les étamines géminées) claviformes ou dentiformes, les autres (opposées aux sépales latéraux et insérées soit

devant, soit *derrière* les étamines impaires) soit plus grandes, soit plus petites, obcordiformes, ou cunéiformes, ou
subdisciformes. Filets libres, ni dentés, ni appendiculés :
les impairs un peu plus courts et plus étroits que les autres.
Anthères rétuses ou mamelonnées, petites, jaunes, subisomètres. Ovaire plus ou moins profondément bilobé aux 2
bouts ; axe central comprimé bilatéralement, continu avec
le stipe et le style; coques aplaties en sens contraire à
l'axe, un peu bombées vers leur centre, lisses, ou couvertes de courtes papilles claviformes. Ovules solitaires, appendants, submédifixes, presque renversés, attachés vers
le milieu de l'angle central; funicule capillaire, horizontal. Style immarginé, plus long que l'ovaire. Sitgmate fortement papilleux. Silicule érigée ou moins souvent subhorizontale, courtement stipitée, subréniforme, plus ou
moins profondément bilobée aux 2 bouts, cuspidée par un
style filiforme plus ou moins allongé; axe superficiel,
étroit, plane aux 2 faces, légèrement concave des deux
côtés; coques minces, chartacées, innervées, à peine veinées, suborbiculaires, aplaties bilatéralement, légèrement marginées au dos, tronquées au bord antérieur
(c'est-à-dire la surface étroite par laquelle elles s'attachent à
l'axe), plus ou moins bosselées vers leur centre (par la
graine), se détachant finalement de l'axe (de bas en haut)
en emportant avec elles un fragment capillaire du style
(fragment par lequel elles restent en général plus ou moins
longtemps suspendues, vers le sommet du style, après leur
séparation de l'axe). Graines solitaires, lentiformes, plus ou
moins fortement comprimées, amincies aux bords, légèrement échancrées au bord antérieur au-dessus du milieu; tégument mince, lisse, non-mucilagineux par la madéfaction ;
cotylédons elliptiques ou ovales-elliptiques, minces, obtus,
planes antérieurement, légèrement convexes postérieurement : leur sommet placé au bout inférieur de la graine ;
radicule exactement commissurale, grêle, subfusiforme,
obtuse, subtrigone, un peu arquée (vers en bas), de moi-

tié à 1 fois plus courte que les cotylédons. Funicule court
ou allongé, horizontal, capillaire, inadhérent.

Ce genre, très-caractérisé parmi les Crucifères tant par
la structure du péricarpe, que par le renversement de l'embryon, renferme quatre ou cinq espèces (mal à propos mul-
tipliées jusqu'à une vingtaine par les auteurs), dont voici la
plus remarquable :

BISCUTELLA VIVACE. — *Biscutella perennis* Spach. — *Clypeola
didyma Crantz.*

— α : A FEUILLES DENTICULÉES (*denticulata*). — *Biscutella
spathulata* Lamk. Dict. — *Biscutella lucida* : β, De Cand.
Diss. Syst. et Prodr. — Barrel. Ic. tab. 254. — *Biscutella
longifolia* Vill. Delph. — *Biscutella saxatilis* : δ, De Cand.
l. c. — *Biscutella variabilis* Lois. — Feuilles très-entières
(même les radicales), ou subsinuolées, ou sinuolées-denticulées, vertes ou verdâtres, souvent luisantes.

— β : A FEUILLES DENTÉES (*dentosa*). — *Biscutella lævigata*
Linn. — Jacq. Flor. Austr. tab. 339. — De Cand. Plant.
Rar. Gall. tab. 38. — Reichb. Plant. Crit. v. 7, fig. 837. —
Schrank, Hort. Monac. 1, tab. 248. — *Biscutella alpestris*
Waldst. et Kit. Plant. Rar. Hungar. 3, tab. 228. — *Biscu-
tella saxatilis* : δ et *Biscutella lucida* : γ, De Cand. l. c. —
Biscutella mollis Lois. Not. — *Biscutella intermedia*
Gouan. — *Biscutella ambigua* Wallr. Sched. — *Biscutella
obcordata* Reichb. Plant. Crit. v. 7, fig. 836. — *Biscutella
glabra* Clairv. — *Biscutella didyma* Scopol. — Feuilles
radicales profondément dentelées, ou incisées-dentées, ou
incisées-crénelées, vertes, ou verdâtres.

— γ : A FEUILLES SUBPENNATIFIDES (*sinuato-pinnatifida.*) —
Biscutella coronopifolia Allion. — De Cand. Diss. tab. 8.
— Reichb. Plant. Crit. v. 7, fig. 838. (*Biscutella lima*
Reichb. Flor. Germ. Excurs.) — *Biscutella ambigua* De
Cand. Diss. tab. 11, fig. 1. — *Biscutella coronopifolia* et
Sisymbrium valentinum Linn. (ex De Cand.) — *Biscutella*

stenophylla Dufour. — Feuilles (vertes ou verdâtres) radicales (quelquefois aussi les caulinaires) sinuées-pennatifides
ou profondément sinuées-dentées.

— δ : COTONNEUX (*tomentosa*). — *Biscutella montana* Cavan.
Ic. 2, tab. 177.—*Biscutella tomentosa* Lagasca.—Feuilles
cotonneuses-incanes, dentées.

— ε : A FEUILLES ÉTROITES (*angustifolia*). — *Biscutella sem-
pervirens* Linn. — Boccon. Mus. 2, p. 167, tab. 122. —
Feuilles lancéolées-linéaires ou linéaires-lancéolées, cotonneuses-incanes, à peine dentées.

Racine vivace, polycéphale. Souches suffrutescentes. Feuilles
glabres, ou hispides, ou veloutées, pointues, ou obtuses : les
radicales (touffues) lancéolées, ou lancéolées-spathulées, ou
lancéolées-linéaires, ou spathulées-obovales, ou spathulées-
cunéiformes ; les caulinaires oblongues, ou oblongues-lancéolées,
ou linéaires-oblongues, ou linéaires-lancéolées, ou linéaires
(très-éloignées, le plus souvent très-entières), sessiles, ou amplexicaules. Grappes fructifères plus ou moins allongées, lâches.
Pétales de moitié à 5 fois plus longs que les sépales : *onglets
très-courts ; lame oblongue-obovale, bi-auriculée à la base.
Glandules latérales obcordiformes ou cunéiformes, horizontales, insérées derrière les étamines impaires ; les deux autres
glandules plus petites, denticuliformes.* Silicule glabre ou pubérule, lisse ou chagrinée.

Racine pivotante, longue, rameuse, finalement presque ligneuse.
Tiges hautes de quelques pouces à 2 pieds, dressées, ou ascendantes,
ou moins souvent subdiffuses, grêles, cylindriques, médiocrement
feuillées, ou presque nues, tantôt paniculées, tantôt simples ou
peu rameuses, en général glabres vers leur sommet et plus ou
moins poilues inférieurement. Rameaux ascendants ou plus ou
moins divergents, tantôt disposés en panicule très-lâche, tantôt
rapprochés en corymbe vers l'extrémité de la tige : les inférieurs
en général feuillés et plus ou moins paniculés ; les supérieurs nus
ou presque nus, très-simples ou peu divisés. Feuilles fermes, tantôt glabres ou presque glabres et lisses, tantôt scabres, poilues ou

hérissées de soies raides, tantôt couvertes d'un duvet velouté (incane) plus ou moins serré : les radicales longues de 2 pouces à ¹/₂ pied (y compris le pétiole , lequel est tantôt plus court que la lame, tantôt aussi long ou plus long), larges de quelques lignes à 1 pouce; les caulinaires graduellement plus petites (les plus inférieures quelquefois aussi grandes que les radicales, et courtement pétiolées), arrondies ou subcordiformes à leur base, tantôt plus ou moins amplexicaules , tantôt non-amplexicaules; les supérieures et les ramulaires ordinairement petites et linéaires; côte large, blanchâtre, proéminente en dessous; veines fines, peu nombreuses; dents ou lanières oblongues, ou triangulaires, ou arrondies, obtuses, ou pointues, ou acuminées, égales, ou inégales. Grappes principales atteignant finalement 2 à 6 pouces de long; rachis filiforme, plus ou moins flexueux, dressé, ou ascendant, ou divergent. Pédicelles longs de 3 à 6 lignes, presque capillaires : ceux des fleurs épanouies en général très-rapprochés et subfastigiés; les fructifères plus ou moins éloignés (quelquefois subfastigiés sur les grappes ramulaires), obliquement dressés, ou ascendants, ou plus ou moins divergents, ou rarement soit déclinés, soit résupinés. Fleurs odorantes. Sépales oblongs-cymbiformes, longs d'environ 1 ligne. Pétales d'un jaune de Citron, longs de 1 ¹/₂ ligne à 2 lignes. Étamines presque aussi longues que les pétales. Ovaire glabre ou finement pubescent, lisse, ou couvert de courtes papilles claviformes. Style 2 à 3 fois plus long que l'ovaire. Silicule large de 3 à 7 lignes, ordinairement dressée, cuspidée par un style long de 1 ligne à 2 lignes ; stipe filiforme, long de ¹/₄ de ligne à 1 ligne; coques longues de 2 à 3 lignes, perpendiculaires, ou plus ou moins obliques (relativement à l'axe), arrondies aux 2 bouts, elliptiques, ou suborbiculaires, ou elliptiques-obovales ; bord -postérieur muni d'un étroit rebord mince mais opaque, non-prolongé sur le style. Graines longues de 1 ¹/₂ ligne à 2 lignes, subelliptiques, arrondies aux 2 bouts, lisses, d'un brun de Châtaigne.

Cette espèce, qui mérite d'être cultivée comme plante d'agrément, est très-commune dans toute l'Europe méridionale, et encore assez fréquente dans l'Europe moyenne. Elle croît de préférence sur les pelouses sèches, ainsi que sur les rochers; on la rencontre dans les Alpes, jusqu'aux limites des neiges persistantes. Sa floraison, en plaine, a lieu à la fin du printemps et au commencement de l'été.

IIᵉ TRIBU. **LES CARCÉRULEUSES.** — *CARCÉRULOSÆ* Spach.

Ovaire 1-4-ovulé (ordinairement 1-loculaire dès l'origine). Péricarpe (en général court) caduc ou persistant, indéhiscent (par exception séparable en 2 coques placentifères), le plus souvent monosperme; placentaires oblitérés ou adnés.

Genre ISATIS. — *Isatis* (C. Bauh.) Spach.

Sépales 4, subnaviculaires, égaux, presque étalés. Pétales 4, courtement onguiculés, presque étalés. Glandules 6, denticuliformes, confluentes par la base. Étamines 6. Filets filiformes, trigones : les 2 impairs ascendants, presque étalés, plus courts; les 4 autres dressés, divergents. Anthères sagittiformes. Ovaire tétragone-ancipité, 1-loculaire, biovulé. Style nul ou très-court. Stigmate disciforme, subrhomboïdal. Carcérule spathulé, ou oblong, ou elliptique, ou suborbiculaire, ou ovale, aplati, subéreux, aminci aux bords, 1-sperme, ou quelquefois 2-sperme, séparable en 2 valves naviculaires. Graines suspendues, subcylindriques; cotylédons un peu convolutés; radicule dorsale (quelquefois obliquement latérale).

Herbes annuelles, ou bisannuelles, dressées, rameuses, plus ou moins glauques, tantôt glabres, tantôt parsemées ou couvertes d'une pubescence molle et simple. Tige feuillue, ordinairement simple dans sa partie inférieure. Rameaux et ramules nus ou presque nus, subfastigiés, ou disposés en panicule pyramidale. Feuilles indivisées (souvent très-entières) ou rarement subpennatifides : les radicales et les caulinaires inférieures rétrécies en pétiole ; les autres sessiles, la plupart amplexicaules. Grappes terminales, nues, multiflores, assez denses. Pédicelles filiformes, rapprochés (même les fructifères) : les florifères presque dressés, subfastigiés ; les fructifères défléchis et pendants, claviformes au sommet. Fleurs petites, jaunes, odorantes. Sépales pétaloïdes, colorés, finement trinervés. Pétales égaux, cunéiformes-spathulés, ou oblongs-spathulés, très-entiers. Glandules petites, alternes avec les 6 étamines, confluentes par la base en disque annulaire. Étamines subéquidistantes ; filets libres, inappendiculés : les pairs subrectilignes ; les impairs arqués Ovaire non-stipité, court, comprimé dorsalement ; placentaires 2, filiformes, confluents au sommet, uni-ovulés ; ovules suspendus, subopposés, attachés vers le milieu des placentaires : le supérieur ordinairement abortif; funicules très-courts. Carcérule non-stipité, pendant, de forme et de grandeur très-variables (dans les mêmes espèces, et fort souvent sur chaque individu), tantôt 1-costé, tantôt 5-costé sur chaque face (côte médiane toujours très-saillante, carénée, souvent 1-3-sulquée ; côtes latérales peu ou point carénées, oblitérées vers les deux bouts du carcérule), point veineux, à peine déhiscent au sommet, mais facilement séparable en deux coques naviculaires à carène subéreuse au moins aussi large que le diamètre de la cavité séminifère (laquelle est située tantôt à peu près vers le milieu du carcérule, tantôt soit au-dessous, soit au-dessus de ce milieu, tantôt presque au sommet du carcérule) ; nervures placentairiennes inséparables des côtes péricarpiennes et ordinairement oblitérées; endocarpe cartilagineux ; mésocarpe subéreux, beaucoup plus ample que l'endocarpe ; épicarpe chartacé. Funicules presque imperceptibles. Graines (ordinairement solitaires) assez grosses (remplissant la loge), jaunâtres, lisses, oblongues, ou oblongues-claviformes, ou oblongues-obovées, obtuses aux 2 bouts, un peu échancrées latéralement à l'extrémité supérieure, immarginées, inappendiculées; tégument mince, chartacé, non-mucilagineux par la madéfaction ; cotylédons oblongs ou elliptiques-oblongs, obtus, subpétiolés, rectilignes : l'extérieur charnu, bombé au dos; l'intérieur plus mince, plié en carène; radicule supère, rectiligne, fusiforme, un peu plus longue que les cotylédons.

Ce genre renferme quatre à cinq espèces, dont voici la plus remarquable :

ISATIS TINCTORIAL. — *Isatis tinctoria* Linn.

— *α* : COMMUN (1). — *Isatis tinctoria* Smith, Engl. Bot. tab. 97. — Schkuhr, Handb. tab. 188. — Gærtn. Fruct. II, tab. 142, fig. 6. — Svensk Bot. tab. 35. — *Isatis sativa* Fuchs. Hist. — *Isatis bannatica* Link, Enum. — *Isatis præcox* Kit. in Tratt. Arch. tab. 68. — *Isatis littoralis* De Cand. Syst. — Deless. Ic. 2, tab. 78. — *Isatis hebecarpa* De Cand. 1.ʳc. — Deless. Ic. 2, tab. 79. — *Isatis campestris*, *Isatis mæotica*, *Isatis taurica* et *Isatis oblongata* De Cand. Syst. et Prodr. — *Isatis costata* C. A. Meyer, in Flor. Alt. — Ledeb. Ic. Flor. Alt. tab. 339. — *Isatis alpina* Vill. Delph. (*Isatis Villarsii* Gaud. Flor. Hel.) (2). — *Isatis canescens* De Cand. Fl. Franç. (*Isatis dasycarpa* Ledeb.) (3). — Carcérule long de 3 à 7 lignes, large de 1 1/2 ligne à 3 lignes.

— *β* : A GRAND FRUIT. — *Isatis alpina* Allion. Pedem. tab. 86, fig. 2. — *Isatis sabulosa* Stev. — Carcérule long de 6 à 15 lignes, large de 3 à 5 lignes.

Plante bisannuelle, haute de 2 à 5 pieds, tantôt très-glabre, tantôt plus ou moins pubescente (quelquefois subincane) sur toutes ses parties herbacées. Racine pivotante, subfusiforme, rameuse. Tige cylindrique, cannelée, feuillue, non-rameuse dans sa partie inférieure. Rameaux dressés, ou plus ou moins divergents, ou presque étalés, effilés, terminés par un corymbe ou

---

(1) Les prétendues espèces que nous réunissons ici ne sont fondées que sur des modifications de la forme du péricarpe, si peu constantes sur chaque individu, ou si légères qu'elles ne suffisent pas même pour caractériser des variétés.

(2) Sous-variété à feuilles et tige plus ou moins pubescentes, ou presque cotonneuses.

(3) Sous-variétés à péricarpe pubescent.

par une panicule de ramules florifères ordinairement très-grêles
et nus. Feuilles un peu charnues, minces, lisses, d'un vert plus
ou moins glauque : les radicales longues de 4 à 12 pouces,
oblongues, ou lancéolées-oblongues, ou lancéolées, ou spathulées-oblongues, ou spathulées-obovales, obtuses, ou pointues,
sinuolées, ou sinuolées-denticulées ; les caulinaires inférieures à
peu près conformes aux radicales (mais moins longuement pétiolées, ou sessiles); les autres lancéolées, ou oblongues, ou oblongues-
lancéolées, ou ovales-lancéolées, sagittiformes ou hastiformes à
la base, amplexicaules, très-entières, ordinairement pointues ;
les raméaires et les ramulaires le plus souvent linéaires-lancéolées, ou linéaires-subulées ; côte large mais peu saillante ; nervures latérales très-fines. Grappes finalement longues de 1 pouce
à 6 pouces ; ramules florifères ascendants ou divergents, grêles,
ou filiformes, souvent ternés et subfastigiés. Pédicelles longs de
2 à 6 lignes : les florifères capillaires (ceux des fleurs épanouies
déjà disposés en grappe plus ou moins allongée), plus longs que
le calice ; les fructifères épaissis au sommet, ordinairement plus
courts que le carcérule. Sépales oblongs, obtus, longs de 1 ligne
à 2 lignes. Pétales à peu près de moitié plus longs que le calice.
Carcérule glabre, ou pubescent, luisant (quelquefois incane),
rectiligne, quelquefois un peu convoluté, elliptique, ou oblong,
ou oblong-linéaire, ou cunéiforme-oblong, ou obovale, ou spathulé, uni-costé, ou plus ou moins distinctement tri-costé, tantôt
arrondi au sommet, tantôt échancré, tantôt acuminulé, jaune,
ou brun, ou violet, ou d'un violet noirâtre, ou panaché, relevé
autour de la graine en bosse plus ou moins saillante. Graines
oblongues, ou oblongues-claviformes, longues de 1 ligne à 2
lignes.

Cette espèce, connue sous le nom vulgaire de *Pastel*, croît
dans presque toute l'Europe, ainsi qu'en Sibérie et en Orient;
elle se plaît dans les terrains secs et découverts; sa floraison a
lieu vers la fin du printemps.

Les feuilles du Pastel, macérées dans de l'eau, ou réduites en
pâte fine, fournissent, après avoir subi un certain degré de fermentation, une fécule bleuâtre, très-analogue à l'indigo, mais
ne donnant que des couleurs moins vives et peu durables; aussi

cette matière ne s'emploie-t-elle que pour les teintures communes. Mais avant que l'usage de l'indigo ne fût connu en Europe, le Pastel, cultivé en grand, surtout en France et en Allemagne, était un article de commerce d'une haute importance. L'emploi tinctorial du Pastel remonte d'ailleurs à une époque très-reculée, car les anciens Bretons avaient coutume de se peindre en bleu avec une préparation de cette plante.

Plusieurs agronomes distingués ont préconisé le Pastel comme fourrage. En effet, c'est l'une des plantes les plus précoces, et dont la végétation n'est arrêtée que par des froids rigoureux ; mais les bestiaux, en général, en sont peu friands, et les chevaux se refusent à cette nourriture. Le Pastel prospère dans les terrains les plus médiocres, pourvu qu'ils ne soient pas trop humides.

Genre CORONOPUS. — *Coronopus* (Daléch.) Gærtn.

Sépales 4, cymbiformes, étalés, égaux, subpersistants. Pétales 4, onguiculés. Glandules 4 (opposées aux sépales latéraux), égales, oblongues. Étamines 6, subisomètres ; filets filiformes, ascendants, arqués, distants, épaissis à leur base ; anthères cordiformes-orbiculaires. Ovaire cordiforme-ovale, comprimé, didyme, 2-loculaire, bi-ovulé ; diaphragme nul ; axe central filiforme. Style court, subtétragone. Stigmate pelté, subhémisphérique. Péricarpe dicoque, persistant, coriace, comprimé, réniforme, non-échancré, mucroné (par le style) ; coques monospermes, naviculaires, subcarénées, aptères, fovéolées, spinelleuses, accolées face à face, finalement séparables, mais presque closes, et emportant chacune à ses bords la moitié correspondante de l'axe et du style. Graines suspendues, ovoïdes, subcylindriques, immarginées ; cotylédons linéaires, pointus, inégaux, non-sensiblement rétrécies en pétiole, incombants, redressés, bi-géniculés.

Herbe annuelle, décombante, très-rameuse, glabre. Feuilles pétiolées, pennatiparties. Grappes oppositifoliées et terminales, nues, courtes, denses, pauciflores. Pédicelles courts, grêles : les fructifères horizontaux, ou divergents, ou dressés. Fleurs petites, comme fasciculées. Sépales presque membraneux, acuminulés, subcuculliformes au sommet, innervés. Pétales blancs, égaux : onglets très-courts; lames étalées, divariquées, très-entières. Glandules petites, comprimées, obtuses, solitaires *de chaque côté* des étamines impaires. Filets libres, ni dentés ni appendiculés : les impairs à peine plus courts. Anthères petites, jaunes. Ovaire non-stipité, non-échancré, comprimé en sens contraire de l'axe central. Ovules solitaires, suspendus au sommet de l'axe central. Style court, pyramidal après la floraison. Stigmate fortement papilleux. Péricarpe petit, non-stipité, adné au pédicelle, courtement mucroné par le style; diaphragme nul. Coques continues avec le style, marginées par les nervures placentairiennes (lesquelles, avant la séparation des 2 coques, sont soudées en axe central), comprimées bilatéralement, plus ou moins convexes au dos et des deux côtés, d'abord closes par le rapprochement des 2 bords, après la séparation un peu hiantes antérieurement (mais pas assez pour que la graine tombe hors de la coque), mucronées par la moitié correspondante du style; épicarpe coriace, relevé de rides obliquement horizontales, dont le prolongement forme au dos de la coque une sorte de crête à 2 ou 5 séries de spinelles dentiformes; endocarpe cartilagineux. Graines solitaires dans chaque coque et en remplissant la cavité, pointues à leur extrémité supérieure (par la partie saillante de la radicule), suspendues au sommet de l'angle interne; tégument mince, lisse, non-mucilagineux par la madéfaction. Cotylédons presque 5 fois plus longs que la radicule, géniculés au-dessous de leur milieu et repliés sur eux-mêmes ainsi que sur la partie inférieure de la radicule, une seconde fois géniculés et un peu défléchis au-dessus de leur milieu : le cotylédon extérieur (relativement à la radicule, mais intérieur relativement à sa position envers l'axe) semi-cylindrique (convexe au dos, plane antérieurement), plus gros et un peu plus large que l'intérieur, lequel est plane tant postérieurement qu'antérieurement; radicule supère, obliquement dressée, courte, pointue, subcylindrique.

L'espèce suivante constitue à elle seule le genre :

CORONOPUS COMMUN. — *Coronopus vulgaris* Desfont. Cat. Hort. Par. — *Cochlearia Coronopus* Linn. — Flor. Dan. tab. 202. — Schk. Handb. tab. 181. — *Coronopus Ruellii* Daléch. Hist.—Blackw. Herb. tab. 120.—Gærtn. Fruct. II, tab. 142. —Engl. Bot. tab. 1660. — *Senebiera Coronopus* Poir. — *Carara Coronopus* Medik. — *Coronopus depressus* Flor. Wetterav.

Racine pivotante, rameuse, pluricaule. Tiges longues de 3 à 6 pouces, décombantes, cylindriques, feuillées, plus ou moins rameuses. Rameaux diffus, feuillés, paniculés, plus ou moins divariqués, en général racémifères à toutes les aisselles. Feuilles d'un vert gai, ou un peu glauques, lisses, un peu charnues : les radicales et les caulinaires inférieures longues de 3 à 6 pouces; les autres longues de 1 pouce à 3 pouces; segments 3-6-jugués, linéaires, ou linéaires-spathulés, ou linéaires-oblongs, ou quelquefois soit cunéiformes, soit cunéiformes-oblongs, obtus, ou pointus, tantôt très-entiers, tantôt uni-ou pauci-dentés au bord supérieur, ou rarement trifides; pétiole ailé ou marginé, étroit, aplati. Grappes sessiles ou courtement pédonculées, d'abord gloméruliformes et très-courtes, finalement longues de 4 à 18 lignes; rachis érigé ou ascendant, effilé, non-flexueux. Pédicelles très-rapprochés, longs de $^1/_4$ de ligne à 1 ligne : les florifères plus courts que les sépales; les fructifères à peu près aussi longs que les coques. Pétales un peu plus longs que les sépales; lames oblongues, obtuses. Étamines à peu près aussi longues que les pétales. Péricarpe large de 1 $^1/_2$ ligne à 2 lignes, moins long que large. Graines d'un brun roussâtre.

Cette plante, connue sous les noms vulgaires d'*Ambrosie des Anciens*, *Ambrosie sauvage*, *Pied de Corneille*, *Cresson sauvage*, *Corne de cerf*, etc., est commune dans presque toute l'Europe. On la trouve au bord des chemins et des fossés, dans les décombres, les pâturages humides, etc. Elle fleurit pendant tout l'été. Ses feuilles ont une saveur et des propriétés analogues

à celles du Cresson. On ne s'en sert guère en thérapeutique ; mais
dans plusieurs contrées on les mange soit cuites, soit en guise de
salade.

Genre NÉSLIA. — *Neslia* Desv.

Sépales 4, cymbiformes, presque égaux, dressés, un peu
divergents. Pétales 4, onguiculés. Glandules 4 (opposées
aux sépales latéraux), dentiformes. Étamines 6 ; filets filiformes, inappendiculés, ascendants, arqués, subéquidistants au sommet ; anthères cordiformes-orbiculaires : les
latérales 2 fois plus grandes. Ovaire subglobuleux, un peu
comprimé, 2-loculaire : loges 2-ovulées. Style filiforme,
tronqué, finalement fragile. Stigmate petit, adné, subhémisphérique. Carcérule caduc à la maturité, osseux, subglobuleux, ou sublentiforme, fortement réticulé ou scrobiculé, 1-loculaire (par l'oblitération du diaphragme),
monosperme (par avortement) ; placentaires presque oblitérés, inclus. Graine ellipsoïde ou ovoïde, subcylindrique,
immarginée ; cotylédons rectilignes, semi-cylindriques, incombants.

Herbe tantôt annuelle, tantôt bisannuelle, plus ou moins
abondamment couverte de poils raides tantôt très-courts et
étoilés, tantôt plus allongés et bi-tri-ou pluri-furqués.
Feuilles minces : les radicales et les caulinaires les plus inférieures sinuées-dentées, ou sinuolées-denticulées ; les autres subdenticulées, ou très-entières, sessiles, amplexicaules, sagittiformes à leur base. Grappes terminales ou terminales et oppositifoliées, nues, multiflores, très-allongées
après la floraison. Pédicelles longs, filiformes : ceux des
fleurs épanouies en général très-rapprochés et subfastigiés ;
les fructifères subhorizontaux, ou plus ou moins divergents,
ou presque dressés. Fleurs petites. Sépales d'un jaune verdâtre, membraneux aux bords, non-sacciformes à la base,
non-carénés, obtus. Pétales d'un jaune vif, égaux : onglets
dressés, un peu divergents ; lames étalées. Filets libres, ni
dentés, ni marginés, presque capillaires, anguleux : les
impairs un peu plus courts, arqués en convergeant supé-

rieurement ; les 4 autres parallèles inférieurement, divergents par leur moitié supérieure. Anthères minimes, jaunâtres, submamelonnées, bifides de la base jusqu'au-delà
du milieu. Glandules assez apparentes, confluentes par leur
base, ovales-triangulaires, obtuses, solitaires de chaque
côté des étamines impaires. Ovaire minime, courtement
stipité, un peu comprimé parallèlement au diaphragme,
ou quelquefois obscurément tétragone ; placentaires capillaires, inclus. Ovules appendants, collatéraux, attachés
vers le milieu des placentaires ; funicules courts, subhorizontaux. Style aussi large ou plus long que l'ovaire,
columnaire, obscurément tétragone, persistant jusque vers
la maturité, mais finalement cassant à sa base ou peu au-
dessus. Stigmate à peine aussi long que le sommet du style.
Carcérule (avant la parfaite maturité en général sublentiforme, obscurément tétragone, ou subancipité, très-fortement réticulé, et plus ou moins longuement cuspidé par
un style filiforme) très-obtus, ou acuminulé (par la base du
style), courtement stipité, à la maturité se détachant du
stipe (lequel persiste avec le pédicelle) ; endocarpe mince,
testacé ; mésocarpe assez épais, presque osseux ; épicarpe
mince, herbacé ; placentaires presque oblitérés. Graine remplissant la cavité du carcérule, à peine échancrée, obtuse
aux 2 bouts ; tégument mince, lisse, non-mucilagineux par
la madéfaction; chalaze terminale, assez grande, orbiculaire,
noirâtre ; cotylédons assez gros, à peine pétiolés, ovales,
ou elliptiques, obtus, planes antérieurement, convexes postérieurement : l'intérieur (relativement à la radicule) profondément canaliculé postérieurement; radicule ascendante,
supère, un peu arquée, subcylindrique, pointue, à peu près
aussi longue que les cotylédons, perpendiculaire, très-proéminente à la surface de la graine.

L'espèce suivante constitue à elle seule ce genre, d'ailleurs très-voisin des *Camelina*.

NÉSLIA PANICULÉ. — *Neslia paniculata* Desv. Journ. —
Myagrum paniculatum Linn. — Flor. Dan. tab. 204. —

Schk. Handb. tab. 178. — *Rapistrum paniculatum* Gærtn.
Fruct. II, tab. 141. — *Alyssum paniculatum* Willd. Enum.
— *Vogelia sagittata* Medik. — *Cochlearia sagittata* Crantz,
Crucif. — *Crambe paniculata* Allion. — *Chamælinum pani-*
culatum Host. — *Bunias paniculata* L'hérit. — *Raphanistrum*
paniculatum Roth, Man. — *Nasturtium paniculatum* Crantz,
Austr.

Racine pivotante, fibrilleuse, grêle, peu ou point rameuse.
Tige haute de ¹/₂ pied à 3 pieds, dressée, grêle, anguleuse,
feuillue, scabre, pubérule (plus fortement à sa partie inférieure
que plus haut), rameuse à partir de sa moitié supérieure ou seulement plus haut, simple inférieurement, rarement très-simple
ou presque simple. Rameaux, plus ou moins divergents, ou
ascendants, disposés en panicule lâche, tantôt très-simples, tantôt paniculés vers leur extrémité, médiocrement feuillés, ou
presque nus. Feuilles plus ou moins pubérules soit aux 2 faces,
soit seulement en dessous, ordinairement vertes ou verdâtres,
rarement subincanes : les radicales et les caulinaires les plus
inférieures longues de 2 à 5 pouces (y compris le pétiole tantôt
plus court, tantôt plus long que la lame), lancéolées-spathulées,
ou lancéolées-oblongues, ou lancéolées, ordinairement obtuses
ou subobtuses ; les suivantes graduellement plus petites, sagittiformes-oblongues, ou sagittiformes-lancéolées, pointues ; les
supérieures et les raméaires très-petites, sagittiformes-subli-
néaires, acérées, toujours très-entières. Grappes ascendantes ou
plus ou moins divergentes : les principales atteignant finalement
jusqu'à 1 pied de long; rachis très-grêle, peu ou point flexueux,
ordinairement glabre de même que les pédicelles. Pédicelles
longs de 2 à 6 lignes. Sépales longs de ¹/₄ de ligne à 1 ligne,
oblongs, finement 3-nervés (les latéraux un peu plus larges),
souvent parsemés de poils simples. Pétales de moitié à 1 fois
plus longs que les sépales : onglets linéaires-spathulés, de
moitié plus courts que les sépales; lames obovales ou cunéiformes-obovales. Étamines impaires aussi longues que les
sépales; les autres presque aussi longues que les pétales. Pistil
glabre, à l'époque de l'anthèse plus court que les étamines.

Carcérule du volume d'une graine de Chou. Graine d'un brun jaunâtre.

Cette plante croît dans presque toute l'Europe, parmi les moissons, et dans des champs incultes.

Genre MYAGRE. — *Myagrum* (Linn.) De Cand.

Sépales 4, cymbiformes, égaux, presque étalés. Pétales 4, lancéolés-spathulés. Glandules 4 (opposées aux 4 sépales), confluentes par la base. Étamines 6 : Filets filiformes, subtrigones, rectilignes : les 2 impairs divergents, un peu plus courts; les 4 autres dressés. Anthères cordiformes. Ovaire claviforme, comprimé, 1-loculaire, 2-ovulé. Style court, conique, tétragone-ancipité. Stigmate adné, étroit, subrhomboïdal. Carcérule persistant, coriace, sillonné, turbiné, courtement rostré (par le style), comme 5-loculaire : l'une des loges basilaire, monosperme (par avortement); les 2 autres apicilaires, collatérales, aspermes. Graine oblongue, subcylindrique, suspendue; cotylédons presque condupliqués, incombants; radicule proéminente.

Herbe tantôt annuelle, tantôt bisannuelle, très-glabre. Feuilles minces : les radicales rétrécies en pétiole; les caulinaires sessiles, amplexicaules, indivisées (excepté les inférieures). Grappes nues, multiflores, terminales, lâches après la floraison. Pédicelles fructifères raides, dressés, claviformes, très-épaissis, finalement se désarticulant par leur base. Fleurs d'un jaune pâle, petites. Sépales colorés. Pétales recourbés au sommet, peu à peu rétrécis en onglet. Glandules inégales : les 2 latérales plus grosses, scutelliformes, staminigères; les deux autres petites, dentiformes-triangulaires, insérées une à une *derrière* chaque paire de filets. Ovaire court, comprimé en sens contraire à l'axe, légèrement caréné aux 2 faces; placentaires 2, correspondants aux carènes, chacun uni-ovulé; ovules superposés, suspendus : le supérieur attaché vers le sommet de l'un des placentaires, l'inférieur (toujours abortif) vers le milieu de l'autre placentaire. Style accrescent, comprimé en sens contraire à l'ovaire (c'est-à-dire paral-

lèlement au diaphragme, en supposant que celui-ci existât).
Carcérule court, épais, presque osseux, dressé, appliqué
(de même que le pédicelle) contre le rachis, cylindrique
et uni-loculaire dans sa moitié inférieure, un peu comprimé
dans sa moitié supérieure et épaissi de chaque côté en une
gibbosité (d'abord pleine et charnue) creuse à l'intérieur
et simulant une loge asperme; endocarpe testacé; mésocarpe subéreux, plus ou moins distinctement multisulqué
(les 2 sillons correspondants aux placentaires plus profonds
que les autres), ou quelquefois uni, beaucoup moins épais
autour de la loge séminifère qu'autour des cavités aspermes;
nervures placentairiennes soudées au péricarpe, minces,
incluses, ou formant des carènes plus ou moins proéminentes; bec (style amplifié) court, pyramidal-subulé, tétraèdre, couronné par le stigmate. Graine assez grosse,
immarginée, apiculée par la radicule; tégument mince,
chartacé, lisse, non-mucilagineux par la madéfaction; chalaze grande, orbiculaire; cotylédons elliptiques-oblongs,
obtus, subpétiolés : l'extérieur bombé au dos; l'intérieur
plus mince, plié en carène; radicule supère, un peu arquée, subclaviforme, un peu plus longue que les cotylédons.

L'espèce suivante constitue à elle seule le genre :

MYAGRE PERFOLIÉ. — *Myagrum perfoliatum* Linn. —
Gærtn. Fruct. II, tab. 141.—Schk. Handb. tab. 178.—*Mya-
grum littorale* Scop. Carn. tab. 56.—*Myagrum amplexicaule*
Mœnch.

Racine grêle, pivotante, garnie de fibres filiformes. Tige
haute de 1 pied à 2 pieds, dressée, cylindrique, ou légèrement
anguleuse, un peu cannelée, glauque (de même que toutes les
autres parties herbacées de la plante), feuillue, ordinairement
rameuse dans sa moitié supérieure. Rameaux presque horizontaux, feuillés, le plus souvent paniculés vers leur sommet
Feuilles très-glauques, finement veinées, à côte blanchâtre,
très-saillante en dessous : les radicales longues de 3 à 6 pouces,
étalées, oblongues, ou oblongues-spathulées, obtuses, sinuées,

ou sinuées-pennatifides (quelquefois très-entières inférieurement ;
lobes triangulaires ou arrondis : les inférieurs beaucoup plus
petits et ordinairement très-entiers ; les supérieurs inégalement
denticulés) ; feuilles caulinaires et raméaires sagittiformes ou
cordiformes-bilobées à la base : les inférieures sinuées-pennatifides ou profondément sinuées-dentées, assez conformes aux
feuilles radicales mais moins rétrécies vers leur base ; les autres
denticulées, ou sinuolées-denticulées, oblongues, ou oblongues-
lancéolées, subobtuses, ou pointues (les supérieures souvent
élargies à leur base ; les ramulaires presque linéaires). Grappes
plus ou moins ascendantes : celles des rameaux principaux atteignant finalement jusqu'à un pied de long. Pédicelles longs de 1 ligne
à 2 lignes : les florifères filiformes (ceux des fleurs épanouies disposés en corymbe dense) ; les fructifères assez rapprochés, ordinairement plus gros que la base du carcérule. Sépales longs de 1 ligne,
d'un jaune verdâtre, oblongs, obtus. Pétales longs d'environ
2 lignes, lancéolés-spathulés, pointus, d'un jaune pâle. Filets
des étamines majeures à peu près aussi longs que les pétales, un
peu plus longs que les impaires. Carcérule long de 2 à 3 lignes,
et à peu près de la même largeur à son sommet, d'un brun jaunâtre à la maturité ; bec long à peine de $^1/_2$ ligne, filiforme au
sommet, très-élargi à la base ; loge séminifère plus petite que les
cavités apicilaires. Graine brune, moins grosse que la loge mais
presque aussi longue.

Cette plante, remarquable par la structure de son péricarpe,
est commune dans les champs de l'Europe méridionale.

Genre LÉLIA. — *Lælia* Desv.

Sépales 4, subcymbiformes, égaux, presque étalés. Pétales 4, courtement onguiculés. Glandules 4 (opposées aux
4 sépales), confluentes par la base. Étamines 6 : Filets filiformes, subcylindriques, rectilignes : les 2 impairs divergents, de moitié plus courts ; les 4 autres dressés, à peine
divergents ; anthères sagittiformes-elliptiques, mamelonnées au sommet. Ovaire tétragone, biloculaire ; loges uni-
ovulées. Style subcylindrique. Stigmate pelté, disciforme,

suborbiculaire. Carcérule non-persistant, ligneux, ovoïde, acuminé, tuberculeux, subtétragone, tantôt 1-loculaire et par avortement monosperme, tantôt disperme et 2-loculaire (soit horizontalement, soit verticalement). Graines suspendues, subglobuleuses, rostrées (par la partie supérieure de la radicule); embryon circinné : cotylédons oblongs; radicule dorsale, saillante.

Herbe vivace. Pubescence simple. Feuilles roncinées, ou pennatifides, ou indivisées : les radicales et les caulinaires-inférieures grandes, pétiolées; les supérieures sessiles. Grappes terminales et oppositifoliées, nues, multiflores, très-lâches après la floraison. Pédicelles filiformes : les fructifères dressés, ou ascendants, ou divergents, peu ou point épaissis. Fleurs jaunes. Sépales colorés, finement 3-nervés, non-sacciformes à la base. Lame des pétales étalée. Glandules très-inégales : les 2 latérales grosses, disciformes, quinquangulaires, staminigères ; les 2 autres petites, minces, dentiformes-triangulaires, insérées *derrière* les étamines paires. Ovaire court, glanduleux, verticalement biloculaire; ovules suspendus au sommet des loges ; funicules courts, finalement oblitérés. Style assez gros, columnaire, presque aussi long que l'ovaire. Stigmate creusé d'un sillon central perpendiculaire au diaphragme. Carcérule dressé, caduc à sa maturité, plus ou moins oblique, non-stipité, quelquefois (lorsqu'il est transversalement 2-loculaire) étranglé vers son milieu, innervé, rugueux, ou tuberculeux, ou verruqueux, terminé par un court bec conique (lequel est couronné par le stigmate); endocarpe testacé, quelquefois développé en diaphragme horizontal (dans ce cas la cloison originaire verticale s'oblitère); cloison verticale (très-souvent oblitérée) osseuse. Graines grosses, immarginées, un peu comprimées latéralement; tégument mince, lisse, chartacé, non-mucilagineux par la madéfaction; chalaze grande, orbiculaire, noirâtre; cotylédons minces, obtus, non-pétiolés, plus longs que la radicule : l'extérieur concave au dos; l'intérieur plane; radicule conique-oblongue, pointue, trigone, très-proéminente (moulée à la surface de la graine, ainsi que les bords des cotylédons), supère, obliquement érigée dans sa partie supérieure.

L'espèce suivante constitue à elle seule le genre :

LÉLIA D'ORIENT. — *Lœlia orientalis* Desv. Journ. de Bot. 3, p. 160. — *Bunias orientalis* Linn. — Gmel. Sibir. v. 3, tab. 57 (mala). — Schkuhr, Handb. tab. 189. — *Bunias verrucosa* Mœnch. — *Myagrum taraxacifolium* Lamk.

Racine pivotante, charnue, subfusiforme, de la grosseur du pouce et atteignant un pied de long. Tige haute de 2 à 4 pieds, dressée, anguleuse, paniculée dans sa partie supérieure, plus ou moins abondamment parsemée de sétules ou de poils soit horizontaux, soit réfléchis, et en outre de glandules jaunâtres soit sessiles, soit courtement stipitées (lesquelles se retrouvent aussi sur les rameaux, les pédicelles, les sépales, ainsi que sur la côte des feuilles). Rameaux dressés ou plus ou moins divergents, médiocrement feuillés (les supérieurs presque nus), souvent paniculés. Feuilles minces, d'un vert gai, tantôt glabres, tantôt plus ou moins pubescentes (surtout aux bords et sur la côte) : les radicales longues de 10 à 20 pouces, ordinairement indivisées (lancéolées-spathulées, ou lancéolées-oblongues, ou lancéolées, subobtuses), denticulées, ou sinuolées-denticulées (quelquefois sinuées-dentées, ou sinuées-pennatifides à leur base), rétrécies en pétiole ordinairement beaucoup plus court que la lame ; les caulinaires inférieures (et quelquefois aussi une partie des radicales) roncinées-pennatifides (segments pointus ou moins souvent obtus, de forme et de grandeur très-variables : les latéraux alternes ou subopposés, ordinairement éloignés, lancéolés, ou linéaires-lancéolés, ou oblongs-lancéolés, ou triangulaires-lancéolés, ou dentiformes-triangulaires, souvent inéquilatéraux, inégalement dentés ou denticulés, ou sinués-dentés, ou quelquefois très-entiers ; le lobe terminal très-grand, hastiforme, ou sagittiforme, ou triangulaire, ou lancéolé, souvent inégalement sinué-denté, ou quelquefois à peine denticulé ou subsinuolé), pétiolées, à peu près aussi grandes que les radicales. Feuilles caulinaires supérieures graduellement plus petites et plus courtement pétiolées, lancéolées, ou triangulaires-lancéolées, ou deltoïdes, ou hastiformes, ou sagittiformes, ou subrhomboïdales, tantôt indivisées et seulement sinuolées ou denticulées, tantôt pennatiparties, ou pennatifides, ou sinuées, ou incisées-dentées (soit à presque tout leur contour, soit seulement dans leur partie inférieure); feuilles raméaires ordinairement petites, sessiles, lancéolées, ou lancéolées-linéaires, pointues, très-entières, ou subdenticulées, ou pauci-dentées. Grappes des rameaux principaux atteignant finalement jusqu'à 18 pouces de long : rachis grêle, peu ou point flexueux. Pédicelles longs de 4 à 10 lignes : ceux des fleurs épanouies subfastigiés ou en corymbe convexe, très-rapprochés; les fructifères assez rapprochés, grêles, à peine épaissis au sommet. Sépales longs d'environ 2 lignes, sur $^3/_4$ de ligne de large, oblongs, obtus, d'un jaune verdâtre, glabres, ou légèrement poilus. Pétales longs de 3 lignes, d'un jaune vif; onglets de moitié plus courts que les sépales; lames flabelliformes, échancrées. Étamines majeures un peu plus longues que les sépales; anthères jaunes. Carcérule long de 2 à 3 lignes, sur 1 $^1/_2$ ligne à 2 lignes de diamètre, d'un brun pâle, tantôt pointu aux 2 bouts, tantôt arrondi et souvent élargi à sa base, tuberculeux tantôt seulement aux angles (lesquels sont plus ou moins saillants), tantôt plus ou moins également à toute sa surface, parsemé de glandules ponctiformes (scutelliformes à la loupe) sessiles. Graines larges de 1 ligne à 1 $^1/_2$ ligne, d'un brun jaunâtre.

Cette plante, nommée vulgairement *Bunias d'Orient*, rare dans l'Europe occidentale, est commune dans la Russie et la Sibérie méridionales, ainsi qu'en Orient. Plusieurs agronomes la recommandent comme fourrage très-avantageux dans les terrains arides, et offrant en outre l'avantage d'être fort précoce; dès le commencement d'avril ses feuilles ont en général acquis un pied de long.

FIN DU TOME SIXIÈME DES PHANÉROGAMES.

FLORE

DE

RIO-DE-JANEIRO,

(FLORA FLUMINENSIS).

Prospectus.

Nul pays n'offre peut-être de plus grandes richesses végétales que le territoire brésilien; nul n'offre une plus vaste source d'instruction et d'intérêt sous ce rapport. Ce fut donc une pensée digne de l'esprit élevé de Don Pédro, que le projet de faire imprimer, à Paris, un ouvrage sur la botanique de cette région, sous le titre de *Flora Fluminensis*. Le luxe de l'exécution devait ainsi répondre à la richesse de la matière et aux longs et savants travaux qui avaient préparé l'ouvrage.

En effet le Père Vellozo, de la compagnie de Jésus, y avait consacré vingt-cinq ans d'études non interrompues. C'était à la fois une œuvre de savoir et de goût, une œuvre accomplie avec amour et passion par son auteur, exécutée avec magnificence par le gouvernement qui l'avait ordonnée. Déjà seize cent cinquante dessins d'après nature, rassemblés dans onze volumes in-folio, accompagnés d'un énorme volume de texte, étaient déposés à la bibliothèque impériale, et excitaient l'admiration des savants voyageurs qui avaient occasion de voir ces dessins, et qui y puisaient toujours des connaissances précieuses.

Le bibliothécaire d'alors, monseigneur l'Évêque d'Animuria, qui consulta les botanistes les plus distingués de Paris, en reçut les réponses les plus encourageantes. M. du Petit-Thouars, entre autres, lui écrivait : « C'est la » manière large de Plumier pour les dessins. La grâce de » la pose en général, l'exactitude et la finesse des détails, » offrent un charme particulier dans chaque feuille et prou- » vent du sentiment profond de l'auteur. Cet ouvrage ne » peut manquer d'exciter le plus haut intérêt. »

L'impression des dessins, gravés en fac simile, fut confiée aux soins de M. E. Knecht, successeur de Senefelder. Le texte devait également s'imprimer à Rio-de-Janeiro, mais les événements qui, en 1830, troublèrent l'empire du Brésil, en interrompirent l'exécution. Aujourd'hui cet ouvrage forme onze volumes, chacun de cent quarante à cent quatre-vingts planches, auxquels on a ajouté un texte composé de deux tables des espèces figurées, l'une alphabétique, et l'autre méthodique, avec des indications propres à jeter quelque jour sur leur détermination botanique, et la mettre en rapport avec les travaux les plus récents.

Le système de Linné a été suivi pour la classification. On nous a proposé de le changer, mais nous avons pré-

féré livrer cet ouvrage tel que l'auteur l'a conçu, et tel que le gouvernement du Brésil l'avait ordonné.

Le prix de la souscription est fixé à 15 fr. par volume en grand vélin ; 12 fr. en petit vélin.

On souscrit à Paris,

CHEZ PARENT-DESBARRES, LIBRAIRE-ÉDITEUR,

RUE DE SEINE-SAINT-GERMAIN, 48 ;

ET A LA LIBRAIRIE ENCYCLOPÉDIQUE DE RORET,

RUE HAUTEFEUILLE, 10 *bis.*

COLLABORATEURS.

MM.

AUDINET-SERVILLE, *ex-président de la Société entomologique, Membre de plusieurs Sociétés savantes, nationales et étrangères.* (ORTHOPTÈRES, NÉVROPTÈRES ET HÉMIPTÈRES).

AUDOUIN, *Professeur-Administrateur du Muséum, Membre de plusieurs Sociétés savantes, nationales et étrangères.* (ANNELIDES).

BIBRON, *Aide-Naturaliste au Muséum, collaborateur de M Duméril pour les Reptiles.*

BOISDUVAL, *Membre de plusieurs Sociétés savantes, nationales et étrangères, auteur de l'Entomologie de l'Astrolabe, de l'Icones des Lépidoptères d'Europe, de la Faune de Madagascar, etc. etc.* (LÉPIDOPTÈRES).

DE BLAINVILLE, *Membre de l'Institut, Professeur-Administrateur du Muséum d'Histoire Naturelle, Professeur à la Faculté des Sciences, etc.* (MOLLUSQUES).

DE BREBISSON, *Membre de plusieurs Sociétés savantes, auteur des Mousses et de la Flore de Normandie.* (PLANTES CRYPTOGAMES).

A. DE CANDOLLE, *de Genève* (BOTANIQUE).

CUVIER (Fr), *Membre de l'Institut* (CÉTACÉS).

DEJEAN (*le comte, Lieut. général, Pair de France.*) (COLÉOPTÈRES).

DESMAREST, *Membre correspondant de l'Institut, Professeur de Zoologie à l'École vétérinaire d'Alfort.* (POISSONS).

MM.

DUMÉRIL, *Membre de l'Institut, Professeur-Administrateur du Muséum d'Histoire Naturelle, Professeur à l'École de Médecine, etc. etc.* (REPTILES)

LACORDAIRE, *Naturaliste-voyageur, Membre de la Société Entomologique, etc.* (INTRODUCTION A L'ENTOMOLOGIE).

HUOT, GÉOLOGIE.

* **BRONGNIART** | **DELAFOSSE** } MINÉRALOGIE.

LESSON, *Membre correspondant de l'Institut, Professeur à Rochefort, etc.* (ZOOPHYTES ET VERS).

MACQUART, *Directeur du Muséum de Lille, auteur des Diptères du Nord de la France, etc. etc.* (DIPTÈRES).

MILNE-EDWARS, *Professeur d'Histoire Naturelle, Membre de diverses Sociétés savantes, etc. etc.* (CRUSTACÉS).

LE PELETIER DE SAINT-FARGEAU, *Président de la Société Entomologique, auteur de la Monographie des Tenthrédines, etc. etc.* (HYMÉNOPTÈRES).

SPACH, *Aide-Naturaliste au Muséum.* (PLANTES PHANÉROGAMES).

WALCKENAER, *Membre de l'Institut, travaux sur les Arachnides, etc. etc.* (ARACHNIDES ET INSECTES APTÈRES).

CONDITIONS DE LA SOUSCRIPTION.

Les Suites à Buffon formeront 55 volumes in-8° environ, imprimés avec le plus grand soin et sur beau papier; ce nombre paraît suffisant pour donner à cet ensemble toute l'étendue convenable. Chaque auteur s'occupant depuis long-temps de la partie qui lui est confiée, l'éditeur sera à même de publier en peu de temps la totalité des traités dont se composera cette utile collection.

A partir de janvier 1834, il paraîtra à peu près tous les mois un volume in-8°, accompagné de livraisons d'environ 10 planches noires ou coloriées.

Prix du texte, chaque volume (1). . . . . 5f 50.

Prix de chaque livraison. { noire . . . . 3. { coloriée . . . . 6.

N. Les personnes qui souscriront pour des parties séparées paieront chaque volume 6 fr.

Un petit nombre d'exemplaires seront imprimés sur grand papier vélin, dont le prix sera double.

ON SOUSCRIT, SANS RIEN PAYER D'AVANCE,

A LA LIBRAIRIE ENCYCLOPÉDIQUE DE RORET,

RUE HAUTEFEUILLE, N° 10 BIS, A PARIS,

AU COIN DE CELLE DU BATTOIR.

(1) *L'Éditeur ayant à payer pour cette collection des honoraires aux auteurs, le prix des volumes ne peut être comparé à celui des réimpressions d'ouvrages appartenant au domaine public et exempts de droits d'auteur, tels que Buffon, Voltaire, etc. etc.*

* *N'ont pas été compris dans la première souscription les ouvrages de MM.* BRONGNIART, DELAFOSSE, HUOT.